D1721817

Ulrike Stadtmüller

Grundlagen der Bioabfallwirtschaft

Lehr- und Handbuch

TK

Die Deutsche Bibliothek – CIP-Einheitsaufnahme

Grundlagen der Bioabfallwirtschaft
Lehr- und Handbuch
Ulrike Stadtmüller.
– Neuruppin: TK Verlag Karl Thomé-Kozmiensky, 2004
ISBN 3-935317-12-3

ISBN 3-935317-12-3 TK Verlag Karl Thomé-Kozmiensky

Verlag: TK Verlag Karl Thomé-Kozmiensky • Neuruppin 2004
Redaktion: Ulrike Stadtmüller
Lektorat: Ulrike Stadtmüller
Layout: Cordula Müller, Martina Ringgenberg
Druck: Mediengruppe Universal Grafische Betriebe Manz und Mühlthaler GmbH, München

Tempus edax rerum, die Zeit zernagt die Dinge. Dies kennzeichnet sowohl die Wirkungsweise biologischer Verfahren als auch ihre Geschichte. Spielt die Zeit in thermischen und physikalischen Prozessen eine untergeordnete Rolle, so arbeitet in biologischen Prozessen die Zeit mit; sie dauern Tage, Wochen, Monate. Zeit, ein Produktionsfaktor. Und doch waren alle Bemühungen, den biologischen Prozess zu beschleunigen, nur von begrenztem Erfolg gekrönt. Lässt sich die erste Phase beispielsweise der Kompostierung inzwischen auf wenige Tage verkürzen, so benötigen wir für die Herstellung von Fertigkompost verfahrensunabhängig immer noch in etwa die gleichen Zeiträume. Dieser nur schwer fassbare, kaum beeinflussbare Faktor Zeit hat die biologischen Verfahren auch zu allen Zeiten suspekt erscheinen lassen; denn Zeit bedeutet Kosten in Form von Arbeit und Fläche, Zeit bedeutet längere Emissionszeiträume je Materialeinheit und Zeit bedeutet Unsicherheit bis zum Prozessende.

Doch interessanterweise arbeitet im Falle biologischer Verfahren die Zeit für uns mit. *Tempus edax rerum*, vom Abfall bleibt Kompost über.

In den letzten zwanzig Jahren sind biologische Verfahren im Aufwind. Dies startete mit der Einführung der getrennten Sammlung von Bioabfällen zu Beginn der zwanziger Jahre des zwanzigsten Jahrhunderts. Heute werden etwa sechzig Prozent der Küchen- und Gartenabfälle in Deutschland kompostiert - eine Erfolgsgeschichte. Derzeit stagniert diese Entwicklung zugunsten der Anaerobtechnologien, da diese auch solche Abfallarten erschließen, die aufgrund ihrer Konsistenz meist aerob nicht behandelt werden können sowie aufgrund der Situation auf dem Energiemarkt. Diese in Deutschland, den Niederlanden und Österreich vollzogene Entwicklung weitet sich derzeit europaweit aus, speziell auf den Süden.

Dies ist verständlich. Biologische Verfahren produzieren ein Düngemittel mit hohen Anteilen an humusbildenden Substanzen, die auf den humusarmen Böden der Mittelmeeranrainerstaaten dringend benötigt werden. So ist die Kompostierung von Fäkalien und Klärschlamm im Süden Spaniens Stand der Technik und wird ausgedehnt praktiziert. Die Förderung von Humusbildung wirkt der Versalzung und Devastierung von Böden entgegen. Auf humusarmen Böden verlangsamt die Humusanreicherung, die Kohlenstoffumsetzung und damit der Kohlendioxidaustrag aus dem Boden in die Atmosphäre. Und es wird deutlich, dass biologische Prozesse etwas bewirken, was eigentlich unvorstellbar ist, sie kehren das *Tempus edax rerum* um. Was die Zeit mit Hilfe des Menschen zerstört hat, kann durch biologische Prozesse mit Hilfe des Menschen auch wieder aufgebaut werden, zumindest teilweise.

Werfen wir noch einen Blick zurück auf die Geschichte. Sie hat in den letzten hundert Jahren düster für die biologischen Verfahren der Abfallbehandlung ausgesehen. 1980 wurden weltweit etwa 0,05 Prozent der Abfälle kompostiert. Zum gleichen Zeitpunkt waren es in Mitteleuropa etwa ein Prozent. In Südostasien, wo die Kompostierung und Vergärung in der Vergangenheit ubiquitär anzutreffen waren, sind diese Verfahren heute marginal. Die Zeit hat ihre Vorteile vergessen lassen! Sie wurden nicht mehr bedarfsgerecht eingesetzt! Die Entsorgung trat in den Vordergrund, nicht die Herstellung eines Produktes für bestimmte Zwecke und der Faktor Zeit wurde monetär bewertet. Es ist der Verdienst derer, die die getrennte Sammlung von organischen Abfällen einführten, die Produktion eines anwendungsorientierten Gutes in den Vordergrund gestellt zu haben. Wollen wir die vielfältigen Möglichkeiten biologischer Prozesse in der Abfallwirtschaft in Zukunft nutzen, so darf nicht im Vordergrund stehen "wo nützen uns biologische Prozesse". Und dies wird überall dort der Fall sein, wo regenerative Energie gefragt ist, dort wo der Humusaufbau in Böden angeraten ist oder Erosionsminderung betrieben werden muss.

Zu biologischen Prozessen in der Abfallwirtschaft gibt es unzählige Publikationen, eine Internetrecherche zeigt rund zwanzigtausend und dies ist sicher nur ein Teil. Doch eine Gesamtschau, ein Lehrbuch fehlt. Ansätze sind vorhanden: Golouke, de Bertoldi, Diaz, das Müllhandbuch, aber die Zeit ist darüber hingegangen, sie blieben alle lückenhaft, unvollendet eben - *Tempus edax rerum*.

Um so höher ist der Verdienst der Autorin des vorliegenden Werkes, Ulrike Stadtmüller, einzuschätzen, die diese Lücke gefüllt hat. Sie hat die Zeit angehalten, wenn sicher auch nur für eine Sekunde in der Weltenzeit, um Kompostierung und Vergärung in ihrer Ganzheit darzustellen. Hier lässt sich aufbauen! Hier lässt sich erfahren, wo biologische Verfahren einzusetzen sind und wo nicht, damit zukünftig ihre gezielte, sinnvolle Anwendung ihnen zur weiteren Verbreitung verhilft.

Juli 2004

Professor Dr.-Ing. habil. Werner Bidlingmaier

Inhaltsübersicht

Inhaltsverzeichnis

Kapitel 1

Bioabfallwirtschaft: Einführung und wissenschaftliche Entwicklung

Dieses Lehrbuch ist der biologischen Seite der Abfallwirtschaft gewidmet und soll Studierenden einen Einblick in einen Themenkomplex geben, der aus dem alltäglichen Umgang mit der häuslichen Biotonne vertraut und vielen gar nicht angenehm ist. Die Erfassung von Bioabfällen ist mit zusätzlichem Aufwand verbunden, die Tonne häufig übelriechend und insbesondere im Sommer mit lebhaftem Treiben mehr oder weniger unliebsamer Kleinlebewesen verbunden. Die getrennte Sammlung und Behandlung kostet viel Geld, der hergestellte Kompost hat in weiten Teilen Deutschlands mit Absatzproblemen zu kämpfen und in den Medien finden sich regelmäßig Schlagzeilen über hygienische oder ökologische Bedenken im Zusammenhang mit Bioabfall. Warum also dieser Aufwand?! Warum nicht wie früher alle Abfälle gemeinsam auf eine Deponie bringen oder verbrennen?

Auf diese Fragen soll in diesem Buch eine Antwort gegeben werden. Um die Dimensionen eines Grundlagenbuches nicht zu sprengen, musste notwendigerweise eine Beschränkung des weiten Feldes der Bioabfallwirtschaft vorgenommen werden. Daher werden Teilgebiete wie die mechanisch-biologische Behandlung von Restmüll, die energetische Nutzung von Altholz in entsprechenden Biomasseverbrennungsanlagen oder die Verfütterung geeigneter organischer Abfälle gar nicht und andere Gebiete wie die Speisereste- oder die Klärschlammverwertung nur kurz behandelt. Auch aus der Vielzahl der Ausgangsmaterialien wird die große Masse derer aus Industrie und Landwirtschaft nur am Rande angesprochen, obwohl diese mengenmäßig weit über denen der sonstigen, getrennt erfassten Bioabfälle liegen.

Viele der Grundlagen jedoch, die hier exemplarisch für die häuslichen Bioabfälle dargelegt werden, lassen sich zwanglos auf andere organische Abfälle übertragen – den beteiligten Mikroorganismen ist es weitgehend egal, ob die von ihnen abzubauende Zwiebel aus einem Singlehaushalt oder einer Kantine kommt, ob sie zu überproduzierten Feldfrüchten, Produktionsabfällen der Lebensmittelindustrie oder Marktabfällen gezählt wird, solange gewisse Rahmenbedingungen eingehalten werden. Dem potentiellen Abnehmer ist die Auswahl der Rohstoffe zwar nicht so gleichgültig, aber wenn Qualität und Preis stimmen, ist ein Absatz prinzipiell möglich. Beide gemeinsam stellen im Verbund mit Politik und Gesetzgebung die Anforderungen für das, was mit den organischen Abfällen zu geschehen hat.

Der Aufbau des Lehrbuches zeichnet den Weg nach, den organisches Abfallmaterial vom Erzeuger zum Abnehmer nimmt: gestützt auf abfallwirtschaftliche, politische und rechtliche Grundlagen wird erst das Ausgangsmaterial vorgestellt. Es folgt dessen Erfassung, die, weil sie Schwierigkeiten bereitet, eingehender beleuchtet wird, anschließend Sammlung und Transport zu einer Bioabfallbehandlungsanlage. An dieser Stelle werden einige grundlegende Gedanken zur Planung einer solchen Anlage vorgestellt, die sowohl für eine Vergärungs-, als auch für eine Kompostierungsanlage gelten. Beide Verfahren sind sich in weiten Strecken der Prozessführung so ähnlich, daß sie gemeinsam behandelt werden: jeder Verfahrensschritt wird zunächst allgemeingültig erläutert und dann um die vergärungs- und die kompostierungsspezifischen Dinge ergänzt.

Es folgen auf die Planung die Kapitel zur Annahme der Bioabfälle und zu den genutzten Organismen inklusive der Anforderungen, die diese an die anschließende Aufbereitung der Bioabfälle stellen. An die Aufbereitung selbst schließen sich die (gedanklich parallel zu schaltenden) Kapitel der anaeroben und aeroben biologischen Behandlung an. Der Gang durch die Anlage wird beschlossen mit der Feinaufbereitung des entstandenen Biogases, des Gärrestes und des Kompostes sowie einer Emissionsbetrachtung.

Dem Lauf der Erzeugnisse – nach einer abschließenden Untersuchung können sie die Anlage verlassen und auf verschiedene Weise zur Energiegewinnung oder Bodenverbesserung genutzt werden – gelten die nächsten Kapitel. Das Thema Qualitätsmanagement gilt insbesondere dem Kompost mit seinen Absatzmöglichkeiten und -schwierigkeiten.

Abschließend werden Vergleiche zu den eingesetzten Verfahren gezogen, ein Blick auf die viel diskutierten, biologisch abbaubaren Kunststoffe geworfen und die Perspektiven der Bioabfallwirtschaft, hinausgehend über den nationalen Rahmen, dargestellt.

Besonderes Gewicht wird in diesem Werk nicht auf die technischen, sondern auf die biologischen Grundlagen gelegt, da diese vielen Studenten der technischen Studiengänge sonst verschlossen bleiben. Im Einklang mit dem heutigen Ruf nach einer interdisziplinären Ausbildung der Abfallwirtschaftler wird zudem bewußt auf ebendiese thematische Vielschichtigkeit zurückgegriffen, um den Studierenden die komplexen Zusammenhänge des Fachgebietes darzustellen und zu erläutern. Als Hilfestellung sind ein umfangreiches Inhaltsverzeichnis, Schlagwortverzeichnis und Glossar gegeben.

Als Ergänzung des derart abgesteckten Rahmens wird im Folgenden ein kurzer Abriss der Entwicklung des bioabfallwirtschaftlichen Wissens gegeben, ausgehend von den abfallwirtschaftlichen Gegebenheiten und erweitert um Aspekte der universitären Lehre. Auf diese Weise kann nachgezeichnet werden, welche Fragen inzwischen geklärt sind und wo auch heute noch Forschungsbedarf besteht. Bei der Bioabfallwirtschaft und den Biowissenschaften handelt es sich um zwei komplexe Bereiche, die zwar gemeinsame Schnittmengen haben, aber nicht identisch sind:

Die Bioabfallwirtschaft beruht im wesentlichen auf Erfahrungen, die durch praxisorientierte Untersuchungen untermauert wurden. Grundlagenforschung wird wenig praktiziert und gestaltet sich auch vom Ansatz her komplizierter als bei den klassischen Natur- oder Ingenieurwissenschaften, weil Abfälle als Ausgangsmaterialien stets inhomogen sind und schon die repräsentative Probenahme gleichermaßen wichtig wie schwierig ist. Ein weiterer Grund für die relativ geringe Forschungsintensität ist darin zu suchen, daß Abfall nach allgemeinem Verständnis nicht als Material gilt, das einen positiven Wert hat. Dass sich dieser Aspekt ändern könnte, wird bereits jetzt beim Phosphor ersichtlich: da inzwischen bekannt ist, daß die globalen Reserven in 80 bis 150 Jahren aufgebraucht sein werden, wird verstärkt erforscht, wie sich diese (bald an Wert gewinnende) Ressource aus organischem Abfallmaterial zurückgewinnen läßt.

Die Ursprünge des Wissens um einen gezielten Umgang mit organischen Abfällen liegen in der historischen Vorzeit; denn auf dem Wege der Kompostierung wurden bereits im Altertum Abfälle verwertet. Diese Erfahrungen wurden im Laufe der Jahrhunderte nicht mit gleichbleibender Intensität umgesetzt; manches ging verloren, um später wieder erarbeitet zu werden: die Geschichte des Umgangs mit Abfällen spiegelt auch einen Teil der Siedlungsgeschichte wider.

Ein tiefgreifender Umbruch ist in den Jahrzehnten nach Ende des zweiten Weltkrieges zu verzeichnen, als mit dem Hausmüll zunehmend Materialien in Umlauf gerieten, die sich nur schwer oder gar nicht abbauen ließen und schädliche Substanzen enthielten oder freisetzten. Damit waren sowohl die Kompostierung gemischter Restabfälle als auch die einfache Ablagerung, wie sie bis dahin praktiziert wurde, nicht mehr verantwortbar. Parallel zu dieser Qualitätsveränderung stieg die Quantität der Abfälle zeitweise besorgniserregend an. In den sechziger Jahren erschienen weltweit die ersten öffentlichkeitswirksamen Publikationen sowohl über die zunehmenden Umweltprobleme als auch hinsichtlich der Endlichkeit der Ressourcen. Erste grundlegende Ansätze zum Schutz der Umwelt finden sich in den Veröffentlichungen des *Club of Rome* und im Sofortprogramm der Bundesregierung von 1970, im ersten Umweltprogramm von 1971 sowie in einer Vielzahl von Gesetzen zur Umweltpflege, die Anfang der siebziger Jahre verabschiedet wurden und zu denen auch das Abfallbeseitigungsgesetz aus dem Jahr 1972 zählt.

In dem Maße, wie sich in der Bevölkerung ein Bewußtsein für die Bedeutung der Themen Umwelt und Umweltschutz bildete, wurde auch die Notwendigkeit erkannt, an den Universitäten eine eigene umweltpolitische Lehre zu initiieren ([16] Baron, 2000). Neben den Fachrichtungen Luftreinhaltung, Gewässerschutz und Altlastenerfassung bzw. –sanierung war angesichts der bedenklichen Zustände bei der Müllentsorgung auch das Fachgebiet Abfallwirtschaft an den Universitäten vertreten, zunächst, da es keine ausgebildeten Abfallwirtschaftler gab, gelehrt von Fachkräften unterschiedlichster Herkunft: Bauingenieure, Bergleute, Biologen, Chemiker, Geologen, Juristen, Siedlungswasserwirtschaftler, Soziologen, Verfahrenstechniker u.v.m., deren gemeinsames Interesse darin bestand, die Umweltprobleme in Deutschland zu erforschen und nach Möglichkeit zu beheben ([288] Thomé-Kozmiensky, 2000).

In den Anfängen der abfallwirtschaftlichen Lehre und Forschung lag das Schwergewicht auf den Themen der Müllkompostierung, der Deponierung und der Verbrennung. Die Themen Verbrennung und Deponierung sollen, da sie hauptsächlich den Restabfall betreffen, hier nicht weiter betrachtet werden; auch die aktuelle Diskussion um die mechanisch-biologische Behandlung von Restmüll wird hier ausgespart.

Die in diesem Rahmen untersuchten biologischen Verfahren wurden zunächst ebenfalls nur zur Behandlung von Restmüllfraktionen mit Klärschlamm eingesetzt und spielten daher für die Siedlungsabfallwirtschaft eine eher untergeordnete Rolle ([155] Jäger, 1997). Die aus diesen Stoffen erzeugten Komposte dienten überwiegend der Erosionsbekämpfung in Weinbergen ([11] Andres, 1965), was sich an der Lage der ersten Kompostwerke gut nachvollziehen läßt; die meisten von ihnen lagen in Weinbaugebieten und in direkter Nachbarschaft zu Klärwerken. In Gegenden ohne Weinbau wurde der Kompost in der Landwirtschaft eingesetzt. Hier war jedoch in den siebziger Jahren eine Sensibilisierung hinsichtlich möglicher Bodenschädigungen durch die Aufbringung von Müll-Klärschlammkompost zu verzeichnen.

Die Forschungssituation der siebziger Jahre stellte sich wie folgt dar: Geprägt von der Absicht, die anfallenden Klärschlämme hygienisch einwandfrei und möglichst nutzbringend zu entsorgen ([189] Länderarbeitsgemeinschaft Abfall, 1977), waren weitergehende Fragen nach der Qualität des Ausgangsmaterials sowie nach einer besonderen Erfassung, Sammlung oder einem getrennten Transport von organischem Material noch nicht von Interesse.

Auf dem Gebiet der Anlagenplanung wurde ausgehend von den beiden ersten, Mitte der fünfziger Jahre errichteten Müll-Klärschlamm-Kompostierungsanlagen in Blaubeuren und Baden-Baden an der Entwicklung fortschrittlicherer Anlagen gearbeitet; aus dieser Zeit stammen die Rottetürme, die später zur besseren Belüftung teilweise mit Etagen ausgestattet wurden. Auch die Entwicklung erster, schrägliegender Rottetrommeln läßt sich in diese Zeit datieren. Aufgrund der sauren pH-Werte in Verbindung mit hohen Temperaturen und hoher Luftfeuchtigkeit hatten die Anlagenbetreiber mit starken Korrosionsproblemen zu kämpfen, deren Untersuchungen breiten Raum einnahm.

In der Aufbereitung wurden Maschinen, die aus der Aufbereitung und Förderung in Bergbaubetrieben bekannt waren, wie Sortierapparate oder Gurtband- und Kratzförderer, auf ihre Eignung für nasse Organik erprobt. Vorhandene Klassiergeräte wurden an das Kompostmaterial angepasst: die anfangs eingesetzten Flachsiebe wurden erst durch Spannwellen- und später durch Trommelsiebe ersetzt. Weitere Untersuchungen betrafen die Homogenisierung von Haufwerken unterschiedlicher Qualität, z.B. des Müll-Klärschlamm-Gemischs, und Fragen nach der schonendsten Art der Müllzerkleinerung.

Bei den aeroben Verfahren wurde eine Vielzahl von Versuchsreihen zur Optimierung des Rotteprozesses durchgeführt, wobei die Parameter des Sauerstoff- und Wassergehaltes, der Rottedauer usw. variiert wurden. Anaerobe Verfahren waren noch nicht von Interesse, auch die genutzten Organismen wurden mit Ausnahme der Rolle der Regenwürmer noch nicht systematisch erforscht.

Große Schwierigkeiten bereitete von Anfang an die Entnahme repräsentativer Proben bei dem inhomogenen Abfall- und Kompostmaterial, daher hatten viele

Untersuchungen diesbezügliche Verbesserungsansätze zum Inhalt ([124] Garvert und Kick, 1979). Auch die entwickelten Analyseverfahren waren mit einer Vielzahl methodischer Fehler behaftet: es wurden unterschiedliche Probenaufschlussverfahren eingesetzt, die weiteren Aufbereitungsschritte waren nicht standardisierbar, und es zeigten sich starke Abhängigkeiten der Messwerte von jeweiligem Element und dessen unterschiedlichen Verbindungen sowie von der jeweiligen Korngröße. Es bestand also großer Handlungsbedarf, um diese Analyseverfahren zu harmonisieren und zu standardisieren.

Hinsichtlich der Emissionen waren hauptsächlich Gerüche von Belang. Um dieses Problem zu lösen, wurde einerseits an Maßnahmen gearbeitet, um die Bildung von Gerüchen von vornherein zu vermeiden, andererseits wurden Biofilter entwickelt, mittels derer die geruchsbeladene Abluft auf biologischem Wege gereinigt werden konnte.

Die bei der Müll-Klärschlamm-Kompostierung erzeugten Komposte wurden zur Erosionsbekämpfung im Weinbau und zur Deponieabdeckung eingesetzt; für die damals anstehenden geringen Mengen bestanden keine Absatzprobleme, so dass keine besonderen Vermarktungsstrategien erforderlich waren. Ein Qualitätsmanagement im heutigen Sinne wurde noch nicht praktiziert, jedoch wurden Versuche zur Pflanzenhygiene der Komposte unternommen, um eine Schädigung der Weinreben auszuschließen.

In den achtziger Jahren war ein nach wie vor zunehmendes Abfallaufkommen zu bewältigen; zudem fehlte es u.a. infolge der Schließung tausender Müllkippen an Behandlungs- und Beseitigungsanlagen. Die Entsorgungsinfrastruktur zeigte sich immer noch unterentwickelt, die Abfallströme waren mehr durch Zufälligkeiten als durch gezielte Steuerung charakterisiert, erhebliche Entsorgungsprobleme wurden erwartet ([78] Der Rat von Sachverständigen für Umweltfragen, 1998). Vor allem wegen der Knappheit der Beseitigungskapazitäten, aber auch aus ökologischen Gründen wurde nach Möglichkeiten der Abfallverwertung gesucht. Den wichtigsten Anstoß bildeten dabei rechtliche Vorgaben und wirtschaftliche Rahmenbedingungen: hohe und daher teure Umweltstandards für die Beseitigung steigerten die wirtschaftliche Attraktivität der Verwertung ([80] Der Rat von Sachverständigen für Umweltfragen, 2002). Dieser Werteänderung trug auch die geänderte Namensgebung des Abfallgesetzes Rechnung, das nach seiner Novellierung als *Gesetz über die Vermeidung und Entsorgung von Abfällen* die Rangfolge Vermeidung vor Verwertung vor Entsorgung erstmals in einer Rechtsnorm postulierte.

1983 wurde mit dem Forschungsprojekt *Grüne Biotonne Witzenhausen* zum ersten Mal eine getrennte Sammlung von organischem Abfall initiiert ([116] Fricke et al., 1985). Bereits wenige Jahre später erlangte die zuvor im kleinen Maßstab erprobte Bioabfallsammlung größere Bedeutung, als nämlich die Betreiber der Kompostwerke in Groß-Gerau und Pinneberg, die ihren Müll-Klärschlammkompost nicht im Weinbau, sondern in der Landwirtschaft absetzten, ihre Anlagen von der Müll-Klärschlamm- auf die Bioabfallkompostierung umstellten. Da dieser getrennt erfasste Bioabfall aus für seine Schadstoffbelastung bekanntem Hausmüll stammte ([134] Greiner, 1983), wurden die Untersuchungen von Anfang an auch unter dem Aspekt der Produktqualität und damit des Absatzes der Komposte durchgeführt. Erheblichen Einfluss auf diese qualitativen Aspekte übten die in diesen Jahren gegründete Bundesgütegemeinschaft Kompost und die Herausgabe des Merkblattes M10 der *Länderarbeitsgemeinschaft Abfall (LAGA)* aus ([186] LAGA, 1995). Die Diskussion um Dioxin- und Schwermetallbelastungen der Bioabfallkomposte dominierte während langer Jahre die Forschung.

Die Lage der Wissenschaft zeigte in den achtziger Jahren folgendes Bild ([77] Der Rat von Sachverständigen für Umweltfragen, 1990): Aufgrund der Schadstoffdiskussion wurde inzwischen zur Kompostierung statt der Hausmüll-Klärschlamm-Gemische getrennt erfasster Bioabfall eingesetzt, was hohen Untersuchungsbedarf mit sich brachte ([188] Lahl et al., 1992). Das neue Ausgangsmaterial wurde in ländlichen, besonders aber in den stark verdichteten städtischen Bereichen auf seine Inhaltsstoffe sowie auf die Menge und Zusammensetzung in Abhängigkeit von Einflussgrößen wie Jahresgang, Wohn- und Bevölkerungsstruktur oder Sammelsystem analysiert. Zur getrennten Erfassung des organischen Abfalls aus den Privathaushalten mussten sinnvolle Abfallsammel- und Gebührensysteme entwickelt werden; Studien zu den Erfassungsquoten und Faktoren wie Behältergröße, Abholrhythmen oder besagte Sammel- und Gebührensysteme, mit denen sich diese beeinflussen lassen, wurden durchgeführt. Brauchbare Sammelgefäße mussten geschaffen werden, was Versuche zur Größe, Belüftung und Geruchsabdichtung nach sich zog. Abholrhythmen mussten optimiert, die Mehrkosten der getrennten Sammlung berechnet und geeignete Sammelfahrzeuge für den Transport des stark riechenden, nassen und strukturlosen Bioabfalls konstruiert werden ([36] Bidlingmaier, 1985). Zur Steigerung der Qualität des Bioabfalls wurde mit verschiedenen Arten der getrennten Schadstofferfassung z.B. schwermetallhaltiger Abfälle experimentiert ([160] Jager und Wiegel, 1986).

Bei der Anlagenplanung wurden anstelle der Müll-Klärschlamm-Kompostierungsanlagen neue Anlagen speziell zur Kompostierung von Bioabfällen entwickelt, die ersten Anlagenbilanzierungen stammen ebenfalls aus dieser Zeit. Mit der Rottebox wurde ein erstes Intensivrottesystem großtechnisch erprobt. Auch die Aufbereitungstechnik wurde, aufbauend auf den Erfahrungen mit der Müll-Klärschlamm-Kompostierung der siebziger Jahre, gezielt auf die Verarbeitung von Bioabfällen optimiert ([159] Jager, 1991).

Hinsichtlich der aeroben Verfahren wurde die bis dahin praktizierte unbelüftete Mietenrotte ergründet ([156] Jäger und Schenkel, 1985), gleichzeitig wurde nach Alternativverfahren gesucht; auch die Eigenkompostierung in den Privathaushalten wurde als ein sinnvoller Weg zur Abfallverwertung erkannt und infolgedessen in die Untersuchungen einbezogen ([328] Wiegel, 1988/1993).

In den späten achtziger Jahren gingen erste, anaerob betriebene Technikumsanlagen in Betrieb, basierend auf den Erfahrungen der Abwasserreinigung und demzufolge kämpfend mit all den Folgeerscheinungen, die der Umgang mit dem inhomogenen organischen Material mit sich brachte: Schaum- und Schwimmschichten einerseits, Ausfällungen und Ablagerungen andererseits, dazu Verstopfungen in den Zu- und Abflußsystemen. Aufgrund der Verwertung von Küchenabfällen gab es Probleme mit der Aufsalzung des Abwassers, und da zunächst die bei der Vergärung stattfindenden Um- und Abbauprozesse noch nicht verstanden waren, wurde mit den beiden bekannten Parametern Temperatur und pH-Wert experimentiert, um den Betriebsablauf stabil zu halten. Gleichzeitig wurden die an der Vergärung beteiligten Organismen erforscht: bahnbrechend war die Aufschlüsselung der beiden großen Gruppen der hydrolysierenden und säurebildenden Bakterien einerseits und der methanbildenden Bakterien andererseits. Dadurch waren Rückschlüsse auf die aus der Mikrobiologie bekannten, unterschiedlichen Lebensbedingungen und die von diesen Mikroorganismen bewirkten biochemischen Prozesse möglich, was von grundlegender Bedeutung für die Auslegung der Vergärungsanlagen in den folgenden Jahren war ([158] Jager, 1988).

Zum Thema Emissionen wurden neben Arbeiten zur Geruchsminimierung ([125] Gebhard et al, 1985; [311] VDI-Kommission zur Reinhaltung der Luft, 1984) erste Studien zur Analyse des Abwassers aus Anaerobanlagen durchgeführt, dessen organische Belastungen gegen eine einfache Einleitung in Kläranlagen sprachen.

Neben der Fortführung der Untersuchungen zur Herkunft und Verbreitung von Schwermetallen ([154] Jäger, 1987) und zu Toxizitätsuntersuchungen wurde auch an gesetzlichen Maßnahmen zum Ersatz schwermetallhaltiger Produkte gearbeitet. Ergänzt wurde die Schadstoffdiskussion um die derzeit nachgewiesenen Belastungen der Komposte durch organische Schadstoffe. Erste quantitative Untersuchungen in Kompost, Boden und Abwasser wurden durchgeführt. Hoher Forschungsbedarf bestand bei der Frage nach einem mikrobiellen Abbau von Dioxinen und Furanen sowie nach eventuellen bakterientoxischen Wirkungen; auch die Rolle der organischen Schadstoffe bei der Resorption durch Pflanzen wurde betrachtet ([113] Fricke, 1996). Vorhandensein und Wirkungen des Insektenvernichtungsmittels Lindan, das besonders in Rinden immer noch nachweisbar war und dadurch in die Komposte einging, wurden weiter verfolgt. Bei den Klärschlämmen wurden vorwiegend die Mobilität von Umweltchemikalien aus Klärschlämmen in Böden sowie hygienische Fragen ([281] Strauch, 1985) ergründet. Einer der zentralen Punkte der gesamten Schadstoffdiskussion bezog sich darauf, welche Stoffe auf biologischem Weg in einer bestimmten Zeit – etwa in einem Jahr – in reaktionsarme und unschädlich verwertbare Produkte ab- und umgebaut werden können ([77] Der Rat von Sachverständigen für Umweltfragen, 1990).

Aufgrund der steigenden Mengen an Komposten wurde in den achtziger Jahren vermehrte Aufmerksamkeit auf Chancen und Marketingkonzepte für Bioabfallkomposte gelegt; eine der wichtigsten Fragen war die, ob eine bessere Sammel- bzw. Aufbereitungstechnik und daher bessere Qualität oder aber verstärkte

Absatzbemühungen erfolgversprechender seien. Marktanalysen wurden durchgeführt, um neue Absatzgebiete zu erschließen; aus diesen Bestrebungen erwuchs beispielsweise der Einsatz von Bioabfallkomposten zur Reinigung kontaminierter Böden.

Das Qualitätsmanagement wurde entsprechend den Anforderungen des LAGA Merkblattes M10 ausgebaut, wobei das Schwergewicht der Untersuchungen auf der Pflanzenverträglichkeit der erzeugten Komposte und auf Bestrebungen nach Einhaltung einer gleichbleibenden Qualität lag.

Die neunziger Jahre waren durch die Öffnung der innerdeutschen Grenzen charakterisiert. Nach der Wende wurden viele ehemalige LPG-Silos in Kompostwerke umgewidmet, mit denen auf sehr niedrigem technischem Standard und zu geringen Kosten gearbeitet werden konnte. Infolgedessen verschoben sich die Stoffströme zunehmend in die neuen Bundesländer, so daß sich schon bald eine Zweiteilung in der deutschen Bioabfallwirtschaft abzeichnete.

Die Abfallwirtschaft wurde unter einen bereits aus den Siebzigern stammenden, aber einstweilen nicht verwirklichten Leitgedanken gestellt, der in der Namensgebung des *Gesetz[es] zur Förderung der Kreislaufwirtschaft und Sicherung der umweltverträglichen Beseitigung von Abfällen* zum Ausdruck kam und zudem die Schonung natürlicher Ressourcen beinhaltete. Durch die Einführung von Abfallbilanzen, Abfallwirtschaftsplänen und –konzepten wurde eine bessere Datenbasis für eine gezielte Steuerung der Stoffströme sowie für zuverlässigere Prognosen des Abfallaufkommens gelegt ([78] Der Rat von Sachverständigen für Umweltfragen, 1998). Neue Anforderungen an den Umgang mit Bioabfällen wurden in der TA Siedlungsabfall erhoben, indem deren Verwertung u.a. vom Vorhandensein eines Marktes abhängig gemacht wurde. Erste Entwürfe zum Bundes-Bodenschutzgesetz wurden ebenfalls bereits zu Beginn der neunziger Jahre diskutiert, wenngleich das Gesetz erst Ende der Neunziger in Kraft trat. Ebenfalls im Jahr 1998 wurde die Bioabfallverordnung verabschiedet, beide Rechtsverordnungen sehen strenge Grenzwerte der Schwermetallkonzentrationen sowohl bei den jeweiligen Böden als auch bei den aufzubringenden Komposten vor, was die Verwertung von Komposten aus Sekundärrohstoffdüngern deutlich einschränkte ([28] Bergs, 2000). Immer häufiger wurde in dieser Zeit auch diskutiert, unter welchen Bedingungen eine Verwertung besser als eine Beseitigung sei: den ökologischen Vorteilen unter dem Gesichtspunkt der Ressourcenschonung standen ökologische Nachteile z.B. bei der Schadstoffverteilung gegenüber. So läuft die landwirtschaftliche Verwertung von aufbereiteten Abfallstoffen wie Klärschlamm und Komposten, die zu einer weiträumigen Verteilung der enthaltenen Schadstoffe in Böden führt, der ursprünglichen Tendenz der Abfallwirtschaft zuwider, die gerade auf die Entproblematisierung der Schadstoffpotentiale des Abfalls durch Konzentration an einzelnen, möglichst unempfindlichen und wohlüberwachten Orten zielte ([80] Der Rat von Sachverständigen für Umweltfragen, 2002). Weiterhin wurde gefordert, über mögliche Langzeitwirkungen der im Stoffkreislauf gehaltenen, wiederverwertbaren Stoffe für Umwelt und Gesundheit zu forschen sowie ggf.

Vorsorgemaßnahmen zu treffen oder zu verbessern ([79] Der Rat von Sachverständigen für Umweltfragen, 2000).

Die Forschung der neunziger Jahre legte neue Schwerpunkte ([153] Internetrecherche, 2002): In dem Maße, wie weitere Landkreise an die Bioabfallsammlung angeschlossen wurden, wurden auch Mengen und Zusammensetzungen des Aufkommens an Hausmüll, Biomüll, Restmüll etc. vertiefend erfasst, so dass auf eine stabile Datenbasis für exaktere Prognosen zurückgegriffen werden konnte. Aufbauend auf die grundlegenden Untersuchungen zur Erfassung und Sammlung von Bioabfall wurden nun Konzepte zur Optimierung der Sammelergebnisse erarbeitet.

In der Anlagenplanung wurde die Hygienebaumusterprüfung für neue Anlagentypen eingeführt; bei der Vergärung führte die Umsetzung der zuvor gewonnenen Erkenntnisse über die Abläufe und beteiligten Organismen dazu, dass neben den heute noch eingesetzten zweistufigen auch drei- und vierstufige Anlagen konzipiert wurden, die sich letztlich aber nicht als erfolgreich erwiesen. Die Aufbereitung war weitgehend ausgereift, lediglich in der Sortiertechnik bedurfte es noch weiterer Verbesserungen ([78] Der Rat von Sachverständigen für Umweltfragen, 1998; [94] Emberger und Müller, 1998).

Bei den aeroben Verfahren wurde auch weiterhin mit der Optimierung der Rottesysteme experimentiert ([37] Bidlingmaier, 1992; [38] Bidlingmaier und Denecke, 1998); [93] Emberger und Jäger, 1995), zudem fanden zu dieser Zeit erste Versuche zur Automatisierung des Kompostierungsprozesses statt. Die anaeroben Verfahren wurden im großtechnischen Maßstab verwirklicht, was eine Anpassung der auf Versuchsebene erreichten Lösungen für die zuvor genannten, technischen Probleme an dieses großtechnische Niveau erforderte ([312] Verband Kommunale Abfallwirtschaft und Stadtreinigung e.V., 1996). Durch den notwendigen technischen und finanziellen Aufwand stellte sich bei der Vergärung die Frage nach der Wirtschaftlichkeit einer solchen Anlage. Bei den untersuchten Organismen lag für geraume Zeit der Schwerpunkt auf den Pilzen, deren Fähigkeiten zum Abbau von Lignin, Chitin und anderen schwer zersetzbaren Substanzen intensiv ergründet wurden.

Nach wie vor wurde auch auf dem Gebiet der Schadstoffanalyse gearbeitet: Hintergrundbelastungen, Mobilisierbarkeit, Transportverhalten und Bioabbau umweltrelevanter Schadstoffe anorganischer und organischer Art im Bioabfall waren immer noch nicht abschließend erforscht und auch die Ermittlung des endokrinen Schadstoffpotentials in Klärschlamm und dessen Wirkung auf Boden, Grund- und Oberflächenwasser standen noch zur Diskussion ([177] Krauß und Wilke, 1997).

Mehr Gewicht als zuvor erhielten Untersuchungen zu Emissionen und zur Emissionsminderung: bei Gerüchen wurden Biowäscher entwickelt, die alleine oder in Kombination mit den bekannten Biofiltern eine zuverlässigere Desodorierung der Abluft bewirken sollten ([92] Eitner, 1996). Viele Arbeiten wurden auch zur Emission von Keimen durchgeführt ([157] Jager et al., 1996). Dieses

Thema erwies sich als sehr publikumswirksam; entsprechend wurde Aufklärung über mögliche Gefährdungen gefordert und teilweise in spektakulären Aktionen Abhilfe gegen vermeintliche Übeltäter geschaffen: so war das Kompostwerk in Kassel-Niederzwehren das erste und bisher einzige, das mit der Begründung mangelnder Hygiene geschlossen wurde.

Ebenfalls eingehend wurden die Verwertungspotentiale auf landwirtschaftlich genutzten Flächen analysiert, was angesichts der steigenden Mengen an Bioabfallkomposten und der Absatzschwierigkeiten besonders wichtig war. Ausgelöst durch die zunehmende Verwertung von Bioabfallkomposten wurden auch die Umweltbelastungen durch die Nutzung von aufbereiteten Abfällen und Verwertungsprodukten unter dem bereits genannten Gesichtspunkt der Schadstoffverteilung diskutiert ([80] Der Rat von Sachverständigen für Umweltfragen, 2002).

Großer Wert wurde auf das Qualitätsmanagement gelegt; Untersuchungen zur Qualität der erzeugten Komposte sowohl bezüglich wertgebender als auch hinsichtlich schädlicher Inhaltsstoffe nahmen großen Raum ein ([256] Reinhold, 2000).

Da aufgrund der Verwertung steigender Mengen von häuslichen Bioabfällen weniger organisches Material auf den Deponien abgelagert wurde, wurde in den neunziger Jahren ebenfalls untersucht, welche Auswirkungen diese Reduzierung des Organikanteils sowohl auf die Zersetzung des verbleibenden Restmülls als auch auf die im Restmüll enthaltenen Schadstoffe habe. Aus dieser Zeit stammen auch erste Simulationen der anaeroben Umsetzungsprozesse auf den Deponien.

Ein ganz neues Tätigkeitsgebiet eröffnete sich mit biologisch abbaubaren Kunststoffen, deren Einsatzmöglichkeiten und -grenzen sowie ökologisch sinnvolle Verwertung intensiv erforscht wurden.

Inzwischen nimmt die Verwertung geeigneter Bioabfälle als Ergänzung zu thermischen Abfallbehandlungsverfahren einen festen Platz in der Abfallwirtschaft ein. Ergänzend zu dem aeroben Verfahren der Kompostierung sind bei der Vergärung, seit die technischen Anfangsschwierigkeiten überwunden worden sind, ebenfalls steigende Anlagenzahlen zu verzeichnen. Als Gründe für diese Entwicklung bei den Anaerobverfahren können das anders gelagerte Spektrum an Ausgangsmaterialien, bessere Möglichkeiten zur Störstoffabtrennung und geringere Probleme mit Geruchsbelastungen gesehen werden. Da auf diese Weise zudem aus nachwachsenden Rohstoffen Energie erzeugt werden kann, werden solche Vorhaben mit Hilfe verschiedener Verordnungen auf nationaler und europäischer Ebene gefördert, was sich ebenfalls positiv auf die Anlagenzahlen auswirkt.

Angesichts der strengeren Emissionsanforderungen bei Bioabfallbehandlungsanlagen verstärkt sich die Zweiteilung der Anlagentechnik entlang der ehemaligen innerdeutschen Grenze: im Westen stehen Anlagen, die dem neuesten Stand der Technik entsprechen, wohingegen diejenigen im Osten in der Regel immer noch weit davon entfernt sind. Da aufgrund der geringeren Bevölkerungsdichte die Emissionen nicht als so störend empfunden werden und da zudem unter anderem aufgrund der sandigen Böden keine Absatzprobleme selbst für Bioabfallkomposte geringerer Güte bestehen, werden die geltenden Rechtsvorschriften dort bei weitem nicht so streng vollzogen wie in den alten Bundesländern. Insofern spielen heute die innerdeutschen Unterschiede bei den Entsorgungspreisen eine wichtige Rolle bei der Verteilung der Abfallströme ([80] Der Rat von Sachverständigen für Umweltfragen, 2002).

Die heutige Forschung ([153] Internetrecherche, 2002; [114] Fricke und Turk, 2000) ist durch den Aspekt des Bodenschutzes gekennzeichnet: gestützt durch die neuen gesetzlichen Grundlagen werden Sanierung, Melioration und Renaturierung von Böden und Schlämmen untersucht ([324] Wegener und Moll, 1997). Dazu zählen beispielsweise die Analyse von Adsorptionsphänomenen unter dem Einfluss eines elektrischen Feldes, also die elektrische Behandlung feinkörniger Böden gegen Schwermetalle und organische Belastungen. Auch die biologische Behandlung und Extraktion von Schwermetallen aus Böden fällt hierunter.

Hinsichtlich des eingesetzten Ausgangsmaterials wird der technisch unproblematischen, aber hygienisch und rechtlich schwierigen Co-Vergärung von Bioabfällen mit Speiseresten besonderes Augenmerk gewidmet; auch andere Substrate wie Gülle, Klärschlamm, Produktionsrückstände und nachwachsende Rohstoffe, die zur Energieerzeugung eingesetzt werden, werden in die Untersuchungen einbezogen ([87] Edelmann, 1994). Im Themenkomplex Erfassung, Sammlung, Transport sind nach wie vor Anstrengungen erforderlich, um die Erfassungsquoten zu verbessern und die Qualität des Ausgangsmaterials zu optimieren; neue Wege werden hier durch die Entwicklung von Störstoffdetektoren bei der Sammlung eingeschlagen.

Bei der Anlagenplanung liegt das Schwergewicht nicht mehr auf dem Bau neuer Anlagen, sondern auf der Optimierung oder Umrüstung vorhandener Kapazitäten. Die Fragen zur Abfallaufbereitung und -feinaufbereitung sind weitgehend geklärt und daher nicht mehr im Brennpunkt der abfallwirtschaftlichen Forschung.

Die aeroben Verfahren werden unter dem Gesichtspunkt der Prozesssteuerung und weiteren Optimierung sowohl bei Bioabfall und Klärschlamm als auch bei Produktionsrückständen untersucht; hier werden speziell die verschiedenen Arten einer Vor- oder Nachbehandlung der Abfälle und Komposte zum Zwecke der Hygienisierung oder Veredelung betrachtet. Prozesssteuerung wird auch bei den anaeroben Verfahren betrieben, die Vergärung bedarf allerdings auch noch weiterer Verbesserungen der Vergärungstechniken und -apparate für einen betriebssicheren und effektiven Ablauf. Untersucht werden die Vergärungsverfahren auch im Hinblick auf die Schadstoffproblematik, beispielsweise deren Aufteilung auf die feste und die flüssige Phase unter verschiedenen Bedingungen, um so einer Schadstoffentfrachtung näher zu kommen. Die beteiligten Mikroorganismen werden weiterhin untersucht, inzwischen aber unter Zuhilfenahme neuer, der

Mikrobiologie entlehnter Techniken wie der In-situ-Hybridisierung, so dass die Organismen nicht nur eindeutiger identifiziert, sondern auch quantifiziert werden können. Das erlaubt wiederum Rückschlüsse auf den Ablauf der biochemischen Prozesse bei der Umsetzung der organischen Abfälle. Auch die Mikroorganismen im Boden werden weiteren Untersuchungen unterzogen, unter anderem wird deren Transportverhalten in verschiedenen Bodenzonen analysiert ([307] von Rheinbaben, 2000).

Der Schadstoffanalytik wird weiterhin viel Aufmerksamkeit geschenkt: Herkunft, Eintragspfade und Verbleib von anorganischen und organischen Schadstoffen werden eingehend untersucht, auch hinsichtlich der Einbindung von Schadstoffen in die Prozesse der Vergärung und der Kompostierung besteht noch großer Forschungsbedarf. Nach wie vor gibt es keine einheitlichen und zuverlässigen Verfahren zur Kompostanalytik, obwohl dort schon viel Arbeit investiert wurde. Die Hygienisierung des organischen Abfallmaterials ist, bedingt durch die Co-Vergärung mit Speiseresten, erneut zu einem Forschungsschwerpunkt geworden und wird in ihrer Effektivität noch kontrovers diskutiert.

Die Emissionen und ihre Vermeidung oder Minderung stellen ebenfalls ein wichtiges Arbeitsgebiet dar. Bei den Geruchsemissionen werden derzeit Online-Analysemethoden für Einzelstoffe oder komplexe Abluftgemische erprobt, Geruchskonzentrationen unter verschiedenen Bedingungen gemessen sowie eine Vielzahl von kinetischen Messungen durchgeführt. Neu hinzugekommen ist bei der Abluftreinigung die Quantifizierung klimarelevanter Schadgase. Weiterhin wird auf vielerlei Arten die Nutzung der biologischen Reinigungsleistung von Biofiltern optimiert: Infrarotuntersuchungen werden zur Detektion des Gasdurchflusses, rotierende Biofilter mit kontinuierlichem Ein- und Austrag als Hilfe gegen Rohgasausbrüche erprobt. Eine Steigerung der Effizienz biologischer Abluftbehandlungsverfahren wird in der Kombination mit anderen biologischen, chemischen und thermischen Verfahren zur Abluftreinigung von biologischen Abfallbehandlungsanlagen gesehen. Das Ziel besteht in der Bilanzierung der quantitativen Emissionen und der Ermittlung der potentiellen Umweltauswirkungen beim Vergleich von verschiedenen Reinigungsverfahren. Die Emission von Keimen ist ein weiterer Forschungsaspekt, zudem wird an Reinigungsverfahren für Prozessabwässer aus der Bioabfallvergärung gearbeitet ([201] Loll, 2001).

Im Themenkomplex Produkte, Verwendung und Vermarktung wird sehr viel Forschungsleistung auf die energetische Nutzung bzw. energietechnische Optimierung der Vergärung von Bioabfällen verwendet. Arbeiten zur Brennstoffzellentechnologie und zu den Potentialen der Kraft-Wärme-Kopplung deuten auf einschneidende Neuerungen hin. Bei den Bioabfallkomposten wird die Begrenzung von Schadstoffeinträgen bei Bewirtschaftungsmaßnahmen in der Landwirtschaft bei Düngung und Abfallverwertung ergründet ([14] Bannick et al., 2002), was für den Absatz der Komposte von großer Bedeutung ist ([52] BMVEL und BMUNR, 2002; [313] Verband Kommunale Abfallwirtschaft und Stadtreinigung e.V., 2002). Das Qualitätsmanagement für Komposte aus Sekundärrohstoffen ist weiter entwickelt worden und umfasst jetzt eine Vielzahl von Parametern wie Rottegrad, Nährstofffreisetzung und Pflanzenverträglichkeit. Zum

Nachweis einer erfolgreichen Hygienisierung werden moderne Techniken wie die PCR (polymerase chain reaction), die sich in der Molekularbiologie bestens bewährt hat, erfolgversprechend erprobt.

Zum derzeitigen Stand der Forschung in der Bioabfallwirtschaft läßt sich zusammenfassend festhalten, dass inzwischen aus jahrzehntelanger Erfahrung bekannt ist, welche Materialien sich zur biologischen Behandlung anbieten und wie sie gesammelt und transportiert werden können. Geeignete Aufbereitungsverfahren stehen für den Bioabfall zur Verfügung, die Kompostierungstechnik ist weitgehend ausgereift. Das Verständnis der Abläufe bei der Vergärung erlaubt eine zuverlässigere Prozessführung und mehr Betriebssicherheit als in den Anfangszeiten der Anaerobtechnik. Hinsichtlich der Qualität der erzeugten Komposte gibt es ein dichtes Netz an Kriterien, deren Einhaltung dem Anwender ein hohes Maß an Gewissheit bei der Verwertung der Komposte gibt.

Ungeachtet dieser Arbeiten entzieht sich jedoch immer noch vieles der aktuellen Kenntnis. Schwierigkeiten zeigen sich immer noch bei der erfolgreichen Erfassung der häuslichen Bioabfälle: die Quoten sind suboptimal und der verbleibende Hausmüll ist immer noch stark mit organischen Bestandteilen durchsetzt. Nach wie vor können die Prozesse in einer Kompostmiete weder automatisch und optimal gesteuert, geschweige denn berechnet werden. Die Vergärung ist zwar aus dem Versuchsstadium heraus, aber noch nicht am Ende ihrer technischen Möglichkeiten. Keine abschließenden Antworten können bis heute auf viele Fragen zu Schadstoffkreisläufen gegeben werden. Immer wieder treten auch neue Fragen zur Hygienisierung des Abfallmaterials auf, die im Zusammenhang mit der BSE-Krise und hinsichtlich der Verfütterung von Tiermehl im Zuge der Maul- und Klauenseuche aktueller sind denn je. Auf diesen Gebieten besteht also auch weiterhin intensiver Forschungsbedarf. Weitere Anstrengungen müssen unternommen werden, um neue Absatzchancen für Bioabfallerzeugnisse zu erschließen.

In Diskussionen um die Zukunft der Bioabfallwirtschaft selbst stellt sich heute weniger die Frage, ob die Bewirtschaftung von Bioabfällen überhaupt sinnvoll ist, sondern vielmehr, ob nicht in unseren Breiten die Nutzung dieser Abfälle auch zum Zwecke der Energiegewinnung mehr Sinn macht als die der alleinigen Gewinnung von Bodenverbesserungsmitteln, die zumindest in vielen Teilen Deutschlands kaum wirklich gebraucht werden. Diese Fragestellung wird in all den Ländern, wo aus verschiedensten Gründen die Bodenkrume sehr dünn ist bzw. vorhandene Böden nährstoffarm oder strukturschwach sind, anders beantwortet werden müssen. Da aktuelle Schätzungen davon ausgehen, daß wesentlich mehr Humus verloren geht als neu gebildet wird ([61] Braungart, 2000), kommt der Bioabfallwirtschaft in diesem Fall die Rolle eines Nährstoffmanagements zu, um so die Humusproduktion zu unterstützen und die Vielfalt an biologischen Nährstoffsystemen intakt zu halten. In ariden Ländern bietet es sich daher an, organisches Abfallmaterial zu kompostieren, um auf diese Weise hochwertigen Dünger zu gewinnen; der Aspekt der Energiegewinnung tritt hier zurück und kann oft auch auf anderen Wegen effektiver erreicht werden.

Auch die Forschung wird von neuen Leitlinien bestimmt werden, für die charakteristisch ist, daß die offenen Fragen nicht nur auf das Fachgebiet Abfall oder Bioabfall Bezug nehmen, sondern in die übergeordneten Sachzusammenhänge des globalen Umweltschutzes und der Daseinsvorsorge eingebettet sein werden. Forschungsthemen der Zukunft werden demzufolge mehr die Abfallvermeidung als die Abfallbehandlung betreffen; die Nachhaltigkeit der Entsorgung wird dabei der bestimmende Gesichtspunkt sein ([303] Umweltbundesamt, 1997; [323] Weber-Blaschke et al., 2002). Verfahren zur Schonung natürlicher Ressourcen werden, wie eingangs am Beispiel der Rückgewinnung von Phosphor aus Abwasser und Klärschlamm erläutert, zunehmend an Gewicht gewinnen. Daneben wird untersucht werden müssen, wie eine Trendwende zu einem dauerhaft umweltgerechten Konsum erreicht werden kann, wie sich also umweltgerechtes Verhalten forcieren läßt ([296] Troge, 1998). Aus dem gleichen Grunde bedarf die Entwicklung umweltgerechter Technik- und Energiekonzepte weiterer Anstrengungen; schließlich soll die Wirtschaftsordnung unter ökologischen Aspekten weiterentwickelt werden. Entsprechende Forschungsschwerpunkte werden sich weg von punktuellen hin zu übergreifenden Themen, weg von technischen, hin zu eher gesellschaftlich-institutionellen Fragen verlagern: querschnittsorientierte Themenbereiche, welche die Umwelt im Zusammenhang mit ihren Grenzbereichen Verkehr, Gesundheit, Landwirtschaft, Freizeit etc. untersuchen, werden also in absehbarer Zeit zunehmend an Bedeutung gewinnen ([288] Thomé-Kozmienksy, 2000; [153] Internetrecherche, 2002; [301] Umweltbundesamt, 2002).

Viel Spaß beim Lesen wünscht

Ulrike Stadtmüller

Kapitel 2

Abfallwirtschaftliche Zusammenhänge

Früher war es üblich, Bioabfälle gemeinsam mit dem Hausmüll zu erfassen und zu behandeln; das Material wurde entweder verbrannt oder deponiert. Die Verbrennung führt heute nicht mehr zu ökologischen Problemen, mit der Deponierung sind allerdings immer noch erhebliche Schwierigkeiten verbunden (vergleiche Kapitel 2.2.2). Um diese zu unterbinden, dürfen in naher Zukunft organische Abfälle nicht mehr ohne weitere Vorbehandlung abgelagert werden. Dies führt in Konsequenz zur getrennten Erfassung und Behandlung von Bioabfällen, womit gleichzeitig dem Verwertungsgebot gemäß Kreislaufwirtschafts- und Abfallgesetz (Kapitel 5.2.1.1) Genüge getan wird.

2.1

Verbrennung von nicht getrennt erfasstem Bioabfall

Die Verbrennung ist eine seit Jahren optimierte Technologie, wird derzeit in 60 Anlagen mit einer Gesamtkapazität von etwa 14 Mio. Mg/a praktiziert ([25] BDE, 1997) und stellt aus heutiger Sicht ein sehr geringes Risiko für die Umwelt dar. Die Verbrennung von Abfall wird nur kurz angesprochen, weil hier keine biologischen Reaktionen stattfinden. Zu den technischen Umsetzungen und Grenzen sei auf die entsprechende Fachliteratur verwiesen ([287] Thomé-Kozmiensky, 1994; [255] Reimann und Hämmerli, 1995).

Der Hauptzweck einer Müllverbrennungsanlage besteht in der Zerstörung oder Isolierung der im Abfall vorhandenen Schadstoffe, in zweiter Linie wird die ebenfalls darin enthaltene Energie durch Dampfabgabe oder Verstromung genutzt. Die Schadstoffe werden durch die Verbrennung zunächst freigesetzt und anschließend entweder in der Schlacke immobilisiert oder in der Rauchgasreinigungsanlage gezielt abgetrennt. Damit Müll selbstgängig (d.h. ohne Zufeuerung von beispielsweise Heizöl) brennt, muss er einen Energiegehalt (Heizwert) von mindestens 3,9 MJ/kg, anderen Angaben zufolge von mindestens 5 MJ/kg aufweisen ([255] Reimann und Hämmerli, 1995). Der Energiegehalt von Hausmüll schwankt von Ort zu Ort zwischen 7 und 11 MJ/kg. Bioabfall hat einen Heizwert von etwa 3 MJ/kg, der ihn nicht zur Verbrennung prädestiniert. Aus verbrennungstechnischen Gründen ist die gezielte Entfernung von Bioabfall aus dem Hausmüll daher sehr sinnvoll. Speziell in Bezug auf die Behandlung organischen Materials ist ein weiteres Kriterium, nämlich die Hygienisierung des Abfalls von Bedeutung, die in einer Müllverbrennungsanlage immer sicher gewährleistet ist.

2.2
Ablagerung nicht getrennt erfassten Bioabfalls auf der Deponie

Die Ablagerung der Bioabfälle ohne vorhergehende Trennung von anderem Hausmüll ist die herkömmliche und immer noch die für den Abfallerzeuger kostengünstigste Entsorgungsvariante. Nachdem in den letzten dreißig Jahren annähernd 60.000 sogenannte Ablagerungsplätze (also überwiegend „qualmende Kippen", von denen heute etwa 10 % als sanierungsbedürftige Altlasten einzustufen sind) geschlossen oder in einen geordneten Betrieb überführt wurden, existieren heute in Deutschland 376 Deponien ([300] UBA, 2000/2). Die Deponierung führt allerdings nach wie vor zu Umweltproblemen, als deren gravierendste die Bildung von Deponiegas und -sickerwasser zu nennen sind ([41] Bilitewski et al., 1994).

2.2.1
Biochemische Umsetzungsprozesse auf einer Deponie

Aufgrund der Vielfalt an Stoffen, die auf einer Deponie abgelagert werden, finden dort sehr viele unterschiedliche Reaktionen statt. In geraffter Form dargestellt, geschieht folgendes: Abfall wird auf eine Deponie aufgebracht, in Schichten von 0,5-1,5 m Dicke eingebaut und mit Kompaktoren oder speziellen Raupen stark verdichtet. Die Ab- und Umbauprozesse laufen je nach äußeren Bedingungen aerob oder anaerob ab, was Auswirkungen auf die betroffenen Organismen und die Art der biochemischen Prozesse hat. Auch die Schnelligkeit des Abbaus, die entstehenden chemischen Produkte und die Menge an Sickerwasser werden dadurch maßgeblich beeinflusst.

Ein Abbau unter aeroben Bedingungen findet im Oberflächenbereich einer Deponie und im frisch eingebauten Abfall statt, aber nur solange, bis neuer Abfall oder eine Zwischenabdeckung aufgeschüttet werden. Deshalb werden nur wenige, leicht abbaubare Stoffe zu CO_2, Wasser und Energie abgebaut. Nach etwa zwei Wochen ist der Vorrat an Sauerstoff und Stickstoff aufgebraucht, der nachfolgende Abbauprozess findet unter anaeroben Bedingungen statt. Dabei werden organische Stoffe in einem dreiphasigen Prozess zu CH_4 und CO_2 abgebaut (Bild 1, Kapitel 14.3.3):

- Hydrolyse: Proteine, Kohlenhydrate und Fette werden zu Aminosäuren, Zucker, Glycerin und Fettsäuren umgesetzt;
- Säurebildung: Umsetzung dieser Stoffe hauptsächlich zu H_2, CO_2 und Essigsäure (entweder direkt oder über verschiedene organische Zwischenprodukte in Form niederer Alkohole bzw. Fettsäuren wie Propionsäure und Buttersäure);

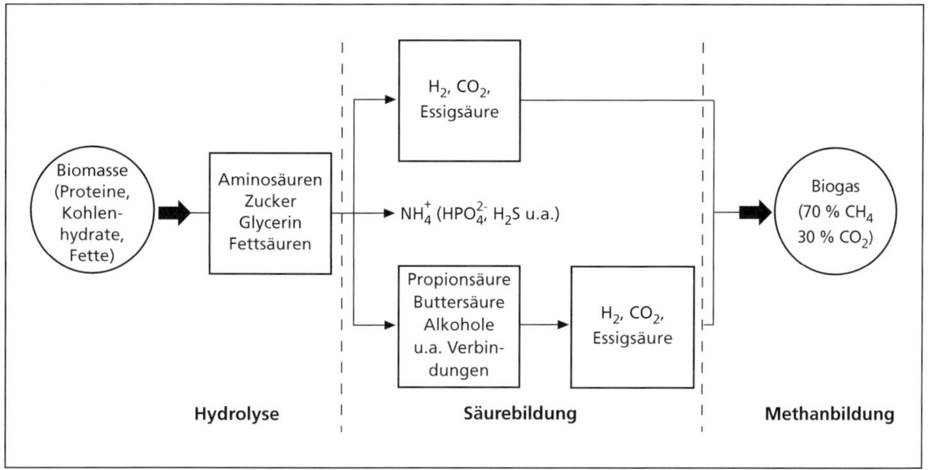

Bild 1: Schematische Darstellung anaerober Abbauprozesse

- Methanbildung: Abbau dieser Substanzen zu CO_2 und CH_4; dabei ist zu beachten, dass methanogene Bakterien viel langsamer wachsen als die an den zuvor genannten Prozessen beteiligten Bakterien.

Die Art der Abbauprozesse hat starken Einfluss auf Zusammensetzung und Aufkommen von Sickerwasser und Gas, was in Kapitel 2.2.2 erläutert wird. Ein schnelles Erreichen der Methanphase wird empfohlen, weil dies eine stabile Phase ist, in der u.a. die Mineralisierung der organischen Inhaltsstoffe und Immobilisierung der Schwermetalle im Müllkörper vollzogen wird ([308] van Wickeren, 1995). Um die Zeit bis zum Erreichen dieser stabilen Methanphase zu verkürzen, sind mehrere Faktoren von Bedeutung.

Einerseits kann das Abfallmaterial selbst vorbehandelt werden im Sinne einer Beschleunigung insbesondere der aeroben Phase: dazu kann es mechanisch zerkleinert und biologisch vorgerottet werden. Zusätzlich kann der Einbau in den Deponiekörper im Dünnschichtverfahren durchgeführt werden, ggf. unter Vermischung mit Klärschlamm.

2.2.2

Probleme bei der Deponierung von organischem Material

Bei der Deponierung von organikhaltigen Abfällen tritt eine Vielzahl von Schwierigkeiten auf wie die Bildung von Deponiegas und Sickerwasser, von Setzungen und Gerüchen sowie hygienische Probleme.

2.2.2.1

Deponiegas

Deponiegas entsteht bei der anaeroben Umsetzung organischer Stoffe durch methanogene Bakterien und enthält 90-99 % Methan und Kohlendioxid. Sein Heizwert liegt unter physikalischen Normalbedingungen bei 15-20 MJ/m³ oder 5-6 kWh/m³. Es bilden sich Mengen von 150-300 m³ pro Mg Müll.

Früher war wenig bekannt über die Gasentwicklung auf Deponien, weil auf den kleinen und wenig verdichteten Deponien fast nur aerobe Vorgänge stattfanden. Heute ist das anders: die Deponien sind größer, geordneter und stark verdichtet. Das Gasaufkommen ist wesentlich höher, und inzwischen hat man auch eine bessere Messtechnik, um Zusammensetzung und Aufkommen entstehender Gase zu analysieren.

2.2.2.1.1

Zusammensetzung

Neben den 90-99 % Methan und Kohlendioxid weist Deponiegas auch eine Reihe anderer Bestandteile auf. Zusammensetzung und Aufkommen von Deponiegas ändern sich im Laufe der Ablagerungszeit, weil die verschiedenen Abbauprozesse starken Einfluss darauf haben, was sich anhand der jeweiligen Produkte im entstehenden Gas nachvollziehen lässt (Bild 2).

In der anfänglichen, kurzen aeroben Phase sind Stickstoff und Sauerstoff noch vorhanden, es kommt beim Methan zu einem kurzzeitigen (in der Graphik nicht

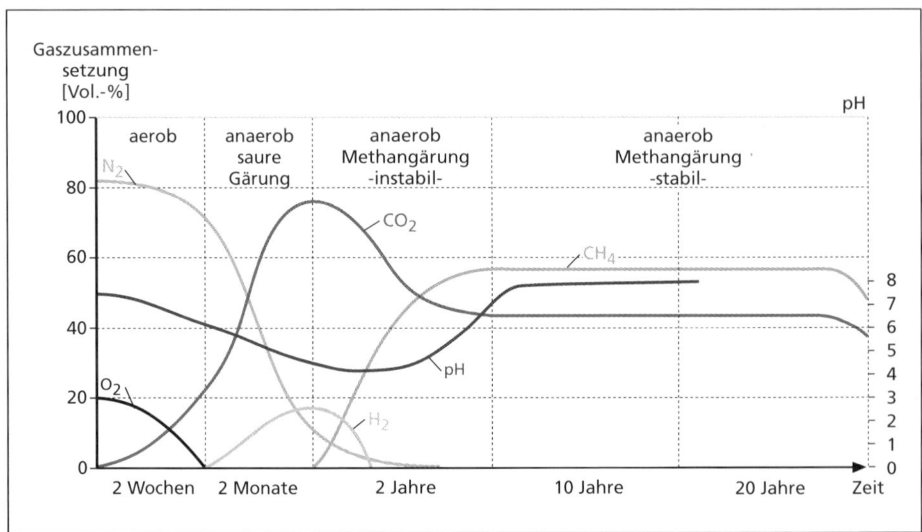

Bild 2: Verlauf der Gaszusammensetzung in einer Deponie

dargestellten) Anstieg der Konzentration auf bis zu 30 % wegen der noch aus dem Hausmüll vorhandenen methanogenen Bakterien. In der sich anschließenden, sauren Gärphase entsteht zwischenzeitlich in großen Mengen Deponiegas. Es enthält viel CO_2, aber kaum noch Methan, weil die entsprechenden Bakterien aufgrund des sauren pH-Wertes keine geeigneten Lebensbedingungen mehr vorfinden.

In der Methanphase hat sich der pH-Wert wieder neutralisiert, so dass sich die methanogenen Bakterien erneut ansiedeln können. Nach einer Anlaufzeit geht viel von dem Kohlenstoff, der anfangs mit den organischen Säuren im Sickerwasser ausgetragen wurde, als Gasphase ab. In dieser Phase enthält das Deponiegas 50-70 % Methan und 30-45 % Kohlendioxid. Als erstrebenswert wird ein schnelles Erreichen der Methanphase angesehen, weil diese eine stabile Phase darstellt, die einen hohen Gasertrag liefert ([41] Bilitewski et al., 1994).

2.2.2.1.2

Umweltrelevanz

Die Hauptbestandteile des Deponiegases sind Kohlendioxid und Methan.

Kohlendioxid ist geruchlos und unbrennbar, wirkt aber in Konzentrationen ab 20-25 % toxisch. Dies betrifft hauptsächlich die Wurzelbereiche der angrenzenden Vegetation, die ersticken können, wenn Gasmigration in die Umgebung der Deponie stattfindet. Kohlendioxid wird zu den Treibhausgasen gezählt.

Methan ist ungiftig, aber brennbar und birgt ein hohes Gefahrenpotential aufgrund seiner Explosionsfähigkeit in der Mischung mit Luft (bei nur 5-15 Vol.-%, ab 15 % Brandgefahr). Methan wird ebenfalls zu den Treibhausgasen gerechnet und in erheblich stärkerem Maße als Kohlendioxid für die Schädigung der Ozonschicht in der oberen Atmosphäre verantwortlich gemacht.

Außerdem entstehen im Rahmen der Deponiegasbildung anorganische Spurengase (H_2S, NH_3, H_2) und etwa 500 verschiedene organische Kohlenwasserstoffe, darunter auch halogenierte, von denen die meisten gesundheitsschädlich sind.

Um die Umweltschädigung durch das Deponiegas zu verringern, ist in der TASi (Kapitel 5.2.3.) eine Erfassung und energetische Nutzung des Gases angeordnet worden, die aber noch nicht zur Regel geworden ist. Dabei wird das Methan zu $^1/_3$ in CO_2 und zu $^2/_3$ in H_2O umgewandelt. Auch die Spurengase werden bei der Verbrennung zerstört. Prinzipiell können bei diesem Prozess zwar neue, unerwünschte Verbindungen wie CO, Stickoxide, HCl und HF (Salz- und Flusssäure) sowie Dioxin- und Furan-Isomere entstehen. Dies kann aber zum einen durch entsprechende Verbrennungsführung minimiert werden, zum anderen lassen sich dennoch gebildete Schadstoffe dieser Art durch nachgeschaltete Reinigungsstufen wieder abscheiden.

2.2.2.2

Sickerwasser

Auf Deponien aufkommendes Niederschlagswasser dringt teilweise in den Deponiekörper ein und bringt dort einerseits chemische Substanzen in Lösung, andererseits nimmt es bereits gelöste Stoffe auf und trägt sie mit aus. Dieses sogenannte Sickerwasser muss wegen der hohen organischen und anorganischen Belastungen gefasst und gereinigt werden. Geschieht dies nicht, verunreinigt das Sickerwasser den unter der Deponie liegenden Boden und das Grundwasser.

Um das Aufkommen zu berechnen, geht man von der jährlichen Niederschlagsmenge aus, die in Deutschland bei etwa 700 mm/m^2 liegt. Die Sickerwasserbildung beträgt etwa 10-25 % des Niederschlags, so dass man auf etwa 2-5 m^3/ha•d kommt. Die Werte gelten für verdichtete Oberflächen. Im Zuge der Auslegung der Anlagen zur Erfassung und Reinigung sind Pufferkapazitäten zum Ausgleich schwankender Niederschlagsmengen zu berücksichtigen ([308] van Wickeren, 1995).

2.2.2.2.1

Zusammensetzung

Die Abbauprozesse im Deponiekörper haben großen Einfluss auf Zusammensetzung und Aufkommen des Sickerwassers, demzufolge lassen sich die verschiedenen Prozesse auch anhand ihrer Produkte im entstehenden Sickerwasser nachvollziehen.

In der anfänglichen, kurzen aeroben Phase fällt Sickerwasser noch nicht in nennenswertem Umfang an, weil das Material noch nicht wassergesättigt ist und die aeroben Prozesse viel Wasser verbrauchen.

In der folgenden sauren Gärphase werden die produzierten Säuren z.T. mit dem Sickerwasser ausgetragen und führen dort zu hohen organischen Belastungen. Durch den entstehenden sauren pH-Wert gehen mehr anorganische Stoffe wie Fe, Zn, Ca etc. in Lösung.

In der anschließenden Methanphase ist als Folge des langsamen Wachstums der methanogenen Bakterien eine anfangs sehr hohe organische Belastung des Sickerwassers durch die Überproduktion niederer Fettsäuren zu verzeichnen. Mit zunehmender Zahl der methanogenen Bakterien sinkt diese Belastung und der pH-Wert steigt an. Auch hier ist ein schnelles Erreichen der stabilen Methanphase wünschenswert, weil sie die geringste Sickerwasserbelastung aufweist. Um diesen Prozess zu beschleunigen, kann eine Kreislaufführung des Sickerwassers sinnvoll sein.

2.2.2.2.2
Umweltrelevanz

Im Sickerwasser enthaltene organische Substanzen, die aus dem Bioabfall ausgewaschen wurden, führen im allgemeinen im Grundwasser selber zu großer Sauerstoffzehrung und starker Ammoniumbelastung. Es gibt zwei Parameter, mit denen die organische Belastung von Abwässern charakterisiert werden kann: der chemische Sauerstoffbedarf (CSB) gibt an, wieviel Sauerstoff beim chemischen Abbau der im Sickerwasser enthaltenen organischen Stoffe verbraucht wird. Der biologische Sauerstoffbedarf, gemessen als BSB_5-Wert, gibt an, wieviel Sauerstoff in 5 Tagen beim biologischen Abbau der im Sickerwasser enthaltenen organischen Stoffe verbraucht wird; er ist immer kleiner als der CSB-Wert. Junge Deponien weisen CSB-Werte von 15.000 - 35.000 mg/l und BSB_5–Werte von 8.000 - 23.000 mg/l auf. Bei alten Deponien liegen die Werte für den CSB bei 2.000 - 5.000 mg/l und für den BSB_5 bei 100 - 1.000 mg/l. Der

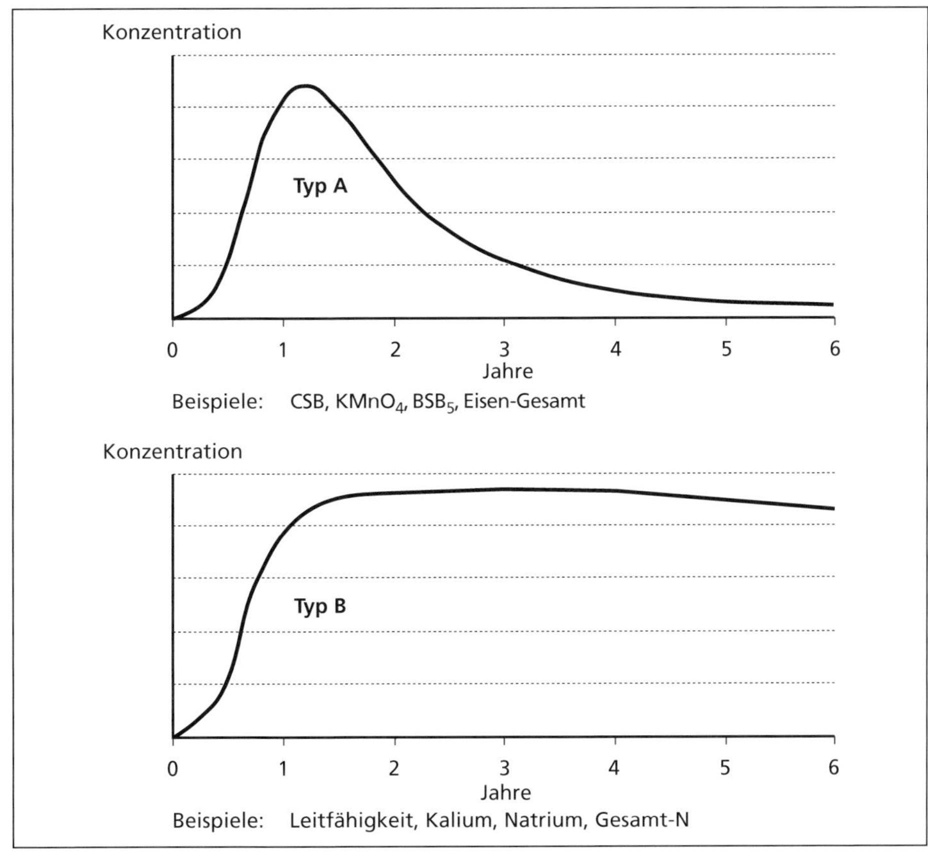

Bild 3: Schematische Darstellung der beiden typischen, zeitunabhängigen Konzentrationsverläufe von Schadstoffen in Sickerwasser
Quelle: [306] UVM Baden-Württemberg (2002), bearbeitet

CSB-Wert wird kurzfristig kaum noch tiefer sinken, weil zum Schluss nur die schwer abbaubaren Verbindungen wie Huminstoffe übrig bleiben. Zum Vergleich seien die Werte für häusliche Abwässer mit einem CSB von 600 mg/l und einem BSB_5-Wert von 300 mg/l genannt.

Zudem können mit dem Sickerwasser auch Schwermetalle, Kohlenwasserstoffe u.a. ausgetragen werden. Die Belastungen durch Schwermetalle sind geringer als diejenigen bei kommunalen Abwässern, so dass in der Regel nicht mit toxischen Wirkungen auf die Mikroorganismen gerechnet werden muss. Eine vergleichende Darstellung der Konzentrationsverläufe, welche für sehr viele der genannten Schadstoffe zutrifft, ist in Bild 3 dargestellt.

Bei den Kohlenwasserstoffen, die ohnehin langlebig sind, sind insbesondere deren halogenierte Vertreter von Bedeutung, da diese Stoffe häufig giftig sind und sich im Organismus anreichern können. Der AOX-Wert, mit dem diese Substanzen in Summe zusammengefasst werden, liegt häufig zwischen 0,4 – 0,9 mg/l, kann aber auch Werte bis etwa 3 mg/l erreichen und liegt damit weit über denen von kommunalen Abwässern. Bei Deponiesickerwässern gehen höchstens 20 % der halogenierten Kohlenwasserstoffverbindungen als flüchtige Substanzen weg im Gegensatz zu kommunalen Abwässern, bei denen bei Belüftung der Anteil auf etwa 90 % steigen kann ([41] Bilitewski et al., 1994).

Da es vermutlich Jahrhunderte dauern wird, bis das Sickerwasser Grundwasserqualität erreicht hat, müssen seit 1993 neue Deponien nach unten hin abgedichtet und entstehendes Sickerwasser gefasst werden, alte Deponien dürfen bis längstens zum Jahr 2005 weiterbetrieben werden.

2.2.2.3 Setzungen

Eine unangenehme Folge von Deponiegasbildung und Sickerwasseraustrag sind Setzungen. Durch die Gas- und Sickerwasserbildung entsteht in der Deponie ein Masseverlust, d.h. es entstehen Hohlräume, in die der darüberliegende Abfall absackt. Dies führt zu regelrechten Kratern auf der Deponieoberfläche, besonders, wenn der aufgetragene Abfall nicht gleichmäßig vermischt war. Durch eine schlechte Verdichtung des Abfallmaterials wird dieses Phänomen noch verstärkt. Als Konsequenz kann eine Deponie erst mehrere Jahre nach Abschluss der Ablagerung mit einer Oberflächenabdichtung versehen werden, wenn die Deponiegasbildung weitestgehend abgeschlossen ist.

2.2.2.4 Geruch

Durch die Ablagerung unbehandelten Bioabfalls auf einer Deponie entstehen Geruchsemissionen, die u.a. von den Um- und Abbauprozessen der organischen

Abfallbestandteile herrühren. In einer Entfernung von bis zu 300 m wird dieser Geruch in der Regel als unangenehm bis unzumutbar empfunden, bei einer Entfernung von 300 bis 500 m als tolerierbar eingestuft und ab 500 m Entfernung zur Deponie nicht mehr wahrgenommen. Durch Gerüche wird aber nicht nur das auf der Deponie arbeitende Personal beeinträchtigt, je nach Wetterlage und örtlichen Gegebenheiten kann es auch in wesentlich größerer Entfernung noch zu Belästigungen kommen, welche im Zweifelsfalle Veränderungen der Betriebsführung oder der Anlagentechnik erfordern.

Obgleich die Sonneneinstrahlung durch ihre UV-Energie den Sauerstoff aktiviert, der Geruchsmoleküle zu nicht riechenden Substanzen oxidieren kann, werden die meisten Gerüche während der Entladung der Müllfahrzeuge auf den Deponien freigesetzt, also tagsüber und zudem vermehrt im Sommer, da die warmen Temperaturen den Übergang vieler flüchtiger Substanzen in die gasförmige Phase begünstigen (vergleiche auch Kapitel 20.5).

2.2.2.5

Auswirkungen hygienischer Art

Deponien sind neue Biotope. Sie bieten vielen Tieren aufgrund des reichhaltigen Nahrungsangebotes, erhöhter Temperaturen und guter Versteckmöglichkeiten Lebensraum und Schutz vor manchen natürlichen Feinden. Dadurch kommt es zur Zunahme von Kleinlebewesen im aeroben Bereich der obersten Abfallschichten, insbesondere Fliegen können in warmen Wintern ein Problem werden. Das reichhaltige Organismenangebot zieht seinerseits vermehrt Vögel und auch Ratten an, letztere bevorzugt in feuchten Bereichen der Deponie. Da Ratten sehr widerstandsfähige Keimträger sind, kann bei zu hohem Aufkommen eine Verpflichtung zur Rattenbekämpfung ausgesprochen werden. Die hohe Tierdichte kann sonst zu erleichterter Ausbreitung von Krankheiten führen, außerdem werden Kot und Unrat verschleppt. Abhilfe kann geschaffen werden durch schnelles Einarbeiten und Abdecken des frischen Abfalls und durch starke Verdichtung, am effektivsten jedoch durch eine Verringerung des Anteils an organischem Material.

2.2.3

Konsequenz des Gesetzgebers aus den Umweltproblemen bei der Deponierung organikhaltiger Abfälle

Um die o.g. Umweltprobleme zu verringern, wurden zunächst im Rahmen einer Verwaltungsvorschrift (der TASi, vergleiche Kapitel 5.2.3.) Anforderungen an die Errichtung und den Betrieb von Deponien festgesetzt. Da es sich aber bei deren Vollzug eingebürgert hatte, Ausnahmen in einem fachlich nicht mehr nachvollziehbaren Umfang zu erteilen, stand das umweltpolitische Ziel einer Beendigung der Ablagerung unzureichend behandelter Abfälle zum 1. Juni 2005 in Frage.

Daher wurde im Februar 2001 die Abfallablagerungsverordnung ([3] AbfAblV, 2001) erlassen. Als Rechtsvorschrift gehen die Regelungen den entsprechenden Regelungen der TASi vor und ersetzen sie teilweise.

Nur da, wo die Verordnung keine Regelungen trifft, gelten nach wie vor die Anforderungen der TASi. Eine konkrete Konsequenz der allgemeinverbindlichen Vorgabe der Ablagerungskriterien durch die Abfallablagerungsverordnung besteht darin, dass in ihrem Gültigkeitsbereich von der Ausnahmeregelung in der TASi (Nr. 2.4, Gleichwertigkeitsnachweis) künftig kein Gebrauch mehr gemacht werden kann. In Verbindung mit der europäischen Deponieverordnung ist weiterhin bestimmt worden, dass spätestens ab 2008 der Organikanteil im zu deponierenden Abfall reduziert werden muss, weil auf Deponien nur noch nahezu inerte Stoffe abgelagert werden dürfen. Der abzulagernde Müll muss zudem bestimmte Schadstoffgrenzwerte einhalten. Einen ersten Schritt zur Erfüllung dieser Anforderungen kann die getrennte Erfassung von organischen Abfällen, die verwertet werden können, darstellen. Für die verbleibende Menge ist darüber hinaus eine thermische oder mechanisch/biologische Behandlung notwendig.

2.3

Behandlung des Bioabfalls bei getrennter Erfassung durch Kompostierung oder Vergärung

Als Konsequenz aus den dargelegten Problemen sollen Bioabfälle heute separat verwertet werden, weil sie aufgrund ihrer stofflichen Eigenschaften ein Wertstoffpotential darstellen, dessen Erschließung aus ökologischer Sicht durchaus sinnvoll sein kann.

Es wird unterschieden zwischen zwei Behandlungsarten: mit dem Begriff Vergärung wird der anaerobe Abbau von organischem Material durch Mikroorganismen zu CO_2, CH_4 und Wasser bezeichnet, unter Kompostierung versteht man den aeroben Abbau von organischem Material durch Mikroorganismen zu Kompost. Beide Verfahren werden in späteren Kapiteln vorgestellt und dienen u.a. dazu, ein Maximum an Stoffen, die menschlicherseits der Natur entnommen wurden, den großen, natürlichen Kreislaufsystemen wieder hinzuzufügen.

Kapitel 3

Stoffkreisläufe

Der gesamte Themenkomplex der Abfallentsorgung steht unter dem Anspruch der Kreislaufwirtschaft. Durch Nutzung des Wertstoffpotentials von Abfällen sollen Rohstoffe eingespart und die natürlichen Stoffkreisläufe geschlossen werden. Daher werden in diesem Kapitel diese großen Cyclen vorgestellt, in welche die abfallwirtschaftlichen Prozesse der Kompostierung und Vergärung eingebettet sind.

Bei vielen Stoffen und Organismen entsteht durch Auf- und Abbaureaktionen ein natürliches Gleichgewicht, in dem viele Reaktionswege eng miteinander verwobene Kreislaufsysteme bilden. Diese komplexen Prozesse laufen auch sichtbar in der Natur ab: Pflanzen und Tiere sterben ab und beginnen zu verrotten oder zu verfaulen. Mikroorganismen wie z.B. Pilze und Bakterien sowie Kleinlebewesen wandeln das organische Material in Nährstoffe und Humus um. Diese Stoffe stehen wiederum Pflanzen und Tieren als Nahrungsquelle und Lebensraum zur Verfügung. Auch die biologische Behandlung entsprechend abbaubarer Stoffe kann zum natürlichen Kreislaufprozess beitragen. Von besonderer Bedeutung sind die Kreisläufe der zentralen organischen Elemente Kohlenstoff, Sauerstoff und Stickstoff ([146] Herder, 1994; [211] Meyers, 1995; [267] Schlegel, 1992).

3.1

Kohlenstoffkreisläufe

Betrachtet man die Umsetzungsprozesse in Verbindung mit dem Kohlenstoff, so stößt man auf eine Vielzahl von Reaktionen, die sich in drei Kreisläufe gliedern lassen: einen Kreislauf unter aeroben Bedingungen, also mit chemischer Beteiligung von Sauerstoff, einen Kreislauf unter anaeroben Bedingungen, der demzufolge ohne Sauerstoff funktioniert und einen speziellen Kreislauf zwischen Kohlendioxid und Methan ([146] Herder, 1994).

Jeder Kreislauf weist Produzenten und Destruenten auf: die Produzenten bauen aus anorganischem organisches Material auf, die Destruenten zersetzen es wieder. Häufig haben außerdem noch Konsumenten Anteil an den Kreislaufsystemen, indem sie das von den Produzenten aufgebaute Material in andere Verbindungen umwandeln. Eine zusammenfassende Übersicht unter Berücksichtigung der durch den Menschen bewirkten Einflüsse gibt Bild 4.

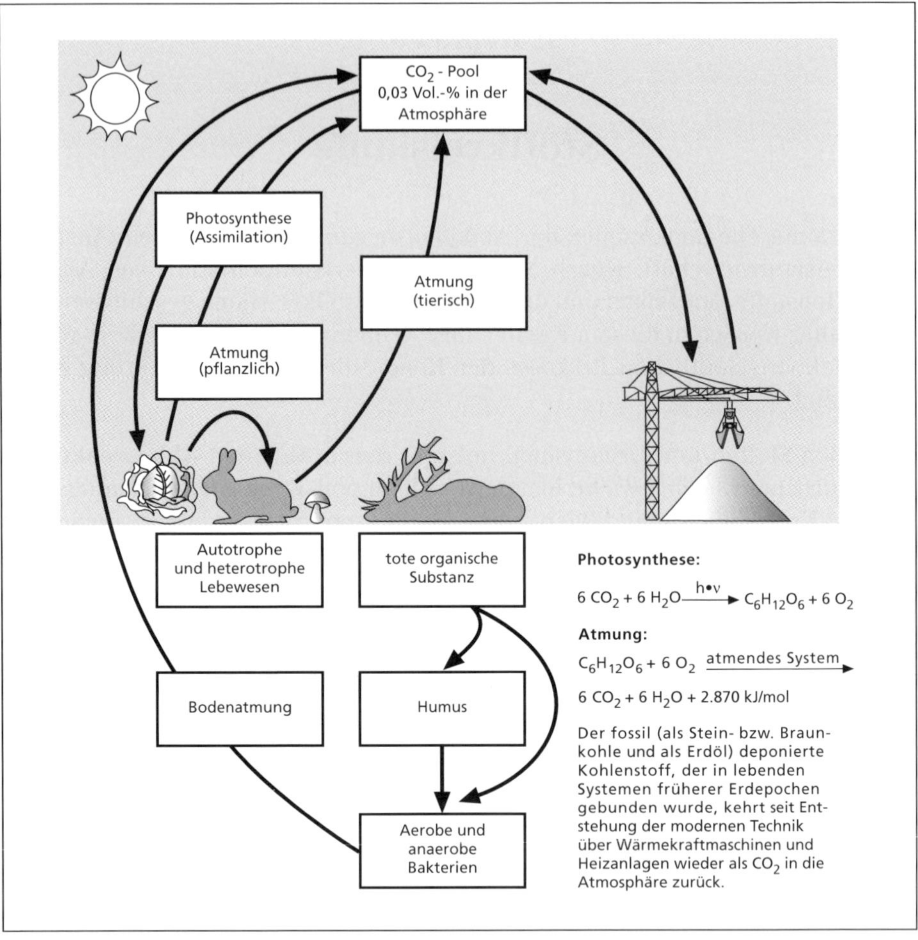

Bild 4: Globaler Kohlenstoffkreislauf unter Berücksichtigung antropogener Einflüsse
Quelle: [146] Herder (1994)

3.1.1

Aerober Kohlenstoffkreislauf

Der aerobe Kohlenstoffkreislauf (Bild 4 und Bild 5) ist eng mit dem Sauerstoffkreislauf (Kap. 3.2.) verbunden. Als Produzenten finden sich die grünen Pflanzen, Algen und Cyanobakterien, die aus CO_2 und H_2O unter Verwendung von Lichtenergie organische Substanz (z.B. Zellen und Proteine) aufbauen. Im nächsten Schritt schalten sich die Konsumenten ein, hauptsächlich Tiere, welche die organische Substanz (Biomasse) als Nahrung benötigen und entweder verbrauchen oder in andere, körpereigene Stoffe umbauen. Als letztes Glied des Kreislaufes schließen sich die Destruenten in Form von Bakterien und Pilzen an. Diese zerlegen die organischen Ausscheidungsprodukte der Organismen und tote

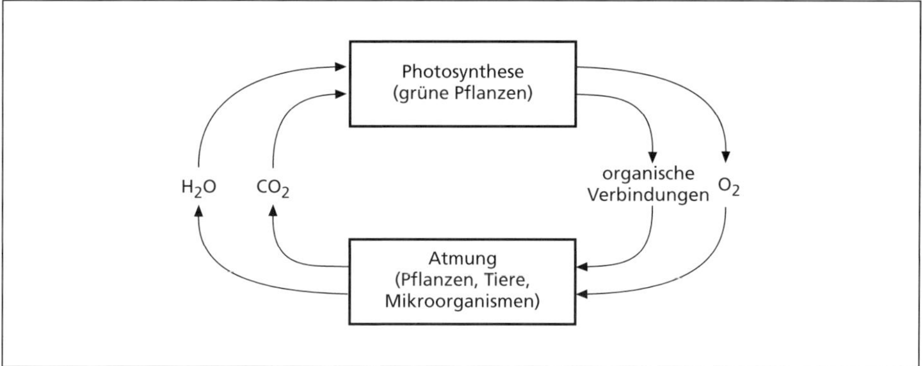

Bild. 5: Aerober Kohlenstoffkreislauf

Biomasse in einfache anorganische Verbindungen, die den Produzenten wieder als Nährstoffe dienen (Mineralisation). Die wichtigste Verbindung dieses Kreislaufes ist das CO_2.

Bei der Betrachtung dieser Zusammenhänge ist zu berücksichtigen, dass der aerobe Kohlenstoffkreislauf nicht vollständig geschlossen ist: auch aerob werden bestimmte organische Verbindungen wie z.B. die Humusbestandteile des Bodens nur sehr langsam abgebaut. Das Verfahren der Kompostierung macht sich die mineralisierenden Prozesse der Destruenten zunutze, um organisches Abfallmaterial zu zersetzen.

3.1.2

Anaerober Kohlenstoffkreislauf

Unter anaeroben Bedingungen verläuft der Kohlenstoffkreislauf anders (u.a. ohne Pflanzen und Tiere, Bild 6) und hat keine Verbindung zum Sauerstoffkreislauf.

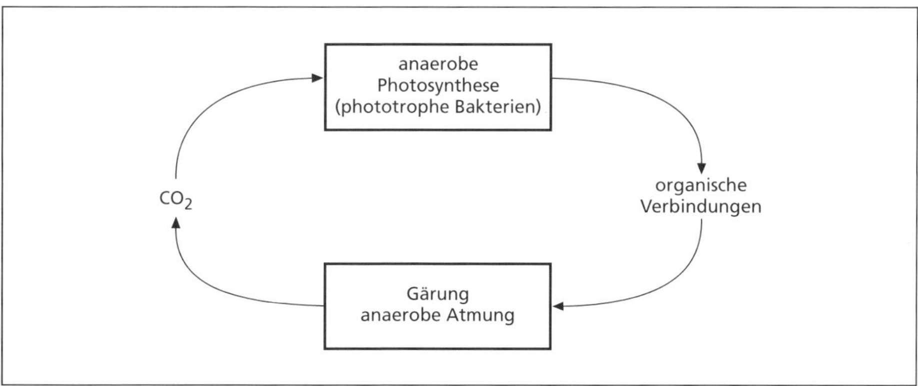

Bild 6: Anaerober Kohlenstoffkreislauf

In einem ersten Schritt bauen Produzenten in Form phototropher Bakterien unter Verwendung von Lichtenergie durch anaerobe Photosynthese aus CO_2 organische Verbindungen auf. Diese werden von anderen anaeroben Organismen als Konsumenten durch Gärung und anaerobe Atmung in CO_2 umgewandelt. Das CO_2 seinerseits steht wieder den Produzenten zur Verfügung, womit sich der Ring schließt. Auch dieser anaerobe Kohlenstoffkreislauf ist nicht vollständig geschlossen: unter Luftabschluß geht nur ein unvollständiger oder sehr langsamer Abbau von organischen Verbindungen vonstatten, daher kommt es zur Ablagerung fossiler Biomasse in Form von Erdgas, Erdöl oder Kohle. Durch die Verbrennung der fossilen Stoffe wird sehr viel langfristig gebundenes CO_2 freigesetzt, welches das derzeit bestehende Gleichgewicht stört. Die Abfallvergärung macht sich die Abbauprozesse der Konsumenten zunutze, um das organische Abfallmaterial zu zersetzen.

3.1.3

Kohlendioxid-Methan-Kreislauf

Im Kohlendioxid-Methan-Kreislauf (Bild 7) treten methanbildende Bakterien als Produzenten auf, die unter anaeroben Bedingungen CO_2 in CH_4 umbauen. Dieser Prozess findet normalerweise in Tundren und Sumpfgebieten, in Reisfeldern sowie in den Sedimenten von Seen und Teichen, von Wattenmeeren oder Salzmarschen statt und führt zur Freisetzung beträchtlicher Mengen an Methan. Anschließend wird das Methan in der Atmosphäre durch in Lichtreaktionen entstandene Hydroxyl-Radikale über CO in CO_2 umgewandelt. Im Boden stellen die methanoxidierenden Bakterien die Destruenten dar; sie oxidieren unter aeroben Bedingungen CH_4 zu CO_2. Es gibt keine Konsumenten, weil keine Umbauprozesse innerhalb der organischen Substanz stattfinden.

Die Methangewinnung bei der Biogasherstellung in der Vergärung macht sich den methanogenen Prozess zunutze, um organische Abfallsubstanz zu Biogas umzuwandeln.

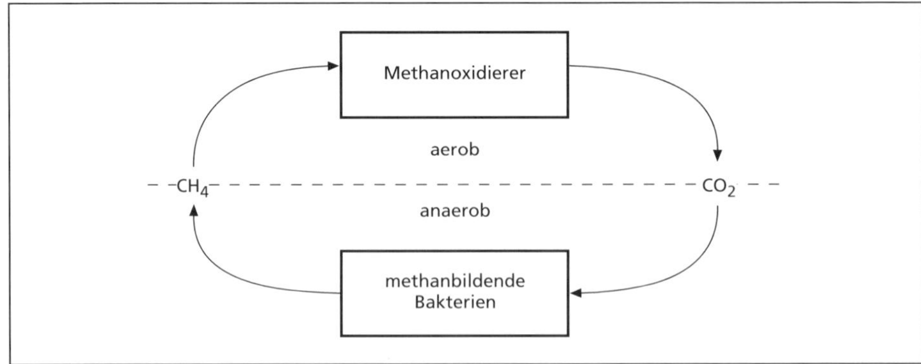

Bild 7: Kohlendioxid-Methan-Kreislauf

Der Kreislauf wird heutzutage durch zwei Phänomene anthropogen beeinflusst. Im Pansen von Wiederkäuern finden die gleichen Vorgänge statt wie zuvor bei den Produzenten beschrieben. Da sich die Gasproduktion pro Tag und Rind auf insgesamt ca. 900 l beläuft mit etwa 65 % CO_2 und 27% CH_4 und heutzutage aufgrund der Massentierhaltung über 10^9 Kühe daran beteiligt sind, steigt die entstehende Methanmenge extrem stark an. Die bei den Destruenten beschriebenen Prozesse geschehen auch durch die industrielle Verbrennung von Erd- und Biogas. So kommt es zur übermäßigen Produktion von CO_2 und CH_4. Ein Teil dieser Gase geht in die Kreislaufprozesse ein, ein Großteil dieser beiden Gase verbleibt aber in der Atmosphäre.

3.2 Sauerstoffkreislauf

Der Sauerstoffkreislauf ist untrennbar mit dem aeroben Kohlenstoffkreislauf (Kap. 3.1.1.) verbunden. Die Produzenten in Form der Cyanobakterien, Algen und Pflanzen setzen bei der Photosynthese Sauerstoff in Form von O_2 frei. Dieser Prozess ist der wichtigste biochemische Vorgang auf der Erde, der den autotrophen Pflanzen und damit den heterotrophen Tieren das Leben erst ermöglicht. Jährlich werden durch die Photosynthese etwa 10^{12} kJ an freier Energie und 150 Mrd. Mg Kohlenstoff aus CO_2 in Form von Glucose fixiert. Nebenbei fällt der für die heterotrophen Organismen notwendige Sauerstoff an; die 21 % Luftsauerstoff stammen fast ausschließlich aus diesem Prozess. Die Photosynthese lässt sich funktionell und räumlich in zwei unterschiedliche Prozesse einteilen: die Lichtreaktion und die Dunkelreaktion, die auch Calvincyclus genannt wird (Bild 8).

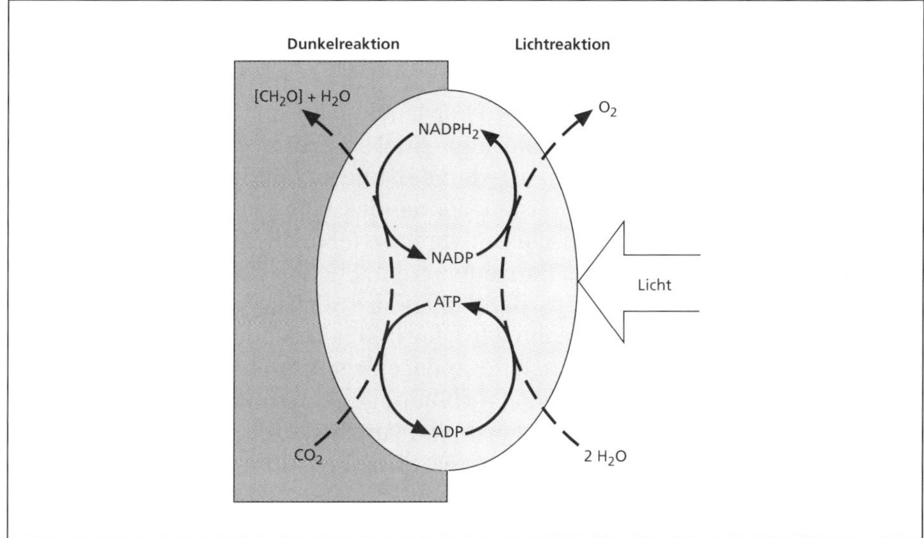

Bild 8: Licht- und Dunkelreaktion

- Summengleichung der Lichtreaktion:

  $2\ NADP + 2\ ADP + 2\ P_i + 2\ H_2O \longrightarrow 2\ NADPH_2 + 2\ ATP + O_2$

- Summengleichung der Dunkelreaktion:

  $CO_2 + 2\ NADPH_2 + 2\ ATP \longrightarrow (CH_2O) + H_2O + 2\ NADP + 2\ ADP + 2\ P_i$

- Summengleichung der Photosynthese:

  $6\ CO_2 + 12\ H_2O + \text{Lichtenergie} \longrightarrow C_6H_{12}O_6 + 6\ O_2 + 6\ H_2O$

Von Konsumenten und Destruenten wird der Sauerstoff veratmet. Unter dem Begriff der Atmung versteht man sowohl die äußere Atmung (Respiration), bei der Sauerstoff aufgenommen und als CO_2 wieder freigesetzt wird, als auch die innere Atmung (Dissimilation), bei welcher der aufgenommene Sauerstoff in den Zellen genutzt wird, um zum Zwecke der Energiegewinnung organische Verbindungen wie Kohlenhydrate zu energiearmen Endprodukten wie CO_2 zu oxidieren.

- Summengleichung der Atmung:

  $6\ O_2 + C_6H_{12}O_6 \longrightarrow 6\ CO_2 + 6\ H_2O$

Bei der Kompostierung wird der Sauerstoff aus der Photosynthese benötigt, um das Wachstum der Organismen zu sichern und den Abbau der organischen Abfallsubstanz zu ermöglichen.

3.3

Stickstoffkreislauf

Der Stickstoffkreislauf (Bild 9) wirkt sehr komplex, weil es sich hier um eine Vielzahl von Stickstoffverbindungen handelt, deren zentrale Rolle Ammoniak und Nitrat spielen. Nahezu alle Lebewesen sind bei der Aufnahme von Stickstoff auf eine Zufuhr in gelöster oder gebundener Form angewiesen. Stickstoff ist aber zunächst nur als Gas verfügbar in Form des zu etwa 78 Vol.-% in der Atmosphäre enthaltenen N_2. Dieser gasförmige Stickstoff kann ausschließlich durch wenige Arten von Mikroorganismen gebunden und so sämtlichen anderen Lebewesen zur Verfügung gestellt werden. Es handelt sich hierbei um freilebende Bakterien wie *Azotobacter* und um in Symbiose lebende Mikroorganismen wie die Knöllchenbakterien in den Pflanzenwurzeln. Sie überführen das gasförmige N_2 zunächst in Ammonium (NH_4^+), dann in andere Stickstoffverbindungen. Nach Absterben dieser Mikroorganismen wird der in ihnen gebundene Stickstoff dem Boden zugeführt und ist damit auch für andere Organismen verfügbar. Als nächstes werden diese gelösten Stickstoffverbindungen durch Pflanzenwurzeln aufgenommen und in der Pflanze in Form von Aminosäuren, Nucleinsäuren und anderen stickstoffhaltigen Verbindungen eingebaut (durch assimilatorische Nitratreduktion und reduktive Aminierung).

Dieser festgebundene Stickstoff wird durch Tiere in Form pflanzlicher Nahrung aufgenommen und ggf. in andere, körpereigene Verbindungen umgebaut.

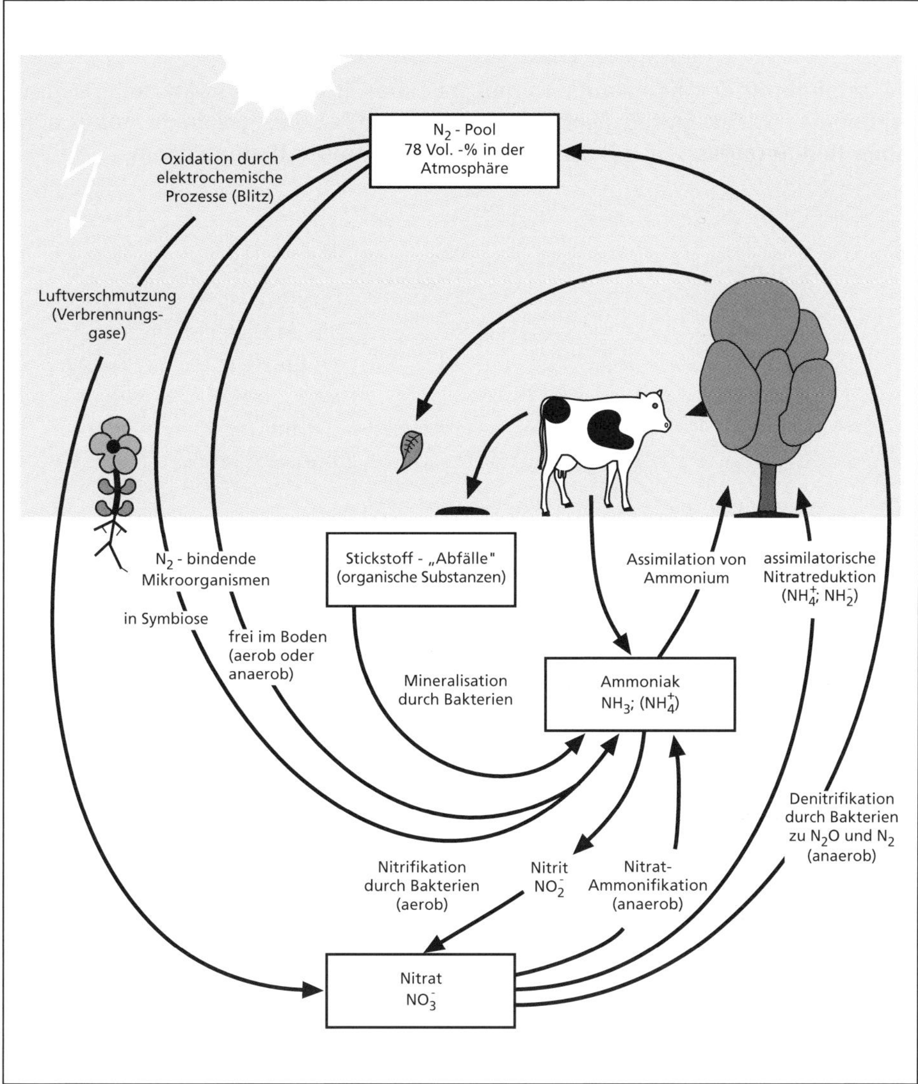

Bild 9: Stickstoffkreislauf
Quelle: [146] Herder (1994)

Der festgebundene Stickstoff gelangt in Form von Harn und Kot sowie durch tote Tiere und Pflanzen in den Boden. In geringem Maß geht auch der Luftstickstoff direkt in den Boden über, wenn er bei Gewittern durch die Blitzenergie zu Nitrat oxidiert wird.

Anschließend wird dieser gebundene Stickstoff durch Bodenbakterien aufgenommen, die ihn stufenweise oxidieren: zunächst zu Ammoniak, ein Vorgang, der sich Mineralisation nennt und bei dem auch CO_2 freigesetzt wird, wo also Schnittstellen zu anderen Kreisläufen bestehen. Es folgt die Oxidierung über

Nitrit (NO_2^-) zu Nitrat (NO_3^-). Dieser Prozess nennt sich Nitrifikation, beteiligte Bakterien sind z.B. *Nitrosomonas* und *Nitrobacter*.

Die Schließung des Kreislaufs kommt zustande durch die bakterielle Denitrifikation des Nitrats mit Freisetzung von N_2O und N_2; dies geschieht unter anaeroben Bedingungen wie z.B. in schlecht durchlüfteten Bodenpartien.

Kapitel 4

Politische Rahmenbedingungen

Die Bioabfallwirtschaft wird maßgeblich beeinflusst durch die politischen Gegebenheiten in Deutschland. Sie ist ein fester Bestandteil der Abfallpolitik, die selbst in ein umweltpolitisches Gesamtgefüge eingebettet ist. Um die politische Bedeutung der Bioabfallwirtschaft zu erfassen, werden zunächst die übergeordneten Ziele und Prinzipien deutscher Umweltpolitik vorgestellt und das zur Umsetzung angewandte Instrumentarium dargelegt. Anschließend werden die Grundzüge der Abfallpolitik erläutert.

4.1

Umweltpolitik

Eine bewusste und geplante Umweltpolitik gibt es in Deutschland seit Beginn der siebziger Jahre. Während in der Bundesregierung zunächst vor allem das Bundesministerium des Inneren für den Umweltschutz zuständig war, wurde nach dem Reaktorunfall in Tschernobyl im Juni 1986 ein eigenes Bundesministerium für Umwelt, Naturschutz und Reaktorsicherheit eingerichtet, dem das Umweltbundesamt nachgeordnet wurde. Auf Länderebene gibt es entsprechende Instanzen.

Die Umweltpolitik der Bundesregierung gründet auf der Verantwortung des Menschen vor Gott für die Bewahrung der Schöpfung (Präambel GG). Sie wird bewusst nicht zum Selbstzweck betrieben, sondern geschieht letztlich immer um des Menschen willen (geläuterter anthropozentrischer Ansatz); denn sie dient unmittelbar seiner Würde (Art. 1 (1) GG) sowie direkt oder indirekt Leben, Gesundheit und Eigentum des Menschen (Art. 2 (2) und Art. 14 GG). Verantwortliches Handeln für die Umwelt ist um der Erfüllung eines ökologischen Generationenvertrages willen unabdingbar ([50] BMU, 1990).

Auszüge aus dem Grundgesetz:

Präambel	*Im Bewusstsein seiner Verantwortung vor Gott und den Menschen, ... hat das Deutsche Volk ... dieses Grundgesetz ... beschlossen.*
Art. 1 Abs. 1	*Die Würde des Menschen ist unantastbar. Sie zu achten und zu schützen ist Verpflichtung aller staatlichen Gewalt.*
Art. 2 Abs. 2	*Jeder hat das Recht auf Leben und körperliche Unversehrtheit.*
Art. 14	*(1) Das Eigentum und das Erbrecht werden gewährleistet. Inhalt und Schranken werden durch die Gesetze bestimmt.* *(2) Eigentum verpflichtet. Sein Gebrauch soll zugleich dem Wohle der Allgemeinheit dienen.*

4.1.1

Umweltpolitische Ziele

Im Umweltprogramm der Bundesregierung wird bereits 1971 Umweltpolitik als die Gesamtheit der Maßnahmen beschrieben, die nötig sind, um drei große Ziele zu erreichen ([70] Bundesregierung, 1971):

- dem Menschen eine Umwelt in der Art zu sichern, wie sie für seine Gesundheit und für ein menschenwürdiges Dasein notwendig ist,
- die drei Medien Boden, Luft und Wasser sowie Pflanzen- und Tierwelt vor nachteiligen Wirkungen menschlicher Eingriffe zu schützen und
- Schäden oder Nachteile aus menschlichen Eingriffen zu beseitigen.

Der Umweltbericht von 1990 baut auf diesen grundlegenden Gedanken auf, um sie dann auf heutigem Stand zu konkretisieren. Ziel der heutigen Umweltpolitik ist es demnach, den Zustand der Umwelt so zu erhalten und zu verbessern, dass

- bestehende Umweltschäden vermindert und beseitigt,
- Schäden für Mensch und Umwelt abgewehrt,
- Risiken für Menschen, Tiere und Pflanzen, Natur und Landschaft, Umweltmedien (Luft, Wasser, Boden) und Sachgüter minimiert und
- Freiräume für die Entwicklung der künftigen Generationen sowie Freiräume für die Entwicklung der Vielfalt von wildlebenden Arten sowie Landschaftsräumen erhalten bleiben und erweitert werden ([50] BMU, 1990).

Diese umweltpolitischen Ziele sind insgesamt auf die Gewährleistung eines nachhaltigen und umfassend verstandenen Nutzens der Umwelt gerichtet. Dabei kann es allerdings durchaus zu Zielkonflikten mit anderen gemeinwohlbezogenen und privatnützigen Zielen kommen. Letztlich will die Umweltpolitik aber menschliches Verhalten so lenken, dass es auf den Schutz und die Pflege der natürlichen Lebensgrundlagen des Menschen gerichtet ist ([279] Storm, 1994).

Als Abschluss der Aufbauphase der Umweltpolitik wie auch des Umweltrechts kann die ausdrückliche Anerkennung eines Staatszieles Umweltschutz in Artikel 20a des Grundgesetzes angesehen werden, die durch eine Verfassungsänderung im Oktober 1994 erfolgte ([144] Heintzen, 1999).

4.1.2

Prinzipien der Umweltpolitik

Die umweltpolitischen Ziele sollen auf der Grundlage von drei Prinzipien verwirklicht werden: dem der Umweltvorsorge, dem Verursacherprinzip und dem Prinzip der Kooperation. Das Vorsorgeprinzip ist inhaltliches Leitbild der

Umweltpolitik. Durch den Einsatz vorbeugender Maßnahmen sollen Umweltbelastungen und Gefahren für den Menschen möglichst bereits an ihrem Ursprung verhindert werden, beispielsweise indem Anlagen nur unter Einhaltung bestimmter Voraussetzungen genehmigt werden. Vorsorge bedeutet also zunächst eine Gefahren- und Risikovorsorge, wird manchmal aber auch ergänzend als Ressourcenvorsorge interpretiert. Im Rahmen eines solchen erweiterten Verständnisses umfasst das Vorsorgeprinzip das Gebot einer möglichst umfassenden Schonung der Umweltmedien Boden, Luft, Wasser und Biosphäre im Sinne der Schaffung von ökologischen Freiräumen und im Interesse künftiger Nutzungen. Das Vorsorgeprinzip wird durch ein Verschlechterungsverbot konkretisiert, das zumindest den Status quo der gegenwärtigen Umweltsituation gewährleisten soll.

Das Verursacherprinzip ist ein Grundsatz der Kostenzuordnung, dem höchste politische Priorität eingeräumt wird. Dabei soll derjenige die Kosten zur Vermeidung, zur Beseitigung oder zum Ausgleich von Umweltbelastungen tragen, der sie verursacht. Das Verursacherprinzip gilt darüberhinaus auch für die Beseitigung entstandener Schäden. Es betont die Verantwortung des Einzelnen, die Umwelt zu schonen und Schäden zu vermeiden, zu vermindern oder selbst zu beseitigen. Die Kostenbelastung ist lediglich die Folge dieser Verantwortung. In diesem Kontext ist zum Beispiel die Abfallgebühr zu sehen, schwieriger verhält es sich beispielsweise mit Phänomenen wie der Verursachung des Waldsterbens oder den Kosten für die Schönheit einer Landschaft. Ausnahmen vom Verursacherprinzip können politisch gewollt sein, beispielsweise aus Gründen der Sicherung von Arbeitsplätzen, der Erhaltung der Wettbewerbsfähigkeit der Wirtschaft oder des Schutzes sozial Schwächerer. Entstehende Umweltschutzkosten durch staatliche Umweltschutzmaßnahmen, durch finanzielle Unterstützung privaten Umweltschutzes oder als Folgekosten mangelhaften Umweltschutzes werden in solchen Ausnahmefällen über den Staatshaushalt finanziert und primär über das Instrument der Steuer auf alle Staatsbürger gemäß ihrer Leistungsfähigkeit verteilt.

Dem Kooperationsprinzip schließlich liegt die Idee zugrunde, dass Konflikte durch Beteiligung aller Betroffenen einvernehmlich zu regeln sind. Es bringt zum Ausdruck, dass Umweltschutz keine ausschließliche Aufgabe des Staates ist und von diesem auch nicht durchgängig einseitig gegen Wirtschaft und Gesellschaft durchgesetzt werden soll, sondern die Zusammenarbeit aller betroffenen Kräfte fordert. Unter dem Begriff der Kooperation wird also die Umweltverantwortung der Bürger, der Umweltorganisationen, der Wissenschaft und nicht zuletzt der Wirtschaft eingefordert. Versucht wird, bestimmte Umweltgüteziele in Verhandlungen durchzusetzen, so wie es bei den freiwilligen Selbstbeschränkungen der Industrie geschehen ist, die an die Stelle staatlicher Regelungen getreten sind. Das Kooperationsprinzip als solches begründet weder Rechtspflichten, noch vermag es bestehende Rechtspflichten außer Kraft zu setzen. Kooperation beinhaltet nicht die Gleichrangigkeit der Kooperierenden, und es ändert nichts an der Fähigkeit des Staates, seine umweltpolitischen Zielstellungen im Rahmen des geltenden Rechts notfalls gegen den Willen der Betroffenen durchzusetzen. Sie kann aber privaten Sachverstand für die Allgemeinheit nutzbar machen und über einen grundsätzlichen Konsens den Vollzug der Umweltpolitik erleichtern.

4.1.3

Umweltpolitisches Instrumentarium

Zur Umsetzung dieser Prinzipien stehen verschiedene umweltpolitische Instrumente zur Verfügung. Es gibt nicht-fiskalische Instrumente, zu denen z.B. die zuvor genannten, derzeit über hundert Selbstverpflichtungserklärungen der Industrie gehören ([149] Hipp, 2001). Desweiteren gibt es fiskalische Instrumente, die sich untergliedern lassen in solche, die über öffentliche Einnahmen und solche, die über öffentliche Ausgaben durchgesetzt werden.

Unter öffentliche Einnahmen fallen Steuern wie z.B. die Ökosteuer, Beiträge und Gebühren wie Abfallgebühren, Benutzungs- oder Verleihungsgebühren und Sonderabgaben wie der „Wasserpfennig".

Mit öffentlichen Ausgaben betriebene Umweltpolitik wird über die Gewährung von Fördermitteln, Finanzhilfen oder Subventionen mit Geldern aus öffentlichen Einnahmen durchgesetzt. Dies wird oft zweistufig gestaltet, indem aufgrund einer behördlichen Bewilligung eine dritte Instanz die Leistung oder Auszahlung übernimmt. Der Staat selber ist ebenfalls genötigt, eine umweltbewusste staatliche Beschaffungspolitik zu führen, ihm kommt die Vorreiterrolle zu. Auch die Induzierung umweltverbessernder (privat-) wirtschaftlicher Aktivitäten, die Förderung umweltrelevanter Forschungs- und Entwicklungsvorhaben sowie die nachträgliche Beseitigung von Umweltschäden beispielsweise bei der Altlastensanierung gehören in diesen Bereich.

4.2

Abfallpolitik

4.2.1

Entwicklung und Ziele

Heutige Abfallpolitik wird, wie auch die Rechtsprechung, überwiegend im europäischen Rahmen gestaltet. Im Zuge ihrer Entwicklung lassen sich vier zentrale Entwicklungslinien verfolgen, die zum heutigen Status quo geführt haben. Es sind dies eine ordnungspolitische Linie, um die ursprünglich vorhandenen Missstände zu beseitigen und eine ressourcenpolitische, mittels derer die Kreislaufwirtschaft gefördert werden soll. Die entsorgungstechnische Linie umfasst das Bestreben um eine umweltverträglichere Entsorgungstechnik, und die überwachungspolitische Entwicklungslinie bezweckt die Bekämpfung der illegalen Entsorgungspraktiken ([254] Reese, 2000).

Aus diesen Linien resultieren die abfallpolitischen Ziele:

Das erste große Ziel bestand in der Ordnung der Abfallbeseitigung und ist inzwischen, nach gut dreißig Jahren aktiver Abfallpolitik, mit der Gewährleistung einer funktionsfähigen Infrastruktur grundsätzlich erreicht. Die vielen umweltgefährdenden Müllablagerungsplätze sind verschwunden, und die heutigen Entsorgungsverfahren (mit Ausnahme der ungedichteten Deponien, die bis zum Jahr 2005 noch betrieben werden dürfen) sind auf den Gesichtspunkt des Umweltschutzes ausgerichtet.

Eine nach wie vor wichtige Aufgabenstellung der Abfallpolitik ist die Steuerung und nach Möglichkeit auch die Minimierung der anfallenden Abfallmengen. Hier spielen die Bemühungen um ein Umdenken bei der Frage nach der Lebensdauer von Gebrauchsgegenständen herein, die gleichzeitig auf die Schonung von Energie und Rohstoffen hinzielen.

Bestehende Abfallbehandlungsanlagen müssen kontrolliert und auf dem Stand der Technik gehalten werden, wenn es sich um die Belange der Umweltverträglichkeit handelt. Neue Anlagen und auch die einzusetzenden Verfahren müssen bereits unter diesem Gesichtspunkt konzipiert werden.

Zudem muss Sorge getragen werden, dass die Entsorgungssicherheit unter allen Umständen gewährleistet ist, so dass nicht, wenn ein Entsorgungsweg aus bestimmten Gründen ausfällt, die Entsorgung insgesamt gefährdet ist, sondern auf andere, bereits vorhandene Wege umgelenkt werden kann.

Eine wichtige Frage wird in Zukunft die Bewertung der Umweltverträglichkeit der Energie und der Stoffe sein, die aus der Verwertung von Abfall gewonnen wurden.

4.2.2

Probleme

Der Abfallpolitik entstehen bei der Umsetzung ihrer Ziele einige Probleme, die grundsätzlicher Natur sind.

So führt beispielsweise eine Erhöhung der Umweltverträglichkeit oder das Einführen einer getrennten Sammlung für Wertstoffe immer zu höheren Kosten und ist daher für die Wirtschaft zunächst unattraktiv. Auch ärgern sich viele Bürger darüber, dass trotz sinkender Müllmengen die Gebühren steigen, weil häufig nicht erkannt wird, dass diese Gebührensteigerung einerseits durch die Kosten einer modernen und umweltverträglicheren Abfallbehandlung verursacht wird und andererseits zu mehr als 60 % nur auf die Kosten von Sammlung und Transport zurückzuführen ist, die nicht von der Menge des gesammelten Abfalls abhängen.

Auf ganz anderer Ebene ist ein weiteres Problem angesiedelt: bei der Bevölkerung muss ein Bewusstsein für die Abfallproblematik im Ganzen geweckt und ein Sinn für die Abfallvermeidung im Speziellen geschärft werden. Dies ist ein lebensbegleitender Prozess, der bei jedem Einzelnen ansetzt und fortdauernder Unterstützung bedarf. Schließlich können nur zu leicht alle mit Abfall verbundenen Unannehmlichkeiten auf nachfolgende Generationen verlagert werden, indem man die vorhandenen Umweltprobleme nicht zu lösen sucht. Dieses Verhalten verschärft jedoch die derzeitige und zukünftige Umweltsituation zusehends, so dass es im Interesse jedes verantwortungsbewussten Menschen liegt, bei sich selber mit der Lösung der Abfallproblematik zu beginnen.

Daneben gibt es konkrete Probleme, zu denen u.a. zählt, dass – verursacht durch den wirtschaftlichen Druck der Globalisierung – bei den Unternehmen zunehmend Widerstand gegen kostspielige umwelt- und abfallpolitische Maßnahmen erwächst. Gleichzeitig ist festzustellen, dass das Interesse der Bevölkerung an Umwelt- wie auch an Abfallthemen und damit die Bereitschaft zu konsequentem Engagement sinken.

Kapitel 5

Rechtliche Vorgaben

Nachdem die Umwelt- und die Abfallpolitik die Rahmenbedingungen gestellt haben, bedarf es des Rechtes, um diese Ziele und Grundsätze umzusetzen. Die zu ihrer Verwirklichung erforderlichen Maßnahmen müssen verbindlich festgelegt werden, um auch dann zu einer Lösung kommen zu können, wenn verschiedene Ziele gegeneinander stehen und zu Konflikten führen. Umweltpolitik erfährt schließlich ihre Verbindlichkeit und ihre Schranken im Recht ([279] Storm, 1994).

Es werden zunächst die für die Bioabfallwirtschaft relevanten Bestimmungen des europäischen Rechts vorgestellt, da diese dem nationalen Recht übergeordnet sind und in zunehmendem Maße die nationale Gesetzgebung beeinflussen. Anschließend werden die Vorgaben des deutschen Rechts auf Bundes-, Länder- und kommunaler Ebene dargelegt.

5.1 Europäisches Umwelt- und Abfallrecht

Durch die Einheitliche Europäische Akte von 1986, die einen eigenen Abschnitt „Umwelt" in den EWG-Vertrag eingefügt hat, ist dem europäischen Umweltgemeinschaftsrecht ein Fundament gegeben worden, das durch den Vertrag über die Europäische Union von 1992 fortentwickelt wurde. Zugleich hat auch die Herstellung des europäischen Binnenmarkts die Vereinheitlichung des Umweltrechts beschleunigt.

5.1.1 Rechtliche Wirkung und Bedeutung des EU-Rechts

Mit ihrer Rechtssetzungstätigkeit harmonisiert die EU das Umweltrecht entweder durch Richtlinien, die in innerstaatliches Recht umzusetzen sind, oder aber durch Verordnungen, die unmittelbar wie ein Gesetz wirken. Das Gemeinschaftsrecht stellt also eine neue, übergeordnete Rechtsordnung für die Mitgliedsstaaten dar. Das hat zur Konsequenz, dass im Falle eines Konfliktes zwischen Gemeinschaftsrecht und einzelstaatlichem Recht das gemeinschaftliche Recht vorgeht. Dem Gemeinschaftsrecht widersprechende einzelstaatliche Vorschriften sind daher abzuändern. Mitgliedsstaaten können teilweise strengere, allerdings nicht abweichende einzelstaatliche Regelungen einführen (Art. 130s in Verbindung mit 130t des EG-Vertrags), was jedoch in der Regel zu Wettbewerbsnachteilen führt. Generell ist bei der Einführung solcher schärferen Regeln zu beachten, dass es jedem anderen Mitgliedsstaat möglich bleiben muss, zu dem vorauseilenden Mitgliedsstaat aufzuschließen ([176] Krämer, 1999).

Insbesondere für den Bereich der Abfallpolitik sind die Bedeutung des EU-Rechts und der Bedarf nach einheitlichen Regelungen ausgesprochen hoch. Die Abfallentsorgung in den Ländern der EU wird sehr unterschiedlich praktiziert und beruht auf einer uneinheitlichen Infrastruktur. Beispielsweise wird in Irland die Deponierung, in Deutschland hingegen die Abfallverbrennung favorisiert. Auch die Organisationsstrukturen sind andersartig: während man in Deutschland eine kommunale Entsorgungswirtschaft hat, liegt diese in Großbritannien in privater Hand. Ein weiterer Grund für den Ruf nach einer einheitlichen Abfallpolitik liegt in der stark zunehmenden Tendenz zum Müllexport, der in der Regel den billigsten und nicht den umweltverträglichsten Weg sucht. Außerdem führen unterschiedliche Rechtsvorschriften zu ungleichen Wettbewerbsbedingungen, was Auswirkungen auf das Funktionieren des gemeinsamen Marktes hat. Für einige Länder kann diese Angleichung allerdings die Gefahr einer Absenkung ihres bislang hohen ökologischen Niveaus und damit eine Reduzierung des bis dahin aufgebauten Schutzes natürlicher Lebensgrundlagen für zukünftige Generationen bedeuten ([76] Cronauge, 1998).

Der Harmonisierungsprozess innerhalb der Europäischen Union ist noch lange nicht abgeschlossen, auch nicht für die biologische Abfallbehandlung.

5.1.2

Europäisches Abfallrecht

Ein gemeinschaftliches Abfallrecht der EU gibt es seit 1975, insgesamt ist in diesem Rahmen bislang etwa ein Dutzend Richtlinien und Verordnungen verabschiedet worden. Sie betreffen in erster Linie Abfallmaterial (z.B. Altöl), daneben aber auch Anlagen zur Behandlung von Abfällen.

5.1.2.1

Die Begriffe „Abfall“ und „Ware“

Bereits 1975 wurde auf europäischer Ebene Abfall definiert als *alle Stoffe und Gegenstände, [...] deren sich ihr Besitzer entledigt, entledigen will oder entledigen muss* (Formulierung im bundesdeutschen Kreislaufwirtschafts- und Abfallgesetz § 3 Absatz 1). Die damalige deutsche Definition bezeichnete hingegen mit dem Begriff „Abfall“ den Abfall zur Beseitigung und mit dem Begriff „Reststoffe“ die Abfälle, die zur Verwertung geeignet waren. In einer Entscheidung von 1995 hat der europäische Gerichtshof diese Definition für unvereinbar mit dem Gemeinschaftsrecht erklärt, was zu einer Neudefinition im Rahmen des neugeschaffenen Kreislaufwirtschafts- und Abfallgesetzes führte. Aus dem gleichen Beweggrunde mussten auch Italien, Österreich und Großbritannien ihre Gesetze anpassen.

Nach der Rechtsprechung des europäischen Gerichtshofes (Dusseldorp-Urteil des EU-GH vom 25.06.1998, [277] Stengler, 2001) werden Abfälle aufgrund des übergeordneten politischen Zieles eines freien, grenzüberschreitenden Warenverkehrs als Produkte eingeordnet, was bedeutet, dass sie zunächst einmal dem freien Warenaustausch unterliegen. Dabei wird darauf hingewiesen, dass der Begriff Ware im Sinne des EG-Vertrags alle Waren unabhängig von ihrem Wert, ihrer Art, ihrer Eigenschaften und ihrer Bestimmung umfasst. Damit gelten alle Abfälle ganz unabhängig davon, ob sie anschließend weiter verwendet, verwertet oder beseitigt werden, als Waren. Allerdings stellen sie Waren besonderer Art dar, weil sie bereits durch ihre Anhäufung Umweltprobleme aufwerfen können, noch bevor es zu Gefährdungen der Gesundheit und Sicherheit von Personen kommt. Daher müssen Abfälle verwertet oder beseitigt werden, ohne Mensch oder Umwelt zu gefährden. Weiterhin sind die Grenzen der absoluten Freizügigkeit des Warenaustausches dort erreicht, wo aufgrund ungleichen Wettbewerbs bessere Verwertungs- und Entsorgungsanlagen nicht genutzt werden und damit Umweltbeeinträchtigungen zu erwarten sind ([76] Cronauge, 1998).

5.1.2.2

Richtlinien für die Bioabfallwirtschaft

Im Hinblick auf die Bioabfallwirtschaft hat der Europäische Rat drei Vorschriften erlassen, eine weitere ist in Vorbereitung.

5.1.2.2.1

Europäische Klärschlammrichtlinie

Bereits aus dem Jahr 1986 stammt die *Richtlinie über den Schutz der Umwelt und insbesondere der Böden bei Verwendung von Klärschlamm in der Landwirtschaft*, welche die Bioabfallwirtschaft bei der Verwertung des gewonnenen Kompostes betrifft. Mit dieser Richtlinie werden einerseits die in Klärschlämmen vorhandenen, landwirtschaftlich nutzbringenden Eigenschaften, andererseits die ebenso vorliegenden Belastungen der Schlämme durch Schwermetalle gewichtet. Aufgrund der potentiellen Toxizität einiger Schwermetalle für Pflanzen, Tiere und Menschen werden Grenzwerte für Schlämme wie auch für die Böden vorgegeben, die durch eine Klärschlammverwendung nicht überschritten werden dürfen. Insgesamt soll dadurch nicht nur die landwirtschaftliche Verwendung von Klärschlamm so geregelt werden, dass schädliche Auswirkungen auf Böden, Vegetation, Tiere und Menschen verhindert und zugleich eine ordnungsgemäße Verwendung von Klärschlamm gefördert werden, sondern es wurden mit dieser Richtlinie auch erste gemeinschaftliche Maßnahmen zum Schutz des Bodens festgelegt.

5.1.2.2.2

Europäische Deponierichtlinie

Neueren Datums ist die Europäische Deponierichtlinie, die 1999 in Kraft getreten ist und deren Umsetzung in den Mitgliedsstaaten zwei Jahre später erfolgt sein musste; sie ist für die Bioabfallwirtschaft von grundlegender Bedeutung.

Eine Reihe von Gründen wird für ihren Erlass genannt: Unter anderem soll weniger biologisch abbaubarer Abfall deponiert werden, um die Gasbildung auf Deponien zu minimieren und so möglicherweise eine Erwärmung der Erdatmosphäre durch CO_2- und CH_4-Emissionen einzudämmen (Grund Nr. 16). Entsprechende Maßnahmen zielen darauf ab, die getrennte Sammlung von biologisch abbaubarem Abfall sowie dessen Sortierung, Verwertung und Wiederverwendung zu fördern (Grund Nr. 17).

Hinsichtlich der Zielstellung strebt Deutschland die nachsorgefreie Deponie an. Das in Artikel 1 der Deponierichtlinie formulierte Ziel ist bescheidener und besteht in der Vermeidung und Verringerung negativer Auswirkungen, die von einer Deponierung von Abfällen ausgehen können. Entsprechende Anforderungen betreffen einerseits die Deponie selbst, andererseits sind auch die Abfälle so zu beeinflussen, dass von ihnen bei der Ablagerung keine Gefährdung ausgeht (sie *sollen, soweit möglich, nur in vorhersehbarer Weise reagieren*).

Bei den Begriffsbestimmungen in Artikel 2 werden unter dem Buchstaben m) „biologisch abbaubare Abfälle“ definiert als *alle Abfälle, die aerob oder anaerob abgebaut werden können: Beispiele hierfür sind Lebensmittel, Gartenabfälle, Papier und Pappe*. Diese allgemein gehaltene Beschreibung verdeutlicht, dass einerseits eine exakte, wissenschaftliche Definition sehr schwierig ist, andererseits auch aufwendige Analysen bei der Abfallannahme vermieden werden sollen. Daher wird hier eine behelfsmäßige Abgrenzung über typische Beispielsfälle vorgegeben.

In Artikel 5 ist die Strategie vorgezeichnet, nach der zukünftig verfahren werden soll: in drei Schritten ist die Deponierung von biologisch abbaubaren

Abfällen bis zum Jahr 2015 auf 35 % dessen zu reduzieren, was an biologisch abbaubaren Abfällen im Jahr 1995 deponiert wurde. Es werden aber keine Vorgaben gemacht, wie diese Reduzierung zu erfolgen hat ([90] EG Nr. 49/98, 1998; [305] umwelt-online.de, 1999).

5.1.2.2.3

EU-Richtlinie zur Förderung erneuerbarer Energiequellen

Die dritte, in diesem Zusammenhang wichtige europäische Richtlinie ist die *zur Förderung der Stromerzeugung aus erneuerbaren Energiequellen im Elektrizitätsbinnenmarkt* vom 27.09.2001, die sich der intensiveren Nutzbarmachung erneuerbarer Energiequellen verschrieben hat. Diese Richtlinie stellt eines der zentralen Vorhaben dar, mit denen die EU die in Kyoto festgelegten Klimaschutzziele erreichen will. Konkret soll so die Emission von Treibhausgasen wie CO_2 sowie von Schadstoffen wie z.B. SO_2 und NO_x reduziert werden. Die nationalen Richtziele (eine Verdopplung des Anteils von Strom aus erneuerbaren Energiequellen gegenüber dem Stand von 1997) sind aber nicht verbindlich, sondern nur indikativ vorgegeben. Auch die Art, wie die Mitgliedsstaaten ihr Sollziel erreichen können, ist vorerst nicht vorgegeben.

Erneuerbare Energiequellen stellen neben Wind, Sonne, Erdwärme, Wellen- und Gezeitenenergie sowie Wasserkraft auch Biomasse, Deponiegas, Klärgas und Biogas dar. Unter dem Begriff der Biomasse werden der biologisch abbaubare Anteil von Erzeugnissen, Abfällen und Rückständen der Landwirtschaft, der Forstwirtschaft und damit verbundener Industriezweige sowie der biologisch abbaubare Anteil von Abfällen aus Industrie und Haushalten verstanden, insgesamt ein weites Spektrum.

Gefördert wird die Erzeugung und Nutzung von Strom, der ausschließlich aus oben genannten, erneuerbaren Energiequellen hergestellt wird; der Netzzugang wird durch diese Richtlinie garantiert. Der Handel mit Strom aus erneuerbaren Energiequellen erfordert einen Herkunftsnachweis.

Werden Abfälle zur Energieerzeugung eingesetzt, so müssen die geltenden Rechtsvorschriften im Bereich der Abfallwirtschaft eingehalten werden; die Hierarchie der Abfallbehandlung (Vermeiden vor Verwerten vor Beseitigen) sollte durch die Unterstützung der Nutzung von Strom aus erneuerbaren Energiequellen nicht untergraben werden. Es wird also nicht angestrebt, ungetrennten Siedlungsabfall zu verbrennen, wenn es bessere Alternativen, beispielsweise die Vergärung oder unter dem Aspekt der Ressourcenschonung die Kompostierung von Bioabfällen, gibt. Durch diese Richtlinie wird die Nutzung von Biomasse zur Stromproduktion deutlich an Bedeutung gewinnen ([257] Richtlinie 2001/77/EG; [225] N.N., 2002/2).

5.1.2.2.4

Biologische Behandlung von biologisch abbaubaren Abfällen, Entwurf

Ein Arbeitsdokument des Titels *Biologische Behandlung von biologisch abbaubaren Abfällen* (2. Entwurf vom Februar 2001) zielt auf die Entlastung der Deponien entsprechend der Europäischen Deponierichtlinie ab und betrifft neben Kompostierungs- und Vergärungsanlagen auch mechanisch-biologische Anlagen. Er enthält Maßnahmen zur besseren Bewirtschaftung biologisch abbaubarer Abfälle in den Mitgliedsstaaten. Sechs Ziele sind angegeben, als oberstes die Vermeidung oder Verringerung des Anfalls von biologisch abbaubaren Abfällen (z.B. von Klärschlämmen) und ihrer Verunreinigung durch Schad- und Störstoffe. Es folgen die Wiederverwendung von biologisch abbaubaren Abfällen (z.B. Pappe) und von getrennt gesammelten, biologisch abbaubaren Abfällen (z.B. Papier und Pappe), wann immer dies unter dem Aspekt des Umweltschutzes gerechtfertigt erscheint. Die nächsten Prioritäten gelten der Kompostierung oder Vergärung von getrennt gesammelten, biologisch abbaubaren Abfällen, der mechanisch-biologischen Stabilisierung von unsortierten, biologisch abbaubaren Abfällen und der Nutzung von biologisch abbaubaren Abfällen als Quelle zur Erzeugung von Energie ([98] EU Generaldirektion Umwelt, 2000; [100] Europäische Kommission, 2002).

5.1.3

Europäisches Umweltstrafrecht

Ergänzend zu den verschiedenen umweltrechtlichen Vorschriften wird es in absehbarer Zeit auch ein eigenes europäisches Umweltstrafrecht geben. Im Frühjahr 2000 hat Dänemark eine Initiative gestartet mit dem Ziel, die schwere Umweltkriminalität zu bekämpfen. Zu diesem Vorschlag hat das Europäische Parlament bereits im Juli 2000 befürwortend Stellung genommen. Daneben existiert ein Vorschlag der Kommission für eine Richtlinie über den strafrechtlichen Schutz der Umwelt, mit dessen Hilfe die Gewährleistung eines gemeinschaftsweiten Mindestniveaus für strafrechtlich sanktionierten Umweltschutz angestrebt wird. Gegenwärtig wird darüber nachgedacht, die beiden Papiere zusammenzuführen. Die bisherige Planung der Kommission sieht vor, dass die Umsetzung dieser noch zu schaffenden Richtlinie in den Mitgliedsstaaten bis zum Jahr 2003 erfolgen soll ([163] Kaminski und Figgen, 2001).

5.2 Deutsches Abfallrecht

In den frühen siebziger Jahren entfaltete sich eine umfangreiche Gesetzgebungsaktivität des Bundes auf dem Gebiet des Umweltrechtes, diese Zeit wird oft auf politischer wie auf juristischer Ebene als die Pionierphase der Umweltgesetzgebung bezeichnet ([144] Heintzen, 1999). Diese legislative Phase des Umweltrechts ist inzwischen zwar weitgehend abgeschlossen, Nachbesserungen sind jedoch auf Grund neuer Erkenntnisse und Vorgaben des Europäischen Gemeinschaftsrechts immer noch geboten. Waren die bisherigen Umweltgesetze in der Regel einzelnen Umweltmedien oder Umweltteilbereichen gewidmet, so kommen in der neueren Gesetzgebungstätigkeit übergreifende und vereinheitlichende Gesichtspunkte stärker zum Ausdruck, welche die ökologischen Zusammenhänge und den Grundsatz der Vorsorge besonders berücksichtigen. Zusätzlich werden jetzt die gesetzlichen Ziele durch Erlass von Rechtsverordnungen und Verwaltungsvorschriften sowie durch richterliche Einzelfallentscheidungen konkretisiert ([325] Weidemann, 1994).

5.2.1 Gesetze

Der Begriff des Gesetzes wird in doppeltem Sinne verwendet. Ein Gesetz im materiellen Sinne ist jede Rechtsnorm, d.h. jede hoheitliche Anordnung, die für eine unbestimmte Vielzahl von Personen allgemein verbindliche Regelungen enthält. Gesetz im formellen Sinne ist jeder Beschluss der für die Gesetzgebung zuständigen Organe, der im verfassungsmäßig vorgesehenen, förmlichen Gesetzgebungsverfahren ergeht, ordnungsgemäß ausgefertigt und verkündet ist.

Ihre Verwirklichung erfahren die Gesetze durch Gebote, Verbote und Abgaben als eingreifende Maßnahmen, durch leistende Maßnahmen in Form von Förderung, Beratung, Ersatzleistungen und öffentliche Einrichtungen sowie durch planende Maßnahmen mittels Programmen und Plänen. Diese Maßnahmen setzen an drei Objekttypen an, nämlich den Anlagen, den Stoffen und den Grundflächen, die meist kombiniert zum Einsatz gelangen.

Die für die Bioabfallwirtschaft wichtigsten Gesetze sind das Kreislaufwirtschafts- und Abfallgesetz, das Bundes-Immissionsschutzgesetz, das Düngemittelgesetz, das Bundes-Bodenschutzgesetz, das Erneuerbare-Energien-Gesetz und das Gesetz über die Umwelthaftung. Das Tierkörperbeseitigungsgesetz wird, da es statt des Abfall- bzw. Immissionsschutzrechtes dem Tierseuchenrecht zuzuordnen ist, im Rahmen der davon betroffenen Speiseresteverwertung vorgestellt.

5.2.1.1

Kreislaufwirtschafts- und Abfallgesetz

Das 1994 verkündete und 1996 in Kraft getretene *Gesetz zur Förderung der Kreislaufwirtschaft und Sicherung der umweltverträglichen Beseitigung von Abfällen* (kurz Kreislaufwirtschafts- und Abfallgesetz genannt, [180] KrW-/AbfG, 1994) zielt auf die Schonung der natürlichen Ressourcen und die umweltverträgliche Beseitigung von Abfällen hin. In diesem Gesetz wird der bereits erwähnte europäische Abfallbegriff in das deutsche Recht überführt, im dem Abfälle als *alle beweglichen Sachen, deren sich ihr Besitzer entledigt, entledigen will oder entledigen muss* definiert werden.

Dies bedeutet, dass einerseits nur bewegliche Sachen Abfall sind (ein kontaminierter Boden eines Altlastengrundstücks wird also erst in dem Moment Abfall, in dem er auf einer Schubkarre o.ä. liegt). Andererseits gibt es bewegliche Sachen, die nicht unter diesen Begriff fallen: ausgenommen sind einzelne Abfälle wie z.B. Abraum aus Bergwerken, gasförmige Stoffe oder Tierkörper, die nicht dem Geltungsbereich des Abfallrechtes unterliegen. Mit dem Begriff „Besitzer" wird darauf hingewiesen, dass jemand für den Abfall verantwortlich ist (für einen weggeworfenen Stiefel ist demzufolge zunächst dessen ursprünglicher Besitzer und in zweiter Linie der Eigentümer des Grundstückes verantwortlich, auf dem der Stiefel liegt). Desweiteren umfasst der Abfallbegriff eine subjektive und eine objektive Komponente. Die subjektive Komponente kommt in dem Ausdruck „entledigen will" zum Tragen: Nennt jemand beispielsweise ein altes Plüschsofa sein Eigen, das zwar noch in Ordnung, aber hässlich ist, so muss er die Freiheit haben, sich dessen entledigen zu können. Der Wille zur Entledigung ist also ausschlaggebend. Dieser Wille wird auch dann angenommen, wenn Stoffe anfallen, ohne dass der Zweck der Handlung in deren Entstehen lag, wie es z.B. bei Produktionsrückständen der Fall ist. In dem Ausdruck „entledigen muss" kommt die objektive Komponente des Abfallbegriffs zur Geltung. Es handelt sich um Fälle, bei denen eine geordnete Entsorgung zum Wohl der Allgemeinheit geboten ist. Als Beispiel diene eine Pyramide alter Blechdosen im Garten: sie zieht Ungeziefer an und ist daher unhygienisch; ihre Entsorgung ist geboten, auch wenn der Besitzer das nicht will.

Seitdem diese Definition gilt, unterliegen neben den Abfällen zur Beseitigung auch Abfälle zur Verwertung dem Abfallrecht. Abfälle zur Verwertung können frei in Europa gehandelt werden, für Abfälle zur Beseitigung hingegen gilt das Gebot der Beseitigungsautarkie, d.h. die Abfälle müssen in der Nähe ihres Entstehungsortes beseitigt werden.

Im Kreislaufwirtschafts- und Abfallgesetz ist der Grundsatz verankert, dass Abfälle zu vermeiden sind. Hiermit wird insbesondere die Produktion von Gütern angesprochen, die mit möglichst wenigen und möglichst schadstoffarmen Stoffen zu erfolgen hat. Nicht vermeidbare Abfälle sind zu verwerten, das heißt, im Wirtschaftskreislauf zu halten. Dadurch wird das Ziel der Schonung der natürlichen Ressourcen gesetzlich festgehalten. Diejenigen Abfälle jedoch, die nicht verwertet werden können, sind aus dem Wirtschaftskreislauf auszuschleusen, also zu beseitigen.

Grundsätzlich ist jeder Abfallbesitzer selbst für die Entsorgung seiner Abfälle verantwortlich. Ausgenommen hiervon sind Privatpersonen (sogenannte „Erzeuger von Abfällen aus privaten Haushaltungen"), die von dieser Pflicht befreit sind und das Recht haben, ihre Abfälle der Kommune zu überlassen. Damit die Kommune ihrer Verantwortung zur Entsorgung nachkommen kann, ist jede Privatperson aber nicht nur berechtigt, sondern auch verpflichtet, der Kommune ihren Abfall zu überlassen (sogenannte „Überlassungspflicht"). Ausgenommen hiervon ist z.B. die Kompostierung von Bioabfällen im eigenen Garten.

Alle Abfallerzeuger mit Ausnahme dieser genannten Privatpersonen und auch die Kommunen selbst haben ihre Abfälle zu verwerten, sofern dies rechtlich zulässig ist und dadurch keine schädlichen Umweltauswirkungen verursacht werden. Hierbei ist insbesondere die Verlagerung und Aufkonzentrierung von Schadstoffen aus dem Abfall in das Produkt gemeint. Für viele Abfälle gibt es ein oder mehrere Verfahren zur Verwertung, Bioabfälle z.B. können in Kompostierungs- oder Vergärungsanlagen verwertet werden. Die Verwertung hat nur dann zu unterbleiben, wenn die Beseitigung der Abfälle die umweltverträglichere Lösung darstellt. Auch die Abfallbeseitigung hat so zu erfolgen, dass keine schädlichen Umweltauswirkungen erfolgen. Die Beseitigung findet durch Ablagerung auf Deponien oder Behandlung in Müllverbrennungsanlagen statt.

Im Rahmen des Gesetzgebungsverfahrens konnte in einigen Punkten keine Einigkeit erzielt werden, so dass man sich auf entsprechende Regelungen zu einem späteren Zeitpunkt verständigt hat. Hierzu zählt u.a. die Verwertung von Bioabfällen im Bereich der landwirtschaftlichen Düngung, die erst im Jahr 1998, also vier Jahre nach Verkündigung des Kreislaufwirtschafts- und Abfallgesetzes durch die Bioabfallverordnung geregelt wurde.

5.2.1.2

Bundes-Immissionsschutzgesetz

Das *Gesetz zum Schutz vor schädlichen Umwelteinwirkungen durch Luftverunreinigungen, Geräusche, Erschütterungen und ähnliche Vorgänge* (Bundes-Immissionsschutzgesetz - [42] BImSchG, 1990) von 1974 in der Fassung der Bekanntmachung aus dem Jahr 2000 betrifft insbesondere die Luftreinhaltung und Lärmbekämpfung, daneben gewinnen aber auch die Aussagen des Gesetzes zur Reststoff- bzw. Abfallvermeidung und –verwertung zunehmend an Bedeutung. Das Bundes-Immissionsschutzgesetz gliedert sich in sieben Teile; die beiden ersten sind für die Bioabfallwirtschaft von besonderer Bedeutung.

Der erste Teil mit den allgemeinen Vorschriften formuliert in § 1 den Zweck des Gesetzes, der darin besteht, *Menschen, Tiere und Pflanzen, den Boden, das Wasser, die Atmosphäre sowie Kultur- und sonstige Sachgüter vor schädlichen Umwelteinwirkungen und, soweit es sich um genehmigungsbedürftige Anlagen handelt, auch vor Gefahren, erheblichen Nachteilen und erheblichen Belästigungen, die auf andere Weise herbeigeführt werden, zu schützen und dem Entstehen schädlicher Umwelteinwirkungen vorzubeugen*. Diese Grundgedanken des Bundes-Immissionsschutzgesetzes dienten als Vorbild im Umweltrecht, weil hier neben dem Schutz- und Abwehrprinzip zum ersten Mal Vorsorge statt Nachsorge zum Prinzip erhoben wurde.

Die für die Praxis wichtigsten Vorschriften finden sich im zweiten Teil. Sie betreffen die Errichtung und den Betrieb von Anlagen, der erste Abschnitt umfasst dabei die genehmigungsbedürftigen Anlagen. Eine konkrete Auflistung der entsprechenden Anlagentypen ist im Anhang der zugehörigen 4. Bundes-Immissionsschutzverordnung enthalten: unter Nr. 8 finden sich dort die Anlagen zur Verwertung und Beseitigung von Reststoffen und Abfällen, zu denen auch die Bioabfallbehandlungsanlagen gehören (Ausnahme: Deponien werden nicht immissionsschutzrechtlich genehmigt, sondern nach [180] § 7 KrW-/AbfG, 1994, planfestgestellt).

Das Recht der genehmigungsbedürftigen Anlagen enthält in § 5 eine Reihe sogenannter Grundpflichten als sachliche Anforderungen an den Anlagenbetreiber. Diese Anforderungen liefern nicht nur den Maßstab für die Genehmigungserteilung oder für nachträgliche Maßnahmen, sondern binden den Anlagenbetreiber unmittelbar. Im einzelnen sind schädliche Umwelteinwirkungen sowie sonstige Gefährdungen zu vermeiden (Schutz- und Abwehrpflicht), außerdem ist z.B. Vorsorge gegen schädliche Umwelteinwirkungen geboten (Vorsorgepflicht). Die weiteren Paragraphen im ersten Abschnitt des zweiten Teils umfassen das gesamte Genehmigungsverfahren für genehmigungsbedürftige Anlagen ([161] Jarass, 1995).

5.2.1.3

Düngemittelgesetz

Das Düngemittelrecht ist eng mit dem Abfallrecht verzahnt; ersteres betrachtet dabei die Wertstoffseite, letzteres die Schadstoffseite entsprechender Stoffe. Das *Düngemittelgesetz* ([82] DMG,1977) selbst stammt aus dem Jahr 1977, die derzeit gültige Fassung datiert auf den 25.06.2001.

§ 1 des Gesetzes klärt wichtige Begriffe wie Düngemittel, Wirtschaftsdünger, Sekundärrohstoffdünger, Bodenhilfsstoffe, Kultursubstrate oder Pflanzenhilfsmittel. Die in diesem Rahmen besonders interessierenden Sekundärrohstoffdünger bestehen demnach aus Abwasser, Fäkalien, Klärschlamm oder ähnlichen Stoffen aus Siedlungsabfällen und vergleichbaren Stoffen aus anderen Quellen. Desweiteren enthält das Düngemittelgesetz in § 1a Bestimmungen zur

Anwendung von Düngemitteln, gemäß denen eine Düngung nach guter fachlicher Praxis der Versorgung der Pflanzen mit notwendigen Nährstoffen sowie der Erhaltung und Förderung der Bodenfruchtbarkeit dient. Mit den Bestimmungen nach § 2 wird sichergestellt, dass Düngemittel, die gewerbsmäßig in Verkehr gebracht werden, bestimmten Qualitätsanforderungen und die zugehörigen Verpackungen entsprechenden Informationspflichten genügen müssen. Die düngemittelrechtliche Zulassungspflicht auch für Abfälle ist in § 2 Absatz 1 festgehalten. In Absatz 2 wird betont, dass nur solche Stoffe zugelassen werden dürfen, die bei sachgerechter Anwendung die Fruchtbarkeit des Bodens nicht herabsetzen, die Gesundheit von Menschen und Haustieren nicht schädigen und den Naturhaushalt nicht gefährden. Zudem müssen sie geeignet sein, *das Wachstum von Nutzpflanzen wesentlich zu fördern, ihren Ertrag wesentlich zu erhöhen oder ihre Qualität wesentlich zu verbessern.*

Da der Sinn eines Düngemittels nicht darin besteht, die Umwelt und insbesondere den Boden gerade noch vertretbar zu belasten, sondern darin, die daraus erzeugten Produkte wesentlich zu verbessern, ist das Düngemittelgesetz hinsichtlich der Verwertung von Abfällen innerhalb und außerhalb der Landwirtschaft einer der limitierenden Faktoren ([95] Embert, 2001).

5.2.1.4

Bundes-Bodenschutzgesetz

Seit etwa vierzig Jahren gibt es rechtliche Schutzregeln für die grundlegenden Schutzgüter Wasser und Luft, allein der Boden als drittes essentielles Schutzgut ist bis vor wenigen Jahren nicht beachtet worden. Seit 1998 gibt es nun das *Gesetz zum Schutz vor schädlichen Bodenveränderungen und zur Sanierung von Altlasten* ([23] BBodSchG, 1998), das sich auch des dritten Schutzgutes annimmt. Der im ersten Teil in § 1 formulierte Zweck des Bundes-Bodenschutzgesetzes liegt in der nachhaltigen Sicherung oder (wenn es dafür schon zu spät ist) in der Wiederherstellung der verschiedenen Funktionen des Bodens; diese lassen sich gemäß § 2 Absatz 2 in natürliche und Nutzungsfunktionen sowie in die Funktion als Archiv der Natur- und Kulturgeschichte aufgliedern.

Um diese vielfältigen Funktionen zu sichern, muss deren dauerhafter Schutz durch vorsorgende Anforderungen gewährleistet sein, die über den Umgang mit vorhandenen Gefahren hinausgehen. Dies gilt insbesondere hinsichtlich des schleichenden Eintrags von Schadstoffen, der auf Dauer zu nicht mehr umkehrbaren Schäden des Bodens führen kann ([73] bvboden.de, 2000). Schädliche Bodenveränderungen sind laut § 2 Absatz 3 Beeinträchtigungen der Bodenfunktionen, die geeignet sind, Gefahren, erhebliche Nachteile oder erhebliche Belästigungen für den Einzelnen oder die Allgemeinheit herbeizuführen.

Der folgende Paragraph (§ 3 Absatz 1) hat sich rechtshistorisch dadurch entwickelt, dass zunächst Bodenschutzklauseln in eine Vielzahl einzelner Regeln eingebracht wurden, bevor es ein neues und eigenständiges Schutzgesetz für den Boden gab.

Das Gesetz findet nämlich nur dann auf schädliche Bodenveränderungen und Altlasten Anwendung, wenn diese Einwirkungen nicht durch bestimmte andere Rechtsvorschriften geregelt sind (auch wenn diese weniger strikt sind als die des Bundes-Bodenschutzgesetzes). Zu diesen anderen Rechtsvorschriften gehören auch diejenigen des Kreislaufwirtschafts- und Abfallgesetzes, welche die Zulassung und den Betrieb von Abfallbeseitigungsanlagen sowie das Aufbringen von Abfällen zur Verwertung als Sekundärrohstoffdünger oder Wirtschaftsdünger regeln. Diese Subsidiarität des Bundes-Bodenschutzgesetzes hat viele klärungsbedürftige Fragen aufgeworfen und wird derzeit heftig diskutiert (eine Zusammenfassung findet sich in [261] Schäfer, 2001).

Der zweite Teil des Bundes-Bodenschutzgesetzes beinhaltet Grundsätze und Pflichten, dazu gehören u.a. die der Gefahrenabwehr für den Boden (§ 4) und die Vorsorgepflicht (§ 7). In diesem § 7 werden die für Böden Verantwortlichen genannt und verpflichtet, Vorsorge gegen das Entstehen schädlicher Bodenveränderungen zu treffen, die durch Nutzungen auf dem Grundstück oder in dessen Einwirkungsbereich hervorgerufen werden können. Eine Verknüpfung zum Themenkomplex der Düngung wird neben § 3 auch in § 17 vollzogen, der die gute fachliche Praxis in der Landwirtschaft unter dem Aspekt der Vorsorgepflicht des § 7 beleuchtet ([120] Friedrich, 2001).

Bemerkenswert ist das Fehlen jeglicher Sanktionen bei diesem Gesetz, was dessen Durchsetzungsfähigkeit erheblich einschränkt.

5.2.1.5

Erneuerbare-Energien-Gesetz

Jüngeren Datums noch ist das *Gesetz für den Vorrang Erneuerbarer Energien* ([89] Erneuerbare-Energien-Gesetz, EEG, 2000), das vom 29.03.2000 datiert. Es bezweckt gemäß § 1, aus Gründen des Klima- und Umweltschutzes *eine nachhaltige Entwicklung der Energieversorgung zu ermöglichen und den Beitrag Erneuerbarer Energien an der Stromversorgung deutlich zu erhöhen.* Angestrebt wird entsprechend den Zielen der Europäischen Union mindestens eine Verdopplung des Anteils erneuerbarer Energien am gesamten Energieverbrauch bis zum Jahr 2010, zu diesem Zweck wird den erneuerbaren Energien eine Vorrangstellung eingeräumt.

Unter den in § 2 definierten Anwendungsbereich fällt u.a. der Strom, der ausschließlich aus Deponiegas, Klärgas oder aus Biomasse erzeugt wird. Einbezogen werden Anlagen bis zu einer installierten elektrischen Leistung von mehr als 5 MW für Deponie- oder Klärgasanlagen bzw. 20 MW für Biomasseanlagen. § 3 verpflichtet die Betreiber von Stromnetzen, entsprechende Anlagen an ihre Netz anzuschließen, den gesamten angebotenen Strom vorrangig abzunehmen und den eingespeisten Strom so zu vergüten, wie dies in den Paragraphen 4 bis 8 ausgeführt ist.

Die Vergütung beispielsweise für Anlagen, die Strom aus Biomasse produzieren, liegt mengenabhängig zwischen etwa 10 und 8 Cent/kWh und wird für eine Dauer von 20 Jahren gezahlt. Ab dem 01.01.2002 wird die Vergütung jährlich um 1 % gesenkt, so dass Anlagen, die nach diesem Datum ans Netz gehen, nicht mehr in den Genuss der vollen Vergütung kommen.

5.2.1.6

Umwelthaftungsgesetz

Während die bisher dargestellten Gesetze in erster Linie dem Umweltverwaltungsrecht zuzuordnen sind, gehört das *Umwelthaftungsgesetz* ([304] UmweltHG, 1990) von 1990 zum Umweltprivatrecht, das mittelbar das menschliche Verhalten im Sinne der Umweltvorsorge beeinflussen will ([279] Storm, 1994). War es früher in zivilrechtlicher Hinsicht möglich, sanktionslos mit der Umwelt Schindluder zu treiben, so kommen nun Schadensersatzansprüche auf den zu, der die Umwelt schädigt. Davon zu unterscheiden ist der strafrechtliche Schutz, den die Umwelt genießt, der aber nicht hier, sondern an anderer Stelle angesprochen wird.

Das Umwelthaftungsgesetz regelt die Anlagenhaftung bei Umwelteinwirkungen. In § 1 heißt es dazu: *Wird durch eine Umwelteinwirkung, die von einer im Anhang 1 genannten Anlage ausgeht, jemand getötet, sein Körper oder seine Gesundheit verletzt oder eine Sache beschädigt, so ist der Inhaber der Anlage verpflichtet, dem Geschädigten den daraus entstehenden Schaden zu ersetzen.* In Anhang 1 des Gesetzes sind unter den Punkten 68 bis 77 die Anlagen für Abfälle und Reststoffe aufgeführt, die Kompostwerke bilden Punkt 73.

In den §§ 6 f. wird die Pflicht zur Nachweisführung geregelt. Der Geschädigte muss darlegen, warum er als Ursache für den Schaden eine bestimmte Anlage vermutet. Dabei reicht es nicht aus, eine allgemeine Ursächlichkeit zu beschreiben, sondern die Vermutung der Eignung der individuellen Anlage zur Verursachung des entstandenen Schadens ist nachzuweisen. Gelingt ihm diese Substantiierung seines Anspruchs, so hat er seinen Teil erbracht und die Pflicht zur Nachweisführung geht an den potentiellen Schadensverursacher über, der nun seinerseits nachweisen muss, dass der Schaden nicht durch seine Anlage verursacht worden ist. Mit dieser Pflichtenaufteilung dient das Gesetz dem Schutz des Geschädigten und der Erleichterung der Durchsetzung berechtigter Schadensersatzansprüche.

Der Verursacher hat also auch ohne Verschulden für bestimmte Schäden einzustehen. Dies setzt kein vorwerfbares Handeln voraus und betrifft auch Schäden, die durch Umwelteinwirkungen im rechtmäßigen Betrieb einer Anlage verursacht werden. Bei einer solchen Gefährdungshaftung knüpft der Gesetzgeber allein daran eine verschuldensunabhängige Haftung, dass jemand eine besonders gefährliche Einrichtung oder sonstige Gefahrenquelle eröffnet. Diese

Betrachtungsweise ist in anderen Rechtsbereichen bereits definiert, wie z.B. im BGB bei der Gefährdungshaftung des Tierhalters, bei der Haftung des Fahrzeughalters nach StVG, im Atomgesetz, im Produkthaftungsgesetz oder im Gentechnikgesetz.

Da der Name des Gesetzes nicht ohne weiteres das Ziel des Gesetzes erkennen lässt, gibt es Stimmen, welche die Ersetzung des Begriffs der Gefährdungshaftung durch den der Verursachungshaftung vorschlagen ([269] Schmidt-Salzer, 1992).

5.2.2

Rechtsverordnungen

Eine Rechtsverordnung ist eine allgemein verbindliche Anordnung für eine unbestimmte Vielzahl von Personen, die nicht im förmlichen Gesetzgebungsverfahren ergeht, sondern von Organen der vollziehenden Gewalt gesetzt wird. Zu diesen zählen die Bundes- und Landesregierung, staatliche Verwaltungsbehörden, aber auch Selbstverwaltungskörperschaften. Da eine Rechtsverordnung Rechtsnormen enthält, stellt sie ein Gesetz im materiellen Sinne dar. Entsprechend dem Grundsatz der Gewaltentrennung können zwar allgemein verbindliche Rechtsvorschriften grundsätzlich nur im förmlichen Gesetzgebungsverfahren erlassen werden. Ein formelles Gesetz kann allerdings die vollziehende Gewalt zum Erlass von Rechtsverordnungen ermächtigen.

Das Kreislaufwirtschafts- und Abfallgesetz enthält insgesamt 26 solcher Verordnungsermächtigungen; nach ihnen können Verordnungen erlassen werden, welche die materiellen Anforderungen an Abfallbesitzer und -erzeuger sowie private und öffentlich-rechtliche Entsorger konkretisieren und ergänzen. Derzeit ist etwa ein Dutzend Verordnungen erlassen worden, vier davon sind für die Bioabfallwirtschaft relevant: die *Bioabfallverordnung*, die *Klärschlammverordnung*, die Abfallablagerungsverordnung und die Gewerbeabfallverordnung. Nicht aufgrund der Ermächtigungsverordnungen des Kreislaufwirtschafts- und Abfallgesetzes erlassen, aber ebenfalls von Bedeutung sind die Biostoff-, *Dünge-* und *Düngemittelverordnung* sowie die *Bodenschutz- und Altlastenverordnung,* die Biomasseverordnung und die Verordnung über Anlagen zur biologischen Behandlung von Abfällen.

Speziell für die Entsorgung von Speiseresten ist auch die *Viehverkehrsverordnung* von Belang, die aber aufgrund ihrer anderen rechtlichen Zugehörigkeit gemeinsam mit dem *Tierkörperbeseitigungsgesetz* im Kapitel „Speiseresteverwertung“ behandelt wird.

5.2.2.1

Bioabfallverordnung

Die *Bioabfallverordnung* ([44] BioAbfV,1998) hat ihre Rechtsgrundlage in § 8 (1) und (2) des Kreislaufwirtschafts- und Abfallgesetzes. Sie trat am 1.10.1998 in Kraft und regelt die schadstoffseitige Eignung organischer Abfälle für deren landbauliche Verwertung.

Die Verordnung gilt für unbehandelte und behandelte Bioabfälle und Gemische, die zur Verwertung auf landwirtschaftlich, forstwirtschaftlich oder gärtnerisch genutzten Böden aufgebracht werden sollen.

Vom Geltungsbereich dieser Verordnung ausgenommen sind Haus-, Nutz- und Kleingärten sowie die Eigenverwertung geringer Mengen (bis 20 Mg/a) durch landwirtschaftliche Betriebe und Betriebe des Garten- und Landschaftsbaus. Unanwendbar ist die Verordnung auf alle Stoffe, die unter die Klärschlammverordnung fallen oder nach anderen Rechtsvorschriften entsorgt werden müssen. Desweiteren wurde festgesetzt, dass die Vorschriften des Düngemittelrechts und des Pflanzenschutzrechts von der *Bioabfallverordnung* unberührt bleiben, da sie nicht die schadstoff-, sondern die wertstoffseitigen Anforderungen für Bioabfallkomposte regeln.

Die *Bioabfallverordnung* setzt in § 1 Schadstoffhöchstwerte fest, die nicht über-, sondern möglichst weit unterschritten werden sollen. Im Rahmen von § 2 der *Bioabfallverordnung* wird Bioabfall definiert als *Abfälle tierischer oder pflanzlicher Herkunft zur Verwertung, die durch Mikroorganismen, bodenbürtige Lebewesen oder Enzyme abgebaut werden können*; konkretisiert wird dies in Anhang 1 Nr. 1. Bodenmaterial ohne wesentliche Anteile an Bioabfällen gehört nicht zu den Bioabfällen, und auch Pflanzenreste, die auf forst- oder landwirtschaftlich genutzten Flächen anfallen und auf diesen Flächen verbleiben, sind keine Bioabfälle. Da diese Definition sehr weit gefasst ist, werden mit der *Bioabfallverordnung* auch andere vom Abfallrecht erfasste Stoffe mit aufgefangen, die nicht in anderen Verordnungen wie z.B. der *Klärschlammverordnung* explizit angesprochen werden.

In den Paragraphen 3 und 4 werden die Anforderungen an die Behandlung von Bioabfällen, u.a. unter seuchenhygienischen Aspekten sowie hinsichtlich verschiedener wertmindernder und wertgebender Parameter betrachtet (vergleiche Kapitel 18.1). Es schließen sich Regelungen für Gemische, für Beschränkungen und Aufbringungsverbote und zusätzliche Anforderungen bei der Aufbringung auf Dauergrünland, Feldfutter- und Feldgemüseanbauflächen bzw. im Verhältnis zu Klärschlamm an. In § 9 werden die Bodenuntersuchungen festgelegt, die zu erfolgen haben, bevor ein Boden erstmals mit Kompost gedüngt werden soll. Bei den zu untersuchenden Parametern handelt es sich um Schwermetalle und um den pH-Wert; die Werte sind denen der *Bundes-Bodenschutzverordnung* entnommen, was an sich kurios ist, da diese zu diesem Zeitpunkt noch nicht veröffentlicht war.

Die Verordnung wird ergänzt durch drei ausführliche Anhänge bezüglich der zur Verwertung geeigneten Bioabfälle und Zuschlagstoffe (die nicht mit dem Stoffkatalog der Düngemittelverordnung übereinstimmen!), der Vorgaben zur seuchen- und phytohygienischen Unbedenklichkeit sowie derer zur Analytik.

Die oben genannten Grenzwerte werden sehr kritisch betrachtet. Wenn Grenzwerte wissenschaftlich begründbar sind, müssen sie für alle vergleichbaren Stoffe einheitlich gelten. Dies gilt auch im Hinblick auf gleiche Wettbewerbsbedingungen. Die der *Bioabfallverordnung* sind aber erheblich strenger gefasst als die der *Düngemittel-* und der *Klärschlammverordnung*. Zudem werden Gemische aus verschiedenen Düngemitteln unterschiedlich behandelt.

Dies sorgt für allerlei paradoxe Fälle: Schweinegülle als gängiger Wirtschaftsdünger darf gemäß *Düngemittelverordnung* als Dünger aufgebracht werden. Ein Gemisch von Schweinegülle und Bioabfall wird automatisch zu Bioabfall, unterliegt dann den strengen Kriterien der *Bioabfallverordnung* und ist nicht mehr zur Aufbringung zulässig. Ein Gemisch aus Klärschlamm und Bioabfall unterliegt jedoch der *Klärschlammverordnung*, wird also nicht so streng beurteilt wie zuvor zitiertes Gemisch ([15] Barck und Paschlau, 1999). Diese Widersprüche sollten zwecks Wahrung der Rechtseinheitlichkeit beseitigt werden.

Die Verantwortung für die Schadstoffbelastung der organischen Abfälle fällt mit dieser Verordnung den Komposterstellern zu ([314] Verheyen und Spangenberg, 1998). Mit § 12 Absatz 3 wird den zuständigen Behörden aber die Möglichkeit eröffnet, gütegesicherte Komposte von Nachweispflichten freizustellen. Damit soll einerseits die Eigenverantwortung gestärkt und die freiwillige Beteiligung der Erzeuger an wirksamen Gütesicherungssystemen forciert werden. Andererseits zielt dies auf eine Deregulierung hin. Durch diese Berücksichtigung der Tätigkeit der RAL-Gütegemeinschaft soll zudem für gütegesicherte Komposte die Vermarktung erleichtert werden. ([218] N.N., 1998/2; [224] N.N., 2000; [230] N.N., 2001/3). Da es sich hierbei aber um *Kann-Bestimmungen* handelt, die damit der teilweise recht unterschiedlichen Vollzugspraxis der jeweiligen Länderbehörden überlassen sind, führt dies zu weiterer Rechtszersplitterung.

5.2.2.2

Klärschlammverordnung

Die *Klärschlammverordnung* ([6] AbfKlärV, 1992) von 1992 dient der Umsetzung der Richtlinie 86/278/EWG des europäischen Rates vom 12.6.1986 *über den Schutz der Umwelt und insbesondere der Böden bei der Verwendung von Klärschlamm in der Landwirtschaft* und ist auf der Grundlage von § 15 (2) des Abfallgesetzes vom 27.08.1986 erlassen worden.

Nachdem in den ersten beiden Paragraphen Anwendungsbereich und Begriffsbestimmungen geklärt werden, wird in § 3 bestimmt, dass Klärschlamm auf landwirtschaftlich und gärtnerisch genutzten Böden aufgebracht werden darf, aber nur so, dass das Wohl der Allgemeinheit nicht beeinträchtigt wird. Die Aufbringung muss nach Art, Menge und Zeit auf den Nährstoffbedarf der Pflanzen ausgerichtet werden unter Berücksichtigung der im Boden verfügbaren Nährstoffe und organischen Substanzen sowie der Standort- und Anbaubedingungen.

Nach § 3 Absatz 2 muss der Boden vor dem erstmaligen Aufbringen von Klärschlamm auf eine Vielzahl von Parametern hin untersucht werden. Der Klärschlamm wird in Halbjahresabständen einer umfangreichen Analyse unterzogen. Bei Erreichen dieser Grenzwerte ist als Rechtsfolge festgelegt, dass kein weiterer Klärschlamm auf der betreffenden landwirtschaftlich genutzten Fläche ausgebracht werden darf. Es handelt sich also um Vorsorgewerte, bei deren Erreichen noch keine Gefährdungen zu befürchten sind. Heute werden die vorgegebenen Werte meist unterschritten, sie liegen im Schnitt bei 70 % des Zugelassenen, was überwiegend auf erfolgreiche Maßnahmen zur Reduzierung von Schwermetallen und organischen Schadstoffen im Klärschlamm zurückzuführen ist. So ist zum Beispiel Cadmium als wichtigstes, gesundheitsschädigendes Schwermetall innerhalb von 15 Jahren um über 90 % reduziert worden ([63] Brensing, 1995; [253] Rat der Sachverständigen für Umweltfragen, 1998).

§ 4 der Verordnung untersagt generell, Klärschlamm beispielsweise auf Flächen der Forstwirtschaft, des Obst- und Gemüseanbaus oder in Naturschutzgebieten aufzubringen.

Die Aufbringungsmengen werden in § 6 der Verordnung geregelt: so dürfen innerhalb von 3 Jahren nicht mehr als 5 Mg Trockensubstanz an Klärschlamm je Hektar aufgebracht werden.

Anhang 1 enthält detaillierte Anweisungen zu Probenahme, Probevorbereitung und Untersuchung von Klärschlamm und Boden; Anhang 2 enthält die Formulare für den Lieferschein, die Bestätigung der Abgabe und die Bestätigung der Aufbringung des Klärschlammes.

Zukünftig wird in Bezug auf die Festlegung einheitlicher Frachten für anorganische Schadstoffe eine Harmonisierung der *Klärschlamm-* und der *Bioabfallverordnung* angestrebt; als Richtwerte sollen dabei die schärferen der *Bioabfallverordnung* gelten. Zusätzlich ist beabsichtigt, die bislang nur aus anorganischen Schadstoffen bestehende Schadstoffliste der *Klärschlammverordnung* um einige organische Parameter zu erweitern und die Bodengrenzwerte analog der *Bundes-Bodenschutzverordnung* nach Bodenarten und pH-Wert zu differenzieren ([292] Thomé-Kozmiensky, 2001).

Ergänzend sei vermerkt, dass es inzwischen einen Fonds gibt, in den alle Kläranlagenbetreiber, die Klärschlamm für die Verwertung in der Landwirtschaft liefern, insgesamt umgerechnet etwa 125 Mio. Euro eingezahlt haben. Dieses Geld ist für den Ausgleich möglicher Schäden aus der Klärschlammausbringung bestimmt. Bei den angesprochenen Landwirten soll diese Maßnahme akzeptanzfördernd wirken ([321] Wazlawik, 1997).

5.2.2.3
Abfallablagerungsverordnung

Durch die *Verordnung über die umweltverträgliche Ablagerung von Siedlungsabfällen* ([3] AbfAblV, 2001) vom 20.02.2001 werden die umweltpolitischen Ziele der *Technischen Anleitung Siedlungsabfall*, die bis dahin von Bundesland zu Bundesland sehr unterschiedlich umgesetzt wurde, für alle Beteiligten rechtsverbindlich vorgegeben. Sie ist erlassen worden aufgrund von § 12 des Kreislaufwirtschafts- und Abfallgesetzes sowie von § 7a (1) Satz 3 und 4 des *Wasserhaushaltsgesetzes* in der Fassung der Bekanntmachung vom 12.11.1996. Die Hauptkritikpunkte an der TA Siedlungsabfall richteten sich dagegen, dass die auf dem Vorsorgegrundsatz beruhenden Anforderungen an Abfälle zur Ablagerung nur durch eine thermische Behandlung erreicht werden konnten und dass der Vollzug uneinheitlich und durch Ausnahmen verwässert war (vergleiche Kapitel 2.2.3). In der Abfallablagerungsverordnung sind auf dem Niveau der TA Siedlungsabfall Anforderungen festgelegt worden, die Abfälle aus mechanisch-biologischen Anlagen einhalten müssen, um abgelagert werden zu dürfen.

Die Verordnung gilt für die Behandlung und die Ablagerung von Abfällen zur Beseitigung, ihr Ziel besteht einerseits darin, unter sehr strengen Auflagen auch die Deponierung von mechanisch-biologisch behandelten Abfällen zu ermöglichen. Andererseits wird auf diesem Wege eine Ablagerung von Abfällen ohne Umweltbeeinträchtigungen angestrebt: aus den Ablagerungen soll kein den Boden und das Grundwasser schädigendes Sickerwasser austreten, außerdem soll die Freisetzung von klimaschädigendem Deponiegas, soweit möglich, unterbunden werden.

Die Verordnung verbietet die Ablagerung von Abfällen, welche die Zuordnungskriterien für Deponien entsprechend der Anhänge 1 bzw. 2 nicht einhalten. Alle Ausnahmeregelungen, die Abfalleigenschaften betreffen, enden spätestens am 31.5.2005 bzw. 15.7.2009. Betreiber von mechanisch-biologischen Anlagen dürfen ihre Abfälle nur auf Deponien oder Deponieabschnitten ablagern, welche die höheren Anforderungen der Deponieklasse II einhalten.

Die Abfälle selbst müssen so behandelt sein, dass sie die Zuordnungskriterien des Anhangs 2 der Abfallablagerungsverordnung einhalten. Dies ist nur durch die vollständige Abtrennung aller brennbaren Abfallanteile sowie eine aufwendige biologische Behandlung erreichbar. Als Ziel für brennbare Abfallanteile wird in Anhang 2 u. a. ein TOC-Gehalt im Feststoff von unter 18 % und ein oberer Heizwert von maximal 6 MJ/kg angegeben. Mit der zugelassenen biologischen Behandlung müssen beispielsweise eine Atmungsaktivität von unter 5 mg O_2/g TM, eine Gasbildungsrate von höchstens 20 l/kg TM und ein TOC im Eluat von unter 250 mg/l erreicht werden, bevor Abfälle nach mechanisch-biologischer Behandlung abgelagert werden dürfen.

5.2.2.4

Gewerbeabfallverordnung

Die *Verordnung über die Entsorgung von gewerblichen Siedlungsabfällen und von bestimmten Bau- und Abbruchabfällen*, kurz Gewerbeabfallverordnung ([128] GewAbfV, 2002), wurde u.a. auf der Grundlage des § 7 Absatz 1 Nr. 2 KrW-/AbfG erlassen und wird am 1.1.2003 in Kraft treten.

Mit dieser Verordnung will der Gesetzgeber insbesondere die umweltverträgliche Verwertung von gewerblichen Siedlungsabfällen sicherstellen, da sich durch das Ausnutzen von Rechtsunsicherheiten und Vollzugsdefiziten im Zusammenhang mit der Umsetzung des KrW-/AbfG teilweise eine weder schadlose, noch hochwertige Entsorgungspraxis etabliert hat. Bezogen auf die Bioabfallwirtschaft ist jeder Erzeuger von gewerblichen Siedlungsabfällen, also Abfällen, die von ihrer Art dem Hausmüll ähnlich sind, verpflichtet, biologisch abbaubare Abfälle getrennt zu erfassen. Der Einsammler hat diese Abfälle getrennt zu befördern und einer Verwertung zuzuführen. Eine Befreiung von dieser Pflicht kann nur erfolgen, wenn im Einzelfall nachgewiesen wird, dass nur eine geringe Menge anfällt und dadurch die getrennte Entsorgung wirtschaftlich unzumutbar ist.

Es ist nicht abschätzbar, welche Mengen durch die getrennte Erfassung auf diejenigen Anlagen zukommen, die solche Abfälle verwerten können. Durch diese Verordnung wird jedoch der abfallwirtschaftliche Einschnitt des 1.6.2005, ab dem die Ablagerung unvorbehandelter Abfälle verboten ist, teilweise vorweggenommen, so dass sich in der Zeit bis dahin Entsorgungsstrukturen entwickeln können, die zumindest die biologisch abbaubaren Abfälle verwerten und so von den Deponien fernhalten können.

5.2.2.5

Biostoffverordnung

Die *Verordnung über Sicherheit und Gesundheitsschutz bei Tätigkeiten mit biologischen Arbeitsstoffen* ([46] Biostoffverordnung, BioStoffV) von 1999 dient der Umsetzung der EG-*Richtlinie über den Schutz der Arbeitnehmer gegen Gefährdung durch biologische Arbeitsstoffe* (1990) auf der Rechtsgrundlage des § 18 des Arbeitsschutzgesetzes ([12] ArbSchG, 1996).

Sie soll die Sicherheit und Gesundheit der Beschäftigten gewährleisten (§ 1) und verlangt, dass das Gefährdungspotential durch biologische Arbeitsstoffe untersucht und beurteilt wird. In § 2 finden sich die Definitionen für biologische Arbeitsstoffe als *Mikroorganismen, die beim Menschen Infektionen, sensibilisierende oder toxische Wirkungen hervorrufen können sowie für Mikroorganismen als alle zellulären oder nichtzellulären mikrobiologischen Einheiten, die zur Vermehrung oder zur Weitergabe von genetischem Material fähig sind.*

Da sich diese biologischen Arbeitsstoffe auch in biologisch abbaubaren Abfällen befinden, muss der Biostoffverordnung auch bei Sammlung, Transport, Behandlung und Entsorgung dieser Abfälle Rechnung getragen werden. Es wird zwischen gezielten (was genau bestimmt ist) und nicht gezielten Tätigkeiten unterschieden. Zu letzteren gehören auch die Tätigkeiten in den biologischen Abfallbehandlungsanlagen. Diese Unterscheidung ist deshalb wichtig, weil sich daraus unterschiedliche Arbeitsschutzmaßnahmen ableiten können. Für jede als entsprechend gefährdet eingeschätzte Tätigkeit müssen von dem Unternehmer Art, Ausmaß und Dauer der Exposition sowie mögliche Übertragungswege ermittelt werden, außerdem müssen die Biostoffe soweit charakterisiert werden, dass sie einer Risikogruppe zugeordnet werden können.

Die Mikroorganismen werden unterteilt in vier Risikogruppen, wobei Gruppe 1 das geringste und Gruppe 4 das höchste Risiko darstellt. Bei nicht gezielten Tätigkeiten muss der Arbeitgeber eigenverantwortlich entscheiden, welcher Risikogruppe er die zur Beurteilung stehende Tätigkeit zuordnet. Die vielen wissenschaftlichen Untersuchungen und langjährige Erfahrung lassen den Schluss zu, dass beim Umgang mit organisch belasteten Abfällen mit Biostoffen der Risikogruppe 2 zu rechnen ist ([65] Brinkmann und Steinberg, 1999). Diese sind nach § 3 derart definiert, dass sie beim Menschen eine Krankheit hervorrufen und für die Beschäftigten eine Gefahr darstellen können; eine Verbreitung des Stoffes in der Bevölkerung ist unwahrscheinlich und eine wirksame Vorbeugung und Behandlung ist normalerweise möglich.

Dem Gesetzestext folgen Anhänge zur Gefährdungsbeurteilung und Schutzmaßnahmen: Anhang 1 beinhaltet das Symbol für Biogefährdung, Anhang 2 die Sicherheitsmaßnahmen der verschiedenen Schutzstufen bei der Arbeit in Laboratorien, Anhang 3 gilt entsprechend für Arbeiten an anderen Arbeitsplätzen und Anhang 4 beinhaltet verpflichtende arbeitsmedizinische Vorsorgemaßnahmen.

Es gibt gewisse Basisschutzmaßnahmen für das Personal; ansonsten kann ein Arbeitgeber, wenn beispielsweise eine Tätigkeit der Risikogruppe 2 zugeordnet wird, aus der Liste der Schutzstufe 2 geeignete Maßnahmen auswählen. Dies bedeutet für den Arbeitgeber einerseits mehr Entscheidungsfreiheit und Flexibilität, andererseits aber auch mehr Verantwortung und die Pflicht zur Dokumentation der Gefährdungsbeurteilung ([122] Funda und Fleckenstein, 2000; [241] Nitsch, 1999).

5.2.2.6

Düngeverordnung

Die *Düngeverordnung* ([85] DüngeV, 1996) von 1996 dient der Umsetzung zweier Richtlinien der Europäischen Union ([106] EWG-Nr. 91/676, 1991 und [108] 96/28/, 1996) zum Schutz des Grundwassers vor Nitratüberträgern aus landwirtschaftlichen Quellen und beruht auf der Rechtsgrundlage des § 1a (3) in

Verbindung mit § 9a des *Düngemittelgesetzes* vom 15.11.1977 (eingefügt durch § 11 Nr. 2 und 5 des Gesetzes vom 12.07.1989, § 1a (3) geändert durch Artikel 4 Nr. 3 des Gesetzes vom 27.09.1994).

Sie behandelt zusammen mit der Düngemittelverordnung den Wertstoffaspekt der in diesem Rahmen interessierenden Sekundärrohstoffdünger ([168] Kiefer, 1999).

Generell enthält die Düngeverordnung Anwendungsvorschriften für Düngemittel und Wirtschaftsdünger. Außerdem hat sie mit ihrem § 2 Auswirkungen auf die Ausbringungsmengen und -zeiträume, indem sie die aufzubringende Menge in Abhängigkeit setzt zum jeweiligen Nährstoffbedarf der Pflanze. Die Aufbringung darf nur bei aufnahmefähigem Boden erfolgen, was nachvollziehbar, aber gelegentlich schwierig zu realisieren ist; denn der Boden darf dann zumindest nicht wassergesättigt, tief gefroren oder stark schneebedeckt sein. Diese Maßnahmen zielen darauf ab, dass zum einen die Nährstoffe von den Pflanzen weitestgehend ausgenutzt werden können und zum anderen Nährstoffverluste bei der Bewirtschaftung sowie damit verbundene Einträge in die Gewässer weitestgehend vermieden werden. Stickstoffhaltige Düngemittel dürfen im Rahmen guter fachlicher Praxis nur so aufgebracht werden, dass die darin enthaltenen Nährstoffe im wesentlichen während der Zeit des Wachstums der Pflanzen in einer am Bedarf der Pflanzen orientierten Menge verfügbar werden. Zur Erreichung dieses Ziels werden in § 3 der Verordnung Einschränkungen bezüglich der aufzubringenden Nährstoffmengen und der Aufbringzeiten gemacht; § 4 regelt die Einflussfaktoren bei der Ermittlung des Düngebedarfs ([120] Friedrich, 2001).

5.2.2.7

Düngemittelverordnung

Die *Düngemittelverordnung* ([84] DüngemittelV, 1991) von 1991 ist zurückzuführen auf die §§ 2 (2), 3, 4 (1) und 5 (1) des Düngemittelgesetzes vom 15.11.1977 (§ 2 (2) geändert durch § 11 des Gesetzes vom 12.07.1989) in Verbindung mit Artikel 6 (1) Satz 1 des Einigungsvertragsgesetzes vom 23.09.1990.

Sie betrifft den Handel mit Düngemitteln, insbesondere deren Zulassung und Kennzeichnung, und konkretisiert die entsprechenden Forderungen des *Düngemittelgesetzes* dahingehend, dass nur qualitativ hochwertige und unbedenkliche Produkte in Verkehr gebracht werden dürfen; maßgeblich sind dazu die „Grundsätze der guten fachlichen Praxis beim Düngen" ([326] Werner, 1998). § 1 enthält Anforderungen an die Qualität und Unbedenklichkeit der Produkte für deren Inverkehrbringen. Diese ergänzen die grundsätzliche Abwägungspflicht bei der Zulassung von Düngemitteln nach dem Düngemittelgesetz. Abgewogen werden dort die Schädigung der Bodenfruchtbarkeit und der menschlichen und tierischen Gesundheit sowie die Gefährdung des Naturhaushalts auf der einen Seite und die Wachstumsförderung, Ertragserhöhung und Qualitätsverbesserung von Nutzpflanzen auf der anderen Seite. Bei Stoffen, die z.B. Bioabfälle enthalten, ist laut § 1 Absatz 3 das Einhalten einschlägiger abfallrechtlicher Vorschriften wie der *Bioabfallverordnung* auch Voraussetzung für die Verkehrsfähigkeit nach Düngemittelrecht.

Die Verordnung listet in Anlage 1 die Düngemitteltypen auf, in den Anlagen 2 und 3 wird die Kennzeichnung von Düngemitteln sowie von Natur- und Hilfsstoffen dargelegt und Anhang 4 enthält die zugelassenen Toleranzen bezüglich typbestimmender Bestandteile, Nährstofflöslichkeiten und -formen sowie für Nebenbestandteile. Im Jahr 1997 ist die Liste der Düngemitteltypen in Anlage 1 der Düngemittelverordnung um einen eigenen Abschnitt 3a ergänzt worden, der alle unter Verwendung von Abfällen hergestellten Düngemitteltypen zusammenfasst. Dieser Abschnitt enthält die Definitionen der einzelnen Sekundärrohstoffdünger und ihre Zuordnung zu Typen von Düngemitteln. Nimmt man als Beispiel den Bioabfall aus der getrennten Sammlung privater Haushalte, so darf dieser nur als Sekundärrohstoffdüngertyp *Organischer NPK-Dünger* (NPK steht für Stickstoff, Phosphor, Kalium) gewerblich in Verkehr gebracht werden.

Für Düngemittel des Abschnittes 3a gelten zwei zusätzliche wichtige Anforderungen: zum einen werden für den Informationsbedarf der Verbraucher umfangreiche, zusätzliche Kennzeichnungsvorgaben gemacht. Zum anderen dürfen für die Herstellung von Düngemitteln nur die in der Anlage 1 genannten Ausgangsstoffe und auch diese nur bei pflanzenbaulichem, produktionstechnischem oder anwendungstechnischem Nutzen eingesetzt werden ([168] Kiefer, 1999). Diese Bestimmung begrenzt also die nach der *Bioabfallverordnung* zur Verwertung zugelassenen Abfälle, ergänzt zudem die Schadlosigkeitsanforderungen der Bioabfallverordnung um zusätzliche Nützlichkeitsanforderungen und verhindert so das gezielte Beimischen schadloser, aber auch pflanzenbaulich wertloser Abfälle wie z.B. Fette ([95] Embert, 2001).

5.2.2.8

Bundesbodenschutz- und Altlastenverordnung

Die *Bundesbodenschutz- und Altlastenverordnung* ([24] BBodSchV, 1999) von 1999 beruht auf den §§ 6, 8 (1) und (2) und dem § 13 (1) Satz 2 des Bundes-Bodenschutzgesetzes vom 17.03.1998.

Sie trifft Vorsorge u.a. gegen den schleichenden Eintrag von Schadstoffen in den Boden. Die *Bundesbodenschutz- und Altlastenverordnung* ist in sieben Teile gegliedert, wobei in ihrem siebten Teil die Vorsorge gegen das Entstehen schädlicher Bodenveränderungen angesprochen ist. Dabei wird in § 12 ausgeführt, dass zur Herstellung von Böden nur Gemische und Materialien eingesetzt werden dürfen, welche die stofflichen Qualitätsanforderungen der *Bioabfallverordnung* und der *Klärschlammverordnung* erfüllen.

In Anhang 2 sind, nach Bodenarten und pH-Wert differenziert, die Vorsorgewerte für Schadstoffgehalte des Bodens enthalten, die durch das aufzubringende Material nicht überschritten werden dürfen. Wenn zu erwarten ist, dass die Vorsorgewerte durch die Aufbringung von Komposten oder Bioabfällen überschritten werden, so ist deren Aufbringung untersagt. Bei den Vorsorgewerten wird in § 9 (2) und (3) die Einschränkung gemacht, dass bei Böden mit naturbedingt und großflächig siedlungsbedingt erhöhten Hintergrundgehalten die Schwermetallgehalte dann als unbedenklich gelten, wenn eine Freisetzung der Schadstoffe oder zusätzliche Einträge keine nachteiligen Auswirkungen auf die Bodenfunktionen erwarten lassen ([120] Friedrich, 2001).

Mit diesem § 12 und den Vorsorgewerten in Anhang 2 Nr. 4 ist für die durchwurzelbare Bodenschicht eine Gesetzeslücke geschlossen worden; denn die Verwertung von Bioabfällen im Landschaftsbau und bei Rekultivierungsmaßnahmen war bis dahin nicht geregelt. Es handelt sich jedoch nur um Regelanforderungen, d.h. es sind Ausnahmen zulässig. Bei sanierungsbedingten Abdeckungen von altlastverdächtigen Deponien und von Kalihalden beispielsweise, bei denen auch eine durchwurzelbare Bodenschicht entsteht, sind die Vorsorgeanforderungen der §§ 12 (2) und 9 (1) in Verbindung mit Anhang 2 Nr. 4 BBodSchV grundsätzlich nicht anwendbar mit der Begründung, dass es sich um eine Maßnahme der Gefahrenabwehr handelt ([171] Knäpple, 2001).

5.2.2.9

Biomasseverordnung

Die *Verordnung über die Erzeugung von Strom aus Biomasse*, datierend vom 21.06.2001, beruht auf § 2 (1) des *Gesetzes für den Vorrang erneuerbarer Energien* und regelt für den Anwendungsbereich dieses Gesetzes, welche Stoffe als Biomasse gelten, welche technischen Verfahren zur Stromerzeugung aus Biomasse in den Anwendungsbereich des Gesetzes fallen und welche Umweltanforderungen bei der Erzeugung von Strom aus Biomasse einzuhalten sind.

Als Biomasse werden in einer ersten, allgemein abgefassten Definition Energieträger aus Phyto- und Zoomasse sowie daraus stammende Folge- bzw. Nebenprodukte, Rückstände und Abfälle verstanden (§ 2 Absatz 1). In den folgenden Absätzen bzw. Paragraphen wird konkretisiert, welche Energieträger demzufolge als Biomasse anerkannt oder auch nicht anerkannt werden. Durch die genannten Anforderungen wird sichergestellt, dass den erneuerbaren Energieträgern keine dem Sinne des EEG zuwiderlaufenden Energieträger, insbesondere solche fossiler Art, beigemengt werden.

Zu den möglichen technischen Verfahren zählen laut § 4 verschiedene Typen von Feuerungsanlagen, Anlagen mit Verbrennungsmotoren, Gasturbinen oder Brennstoffzellen sowie solche Anlagen anderer Art, die ebenfalls im Hinblick auf das Ziel des Klima- und Umweltschutzes betrieben werden.

5.2.2.10

Verordnung über Anlagen zur biologischen Behandlung von Abfällen

Diese 30. Bundes-Immissionsschutzverordnung (30. BImSchV) stellt Artikel 2 der *Verordnung über die umweltverträgliche Ablagerung von Siedlungsabfällen und über biologische Abfallbehandlungsanlagen* dar. Ihre Rechtsgrundlage besteht in § 12 des Kreislaufwirtschafts- und Abfallgesetzes vom 27.09.1994, zuletzt geändert durch Artikel 4 des Gesetzes vom 25.08.1998, und in § 7 (1) des Bundes-Immissionsschutzgesetzes in der Fassung der Bekanntmachung vom 14.05.1990, zuletzt geändert durch Artikel 1 Nr. 3 des Gesetzes vom 09.10.1996.

Sie gilt für mechanisch-biologische Anlagen (also Anlagen zur Behandlung von Abfällen zum Zwecke der Ablagerung), nicht aber für Kompostierungs- und Vergärungsanlagen, die verwertbaren Kompost oder Biogas aus getrennt erfasstem Bioabfall erzeugen.

Wesentlicher Punkt dieser Verordnung ist die Forderung, die Anlagen einzuhausen, die Abluft zu fassen und soweit zu reinigen, dass sie die Emissionsgrenzwerte des § 6 einhält. Technisch anspruchsvoll sind die Grenzwerte für Geruchsstoffe (500 Geruchseinheiten) sowie organische Stoffe. Als Gesamtkohlenstoff (TOC) angegeben dürfen diese 55 g/Mg als Monatsmittelwert nicht überschreiten. Diese Werte sind von allen Neuanlagen ab Betriebsbeginn und von allen bestehenden Altanlagen bis spätestens 2006 einzuhalten.

5.2.3

Verwaltungsvorschriften

Die allgemeinen Verwaltungsvorschriften des Bundes stellen keine Rechtsnorm mit Außenwirkung dar, sondern bilden den Entscheidungsrahmen von Behörden und machen somit deren Entscheidungen berechenbarer. Behörden sind verpflichtet, in Genehmigungsverfahren oder nachträglichen Anordnungen die Vorgaben der Verwaltungsvorschriften umzusetzen, haben jedoch zur Durchsetzung keine Zwangsmittel zur Verfügung.

Es gibt vier, für die Abfallwirtschaft relevante Verwaltungsvorschriften, es sind dies die Technischen Anleitungen (TA) Luft, Lärm, Abfall und Siedlungsabfall. Die TA Luft zielt auf den Schutz der Umwelt vor luftgetragenen Schadstoffen ab, die TA Lärm auf den Schutz der Umwelt vor Lärm und Erschütterungen. Die TA Abfall regelt für den Bereich der besonders überwachungsbedürftigen Abfälle die technischen und organisatorischen Mindestanforderungen für die (Zwischen-) Lagerung, chemisch/physikalische oder biologische Behandlung, Verbrennung und Ablagerung.

Die TA Siedlungsabfall (TASi) ist für die Bioabfallwirtschaft nach wie vor relevant. In ihrem Geltungsbereich werden Bioabfälle definiert als *im Siedlungsabfall enthaltene, biologisch abbaubare nativ- und derivativ-organische Abfallanteile*. Damit fallen aus diesem Definitionsrahmen alle in Gewerbe und Industrie anfallenden biologischen Abfälle, alle nicht biologisch abbaubaren Abfallanteile sowie Kunststoffe als andersartige organische Abfälle heraus; der Begriff wird in diesem Geltungsbereich also konkreter gefasst als in dem der *Bioabfallverordnung*.

Bereits hier wurden im Vorgriff auf das Kreislaufwirtschafts- und Abfallgesetz für Siedlungsabfälle folgende Regelungen getroffen: nicht vermiedene Abfälle sind soweit wie möglich zu verwerten, der Schadstoffgehalt der Abfälle ist so gering wie möglich zu halten, eine umweltverträgliche Behandlung und Ablagerung der nicht verwertbaren Abfälle ist sicherzustellen, die Entsorgungssicherheit muss gewährleistet sein und die Ablagerung soll so erfolgen, dass Entsorgungsprobleme nicht auf künftige Generationen verlagert werden (Nr. 1.1). Die Anleitung gilt seit 1993 und enthält Anforderungen an die Entsorgung von Siedlungsabfällen. Am bekanntesten sind die Vorschriften, welche die Deponien betreffen, obwohl auch Verwertungsverfahren wie z.B. Kompostierung und Vergärung in diesem Rahmen geregelt worden sind.

Bei der Genehmigung von Neudeponien waren die Vorschriften vollständig umzusetzen, für Altdeponien gab es Übergangsvorschriften bis 1999 mit Ausnahmen bis 2005. Bezogen auf nativ-organische Abfälle sind zwei Fristen einzuhalten: seit dem 1.6.1999 müssen Maßnahmen ergriffen sein, um die Gehalte an nativ-organischen Bestandteilen in den Abfällen zu reduzieren, und ab dem 1.6.2005 sind abzulagernde Abfälle so zu behandeln, dass die Zuordnungskriterien des Anhangs B der TASi erfüllt werden (z.B. Glühverlust < 5 %). Durch den Erlass der Abfallablagerungsverordnung (vergleiche Kapitel 5.2.2.3.) sind die in der TASi gestellten Anforderungen teilweise ergänzt und nicht nur für Behörden, sondern auch für Anlagenbetreiber verbindlich geworden.

In der TASi sind zudem grundlegende Zuordnungskriterien für die Verwertung von Siedlungsabfällen festgelegt worden, zu denen beispielsweise gehört, dass die entstehenden Mehrkosten im Vergleich zu anderen Verfahren der Entsorgung nicht unzumutbar sein dürfen, dass für die gewonnenen Produkte ein Markt vorhanden sein muss oder geschaffen werden kann und dass sich die Verwertung insgesamt vorteilhafter auf die Umwelt auswirken muss als andere Entsorgungsverfahren (Nr. 4.1.1). Auch die Anforderungen an Kompostierungs- und Vergärungsanlagen sind hier formuliert (Nr. 5.4), u.a. werden abgedichtete Anlagenbereiche zum Schutz des Grundwassers, eine Abwassererfassung und -entsorgung, eine bestimmte bauliche und organisatorische Grundausstattung für den Eingangs-, den Lager- und den Behandlungsbereich, eine geschlossene Bauweise mit Abgaserfassung und -behandlung und ein detaillierter Verwertungsbericht vorgeschrieben. Hinsichtlich der Qualität der erzeugten Komposte wird auf das LAGA-Merkblatt M 10 hingewiesen (vergleiche Kapitel 5.2.4). Für die gesicherte Verwertung werden bereits bei der Zulassung einer Anlage Nachweise einer Absatzpotentialschätzung (inklusive Eigenverwertung), eines Absatzkonzeptes und eines Konzeptes der beabsichtigten Vertriebsstruktur verlangt. Aufgrund mangelnden Vollzugs mussten auch diese Forderungen in die verbindliche Form der 30. BImSchV umgesetzt werden; die Anforderungen an die Nachweise für eine gesicherte Verwertung der erzeugten Komposte sind allerdings nicht mit übernommen worden.

5.2.4

Weitere Richtlinien

Weitere Richtlinien können nur durch ausdrücklichen Verweis in Gesetzen oder Rechtsverordnungen sowie durch Gerichtsentscheidungen rechtlich verbindlichen Charakter erlangen. Zu den bekanntesten gehören die Deutschen Industrienormen (DIN), das VDI-Regelwerk, die LAGA-Merkblätter oder auch die ATV-Arbeitsberichte des Abwassertechnischen Verbandes.

Eine der neuesten Richtlinien ist die *VDI-Richtlinie 3475 zur Emissionsminderung biologischer Abfallbehandlungsanlagen*, die von der Kommission Reinhaltung der Luft im August 2000 im Entwurf vorgelegt wurde ([179] KRdL, 2000). Sie betrifft Kompostierungs- und Vergärungsanlagen mit einer Kapazität von mehr als 6570 Mg/a bzw. mehr als 0,75 Mg/h, bezogen auf die jährliche Anlieferungsmenge, und enthält im ersten Abschnitt den Stand der Technik von Aerobverfahren, im zweiten Abschnitt den der Anaerobverfahren. Anschließend folgen Maßnahmen zur Emissionsminderung von möglichen Luftverunreinigungen wie Geruchsstoffen, Luftschadstoffen, Staub und Mikroorganismen.

Wesentlich älter, aber auch nach Inkrafttreten der Bioabfallverordnung noch von Bedeutung ist das LAGA-Merkblatt M10, auf das bereits in der TASi verwiesen wird. Hier finden sich präzise Empfehlungen zur Qualitätssicherung und Anwendung von Komposten sowie zur Probenahme und Analytik, die teilweise in die *Bioabfallverordnung* Eingang gefunden haben und somit rechtsverbindlich geworden sind, teilweise aber aufgrund ihres detaillierten Charakters (insbesondere bei der Anwendung) die Vorgaben der *Bioabfallverordnung* ergänzen und konkretisieren.

5.3

Deutsches Abfallrecht auf Ebene der Länder und Kommunen

Die Bundesländer haben gemäß dem föderalen Prinzip im Rahmen der ihnen zustehenden Gesetzgebungskompetenz das Recht und die Pflicht, ergänzende Gesetze, Rechtsverordnungen und Verwaltungsvorschriften zur Umsetzung der Bundesgesetzgebung zu erlassen. Da der Schwerpunkt der Umweltgesetzgebung

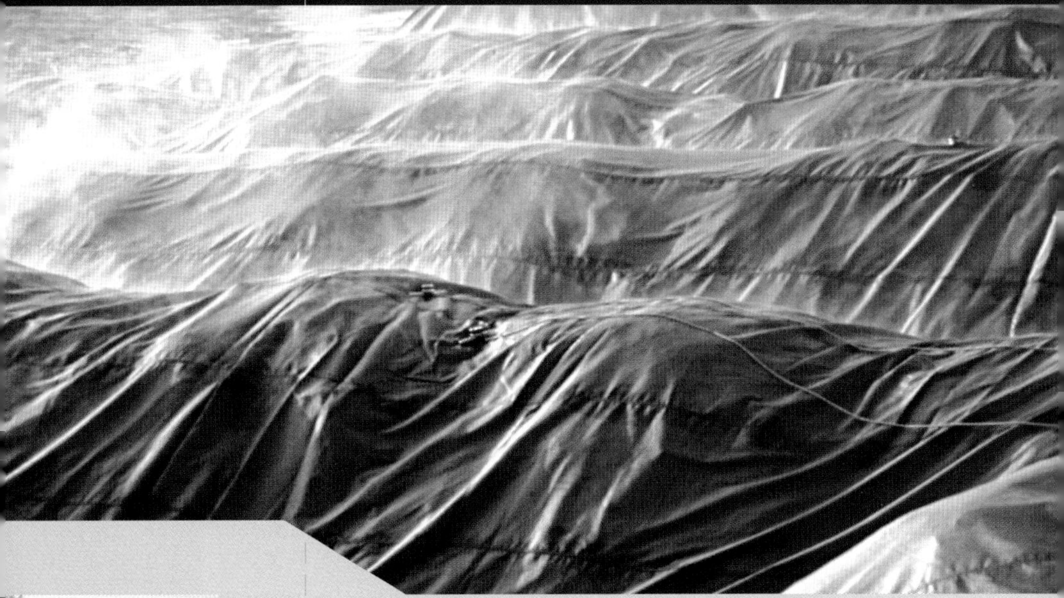

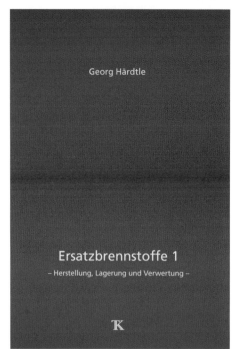

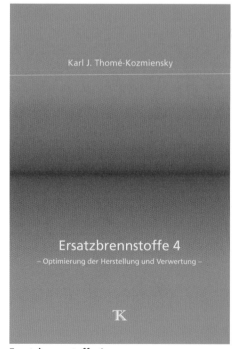

beim Bund liegt, handelt es sich bei den Abfallgesetzen der Länder folglich um Ausführungsgesetze. Den Ländern obliegt damit die umweltpolitisch besonders wichtige Aufgabe des Vollzugs; sie bestimmen die Einrichtung der zuständigen Behörden und das Verwaltungsverfahren. Im Hinblick auf die Abfallwirtschaft bedeutet das u.a., dass die Länder in ihren Landesabfallgesetzen die öffentlich-rechtlichen Entsorgungsträger benennen.

Diese öffentlich-rechtlichen Entsorgungsträger sind in der Regel Landkreise, kreisfreie Städte oder Zweckverbände aus solchen. Sie erlassen die Satzungen, mit denen der Anschluss- und Benutzungszwang durchgesetzt sowie die Höhe der Gebühren festgelegt wird. Ferner bestimmen sie, welche Fraktionen getrennt erfasst werden und welche Behältergrößen zu benutzen sind. Auch der Entleerungsrhythmus der Mülltonnen wird auf dieser Ebene beschlossen. Desweiteren können sie einzelne Abfallarten wie z.B. Sonderabfälle unter bestimmten Bedingungen von der Entsorgungspflicht ausschließen; um deren Entsorgung muss sich dann jeder Erzeuger selbst kümmern.

5.4

Umweltstrafrecht

Parallel zu den umwelt- und abfallrechtlichen Regelungen ist 1980 im Strafgesetzbuch der 28. Abschnitt mit Straftaten gegen die Umwelt eingefügt worden, der seine Ergänzung in den entsprechenden Ordnungswidrigkeiten im Ordnungswidrigkeitengesetz findet.

Das Umweltstrafrecht ist als letztes Mittel anzusehen, um die Einhaltung umweltpfleglicher Rechtsvorschriften zu bewirken und macht deutlich, dass Umweltschutzdelikte keine Kavaliersdelikte sind ([279] Storm, 1994). Zu den aufgeführten Straftaten gehören u.a. die umweltgefährdende Abfallbeseitigung (§ 326), die Verunreinigung von Gewässern (§ 324), Boden (§ 324a) und Luft (§ 325), die Gefährdung schutzbedürftiger Gebiete (§ 329) und das Verursachen von Lärm, Erschütterungen und nichtionisierender Strahlung (§ 325a). Auch das unerlaubte Betreiben von Anlagen (§ 327), besonders schwere Fälle einer Umweltstraftat (§ 330) und schwere Gefährdung durch Freisetzen von Giften (§ 330a) zählen dazu. Entsprechende Taten ziehen Freiheits- oder Geldstrafen nach sich; in vielen Fällen ist schon der Versuch strafbar. Fahrlässigkeit hingegen mindert das Strafmaß. Das Rechtsgut im Umweltstrafrecht ist die Reinhaltung der natürlichen Umwelt, namentlich des Bodens, der Gewässer und der Luft sowie der Schutz von Tieren und Pflanzen. Es handelt sich hier um abstrakte Gefährdungsdelikte. Die Erfüllung des Delikttatbestandes hängt nicht davon ab, dass eine tatsächliche Gefährdung, Verunreinigung oder Veränderung eingetreten ist ([297] Tröndle, 1997).

Die Bedeutung dieses Abschnitts liegt darin, dass die hier nur kurz angerissene strafrechtliche Seite auf die Verantwortlichen persönlich zielt. Im Falle einer

Umweltstraftat ist im Hinblick auf das Bundes-Immissionsschutzgesetz zivilrechtlich mit zusätzlichen Auflagen für den Anlagenbetrieb zu rechnen, schlimmstenfalls mit einer Anlagenschließung. Solche Risiken (mit Ausnahme der nicht quantifizierbaren Schäden des Deponiebetriebes) können im Rahmen der Umwelthaftung versichert werden. Das Strafrecht jedoch zieht immer die einzelne Person zur Verantwortung ([278] StGB, 1987).

Kapitel 6

Ausgangsmaterial

Einer der Dreh- und Angelpunkte im Rahmen der biologischen Abfallbehandlungsverfahren ist das Material, das in den Kompostierungs- oder Vergärungsprozess eingeht. Seine Herkunft bestimmt in weiten Grenzen seine Eignung für ein spezielles Verfahren, die Zusammensetzung den Verlauf des Abbauprozesses, und von seiner Güte hängen die Marktfähigkeit des hergestellten Produktes und somit die Wirtschaftlichkeit des gesamten Verfahrens ab.

Die Mengen an *Abfällen tierischer oder pflanzlicher Herkunft zur Verwertung, die durch Mikroorganismen, bodenbürtige Lebewesen oder Enzyme abgebaut werden können* (so die Definition der *Bioabfallverordnung* für den Begriff Bioabfall) nehmen nur einen geringen Teil des deutschen Abfalls ein. Die letzten offiziellen Zahlen stammen aus dem Statistischen Jahrbuch von 1993 und beziffern die Menge aller Abfälle, die derzeit Zeit in öffentlichen Abfallentsorgungsanlagen angeliefert wurden, mit 144 Mio. Mg. Der Anteil an Hausmüll betrug davon 26,6 Mio. Mg, der an getrennt erfassten Bioabfällen 1,26 Mio. Mg. Aktuelle Zahlen weisen eine Steigerung auf 6,7 Mio. Mg nach, die sich auf 4 Mio. Mg an Bioabfällen und 2,7 Mio. Mg an Grünabfällen aufteilt ([115] Fricke und Turk, 2001).

Das Potential an organischen Abfällen im Hausmüll wird jedoch mit 30-50 % weit höher eingeschätzt, bei den derzeitigen Abfallmengen würde es etwa 20 Mio. Mg Bioabfall pro Jahr ausmachen ([166] Kern, 1999). Wieviel an organischem Material aber gar nicht in öffentlichen Entsorgungsanlagen ankommt, sondern auf dem Wege der Eigenverwertung umgesetzt wird, sei es durch die Industrie, die Landwirtschaft oder die Hobbygärtner, kann kaum abgeschätzt werden.

6.1

Stoffliche Analyse: Herkunft und Zusammensetzung

Hinsichtlich der Herkunft der biogenen Abfälle wird zwischen vier Möglichkeiten unterschieden: sie können aus Privathaushalten oder aus dem öffentlichen Bereich stammen, es gibt aber auch biogene Gewerbeabfälle. Bei letzteren wird neben den Abfällen aus Gaststätten, Lebensmitteleinzelhandel u.ä. zwischen den produktionsspezifischen Abfällen von pflanzlichen und von tierischen Erzeugnissen sowie solchen aus der chemischen Industrie differenziert.

Analysiert man auf stofflicher Ebene, welches Material in die biologische Abfallfraktion Eingang findet, so fallen gravierende Unterschiede zwischen den Abfällen aus den privaten Haushalten und denen aus der Industrie auf. Die Gewerbeabfälle nehmen eine Zwischenstellung ein, unterliegen aber, wie die der Industrie, anderen rechtlichen Regeln wie z.B. dem *Tierkörperbeseitigungsgesetz*.

6.1.1

Biogene Abfälle aus Privathaushalten

Die besondere Bedeutung der biologisch abbaubaren Abfälle aus privaten Haushalten liegt darin, dass sie eine sehr variable Zusammensetzung aufweisen, die von einer Vielzahl äußerer Faktoren abhängt und dadurch in gewissen Grenzen auch steuerbar ist. Damit unterscheiden sie sich von den Bioabfällen anderer Herkunft, deren Zusammensetzung relativ konstant ist ([289] Thomé-Kozmiensky, 1995).

6.1.1.1

Zusammensetzung der biogenen Abfälle aus Privathaushalten

Der Bioabfall, der von den Bürgern gesammelt wird, unterliegt in seiner Zusammensetzung ziemlichen Schwankungen; im Mittel liegt der organische Anteil bei etwa 90 %, dazu kommen 2-4 % Papier und Pappe, die wegen ihrer biologischen Abbaubarkeit nicht unbedingt als Störstoffe aufgefasst werden müssen.

Der Störstoffanteil liegt bei 3-8 % und besteht zu 1-2 % aus Kunststoffen und Textilien, zu 1-2 % aus Feinmüll mit einer Größe unter 10 mm und zu jeweils 0,5-2 % aus Glas bzw. einer Restfraktion mit Eisen- und Nichteisenmetallen, Papier- und Pappeverbundstoffen (siehe Bild 10). Alle Werte sind angegeben in % der Feuchtmasse.

Der organische Anteil von 90 % setzt sich aus einer Vielzahl verschiedener Stoffe zusammen (siehe Bild 11). Ihre prozentuale Menge variiert sehr stark aus Gründen, die noch angeführt werden. In der Regel besteht er zu einem großen Teil aus Grüngut, worunter Baum-, Strauch- und Blumenschnitt, Wurzeln, Koniferenzapfen, Topfpflanzen etc. verstanden werden. Dazu kommen Reste von Obst und Südfrüchten, die zwar auch zu Obst zählen, aber wegen der intensiven

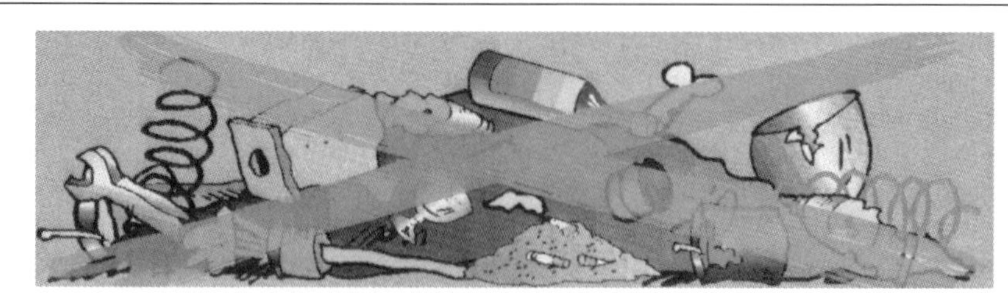

Bild 10: Störstoffe
Quelle: [185] KWE (2001), Zeichner: B. Ast, www.cartoonmASTer.de

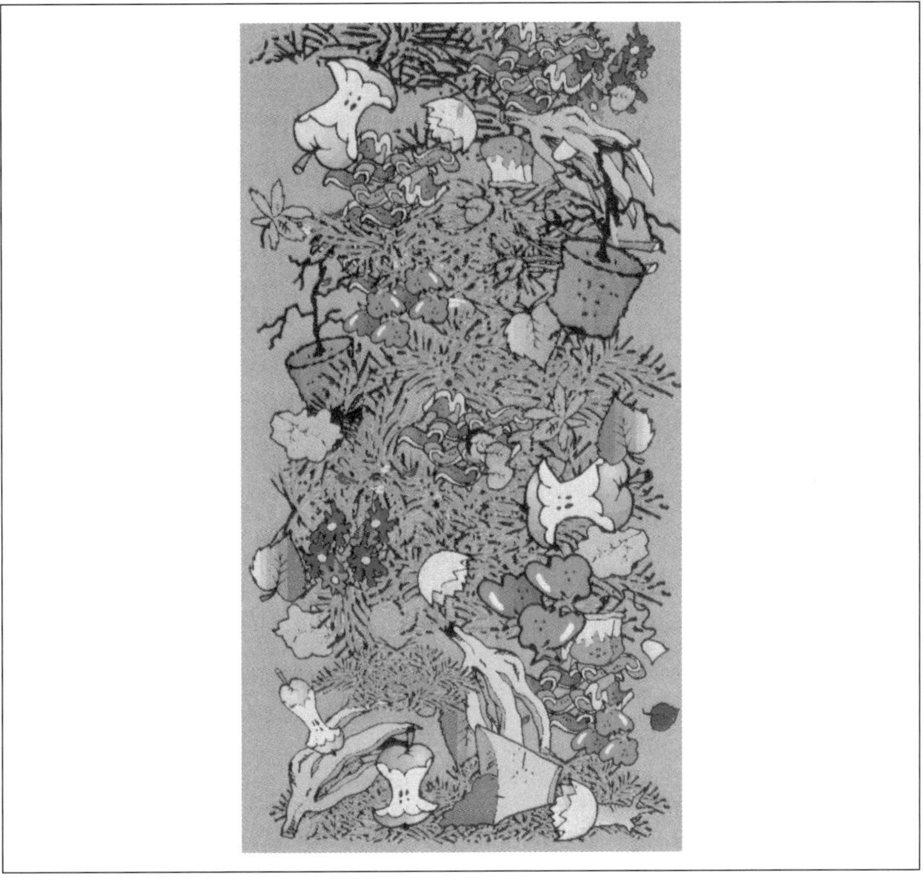

Bild 11: Organischer Anteil
Quelle: [185] KWE (2001), Zeichner: B. Ast, www.cartoonmASTer.de

Fungizidbehandlung der Schalen oft getrennt betrachtet werden. Weiterhin handelt es sich um Gemüsereste und Speisereste wie Abfälle von Fleisch und Wurst, Knochen, Fisch und Gräten sowie Käse, die oft stark salzhaltig sind. Auch findet sich Papier in Form von Hygiene- und Zeitungspapier, Kaffeefiltern oder Teebeuteln mit Teeblatt sowie eine sehr feinkörnige Fraktion mit beispielsweise Kaffeesatz und Erde. Die Zusammensetzung des organischen Teils ist wichtig für die anschließende biologische Behandlung des Abfallgutes. Hierbei sind besonders der Wassergehalt des Bioabfalls (der bei etwa 55 % liegt und bis zu 75 % betragen kann) und damit einhergehend dessen Schüttdichte bzw. Porosität von Bedeutung. Im Hinblick auf die spätere Düngewirkung des mit dem Bioabfall erzeugten Kompostes muß ein besonderes Augenmerk auf den organischen Anteil, das Verhältnis von Kohlenstoff zu Stickstoff (C/N-Verhältnis) und die Konzentration an Spurenelementen gelegt werden. Bezüglich der Umweltverträglichkeit und Vermarktung sind besonders der Stör- und Schadstoffgehalt von Interesse.

6.1.1.2

Abhängigkeit der Zusammensetzung von äußeren Faktoren

Die Schwankungen bei der Zusammensetzung des in den Privathaushalten gesammelten Bioabfalls beruhen auf Faktoren wie der Jahreszeit, der Wohn- und der Bevölkerungsstruktur des Sammelgebietes. Auch die Öffentlichkeitsarbeit und das Sammelsystem beeinflussen die Zusammensetzung des Materials.

Analysiert man den Bioabfall im Jahresverlauf, so findet man im Frühling noch letztes Laub vom Herbst, die nicht mehr benötigten Beetabdeckmaterialien vom Winter und die Reste von Topfblumen samt Ballen, die das trockene Heizungsklima nicht überstanden haben. Dazu kommen die typischen Frühlingsabfälle wie der erste Baum- und Strauchschnitt, Langgras und gemähter Rasen, Moos vom Vertikutieren und Unkraut vom Jäten. Im sommerlichen Bioabfall sind die Herbst- und Winterreste verschwunden, auch der Vertikutierabfall ist vernachlässigbar wenig geworden. Statt des einmaligen Baum- und Strauchschnittes im Frühling fällt jetzt immer wieder Heckenschnitt an. Es werden mehr Schnitt- als Topfblumen gekauft und letztlich weggeworfen. Zusätzlich findet man im Sommer auch Wurzelstrünke von ausgemusterten Pflanzen, die der herbstlichen Neupflanzung Platz machen. Im Herbst ist das Aufkommen an Bioabfall wesentlich größer als im Rest des Jahres, es kann bis zu 50 % mehr werden. Das liegt am vermehrten Laubaufkommen, aber auch an dem zu dieser Zeit anfallenden Fallobst und den Ernterückständen aus den Gärten. Daneben bilden Wurzelstrünke, Unkraut, Rasenschnitt und der Herbstschnitt bei Bäumen und Sträuchern das Material für den Bioabfall. Ganz anders verhält es sich mit dem winterlichen Bioabfall, der neben Restlaub typischerweise Koniferengrün, Blumenabfälle und Nussschalen enthält. Große Unterschiede hinsichtlich der Zusammensetzung des häuslichen Bioabfalls entstehen auch durch verschiedene Wohn- und Bevölkerungsstrukturen. Die Auswirkungen erstrecken sich sowohl auf die Art als auch auf den Störstoffanteil und die Menge der gesammelten Bioabfälle. In ländlichen Gegenden sammeln die Bürger mehr Gartenabfälle und weniger Küchenabfälle als in städtischen Gebieten. Das ist wichtig; denn Gartenabfälle sind wesentlich strukturreicher, haben einen geringeren Wassergehalt und daher höhere Luftporenvolumina als die in den Städten vermehrt anfallenden Küchenabfälle. Das Bioabfallpotential liegt im Bereich von 60-90 kg/E•a für Küchenabfälle und für Gartenabfälle bei 1,5–3,5 kg/m^2 Gartenfläche•a ([83] Doedens, 1996). Der Störstoffanteil liegt in städtischen Gebieten mit 4,6 % deutlich höher als in ländlichen Gebieten mit 1,2 %. Hinsichtlich des Aufkommens von Bioabfällen liegen die Landkreise deutlich höher als die Städte. Es gibt Daten von 1992, nach denen die erfassten Bioabfallmengen in Landkreisen 80-180 kg/E•a, in Mittel- und Großstädten hingegen 70-120 kg/E•a betragen ([41] Bilitewski et al., 1994). Neuere Daten belegen, daß je nach der Bebauungsstruktur und damit der vorhandenen Gartengröße das Gesamtpotential 90-400 kg/E•a betragen kann, wobei die Anteile aus dem Garten im Bereich zwischen 20 und 330 kg/E•a liegen ([83] Doedens, 1996).

Die Öffentlichkeitsarbeit macht sich hier offenbar bezahlt, alldieweil mit dem Maß und der Qualität der Aufklärung die Fähigkeit und Motivation der Bürger steigt, Abfall korrekt zu trennen.

Das zur Anwendung kommende Sammelsystem kann insofern Auswirkungen zeigen, als in dem Maße, in dem die Sammelbehälter kleiner werden, häufig auch der Störstoffanteil sinkt. Entsprechende Untersuchungen im Landkreis München und an der Saar wiesen bei einer Änderung der Behältergröße von 1100 Liter auf 240 Liter eine Reduktion des Störstoffgehaltes von 5,8 auf 2,7 % nach ([260] Ruthe, 1998).

6.1.2

Biogene Abfälle aus dem öffentlichen Bereich

Im kommunalen Bereich fällt eine Vielzahl von Abfällen aus der Unterhaltung öffentlicher Flächen und Verkehrswege an. Ein großes Mengenaufkommen ist auch bei der Pflege von Straßenbegleitgrün und der Unterhaltung von Gewässern und Schifffahrtswegen zu verzeichnen. Die Mengen hier werden mit etwa 1-3 kg/m^2 Grünfläche an biogenen Abfällen angegeben ([243] Oberholz, 1995).

Öffentliche Grünanlagen setzen sich zu etwa 58 % aus Rasenflächen und zu 42 % aus Strauch-, Hecken- und Baumpflanzungen zusammen. Aus der Gewässerunterhaltung stammen biologisch abbaubare Abfälle in Form von Wasserpflanzen, abgefischten Algen und Rasenschnitt der Böschungen. Bei den Friedhofsabfällen handelt es sich um ein Gemisch aus krautigen und grasartigen Pflanzenabfällen, Ästen und Laub sowie Kränzen, Gestecken und erdartigem Material. Den kommunalen Kläranlagen entstammt Klärschlamm, dessen Menge sich derzeit bundesweit auf 60 Mio. Mg/a beläuft. Steigende Anforderungen an die Reinigungsleistung der kommunalen Abwasserbehandlungsanlagen und die zunehmende Verwendung von Chemikalien zur Verbesserung der Sedimentationsfähigkeit des Belebtschlammes in der Nachklärung bewirken ein erhöhtes Aufkommen, die erwartete Mengensteigerung liegt bei 20 % ([121] Friedrich et al., 2001).

In ihrer Art und Zusammensetzung entsprechen die Grünabfälle der Naturschutz- und Grünflächenämter weitgehend denen des privaten Garten- und Landschaftsbaus. Die anfallende Grüngutmenge verteilt sich relativ gleichmäßig über den Zeitraum von März bis November, die anteilige Zusammensetzung verschiebt sich jedoch wie bei der aus den Privathaushalten im Jahresgang beträchtlich. Während im Frühjahr vornehmlich Äste und Zweige aus der winterlichen Gehölzpflege anfallen, nehmen ab Mai die Anteile an frischem, krautigerem Material in Form von Mähgut stark zu. Im Sommer besteht das Grüngut häufig ausschließlich aus Grasschnitt. Grüngut im Herbst besteht zu etwa gleichen Teilen aus Laub, Gehölz- und Grasschnitt sowie Abraum von Beetbepflanzungen.

All diese Abfälle wurden früher fast vollständig von den Gartenbauämtern selbst kompostiert oder zumindest betriebsintern behandelt. Das Material aus der Gewässerpflege eignet sich gut zur Vergärung, aber durch eine längere Lagerung am Gewässerrand verringert sich der Wassergehalt des Materials, so daß anschließend auch eine Kompostierung möglich ist. Bei den Friedhofsabfällen muß im Rahmen einer biologischen Behandlung eine Störstoffauslese vorgenommen werden, um vorhandenes Styropor, metallhaltige Bänder und Drähte sowie Kunststoffanteile herauszuholen. Unbelastete Klärschlämme können zur biologischen Abfallbehandlung genutzt werden, belastete Schlämme werden (noch) deponiert oder verbrannt. Das Laub der Straßenbäume von stark frequentierten Straßen kann wegen seines zu hohen Schwermetallgehaltes immer noch nicht verwendet werden und wird in der Regel ebenfalls (noch) deponiert bzw. verbrannt. In den letzten Jahren ist jedoch ein zunehmender Trend zu erkennen, die bei der Pflege der Grünflächen anfallenden biologischen Abfälle nicht mehr zu kompostieren, sondern direkt vor Ort weiter zu verwenden. Nach einer teilweise erforderlichen Zerkleinerung mit einem Häcksler wird das Material dort als Mulch eingesetzt. Auch in Zukunft ist nicht zu erwarten, daß die Abfälle aus dem öffentlichen Bereich in größerem Umfang öffentlichen Entsorgungsanlagen angedient werden ([289] Thomé-Kozmiensky, 1995; [152] ifeu, 2001).

6.1.3

Biogene Gewerbeabfälle

In Gastronomie und Großküchen, auf Märkten, im Lebensmitteleinzelhandel und in dergleichen gewerblichen Bereichen fallen ebenfalls biogene Abfälle an. Diese entstammen neben der eigentlichen Herstellung auch der Lagerung, Distribution und den Rückständen aus dem Nahrungs- und Genussmittelkonsum.

Von diesen Abfällen ist jedoch ein großer Teil nur unter Berücksichtigung des Tierseuchenrechts für die Behandlung in Bioabfallverwertungsanlagen zugelassen: alle Abfälle tierischer Herkunft wie z.B. Nahrungsmittel- und Speisereste, Altfette oder verdorbene bzw. überlagerte Lebensmittel fallen unter das *Tierkörperbeseitigungsgesetz* (vergleiche Kapitel 14.6.1). Abfälle aus Flugzeugen dürfen aufgrund der Gefahr der Verbreitung von Tierseuchen nicht verwertet werden.

Für Kompostierungs- und Vergärungsanlagen zunehmend interessant werden Abfälle, die bei Lagerung, Transport und Vermarktung der erzeugten Nahrungs- und Genussmittel anfallen. Entsprechende Abfälle pflanzlicher Herkunft sowie Verpackungen aus Papier, Pappe und Holz müssen nämlich entsprechend dem Abfallrecht durch den Besitzer entsorgt werden. Gleiches gilt für Catering-Firmen in Flughäfen.

Seitens der Abfallentsorgungsanlagen fällt auf, dass nur wenige Kompostierungsanlagen gewerbliche Bioabfälle verarbeiten und dass diese wenigen überwiegend in Ostdeutschland angesiedelt sind. Meistens handelt es sich bei den angenommenen Gewerbeabfällen um Holzabfälle, Klärschlamm, Kantinenabfälle sowie Papierschlämme. Bei den Vergärungsanlagen gibt es einen erheblich höheren Anteil, der gewerbliche Abfälle annimmt, hierbei handelt es sich überwiegend um Speiseabfälle oder überlagerte Nahrungsmittel, teilweise aber auch um tierische Fäkalien wie Hühner-, Schweine- und Rindergülle ([289] Thomé-Kozmiensky, 1995; [152] ifeu, 2001).

6.1.4

Biogene Abfälle aus der Industrie

Ganz anders als die zuvor aufgeführten biogenen Abfälle aus Haushalt und Gewerbe lassen sich die biogenen Rückstände aus Industrie und Landwirtschaft charakterisieren. Für sie ist typisch, dass das Ausgangsmaterial eine konstante Zusammensetzung aufweist mit keinen oder nur sehr wenigen Störstoffen. Zudem fällt es in der Regel in großen Mengen an, wenn auch im Jahresgang nicht immer in konstanter Menge. Hinsichtlich ihrer Herkunft lassen sich die biogenen Industrieabfälle differenzieren nach Unternehmen, die mit pflanzlichen und solchen, die mit tierischen Produkten arbeiten und „Sonstigen", die der Reihe nach kurz vorgestellt werden sollen. Einen genauen Überblick über die Vielzahl und Vielfalt der industriellen biogenen Abfälle zu erhalten, die derzeit klassisch über die entsprechenden Abfallentsorgungswege, vor allem aber auch an diesen vorbei entsorgt bzw. verwertet werden, ist allerdings kaum möglich ([289] Thomé-Kozmiensky, 1995; [152] ifeu, 2001).

6.1.4.1

Produktionsspezifische Abfälle von pflanzlichen Erzeugnissen

Bei der Pflanzenproduktion entstehen Abfälle in Form von verdorbenen und überproduzierten Feldfrüchten, Stroh, Spreu, Rübenblättern, Kartoffel- und Maiskraut, Gras, Klee etc.. Diese Abfälle werden in aller Regel über die landwirtschaftlichen Betriebe verwertet, die als Lieferanten der entsprechenden Rohstoffe auftreten. Dies erfolgt zum einen analog den Ernterückständen über die direkte Ausbringung auf landwirtschaftlichen Flächen, meist jedoch über eine Verfütterung. Daneben ist es nicht unüblich, Produktionsrückstände auch an die Futtermittelindustrie abzugeben oder zur Erzeugung von Alkohol zu nutzen.

In der Nahrungs- und Genussmittelindustrie werden meist preisgünstige Rohstoffe aus der landwirtschaftlichen Massenerzeugung zu hochwertigen Produkten mit tendenziell hohen Qualitätsansprüchen veredelt, daher wird hier ein vergleichsweise hoher Reststoffanfall in Kauf genommen. Das konkrete Abfallaufkommen ist aber, bedingt durch Erntezeit und eingeschränkte Lagerfähigkeit der landwirtschaftlichen Produkte, sehr unterschiedlich. Eine Weiterverwendung als Tierfutter ist meistens möglich, dem steht allerdings bereits heute ein Futtermittelbedarf in der Schweinemast gegenüber, der in allen Bundesländern außer Niedersachsen nicht an das Abfallaufkommen heranreicht. Die gesamte Verarbeitungskapazität zur Futtermittelerzeugung aus Lebensmittelabfällen deckt nur 30 % des Abfallaufkommens ab ([152] ifeu, 2001). Interessant werden diese Abfälle insbesondere für die Vergärung: allein in den westlichen Bundesländern fallen etwa 10 Mio. Mg an organischen Produktionsabfällen an. Mengenmäßig entspricht dieses Aufkommen etwa dem der organischen Fraktion des Hausmülls. Diese Produktionsabfälle können aufgrund ihres zu hohen Wassergehaltes nicht kompostiert werden, würden auch zu große Flächen benötigen, und eine Verbrennung bedeutet einen zu hohen Aufwand.

In vielen Fällen bieten sich auch andere Verwertungsmöglichkeiten an: die Obstkerne aus Brennereien können zur Keramikherstellung genutzt werden, die Reste aus der Kaffeeindustrie lassen sich auch als Brennstoff verwenden, und manches eignet sich direkt als Dünger.

Nahrungsmittelabfälle gelangen also bislang meistens direkt oder über die Futtermittelindustrie zur Verfütterung. Eine Vergärung oder Kompostierung kommt nur in Betracht, wenn sich eine Verfütterung über die Landwirtschaft, aus welchen Gründen auch immer, im Einzelfall als nicht möglich erweist. Wie sich dies in Zukunft darstellen wird, ist offen.

6.1.4.2

Produktionsspezifische Abfälle von tierischen Erzeugnissen

Im Rahmen der Tierproduktion entstehen Gülle und Festmist, deren Zusammensetzung und Feuchtigkeitsgehalt abhängig sind von einer Vielzahl von Faktoren wie Tierart und -alter, Nutzungs-, Fütterungs- und Haltungsweise. Tierische Abfälle, wie sie in Schlachtereien, Fleischereien etc. anfallen, dürfen ohnehin nur nach entsprechender Hygienisierung zur biologischen Abfallbehandlung eingesetzt werden, da sie dem Tierkörperbeseitigungsrecht unterliegen. Aus ihnen wird überwiegend Tierfutter und Tiermehl hergestellt. Neuerdings wird es aus seuchenhygienischen Gründen teilweise verbrannt. Viele der Abfälle finden allerdings in anderem Zusammenhang Verwendung: Schweineborsten sind für die Herstellung von Pinseln, Bürsten und Autopolsterungen geeignet. Klauen und Knochen werden mit Schwarten und Häuten in der Gelatineindustrie verwendet, und die Bauchspeicheldrüsen wurden vor der Einführung des gentechnischen Herstellungsweges zur Produktion von Insulin genutzt.

6.1.4.3

Sonstige produktionsspezifische Abfälle

Auch außerhalb der beiden zuvor aufgeführten großen Industriesparten gibt es Bereiche, in denen biogene Abfälle in großem Maßstab entstehen. Aus der

Futtermittelindustrie beispielsweise fallen Presswasser, Futtermittelabfälle, verdorbene Stoffe und Fettabscheiderinhalte an. Selbst die chemische Industrie wirft im Rahmen der Produktion von Penicillin, Hefe oder Zitronensäure biogene Abfälle ab, die, wie das Pilzmycel beim Penicillin oder der Zitronensäureproduktion, teilweise als Viehfutter o.ä. verwendet bzw. zur Vergärung eingesetzt werden können.

6.2

Chemische Zusammensetzung des Ausgangsmaterials

Bioabfälle lassen sich, wie eingangs gezeigt, nach der Zusammensetzung der Stoffe charakterisieren, aus denen sie bestehen. Dieser stoffliche Aspekt lässt sich auf die Parameter organische und anorganische Trockensubstanz, Wasser und Luftporenvolumen reduzieren.

Die organische Substanz wird durch den Summenparameter des Glühverlustes definiert. Die zum Einsatz kommenden Ausgangsmaterialien weisen stark differierende Werte für den Glühverlust auf; für eine biologische Behandlung muss er mindestens bei 30 % liegen. Betrachtet man die ebenfalls sehr unterschiedlichen C/N-Werte, so liegt auf der Hand, dass bereits bei der Zusammenstellung des Ausgangsmaterials zielgerichtet auf ein ausgewogenes Verhältnis der verschiedenen Materialien geachtet werden muss. Auch die Mittelwerte für die wertgebenden Pflanzennährstoffe sind Schwankungen unterworfen und variieren von Material zu Material (Tabelle 1).

Tabelle 1: Wertgebende Bestandteile in den Ausgangsstoffen der biologischen Abfallbehandlung (Mittelwerte in der Trockensubstanz)
Quelle: [39] Bidlingmaier und Müsken (2001), bearbeitet

Ausgangsstoff	Glühverlust %	C/N-Wert	N %	P_2O_5 %	K_2O %	CaO %	MgO %
Küchenabfälle	20 - 80	12 - 20	0,6 - 2,2	0,3 - 1,5	0,4 - 1,8	0,5 - 4,8	0,5 - 2,1
Bioabfall	30 - 70	10 - 25	0,6 - 2,7	0,4 - 1,4	0,5 - 1,6	0,5 - 1,6	0,5 - 2,0
Garten- und Grünabfälle	15 - 75	20 - 60	0,3 - 2,0	0,1 - 2,3	0,4 - 3,4	0,4 - 1,2	0,2 - 1,5
Abwasserschlamm, roh	20 - 70	15	4,5	2,3	0,5	2,7	0,6
Abwasserschlamm, gefault	15 - 30	15	2,3	1,5	0,5	5,7	1
Frischmiste	18 - 32	15 - 25	0,6 - 0,9	0,3 - 0,9	0,5 - 0,8	0,4 - 0,8	0,2 - 0,3
Flüssigmiste	10 - 30	5 - 13	3,2 - 9,8	1,7 - 8,3	3,3 - 4,8	1,8 - 17,3	0,6 - 1,7
Frische Rinde	90 - 93	85 - 180	0,5 - 1,0	0,02 - 0,06	0,03 - 0,06	0,5 - 1,0	0,04 - 0,1
Rindenmulch	60 - 85	100 - 130	0,2 - 0,6	0,1 - 0,2	0,3 - 1,5	0,4 - 1,3	0,1 - 0,2
Holzhäcksel	65 - 85	400 - 500	0,1 - 0,4	0,1	0,3 - 0,5	0,5 - 1,0	0,1 - 0,15
Laub	80	20 - 60	0,2 - 0,5				
Hochmoortorf	95 - 99	30 - 100	0,6	0,1	0,03	0,25	0,1
Papier	75	170 - 800	0,2 - 1,5	0,2 - 0,6	0,02 - 0,1	0,5 - 1,5	0,1 - 0,4

Dennoch haben sie für den Abbauprozess kaum eine Bedeutung. Erst bei der Anwendung des späteren Produktes werden sie wichtig, daher ist hier wie bei obigen Parametern bereits bei der Auswahl und Zusammenstellung der Rohstoffe darauf hin zu arbeiten, dass ein möglichst definierter, geringen jahreszeitlichen Schwankungen unterworfener Kompost entsteht.

Unter den Begriff der anorganischen Trockensubstanz fallen neben den Mineralstoffen auch die Fremdstoffe wie Glas, Kunststoffe, Metalle, Verbundstoffe und Steine. Auf den biologischen Prozess haben sie wenig Einfluss, wohl aber auf die spätere Anwendung. Daher sollte jedes Ausgangsmaterial vor dem Einsatz in einer biologischen Behandlungsanlage auf seine Brauchbarkeit untersucht werden. Wassergehalt und Luftporenvolumen sind für die technische Verarbeitung des biologischen Abfallmaterials insbesondere bei der Kompostierung entscheidend (Tabelle 2); hohe Wassergehalte führen auch zu hohen Volumengewichten. Rotteprobleme ergeben sich bei hohen Wassergehalten und Schüttdichten von über 0,7 Mg/m³, soweit keine entsprechende Strukturstabilität besteht oder geeignete Techniken der Luftzuführung angewandt werden. In den seltensten Fällen sind beide Eigenschaften anzutreffen, so dass in der Regel nach einer unterschiedlichen Behandlung und Aufbereitung erst eine Mischung unterschiedlicher

Tabelle 2: Frischgewicht einiger Ausgangsstoffe der biologischen Abfallbehandlung
Quelle: [39] Bidlingmaier und Müsken (2001), bearbeitet

Abfallart	**Stoffgruppen**	**Frischgewicht** t/m³
Bioabfälle	Getrennt erfasste Küchen- und Gartenabfälle	0,4 - 0,7
Grünabfälle	Baum- und Strauchschnitt*	0,1 - 0,2
	Gras	0,4
	Laub	0,2
Holzabfälle	Holzhäcksel, Sommer	0,3 - 0,4
	Holzhäcksel, Winter	0,3
	Rindenmulch	0,4 - 0,5
	Rinde, Kiefer	0,15 - 0,2
	Rinde, Buche	0,3 - 0,4
Andere biogene Abfälle	Pappe/Papier	0,1 - 0,3
	Papierschlamm	0,8
	Ölsortenrückstände	0,2 - 0,3
	Kakaoschalen	0,4 - 0,5
Mineralische Zuschlagstoffe	Gesteinsmehl	1,1
	Tongranulat	0,8

* unzerkleinert

Abfallstoffe zu einem guten Ausgangsmaterial für die Rotte führt. Eine Übersicht über die Eignung verschiedener Ausgangsstoffe für Vergärung oder Kompostierung gibt Tabelle 3.

Auf einem noch abstrakteren Niveau liegt die Kennzeichnung aufgrund der chemischen Zusammensetzung, bei der sich das pflanzliche und das tierische Ausgangsmaterial stark unterscheiden. Pflanzen enthalten 75 % Wasser, die restlichen 25 % gliedern sich in 18 % Kohlenhydrate, 4 % Proteine, 0,5 % Lipide und 2,5 % anorganische Verbindungen.

Die tierischen Bestandteile des Bioabfalls bestehen dagegen nur zu 60 % aus Wasser, die verbleibenden 40 % lassen sich unterteilen in 6 % Kohlenhydrate, 19 % Proteine, 11 % Lipide und 4 % anorganische Verbindungen ([208] Meincke et al., 1983).

Damit lässt sich die komplexe stoffliche Zusammensetzung auf variable Anteile an Wasser, Kohlenhydraten, Proteinen, Lipiden und anorganischen Verbindungen reduzieren. Auf diese Stoffklassen wird zurückgegriffen, wenn im Rahmen von Vergärung und Kompostierung die chemischen Reaktionen beim Abbau organischer Abfälle vorgestellt werden.

Tabelle 3: Art und Eignung der Ausgangsmaterialien für die biologische Behandlung
Quelle: [39] Bidlingmaier und Müsken (2001), bearbeitet

Abfallart	Struktur	Wassergehalt	Mischungsanteil für die Kompostierung	Vorbehandlung für die Kompostierung	Eignung für die Vergärung
Küchenabfälle	schlecht	sehr hoch	bis 50 %		gut
Bioabfall	gut bis schlecht*	hoch bis mittel*	50 bis 100 %	zerkleinern homogenisieren	gut bis mittel
Garten- und Grünabfälle	gut	gering bis mittel	bis 100 %	evtl. zerkleinern homogenisieren	mittel bis schlecht
Grasschnitt	schlecht	evtl. sehr hoch	bis 50 %		gut
Abwasserschlamm	gut	sehr hoch	bis 30 %		gut
Mist	schlecht	mittel	bis 60 %	entwässern	mittel
Gülle	schlecht	extrem hoch	20 bis 60 %	entwässern	gut
Rübenblatt	schlecht	mittel	bis 50 %		gut
Stroh	gut	niedrig	bis 50 %	häckseln	schlecht
Rinde	gut	mittel bis niedrig	bis 100 %	zerkleinern	schlecht
Laub	mittel	mittel bis niedrig	bis 80 %		schlecht
Schilf	gut	meist niedrig	bis 70 %	zerkleinern	schlecht
Papier	gut	niedrig	bis 60 %	zerkleinern	schlecht

* je nach Gebiet

Kapitel 7

Erfassung von Bioabfällen

Unter dem Begriff Erfassung wird das Sammeln und Bereitstellen von Material, dessen man sich entledigen will oder muss, seitens der Abfallerzeuger verstanden; er ist nicht mit der Einsammlung des Abfalls durch die Müllabfuhr zu verwechseln. Der Erfolg einer Wertstofferfassung hängt maßgeblich davon ab, ob der Abfallerzeuger tatsächlich der ihm zugedachten Aufgabe nachkommt und in möglichst fehlerfreier Manier seinen gesamten Abfall getrennt erfasst – schließlich kann er infolge mangelnder Kontrollmöglichkeiten nur schwer dazu gezwungen werden. Der Mensch ist also gleichermaßen das wichtigste wie auch das schwächste Glied in der Kette.

7.1

Ablauf

Eine Wertstofferfassung umfasst die Separierung von stofflich verwertbaren Abfallbestandteilen. Getrennt erfasst werden auch schadstoffhaltige Abfälle (z.B. durch Schadstoffmobile oder zentrale Annahmestellen), wobei hier das Ziel nicht in einer Verwertung, sondern in einer gezielten, umweltschonenden Beseitigung besteht.

Hinsichtlich des Ablaufs sorgt der Abfallerzeuger für die getrennte Erfassung und Bereitstellung des Wertstoffes Bioabfall in separaten Behältern; je nach der Art der Aufstellung der Behälter wird unterschieden zwischen Holsystemen (am Abfallort selber) und Bringsystemen (in der Nähe des Abfallortes).

7.2

Erfassungsquote

Die Erfahrung lehrt, dass man nie das gesamte, noch im Abfall enthaltene Wertstoffpotential ausschöpfen kann. So fallen beispielsweise all die Wertstoffe heraus, die in parallel angebotenen Bringsystemen abgeschöpft werden wie auch diejenigen Wertstoffe, die eine zu schlechte Qualität haben oder nur mit unzumutbarem Aufwand zur Verwertung geeignet wären. Es verbleiben also die qualitativ akzeptablen Wertstoffe, deren einer Teil auch bereits erfasst wird. Von den noch nicht erfassten, aber akzeptablen Wertstoffen wird immer ein Teil nicht erfassbar bleiben, weil die Bürger die Teilnahme verweigern.

Das Verhältnis der tatsächlich erfassten Wertstoffmenge zu der in den Haushalten prinzipiell vorhandenen Wertstoffmenge (Potential) nennt man Erfassungsquote, diese kann zwischen 20 und 90 % liegen ([142] Heilmann, 2000). Die erfassten Mengen hängen von verschiedenen Faktoren wie dem Lebensstandard und der Sozialstruktur ab. Auch die Wohnform (Gartenflächen, Eigenversorgungsgrad), die Bebauungsstruktur, eventuelle Sprachbarrieren sowie nicht zuletzt die Größe der Müll- und Wertstoffbehälter spielen eine wichtige Rolle.

In ganz Deutschland konnte für die Bioabfallsammlung 1998 ein Anschlussgrad von 27 % der Haushalte verzeichnet werden (über 50 % in ländlichen und entsprechend weniger in städtischen Gebieten), das Potential an angeschlossenen Haushalten wird bei konsequenter Umsetzung des Verwertungsangebotes auf mindestens 50 % eingeschätzt, wobei Vermeidungspotentiale durch Eigenkompostierung und der Ausschluß von zur Sammlung ungeeigneten Problemgebieten in dieser Zahl bereits berücksichtigt sind ([209] Mellen, 1998).

Im Vergleich zu anderen Systemen der Getrenntsammlung wie z.B. Glas und Papier fallen die Erfassungsquoten bei der Bioabfallsammlung jedoch mit durchschnittlich weniger als 60 %, in Ballungsgebieten sogar unter 40 % (Berlin liegt bei 20-25 %) eher niedrig aus. Dies wird auch durch die verbleibenden großen Mengen an organischen Küchen- und Gartenabfällen im Restabfall dokumentiert, die bei 13-45 Gew.-% liegen ([270] Schmitt et al., 2001). Diese Zahlen zeigen das Entwicklungs- bzw. Optimierungspotential im System Bioabfallsammlung und –verwertung auf. Durch Ausweitung des Anschlussgrades, insbesondere aber durch Erhöhung der Erfassungsquoten mit Hilfe organisatorischer Maßnahmen und durch qualitativ hochwertige, zielgerichtete Öffentlichkeitsarbeit könnte die erfasste Bioabfallmenge um weitere 600.000 bis 700.000 Mg/a gesteigert werden. Dies würde eine Erhöhung der Erfassungsquoten auf etwa 70 % bedeuten. Zahlreiche öffentlich-rechtliche Entsorgungsträger haben Erfassungsquoten in dieser Höhe bereits erzielt ([115] Fricke und Turk, 2001).

7.3

Problematik

Die Erfassung und Behandlung von Bioabfall zielt auf die Erzeugung von Energie bzw. Kompost ab. Die störstoffarme Erfassung ist die Grundvoraussetzung für eine gute Kompostqualität und damit für die Sicherung der Kompostverwertung. Demzufolge ist das Hauptproblem, zwar nicht bei der getrennten Erfassung von gewerblichen Bioabfällen, wohl aber bei derjenigen von häuslichem Bioabfall, die schlechte Trennqualität: Störstoffgehalte von 5 Gew.-% sind üblich, Spitzenwerte von etwa 10 % (bis hin zu über 30 %) nicht selten ([41] Bilitewski et al., 1994). Häufig sind es nur wenige Häuser oder Häuserblöcke, die stark störstoffhaltigen Bioabfall produzieren. Das Entleeren dieser wenigen, vermüllten Biotonnen kann jedoch zur Zurückweisung einer ganzen Fahrzeugladung im Kompostwerk führen ([202] Lübben, 1996), daher soll dieses Problem im Folgenden weitergehend analysiert werden.

7.4

Gründe für eine mangelhafte Erfassung

Dies mag zunächst wegen des allgemein hochgepriesenen Umweltbewusstseins erstaunlich wirken, aber im Grunde gibt es häufig eine Diskrepanz zwischen einer positiven Umwelteinstellung und dem tatsächlichen Verhalten. Das ist zurückzuführen auf verschiedene Ursachen, deren banalste sicherlich die Macht der Gewohnheit ist.

Es gibt objektive Hindernisse, die in der Situation der Person begründet sind (Beispiel: Asthmatiker, vergleiche Kapitel 17.8) und subjektive oder personale Hindernisse, die sich im Bewußtsein abspielen: dazu gehören Motivkonflikte wie der Wunsch nach unbelasteter Natur gegen den nach Bequemlichkeit oder Ähnlichem. Dazu zählt auch die sogenannte „subjektive Betroffenheitslücke“: je entfernter die potentielle Bedrohung (z.B. die Zerstörung der Ozonschicht) ist, desto geringer ist die Betroffenheit. Weiterhin sind institutionelle Hindernisse zu verzeichnen, die sowohl technischer als auch sozialer Natur sein können wie der Mangel an Wissen und Informationen einerseits und an Verhaltensangeboten und Sanktionen andererseits. Umweltfreundliches Verhalten ist auch im Kontext mit anderen Wertvorstellungen und Handlungsgewohnheiten zu sehen und wird erschwert durch das Fehlen gesellschaftlich anerkannter Handlungsalternativen.

Eine Untersuchung ([132] Grashey et al., 1997) hat sich mit den (hypothetischen) Gründen für diese Diskrepanz beschäftigt. Der zunächst vermutete zu geringe Wissensstand ließ sich so pauschal nicht bestätigen; denn die Befragten wiesen ein gutes Wissen bzgl. der Getrenntsammlung auf. Allerdings hatten sie einen schlechteren Wissensstand über die übergeordnete Abfallwirtschaft sowie betreffs speziell angebotener Informationsmöglichkeiten und bezüglich der Weiterverarbeitung des Bioabfalls (oft wurde angenommen, dass ein paar Störstoffe nicht schaden). Sehr wohl bestätigt werden konnte eine zu geringe Motivation oder sogar eine Protesthaltung, die sich u.a. gegen den Anschluss- und Benutzungszwang richtete.

Eine Abhängigkeit von Alter, Familienstand, Bildung oder Beruf, die zu Überforderung hätte führen können, konnte nicht festgestellt werden. Nachvollzogen werden konnte eine Abhängigkeit von der Siedlungsform, nach der die Anonymität in großen Wohneinheiten offensichtlich zu schlechterer Trennmoral führt.

Was sind nun die Konsequenzen, die aus einer solchen Untersuchung gezogen werden können? Wissensdefizite können durch gezielte Aufklärung ausgeglichen werden, wobei nicht nur Printmedien genutzt werden sollten. Als erfolgreicher haben sich Hausgespräche, Infostände etc. erwiesen, auch der Multiplikatoreffekt über Kinder aus Schulen oder Kindergärten ist nicht zu unterschätzen. Extra auf diese Zielgruppe bezieht sich eine Untersuchung zu der Frage, warum man umweltbewusst handelt und wie man Schüler dazu animieren kann ([203] Lude und Rost, 2001). Ebenfalls auf diese Thematik ist ein

Forschungsvorhaben des rheinland-pfälzischen Ministeriums für Umwelt und Forsten in Zusammenarbeit mit einigen Abfallwirtschaftsbetrieben und der Pädagogischen Hochschule Heidelberg zugeschnitten. Deren Konzeption eines außerschulischen Lernortes zur Abfallwirtschaft soll Schülern die Kompetenz kleiner Müllexperten geben in der Hoffnung, dass diese auch das häusliche Abfalltrennverhalten in der Familie positiv beeinflussen. Zu diesem Behufe gibt es dort einen Kompostlehrpfad und eine begehbare Kompostmiete mit einer überlebensgroßen Bakterienzelle, an der die Schüler die mikrobiellen Kompostierungsprozesse interaktiv erfahren können ([280] Storrer, 2001).

Je nach der Zusammensetzung der Zielgruppe kann es sich anbieten, mehrsprachig zu arbeiten, um so vorhandene Sprachbarrieren zu überwinden. Außerdem kann eine begrenzte Befreiungsmöglichkeit vom Anschluss- und Benutzungszwang zugelassen werden, um Protestierer zu bändigen.

7.5 Möglichkeiten zur Beeinflussung der Erfassung

Einige dieser Faktoren lassen sich nur schwer beeinflussen, andere aber, wie die Art des Erfassungssystems, das zur Verfügung gestellte Behältervolumen und die Gebührensysteme stehen den Entsorgern zur Verfügung und lassen sich zur Optimierung der Erfassungsergebnisse nutzen.

Da das größte Problem der Bioabfallwirtschaft in der Qualität der erzeugten Produkte liegt und diese direkt von der Qualität der durch die Bevölkerung praktizierten Erfassung abhängt, gewinnen zum einen Methoden zur Störstoffdetektion zunehmend an Bedeutung. Beides gemeinsam, eine Steigerung der erfassten Menge wie der Qualität des Bioabfalls, wird angestrebt und über die Erfassungsquoten dargestellt. Zum anderen wird inzwischen vermehrt auf das Instrument der Öffentlichkeitsarbeit zurückgegriffen, um die Bevölkerung für eine hochwertige und ergiebige Erfassung von Bioabfällen zu gewinnen.

7.5.1 Einflussnahme durch das Sammelsystem

Anreize zur getrennten Erfassung lassen sich z.B. durch ein Sammelsystem schaffen, wie es im Kreis Neumarkt (Oberpfalz) umgesetzt wurde ([91] Egelseer, 1999). Die Müll- und Wertstoffsäcke werden dort im Einzelhandel verkauft, dabei sind im Kaufpreis des Müllsacks die Sammel- und Beseitigungskosten enthalten. Da beim Wertstoffsack nur die Sammelkosten erhoben werden, ist dieser billiger. Auf diese Weise soll die Bevölkerung zum getrennten Erfassen ermuntert werden. Die Wertstoffsäcke sind durchsichtig, um bereits bei der Einsammlung eine Reinheitskontrolle durchführen zu können. Säcke mit zu vielen Fremdstoffen werden stehengelassen, was insbesondere in ländlicheren Bezirken eine nicht unbeachtliche Erziehungsleistung mit sich bringt.

Hierbei muss jedoch berücksichtigt werden, dass die über einen Sack erfassbaren Mengen an Bioabfall deutlich geringer ausfallen als bei der Erfassung in einer Biotonne. Entsprechende Versuchsreihen des Jahres 1996 in Aurich ergaben (in Kombination mit einem sehr teuren Restmüllsack) für einen Bio-Beistellsack Mengen von 5 kg/E•a, während über einen parallel angebotenen Mülleimer von 35 oder 50 l Mengen von 126 kg/E•a erfasst werden konnten ([83] Doedens, 1996).

Eine ähnliche, direkte Zuordnung der Abfallgebühren zum Verursacher mit Bezug zur erzeugten Abfallmasse ist auch bei den Biotonnen in solchen Siedlungsgebieten möglich, die überwiegend Ein- und Mehrfamilienhäuser aufweisen; in dichtbebauten Gebieten wirken sich finanzielle Anreize solcher Art allerdings kaum aus ([142] Heilmann, 2000).

In der Stadt Celle ist seit 1991 ein System in Gebrauch, bei dem jeder Behälter durch einen Chip gekennzeichnet ist. Die Fahrzeuge sind entsprechend mit einem Bordrechner ausgestattet. Für die Restmülltonne wird eine jährliche Grundgebühr erhoben, bei den Wertstofftonnen entfällt diese. Bei allen Behältern wird die Gebühr nach dem tatsächlich geleerten Volumen berechnet, wobei die Palette der angebotenen Müllbehälter von ursprünglich 120, 240, 660 und 1100 Litern um die Größen 40, 60, 80 und 360 Liter ergänzt wurde. Jeder Bürger kann sich seinen Behälter frei wählen, die Mitbenutzung nachbarlicher Tonnen ist zulässig. Es zeigte sich, dass die Bevölkerung aus finanziellen Gründen fast nur noch volle Tonnen zur Leerung bereit stellte, was eine Optimierung der Sammeltouren ermöglichte. Dadurch können erhebliche Kosten eingespart werden ([207] Mäurer, 2000).

7.5.2

Einflussnahme durch die Behältergröße

Auch durch das Volumen der zur Verfügung gestellten Sammelbehälter kann die getrennte Erfassung von Bioabfällen gesteuert werden. Von der Größe der Sammelgefäße hängt beispielsweise der erforderliche Sammelrhythmus ab: kleine Gefäße müssen häufiger geleert werden als große, so dass es statt einer zweiwöchentlichen Sammlung zu einem einwöchigen Turnus kommen kann. Das verursacht höhere Kosten, weil bei gleichem Sammelaufwand die gesammelten Mengen sinken. Auch kann kein Personal von der Hausmüllsammlung zur Biosammlung abgezogen werden, wie es in der Regel bei der alternierenden zweiwöchentlichen Sammlung angestrebt wird ([202] Lübben, 1996). Insbesondere in Innenstädten wird jedoch trotz dieser höheren Kosten aus hygienischen Gründen ein einwöchiger Sammelrhythmus ausdrücklich gewünscht.

Weiterhin kann eine Korrelation zwischen Behältergröße und Sammelqualität (vergleiche Kapitel 6.1.1.2) bzw. Wassergehalt des erfassten Bioabfalls bestehen, weil nämlich bei kleinen Sammelbehältern weniger grobstückige Gartenabfälle zur Abfuhr bereitgestellt werden. Diese enthalten weniger Wasser als Küchenabfälle, so dass letztlich ein Ansteigen des Wassergehaltes gegenüber größeren Behältern zu verzeichnen ist ([250] Paschlau, 1998; [39] Bidlingmaier und Müsken, 2001).

7.5.3 Einflussnahme durch das Gebührensystem

Die Getrennterfassung von Bioabfall bedeutet einen höheren Aufwand als die gemeinsame Erfassung mit dem Restmüll und führt daher auch zu höheren Gesamtkosten. Im Vergleich zu den hohen Fixkosten von Personal und Anlagenabschreibung hat allerdings die Menge des getrennt erfassten Bioabfalls nur geringen Einfluss auf die Gesamtkosten der Abfallentsorgung.

Um die Kosten für die Sammlung von Bioabfall abzudecken, werden nach dem Kommunalabgabengesetz Gebühren erhoben. Die Gebührenermittlung ist, wie auch beim Restmüll, grundsätzlich auf zwei Varianten möglich: bei der einen Variante werden die Kosten der Bioabfallentsorgung prognostiziert und pauschal auf die ausgestellten Behältnisse umgelegt.

Bei der anderen Variante werden sie nicht ausschließlich pauschal, sondern teilweise im Verhältnis zur tatsächlich genutzten Leistung berechnet und setzen sich dann aus einem fixen und einem variablen Anteil zusammen. Der fixe Anteil deckt die Bereitstellung der Entsorgungsleistung ab, der variable Anteil die Kosten der individuellen Abholung. Die Grenze zwischen fixem und variablem Anteil wird häufig verschoben, um Anreize zur Getrennterfassung zu schaffen. Durch den fixen Anteil wird außerdem berücksichtigt, dass die Bürger, die ihren Bioabfall selbst kompostieren, diese Entscheidung jederzeit revidieren und an der öffentlichen Entsorgung ihrer Bioabfälle teilnehmen können, weshalb der Entsorgungsträger diese Teileinrichtung auch für sie vorhalten muss ([109] Fabry, 2000).

Eine Finanzierung der Biotonne durch erhöhte Gebühren bei der Restmülltonne wird in einigen Bundesländern gestattet mit der Begründung, der Abfallgebühr komme auch eine Steuerungsfunktion zu (so z.B. in Nordrhein-Westfalen). In anderen Bundesländern wird dies für unzulässig erachtet (z.B. in Niedersachsen), weil die Kosten der Bioabfallsammlung so hoch seien, dass sie eine eigene Gebührenermittlung erfordern ([83] Doedens, 1996).

Tabelle 4: Auswirkungen der Gebühren und des Volumenangebotes auf die Mengen von Restmüll, Bioabfall und Eigenverwendung (bei für die unterschiedliche Entsorgung ausreichendem Behältervolumen)
Quelle: [83] Doedens (1996)

Nr.		Restmüll-menge	Bioabfall-menge	Menge der Eigenverwendung
1	Restmüllgebühr gering/pauschal; keine Bioabfallentsorgung	↑↑↑	---	↓↓
2	Restmüllgebühr hoch/nach Inanspruchnahme; keine Bioabfallentsorgung	↓	---	↑↑↑
3	Restmüllgebühr hoch/nach Inanspruchnahme; Bioabfallgebühr gering; Biotonnenvolumen hoch	↓↓	↑↑	↓
4	Restmüllgebühr hoch/nach Inanspruchnahme; Bioabfallgebühr hoch/ nach Inanspruchnahme	↓	→	↑↑↑
5	Restmüllgebühr gering/pauschal; Bioabfallgebühr hoch	↑↑	→	↑↑

Durch Art und Höhe der Gebühr lässt sich steuern, in welchem Ausmaß Bioabfälle getrennt erfasst und entweder selbst kompostiert oder in ein Bioabfallerfassungssystem abgegeben wird (Tabelle 4):

Erfahrungsgemäß wird die abfallwirtschaftlich und ökologisch günstigste Variante der Eigenkompostierung dadurch forciert, dass die Restmüllgebühren nach den tatsächlich zur Sammlung bereit gestellten Mengen berechnet werden und insgesamt hoch ausfallen und dazu entweder keine oder eine ebenfalls teure Bioabfallsammlung angeboten wird.

Sollen die zur getrennten Bioabfallsammlung abgegebenen Mengen gesteigert werden, so empfiehlt es sich, bei hohen, ebenfalls dem tatsächlichen Anfall entsprechenden Restmüllgebühren eine Bioabfallsammlung mit geringer Gebühr und hohem Biotonnenvolumen anzubieten. Hier wird also die Biotonne durch die Restmüllgebühren mit finanziert. Bei diesem Gebührenmodell ist zu beachten, dass die gesteigerten Bioabfallmengen weniger durch Reduktion des organischen Anteils im Restmüll als vielmehr aufgrund von verminderter Eigenkompostierung zustande kommen ([83] Doedens, 1996). Erfahrungsgemäß weisen kostenlose oder kostengünstige Biotonnen zudem die geringsten Störstoffgehalte auf.

Inwieweit finanzielle Anreize in Form von niedrigeren Gebühren die Getrenntsammlung unterstützen können, wird maßgeblich davon abhängen, wie sich zukünftig die Kosten für die Verwertung des Bioabfalls im Vergleich zur Entsorgung des Restmülls entwickeln. Bei weiterer Annäherung beider Kostengruppen wird es schwierig werden, die Getrenntsammlung von Bioabfällen weiter zu steigern. In Einzelfällen (z.B. Hamburg und Berlin) haben Rechnungshöfe die Einführung der Getrenntsammlung von Bioabfällen vor dem Hintergrund des damit verbundenen vergleichsweise hohen Kostenaufwandes kritisch beurteilt ([115] Fricke und Turk, 2001).

7.5.4

Einflussnahme durch eine Störstofferkennung

Zur Steigerung der Qualität des Bioabfalls sind im Zweckverband Abfall- und Wertstoffeinsammlung (ZAW) für den Landkreis Darmstadt-Dieburg seit 1996 die Biomüllsammelfahrzeuge mit einer Störstoffdetektion ausgerüstet worden ([88] Edling, 2000). Hierbei sind am Fahrzeug Detektoren befestigt (Bild 12, die weißen Kästen unter der Schüttung), die unmittelbar vor dem Entleeren an der Schüttung bzw. Hubvorrichtung des Fahrzeugs die Biotonnen über Sonden automatisch und berührungsfrei auf Verunreinigungen überprüfen.

Die Detektion beruht auf elektromagnetischer Induktion; das Gerät reagiert je nach Empfindlichkeitsstufe auf Metalle verschiedener Größen. Die Metalle werden als Indikatoren für andere Störstoffe angesehen. Störstoffhaltige Tonnen werden mit einem Zettel versehen und stehengelassen. Die Erwartung, dass allein durch die Ankündigung der Störstoffdetektion eine bessere Sortenreinheit zu erreichen sei, erwies sich als falsch, die Konsequenz, störstoffhaltige Tonnen nicht zu leeren, als unbedingt erforderlich. Nicht geleerte Tonnen können von

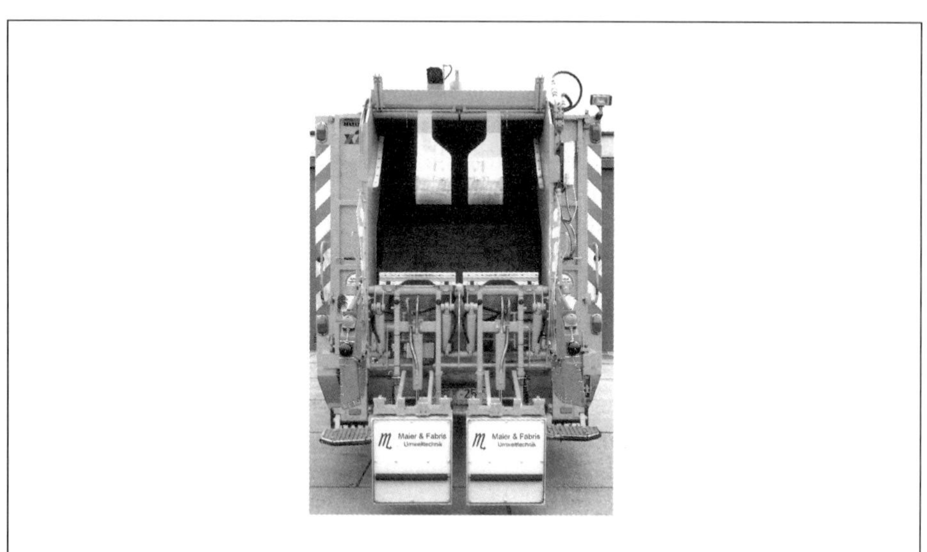

Bild 12: Sammelfahrzeug mit Detektor
Quelle: Prospekt Firma Maier & Fabris (2002)

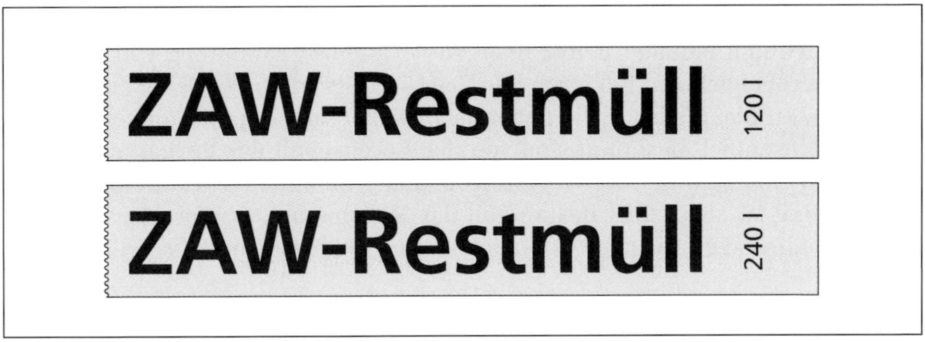

ZAW-Restmüll 120 l

ZAW-Restmüll 240 l

Bild 13: Banderolen
Quelle: [88] Edling (2000)

den betroffenen Bürgern entweder selbst von Störstoffen befreit und beim nächsten Leeren wieder hingestellt werden, anderenfalls müssen sie eine Banderole (Bild 13) erwerben, die eine ausnahmsweise Leerung des Gefäßes über die Restmüllsammlung gestattet.

Die Müllgebühren sind parallel dazu auf eine Grund- und eine Leistungsgebühr für den Restmüll umgestellt worden. Dabei werden all die Entleerungen der Restmülltonne bezahlt, die tatsächlich in Anspruch genommen werden. Das Gebührensystem im Zweckverband ist so ausgelegt, dass über die Gebühr für die Restmülltonnen alle Entsorgungsleistungen – also auch die Abfuhr von Papier, Bioabfall und Sperrmüll – enthalten sind. Jede Restmülltonne wurde mit einem Strichcode versehen, der die Tonnengröße und das Grundstück angibt. Die Reaktionen der Bevölkerung auf dieses System sind höchst unterschiedlich, festzuhalten bleibt, dass die Störstoffgehalte gesunken sind.

Ein sehr ähnliches System wird auch in den Landkreisen Böblingen und Reutlingen praktiziert ([226] N.N., 2000/3). Hier können die Biotonnen zusätzlich noch mit Karten versehen werden: für eine gute Trennung steht die grüne Karte und winkt eine Verlosung, gelbe Karten gibt es für eine schlechte Trennung, bei der die Tonne aber trotzdem noch geleert wird. Die rote Karte wird für schlechte Trennung vergeben, bei der die Tonne nicht mehr geleert wird. Häufig ist in diesen Fällen eine kostenpflichtige Sonderentleerung über die Restmüllentleerung erforderlich.

7.6

Öffentlichkeitsarbeit zur Optimierung der Erfassung

Prinzipiell ist es jedem einleuchtend, dass jemand, der auf die Mitarbeit eines anderen angewiesen ist, diesen von seinen Zielen überzeugen will und genau über Art und Umfang der gewünschten Mitarbeit informiert. Dies gilt auch im

Umgang mit der Öffentlichkeit, und es gilt ganz besonders, wenn es sich um das Thema Bioabfall handelt. Erfolg oder Misserfolg der Sammlung von Bioabfall hängen maßgeblich von Faktoren wie Erfassungsgrad und erzielter Sauberkeit des erfassten Bioabfalls ab, die neben technischen und organisatorischen Maßnahmen wesentlich bestimmt sind von der Bereitschaft der Bürger, eine Trennung und Sortierung von Wertstoffen des Hausmülls vorzunehmen. Die Bevölkerung ist also selbst Bestandteil des Systems und insofern gewissermaßen fortwährend zu „warten" wie auch dessen andere essentielle Teile.

7.6.1

Einführung zum Begriff „Öffentlichkeitsarbeit"

Der Begriff „Public Relations" (PR) stammt aus den USA, wo zu Beginn des 20. Jahrhunderts die Unternehmen versuchten, öffentliche Kritik mit neuen Methoden (Aufbau von Vertrauen durch positive Informationspolitik) abzuwehren und die Öffentlichkeit und ihre Medien für sich einzunehmen. Die ausgewählte Methode bestand darin, durch positive Informationspolitik eine Vertrauensbasis zwischen der zu interessierenden Öffentlichkeit und dem Unternehmen aufzubauen.

Synonym wird der Begriff der Öffentlichkeitsarbeit verwendet, der als solcher seit 1945 existiert. Es gibt eine konkrete und eine umfassende Definition. In ersterer wird PR als das *Management von Kommunikationsprozessen für Organisationen und Personen mit deren Bezugsgruppen* bezeichnet ([13] Baerns, 1995). In der zweiten wird Öffentlichkeitsarbeit auf die Formel *Öffentlichkeitsarbeit = Information + Anpassung + Integration* gebracht ([244] Oeckl, 1976). Das Ziel der Öffentlichkeitsarbeit ist demzufolge die Information nach innen und außen, die transparent, schnell und wohldosiert zur rechten Zeit am rechten Ort sein muss. Anpassung bedeutet das kritische Verfolgen der Reaktion der Adressaten auf die ausgesandte Botschaft, Rückkopplung, Auswertung und dann die Gestaltung einer Antwort. Integration soll die Organisation (Firma, Verband etc.) mittels einer noch vertretbaren Selbstkorrektur möglichst mit ihrer Umwelt in Übereinstimmung bringen. Öffentlichkeitsarbeit ist nicht zu verwechseln mit Werbung und Propaganda, die zweckorientierte Information herausgeben und statt eines Dialoges einen Monolog führen; zudem ist sie im Gegensatz zur Werbung nicht unmittelbar am Verkauf von Gütern oder Dienstleistungen interessiert. Bei den Zielgruppen der Öffentlichkeitsarbeit muss eine Differenzierung getroffen werden: Eine spezielle Zielgruppe bilden die firmeneigenen Mitarbeiter als interne Öffentlichkeit. Ihr muss immer die höchste Priorität der regelmäßigen Kontaktpflege gelten; denn gut informierte Mitarbeiter sind die besten Multiplikatoren, weil sie glaubwürdiger wirken können als viele Außenstehende.

Ausgesprochen wichtig ist daneben eine Differenzierung der externen Zielgruppen; denn es kann nie die gesamte Öffentlichkeit gleichermaßen erfolgreich angesprochen werden. Man unterscheidet zwischen einer aktiven, einer bewussten Teilöffentlichkeit und einer, die gänzlich ohne Problembewusstsein ist. Zu letzterer gehören im Rahmen der hier angesprochenen Abfallthematik Menschen, die noch nie etwas von einer Abfallproblematik gehört haben. Die bewusste Teilöffentlichkeit erkennt das Problem, weiß also, um beim Beispiel zu bleiben, dass sie Bioabfall getrennt sammeln sollte, tut es aber aus verschiedensten Gründen nicht. Die aktive Teilöffentlichkeit schließlich kennt und löst das Problem, würde in diesem Fall also korrekt trennen und sich für ihre Belange einsetzen.

Wünschenswert ist eine aktive Öffentlichkeit, daher wird auf der einen Seite versucht, die breite Masse zur Mithilfe anzuspornen. Parallel dazu kann mit der engagierten Öffentlichkeit konkret gearbeitet werden.

Eine detaillierte Studie zur Gestaltung der Öffentlichkeitsarbeit in der Abfallwirtschaft ([169] Kiese et al., 2001) unterstreicht die Notwendigkeit, zielgruppengerecht zu arbeiten und gibt Wertungen zu den verschiedenen Werkzeugen, die in der Branche eingesetzt werden.

7.6.2 Öffentlichkeitsarbeit zur Einführung der Bioabfallsammlung

Die PR-Konzeption zur Einführung eines Systems der Sammlung von Bioabfall richtet sich nach einer in mehreren Schritten aufgebauten Methodik ([81] DIPR, 1999).

Als erstes bedarf es der Situationsanalyse zur Erforschung der öffentlichen Meinung und zur Ermittlung der Argumentationstechnik. Abfall ist ein Thema mit einem vergleichsweise hohen Konfliktpotential, nicht zuletzt wahrscheinlich auch deswegen, weil jeder damit in Kontakt kommt und daher meint, wohlbegründet mitreden zu können. Zu den häufig genannten Vorbehalten gegen das getrennte Sammeln von Bioabfall gehören sowohl die Sorge vor Geruchs- und Keimbelastungen als auch hygienische Bedenken (Allergien, Infektionen, Ungeziefer). Zusätzlich werden abfallwirtschaftliche Organisationsstrukturen angezweifelt, woraus oft die Vorbehalte oder gar die Verweigerung der geforderten Verhaltensänderung (präzise Erfassung) resultieren. Ebenfalls werden die Höhe der Abfallgebühren und der Anschluss- und Benutzungszwang bemängelt, der als nicht gerechtfertigt empfunden wird.

Nach Erforschung der öffentlichen Meinung muss die Organisation im zweiten Schritt ihre Ziele in möglichst weiten Einklang mit den öffentlichen Interessen zu bringen versuchen, damit eine Basis für die folgende sachliche Argumentation entsteht.

Der BIOGUT-Aktionsfahrplan.

BIOGUT-Info 01 30-10 77
werktags 09.00–17.00 Uhr, gebührenfrei

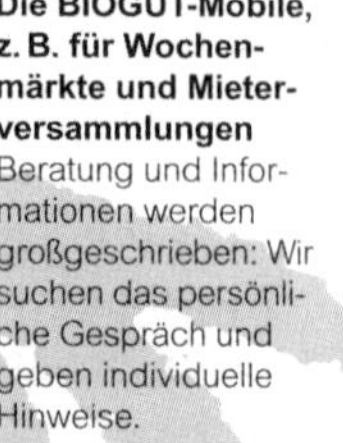

Die BIOGUT-Mobile, z. B. für Wochenmärkte und Mieterversammlungen
Beratung und Informationen werden großgeschrieben: Wir suchen das persönliche Gespräch und geben individuelle Hinweise.

BIOGUT-Hausflurplakat
Das Plakat (DIN A3/A4) wird von unseren Beratern in Hausfluren angebracht. (Einsatz auch als DIN A5-Postwurfsendung)

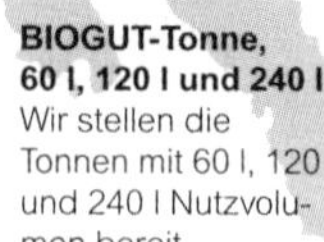

BIOGUT-Tonne, 60 l, 120 l und 240 l
Wir stellen die Tonnen mit 60 l, 120 l und 240 l Nutzvolumen bereit.

BIOGUT
Machen wir was draus

BIOGUT-Berater
Unsere Berater informieren die Mieter der angeschlossenen Gebiete persönlich und umfassend über die Einführung der BIOGUT-Tonne.

BIOGUT-Hausflurplakat
Nach der Mieterberatung erinnern die BSR per Aushang noch einmal daran, welche Abfälle BIOGUT sind und welche nicht.

BIOGUT-Broschüre (DIN A5)
Die handliche Broschüre, in der alles zum Thema BIOGUT genau nachzulesen ist, wird von unseren Beratern an jeden Haushalt verteilt.

BIOGUT-Vorsortiergefäß
Ein kleines und praktisches Vorsortiergefäß für die Küche erhält jeder Mieter von unseren Beratern – natürlich kostenlos.

Stand 5.99

Bild 14: Berlin: Der BIOGUT-Aktionsfahrplan
Quelle: [68] BSR (1999)

Im dritten Schritt muss dann die Seite der Organisation öffentlich zu Wort kommen, dazu zählt in diesem Fall beispielsweise die Vorstellung des geplanten Verfahrens der Bioabfallsammlung (Bild 14). An diesem Punkt müssen zum einen die organisatorischen Maßnahmen wie Sammlung, Transport und Vermarktung von Abfall- und Wertstoff-Fraktionen, zum anderen die technischen Verfahren der Wertstoff- und Abfallbehandlung und zum dritten die Modalitäten zur Kontrolle und Fortschreibung der abfallwirtschaftlichen Planungen festgelegt werden.

An diesem Punkt ist die PR-Arbeit zunächst erledigt, die folgenden Punkte spielen sich in der Öffentlichkeit selbst ab. Dennoch verläuft der gesamte Kommunikationsprozess gewissermaßen spiralförmig: durch die Öffentlichkeitsarbeit wird ein Prozess in Gang gesetzt, der in der Öffentlichkeit etwas ändern soll. Nach der Umsetzungsphase des dritten Schrittes folgt also mit leichter zeitlicher Verzögerung die Erfolgskontrolle, die im Prinzip wieder beim 1. Schritt, aber auf einem höheren Niveau beginnt. Wieder werden also Meinungen erforscht und Reaktionen überlegt. In einem vierten Schritt soll versucht werden, die öffentliche Meinung dahingehend zu beeinflussen, dass sie die Trennung von Bioabfall vom Restmüll für sinnvoll hält.

Dies zielt auf den fünften Schritt hin, in dem sich die öffentliche Einstellung dahingehend ändert, dass sie wünscht, die Bioabfallsammlung möge praktiziert werden. Weiterführende Informationen über Art und Ablauf der Sammlung sollen die Bevölkerung befähigen, ihr bisheriges Verhalten bei der Mülltrennung aufzugeben und die Sammlung von Bioabfall durch korrektes Erfassen der Wertstoffe und Reststoffe zu unterstützen.

7.6.3

Öffentlichkeitsarbeit zur Optimierung des Sammelerfolges

Zusätzlich zu der aufgeführten PR-Strategie müssen kontinuierlich Anstrengungen unternommen werden, um die Bevölkerung „bei der Stange zu halten“, d.h. die Erfassungsquote zu optimieren und den Anteil an Störstoffen zu minimieren. Dazu sind drei Faktoren entscheidend: wichtigstes Moment ist die Motivation, die selbst hauptsächlich bedingt ist durch individuelle Wertvorstellungen, ebenfalls von Bedeutung sind aber auch das Maß an Benutzerkomfort und die Information der Bürger.

7.6.3.1

Einflussfaktor Motivation

Zur Steigerung der Motivation können zwei Ansatzpunkte gewählt werden: das Herz und der Kopf. Um Menschen gefühlsmäßig für die Sammlung von Bioabfall zu gewinnen, müssen sie „gepackt“ und begeistert werden – und sei es durch den Spaßfaktor (Bild 15).

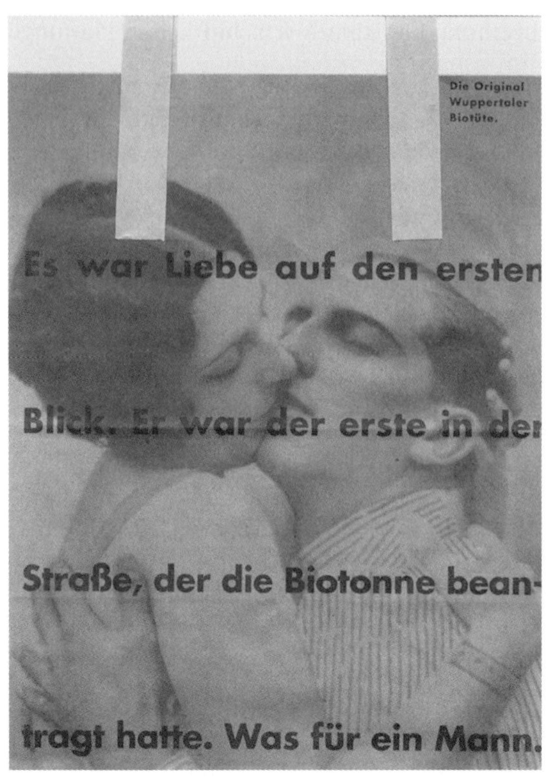

Bild 15: Mülltütenedition des Entsorgungs- und Straßenreinigungsbetriebes Wuppertal
Quelle: [97] ESW (2002)

Daneben ist es wichtig, die Menschen für den Umweltschutzgedanken zu sensibilisieren. Es gilt, ihnen vor Augen zu führen, dass der von der Bevölkerung getrennt zu erfassende Abfall auch tatsächlich getrennt behandelt wird (getrenntes Sammeln macht also Sinn), dass aus dem gesammelten Bioabfall ein richtiges Produkt entsteht, das von der Bevölkerung wieder verwendet werden kann (Kreislaufwirtschaft) und dass ein sauberes Erfassen (Aussortieren von Störstoffen) zu einem besseren Produkt führt, das auch zu besseren Preisen verkauft werden kann. Letztlich können auch materielle Anreize geboten werden, zum Beispiel, indem die Kosten für die Wertstofftonnen geringer gehalten werden als die für die Restmülltonnen. Da durch getrenntes Erfassen der Anteil, der in der Restmülltonne landet, kleiner wird, wird dann auch die Müllabfuhr billiger. Helfen also Information und ideelle Motivation nicht weiter, so kann noch der finanzielle Nutzen hervorgehoben werden, der getrenntes Sammeln für den Einzelnen lukrativ macht.

Diese Motivation zur Erfassung von Bioabfällen ist jedoch ein sensibles Feld: Wenn beispielsweise Probleme oder neue Erkenntnisse zum Thema Hygiene, Schwermetalle o.Ä. zur Diskussion stehen, kommt es gelegentlich vor, dass mit der Begründung des vorbeugenden Verbraucherschutzes ein Aussetzen der Bioabfallverwertung und damit auch der getrennten Erfassung gefordert wird, um die Bevölkerung und die auf Nachhaltigkeit angelegte Landwirtschaft zu schützen. Es wird dann postuliert, dass nach Klärung des Sachverhaltes begründete Entscheidungen getroffen werden und sowohl die Verwertung, als auch die Erfassung seitens der Bevölkerung wieder einsetzen können. Die Motivation des Bürgers, organische Abfälle zu sammeln, ist jedoch – anders als logistische oder technische Einrichtungen – nicht beliebig ein- und ausschaltbar. Es hat zwei Jahrzehnte gedauert, um die Sinnhaftigkeit der getrennten Erfassung auch von Bioabfällen im öffentlichen Bewußtsein zu verankern – und genau dies ist die wesentliche Voraussetzung für ihre Funktion. Wer glaubt, eine einmal ausgesetzte Bioabfallsammlung nach späterer Erkenntnis über deren Harmlosigkeit wieder aufnehmen zu können, ignoriert diesen Zusammenhang ([72] Burth, 2001).

7.6.3.2

Einflussfaktor Komfort

Auch hinsichtlich des Benutzerkomforts müssen einige Voraussetzungen gewährleistet sein; denn wenn das getrennte Erfassen von Biomüll zu unbequem ist, sinken die Erfassungsquoten. Aus diesem Grunde wurde bei Einführung der Bioabfallsammlung in Berlin jedem Haushalt ein 5 l-Sammelgefäß für die Küche nach Möglichkeit persönlich übergeben. Damit sollte die Getrennterfassung direkt an der Anfallstelle vereinfacht werden (Bild 16), gleichzeitig diente dieser

Bild 16: Themenkampagne der BSR
Quelle: [68] BSR (1999)

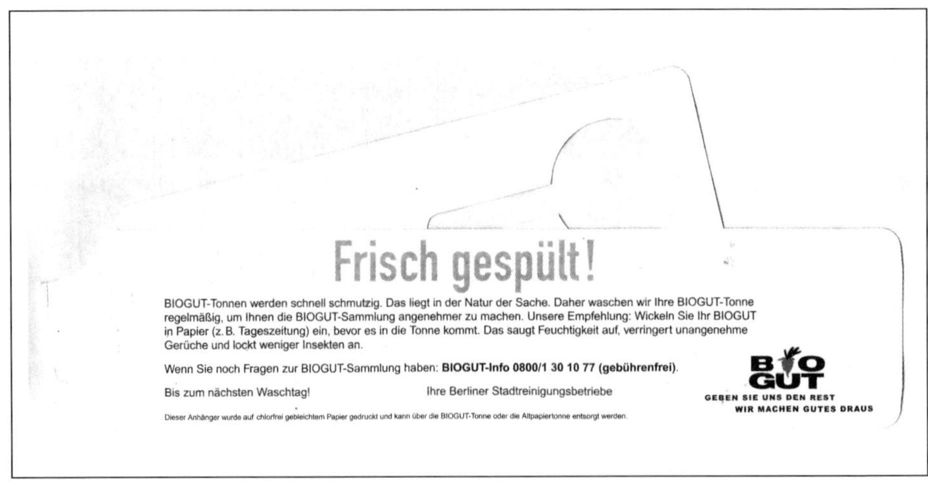

Bild 17: Anhänger an ausgewaschenen Berliner Biotonnen
Quelle: [68] BSR (1999)

Weg auch dazu, den direkten Kontakt zum wichtigsten und für den Erfolg der Biosammlung entscheidenden Glied, dem Bürger, zu suchen, ihn persönlich zu informieren und dadurch für die getrennte Erfassung zu gewinnen ([275] Sierig, 1992).

Auch das nachfolgende Wertstoff-Sammelsystem (die große Biotonne) muss immer ausreichend Raum bieten; wenn nämlich die Restmülltonnen voll sind, werfen die Menschen ihren zunächst getrennt gesammelten Abfall in diejenigen Tonnen, die noch leer sind.

Um die Akzeptanz für die Biotonne zu fördern, wird bereits in einigen Städten teils ohne, teils mit Entgelt eine Reinigung der Bioabfalltonnen durchgeführt, um unter anderem den Schimmelbefall zu minimieren (Bild 17, vergleiche auch Kapitel 8.4.2.4).

7.6.3.3
Einflussfaktor Information

Der dritte Faktor für eine erfolgreiche Sammlung ist eine gute Informationspolitik. Da aufgeklärte Bürger einen wichtigen Baustein eines gut funktionierenden Abfallwirtschaftssystemes bilden, ist die Beratung der Abfallbesitzer sogar vom Gesetzgeber vorgeschrieben (§ 38 KrW-/AbfG).

Auf jeden Fall sollten der Bevölkerung der Organisationsträger und die angestrebten Ziele der Wertstoffsammlung bekannt sein. Ebenfalls unerlässlich sind genaue Angaben über den Organisationsablauf (Beginn, Intervalle, eingesetztes System) und die Art der Bereitstellung der Wertstoffe. Bei der Stofftrennung

Bild 18: Themenkampagne der BSR
Quelle: [68] BSR (1999)

muss erklärt werden, was erwünscht und was warum unerwünscht ist (Bild 18). Sehr sinnvoll sind schließlich Auskünfte über die Auswirkung der Wertstoffsammlung auf die Restmüllsammlung sowie regelmäßige Informationen über den Ablauf der Sammlung ([41] Bilitewski et al., 1994). Zur Optimierung des Sammelerfolges ist es hilfreich, wenn die Öffentlichkeitsarbeit dabei durch die örtliche Presse unterstützt wird.

In Hamburg wurde bei der Einführung der Biotonne zunächst der direkte Kontakt zur Bevölkerung gesucht, die teilnehmenden Haushalte wurden über Wurfsendungen und Hausbesuche informiert, was zu Teilnahmequoten von über 50 % führte. In späteren Anschlussaktionen wurden die Haushalte aus Kostengründen nur noch angeschrieben und nicht mehr aufgesucht. Die Teilnahmequote sank dadurch auf 30 % ([202] Lübben, 1996), was den Nutzen der persönlichen Information unterstreicht.

Einen Ansatz, um alle drei Punkte miteinander zu verbinden, stellt die bereits dargestellte Öffentlichkeitsarbeit zur Einführung der Biotonne in Wuppertal dar ([17] Bartels, 1996), mit der versucht wurde, die Bürger nicht nur mit Argumenten von deren Notwendigkeit zu überzeugen, sondern aus der eingesetzten Biotüte eine Art Kultobjekt zu machen. Zu diesem Zweck wurden die Sammelbeutel mit verschiedenen Motiven (Bild 15 und Bild 19) bedruckt, die beim Bürger einen Sammeleffekt auslösen und die Tüte zum Kultobjekt machen sollten. Störstoffmengen unter 3 % und steigende Bioabfallmengen sprechen für den Erfolg der Idee.

Auch die Öffentlichkeitsarbeit der Berliner Stadtreinigungsbetriebe begleitet die Erfassung und Sammlung von Bioabfall sehr intensiv und originell, wie die vielen in diesem Werk dargestellten Beispiele zeigen. Die verschiedenen Aktionen

Bild 19: Der erste Biotüten-Krimi
Quelle: [97] ESW (2002)

sollen Aufmerksamkeit erregen, motivieren und informieren. Dass viele Berliner geradezu stolz auf diese Kampagnen wie auch auf die großen Plakate zur BSR-Werbung sind, liegt sicherlich daran, dass die Bevölkerung hier bewusst humorvoll und ohne mahnenden Zeigefinger angesprochen wird.

7.6.4

Erfahrungen und Kritik

Einer der entscheidenden Hebel für eine reibungslos funktionierende Bioabfallsammlung ist also eine gute und kontinuierliche Öffentlichkeitsarbeit ([231] N.N., 2001/4). Die Erfahrung lehrt jedoch, dass auch verstärkte Kommunikation nicht zwingend sofort zu einer erhöhten Akzeptanz führt. Häufig sind die Reaktionen sogar negativ, die Gründe hierfür sind unterschiedlich. Als konstruktiv können die Vorwürfe wegen viel zu wenig interner PR aufgefaßt werden, hier liegt mit Sicherheit eines der ergiebigsten Optimierungspotentiale. Auch dass häufig unprofessionell bzw. ohne saubere Konzeption gearbeitet werde (zu viele Einzelmaßnahmen, zu wenig Kontinuität, Schönfärberei anstelle von Argumenten), ist häufig nicht von der Hand zu weisen. Infolgedessen werden hohe Etats sinnlos verschleudert, in der Wirkung sich widersprechende Maßnahmen eingesetzt, Ziele verfehlt, Zielgruppen verprellt und insgesamt bei hohen Kosten nur geringer Nutzen erbracht.

Fast durchgängig beginnen auch die jeweiligen Organisationen zu spät damit, die Bevölkerung zu beteiligen und ebenso typisch ist es, wenn die Bevölkerung erst dann reagiert, wenn es fast zu spät ist. Manchmal scheitern die Bemühungen schon im Vorfeld, weil gewisse Mindestvoraussetzungen nicht gegeben sind: wenn zwischen den beteiligten Parteien grundsätzliche Interessenskonflikte bestehen, kann es bereits unmöglich sein, ein gemeinsames, übergeordnetes Ziel zu formulieren. Zudem ist ein gewisses Maß an Flexibilität erforderlich, die Parteien dürfen also nicht auf starren Positionen beharren ([175] Kossakowski, 1999).

Trotzdem ist eine gute Öffentlichkeitsarbeit Voraussetzung für eine erfolgreiche Kommunikation mit der jeweiligen Öffentlichkeit. Nicht nur soll so dem Trend zur Politikverdrossenheit und den Ohnmachtsgefühlen gegenüber behördlichen Entscheidungen entgegengewirkt werden, sondern man erhofft sich dadurch auch höhere Zustimmung zu den Abfallwirtschaftskonzepten und die so dringend nötige Unterstützung bei deren Umsetzung.

Kapitel 8

Sammlung

Die Müllabfuhr gehört zu den Dingen, die den Menschen am ehesten einfallen, wenn sie an Abfall denken. Kaum jemand jedoch vermutet hinter dieser nach außen so trivial wirkenden Arbeit ein derart komplexes und auch logistisch anspruchsvolles Thema.

Bei biogenen Abfällen aus Gewerbe und Industrie wird davon ausgegangen, dass sie als Massenabfälle an den einzelnen Produktionsstandorten zur Entsorgung anfallen. Im allgemeinen werden diese Abfälle dort solange zwischengelagert, bis sie in ausreichender Masse für einen Transport zu den nachgeordneten Behandlungsanlagen zur Verfügung stehen. Die Transportfahrzeuge steuern demnach auf ihrem Transportweg meistens keine verschiedene Ladeorte an; der Prozess des Einsammelns der Abfälle entfällt also ([152] ifeu, 2001).

Bei der Sammlung der Bioabfälle aus Privathaushalten sind die ersten in der Kette der für die Abfallentsorgung Tätigen die Bürger, die den bei ihnen anfallenden Müll je nach den örtlichen Gegebenheiten getrennt erfassen. Aufgrund fehlender Lagerungsmöglichkeiten, vor allem jedoch aus hygienischen Gründen, werden diese Abfälle möglichst umgehend abgegeben. Es folgt unter dem Begriff „Sammlung“ das Sammeln und Befördern des Abfalls, wobei man unter „Sammeln“ das Bereitstellen und Leeren der Sammelgefäße und unter „Befördern“ den Transport der gesammelten Abfälle von der Anfallstelle zu einer Behandlungsanlage oder einer Deponie versteht. In Folge des vergleichsweise geringen Abfallaufkommens an den einzelnen Anfallorten werden diese häuslichen Abfälle meist von einzelnen Fahrzeugen in Sammeltouren erfaßt. In der Regel werden die Leistungen des Sammelns und des Transportierens durch ein Unternehmen erbracht.

Speiseabfälle fallen vor allem in Großküchen und in Hotels und Gaststätten zur Entsorgung an. Aus obigen Gründen werden sie ebenfalls über Sammeltouren erfaßt, welche die Abfälle von den einzelnen Anfallstellen abholen, dies geschieht aber aufgrund unterschiedlicher gesetzlicher Grundlagen (*Tierkörperbeseitigungsgesetz* anstelle des Kreislaufwirtschafts- und Abfallgesetzes) in getrennten Touren.

8.1

Rechtliche Grundlagen

Die Antwort auf die Frage, wer Abfall sammeln darf und wer ihn zu diesem Zweck abgeben muß, findet sich im KrW-/AbfG. Das Einsammeln und Befördern von Abfällen aus privaten Haushalten wie z.B. den Bioabfällen ergibt sich aus dem Anschluss- und Benutzungszwang. Nach § 13 (1) müssen die Bürger die Abfälle aus ihren privaten Haushalten denjenigen überlassen, die nach Landesrecht für deren Entsorgung zuständig sind. Weiterhin sind sie verpflichtet, diesen öffentlich-rechtlichen Entsorgungsträgern die Aufstellung von Müllsammelgefäßen und das Betreten des Grundstückes zum Zwecke der Leerung derselben zu gewähren (§ 14 (1)). Dafür übernehmen diese gemäß § 15 (1) die Verantwortung für die ordnungsgemäße und schadlose Entsorgung der Abfälle.

Für die Entsorgung von Abfällen aus sogenannten „sonstigen Herkunftsbereichen", also den Nicht-Haushalten, ist der jeweilige Abfallerzeuger selbst verantwortlich. Diese Abfälle unterliegen nicht dem Anschluss- und Benutzungszwang.

Neben den Regelungen des Kreislaufwirtschafts- und Abfallgesetzes gilt eine Vielzahl weiterer abfallrechtlicher und anderer Vorschriften wie die zur Unfallverhütung sowie zusätzlich kommunale Vorschriften (z.B. zur Begrenzung des täglichen Sammelzeitraums aus Lärmschutzgründen), die bei der Erfüllung des Einsammelns von Bioabfall zu beachten sind.

8.2
Aufgabe, Funktion und Kosten des Einsammelns

Die zuständige Körperschaft hat die Aufgabe, alle in Haushalten anfallenden Abfälle (getrennt) zu erfassen und einzusammeln.

Der Ablauf ist so geregelt, dass die Abfälle vom Erzeuger vor Ort bereitgestellt werden. Es folgt die Einsammlung und anschließend der Transport zum Ort der Behandlung, Verwertung oder Deponierung. Dieser Transport kann ggf. mit dem Umschlag auf größere Transporteinheiten verbunden werden.

Sammlung, Umschlag und Transport können ausgesprochen teuer sein, verursachen beispielsweise in Berlin gemeinsam 60-80 % der Gesamtkosten der Abfallbeseitigung und stellen daher ein wichtiges Potential für Einsparungen dar ([41] Bilitewski et al., 1994). Entsprechend dem Gebührenrecht wird von demjenigen, der eine solche öffentliche Entsorgungsleistung in Anspruch nimmt, eine entsprechende Gebühr zur Deckung der damit verbundenen Kosten verlangt. Um die Gebührenbelastung der Haushalte zu begrenzen, sind die entsorgungspflichtigen Körperschaften bemüht, die Mehraufwendungen mit Einführung der Biotonne gegenüber der vorherigen Situation durch optimierte Sammellogistik möglichst abzufangen. In den meisten Fällen wurde daher bei flächendeckender Einführung der Biotonne über den Anschluss- und Benutzungszwang die Bioabfallsammlung alternierend zur Sammlung des Restabfalls eingeführt. Klassisch bedeutet das, dass eine vormals wöchentliche Restabfallabfuhr auf einen 14-tägigen Rhythmus verlängert und alternierend ebenfalls 14-tägig eine Bioabfallsammlung eingeführt wurde. Rechnerisch entstehen in solchen Fällen durch die Bioabfallsammlung so gut wie keine Mehraufwendungen. Dies gilt dann nicht, wenn die Teilnahmequote der Haushalte an der Biotonne gering ist oder die getrennt erfassten Bioabfallmengen zu keiner deutlichen Reduktion der verbleibenden Restabfallmengen führen. Gerade bei großen Sammelbezirken erhöht sich damit der spezifische Aufwand pro erfasste Bioabfallmenge deutlich ([152] ifeu, 2001).

8.3 Organisation der getrennten Sammlung

Um Abfälle getrennt zu sammeln, gibt es eine Vielzahl von Systemen, die sich unterscheiden nach der Organisation ihrer Abfuhr, dem Grad der Vorsortierung und dem Komfort, den sie dem Benutzer bieten. Zusätzlich sind aber auch einige grundsätzliche Dinge zu beachten wie z.B. eine Kennzeichnung der verschiedenen Tonnen durch unterschiedliche Farben und Aufkleber. Eine weitere wichtige Voraussetzung ist genügend Platz für zusätzliche Sammelbehälter auf dem Grundstück, was gelegentlich daran scheitert, dass im Baugenehmigungsverfahren die Belange der Entsorgung noch nicht gleichwertig mit denen der Versorgung berücksichtigt werden.

8.3.1 Unterscheidung nach Abfuhrsystem und Entleerungsturnus

Hinsichtlich der Abfuhrorganisation differenziert man zwischen drei verschiedenen Systemen, die in Abhängigkeit von der Bevölkerungsdichte eingesetzt werden.

Es gibt die integrierten Systeme, bei denen die Sammlung von Wertstoffen und Restmüll in einem geteilten oder mehreren Behältern zusammen in einem Arbeitsgang mit einem Mehrkammerfahrzeug vonstatten geht.

Bei den teilintegrierten Systemen findet eine separate Wertstoffabfuhr in besonderen Touren alternierend zur Restmülltour statt.

Mit additiven Systemen schließlich wird eine Sammlung von Wertstoffen zusätzlich zur normalen Hausmüllabfuhr mit separaten Fahrzeugen und getrennten Behältern praktiziert.

Über den Entleerungsturnus gibt es eine Untersuchung aus dem Jahre 1996 ([333] Würz, 1999), nach der über 60 % der Tonnen zweiwöchentlich, knapp 35 % wöchentlich und 2 % mehrmals wöchentlich abgeholt wurden. Der Entleerungsrhythmus hat auch Auswirkungen auf die einzusammelnden Mengen; denn noch vor der Abfuhr kommt es in der Biotonne durch die Rotteverluste und in geringerem Maße auch durch Verdunstung innerhalb einer Woche zu einer Gewichtsabnahme von etwa 10 %.

8.3.2
Unterscheidung nach dem Grad der Vorsortierung

Bezüglich des Grades der Vorsortierung gibt es das Verfahren der Einstoffsammlung, wo nur ein Wertstoff gezielt erfaßt wird (z.B. Bioabfall), das Verfahren der Einzelstoffsammlung, wo mehrere Wertstoffe in jeweils separaten Behältern erfaßt werden (z.B. Weiß-, Grün- und Buntglas) und das Verfahren der Misch- oder Mehrstoffsammlung als einer Sammlung mehrerer gemischter Wertstoffe mit anschließender Sortierung (z.B. gelber Sack).

8.3.3
Unterscheidung nach dem Benutzerkomfort

Betreffs des Benutzerkomforts unterscheidet man zwischen Bringsystemen, die für Grünabfall und gewerblichen Bioabfall üblich sind, und Holsystemen (vergleiche Kapitel 7.1).

Eine Datenerhebung aus dem Jahr 1993 zeigt die Bedeutung der verschiedenen Sammelverfahren im Rahmen der Sammlung von häuslichem Bioabfall: demnach wurde bei 10 % der Sammelverfahren in Depotcontainern gesammelt, knapp 40 % entfielen auf stationäre Annahmestellen, 25 % auf das Holsystem in Form von Wertstofftonnen und 25 % auf andere Holsysteme. Dadurch, dass inzwischen die Biotonne weitgehend flächendeckend eingeführt ist, werden sich die aktuellen Zahlen stark zugunsten der Holsysteme verändert haben.

Mit dem Holsystem sind höhere Erfassungsquoten erreichbar, weil es bequemer für die Benutzer ist als das Bringsystem, aber es verursacht auch höheren Aufwand beim Anfahren jedes einzelnen Wohngrundstücks mit dem Sammelfahrzeug. Eine Untersuchung aus dem Jahr 1992 zeigt diese Abhängigkeit sehr deutlich. Mittels verschiedener Bringsysteme wurden zwischen 10 und 37 kg Bioabfall pro Einwohner und Jahr erfaßt, Kombinationssysteme aus Bringsystemen und behälterloser Straßensammlung erbrachten 50 bis 75 kg/E•a. Die Holsysteme erzielten hingegen in ländlichen Gebieten über die Biotonne 50-200 kg/E•a und über den Biosack 30-70 kg/E•a (in städtischen Gebieten liegen die Zahlen jeweils deutlich darunter: in Berlin werden über das Holsystem mit der

Biotonne durchschnittlich weniger als 20 kg/E•a erzielt). Bei der Straßensammlung hing die gesammelte Menge maßgeblich von der Zahl der jährlichen Abfuhren ab: wurde der Bioabfall nur halb- bis vierteljährlich gesammelt, lagen die Mengen bei 2-12 kg/E•a, bei zweiwöchentlicher Sammlung stiegen sie auf 50 kg/E•a ([260] Ruthe, 1998).

8.3.4 Auswahlkriterien

Die Auswahl des Verfahrens hängt von verschiedenen Faktoren ab: neben der Abfallzusammensetzung sind vor allem die Berücksichtigung des bereits vorhandenen Sammelsystems sowie des vorgegebenen Abfallbehandlungs- und –beseitigungssystems wichtig.

Manchmal entscheiden städtebauliche Gegebenheiten über die Wahl des geeigneten Sammelsystems, insbesondere bei verwinkelten Altstädten, in denen große Sammelfahrzeuge aus räumlichen Gründen nicht alle Plätze anfahren können und in denen der Platz für unterschiedliche Behälter begrenzt ist.

Die Struktur eines Wohngebietes ist ebenfalls sehr charakteristisch und hat ausschlaggebende Bedeutung für die Wahl eines Sammelsystems, weil bekannt ist, dass in Wohnblocks der Störstoffanteil wesentlich höher ist als in Gebieten mit Ein- und Mehrfamilienhäusern.

Auch die Bereitschaft der Bevölkerung zur Mitarbeit und Finanzierung ist von Belang sowie nicht zuletzt die Verwertungs- und Vermarktungsmöglichkeiten der entstehenden Produkte.

8.4 Sammelsysteme

Ein Sammelsystem umfaßt Sammelverfahren, Behältersysteme, Fahrzeuge und Personal, d.h. eine Kombination aus technischen Betriebsmitteln und menschlicher Arbeitskraft. Aufgrund der unterschiedlichen Siedlungsstrukturen in den Sammelgebieten ist immer eine Kombination verschiedener Sammelsysteme nötig.

Zu den Kriterien, die für die Auswahl des geeigneten Sammelsystems wichtig sind, gehören ganz entscheidend das gewährte Maß an Arbeitssicherheit und Hygiene sowie die physische Beanspruchung des Ladepersonals. Weiterhin sind die Auswirkungen auf die Wertstoffsammlung sowie die Anforderungen der nachgeschalteten Behandlungs- und Beseitigungsanlagen zu beachten. Städtebauliche Aspekte wie Straßenbreite und –tragfähigkeit bedürfen ebenfalls der Berücksichtigung. Gegebenenfalls kann es auch ökologische oder politische Rahmenbedingungen geben wie z.B. die einer Nutzung erdgasbetriebener Sammelfahrzeuge.

Unter Berücksichtigung dieser Kriterien kann das Sammelsystem wirtschaftlich optimiert werden; denn je kleiner die Sammelgefäße und je leistungsschwächer die Fahrzeuge sind, desto zeit-, personal- und kostenintensiver wird die Abfuhr ([41] Bilitewski et al., 1994).

8.4.1 Sammelverfahren

Es gibt eine Vielzahl verschiedener Verfahren, mit denen Müll eingesammelt wird. Geeignet für die Sammlung von Bioabfall sind das Umleer- und das Wechselverfahren, unter Umständen auch das Einwegverfahren und die systemlose Sammlung.

8.4.1.1 Umleerverfahren

Beim Umleerverfahren werden rollbare Sammelbehälter über Hub- oder Kippvorrichtungen in die Sammelfahrzeuge entleert und an den gleichen Standplatz zurückgestellt. Es eignet sich außer für Bioabfall auch für die Abfuhr von Hausmüll und hausmüllähnlichen Gewerbeabfällen. Abhängig davon, ob die Müllwerker oder die Bürger den Transport der Abfallgefäße vom Standplatz zum Sammelfahrzeug übernehmen, spricht man von Vollservice oder Teilservice. Der Vollservice ist zwar aufwendiger, bietet dafür aber Unabhängigkeit vom Bürger, was sich bei einer Verschiebung durch Feiertage oder einer Tourenänderung positiv auswirkt.

8.4.1.2 Wechselverfahren

Im Wechselverfahren werden volle Sammelbehälter am Standplatz gegen leere Behälter der gleichen Art ausgetauscht und nach Entleerung am nächsten Standpunkt abgestellt. Manchmal werden die vollen Behälter auch direkt zur Abladestelle transportiert und hinterher auf den vorherigen Platz zurückgefahren. Das Wechselverfahren erspart den Müllwerkern Wege, führt aber bei der Bioabfallsammlung von Privathaushalten dann zu Ärger, wenn ein Bürger „seine“ Tonne nach jeder Leerung penibel reinigt, anschließend füllt und im Laufe der Zeit bemerkt, dass er nach jeder Leerung statt seiner gereinigten die verschmutzte Tonne seines Nachbarn zurückbekommt.

8.4.1.3 Einwegverfahren

Beim Einwegverfahren wird der Abfall in Säcken aus Papier oder Kunststoff (50, 70, 110 Liter) sauber und auf hygienische Weise unbedenklich bereitgestellt und verladen. Dies Verfahren wird auch für Bioabfall praktiziert (vergleiche Kapitel 7.5.1). Aus Sicht des Arbeitsschutzes ist bei solchen Gegebenheiten Sorge zu tragen, dass im Falle des Aufreißens eines Sackes der Müllwerker nicht mit dem Bioabfall in Berührung kommt. Der Sammelvorgang wird bei diesem Verfahren verkürzt, führt aber zu höherer physischer Belastung des Personals durch das Anheben der Säcke vom Straßenniveau auf das Sammelfahrzeug. Aufgrund dessen empfiehlt es sich, die Haushalte zu veranlassen, die Säcke aufrecht abzustellen. Dadurch verringern sich die Bückbewegungen der Müllwerker, was zu einer wesentlich geringeren Gefährdung der Wirbelsäule führt ([193] Laurig et al., 2001).

Das Verfahren eignet sich besonders für Zeiten erhöhten Müllaufkommens (wie im Herbst durch fallendes Laub), bei Anfallstellen mit temporärer Nutzung (z.B. bei Ausstellungen, Campingplätzen, Großveranstaltungen) und bei besonders hohen hygienischen Anforderungen (Krankenhäuser, Pflegeheime).

8.4.1.4 Systemlose Sammlung

Schließlich gibt es noch die systemlose Sammlung, bei der die Abfälle nach Größe und Form uneinheitlich oder in offenen Behältern gesammelt werden. Es wird häufig genutzt bei der Sammlung von Sperrmüll und bei Bioabfall für Tannenbäume in der Nachweihnachtszeit.

8.4.2 Behältersysteme

Wichtig für eine rationelle und mechanisierte Sammlung sind genormte Ausführungen und eine Begrenzung auf eine übersichtliche Anzahl von Behälterarten und -ausführungen. Zur Schonung der Müllwerker wie der Bürger werden statt tragbarer fast nur noch fahrbare Behälter verwendet. Übliche Rauminhalte liegen zwischen 110 und 1.100 Liter, es gibt aber auch 5.000 Liter-Behälter. Das eingesetzte Material ist entweder feuerverzinktes Stahlblech oder Kunststoff (Niederdruck-Polyethylen).

8.4.2.1

Mülleimer und Mülltonnen

Aus früheren Jahren sind noch System-Mülleimer mit einem Fassungsvermögen von 35 oder 50 Litern in Benutzung sowie eine Vielzahl unterschiedlicher Mülleimer und Papierkörbe von Straßen, Plätzen, Grünanlagen etc., die per Hand in das Sammelfahrzeug geleert werden müssen. An Mülltonnen gibt es die 70- und 110-Liter-Ringtonnen aus Kunststoff, die bei Haushalten auch für Bioabfall verwendet werden.

8.4.2.2

Müllgroßbehälter

Die heutzutage üblichen „Mülltonnen" heißen offiziell Müllgroßbehälter (MGB, Bild 20) und wurden in den 60er Jahren wegen des steigenden Müllaufkommens entwickelt. Sie besitzen Rollen, die z.T. lenkbar und bremsbar sind. Es gibt Ausführungen mit einem Fassungsvermögen von 660, 770, 1.100, 2.500 oder 5.000 Litern aus Stahlblech sowie von 80, 120, 240, 360 oder 1.100 Litern aus Kunststoff. Die Stahlblechausführungen sind stabiler und vorteilhaft in Wohngebieten mit Kohleheizungen, da bei unzulässiger Befüllung mit heißer Asche der Behälter durch einen entstehenden Brand nicht zerstört wird. Der Vorteil von Kunststoffbehältern liegt in ihrem geringeren Gewicht und in der geringeren Geräuschentwicklung beim Füll-, Roll- und Entleerungsvorgang. Außerdem haben sie eine glatte Behälteroberfläche, die sich gut reinigen läßt, und sie sind

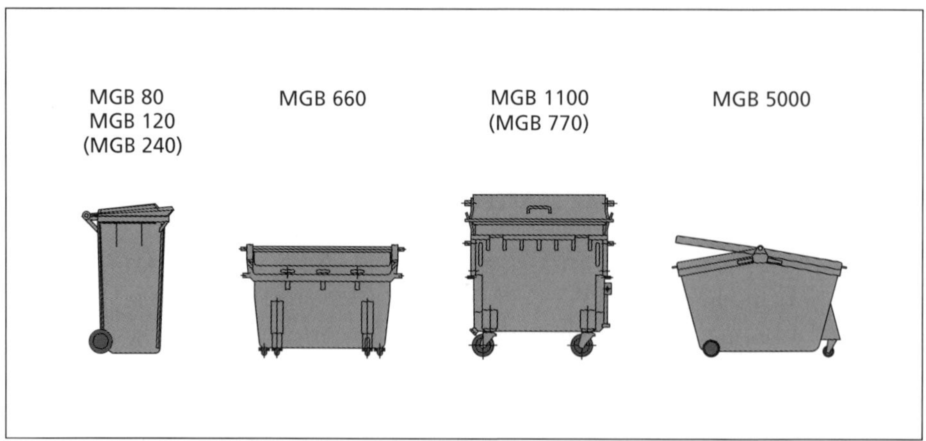

Bild 20: Müllgroßbehälter

beständig gegen Korrosion, was beides gerade im Hinblick auf die Sammlung von Bioabfall sehr vorteilhaft ist. Für Bioabfall aus Haushalten werden in der Regel die Müllgroßbehälter (meist als 120- oder 240-Liter-Behälter) eingesetzt.

8.4.2.3

Müllgroßcontainer

Müllgroßcontainer (MGC) gibt es mit einem Fassungsvermögen von 7 bis 20 m^3 als Mulden und von 10 bis 40 m^3 als Container. Auch Selbstpresscontainer mit eingebauten Verdichtungseinrichtungen werden eingesetzt. Die Sammlung findet im Wechselverfahren statt. Wichtig für die Stellplätze ist eine geregelte Zufahrtsmöglichkeit, besonders beim Sammeln im Wechselverfahren. Für biologisch abbaubaren Abfall relevant sind die Müllgroßcontainer z.B. auf Friedhöfen und in Gewerbebetrieben.

8.4.2.4

Spezialfall Biotonne

Genutzte Bioabfall-Sammeltonnen bereiten häufig Probleme durch Ungeziefer und Gerüche, die mit ihnen verbunden sind. Speziell für diese Nutzung sind daher inzwischen verschiedene Methoden im Einsatz, mit denen Gerüche und hygienische Probleme wie Insektenbefall minimiert werden sollen. Von antimikrobiellen Zusätzen im Behältermaterial bis hin zu verschiedensten Deckelsorten und Waschverfahren erscheint fast alles denkbar; einige Verfahren werden hier vorgestellt.

Durch eine Substanz, die seitens des Tonnenherstellers als Zusatz zum Kunststoffmaterial der Biotonne selbst oder eines separaten Einsatzes gegeben wird, verspricht man sich eine Wachstumshinderung der Mikroorganismen. Erreicht werden sollen speziell diejenigen Organismen, die nach der Leerung an den Rändern haften bleiben und zum schnellen Neubewuchs des frisch eingetragenen Bioabfalls beitragen ([222] N.N., 1999).

Die Müllgroßbehälter können beispielsweise mit gelochtem Einsatz, Sieben, Luftschlitzen oder Zwischenböden versehen sein, um durch verbesserte Luftzufuhr anaerobe Prozesse mit Geruchsentwicklung zu vermeiden. Der Vorteil dieser Technik liegt zudem im geringeren Pilzbefall. Im Gegenzug ist allerdings damit verbunden, dass mehr Insekten angezogen werden und dass während der Entleerung beim Schüttvorgang Sickerwasser austritt ([231] N.N., 2001/4).

Ebenfalls zu finden sind Behälter, in deren Deckel ein Biofilter zur Geruchsminderung und eine Dichtung nach außen hin eingebaut sind. Zu ihrem Nutzen gibt es unterschiedliche Meinungen: was die Grevener Bevölkerung als gut und effektiv beurteilt hat ([140] Heckhuis, 1997), wird vom Kieler Abfallwirtschaftsbetrieb nach einer halbjährigen Untersuchung eher negativ beurteilt. Es wurde festgehalten, dass sich Tonnen ohne und mit Filterdeckel hinsichtlich des Verschmutzungsgrades nicht wesentlich unterschieden. Unerwartet war die Tatsache, dass sich trotz Filterdeckel Maden entwickelten; denn an sich sollten die Fliegen durch den Dichtungsring vom Inneren der Tonne abgehalten werden. Was die Geruchsentwicklung betrifft, so entwickelten sich im Kieler Test in der Tonne mit Filterdeckel sogar verstärkt Gerüche und Pilze, weil sich durch die Dichtung sehr viel Kondenswasser an der Innenseite des Deckels sammelte.

Die Nutzer der Biotonne können auch selber Maßnahmen unternehmen, um Gerüche, Maden- oder Pilzbefall zu minimieren. So gibt es eine ganze Palette an Zusätzen von Branntkalk bis hin zu Orangenölen, die in die Tonne gegeben werden können, die sich aber in obigem Test ebenfalls als überwiegend wirkungslos erwiesen haben. Einzig Gesteinsmehl hatte sich bewährt, weil es Maden, feuchte Deckel und Behälterwände austrocknet ([231] N.N., 2001/4).

Auch seitens der sammelnden Unternehmen selber werden Anstrengungen zur Lösung dieses Problems unternommen, indem die geleerten Biotonnen gereinigt und desinfiziert werden. In Hamburg erfolgt die Reinigung direkt nach der Leerung durch ein Spezialfahrzeug; es können zwei kleine oder eine große Tonne in einer Spülkammer mit 150 bar gereinigt werden, der Vorgang benötigt 40 Sekunden. Das Waschwasser enthält keine Reinigungszusätze, und das schmutzige Wasser verbleibt im Fahrzeug ([223] N.N., 1999/2). In Berlin hat jeder Betriebshof ein mit einem Wassertank ausgerüstetes Sammelfahrzeug, dessen Inhalt für je eine Tour ausreicht. Der Waschvorgang von zwei Tonnen oder einem großen Behälter dauert acht Sekunden und verbraucht fünf Liter Wasser ([333] Würz, 1999). Die Sammelfahrzeuge leeren und reinigen der Reihe nach die Biotonnen in allen zum Sammelbezirk gehörenden Straßen, so dass alle Müllbehälter in regelmäßigen Abständen von etwa 4-6 Monaten gereinigt werden.

8.5 Kosten

Für die Kosten der Sammlung von Bioabfall verläßliche Daten zu erhalten ist sehr schwierig, weil die vorhandenen Werte häufig auf unterschiedlichen Rahmenbedingungen beruhen, verschiedene Leistungen enthalten und daher kaum vergleichbar sind. Generell gilt, dass die spezifischen Kosten um so höher ausfallen, je geringer die gesammelten Mengen an Bioabfall sind. Bei den Gebühreneinnahmen ist es genau umgekehrt; denn hier wird jede Tonne oder jede Leerung vom Bürger bezahlt, unabhängig vom Füllgrad der Biotonne. Folgende Zahlen geben ungefähre Durchschnittswerte an. Für die Dienstleistung der öffentlichen Bioabfallverwertung ergeben sich demzufolge jährlich Gefäßkosten von umgerechnet 4-7,50 Euro pro Gefäß, entsprechend 15 Euro/Mg. Die Sammelkosten belaufen sich auf 40-70 Euro/Mg ([263] Scheffold, 1998).

Für den Bürger liegen die Kosten für die Aufstellung einer Biotonne im Schnitt bei 80 % dessen, was eine graue Restmülltonne kostet ([139] Hasselmann 1997), um auch finanziell Sammelanreize zu geben. Vom deutschen Städte- und Gemeindebund wurden die Abfallgebühren für 1998 konkretisiert auf umgerechnet etwa 80 Euro für eine Tonne je Grundstück und Jahr ([112] FAZ, 1998).

Kapitel 9

Transport

Unter Transport werden die Vorgänge zwischen Sammlungsende und Übergabe des Abfalls an die entsprechende Behandlungs- oder Beseitigungsanlage verstanden. Dabei wird die Unterscheidung getroffen zwischen Nahtransporten, die nach der Sammlung am Anfallort eine nahegelegene Behandlungs- oder Beseitigungsanlage oder eine Umschlagstation anfahren, und Ferntransporten, die von der Umschlagstation zu einer zentralen Entsorgungsanlage führen. Zusätzlich lassen sich Voll-, Leer- und Zwischentransporte unterscheiden, wobei mit letzteren die Fahrten nicht voll ausgelasteter Sammelfahrzeuge vom einem in ein zweites Sammelgebiet gemeint sind.

9.1

Ablauf und Organisation der Müllabfuhr

Die Müllentsorgung ist nach Abfuhrbezirken geordnet. Die Arbeit in jedem Bezirk ist unterteilt nach bestimmten Zeitplänen, in denen festgelegt ist, welches Fahrzeug mit welcher Besatzung welches Sammelgebiet abzufahren hat. Eine Tour (in Berlin als Tagwerk bezeichnet) besteht aus der Fahrt zum Sammelgebiet, der dortigen Sammlung, der Transportfahrt zur Entsorgungsanlage und der Rückfahrt zum Sammelgebiet oder in den Betriebshof. Die Arbeitsleistung wird in der Regel im Zeitakkord erbracht. Die Besatzung eines Fahrzeugs besteht aus einem Fahrer sowie in der Regel ein oder zwei Müllwerkern. Fahrzeuge mit Front- oder Seitenlader können von einem Fahrer allein bedient werden. Eingesetzt werden Fahrzeuge mit einem Behältervolumen zwischen 12 und 23 m^3 bzw. einer Nutzlast von etwa 7 bis 14 Mg.

9.2

Sammelfahrzeuge

Die Dimensionierung der Sammelfahrzeuge unterliegt der Straßenverkehrszulassungsverordnung und ist beschränkt auf folgende Maße: die maximale Breite liegt bei 2,5 m Außenmaß, die maximale Länge ist mit 12 m bei Einzelfahrzeugen und 15 m bei Sattelaufliegern angegeben. Die maximale Höhe liegt bei 4 m, wird aber wegen der Kippsicherheit in der Regel nicht ausgenutzt. Die maximal zulässigen Fahrzeug-Gesamtgewichte liegen bei 19 bzw. 26 Mg (2- bzw. 3-Achser); ansonsten ist die eingesetzte Größe eines Fahrzeugs abhängig von Faktoren wie der erforderlichen Nutzlast, der Entfernung zur Entsorgungs- oder Umschlagstation, dem Behältersystem und der Topographie. Auch Straßenbreiten der jeweiligen Strecken sowie die Größe der Sammelmannschaft sind in diesem Zusammenhang von Relevanz.

Die Fahrzeuge bestehen aus dem Fahrgestell mit Motor und dem Aufbau, der wiederum in Kabine, Hub- und Schüttvorrichtungen sowie Sammelcontainer mit Verdichtungseinheit zu unterteilen ist. Während bei der Auswahl von Fahrgestell und Kabine eher wirtschaftliche und betriebsinterne Auswahlkriterien ausschlaggebend sind, sind bei der Auswahl von Sammelcontainer und Schüttung zusätzlich abfallspezifische Aspekte zu berücksichtigen. Die Lebensdauer eines Abfallsammelfahrzeugs beträgt etwa 10 Jahre.

Bemerkenswert ist der Treibstoffverbrauch von Sammelfahrzeugen: er liegt bei etwa 90 Litern auf einer Sammelstrecke von 100 km. Dieser vergleichsweise hohe Verbrauch fällt nicht nur für das Zurücklegen der Entfernungen an, sondern ergibt sich auch aus den Aufwendungen für die Leerungsvorgänge der einzelnen Behälter, für die Abfallverpressung und für den typischen Fahrzyklus mit hohen Stillstandszeiten, andauerndem Stop-and-go-Verkehr und Fahren in den unteren Getriebegängen ([152] ifeu, 2001).

9.2.1

Heck-, Front- und Seitenlader

Die bekanntesten Sammelfahrzeuge sind die diejenigen mit Heckladung, bei der die Mülltonnen hinten am Fahrzeug aufgenommen und geleert werden (siehe Bild 25 und Bild 27). Solche Hecklader sind sinnvoll in dicht besiedelten Gebieten einzusetzen, da diese ohnehin mehrere Müllwerker erfordern.

Inzwischen werden bei der Bioabfallsammlung neben diesen bisher üblichen Heckladern vermehrt auch Front- und Seitenlader eingesetzt. Seitenlader (Bild 21 und Bild 23) sind besonders gut geeignet für die Sammlung in Gebieten mit

Bild 21: Seitenlader
Quelle: Faun (2001), bearbeitet

Bild 22: Frontlader
Quelle: [210] DaimlerChrysler (2004)

weitläufiger Einfamilienhaus-Bebauung oder in ländlichen Regionen. Frontlader (Bild 22) werden nicht für die Sammlung häuslicher Bioabfälle, sondern für die Entsorgung der großen Sammelgefäße aus Gewerbebetrieben eingesetzt.

Bei Bedarf können die Behälter auch verwogen werden ([150] Holzapfel, 2001). Manuell zu bedienende Front- und Seitenlader sind preisgünstig und können von jedem Fahrer problemlos gehandhabt werden. Die Sammelleistung liegt auf gleichem Niveau wie bei der herkömmlichen Heckbedienung. Wesentlich interessanter sind automatische, per Joystick geführte Ladesysteme: Zwar sind sie teurer und schwieriger zu bedienen, dadurch kommt es häufiger zu Schäden an parkenden Fahrzeugen, was die Einsetzbarkeit im innerstädtischen Bereich einschränken kann. Durch das ausschließliche Arbeiten vom Führerhaus aus lassen sich aber in gleicher Zeit zwei- bis dreimal so viele Mülltonnen leeren wie bei manuellen Systemen, zudem bieten sie dem Fahrer besseren Schutz vor Witterungseinflüssen ([259] Rieß, 2001).

Front- und Seitenlader bieten die Möglichkeit, von nur einem Fahrer ohne weiteres Ladepersonal bedient zu werden und versprechen somit erhebliche

Bild 23: Ladevorgang eines Seitenladers
Quelle: Faun (2001), bearbeitet

Kostensenkungs- und Rationalisierungseffekte. Dies ist bei dem derzeitigen Preisniveau von durchschnittlich 0,40 Euro pro Gefäßleerung ein wichtiger Kalkulationspunkt und letztlich auch der Grund für deren vermehrten Einsatz.

9.2.2 Schüttungen

Allen Schüttungen gemeinsam ist der Wunsch nach Gewährleistung des vollständigen Übergangs des Abfalls aus dem kleinen Sammelbehälter in den Sammelcontainer des Fahrzeugs. Dabei darf der Müllwerker nicht mit dem Abfall in Berührung kommen, es darf kein Abfall auf die Straße fallen, und auch die Geruchsentwicklung ist zu minimieren.

An den Sammelfahrzeugen werden die Abfallsammelbehälter von pneumatischen oder hydraulischen Hub- oder Kippvorrichtungen aufgenommen. Die Entleerung des Sammelbehälters in das Sammelfahrzeug erfolgt inzwischen nur noch über offene Kamm- bzw. Universalschüttungen (Bild 24), weil sie sich am wirtschaftlichsten und flexibelsten einsetzen lassen. Für große Behälter mit Zapfen gibt es Kammschüttungen mit einschwenkbaren Hubarmen. Zur Entleerung des Sammelcontainers wird die Schüttung hydraulisch hochgeschwenkt und gekippt.

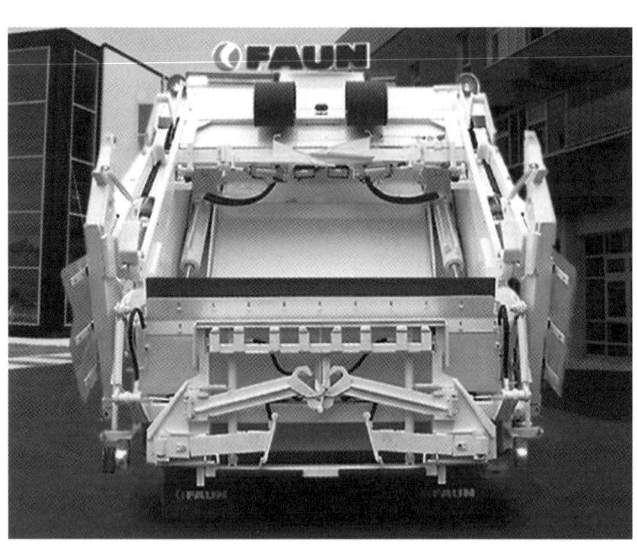

Bild 24: Kamm- bzw. Universalschüttung mit zusätzlich montierter Zapfenaufnahme
Quelle: FAUN (2004)

9.2.3

Verdichtungseinheiten

Hinsichtlich ihrer Verdichtungsvorrichtungen unterscheidet man zwei Typen von Sammelfahrzeugen, nämlich Drehtrommel- und Preßplattenfahrzeuge.

Die Drehtrommelfahrzeuge (Bild 25 und Bild 26) eignen sich besonders gut für Bioabfall. Der Abfall fällt aus der Schüttung in eine um ihre Horizontalachse

Bild 25: Drehtrommelfahrzeug mit Ladeeinrichtung
Quelle: Faun (2001)

Bild 26: Entladung eines Drehtrommelfahrzeugs
Quelle: Faun (2001), bearbeitet

drehende Trommel mit einer Bandschnecke. Dadurch wird der Abfall zur vorderen Trommelwand befördert. Der Müll wird hierbei um einen Faktor 2-4 verdichtet; gleichzeitig erhält man aufgrund der Verdichtung durch die in der Drehtrommel auftretenden Scherkräfte eine gute Homogenisierung des Abfalls.

Dieser Zerkleinerungs- und Mischeffekt durch die ständige Umwälzung wirkt sich zunächst positiv auf das Bioabfallmaterial aus. Bei voller Auslastung der Kapazität des Sammelfahrzeugs werden jedoch strukturschwache Abfälle wie Küchenabfälle aufgelöst, und es setzen sich große Wassermengen frei, was im Falle einer anschließenden Kompostierung wenig wünschenswert ist. Für eine Vergärung ist dies allerdings hilfreich: Weist das Abfallgut ohnehin schon einen hohen Wasseranteil auf, so kann die Strukturauflösung zu einem Ausgangsmaterial fast ohne Luftporen führen. Eine Abdichtung der Sammelfahrzeuge gegen Presswasseraustritt sowie die Ausrüstung der Fahrzeuge mit einer Auffangwanne für dennoch austretendes Presswasser sind zwingend erforderlich. Im Anlieferungsbereich der Verwertungsanlage muss dementsprechend die Möglichkeit der Übernahme (bei im Fahrzeug eingebauten Tanks) bzw. der Ableitung größerer Presswassermengen (von bis zu 200 Litern) vorgesehen werden. Die Entleerung des Sammelfahrzeugs erfolgt durch Drehen der Trommel im gegenläufigen Sinn und dauert drei bis fünf Minuten.

Pressplattenfahrzeuge haben eine hydraulische Presse (Bild 27 und Bild 29). Zunächst fällt der Abfall in eine Vorkammer, die von einer hydraulisch betätigten Pressplatte in Verbindung mit einer Schubwand geleert wird. Der Abfall

Bild 27: Pressplattenfahrzeug
Quelle: Faun (2001)

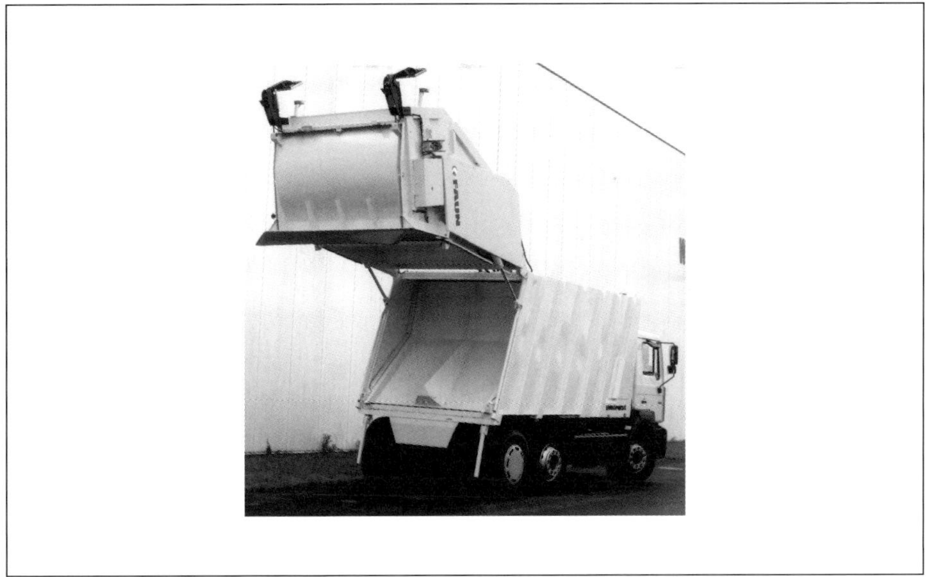

Bild 28: Pressplattenfahrzeug mit hochgeklappter Schüttung
Quelle: Faun (2001)

wird dabei unter Verdichtung in den Transportbehälter geschoben. Die Wand des Transportbehälters schiebt sich während des Füllvorgangs langsam weiter nach vorne, der Verdichtungsfaktor beträgt im Durchschnitt 3:1.

Bei der Verdichtung durch Pressplatten mit angepasstem Druck bleibt die Struktur des Bioabfalls mit geringen Strukturbestandteilen erhalten, es findet auch keine Zerkleinerung und Mischung statt. Für eine anschließende Kompostierung eignet sich diese Verfahrensweise daher eher. Da sich hier bessere Möglichkeiten zur Abdichtung bieten, tritt zudem kein Wasser aus.

Zur Entleerung wird die Schüttung nach oben geklappt (Bild 28) und die vordere Wand des Transportbehälters schiebt sich nach hinten, wodurch der Inhalt ausgestoßen wird; der Vorgang dauert etwa eine Minute.

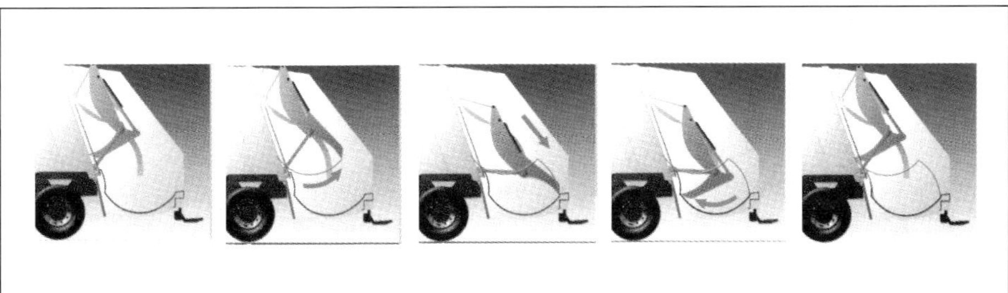

Bild 29: Arbeitsweise der Pressplatte
Quelle: Faun (2001), bearbeitet

Kapitel 10

Planung einer Bioabfallbehandlungsanlage

Noch vor die Erläuterungen zu Aufbau und Funktion einer Bioabfallbehandlungsanlage sollen die Überlegungen gestellt werden, die hinsichtlich der Auslegung und Planung der Anlage angestellt werden. Hier kommen Mengenberechnungen ebenso zum Tragen wie die Länge der Transportwege und bestimmte, regionalspezifische Kriterien. Alle diese Faktoren bestimmen die Entscheidung, ob die notwendige Behandlungskapazität klein oder groß werden muss, und wenn sie groß wird, ob sie in einer zentralen oder mehreren dezentralen Anlagen realisiert werden sollte.

10.1 Auslegung

Die Größe der Behandlungsanlage ist von der anfallenden Menge an getrennt erfasstem Bioabfall abhängig. Aufgrund der Zusammensetzung und Konsistenz von getrennt erfassten Bioabfällen ist es für die Planung von Bioabfallbehandlungsanlagen zudem sinnvoll, folgende Parameter zu kennen ([39] Bidlingmaier und Müsken, 2001):

- Die angelieferte Menge liegt zur Zeit bei reinem Bioabfall je nach Siedlungsstruktur zwischen 50 und 120 kg/E•a; im Extremfall schwanken die Werte zwischen 19 und 182 kg/E•a ([115] Fricke und Turk, 2001).
- Für getrennt erfasste Grünabfälle können zusätzlich 20-40 kg/E•a addiert werden.
- Der Anteil der organischen Substanz im Bioabfall liegt im Durchschnitt bei 70-80 %.
- Sein Wassergehalt kann vor allem im Winter aufgrund der wenigen Gartenabfälle auf deutlich über 70 % ansteigen.
- Das Schüttgewicht erreicht im Durchschnitt 500-600 kg/m^3, im Winter sind aufgrund des hohen Anteils an Küchenabfällen Spitzenwerte von mehr als 700 kg/m^3 möglich; bei reinen Grünabfällen liegen die Werte mit 100-250 kg/m^3 deutlich niedriger.
- Das verfügbare Luftporenvolumen ist bei Bioabfällen aufgrund der im Vergleich mit Mischmüll engeren Kornverteilung und der Struktur des Materials reduziert.
- Der Anteil an Stör- und Hartstoffen liegt in der Regel unter 5 %, meist sogar unter 3 %, bezogen auf die Inputmenge.

Um die anfallende Menge an Bioabfall in einem bestimmten Gebiet möglichst genau zu bestimmen, sind Werte anzunehmen für die Menge an Küchenabfällen und die Erfassungsquote, die spezifische Gartenfläche pro Einwohner, die Wachstumsrate im Garten und die Gartenentsorgungsrate. Schließlich sind die Einwohnerzahl des Gebietes und die Teilnehmer- oder Anschlussquote wichtig. Es ergibt sich aus diesen Faktoren folgende Abhängigkeit ([263] Scheffold, 1998):

$$M_{Bio} = (m_{Kü} \cdot EQ + A_G \cdot WR \cdot GER) \cdot E \cdot TQ$$

mit:
M_{Bio} = Jahresmenge Bioabfall im Gebiet [kg/a]
$m_{Kü}$ = pro-Kopf-Menge Küchenabfall [kg/(E•a)]
EQ = Erfassungsquote [%]
A_G = spezifische Gartenfläche pro Einwohner [m^2/E]
WR = Wachstumsrate im Garten [kg/(m^2•a)]
GER = Gartenentsorgungsrate [%]
E = im Gebiet lebende Einwohnerzahl
TQ = Teilnehmer- oder Anschlussquote [%]

Typische Größen für obige Werte lagen im Jahr 1998

für $m_{Kü}$ bei etwa 50 kg/(E•a),

für EQ bei ca. 40 % (30 - 70 % in städt. bzw. ländl. Gebieten),

für A_G zwischen 5 und 300 m^2/E,

für WR zwischen 1,5 und 3,5 kg/(m^2•a),

für GER zwischen 10 % und 90 % und

für TQ zwischen 25 % und 95 %.

Dadurch läßt sich folgende Beispielsrechnung durchführen:

$$M_{Bio} = (50 \cdot 0{,}4 + 38 \cdot 3{,}5 \cdot 0{,}55) \cdot 100\,000 \cdot 0{,}3 = 2794{,}5 \text{ Mg/a} = 27{,}9 \text{ kg/E}\cdot\text{a}$$

Im Jahr 1998 wären in diesem Beispiel also knapp 28 kg Bioabfall pro Einwohner zu erwarten gewesen, was für ein wenig ergiebiges, vermutlich städtisch geprägtes Einzugsgebiet sprechen würde.

10.2

Transportwege und regionalspezifische Faktoren

Zusätzlich wird die Größe einer Abfallbehandlungsanlage aber auch von dem Aufwand bestimmt, der für den Transport zur Anlage getrieben werden muss. Dieser Aufwand ist selbst abhängig von der Siedlungsstruktur und -dichte des Sammelgebietes, vom Anschluss- und Teilnahmegrad sowie von der Erfassungsquote, d.h. den tatsächlich erfassten Bioabfallmengen. Weiterhin ist zu berücksichtigen, ob die Anlage in einem Gebiet errichtet werden soll, in dem der jahreszeitliche Anfall noch stärker als gewöhnlich schwanken kann. In Gegenden mit großen Wochenendhaus-Siedlungen oder in Ferienregionen fallen in Urlaubszeiten häufig wesentlich höhere Mengen an als in den Monaten, in denen die Wochenendhäuser nicht belegt sind oder keine Saison ist.

10.3

Zentrale und dezentrale Anlagen

Gerade bei Anlagen zur Behandlung von getrennt erfasstem Bioabfall will neben einer möglichst sauber durchdachten Berechnung der erforderlichen Anlagenkapazität überlegt sein, ob man eine große Anlage errichtet oder mehrere kleinere Anlagen dezentral verteilt.

Häufig werden Anlagentypen (Regelgrößen) mit Jahresdurchsatzmengen von etwa 5.000-6.000 Mg/a bei kleinen Anlagen, 10.000 bis 12.000 Mg/a bei mittleren und ca. 20.000-25.000 Mg/a bei großen Anlagen zugrunde gelegt. Diesen Anlagengrößen entsprechen Anschlussgrößen mit den in Tabelle 5 enthaltenen Einwohnerzahlen, womit die üblichen Einzugsgebiete für die getrennte Erfassung von Bioabfällen abgedeckt sind.

Fällt die Entscheidung, eine große, zentrale Anlage zu betreiben, so bedeutet dies nicht allein, dass nur ein Standort benötigt wird und insofern der spezifische Flächenbedarf geringer ist, sondern auch, dass nur an einem Standort die Öffentlichkeit von der Sinnhaftigkeit des Vorhabens überzeugt werden muss. Anlagen zur Kompostierung von Bioabfällen bedürfen nämlich, wenn sie nicht unter 1000 Mg/a liegen, einer immissionsschutzrechtlichen Genehmigung, die mit einer Öffentlichkeitsbeteiligung verbunden ist.

Daneben werden bei solchen Anlagen auch höhere Anforderungen an das Verfahren gestellt. Diese sehr großen Anlagen sind daher üblicherweise geschlossene Anlagen, insbesondere, um Geruchsbelästigungen zu minimieren. Da bei insgesamt verminderten Kosten ein höherer technischer Aufwand betrieben werden kann, wird bei der Verarbeitung des Bioabfalls eine bessere Homogenisierung des Materials ermöglicht, was letztlich zu einer gleichbleibenden Kompostqualität und nebenbei auch zu geringeren Emissionen führt. Das obere Limit liegt für Kompostierungsanlagen bei etwa 30.000 Mg/a (in Ausnahmen bei 85.000 Mg/a), weil sonst der Aufwand zum Antransport des Bioabfalls zu hoch wird und sich dann auch die Frage der Entsorgungssicherheit stellt.

Tabelle 5: Anschlussgrößen für Anlagen der biologischen Abfallbehandlung
Quelle: [39] Bidlingmaier und Müsken (2001)

Anschlussgrößen 1.000 E	**Spezifische Bioabfallmenge** kg/E•a		
	70	90	110
Kleine Anlage	71 - 86	56 - 67	45 - 55
Mittlere Anlage	143 - 171	111 - 133	91 - 109
Große Anlage	285 - 357	222 - 278	182 - 227

Die Errichtung mehrerer dezentraler Anlagen kann aus ganz anderen Gründen vorteilhaft sein: neben kürzeren Transportwegen werden kleinere Anlagen nämlich oft wesentlich besser von der Bevölkerung angenommen. Da üblicherweise mehrere kleine Anlagen einem Besitzer gehören und dieser nicht gezwungen ist, alle gleichzeitig zu bauen, können zudem die Investitionen besser verteilt und der Aufbau der Anlagen zeitlich an die sich (positiv) ändernden Sammelmengen angepasst werden. Auch das Genehmigungsverfahren gestaltet sich einfacher und schneller; denn bis zu einer Jahreskapazität von 1000 Mg unterliegen Bioabfallkompostierungsanlagen dem Baurecht und nicht dem Immissionsschutzrecht. Die kleinen Anlagen weisen in der Regel eine einfachere Verfahrenstechnik auf und bieten eine bessere Entsorgungssicherheit an, weil es unwahrscheinlich ist, dass mehrere Anlagen gleichzeitig den Dienst versagen. Aufgrund der höheren Akzeptanz ist schließlich auch die Vermarktung des Kompostes einfacher. Hinsichtlich der Emissionen sind viele von ihnen vermutlich nicht mehr auf dem Stand der Technik ([334] Zachäus, 1994).

Bei Anlagen zur Kompostierung von Grüngut besteht der überwiegende Teil zur Zeit aus Anlagen mit einem Jahresdurchsatz von 5.000 - 6.000 Mg, die häufig als offene Anlage teils mit, teils ohne Überdachung gebaut werden. Diese Anlagengröße ist hinsichtlich der Optimierung der Rottebedingungen, der Belüftung und der Emissionskontrolle noch gut beherrschbar. Zudem unterliegen Grüngutkompostierungsanlagen bis zu dieser Größe ebenfalls dem Baurecht und können ohne Öffentlichkeitsbeteiligung genehmigt werden.

Nach dem raschen Ansteigen der Zahl der Bioabfallbehandlungsanlagen, insbesondere der Kompostwerke (vergleiche Kapitel 15.1), ist allerdings damit zu rechnen, dass künftig statt des Baues neuer Anlagen der Schwerpunkt auf dem Ausbau und der Optimierung der vorhandenen Anlagen liegen wird. Vergärungstechnologien werden hierbei aus den bereits genannten Gründen zunehmend an Bedeutung gewinnen (vergleiche Kapitel 1) ([115] Fricke und Turk, 2001).

10.4

Anforderungen an Anlagen zur Bioabfallbehandlung

Eine sehr wichtige Anmerkung sei vorweg gestellt: die Bearbeitung von Abfall stellt besondere Anforderungen an die Qualität und Haltbarkeit von Geräten aller Art. Das Anforderungsprofil aller benötigten Aggregate sollte so ausgelegt sein, dass es beständig gegen Korrosion und mechanischen Abrieb ist. Die Ausführung sollte einfach und robust sein und bei guter Wartungs- und Reinigungsmöglichkeit möglichst wenige bewegliche Teile enthalten. Alle Antriebseinrichtungen sollten abgedeckt, alle Durchgangsquerschnitte groß sein und die Materialströme sollten eine möglichst geringe Umlenkung erfahren

([334] Zachäus, 1994). Desweiteren muss eine Anlage zur biologischen Abfallbehandlung prinzipiell in der Lage sein, folgende Aufgaben zu erfüllen ([39] Bidlingmaier und Müsken, 2001):

- Die Bioabfallfraktion, die je nach Sammelgebiet die organischen Haus- und Gartenabfälle evtl. gemeinsam mit der Papierfraktion umfasst, muss sicher verarbeitet werden können.
- Die Verwertung von Grünabfällen, vor allem Strauch- und Heckenschnitt, aber auch Gras und Laub in größeren Mengen, muss machbar sein.
- Andere Abfälle z.B. aus der Lebensmittelherstellung sollten je nach Einzugsgebiet ebenfalls angenommen werden können.
- Die Anlage muss entsprechend den einschlägigen Rechtsvorschriften betrieben werden.
- Das Endprodukt muss den Anforderungen der Marktes genügen.

10.5
Kosten

Bei der Suche nach exakten Zahlen für die Kosten, die mit der getrennten Sammlung und Behandlung von Bioabfall verbunden sind, fällt auf, dass die angegebenen Werte zum einen höchst unterschiedlich ausfallen können und zum anderen sich massiv zwischen Ost- und Westdeutschland unterscheiden (siehe auch Kapitel 15.3.8).

Als fest einzuplanende Größe in der Kalkulation für die Erstellung von Anlagen zur biologischen Abfallbehandlung ist der Planungsaufwand zu sehen. Dieser kann, einschließlich aller erforderlichen Fachgutachten, mit maximal 10 % der Gesamtinvestition eingeschätzt werden.

An Kosten für die Vergärung werden Werte von zwischen umgerechnet 50-190 Euro/Mg angegeben ([148] Hilger, 2000). Die Kompostierungskosten belaufen sich auf 90-225 Euro/Mg. Dazu kommen in vielen Anlagen Vermarktungs- und Regiekosten in Höhe von 12,50-25 Euro/Mg, so dass die Abfuhr und Verwertung von Bioabfällen in der Summe umgerechnet 155-335 Euro/Mg kostet ([263] Scheffold, 1998). Für Berlin wurden die Behandlungskosten für Bioabfall für das Jahr 1997 mit umgerechnet etwa 55 Euro/Mg angegeben ([139] Hasselmann, 1997) und lagen somit weit unter den zuvor genannten.

In den bisher dargestellten Kosten sind die Aufwendungen für eine Vermarktung der Komposte teilweise nicht enthalten, da diese in der Vergangenheit im Vergleich zu den anstehenden Problemen bei der Anlagenrealisierung eher als nebensächlich angesehen wurde. Zukünftig wird aber mit einem Aufwand von ca. 2,50 Euro/Mg bis zu 12,50 Euro/Mg (Basis: Masse des Ausgangsmaterials) zu rechnen sein, wobei regionale Gegebenheiten (Absatzmöglichkeiten) und der Anlagendurchsatz eine entscheidende Rolle spielen.

Bei einem Aufkommen an Bio- und Grünabfall von derzeit etwa 7 Mio. Mg/a entstehen also, selbst wenn man nur die Berliner Zahlen hochrechnet, Werte von knapp 400 Mio. Euro; bei Erfassung aller im Hausmüll vorhandenen nativorganischen Abfälle entspräche dies einem Volumen von über 1 Mrd. Euro/a. Es handelt sich also um einen großen Markt, dessen Marktanteile es zu verteilen oder zu verteidigen gilt.

Kapitel 11

Annahme von Bioabfällen

Der Annahmebereich einer Bioabfallbehandlungsanlage umfasst die Aufgabengebiete der Anlieferung, der Abfallannahme, der Zwischenspeicherung des gelieferten Materials und der Dosierung in der Anlage.

11.1

Anlieferung

Organisches Abfallmaterial kann in betriebseigenen oder fremden Fahrzeugen angeliefert werden. Seitens der Anlagenbetreiber wird so eine Eingangskontrolle vorgenommen, um ggf. Falschanlieferungen, offensichtliche Störstoffe oder unerwünschten Abfall sofort zurückweisen zu können.

Der Zustand, in dem das Ausgangsmaterial in der Anlage ankommt, ist unterschiedlich und hängt nicht zuletzt auch von der Jahreszeit bzw. den herrschenden Temperaturen ab. Insbesondere im Sommer setzen häufig schon in der Biotonne Abbauprozesse wie Hydrolyse und Versäuerung ein. Dabei kann der pH-Wert des Bioabfalls auf Werte bis pH 4 absinken, was für den weiteren Prozess ungünstig ist. Dieser pH-Wert ist nicht von der Abfallart, sondern vom Gehalt an Trockensubstanz abhängig, daher beugt die Zugabe von Papier oder aerobem Fertigkompost einer zu starken Versäuerung vor ([39] Bidlingmaier und Müsken, 2001).

Alle Betreiber von Abfallverwertungsanlagen sind dazu verpflichtet, eine Abfallbilanz zu erstellen, die Angaben über die Menge und Zusammensetzung der Eingangsmaterialien und der Wert- und Reststoffe enthält. Daraus leitet sich für die Ausstattung des Abfallannahmebereiches ab, dass eine Fahrzeugwaage und eine Registratur zur Verfügung stehen müssen. Der erste Weg auf dem Betriebsgelände führt also auf die Eingangswaage. Betriebseigene Fahrzeuge werden, da ihr Leergewicht dem Anlagenbetreiber bekannt ist, nur bei der Einfahrt verwogen, um die Anlage bilanzieren zu können. Betriebsfremde Fahrzeuge werden vor der Ausfahrt erneut verwogen, um so das Leergewicht des Wagens sowie die resultierende Menge des angelieferten Abfalls zu ermitteln und dem Kunden anschließend eine nachvollziehbare Rechnung stellen zu können.

11.2

Abfallannahme

Die Annahme der Bioabfälle (Bild 30) stellt einerseits die Entlademöglichkeit für die Müllfahrzeuge dar. Wichtig ist sie aber auch für das Erkennen und Entfernen von größeren Müllbestandteilen, die den nachfolgenden Betriebsablauf

Bild 30: Frisch angelieferter Bioabfall
Quelle: BG-Recyclingmaschinen GmbH

empfindlich stören könnten, indem die Anlage oder einzelne Teile beschädigt werden. Diese Vorsichtung kann, sollte aber wegen gesundheitlicher Belastungen durch Keime und Gerüche nicht manuell durchgeführt werden.

Der Annahmebereich ist so zu dimensionieren, dass eine kurze Zwischenlagerung von fehlgeleiteten oder z.B. aus Witterungsgründen noch nicht aufbereiteten Abfällen möglich ist.

11.3

Speicherung

In der Regel werden in technisch aufwändiger gestalteten Anlagen die angelieferten und entladenen Abfallmengen in einem Müllbunker gespeichert. Die Ausgestaltung des Bunkerbereiches ist zum einen von der Anlagengröße und zum anderen von der Art und Konsistenz der angelieferten Abfälle abhängig.

Das Nutzvolumen eines Müllbunkers für Bioabfall sollte auf das ein- bis dreifache eines normalen Tagesanfalls ausgelegt sein; mehr ist überflüssig, da Bioabfall aus Geruchs- und Hygienegründen so frisch wie möglich verarbeitet und der Bunker täglich geleert werden muss. Die Lagerung von 1 Mg solchen Rohabfalls beansprucht etwa 4 m^3 Raum.

Neben der reinen Speicherfunktion dient der Bunker auch dem Ausgleich schwankender Liefermengen, macht also eine Entkopplung der Vorgänge Anlieferung und Aufgabe möglich. Die Entladestellen sollten geschlossen und in ihrer Zahl angepasst sein an die Frequenz der Anlieferung. Der Müllbunker selbst ist ein geschlossener Bau mit Luftabsaugung zur Verminderung von Staub- und Geruchsemissionen.

Für Bioabfälle und Grüngut ist die Ausführung als Flachbunker üblich, die eine Vorkontrolle und ein Aussortieren von Störstoffen vor der Aufgabe ermöglichen. Tiefbunkeranlagen sind für Bioabfälle sinnvoll, wenn beengte Platzverhältnisse vorliegen. Für Speisereste oder ähnlich flüssige Abfälle bieten sich Vorlagebehälter an.

Werden neben Bioabfällen noch andere Abfälle beispielsweise aus dem Gewerbebereich mitverarbeitet, so sind evtl. separate Stapel- oder Dosiereinrichtungen vorzusehen. Für Grünabfälle sollte ein gesonderter Lagerplatz eingerichtet werden, so dass diese bedarfsgerecht hergeholt, zerkleinert und dem Bioabfallgemisch zudosiert werden können.

11.4

Dosierung

Unter Dosierung versteht man die Beschickung der Anlage und den Materialtransport innerhalb der Anlage.

Wenn Radlader zur Beförderung von Bioabfall eingesetzt werden, muss die Kabine aus Arbeitsschutzgründen mit Überdruck versehen sein, damit keine keim- oder geruchsbeladene Umgebungsluft in die Kabine dringt. Gleiches gilt für die Bagger, die den Bioabfall aus dem Bunker auf das erste Förderband laden. Zwischen den verschiedenen Anlagenbereichen sollten etwa 3 m breite Fahrwege vorgesehen sein, was in der Praxis nicht immer verwirklicht ist.

Krananlagen bieten den Vorteil eines rationellen Senkrechttransports zur Erzielung eines optimalen Verarbeitungsgefälles. Der Greifer besteht bei solchen Anlagen in der Regel aus einem Mehrschalen-Polypgreifer mit 3-6 m^3 Inhalt. Die Anlagen werden meistens halbautomatisch betrieben, indem zwar die Aufgreiftechnik manuell, die Zielsteuerung jedoch automatisch gesteuert wird. Dies ist zum einen wirtschaftlicher als der Einsatz eines Vollautomaten, zum anderen kann so der Kranführer gezielt aussuchen, was als nächstes in die Anlage geschickt werden soll und dadurch regulierend in die Zusammensetzung des zur Rotte geführten Materials eingreifen.

Weiterhin sind für die Beförderung des Abfallmaterials durch die Anlage viele Arten von Bändern und Geräten geeignet, die sich den Gegebenheiten des feuchten und oft relativ strukturlosen Materials anpassen können: insbesondere bei Vergärungsanlagen müssen die Fördereinrichtungen für fließfähige Abfälle geeignet sein. Es sind mehrere Variationen denkbar, deren wichtigste hier mit ihren Vor- und Nachteilen vorgestellt werden.

Gurtbandförderer (Bild 31) sind beliebt wegen ihrer einfachen Bauart mit wenigen bewegten Teilen, sie sind dadurch wartungsarm und haben gleichermaßen geringen Verschleiß wie Energieaufwand. Probleme ergeben sich durch

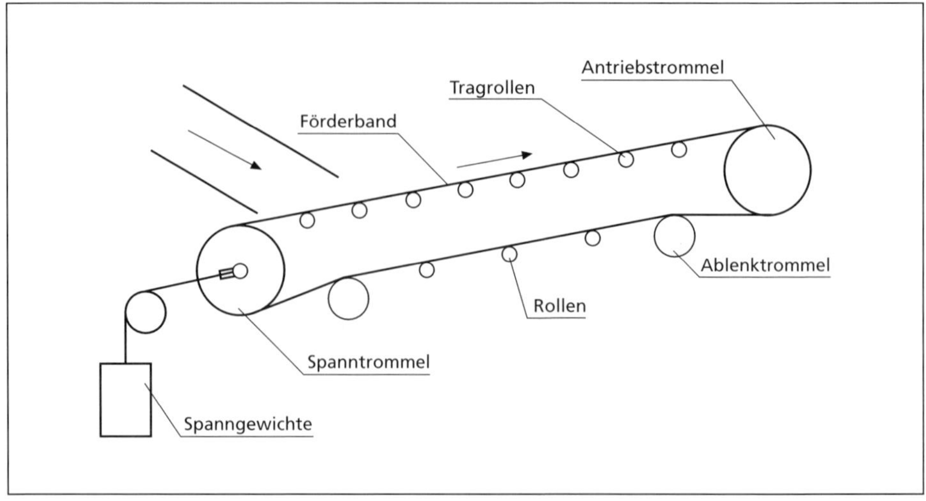

Bild 31: Gurtbandförderer

Verschmutzungen der Gurte und die Gefahr herabfallender Teile sowie wegen der schlechten mechanischen Belastbarkeit des Gurtes.

Plattenbänder sind ebenfalls wartungsarm und auch nutzbar zum Dosieren.

Horizontale und ansteigende Förderbänder mit verschiedenen Profilen (Bild 32) sind weit verbreitet, obwohl sie zu Verstopfungen neigen. Bei Steigungen über 45° nimmt diese Gefahr allerdings ab.

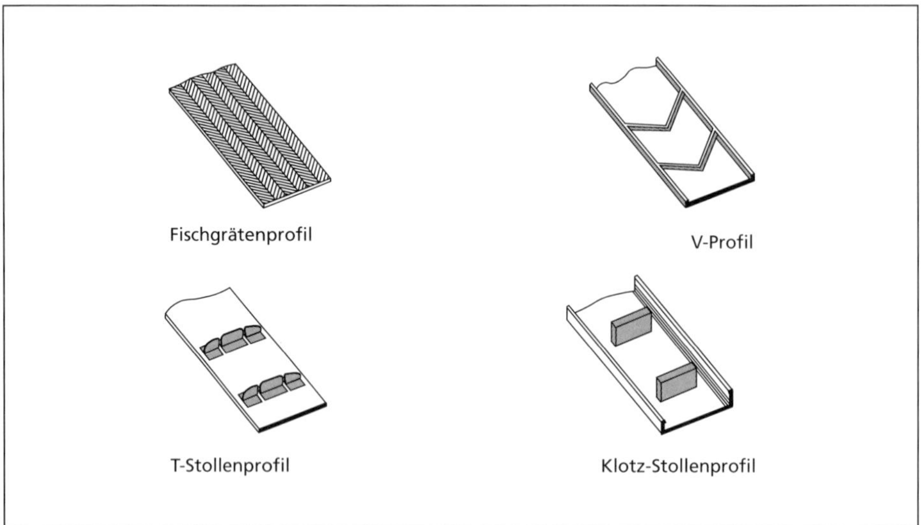

Bild 32: Profile von Förderbändern

Grundlagen der Bioabfallwirtschaft
Ulrike Stadtmüller
508 Seiten
ISBN 3-935317-12-3
25,00 EUR

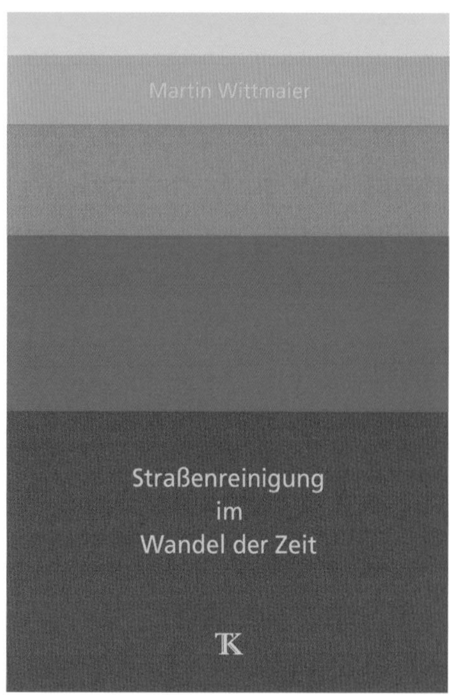

Straßenreinigung im Wandel der Zeit
Martin Wittmaier
224 Seiten
ISBN 3-935317-14-X
15,00 EUR

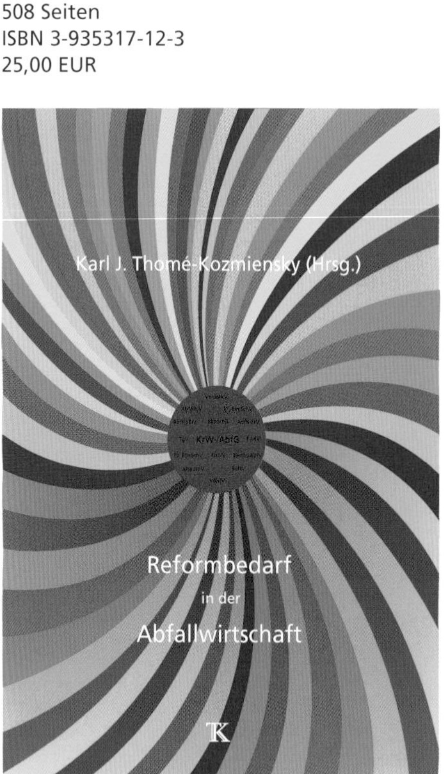

Reformbedarf in der Abfallwirtschaft
Karl J. Thomé-Kozmiensky
1262 Seiten
ISBN 3-935317-05-0
75,00 EUR

Umweltpolitik und Abfallwirtschaft
Beate Kummer, Rainer Brinkmann
384 Seiten
ISBN 3-935317-09-3
25,00 EUR

Inhaltsangaben finden Sie im Internet unter **www.vivis.de**

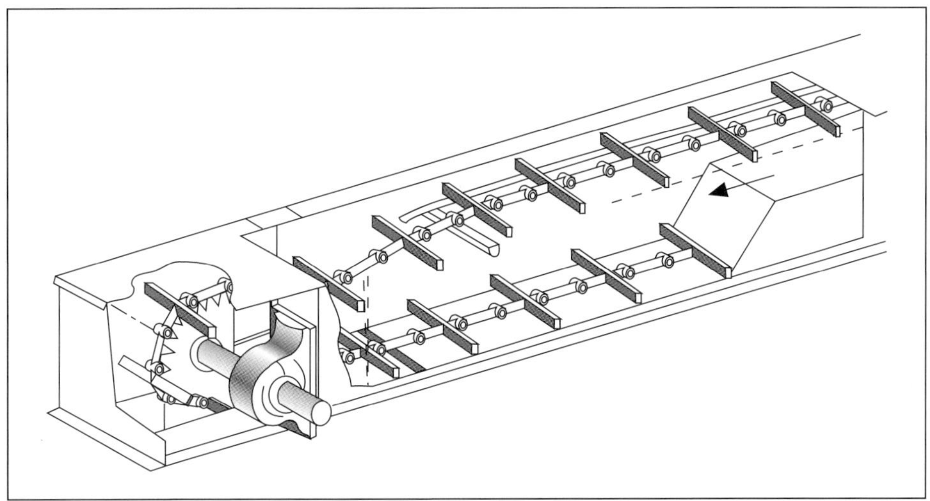

Bild 33: Schnittdarstellung eines Horizontal-Trogkettenförderers
Quelle: [289] Thomé-Kozmiensky (1995)

Das Prinzip der Trogkettenförderer (Bild 33) besteht in einem geschlossenen Förderkanal mit festem Förderboden und Ketten mit Querelementen als Fördermittel. Das Fördergut wird schleifend und schiebend gefördert. Die Vorteile der Trogkettenförderer liegen in ihrer Flexibilität; denn das Material kann in fast jede Richtung gefördert werden. Durch die geschlossene Bauweise sind sie sauber, und wegen ihrer Funktion als Volumenförderer können sie gleichzeitig als Dosierelement dienen. Nachteilig wirken sich der hohe Verschleiß und dadurch bedingt der Eintrag von Schwermetallen aus dem Abrieb in das Abfallmaterial sowie der Kraftaufwand aus, die zu hohem Energieverbrauch und daher hohen Kosten führen.

Förderschnecken (Bild 34) eignen sich auch für längere Transportwege bis ca. 10 m und sind zudem speziell als Austragsaggregate für schlammige Stoffe gut geeignet.

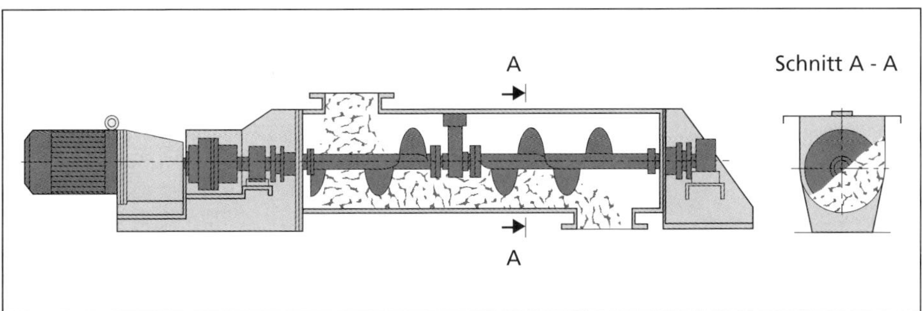

Bild 34: Förderschnecke
Quelle: [289] Thomé-Kozmiensky (1995)

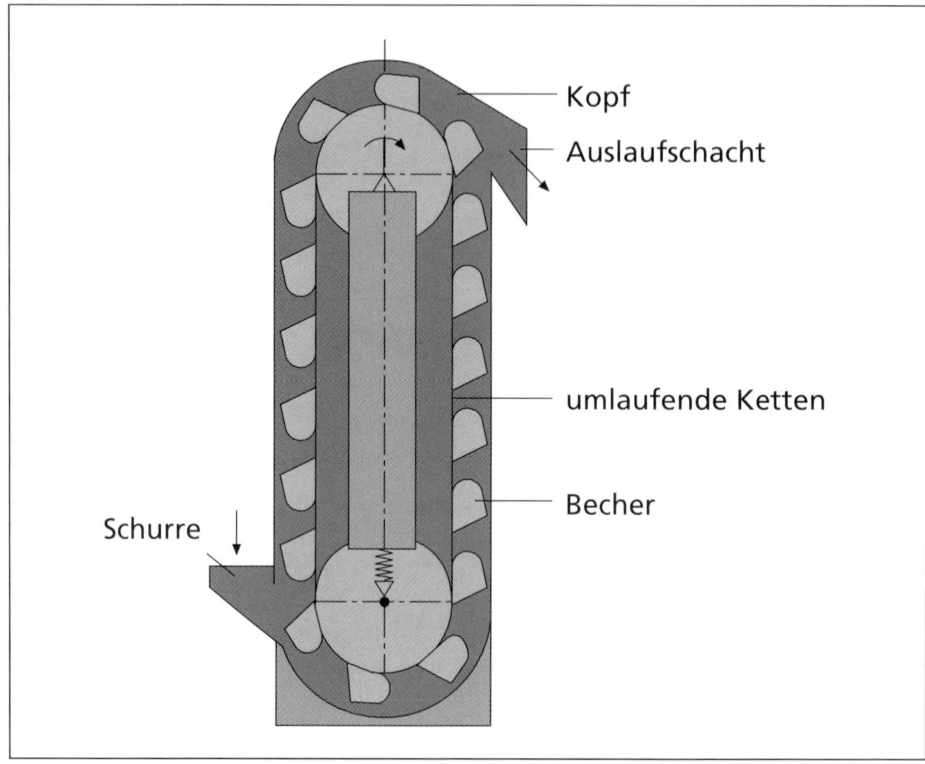

Bild 35: Kettenbecherwerk

In Einzelfällen können auch andere Fördermittel angebracht sein, so bieten sich Becherwerke (Bild 35) zur Senkrechtförderung an. Förderrinnen jedweder Art, seien es Schüttelrutschen, Vibrations- oder Schwingförderrinnen sind mechanisch sehr widerstandsfähig und können für kurze Entfernungen wie z.B. unter Maschinenausläufen eingesetzt werden.

Kapitel 12

Genutzte Organismen und deren Anforderungen an die Verfahrensgestaltung

Bei beiden biologischen Verfahren, die zum Abbau des angelieferten, organischen Abfalls eingesetzt werden, wird der tatsächliche Abbauprozess nicht von Maschinen, sondern von einer Vielzahl von Lebewesen durchgeführt. Ihnen ist dieses Kapitel gewidmet. Zum Einstieg werden die grundlegenden Charakteristika von Zellen dargelegt, darauf bauen die mikrobiologischen Grundlagen auf, die sich mit den Bakterien und Pilzen beschäftigen. Die Vergärung ist das Werk der anaeroben Bakterien; die Kompostierung von Bioabfall wie auch die Nachkompostierung des Gärrestes wird von aeroben Bakterien und Pilzen bewerkstelligt. Ebenfalls in der Nachrotte finden sich die Kleinlebewesen, die anschließend vorgestellt werden.

Unter welchen Bedingungen welche Organismen am besten leben und dadurch die höchsten Abbauleistungen erbringen, wird im Rahmen von Kapitel 12.7 erläutert, gefolgt von den Konsequenzen, die sich daraus für die Aufbereitung des Bioabfalls ergeben.

12.1

Die Zelle: Definition und Abgrenzung zu anderen „Lebens-?!”-Formen

Dieses Kapitel gibt einen Überblick über den funktionellen Aufbau der Zelle als der kleinsten Einheit aller Lebewesen, die u.a. sowohl für die Zusammensetzung des Bioabfalls als auch – in Form von Bakterien, Pilzen und höheren Lebewesen – für die Abbauprozesse in den Vergärungs- und Rotteprozessen verantwortlich sind.

Gemäß ihrer Definition ist die Zelle die kleinste Grundeinheit aller Lebewesen, die noch eigenständig lebens- und vermehrungsfähig ist, da sie über einen eigenen Energie- und Stoffwechsel sowie eine vollständige Erbinformation verfügt. Zwar gibt es noch kleinere biologische Vererbungseinheiten, die Viren (Bild 36) und Viroide (kleine RNA-Ringe ohne jede Hülle). Diese sind jedoch nicht selbständig vermehrungsfähig, verfügen über keinen eigenen Stoffwechsel und gelten daher nicht als Lebewesen.

Alle Zellen weisen in ihrem Aufbau einige allgemeingültige Charakteristika auf; sie werden untergliedert in Prokaryonten und Eukaryonten sowie innerhalb der Eukaryonten in tierische und pflanzliche Zellen sowie in Ein- und Mehrzeller.

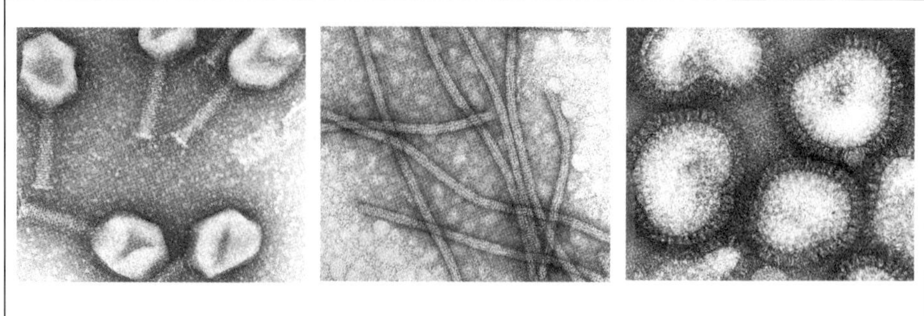

Bild 36: Virusformen: Bakteriophage T4, Kartoffelvirus X, Influenza-Virus
Quelle: [10] Alberts et al. (1997), bearbeitet

12.1.1

Allgemeingültige Charakteristika des Zellaufbaus

Alle Zellen sind prinzipiell gleich aufgebaut: eine Plasmamembran dient nach außen hin als Barriere und bietet die Möglichkeit zum kontrollierten Stoffaustausch (Nährstoffe rein, Stoffwechselendprodukte raus) sowie zur Kommunikation durch Empfang und Abgabe von Reizen. Grundsätzlich weisen alle Zellen die Fähigkeit zur Motilität auf, im Laufe der Evolution hat jedoch eine Reihe von Zellen diese Fähigkeit verloren. Die Erbinformation besteht bei allen Zellen aus DNA mit nahezu einheitlichem genetischen Code, durch den die Information für alle zellulären Proteine verschlüsselt ist. Es gibt überall weitgehend einheitliche Übersetzungsmechanismen von DNA in RNA (Transkription) und von der RNA in die Aminosäuresequenz der Proteine (Translation). Außerdem liegt prinzipiell bei allen Zellen ein einheitlicher Stoffwechsel in Form eines Fließgleichgewichtes von energieschaffenden und energieverbrauchenden Reaktionen mit ATP und NAD(P)H als energiereichen Zwischenstufen vor.

12.1.2

Unterscheidung Prokaryonten und Eukaryonten

Die wichtigste Unterscheidung bei Zellen liegt darin, ob sie ihrer ursprünglichen Form als Prokaryonten treu geblieben sind oder sich im Laufe der Evolution zu Eukaryonten weiterentwickelt haben. Die Prokaryonten (Bild 37) haben noch keinen echten Zellkern und keine Organellen. Zu ihnen zählen die Eubakterien (Bakterien und Cyanobakterien) sowie die Archaebakterien.

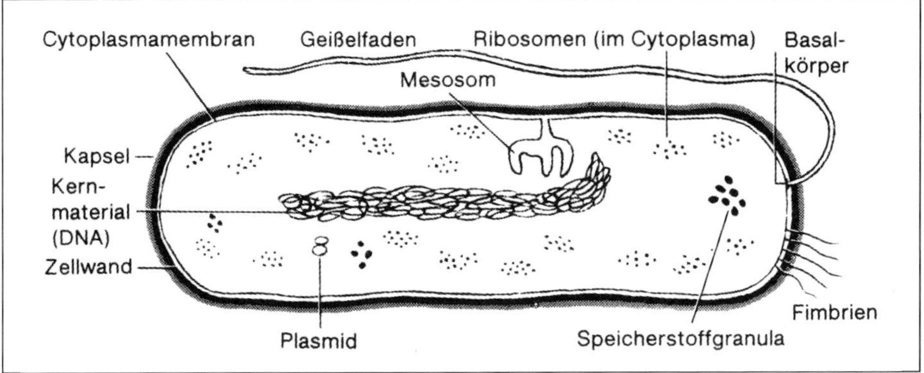

Bild 37: Aufbau eines Prokaryonten, dargestellt am Beispiel einer elektronenmikroskopischen Aufnahme des Bakteriums *Bacillus subtilis*
Quelle: [146] Herder (1994)

Die Eukaryonten (Bild 38) weisen einen echten Zellkern auf, dazu Zellorganellen, die als Kompartimente durch eine oder zwei Zellmembranen abgegrenzt sind: Das endoplasmatische Retikulum, Lysosomen, Vesikeln oder Vakuolen sind jeweils von einer Zellmembran umhüllt. Der Zellkern, die Mitochondrien als Kraftwerke der Zelle und die Plastiden sind dagegen von einer Doppelmembran umgeben und enthalten DNA. Mitochondrien und Plastiden weisen dadurch eine gewisse genetische Selbständigkeit auf; sie vermehren sich durch Teilung ihrer selbst (*sui generis*).

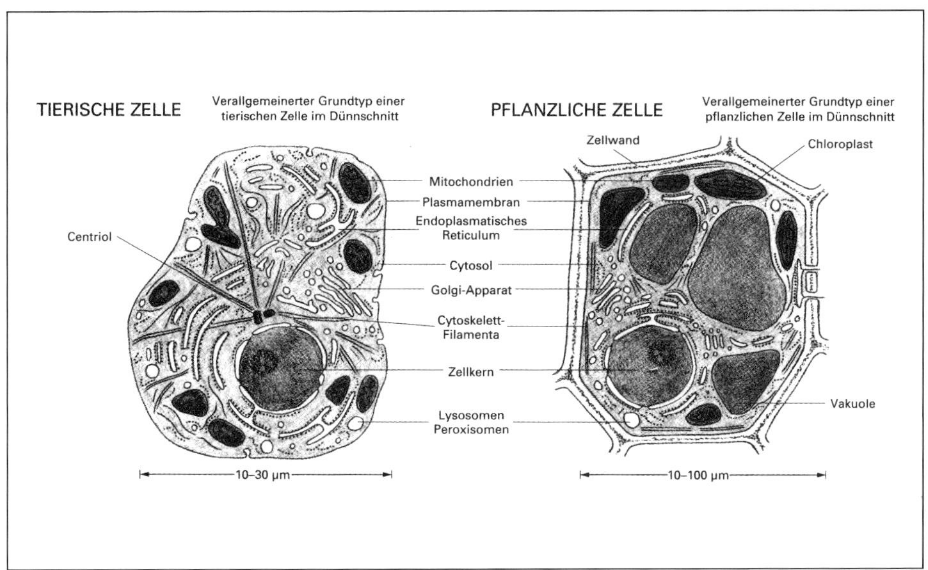

Bild 38: Tierische und pflanzliche Eukaryontenzellen
Quelle: [10] Alberts et al. (1997)

12.1.3

Untergliederung der Eukaryonten in tierische und pflanzliche Zellen

Die große Gruppe der Eukaryonten läßt sich untergliedern in tierische Zellen und pflanzliche Zellen. Der Unterschied liegt darin, dass tierische Zellen (Bild 38, links) von einer Zellmembran begrenzt sind und Fette als langfristigen Energiespeicher nutzen. Zudem besitzen sie erheblich mehr Proteine und anorganische Verbindungen als pflanzliche Zellen.

Pflanzliche Zellen (Bild 38, rechts) hingegen haben eine vielschichtige Zellwand zur Stabilisierung. Sie können, im Gegensatz zur tierischen Zelle, Plastiden enthalten. Zu diesen zählen die Proplastiden der noch nicht ausdifferenzierten Zellen, die Chloroplasten (Orte der Photosynthese), die Leucoplasten als Speicherorganellen und die Chromoplasten, in denen Farbpigmente gespeichert werden. Charakteristisch ist der Besitz eines membranumhüllten, flüssigkeitsgefüllten Hohlraums (Vakuole), dessen Inhalt einen Großteil der Zellmasse ausmachen kann. Als Energiespeicher werden neben Fetten und Eiweißen überwiegend Kohlenhydrate verwendet.

Die Herkunft und daraus resultierend die jeweilige stoffliche Zusammensetzung der tierischen bzw. pflanzlichen Zellen (Bilder 39 a, b) sind wichtig für den Verlauf und die Endprodukte des gewählten biologischen Abbauprozesses.

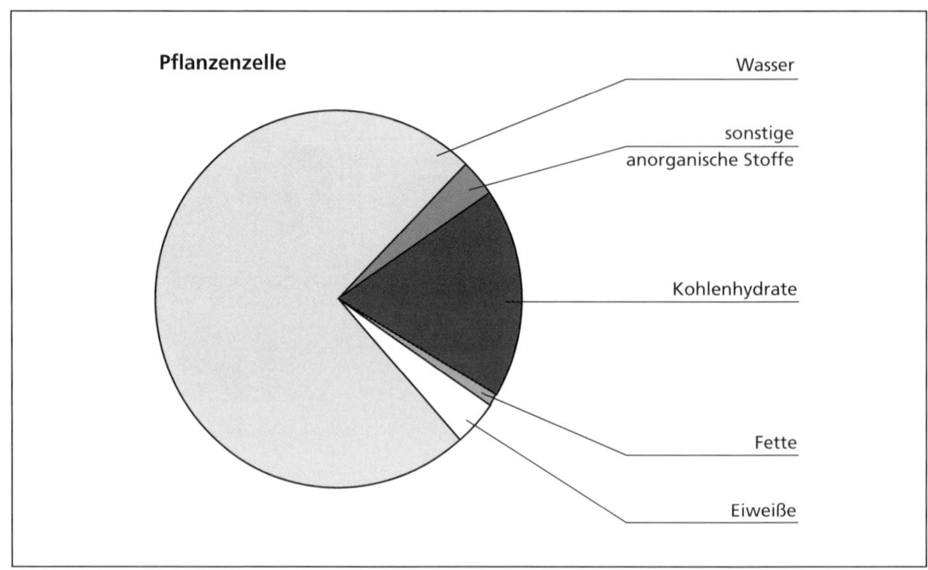

Bild 39 a: Stoffliche Zusammensetzung von Pflanzenzellen
Quelle: [208] Meincke et al. (1983), bearbeitet

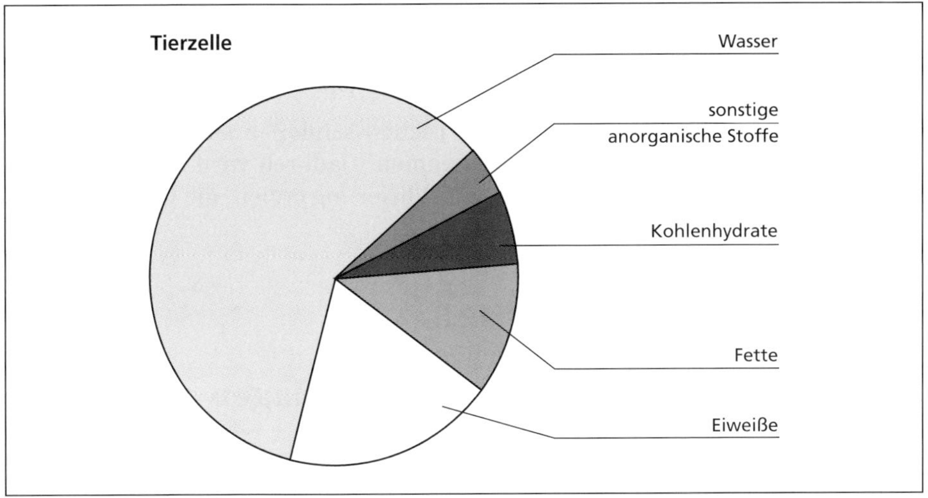

Bild 39 b: Stoffliche Zusammensetzung von Tierzellen
Quelle: [208] Meincke et al. (1983), bearbeitet

12.1.4

Unterscheidung in ein- und mehrzellige Eukaryonten

Unabhängig von der Differenzierung zwischen Tier und Pflanze lassen sich Zellen auch noch danach unterscheiden, ob sie Einzeller sind oder zu einem mehrzelligen Organismus gehören.

Ein Einzeller (Bild 40, links) ist ein hochkomplexer Elementarorganismus, der Organellen (nicht zu verwechseln mit den Organellen der Prokaryontenzelle!)

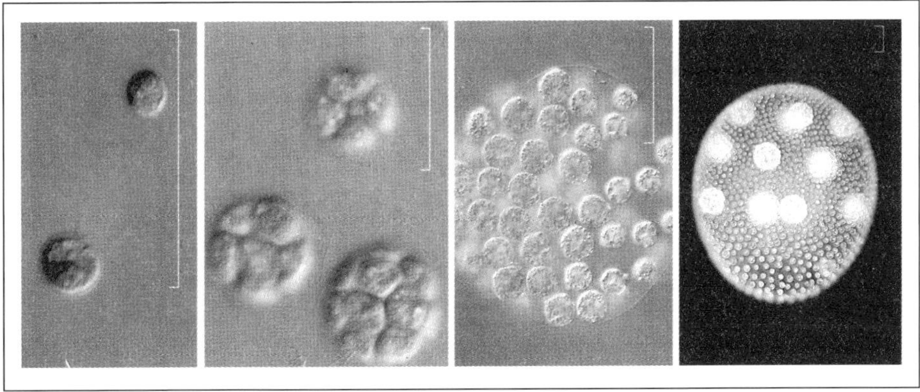

Bild 40: Vom Einzeller zum Vielzeller: vier nahe verwandte Grünalgen in verschiedenen Entwicklungsstufen; der Balken misst jeweils 50 µm.
Quelle: [10] Alberts et al. (1997)

statt Organen hat und damit alle für ein Eigenleben notwendigen Strukturelemente besitzt. Diese Organellen dienen z.B. der Fortbewegung (Pseudopodien, Flagellen, Cilien) oder der Lichtwahrnehmung (Augenfleck).

Bei mehrzelligen Organismen (Bild 40, rechts) schließen sich Zellen zu Zellverbänden, Geweben und Organen zusammen. Dadurch wird im Allgemeinen eine Arbeitsteilung und zunehmende Spezialisierung erzielt, die große evolutionäre Vorteile mit sich bringt.

12.2

Mikrobiologische Grundlagen

Im Folgenden werden die allgemeinen Grundlagen der Mikrobiologie vorgestellt, die zum Verständnis der biologischen Abbauprozesse des Bioabfalls unerlässlich sind.

12.2.1

Bakterien

Bakterien sind seit ungefähr 3,5 Milliarden Jahren und damit sehr schnell nach der Entstehung der Erde vor etwa 4,6 Milliarden Jahren nachweisbar. Dies verdeutlicht auch ein Vergleich mit den Pflanzen, die erst seit 400 Mio. Jahren existieren und mit dem menschlichen Leben, das sich vor ca. 5-8 Mio. Jahren entwickelt haben dürfte.

Sie können nahezu alle natürlichen organischen Substanzen abbauen bis hin zu anorganischen Substanzen; dieser Prozess nennt sich Mineralisation. Bedeutsam zur Unterscheidung von Bakterien sind die verschiedenen Arten der Energieerzeugung. Man unterscheidet zwischen Chemotrophie (Gewinnung von Stoffwechselenergie durch Redox-Reaktionen von organischen oder anorganischen Substanzen) und Phototrophie (Energiegewinnung durch Photosynthese). Wichtig ist auch die Unterscheidung der Stoffwechselwege in solche, die aerob verlaufen, also Sauerstoff benötigen, und solche, die anaerob, d.h. unter Ausschluss von Sauerstoff stattfinden.

Die Zahl der Bakterienarten läßt sich schwer schätzen, die vorhandenen Arten werden heutzutage genetisch oder über den Stoffwechsel charakterisiert. Die Form der meisten Bakterien (Bild 41) läßt sich von der Kugel, dem Zylinder (Stäbchen) oder dem gekrümmten Zylinder ableiten, doch werden auch sternförmige oder quaderförmige Bakterien gefunden. Viele Bakterienarten sind beweglich, manche leben in Zellverbänden zusammen (oft auch verschiedene Arten). Von einer der genannten Formen leitet sich der Name „Bakterium“ ab: das griechische Wort *bakterion* heißt „Stäbchen”.

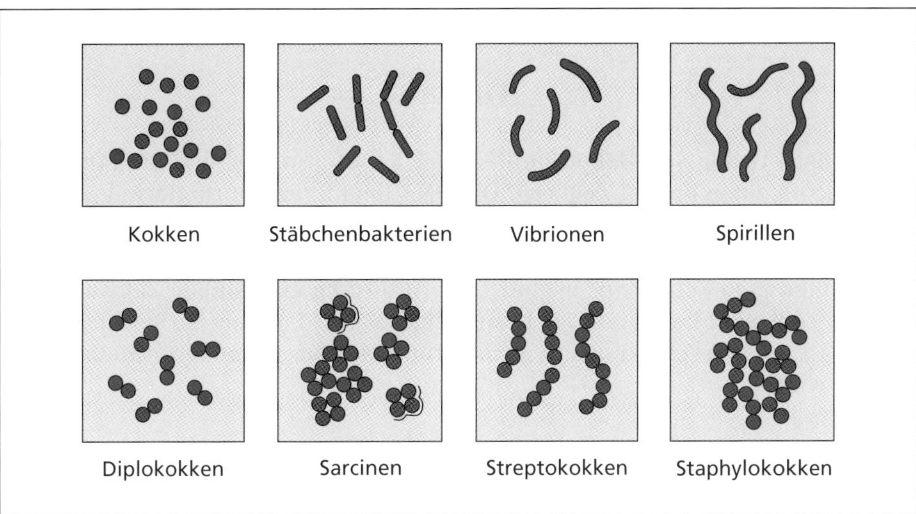

Bild 41 : Bakterienformen

Bakterien bevölkern die Erde in unvorstellbaren Mengen, zur Veranschaulichung ist in Bild 42 der Bakterienbewuchs auf einer gewöhnlichen Reisszwecke dargestellt. In 1 cm^3 Milch befinden sich etwa 25 Mio. Bakterien, ein Gramm Komposterde enthält 1 - 5 Mrd., 1 g Ackerboden bis zu 25 Mrd. Bakterien, selbst in 1 m^3 verschmutzter Luft sind mehrere Millionen Bakterien nachweisbar.

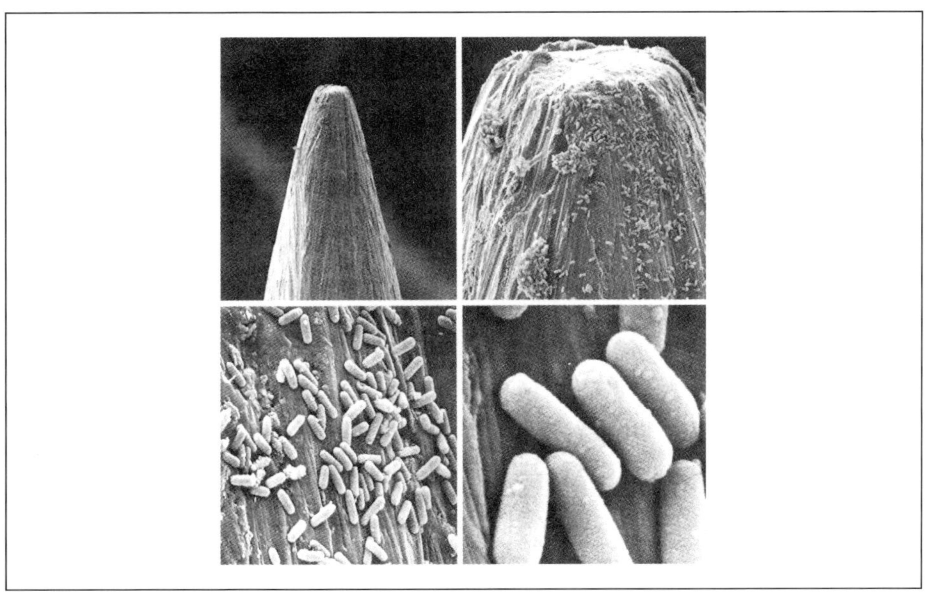

Bild 42: Bakterien auf einer Haushaltsreisszwecke
Quelle: [10] Alberts et al. (1997)

12.2.1.1

Aufbau

Die mittlere Größe von Bakterien liegt bei 1 – 10 µm. Sie sind Prokaryonten, haben also keinen echten Zellkern. Die DNA liegt in einem ringförmigen Chromosom vor, Plasmide sind möglich. Bakterien haben kleine Ribosomen (aus sogenannter 70S-RNA) und keine Zellorganellen. Sie besitzen eine Zellmembran und können zum Schutz vor osmotischer Auflösung eine stabile Zellwand aufweisen. Teilweise haben sie noch eine zusätzliche Polysaccharidschicht, was wichtig ist für den Aspekt der Hygienisierung, auf den an anderer Stelle eingegangen wird.

12.2.1.2

Vermehrung

Die Vermehrung von Bakterien geschieht durch Zellteilung oder Knospung (Bild 43). Die Generationszeit kann unter optimalen Bedingungen zwischen 15 und 40 min betragen, was bedeutet, dass rein rechnerisch ein Bakterium nach einem Tag 2^{48}, also etwa $^{1}/_{4}$ Billiarde Nachkommen haben kann. Die meisten Bakterien wachsen jedoch, insbesondere an natürlichen Standorten, erheblich langsamer.

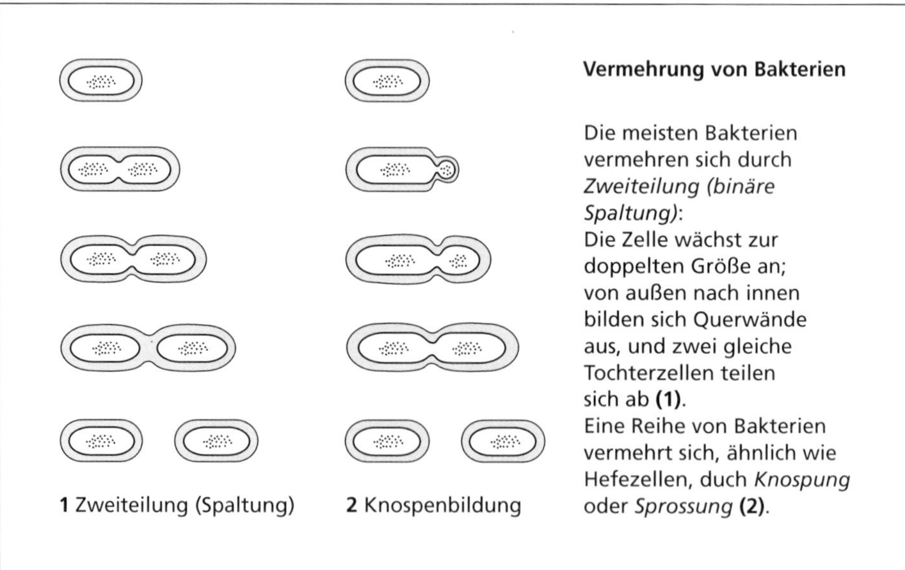

Vermehrung von Bakterien
Die meisten Bakterien vermehren sich durch *Zweiteilung (binäre Spaltung)*:
Die Zelle wächst zur doppelten Größe an; von außen nach innen bilden sich Querwände aus, und zwei gleiche Tochterzellen teilen sich ab **(1)**.
Eine Reihe von Bakterien vermehrt sich, ähnlich wie Hefezellen, duch *Knospung* oder *Sprossung* **(2)**.
1 Zweiteilung (Spaltung)
2 Knospenbildung

Bild 43: Zellteilung und Knospung, Quelle: [146] Herder (1994)

Wie kommt es zu diesen ungeheuren Zuwachsraten? Der Stoffumsatz von Organismen ist nicht proportional zu ihrer Masse, sondern zu ihrer Oberfläche. Mikroorganismen haben ein sehr hohes Verhältnis von Oberfläche zu Volumen und daher hohe Stoffumsatzraten. Als Beispiel sei der Vergleich von einem Rind von 500 kg mit der gleichen Masse an Hefezellen angeführt. (Hefen sind zwar Pilze, aber auch Einzeller, deshalb ist der Vergleich zulässig. Für Bakterien gibt es einen solchen Versuch nicht.) Das Rind bildet in 24 Stunden etwa 0,5 kg Protein, die 500 kg Hefezellen bilden in der gleichen Zeit mehr als 50.000 kg Protein.

12.2.1.3

Lebensweise und Anpassungsmodi

Bakterien sind Überlebenskünstler, die eine große Vielfalt an Lebensräumen besiedeln. Dies gilt zum Beispiel für den Salzgehalt: die meisten Bakterien leben bei einer NaCl-Konzentration von 0,9 % (was den physiologischen Bedingungen entspricht). Es gibt aber auch viele salztolerante Arten bis hin zu den Halobakterien, die in Salzseen mit 20-30 % NaCl leben, ohne dabei ausgetrocknet zu werden. Andere Bakterien lassen sich nur in radioaktiven Gewässern nachweisen.

Das Temperaturspektrum, in dem Bakterien anzufinden sind, reicht von unter 0 °C bis etwa 110 °C. Als optimale Temperatur empfinden die meisten Bakterien Werte zwischen 20 und 40 °C (mesophile Bakterien), manche bevorzugen Werte über 60 °C (thermophile Bakterien), es gibt aber auch solche, die wie in der Arktis unter 0 °C (psychrophile Bakterien) und solche, die in heißen Vulkanquellen bei hohem Druck und Temperaturen von über 110 °C leben (extrem thermophile Bakterien).

Ähnlich breit ist das Toleranzspektrum hinsichtlich des pH-Wertes: die meisten Bakterien vermehren sich optimal bei neutralen bis leicht alkalischen pH-Werten, die acidophilen, schwefeloxidierenden Bakterien hingegen bevorzugen Verhältnisse unter pH 1 und die alkalophilen solche bei pH 10 bis 11.

Auch bei dem Bedarf an Sauerstoff gibt es von lebensnotwendig bis tödlich alle Stufen zwischen obligat aerob, fakultativ aerob und fakultativ anaerob sowie den obligat anaeroben, die schon durch Spuren von Sauerstoff getötet werden. Fakultativ aerob oder anaerob kann bedeuten, dass die Bakterien den Sauerstoff nur ertragen oder aber dass sie ihn gegebenenfalls auch nutzen können.

Verändern sich die Lebensbedingungen zu sehr ins Negative, so sind viele Bakterienarten zur Bildung von Zysten, Endosporen o.ä. befähigt. Diese Dauerformen sind ausgesprochen widerstandsfähig sowohl gegen giftige Stoffe wie Desinfektionsmittel als auch gegen extreme Kälte (-253 °C). Sie sind zudem gleichermaßen resistent gegen anhaltende Trockenheit wie gegen bis zu dreißigstündige Siedehitze.

Auf diese Weise ist für die Bakterien eine Anpassung an alle Lebensräume gegeben. Zusätzlich ist bei ihnen eine schnelle Adaptation an veränderte Bedingungen möglich. Bei der Suche nach einer Erklärung für diese schnelle Adaptation gilt es zunächst festzustellen, dass dies nicht auf dem Wege der Vorratshaltung vonstatten geht; denn Bakterien sind sehr klein und bieten Raum für nur einige 100.000 Proteine. Zwei Regulationsmöglichkeiten haben sich durchgesetzt, eine für langfristige und eine für kurzfristige Änderungen.

Für langfristige Änderungen wird eine Neusynthese von Proteinen gestartet: Auf genetischer Ebene ist ein Komplettprogramm für alle Proteine vorhanden. Wenn ein bestimmter Nährstoff in der Umgebung der Zelle auftritt, wird die Bildung des für den Abbau dieses Nährstoffs benötigten Proteins induziert. In kurzer Zeit kann dieses neu hergestellte Protein bis zu 10 % des Gesamtproteingehalts der Zelle ausmachen. Bei kurzfristigen Änderungen wird von vorhandenen Enzymen die Aktivität verändert, und zwar durch Induktion bzw. Repression seitens des Ausgangsproduktes oder des Endproduktes, häufig verbunden mit verzweigten Stoffwechselwegen (siehe Kapitel 14.4.5).

12.2.1.4

Ernährung/Stoffwechsel

Es gibt bei den Bakterien Stoffwechsel-Generalisten und Stoffwechsel-Spezialisten. Man unterscheidet sie nach der Quelle, aus welcher der Kohlenstoff bezogen wird, nach der Art der Energiequelle und nach den Wasserstoff- bzw. Elektronen-Donatoren.

Hinsichtlich der Kohlenstoffquelle wird differenziert in autotrophe Bakterien, die den Kohlenstoff aus dem CO_2 der Luft nutzen (Wasserstoff-oxidierende und andere Bakterien) und heterotrophe Bakterien, bei denen der Kohlenstoff aus organischen Verbindungen stammt. Bei letzteren kann der Energiegewinn durch den Abbau lebender organischer Substanz erfolgen (Beispiel: alle parasitierenden Bakterien) oder durch den Abbau toter organischer Substanz (Beispiel: die Bakterien, die in Gewässern für deren „Selbstreinigung" verantwortlich sind wie *Flavobacterium* oder *Arthrobacter*).

Bei der Sortierung hinsichtlich der Energiequelle wird unterschieden zwischen phototrophen Bakterien wie den grünen und den Purpurbakterienarten, die ihre Energie aus dem Sonnenlicht beziehen und den chemotrophen Bakterien, welche die Energie nutzen, die in organischen oder anorganischen Verbindungen gespeichert ist (z.B. nitrifizierende und schwefeloxidierende Bakterien).

Bezüglich der Wasserstoff- bzw. Elektronen-Donatoren gibt es sehr viele Variationen: einerseits organotrophe Bakterien, bei denen als Wasserstoff-Donator bzw. Elektronen-Donator organische Verbindungen wie z.B. Zucker dienen (genutzt z.B. durch methanogene Bakterien) und andererseits lithotrophe Bakterien, bei denen als H-Donator bzw. e^--Donator anorganische Verbindungen genutzt werden (bei nitrifizierenden Bakterien durch Oxidation von Ammonium und Nitrit zu Nitrat, Beispiel: *Nitrosomonas, Nitrobacter*; bei Schwefelbakterien durch Oxidation von S^{2-}-Verbindungen; bei Eisenbakterien durch Oxidation von Fe^{2+}-Verbindungen; bei Manganbakterien durch Oxidation von Mn^{2+}-Verbindungen; bei Stickstoff-fixierenden Bakterien durch Assimilation von molekularem Stickstoff, Beispiel: *Clostridium, Azotobacter, Azotomonas, Beijerinckia* (alle freilebend) oder *Rhizobium*, das symbiontisch in Leguminosenwurzeln lebt).

12.2.1.5

Spezialfall Actinomyceten

Die Gruppe der Actinomyceten wird häufig getrennt aufgeführt, ist aber nur eine von vielen Bakterienarten, die als Besonderheit ein Mycel (Bild 44) bildet. Es handelt sich um sehr kleine Bakterien, die meist nicht größer als 1 µm sind. Sie bevorzugen alkalische, humusreiche Böden; nur wenige Vertreter sind so säurefest, dass sie auch in sauren Böden oder Schlamm zu finden sind. Einige thermophile Arten sind aus Dung und Kompost bekannt. Die Actinomyceten leben überwiegend aerob, es gibt nur wenige fakultativ oder ganz anaerobe Stämme, die aber hauptsächlich Stellen wie Mundhöhlen besiedeln (Karies). Es handelt sich meistens um Stoffwechsel-Generalisten, die ihre Energie durch den Abbau toter organischer Substanz gewinnen, mit der Besonderheit, dass sie auch in der Lage sind, schwer abbaubare pflanzliche Stoffe wie Cellulose, Lignin oder Chitin abzubauen und höhermolekulare Humusstoffe zu Humin (Quelle für Erdgeruch) umzusetzen. Es gibt aber auch Stoffwechsel-Spezialisten wie *Frankia*, die symbiontisch mit den Nicht-Leguminosen Sanddorn und Erle lebt und ihren Energiegewinn durch die Fixierung von Luftstickstoff betreibt.

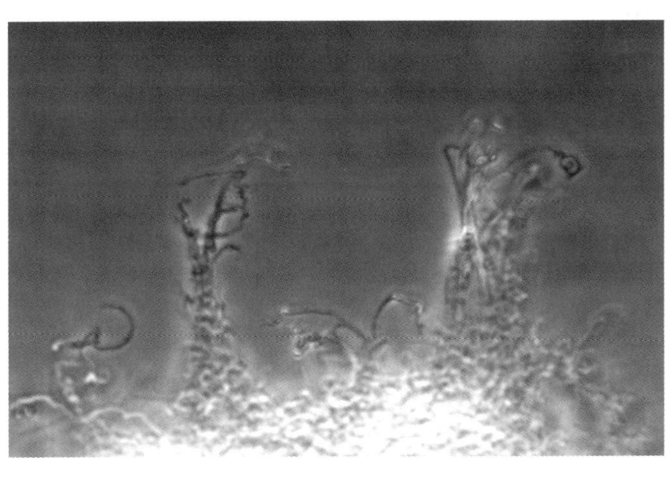

Bild 44: *Streptomyces lividans*, Substrat und Luftmycel, Phasenkontrastmikroskopie, optische Vergrößerung 400 x
Quelle: Frau Professor H. Schrempf, Universität Osnabrück (2003)

Es folgt eine bildliche Vorstellung einiger, für die biologische Abfallbehandlung wichtiger Arten (Bild 45):

- *Streptomyces* bildet beim Abbau die chemische Substanz Geosmin, die verantwortlich ist für den Erdgeruch.
- *Micromonospora* zersetzt Cellulose im Boden und im Faulschlamm von Gewässern, hat kein Luftmycel, die Sporen stehen einzeln.
- *Microbispora* lebt genauso, hat aber ein Luftmycel und jeweils zwei Konidien.
- *Streptosporangium* gehört zu der Gruppe der Streptomyceten, bildet aber Sporangiosporen statt freier Sporen.
- *Actinoplanes* wächst submers auf Pflanzenresten, bildet auch Sporangien, deren Sporen jedoch durch Geisseln beweglich sind.
- *Thermoactinomyces vulgaris* (kein Bild): ist ein thermophiler Organismus und gehört zu den Arten, die in feuchtem, gestapeltem Heu oder organischen Abfällen zur Selbsterhitzung führen, seine Sporen sind hitzeresistent.

Die Actinomyceten sind von besonderer Bedeutung zum einen wegen dieser Fähigkeit, Chitin, Cellulose, Lignin, Paraffin, Gummi und andere schwer zersetzbare Naturstoffe abzubauen und zum zweiten wegen der Fähigkeit verschiedener *Streptomyces*-Stämme zur Bildung von Antibiotika. Die von den

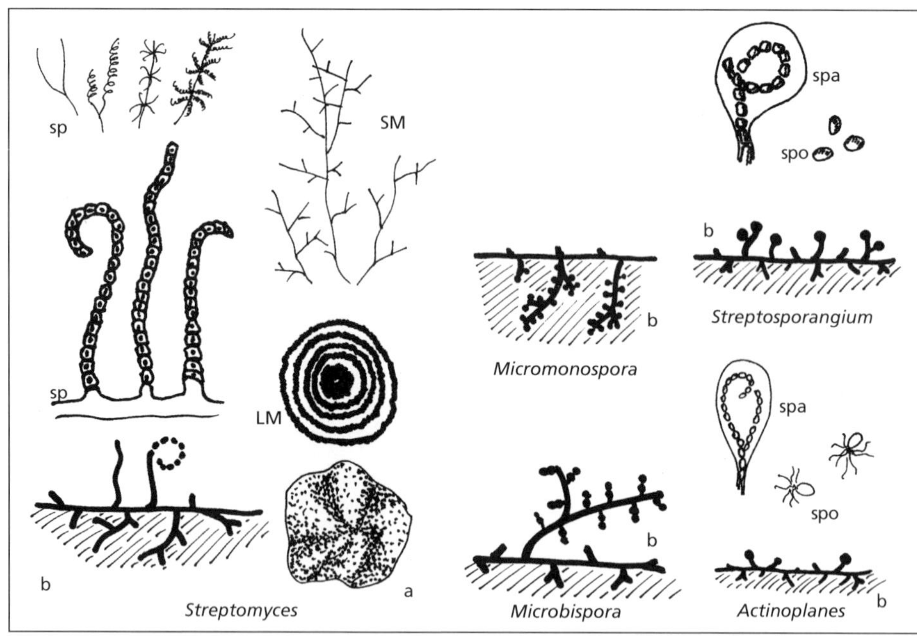

Bild 45: Actinomyceten aus Vergärung und Kompostierung
a - repräsentative Kolonieform; b - Querschnitt durch die bewachsene Agaroberfläche; LM - Luftmycel; SM - Substratmycel; sp - Sporophoren; spa - Sporangien; spo - Sporen (begeisselt oder unbegeisselt)
Quelle: Stadtmüller (2004)

Actinomyceten gebildeten Antibiotika (Actinomycine, Tetracycline) hemmen die Transkription, indem sie sich an die doppelsträngige DNA binden und so die Synthese der RNA verhindern (siehe Kapitel 18.1.4.1). Nebenbei treten die Actinomyceten auch als Erreger von Krankheiten wie Tuberkulose, Lepra u.a. in Erscheinung.

12.2.2

Pilze

Die Pilze sind neben den Bakterien die zweite, für die Bioabfallwirtschaft wichtige Organismengruppe.

Pilze sind längst nicht so alt wie Bakterien, existieren aber auch schon seit ungefähr 500 Mio. Jahren. Bislang sind etwa 120.000 Arten (inklusive Schleimpilzen) bekannt, man geht allerdings davon aus, dass es mindestens doppelt so viele Arten gibt.

Bei den Pilzen handelt es sich um eine stammesgeschichtlich und morphologisch uneinheitliche Gruppe, die eine Sonderstellung außerhalb des Pflanzen- und Tierreiches einnimmt: Wie Pflanzen haben sie Vakuolen, verfügen aber weder über Plastiden, noch über Chlorophyll. Daher haben sie auch keine Möglichkeit zur Photosynthese und weisen demzufolge wie Tiere eine heterotrophe Ernährungsweise auf. Sie haben wie die Bakterien eine Zellwand (im Gegensatz zu Tieren und Protozoen), doch diese ist von einem anderen Typus als die der Bakterien. Anders als Bakterien und Cyanobakterien weisen sie eine eukaryontische Zellorganisation mit echtem Zellkern und Zellorganellen auf. Die meisten Zellen der Pilze haben wie manche Tiere eine chitinhaltige Zellwand (nicht aus Cellulose wie Pflanzen) sowie Fett und Glycogen als Reservestoffe, aber keine Stärke wie bei den Pflanzen.

Für biologische Abbauprozesse sind sie nützlich, weil sie auch solche schwer abbaubaren Stoffe zersetzen, an denen die meisten anderen Organismen scheitern. Außerdem sind sie wegen der Fähigkeit mancher Arten (Schimmelpilze wie *Mucor, Penicillium, Aspergillus*), Antibiotika zu erzeugen, von großer Bedeutung.

12.2.2.1

Aufbau

Pilze sind Eukaryonten mit echtem Zellkern und Zellorganellen sowie mit 80S-Ribosomen. Sie treten selten einzellig auf (Hefe), sondern meistens als vielzellige Organismen von fadenförmigem Aussehen, was zu sehr unterschiedlichen Größen führt (Bild 46).

Bei den mehrzelligen Arten bilden viele Zellen teilweise durch Verschmelzungen der Zellwand einfache oder verzweigte Zellfäden (sogenannte Hyphen), die

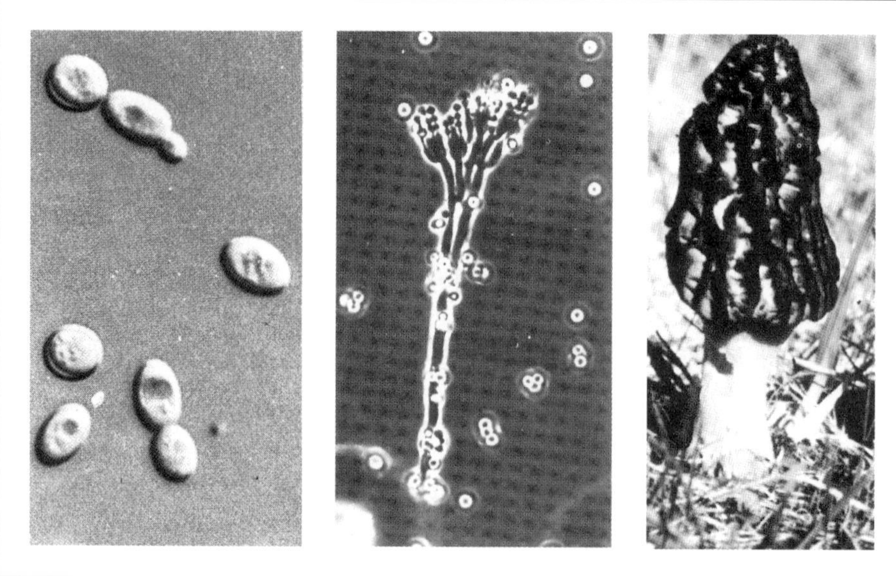

Bild 46: Pilzformen der Ascomyceten (Schlauchpilze) (*Hefe, Penecillium, Morchel*)
Quelle: [146] Herder (1994), bearbeitet

dann auch mehrere Zellkerne haben können. Viele Hyphen vereinigen sich zu geflechtartigen Myzelien, die auch die Fruchtkörper der höheren Pilze bilden (siehe Bild 47).

Die Myzelien der Pilze stellen allerdings keine echten Gewebe dar; denn sie weisen im Gegensatz zu diesen so gut wie keine Arbeitsteilung auf.

12.2.2.2

Vermehrung

Pilze vermehren sich entweder ungeschlechtlich durch Zellteilung (Sprossung, Sporenbildung) oder geschlechtlich durch Gametenbildung. Bei der Sprossung bildet die Mutterzelle anfangs eine kleine blasige Ausstülpung, die wie eine Knospe aussieht und in die ein durch mitotische Teilung entstandener Tochterkern einwandert. Meist wird diese Knospe abgeschnürt, ehe sie die Größe der Mutterzelle erreicht hat. Die Sprosszellen können aber auch zusammen bleiben und einen Verband bilden. Bei der Sporenbildung werden in einzelligen „Behältern" (Sporangiosporen) die Sporen gebildet und bei der Reife durch deren Öffnung freigesetzt. Die Sporangiosporen treten häufig gruppenweise auf, z.B. in den Fruchtkörpern der Pilze (Bild 47).

Bei der geschlechtlichen Vermehrung (Bild 48) im Rahmen der Gametenbildung verschmelzen haploide Fortpflanzungszellen paarweise miteinander zu einer

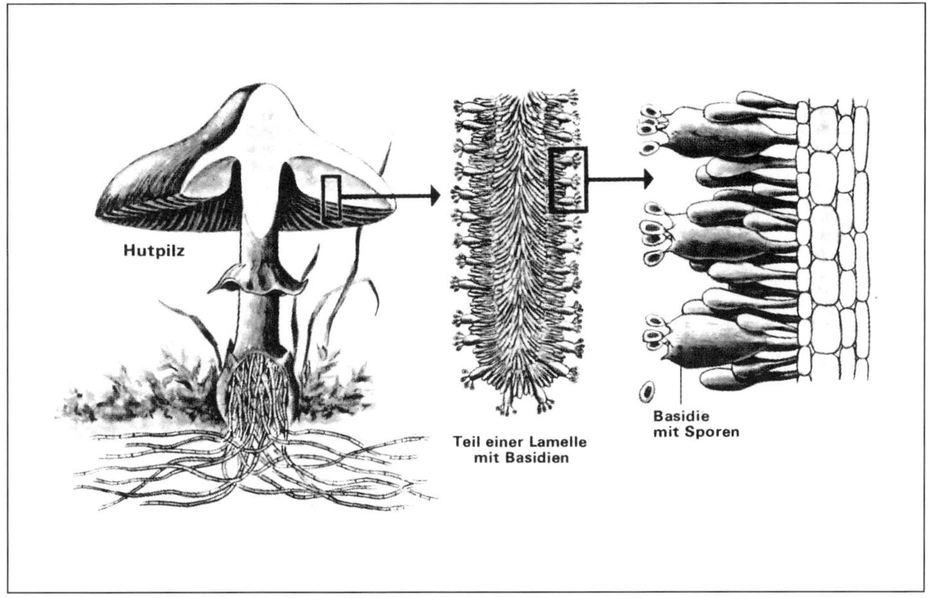

Bild 47: Aufbau eines Basidiomyceten (Ständerpilzes)
Quelle: [146] Herder (1994)

diploiden Zygote. Die meisten Schlauchpilze und Ständerpilze zeigen einen Generationswechsel: aus den Pilzsporen entwickelt sich eine haploide Generation und erst nach einer Verschmelzung der Geschlechtszellen schließt sich eine

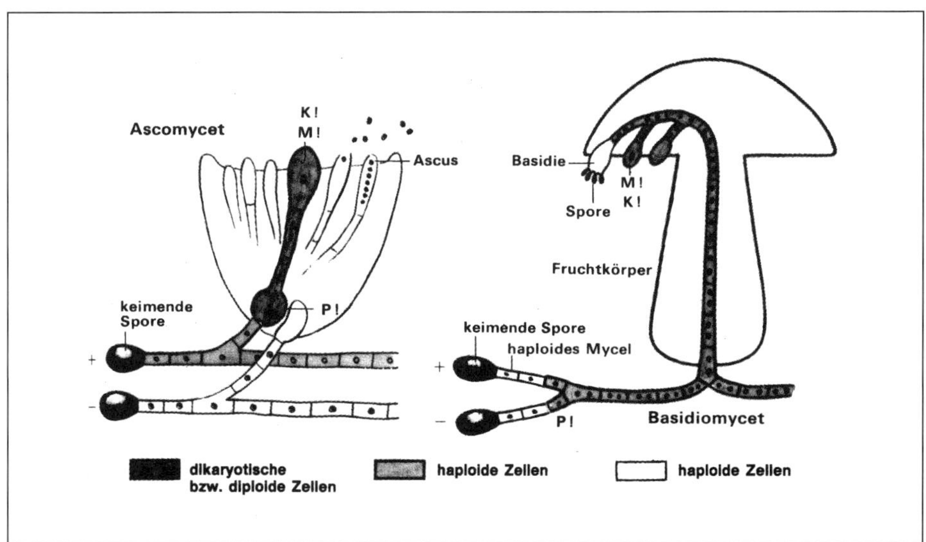

Bild 48: Entwicklung der Pilze

dikaryontische Generation an, da auf die Zellverschmelzung nicht unmittelbar eine Kernverschmelzung folgt; die beiden Geschlechtszellkerne liegen dann immer paarweise in den Zellen vor. Bei einer Zellteilung teilen sich die Kerne gleichzeitig, so dass die neu gebildete Zelle ein Kernpaar mitbekommt. Erst in den sporenbildenden Zellen erfolgt die Kernverschmelzung. Unmittelbar darauf erfolgt die Meiose und die Abgliederung der haploiden Kerne als Endo- bzw. Exosporen (bei den Schlauch- bzw. bei den Ständerpilzen).

12.2.2.3

Lebensweise und Anpassungsmodi

Die meisten Pilze (98 %) leben als Landbewohner, die eine große Vielfalt an Lebensräumen besiedeln. Hinsichtlich der von ihnen tolerierten Lebensbedingungen sind sie jedoch nicht so flexibel wie die Bakterien: das Temperaturoptimum liegt ebenfalls bei 20-40 °C, aber unter –3 °C und über 60 °C sind bisher noch keine Pilze nachgewiesen worden. Auch beim pH-Wert vertragen sie keine großen Schwankungen: der überwiegende Teil bevorzugt saure Verhältnisse zwischen pH 6,5 und pH 3,5, wie man sie in Waldböden und sauren Ackerböden vorfindet. Pilze gedeihen am besten in leicht feuchtem Milieu und wachsen vorwiegend unter aeroben Bedingungen. Es gibt u.a. mit den Zuckervergärenden Hefen auch Vertreter, die fakultativ anaerob sind. Diese benötigen allerdings Sauerstoff zur Bildung und Keimung ihrer Sporen. Obligat anaerobe Pilze trifft man nur sehr selten (z.B. im Pansen) an. Mehrzellige Pilze sind stark abhängig von ihren Standortbedingungen, einzellige Pilze können sich jedoch mit Hilfe derselben Regulationsmechanismen an veränderte Lebensbedingungen anpassen wie Bakterien.

12.2.2.4

Ernährung/Stoffwechsel

Manche Pilze wie z.B. die Rostpilze ernähren sich parasitisch, d.h. aus lebendem organischem Material, andere wie die Schimmelpilze sind Fäulnisbewohner und ernähren sich saprophytisch, d.h. aus abgestorbenem organischen Material. Einige leben räuberisch von Protozoen und Nematoden. Alle Pilze sind Stoffwechsel-Generalisten, die ihren Energiegewinn durch den Abbau organischer Substanz bestreiten (heterotroph). Dabei nutzen sie auch schwer abbaubare Stoffe wie Cellulose, Pektine, Hemicellulose oder im Falle der Ständerpilze (Basidiomyceten) sogar Lignin.

12.3

Herkunft der bei Vergärung und Kompostierung beteiligten Organismen

Kompostierung und Vergärung sind biologische Abbauprozesse, die prinzipiell in der Natur genauso ablaufen wie in der technischen Umsetzung (hier jedoch zeitlich optimiert), die beteiligten Organismen entstammen also auch fast ausnahmslos der natürlichen Bodenflora und –fauna. Aus den Unterschieden zwischen Böden und Komposten resultieren mancherlei Auswirkungen auf die Lebewesen, die sich dort aufhalten: Eine Übersicht über die Unterschiede von Kompost und Boden als Lebensraum für die verschiedenen Lebewesen findet sich in Tabelle 6.

Im relativ konstanten Ökosystem Boden orientiert sich die Abfolge, mit der unterschiedliche Organismen auftreten (die Sukzession), am Standort und ist den

Tabelle 6: Vergleich der Lebensräume Kompost und Boden
Quelle: [183] Kühle (2001)

Merkmal	Kompost	Boden
Räumliche Abgrenzung	scharf	unbegrenzt
Räumliche Ausdehnung	gering	sehr groß
Veränderung des Gesamtsubstrats	rasch (Wochen)	sehr langsam (Jahrzehnte)
Organische Substanz	hoch	niedrig
C/N-Verhältnis	hoch	niedrig
Matrixstruktur	locker, homogen, prozessorientiert	fest, heterogen, mit Vertikalzonierung
Temperaturverlauf	konstant, prozessorientiert	variabel, klimabedingt
Temperatur	zeitweise sehr hoch (über 60 °C)	gemäßigt (Monatsmittel)
Wassergehalt	hoch, konstant	witterungsbedingt, variabel
Mikroorganismen	prozessorientierte Abfolge	standortorientierte Abfolge
Sukzession	zeitlich	räumlich
- Initialphase	< 40 °C mesophile Mikroorganismen	L-Schicht
- Wärmephase	45-65 °C thermophile und thermotolerante Mikroorganismen	L/F-Schicht
- Hitzephase	> 65 °C sporenbildende Mikroorganismen	F-Schicht
- Abklingphase	< 45 °C mesophile Mischflora, Pilzbesiedlung	L-Schicht
- Reifephase	Besiedlung durch Bodentiere	A_h-Horizont
Bodentiere	r-Strategen	r- bis K-Strategen
- Anteil Spezialisten	hoch	niedrig
- Ökologische Valenz	stenök	euryök

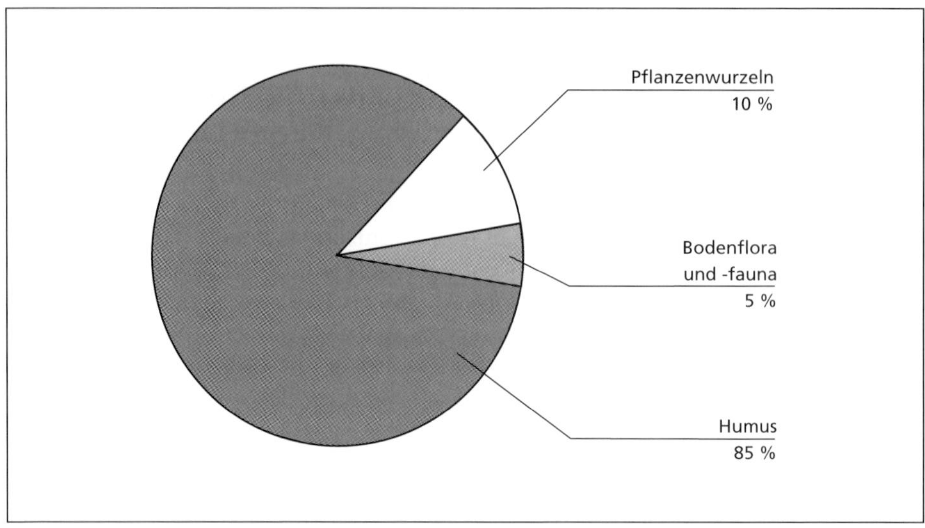

Bild 49: Zusammensetzung der organischen Substanz eines Grünlandbodens

unterschiedlichen Bodenhorizonten zuzuordnen. Im Kompost dagegen ist sie prozessorientiert und verläuft parallel zu den verschiedenen Rottephasen, weil jeder Organismus auf die Verwertung einer bestimmten Stoffgruppe spezialisiert ist. Nach deren Verbrauch wird er durch Lebewesen abgelöst, welche die entstandenen Umwandlungsprodukte oder Zellen ihrer Vorgänger (tot oder lebendig) zum Leben benötigen, bis auch sie wieder abgelöst werden. So finden sich zu Beginn der Reifephase in der Kompostierung in der Bodenfauna viele mycophage, d.h. pilzfressende Arten, die sich von den zu dem Zeitpunkt massenhaft vorhandenen Actinomyceten und Pilzen ernähren. Viele der im Kompost lebenden Bodentiere sind ausgesprochene Spezialisten, die „in freier Wildbahn" auch in mächtigen Streuauflagen z.B. von Waldböden, in Baumstubben und verrottenden Baumstämmen vorkommen. Oft sind es larvale Stadien, die sich nach einer Eiablage entwickeln, wie bei den Fliegen und Mücken (Dipterenlarven) oder aber Arthropoden bzw. Insekten, die durch die Luft angesiedelt werden ([262] Scheffer und Schachtschabel, 1984; [183] Kühle, 2001).

Auffällige Differenzen gibt es auch bei der Populationsstrategie: im Kompost werden in der heißen Phase alle größeren Lebewesen abgetötet, daher findet im der Schlussphase des Rotteprozesses eine völlige Neubesiedlung mit höheren Organismen statt. Solche Primärbesiedler weisen typischerweise die Fähigkeit zur explosionsartigen Vermehrung auf (r-Strategen), im Lebensraum Boden ist eine Primärbesiedlung nicht der Regelfall, daher gibt es hier andere Formen von Populationsstrategien.

Hinsichtlich der Zusammensetzung der organischen Substanz eines Grünlandbodens (Bild 49) fällt auf, dass dieser zu 85 % aus Humus und zu 10 % aus Pflanzenwurzeln besteht. Nur die verbleibenden 5 % nimmt die Bodenflora

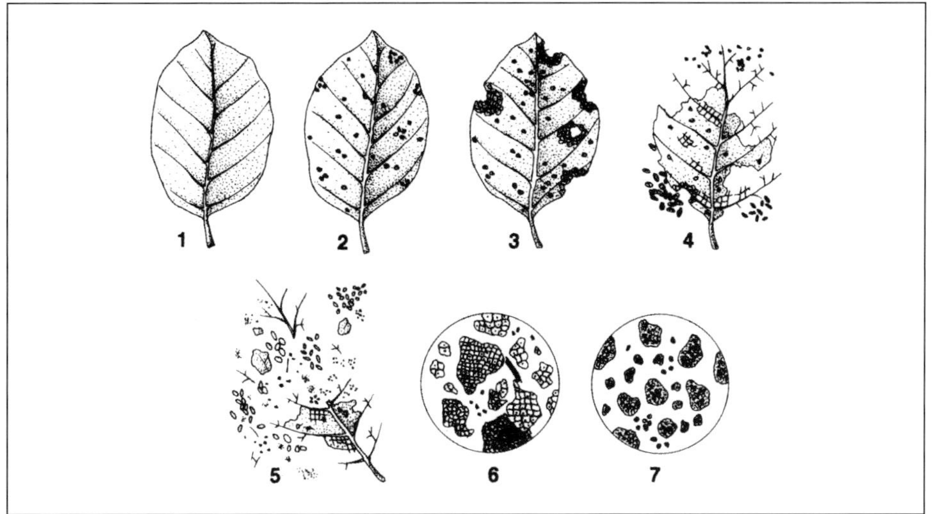

Bild 50: Streuzersetzung durch Bodenorganismen
Quelle: [146] Herder (1994)

und –fauna ein, die sich in den luft- und wassergefüllten Hohlräumen des Oberbodens ansiedelt.

Ihre Haupttätigkeit besteht in der Humifizierung und Mineralisierung toter organischer Substanz, was von großer Bedeutung für den Nährstoffhaushalt und die Fruchtbarkeit des Bodens ist. Zur Veranschaulichung sind in Bild 50 exemplarisch die Stufen beim Abbau eines Buchenblattes dargestellt; hiermit beispielsweise schließen sich die bereits zuvor erläuterten Stoffkreisläufe. Ihre Aktivität ist abhängig von Faktoren wie Feuchtigkeit, Temperatur, Porenvolumen und den vorherrschenden Bodenreaktionen.

Die Bodenflora des analysierten Grünlandbodens umfaßt alle nicht tierischen Mikroorganismen und setzt sich zusammen aus 40 % Pilzen, 20 % Actinomyceten und 20 % anderen Bakterien sowie 1 % Algen, Cyanobakterien und Flechten (Prozentangaben in Gewichtsprozent der Trockensubstanz) (Bild 51). Sie überwiegt sowohl in der Anzahl als auch in der Masse die knapp 20 % Bodenfauna.

Die Bakterien und Pilze wurden bereits vorgestellt. Die anderen Organismen der Bodenflora sind nicht von solcher Relevanz für die biologische Abfallbehandlung und seien daher nur in Kürze charakterisiert: Cyanobakterien sind wie die Bakterien Prokaryonten und gewinnen ihre Energie durch Photosynthese, z.T. auch durch die Fixierung von Luftstickstoff. Algen sind Eukaryonten und betreiben ihren Energiegewinn ebenfalls durch Photosynthese, sind aber für die Kompostierung wegen ihrer geringen Menge nicht ausschlaggebend. Flechten sind als eine symbiontische Verbindung aus Algen und Pilzen sehr widerstandsfähig und daher zwar wichtig für Extremstandorte, nicht aber für die biologische Abfallbehandlung.

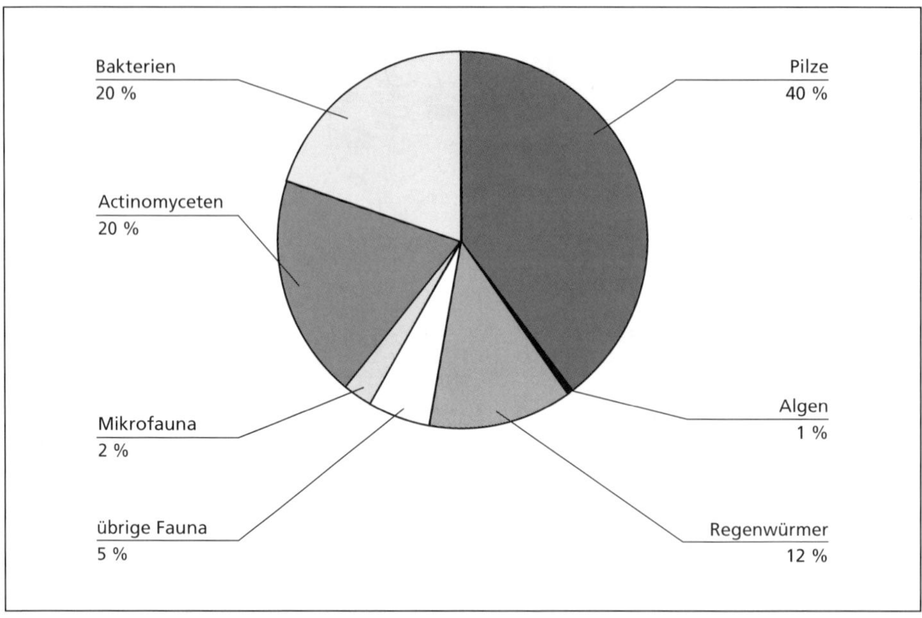

Bild 51: Zusammensetzung der Bodenorganismen

12.4

An der Vergärung beteiligte Organismen

Da die Vergärung von Bioabfällen unter anaeroben Bedingungen vonstatten geht, finden sich unter den daran beteiligten Organismen ausschließlich Bakterien. Die einzige Ausnahme bilden die Hefen, die den Pilzen zuzuordnen sind, sich aber aufgrund ihrer Einzelligkeit wie Bakterien verhalten, unter entsprechenden Bedingungen einen anaeroben Stoffwechsel entwickeln können und dadurch ebenfalls an Gärprozessen beteiligt sind.

12.4.1

Anaerobe Bakterien

Anaerobe Bakterien sind sehr alt, die methanogenen Bakterien im Speziellen gelten als wahrscheinlich älteste Lebensform auf der Erde und werden in ihrem Alter aufgrund fossiler Funde auf ca. 3,5 Mrd. Jahre geschätzt ([110] Faulstich und Christ, 1998).

Der Stoffumsatz von anaeroben Bakterien beträgt nur etwa $^1/_7$ dessen, was Aerobier umsetzen, daher ist auch ihre Regeneration langsamer: ihre Verdopplungsrate liegt im Durchschnitt bei 14 Tagen, kann aber auch je nach den äußeren Bedingungen noch erheblich langsamer ablaufen.

Die Bakterien, die ohne Sauerstoff leben können, lassen sich in drei Gruppen einteilen: es gibt welche, die schon durch Spuren von Sauerstoff getötet werden, das sind die obligat anaeroben. Solche, die üblicherweise anaerob leben, aber Schutzmechanismen gegen ein gewisses Maß an Sauerstoff gebildet haben, werden aerotolerant genannt. Als fakultativ anaerob werden diejenigen bezeichnet, die normalerweise mit Sauerstoff leben, aber bei einem Wechsel der Lebensbedingungen auf einen anaeroben "Notstoffwechsel" umschalten können.

Die an Gärprozessen beteiligten Organismen führen keine vollständige Mineralisierung durch, nutzen auch nicht alle in der organischen Ausgangssubstanz steckende Energie und bilden relativ wenig Biomasse in Form neuer Mikroorganismen. Dafür bieten sie für technische Verfahren den Vorteil, dass die entstehenden anorganischen Substanzen als Gase anfallen, die zum einen so gut wie wasserunlöslich sind und sich daher leicht abtrennen lassen und zum zweiten die verbleibende Energie noch in sich tragen und dadurch einer Nutzung zugänglich sind ([239] Näveke, 1999).

12.4.2

Spezialfall methanogene Bakterien

Die Systematik von Bakterien ist ohnehin schwierig, da sie sich bislang in keinen entwicklungsgeschichtlichen Stammbaum einordnen lassen. Man behilft sich also mit Kriterien wie der Form oder den Lebensumständen. Nun zeigen zwar die zur Gruppe der methanogenen Bakterien zusammengefaßten Organismen völlig unterschiedliche Formen (es sind alle denkbaren Sorten vertreten). Dennoch weisen sie ausnahmslos gewisse, sehr eigentümliche Charakteristika auf, die dazu führten, die derart ausgerüsteten Bakterien der Gruppe der Methanogenen zuzuordnen.

Alle methanogenen Bakterien sind streng anaerob und werden schon durch Spuren von Sauerstoff getötet. Das liegt daran, dass die beiden Enzyme Katalase und Superoxid-Dismutase, die bei den „moderneren", aerotoleranten Bakterien zum Schutz vor Luftsauerstoff vorhanden sind, hier noch nicht existieren.

Weiterhin weisen alle methanogenen Bakterien eine ganz charakteristische Zusammensetzung der Zellbestandteile auf, die typisch für die Archaebakterien ist, denen sie angehören: das typische Peptidoglycangerüst der Zellwand fehlt, so dass das Wachstum methanogener Bakterien nicht durch Antibiotika wie Penicillin oder Cephalosporin hemmbar ist. Auch die Cytoplasmamembran hat eine

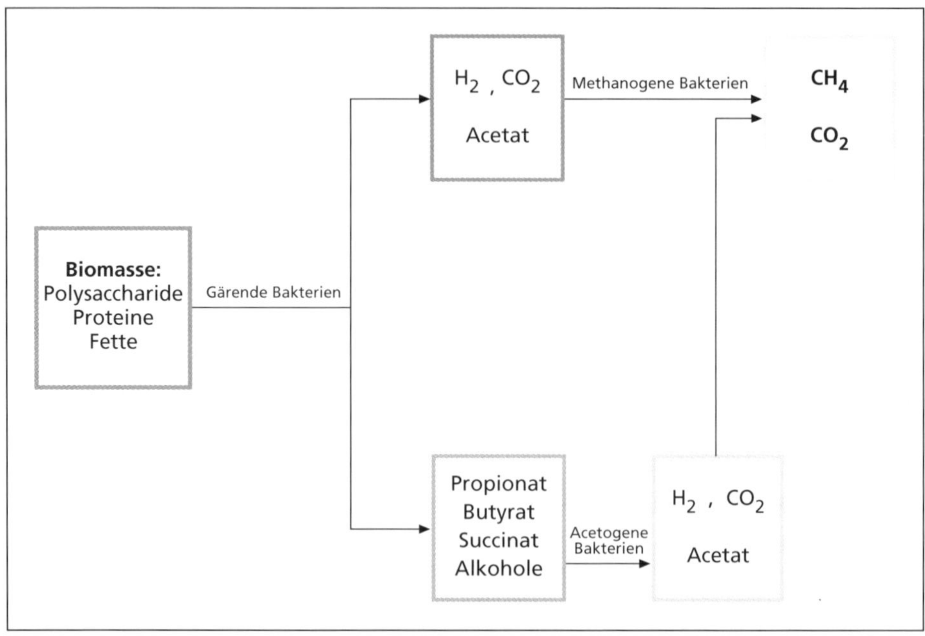

Bild 52: Methanogene Bakterien als letztes Glied einer anaeroben Nahrungskette

andere Zusammensetzung. Die Zellen unterscheiden sich ferner durch ihre Transkriptions- und Translationsapparate (daher finden Antibiotika wie Rifampicin und Chloramphenicol keinen Angriffspunkt). Methanogene Bakterien weisen außerdem veränderte Derivate von Coenzymen (z.B. das Coenzym M) und prosthetischen Gruppen auf.

Die autotrophe CO_2-Fixierung wie die Energiegewinnung beruhen auf einem anderen Mechanismus (Acetyl-CoA-Weg statt Ribulosebisphosphatcyclus). Hinsichtlich ihrer Ernährung gibt es Unterschiede: die Umsetzung von H_2 und CO_2 zu CH_4 beherrschen fast alle Methanogenen, viele Arten bewerkstelligen auch die Umsetzung von Methanol, Methylaminen und Formiat. Bisher sind allerdings nur zwei Arten bekannt, die Essigsäure zu Methan umsetzen, es sind dies *Methanosarcina* und *Methanococcus*.

Betrachtet man die anaerobe Nahrungskette (Bild 52), so bilden die methanogenen Bakterien deren letztes Glied. Die Kette startet mit dem Ausgangsprodukt „Biomasse" aus Polysacchariden, Proteinen und Fetten. Deren primäre Gärprodukte sind Succinat, Propionat, Butyrat, Lactat, Alkohole, Acetat, CO_2 und H_2. Die letzten drei (Acetat, CO_2 und H_2) als sekundäre Gärprodukte dienen den methanogenen Bakterien als Substrate. Die anderen primären Gärsubstrate werden von acetogenen Bakterien ebenfalls zu Acetat, CO_2 und H_2 umgesetzt, die dann den Methanogenen zur Verfügung stehen ([267] Schlegel, 1992).

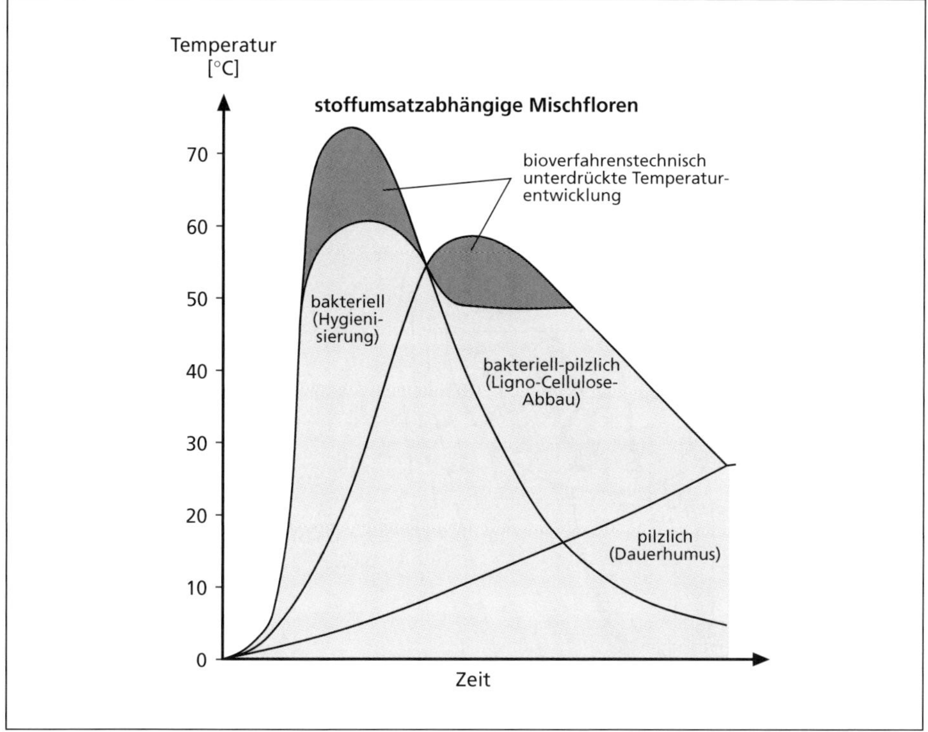

Bild 53: Organismengruppen des Rotteprozesses
Quelle: [64] Brinker (1994)

12.5

An der Kompostierung beteiligte Organismen

Während an der Vergärung ausschließlich Bakterien und Hefen beteiligt sind, weist die Kompostierung des Bioabfalls bzw. des Gärrestes aus den Anaerobanlagen ein erheblich weiteres Organismenspektrum auf. Seine Zusammensetzung variiert mit dem Temperaturverlauf des Rotteprozesses (Bild 53): anfangs besiedeln solche Bakterien und Pilze das Material, die auf kühle bis mäßig warme Temperaturen angepasst sind; sie werden bereits mit dem Abfallgut eingetragen. Es folgen thermophile Bakterien, die während der Abkühlungsphase des Rotteprozesses durch andere Arten mesophiler Mikroorganismen abgelöst werden. Größere Organismen besiedeln den Kompost in der Spätphase (Aufbauphase) des Rotteverlaufs, sofern eine ungehinderte Zuwanderung durch offene Böden möglich ist.

Es gibt verschiedene Möglichkeiten, Organismen zu ordnen. In der Abfallwirtschaft werden sie der Einfachheit halber nach Größe sortiert. Demzufolge

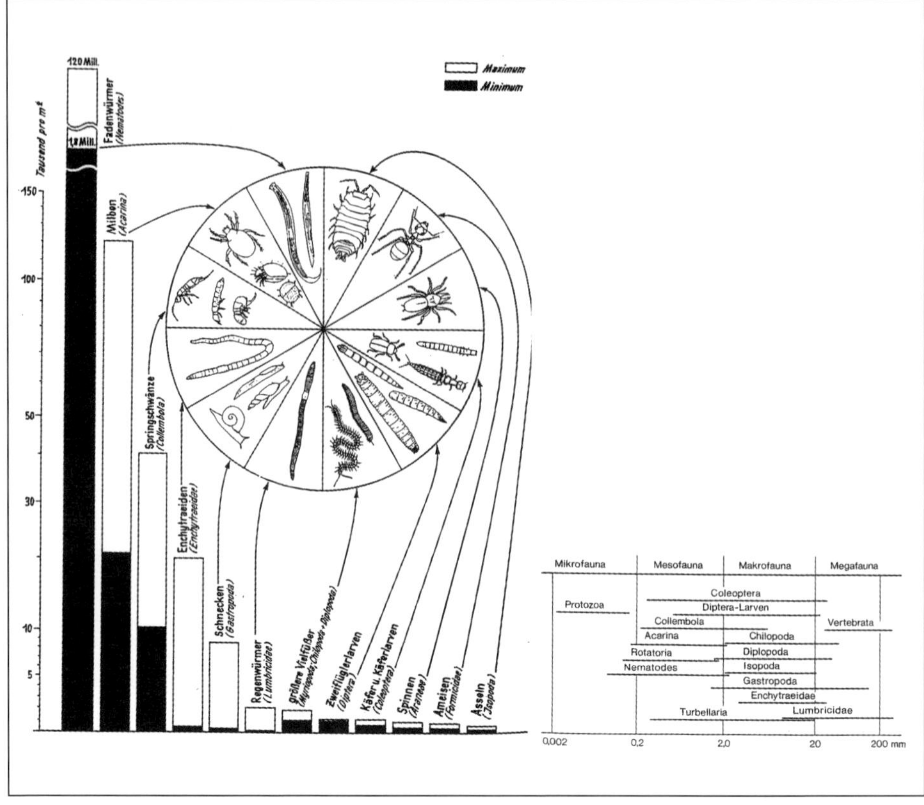

Bild 54: Mikro-, Meso-, Makro- und Megafauna
Quelle: [183] Kühle (2001)

werden die für die biologische Abfallbehandlung relevanten Lebewesen in eine Mikroflora und –fauna sowie eine Meso-, Makro- und Megafauna eingeteilt. Der Begriff Megafauna umfaßt dabei bereits alle Organismen, die größer als 20 mm sind. Eine Übersicht enthält Bild 54. ([49] Blume, 1997; [308] van Wickeren, 1995; [146] Herder, 1994).

12.5.1

Mikroflora und -fauna

Mit den Begriffen Mikroflora und -fauna werden in der Abfallwirtschaft alle Lebewesen bezeichnet, die kleiner als 0,2 mm sind (Bild 55). Zur Mikroflora gehören also die Bakterien und Pilze, zur Mikrofauna höhere Lebewesen. Diese werden entsprechend der zoologischen Systematik in die einzelligen Urtiere (Protozoa) und die Vielzeller (Metazoa) untergliedert.

Gewaltige Mengen dieser Mikroflora und -fauna bevölkern die flüssigkeitsgefüllten Hohlräume im Bodenmaterial: Bereits 1 cm^3 Boden enthält über 1.000 Einzeller,

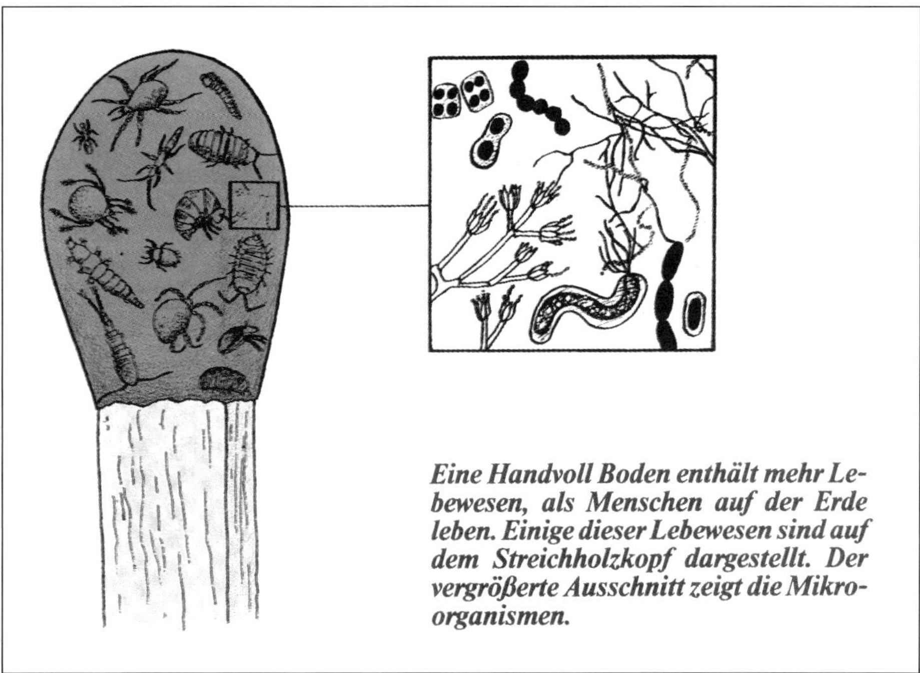

Eine Handvoll Boden enthält mehr Lebewesen, als Menschen auf der Erde leben. Einige dieser Lebewesen sind auf dem Streichholzkopf dargestellt. Der vergrößerte Ausschnitt zeigt die Mikroorganismen.

Bild 55: Größenvergleich zur Mikroflora und –fauna
Quelle: [4] Abfallwirtschaftsbetrieb Hannover (1994)

100.000 Algen, 400.000 Pilze und 600.000 Bakterien ([9] aid, 1998), und in einem Teelöffel Rohkompost befinden sich mehr Kleinstlebewesen als Menschen auf der Erde. Im fertigen Kompost hat ihre Zahl allerdings gewaltig abgenommen; denn ein Großteil der Mikroorganismen wird durch den Verrottungsprozess selbst abgebaut ([243] Oberholz, 1995).

12.5.1.1

Mikroflora

Die Mikroflora umfaßt ein breites Spektrum aerober, teilweise auch anaerober Bakterien und Pilze, die unter meist mesophilen Bedingungen in flüssigkeitsgefüllten Hohlräumen leben.

Die häufigsten Bakteriengattungen sind *Pseudomonas*, *Arthrobacter*, *Clostridium*, *Achromobacter*, *Bacillus*, *Micrococcus* und *Flavobacterium*. Ein typischer Vertreter für kohlenhydratabbauende Arten ist beispielsweise *Cellulomonas*, für eiweißzersetzende und ammonifizierende Arten ist es *Bacillus mycoides*. *Clostridium butyricum* ist ein Pektinzersetzer, *Clostridium cellulosolvens* zersetzt Cellulose und *Clostridium putrificus* baut Proteine ab. *Nitrobacter* und *Nitrosomonas* sind ammonifizierende Arten, *Pseudomonas* ist ein

Tabelle 7: Mikroorganismen des Kompostes in der thermophilen Phase
Quelle: [55] Böhm et al. (2000)

Gruppe	Spezies der Gattungen
Endosporenbildner	*Bacillus* *Thermoactinomyces*
Thermophile Actinomyceten	*Thermomonospora* *Saccharopolyspora* *Saccharomonospora (Streptomyces)*
Thermotolerante/ thermophile Pilze	*Talaromyces* *Thermomyces* *Malbranchea* *Aspergillus*

denitrifizierender Organismus. Daneben gibt es frei lebende Stickstofffixierer wie *Azotobacter, Beijerinckia* und *Clostridium*. Auch Fe-oxidierende Bakterien wie *Ferribacterium* und S-oxidierende wie *Thiobacillus* kommen vor. In vom pH-Wert her neutralem Material findet sich die große Gruppe der Actinomyceten, vor allem die Gattungen *Streptomyces* und *Nocardia*, aber auch *Thermoactinomyces, Micromonospora* und *Saccharopolyspora* ([262] Scheffer und Schachtschabel, 1984; [164] Kämpfer und Eikmann, 1998).

Ebenso überwiegend unter mesophilen Bedingungen, aber mehr in saureren pH-Bereichen sind die Pilze, vor allem Hefen und Basidiomyceten vertreten. Sie durchziehen den Boden mit ihrem Mycel, das aus zylindrischen Hyphen von 3-10 µm Durchmesser und mehr besteht. Als wichtige Vertreter der Schimmelpilze befinden sich hier die Gattungen *Mucor*, *Penicillium*, *Trichoderma, Cladosporium*, *Alternaria* und *Aspergillus* (insbesondere *A. fumigatus* und *A. flavus*). Für die Streuzersetzung sind Lignin-angreifende Basidiomyceten wie z.B. *Collybia* und *Marasmius* besonders wichtig ([262] Scheffer und Schachtschabel, 1984).

In der thermophilen Phase des Rotteprozesses werden die mesophilen durch thermotolerante und thermophile Organismen abgelöst, zu denen neben sporenbildenden Bakterien auch verschiedene Pilze und Actinomyceten zählen. Eine Auswahl dieser thermophilen Mikroorganismen ist in Tabelle 7 zusammengefasst.

12.5.1.2

Mikrofauna

Zur Mikrofauna zählen die Protozoa oder Urtierchen genannten Einzeller und die kleinsten Vertreter der Metazoa oder Vielzeller. Einige von ihnen ernähren sich saprophytisch, d.h. von Tier- und Pflanzenrückständen, andere ernähren sich räuberisch von Bakterien, was deren Vermehrung (durch Teilung) stimuliert. Entsprechend ihrer Abstammung lassen sie sich unterteilen in die

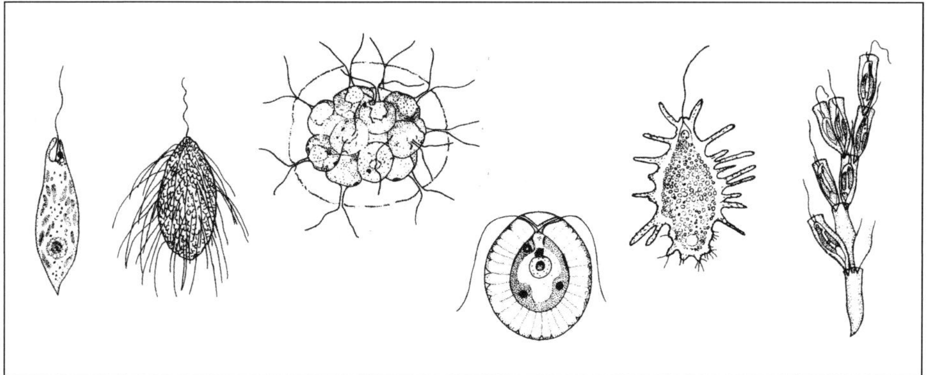

Bild 56: *Flagellata*/Geißeltierchen
Quelle: [66] Brohmer (1984)

Gattungen der *Flagellata*, der *Rhizopoda*, *Sporozoa* und *Ciliata*. Alle sind bei der Kompostierung vertreten.

Die *Flagellata*, auch Geißeltierchen genannt (Bild 56), stellen den Übergang von der Pflanze zum Tier dar: es gibt rein autotrophe Arten, die wie die Pflanzen ihre Energie aus dem Sonnenlicht und ihren Kohlenstoff aus CO_2 beziehen. Dazu gehört beispielsweise das Augentierchen *Euglena* (links im Bild). Daneben gibt es rein heterotrophe Flagellaten, die in ihrem Stoffwechsel den Tieren entsprechen (z.B. *Trypanosoma*, der Erreger der Schlafkrankheit, ohne Bild). Außerdem gibt es fakultativ auto- bzw. heterotrophe Arten; der Schritt von der Pflanze zum Tier beruht also nur auf einer physiologischen Nahrungsumstellung.

Zu den *Rhizopoda*, auch Wurzelfüßer genannt, zählen einerseits unbeschalte Amöben wie *Amoeba proteus* und *Thecamoeba terricola* sowie andererseits beschalte Amöben wie *Arcella* und *Difflugia*. Auch hierzu zählen die Sonnentierchen (*Heliozoa*), wie *Actinosphaerium* (Bild 57).

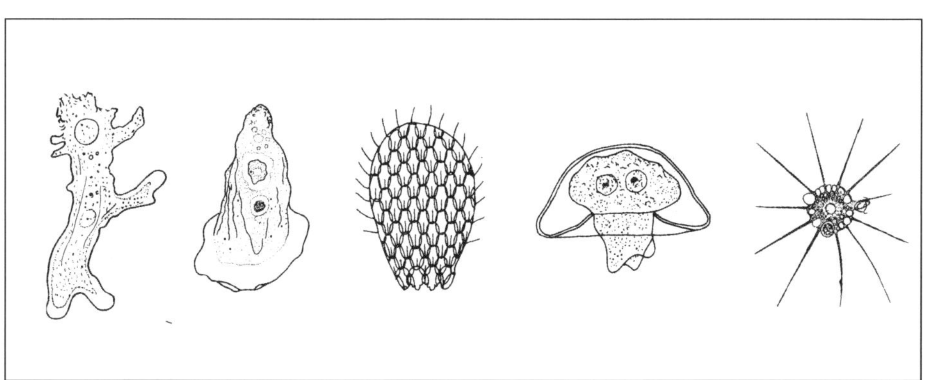

Bild 57: *Rhizopoda*/Wurzelfüßer
Quelle: [66] Brohmer (1984)

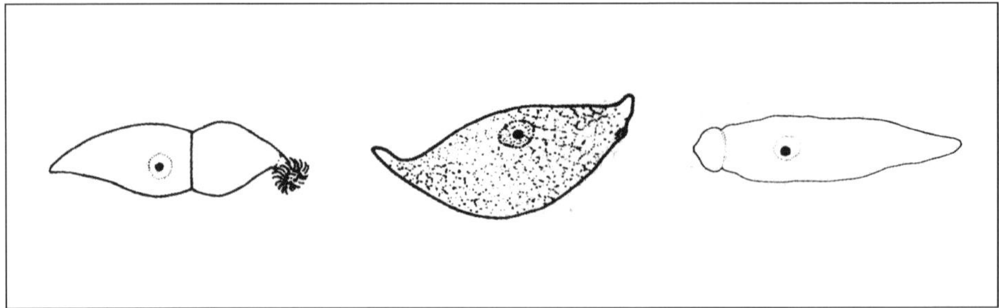

Bild 58: *Sporozoa*/Sporentierchen
Quelle: [66] Brohmer (1984)

Bei den *Sporozoa* / Sporentierchen gibt es ausschließlich parasitische Formen, das bekannteste Beispiel ist der Malaria-Erreger *Plasmodium*. Im Kompost anzutreffen sind die *Gregarinida*, die in Regenwürmern, Arthropoden und Käferlarven leben (Bild 58).

Die *Ciliata* / Wimpertierchen stellen die höchstentwickelten Protozoen dar. Bekannt ist z.B. das Pantoffeltierchen (*Paramecium*, zweites von links) (Bild 59) als agiler Detritusfresser, der aufgrund seiner riesigen Zahl einen großen Umsatz hat.

Zu den Metazoa zählen einerseits die Rädertierchen (*Rotatoria*) (Bild 60, links), die sich als kleine, freischwimmende Strudler saprophytisch oder räuberisch von der umgebenden Mikroflora und -fauna ernähren. Zum anderen gehören dazu die kleinen Fadenwürmer (*Nematoda*) (Bild 60, rechts), die sich saprophytisch oder parasitisch von tierischem Material oder Pflanzenwurzeln (gelegentlich auch im Blumentopf) ernähren. Sie unterscheiden sich von anderen Würmern durch ihre völlig ungegliederte Struktur.

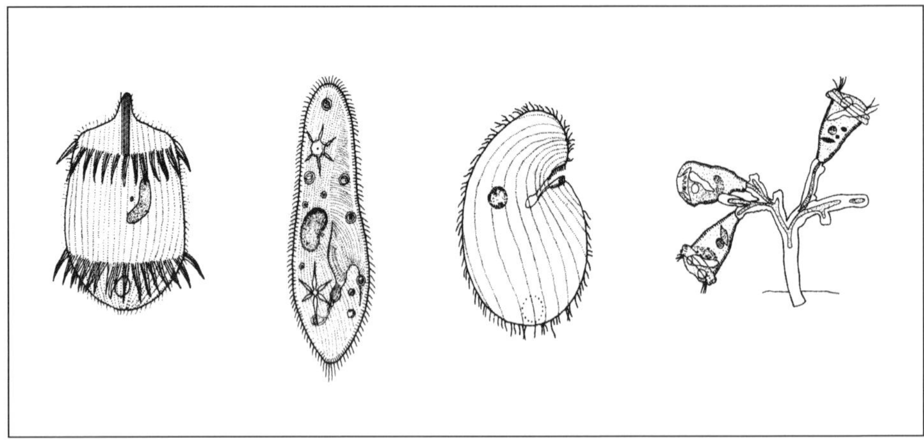

Bild 59: *Ciliata*/Wimpertierchen
Quelle: [66] Brohmer (1984)

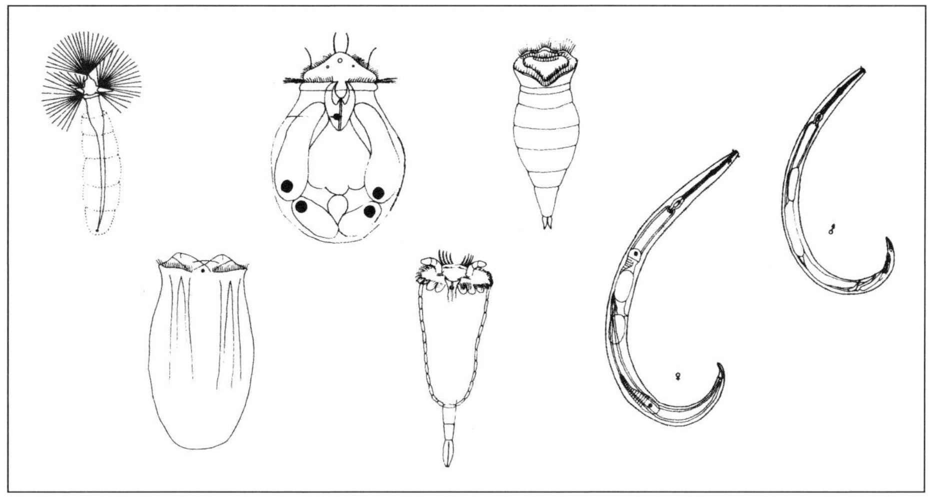

Bild 60: *Rotatoria*/Rädertierchen und *Nematoda*/Fadenwürmer
Quelle: [66] Brohmer (1984)

12.5.2

Mesofauna

Unter das Stichwort Mesofauna fallen alle Organismen in der Größenordnung von 0,2 bis 2 mm. Demzufolge zählen hierher auch die größeren Vertreter der Fadenwürmer (*Nematoda*) wie die Essigälchen, Spulwürmer etc., deren kleinere noch unter den Sammelnamen Mikrofauna fielen. Auch eine Vielzahl verschiedener Gliederfüßer (*Mikroarthropoden,* Bild 61) ist unter dem Begriff der

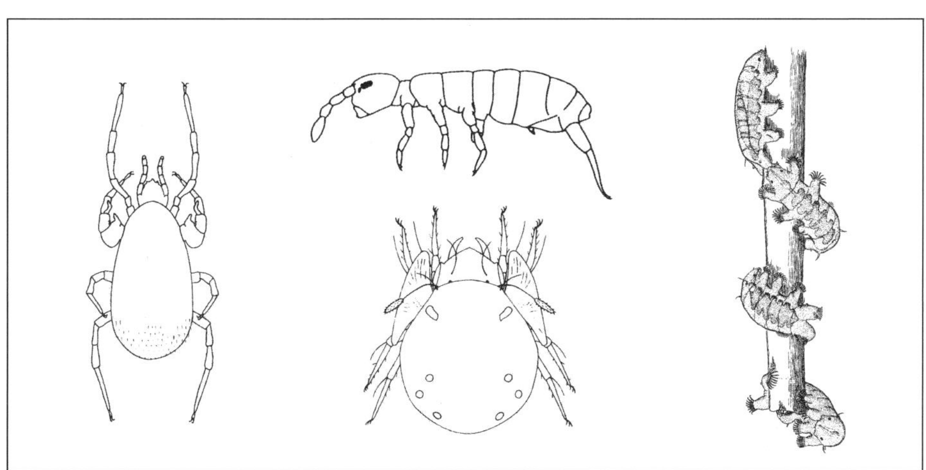

Bild 61: Springschwänze, Milben, Hornmilben und Bärtierchen
Quelle: [66] Brohmer (1984) und [162] Kaestner (1993)

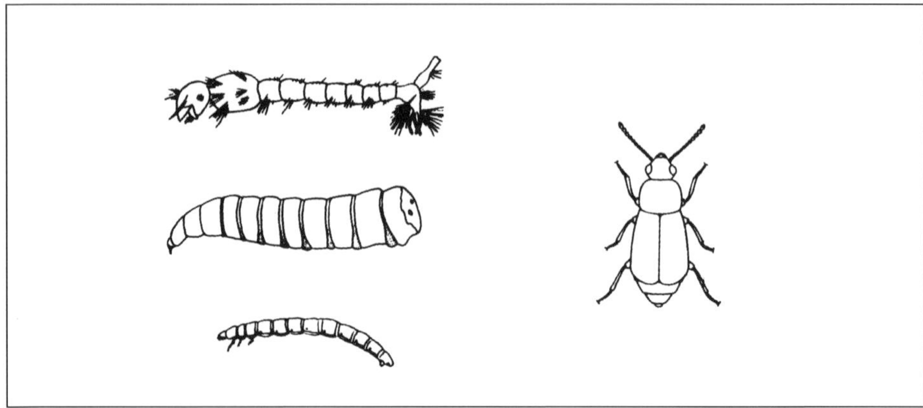

Bild 62: Larven von Mücken, Fliegen und Käfern, kleine Käfer
Quelle: [66] Brohmer (1984)

Mesofauna erfaßt, von Bedeutung sind besonders die Springschwänze (*Collembola*), aber auch die Milben (*Acarina*) und Hornmilben (*Oribatida*) sowie die Bärtierchen (*Tardigrada*), die kleine, kletternde Detritusfresser sind.

Hier finden sich auch kleine Insektenlarven wie die der Mücken, Fliegen und Käfer sowie kleine Käfer (*Coleoptera*) (Bild 62).

Als letzte seien hierunter die kleinen Vertreter dessen aufgeführt, was die Abfallwirtschaftler „Borstenwürmer" nennen. Die echten Borstenwürmer (*Polychaeta*, Vielborster, Bild 63, links und mittig) gehören zu den Ringelwürmern (*Annelida*), sind formenreich und häufig sehr farbenprächtig, zwischen 0,7 mm und 3 m lang und leben überwiegend im Meer ([66] Brohmer, 1984; [145] Hennig,

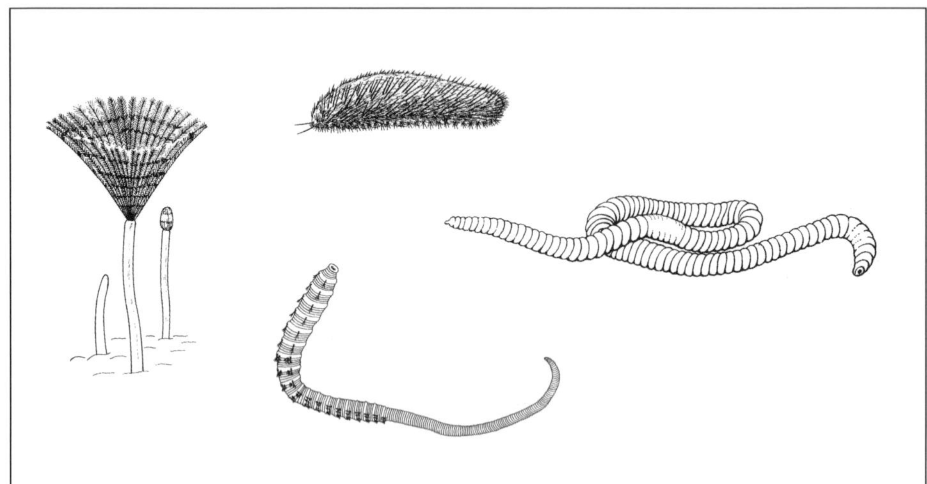

Bild 63: Vielborster (links) und ein Wenigborster (rechts)
Quelle: [66] Brohmer (1984) und [145] Hennig (1986)

1986). In Kompostierungsprozessen sind sie daher sicherlich nicht anzutreffen, wohl aber die Wenigborster (*Oligochaeta,* Bild 63, rechts). Diese sind mit den Blutegeln zur Klasse der Gürtelwürmer (*Clitellata*) zusammengefaßt und zählen ebenfalls zum Stamm der Ringelwürmer (*Annelida*). Die Wenigborster/*Oligochaeta* ernähren sich saprophytisch oder räuberisch von der Mikroflora und -fauna.

Bedenkt man, dass bereits in einem Liter Boden ca. 150 verschiedene Milben, 200 Springschwänze und 50.000 Fadenwürmer leben ([9] aid, 1998), so erhält man eine Vorstellung von der Vielfalt dieser Organismen. Ab dieser Größe leben die Tiere nicht mehr in der Bodenlösung, sondern in bereits vorhandenen Bodenhohlräumen.

12.5.3

Makrofauna

Die 2 bis 20 mm große Makrofauna (Bild 64) wird in der Vielzahl ihrer Vertreter weitgehend bekannt sein. Es handelt sich um „Borstenwürmer" (siehe auch oben), wie die Jungtiere der Regenwürmer und die mit 1-4 cm kleineren *Enchytraeidae*,

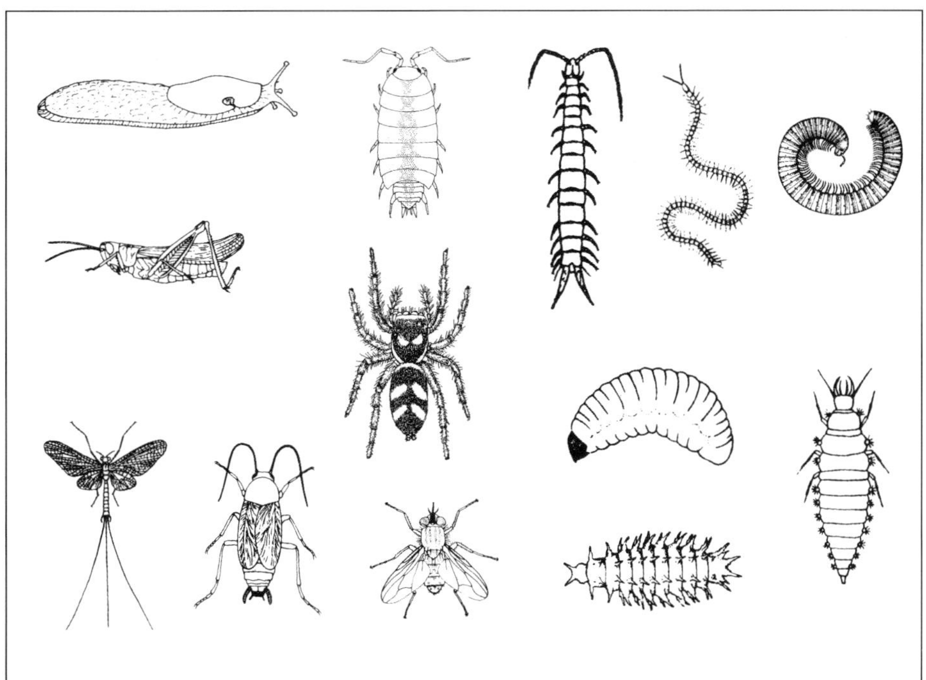

Bild 64: Schnecke, Assel, Spinne, Tausendfüßer, Hundertfüßer, Doppelfüßer, Insekten und deren Larven
Quelle: [66] Brohmer (1984) und [162] Kaestner (1993)

deren Vertreter *Enchytraeus albidus* häufig in Dunghaufen und Blumenerde zu finden ist. Daneben gehören hierzu kleinere Schnecken (*Gastropoda*) und Gliederfüßer (*Arthropoden*), die sich ihrerseits unterteilen in die Krebstiere (*Crustacea*), von denen die Asseln (*Isopoda*) für das Bodenleben wichtig sind, in die Spinnen (*Arachnida*), Tausendfüßer (*Myriapoda*), Hundertfüßer (*Chilopoda*), Doppelfüßer (*Diplopoda*) und Insekten wie z.B. Fliegen, Käfer und Ameisen. Bei den Insekten sind häufig nur die Larven- oder Puppenstadien im Boden zu finden.

12.5.4 Megafauna

Die Megafauna umfaßt das weite Feld der Organismen, die größer als 20 mm sind. Da diese Tiere als bekannt vorausgesetzt werden, werden dem Text keine Abbildungen zur Seite gestellt. Diese Gruppe wird von den großen Wenigborstern (*Oligochaeta*) wie den Regenwürmern (*Lumbricidae*) dominiert, es finden sich vor allem die Gattungen *Dendrobaena*, *Lumbricus*, *Allolobophora* und *Octolasium*, die bodenbiologisch von Bedeutung sind. Zusätzlich zählen hierzu große Schnecken, Großarthropoden wie Spinnen, Weberknechte sowie große Insekten wie z.B. Käfer. Insbesondere im Hinblick auf die Bioturbation sind manche Wirbeltiere von Bedeutung, die ganz oder teilweise im Boden leben wie z.B. die Wühlmäuse, Spitzmäuse oder Kaninchen. Alle diese Organismen schaffen sich ihre Wohnhöhlen selber, indem sie entweder die Erde weg fressen, wie viele Würmer es tun, oder indem sie diese weg graben, wie es die Nagetiere machen ([262] Scheffer und Schachtschabel, 1984).

12.6 Bedeutung dieser Organismen für die Abfallbehandlung

Zusammenfassend kann festgehalten werden, dass die beiden Prozesse der Vergärung und der Kompostierung von organischem Material von einer ungeheuren Vielzahl und Vielfalt an Lebewesen bewerkstelligt werden. Tabelle 8 gibt dazu eine abschließende Übersicht.

Der Gemeinschaft all dieser Organismen kommen sehr unterschiedliche Funktionen zu (siehe Tabelle 9): Vor allem die Mikroorganismen bauen während des eigentlichen Abfallabbauprozesses die organischen Verbindunge biochemisch ab, wodurch neben CO_2 wichtige Pflanzennährstoffe freigesetzt und so verfügbar werden. Auch organische Pflanzenschutzmittel werden abgebaut, d.h. unschädlich gemacht. Insbesondere Actinomyceten und Pilze bilden Huminstoffe und erhöhen so das Wasser- und Nährstoffbindungsvermögen des

Kompostmaterials. Mikroorganismen fördern den Pflanzenwuchs durch das Ausscheiden von Wirkstoffen sowie von Säuren und Komplexbildnern, die dann Nährstoffe aus Mineralen lösen. Manche der Bakterien vermögen Luftstickstoff zu binden und damit die Stickstoffversorgung zu verbessern.

Die Wirkung der größeren Organismen kommt erst im Laufe der Nachkompostierung zum Tragen und ist hauptsächlich wichtig, um die Güte des gewonnenen Kompostes zu verbessern. Die Bodentiere arbeiten Pflanzenrückstände in den Kompost ein und zerkleinern sie. Wühlende Tiere lockern das Material

Tabelle 8: Individuenzahlen und Lebendgewichte wichtiger Gruppen der Bodenorganismen, alle Angaben gelten für einen beliebig tiefen Bodenblock von 1 m² Oberfläche Quelle: [49] Blume (1997)

Gruppe von Bodenorganismen	**Individuen** Anzahl/m²		**Lebendgewicht** g/m²	
	Durchschnitt	**Optimum**	**Durchschnitt**	**Optimum**
Mikroflora				
Bakterien	10^{14}	10^{16}	100	700
Actinomyceten	10^{13}	10^{15}	100	500
Pilze	10^{11}	10^{14}	100	1.000
Algen	10^{8}	10^{11}	20	150
Mikrofauna			5	150
Geißeltierchen/*Flagellata*	10^{8}	10^{10}		
Wurzelfüßer/*Rhizopoda*	10^{7}	10^{10}		
Wimpertierchen/*Ciliata*	10^{6}	10^{8}		
Mesofauna				
Rädertiere/*Rotatoria*	10^{4}	10^{6}	0,01	0,3
Fadenwürmer/*Nematoda*	10^{6}	10^{8}	5	50
Bärtierchen/*Tardigrada*	10^{3}	10^{5}	0,01	0,5
Milben/*Acarina*	$7 \cdot 10^{4}$	$7 \cdot 10^{5}$	0,6	4
Urinsekten/*Apterygota*	$5 \cdot 10^{4}$	$5 \cdot 10^{5}$	0,5	4
Makrofauna				
Enchytraeidae	30.000	300.000	5	50
Regenwürmer/*Lumbricidae*	100	500	30	200
Schnecken/*Gastropoda*	50	1.000	1	30
Spinnen/*Araneae*	50	200	0,2	1
Asseln/*Isopoda*	30	200	0,4	1,5
Doppelfüßer/*Diplopoda*	100	500	4	10
Hundertfüßer/*Chilopoda*	30	300	0,4	2
übrige Vielfüßer/*Myriapoda*	100	2.000	0,05	1
Käfer und -larven/*Coleoptera*	100	600	1,5	20
Zweiflüglerlarven/*Diptera*	100	1.000	1	15
übrige Insekten (-larven)	150	15.000	1	15
Megafauna				
Wirbeltiere/*Vertebrata*	0,01	0,1	0,1	10

Tabelle 9: Funktionen der Organismen
Quelle: [49] Blume (1997)

Funktionen	Tiergruppen
Einarbeiten von Pflanzenrückständen	alle Bodentiere
Mischen und Lockern	Bodenwühler
Mischen org. und min. Stoffe sowie Krümelbildung durch Darmpassage	Regenwürmer, Asseln
Stabilisieren von Bodenaggregaten durch Schleimstoffe	Mikroorganismen
Stabilisieren von Bodenaggregaten durch Vernetzung	Pilze, Algen
Zerkleinerung der Spross- und Wurzelstreu	Bodentiere
Zersetzung organischer Stoffe	alle Organismen
Mineralisierung org. Stoffe und Freisetzen von Nährstoffen	Organismensukzessionen
Bildung von Huminstoffen	Pilze, Actinomyceten
Körpereigene Nährstoffbindung (d.h. Schutz vor Festlegung oder Auswaschung)	alle Organismen
Förderung chemischer Verwitterung, bedeutsam z.B. Silikat- und P-Bakterien	alle Organismen
Förderung des Pflanzenwachstums durch Wirkstoffe	Mikroorganismen
Umwandlung organischer N-Verbindungen	spez. Bakterien
Bildung von Luftstickstoff	spez. Bakterien und Algen
Oxidation und Reduktion von S-, Mn-, N- und C-Verbindungen	spez. Bakterien
Einschränkung von Krankheitserregern, Abbau von Bioziden	Mikroorganismen

und verbessern damit Durchwurzelbarkeit und Lufthaushalt; gleichzeitig mischen sie (Bioturbation) und wirken damit der Nährstoffauswaschung und (bei kalkhaltigerem Unterboden) der Versauerung entgegen.

Die Regenwürmer sollen ob ihrer häufig unterschätzten Wirkung an dieser Stelle besonders gewürdigt werden. Zur Familie der Regenwürmer (*Lumbricidae*) gehören die Gattungen *Lumbricus*, *Allolobophora* und *Eisenia*. *Lumbricus rubellus*, der mit maximal 15 cm Länge kleinere Verwandte des Gemeinen Regenwurms, und der unter vielen Trivialnamen bekannte Rot-, Dung-, Mist- oder Kompostwurm *Eisenia foetida* (Bild 65), der zwischen 6 und 13 cm lang wird, sind maßgeblich am Ab- und Aufbauprozess der Kompostierung beteiligt. Unter günstigen Bedingungen können innerhalb eines Jahres aus 8 Rotwürmern über 1.500 Exemplare werden, das entspricht einer Masse von fast einem Kilogramm ([263] Oberholz, 1995). Der Gemeine Regenwurm, *Lumbricus terrestris* benötigt hingegen große Mengen Erde und eignet sich daher weniger als „Kompostwurm".

Auf einem Hektar Boden befinden sich insgesamt etwa 1250 kg Regenwürmer, die im Jahr 20-50 Mg Kot an die Erdoberfläche und bis zu 25 Mg pflanzliches Material bis zu 1,5 m unter die Erde befördern. Dies ist aus dreierlei Gründen wichtig:

Erstens wegen der durch ihn verursachten Bioturbation; denn er braucht pro Tag soviel Nahrung wie er selbst wiegt und wühlt dafür das ganze Erdreich um.

Zweitens aus Gründen der Mineralisation: Regenwürmer ernähren sich von im Boden verrottenden organischen Stoffen, Bakterien, Grünalgen, Pilzsporen und

Bild 65: *Eisenia foetida*
Quelle: [4] Abfallwirtschaftsbetriebe Hannover (1994)

Protozoen. Häufig ziehen sie auch Fallaub in ihre Wohnröhre, lassen es dort weich werden und fressen es dann. Ihre Kothäufchen enthalten als Folge dessen neben anorganischer Substanz auch verdaute, aber nicht resorbierte Stoffe, die so anderen Organismen zur Verfügung stehen. Außerdem vermehren sich im Darm die Bakterien so gut, dass oft der Kot bakterienreicher ist als die Nahrung: so enthält 1 g Kleeackerboden etwa 11 Mio. Bakterien, 1 g Regenwurm-Darminhaltes weist mit ca. 110 Mio. Bakterien die zehnfache Menge auf und noch 1 g Regenwurmkot beinhaltet über 50 Mio. Bakterien (alle Zahlen beziehen sich auf die Trockensubstanz). Durch diese Vervielfachung der Bakterien wird der weitere Abbau des organischen Materials bis in seine mineralischen Bestandteile sehr gefördert. Außerdem werden durch die Schleimstoffe der Mikroorganismen die Kotkrümel stabilisiert und durch Pilzhyphen vernetzt.

Der dritte wichtige Aspekt ist derjenige der Humifizierung: Erdbrocken und größeres, organisches Material werden aufgenommen, im Muskelmagen zerrieben, verdaut und teilweise resorbiert. Im Darm werden die Bodenteilchen zerkleinert und die Humusstoffe und Tonminerale zu Ton-Humus-Komplexen verbunden, die im Boden Krümelstruktur (Bild 66) und Wasserhaushalt begünstigen. Diese Gefügebildung mindert die Verschlämmungsneigung und die Erosion der Krume. Der Kot ist sehr hart, daher kann die Wasserhaltefähigkeit des Kots in Abhängigkeit vom Bodentyp bis zu 110 % besser sein als die des Ausgangsmaterials. Zudem enthält er erheblich höhere Mengen an Stickstoff, Phosphor, Kalium, Magnesium und Calcium als die gewöhnliche Gartenerde ([48] BIU, 1996).

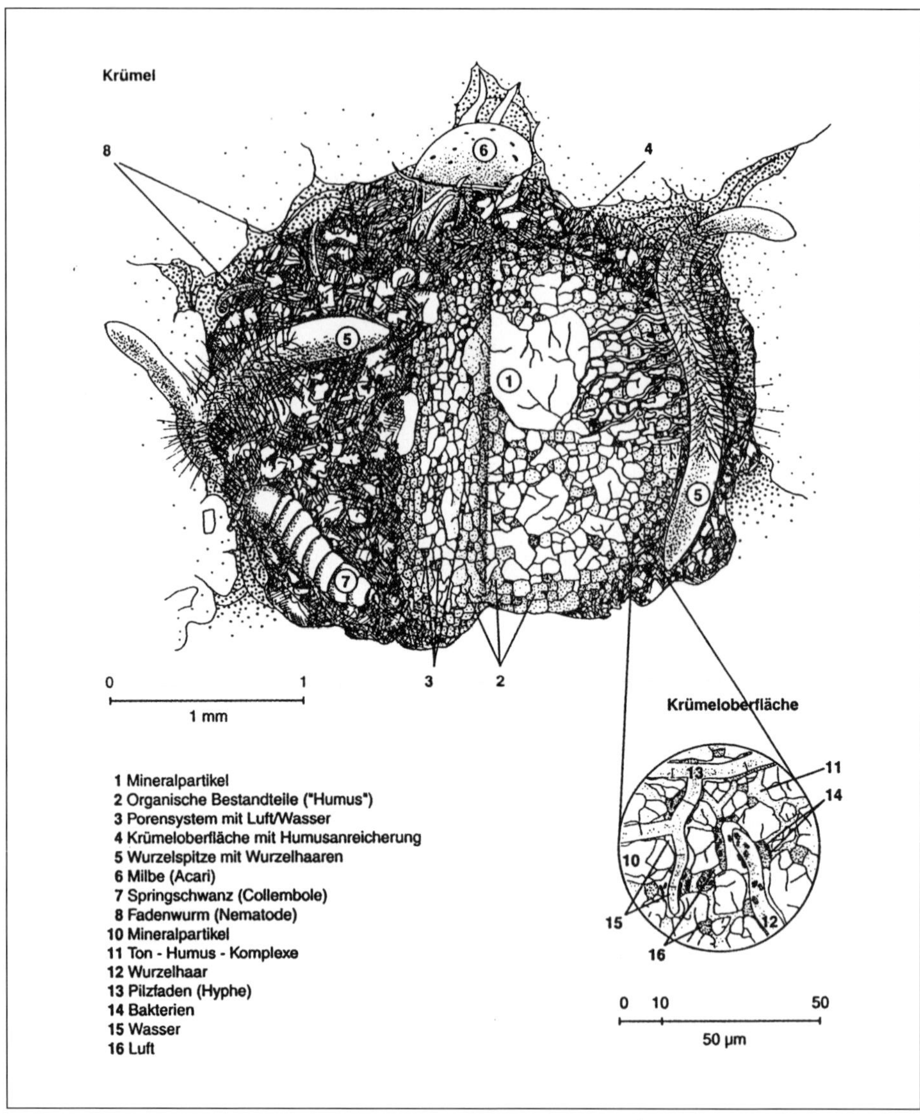

Bild 66: Ein Krümel
Quelle: [49] Blume (1997)

12.7

Anforderungen der Organismen an das Substrat

Da so viele unterschiedliche Lebewesen am biologischen Abbau organischen Materials beteiligt sind, muß man teilweise recht unterschiedlichen Anforderungen an deren Umgebung gerecht werden, damit sie optimal wachsen und dadurch die gewünschten maximalen Abbauleistungen erbringen können.

Insbesondere die Vergärung stellt ein sensibles Verfahren dar. Anaerobe Bakterien nehmen vorlieb mit dem, was andere Organismen als Abfall ausscheiden. Da zum einen der Energiegehalt der verbleibenden Nährstoffe relativ gering ist und zum anderen der Stoffwechselweg der Vergärung es nicht erlaubt, alle im Nährstoff enthaltene Energie zu nutzen, wachsen anaerobe Bakterien langsamer und sind empfindlich gegenüber Störungen ihres Umfeldes. Um also eine stabile Population zu erhalten, muß das Ausgangssubstrat gewisse Mindestanforderungen erfüllen.

Die Kompostierung ist demgegenüber ein sehr viel stabileres System: das Artenspektrum ist weiter, was zu größeren Toleranzen führt. Dennoch sind auch hier gewisse Rahmenbedingungen einzuhalten.

Erläutert werden die wichtigsten Parameter Temperatur, pH-Wert, Gehalt von Wasser und Sauerstoff, Schadstoffen und Nährstoffen sowie die aktive Oberfläche des Abfallmaterials.

12.7.1

Temperatur

Unter 0 °C gefriert das Wasser in den Zellen, die Kristalle zerstören die Zellwände, und die Zelle stirbt (die Haltbarkeit von Cysten und ähnlichen Dauerformen beruht unter anderem auf ihrem sehr niedrigen Wassergehalt von nur 10-15 %).

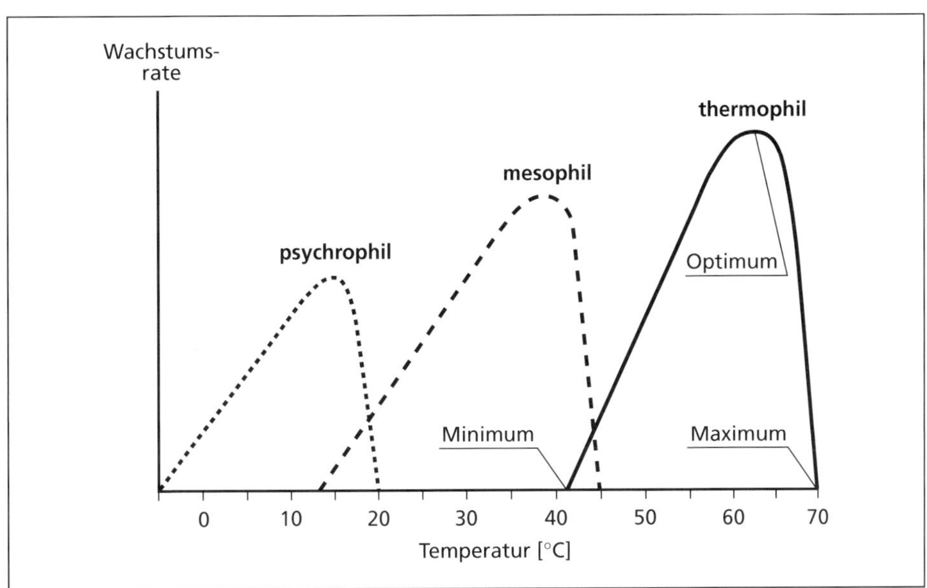

Bild 67: Temperaturbereiche des Wachstums von psychrophilen, mesophilen, thermophilen Bakterien

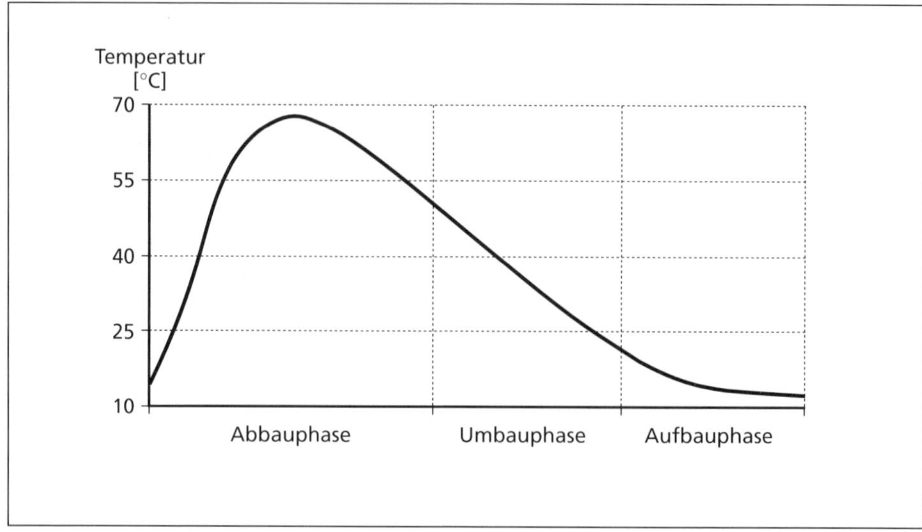

Bild 68: Temperaturverlauf beim Rotteprozess

Ab 45-60 °C beginnen, sofern keine speziellen Schutzmechanismen vorliegen, die Proteine zu denaturieren, d.h. ihre dreidimensionale Faltstruktur wird zerstört, und ihre Funktionsfähigkeit geht demzufolge verloren. Innerhalb dieser Grenzen ist Leben üblicherweise möglich und gehorcht der RG/T-Regel (arktische Bakterien wachsen also sehr langsam).

Bei der Vergärung wird die Temperatur des Gärsubstrates zu Beginn eingestellt und auf konstantem Niveau gehalten. In Abhängigkeit von der gewählten Temperatur kommen unterschiedliche Bakterien- und Hefestämme zum Einsatz: man unterscheidet psychrophile, mesophile und thermophile Organismen (Bild 67).

Psychrophile Stämme wachsen am besten bei 10 °C, wenn auch entsprechend langsam, mesophile Stämme gedeihen als stabile Kultur zwischen 32 und 50 °C. Thermophile Stämme bevorzugen Temperaturen von 50-70 °C, erweisen sich aber häufig als relativ instabil.

Während des Rotteprozesses ist die Temperatur nicht konstant (Bild 68); sie variiert zwischen etwa 15 und 70 °C und je nach Temperatur siedeln sich unterschiedliche Organismen an. Aufgrund der natürlichen Artenvielfalt sind keine besonderen Anforderungen an das Substrat zu berücksichtigen.

12.7.2

Wassergehalt

Wasser dient als Lebensraum, Fortbewegungsmedium und liefert gelöste Nährstoffe, Makroelemente (C, O, H, N, S, P, K, Ca, Mg, Fe) sowie Spurenelemente (Cu, Ni, Mn, Mb, Zn, Na, Cl u.a.). Bei zuviel Wasser kann es zu Sauerstoffmangel kommen, bei weniger als 20 % Wasser werden Zellen auf Grund von Austrocknung und Mangelernährung zerstört.

Da bei der Vergärung ohnehin anaerobe Verhältnisse vorherrschen, kann der Wassergehalt hoch eingestellt werden: er liegt bei der Trockenfermentation bei 65-70 %, bei der Naßfermentation bei 90 % und bleibt während des Prozesses konstant.

Während des Rotteprozesses ändert sich der Wassergehalt. Da der Bedarf der einzelnen Organismengruppen an Wasser unterschiedlich hoch ist, variieren die Populationen im Laufe des Abbauprozesses. Viele der im Boden befindlichen Organismen wie Bakterien und Hefen, Protozoen und die kleinen Fadenwürmer sind zwingend auf Wasser angewiesen und finden sich daher vermehrt in der Intensivrotte. Viele Actinomyceten und Pilze kommen nicht nur mit weniger Wasser aus als die aeroben Bakterien, sondern werden sogar durch zu hohe Wassergehalte geschädigt, so dass ihr Gehalt mit zunehmender Austrocknung des Materials ansteigt ([262] Scheffer und Schachtschabel, 1984). Für ein Optimum aus Sauerstoff- und Nährstoffzufuhr sollte zu Beginn des Prozesses ein Wassergehalt von 55 % eingestellt werden. Bei zu trockenem Bioabfall bietet sich eine Beimischung von Klärschlamm oder Wasser an, bei zu nassem Abfall die Zugabe von trockenem Strukturmaterial. Steigt die Temperatur im weiteren Verlauf der Kompostierung auf Werte über 50 °C an, so werden abhängig vom jeweiligen Verfahren (insbesondere von der Art der Belüftung) pro Mg Inputmaterial bis zu 300 l Wasser in Form von Dampf oder als freies Wasser abgegeben ([243] Oberholz, 1995), was eine zusätzliche Bewässerung erfordern kann. Fertig umgesetzter Kompost hat einen durchschnittlichen Wassergehalt von 30-45 % ([335] Zachäus, 1995).

12.7.3

Sauerstoff

Mikroorganismen lassen sich einteilen in obligat aerob, obligat anaerob und fakultativ anaerob (vergleiche Kapitel 12.2.1).

Da die Gärprozesse nur unter Ausschluss von Sauerstoff stattfinden und die beteiligten Organismen entweder streng anaerob oder höchstens aerotolerant sind, muss bei allen Vergärungsverfahren auf strikten Sauerstoffabschluss geachtet werden.

Beim Rotteprozess ist es genau umgekehrt: Wenn für die den Bioabfall abbauenden Mikroorganismen optimale Bedingungen herrschen sollen, wird pro Gramm wirksamer organisch abbaubarer Substanz (WOS) ein Gramm O_2 benötigt. Auch die Bodenfauna benötigt molekularen Sauerstoff zum Atmen und vermag daher in den unteren Lagen mit stagnierender Nässe nicht zu leben. Bei Regenfällen treibt Luftmangel manche Bodentiere an die Oberfläche, was Springschwänze überleben, während Regenwürmer oft unter dem Einfluß ultravioletter Strahlung verenden. Andererseits muss für viele Tiere die Umgebungsluft nahezu wassergesättigt sein: Regenwürmer und Tausendfüßer suchen daher bei Trockenheit tiefere Schichten auf. Der Sauerstoffbedarf ist während des Rotteverlaufes auch nicht konstant, sondern variiert in Abhängigkeit von der Rottephase. In der Abbauphase mit gleichermaßen hoher mikrobieller Aktivität wie Temperatur ist er am höchsten (dabei ist zu bedenken, dass bei höherer Temperatur die Sauerstofflöslichkeit in Wasser geringer ist). Damit der Sauerstoff alle Mietenbereiche gut erreichen kann, sollte das Luftporenvolumen bei 25-35 % liegen, was häufig durch Beimengen von Strukturmaterial optimiert werden muss. Auch bei optimalem Luftporenvolumen beschränkt sich jedoch aufgrund von Diffusion und Thermik die Eindringtiefe des Sauerstoffs in unbelüfteten Mieten auf ca. 70 cm, daher ist entweder eine Beschränkung der Mietengröße auf ca. 1,5 m in Höhe und Breite, ein Umsetzen der Mieten oder eine Zwangsbelüftung erforderlich.

12.7.4

Nährstoffe

Welche Verbindungen ein Organismus als Nährstoffe und Energieträger verwenden kann, wird durch die Art der extra- und intrazellulären Enzyme bestimmt, die er zu erzeugen vermag. Der Gehalt an Nährstoffen (Tabelle 10) hat Bedeutung für die anaeroben und aeroben Abbauprozesse wegen der Erfordernisse der beteiligten Mikroorganismen, aber auch für die spätere Anwendung. Da das ausgefaulte bzw. verrottete Substrat in der Regel in der Landwirtschaft als Dünger genutzt wird, sind insbesondere die Pflanzennährstoffe Phosphat, Kalium und der Gesamtstickstoffanteil relevant.

Tabelle 10: Stoffdaten verschiedener Ausgangsmaterialien
Quelle: [47] Biskupek (1998), bearbeitet

Ausgangssubstanz	N_{ges} % TS	NH_4^+-N % TS	P_2O_5 % TS	K_2O % TS	Mg % TS	C/N
Laub	1		0,1	0,2		50
Bioabfall	0,5 - 2,7	7	0,2 - 0,8	0,3 - 0,8		25 - 80
Grünschnitt	3,3 - 4,3		0,3 - 2	2 - 9	0,2	12 - 27
Mähgut (Segge)	2 - 3		1,5 - 2	1		23
Fettabscheiderrückstand	0,1 - 3,6	15 - 43	0,1 - 0,6	0,1 - 0,5	0,1 - 0,5	
Speiseabfälle	0,6 - 5,0	1,5 - 22	0,3 - 1,5	0,3 - 1,2	0,04 - 0,18	15 - 21
Schweinegülle	6 - 18	50 - 92	2 - 10	3,0 - 7,5	0,6 - 1,5	5 - 10
frischer Rindermist	1,1 - 3,4	20 - 58	1,0 - 1,5	2 - 5	1,3	14 - 25
frischer Pferdemist	2,1		1	1,8		18
Rebentrester	1,5 - 3,0		0,8 - 1,7	3,4 - 5,4	0,15	20 - 30
Rübenblatt	2,0 - 2,5		0,5 - 1,1	4,0 - 4,7	0,72	15 - 16

12.7.4.1

Mineralische Nährstoffe

In Bezug auf die mineralischen Nährstoffe stellen Mikroorganismen und Bodentiere bei Vergärung und Kompostierung ähnliche Anforderungen: N, P, K, Mg, S, Mn, Fe, Ca, Cu und Zn sind für sie notwendig, außerdem teilweise B, Co, Mo und V. Die meisten der erforderlichen mineralischen Nährstoffe sind üblicherweise in Bioabfall und Wasser enthalten, nur Stickstoff und Phosphor können knapp werden. Bei Küchenabfällen kann es gelegentlich zu Problemen mit zu hohen Salzkonzentrationen kommen, daher ist bei der Zusammensetzung des Ausgangsmaterials auf ein ausgewogenes Verhältnis der verschiedenen Substanzen zu achten.

12.7.4.2

Organische Nährstoffe

Die ohnehin schon langsam wachsenden anaeroben Organismen bedürfen einer möglichst gleichbleibenden Versorgung mit genügend organischer Substanz. Der Abbau gestaltet sich bei niedermolekularen Verbindungen einfacher als bei hochmolekularen Biopolymeren. Unter anaeroben Bedingungen gut abbaubar sind Stärke, Zucker und Pektin, Proteine und Peptide sowie Fett. Zum Teil können auch Cellulose und Hemicellulose abgebaut werden. Da diese Substanzen aber zum Schutz vor enzymatischem Abbau oft in einer Matrix mit Lignin eingebunden sind, ist die anaerobe Abbaubarkeit dieser Verbindungen direkt vom Ligningehalt abhängig. Dies hat zur Konsequenz, dass Küchenabfälle, die einen hohen Wassergehalt, viele Nährstoffe und eine weiche Struktur haben, leichter abbaubar sind als beispielsweise Pflanzenabfälle, die neben geringem Wassergehalt einen hohen Anteil an Lignocellulose aufweisen, der nur unter aeroben Bedingungen und auch dann nur langsam abgebaut werden kann.

Das Spektrum der abbaubaren organischen Verbindungen ist bei den aeroben Organismen weiter als bei den anaeroben und bei den größeren Lebewesen meist breiter als bei den kleineren. Am engsten ist es bei einigen Bakterien. Von vielen Organismen wird die aufgenommene Nahrung nur unvollständig verdaut. Andere Organismen ernähren sich von diesen Abfällen, Rückständen oder Abbauprodukten oder sie verzehren als Räuber die erstgenannten Organismen, was zu Nahrungsketten führt. Insbesondere den Einzellern wird die Nahrungsaufnahme und damit der weitere Abbau durch die Tätigkeit größerer Lebewesen sehr erleichtert, da diese die anfangs sehr kompakt vorliegende organische Substanz mechanisch zerkleinern.

12.7.4.3

C/N-Verhältnis

Der bei den Nährstoffen wichtigste Parameter ist das Verhältnis von Kohlenstoff zu Stickstoff (C/N-Verhältnis). Maßgeblich sind dabei nicht die analytisch bestimmbaren Gesamtmengen, sondern die Mengen an relativ leicht verfügbarem Stickstoff und Kohlenstoff. Die Zellsubstanz der Organismen weist in der Regel C/N-Verhältnisse von 4:1 bis 10:1 auf, weiterer Kohlenstoff ist für den Stoffwechsel nötig. Der optimale C/N-Wert wird durch zwei Faktoren bestimmt: einerseits durch die Bedingungen seitens der zum Abbau benötigten Mikroorganismen, andererseits durch die Anforderungen, die das fertige Produkt erfüllen muss. Eine Steuerung erfolgt durch Zerkleinern und entsprechendes Mischen der Abfälle oder durch selektive Zugabe bestimmter Stoffe; denn die eingesetzten Stoffe weisen jeweils unterschiedliche C/N-Verhältnisse auf (Tabelle 10). Besonders hohe Werte finden sich bei einigen der typischen Zuschlagsstoffe wie Getreidestroh (70 bis 165:1), Abfallpapier (200 bis 400:1) oder Sägemehl (500:1).

Bei der Vergärung kann es schwierig werden, das richtige Verhältnis von Kohlenstoff zu Stickstoff zu erreichen; denn Küchenabfälle weisen ein sehr geringes C/N-Verhältnis auf.

Das für die Organismen optimale Verhältnis zum Startpunkt der Rotte läßt sich wie folgt berechnen: organischer Kohlenstoff wird während der Rotte zu 80 % als CO_2 freigesetzt, die restlichen 20 % werden als Biomasse mit einem C/N-Wert von ca. 7 festgelegt. Daraus ergibt sich folgende Formel:

$$C/N_{opt.} = {}^{7}/_{20} * 100 = 35$$

Um also während des Rotteprozesses für die Organismen möglichst gute Wachstumsbedingungen zu ermöglichen, sollten die C/N-Verhältnisse durch eine entsprechend gesteuerte Zusammensetzung der Ausgangsmaterialien auf Werte von 20:1 bis 40:1 mit einem Optimum bei 35:1 eingestellt werden.

Der zweite Gesichtspunkt ist der C/N-Wert, den der fertige Kompost hinterher aufzuweisen hat, er soll nach Möglichkeit etwa 15-20 : 1 betragen. Liegen die Werte höher, so wird dem Boden wertvoller Stickstoff entzogen, liegen sie niedriger, so werden aus dem Boden Stickstoffverbindungen freigesetzt, was einerseits zu Vergiftungserscheinungen bei den umstehenden Pflanzen führen kann und andererseits mit erheblichen Geruchsbelästigungen verbunden ist.

12.7.5

pH-Wert

Die überwiegende Zahl der Bakterien gedeiht optimal bei Werten zwischen pH 6 und pH 9, abhängig von der Lebensweise der Organismen: Nitrifizierer,

Actinomyceten und methanogene Bakterien mögen leicht alkalisches Medium, säureverwertende Bakterien vertragen saurere pH-Werte. Andere wie die *Lactobacilli* produzieren zwar Säure, tolerieren sie aber nicht: es kommt zur Selbstabtötung durch eigengebildete Säuren.

Pilze haben geringere Nährstoffansprüche bzw. vermögen sich Nährstoffe besser anzueignen, beispielsweise Schwermetalle in Form von wasserlöslichen, metallorganischen Komplexen. Daher überwiegen sie bei saureren Verhältnissen, optimale Bedingungen finden sie bei pH 5.

Ähnliche Unterschiede bestehen bei den Bodentieren. Die großen Regenwürmer und auch die Schnecken sind vor allem infolge ihres hohen Calciumbedarfs an nährstoffreichere Standorte gebunden, die zumindest im Unterboden schwach sauer sind, während die kleinen Wenigborster und viele Gliedertiere (infolge großen Artenspektrums unterschiedliche Nährstoffansprüche) mit stark sauren, nährstoffarmen Böden vorlieb nehmen.

Der im Zellinneren übliche pH-Wert liegt bei 7,2 bis 7,4 und schwankt in der Regel leicht in Abhängigkeit von der Stoffwechsellage. Innerhalb von 30 min wird aber meist der normale interne pH-Wert wieder eingestellt. Entstehende Schäden durch unangemessene pH-Werte sind nicht auf die H^+- oder OH^--Ionen zurückzuführen, sondern darauf, dass diese den Anteil der schwachen, nichtdissoziierten Säuren oder Basen erhöhen. Diese dringen im ungeladenen Zustand viel schneller in die Zelle ein als die geladenen Dissoziationsprodukte (auch physiologisch wirksam sind nur die undissoziierten Säuren wie Bernsteinsäure oder Zitronensäure).

Bei der Vergärung besteht hinsichtlich des pH-Wertes das prinzipielle Problem, dass die beiden zwingend beteiligten Organismengruppen unterschiedliche pH-Werte favorisieren. Das Optimum des einen hemmt also das Wachstum des anderen. Eine Lösung läßt sich nur in einer Auftrennung des Reaktionssystems in zwei Reaktoren erzielen, deren erster mit pH 6 für die Acidogenen und deren zweiter mit einem pH-Wert von mindestens 7 für die Methanogenen gut geeignet ist.

Der Rotteprozess weist keinen konstanten pH-Wert auf: von einem etwa neutralen Ausgangswert zu Rottebeginn sinkt er aufgrund der Bildung von Fettsäuren, der CO_2-Produktion und der Nitrifikation zunächst ab, steigt aber nach einer Umstrukturierung der Bakterienkulturen langsam wieder an. In Experimenten hat sich gezeigt, dass bei einem anfänglich leicht alkalischem pH-Wert die Rotte leichter in Gang kommt (Bild 69), was darauf zurückzuführen ist, dass dann die anfangs gebildeten Säuren neutralisiert werden können.

Gelegentlich kann es sich anbieten, den pH-Wert während des Rottevorgangs abzupuffern beispielsweise durch anorganische Phosphate (deren Pufferwirkung oberhalb von pH 7,2 aber nur gering ist), durch unlösliches Calciumcarbonat oder lösliches Natriumcarbonat.

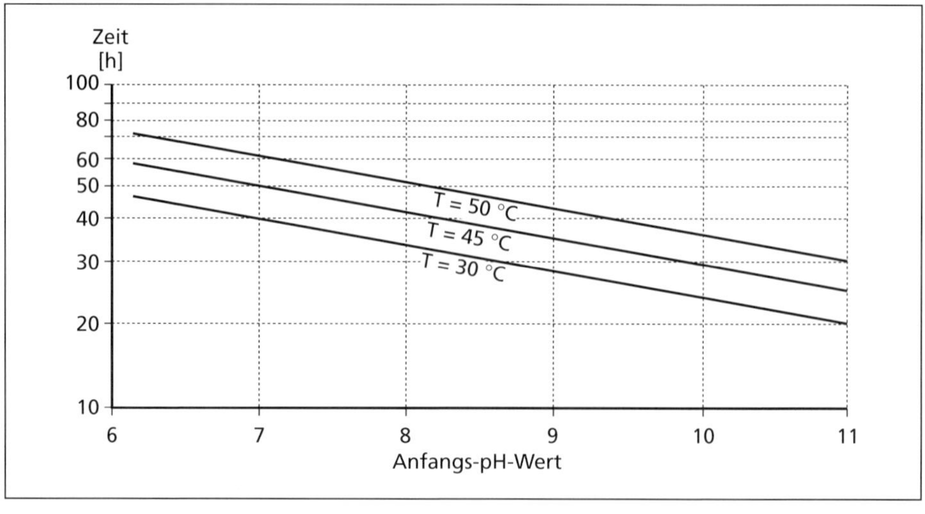

Bild 69: Zeit, nach der, abhängig vom Anfangs-pH-Wert, Temperaturen von 30 °C, 45 °C und 50 °C erreicht werden

12.7.6

Schadstoffe

Schäden für den Prozessablauf oder die geplante Anwendung können durch zu hohe Konzentrationen an toxisch wirkenden Schwermetallen und Salzen entstehen. Mit dem organischen Abfallmaterial werden anorganische Elemente in den Prozess eingetragen, die sich, bedingt durch den Abbau des organischen Materials, anreichern und so toxische Konzentrationen erreichen können. Daher sollte bereits bei der Auswahl der Ausgangsstoffe auf schadstoffarmes Material geachtet werden.

Schließlich ist zu beachten, dass durch Desinfektionsmittel oder Antibiotika, die durch den Bioabfall eingetragen werden, die Stoffwechselprozesse im Rahmen des Behandlungsverfahrens gehemmt werden können. Allerdings lassen sich einige Desinfektions- und Reinigungsmittel biologisch abbauen; dazu gehören beispielsweise auch diejenigen, die in den Sammelfahrzeugen zur Reinigung der Biotonnen eingesetzt werden.

12.7.7

Aktive Oberfläche

Da der Abbau des Bioabfalls nur von außen erfolgt, ist eine möglichst große Oberfläche sinnvoll, was durch Zerkleinerung des Bioabfalls gewährleistet wird. Je höher allerdings das Maß der Zerkleinerung ist, desto geringer wird die

Strukturstabilität des Materials. Deswegen sollte bei der Vergärung in der Tat ein möglichst feiner Aufschluss angestrebt werden, bei der Kompostierung sind der Zerkleinerung hingegen aufgrund der Notwendigkeit der Sauerstoffzufuhr Grenzen gesetzt.

12.8

Konsequenzen für die Aufbereitung des Ausgangsmaterials

Als Konsequenz aus dieser Analyse der Bedürfnisse der an der Abfallbehandlung beteiligten Organismen lassen sich die Forderungen an die Aufbereitung konkretisieren, die im Verfahrensablauf der Anlieferung und Lagerung des Materials folgt.

Schadstoffhaltige Störstoffe müssen aussortiert werden, damit die Lebewesen nicht vergiftet und zudem die entstehenden Produkte nicht unbrauchbar werden. Das Ausgangsmaterial muss zerkleinert werden, um einen schnellen Abbau zu ermöglichen, wobei die anaeroben Organismen der Vergärung hier höhere Ansprüche stellen als die aeroben aus der Kompostierung. Der Wassergehalt muss entsprechend eingestellt werden, ebenso der Nährstoffgehalt über das C/N-Verhältnis und der Schadstoffgehalt über die gezielte Auswahl geeigneter Ausgangsstoffe. Auch Temperatur, pH-Wert und Sauerstoffverhältnisse, anaerob oder aerob, müssen kontrolliert werden.

Kapitel 13

Aufbereitung für die biologische Behandlung

Mit der Aufbereitung des Bioabfalls sollen mehrere Ziele erreicht werden: als erstes eine Optimierung der Startbedingungen für die an den Abbauprozessen beteiligten Organismen, um den biologischen Abbau der organischen Substanz zu verbessern. Zweitens wird das Abscheiden nicht erwünschter Stoffe angestrebt, um so einen möglichst störungsarmen, technischen Anlagenbetrieb sicherzustellen sowie um die Emissionen zu minimieren. Drittens wird infolgedessen eine Verbesserung von Produktqualität und -eigenschaften erwirkt.

Prinzipiell ist vor einer anaeroben und einer aeroben Bioabfallbehandlung das gleiche Verfahrensprinzip bezüglich der Störstoffauslese anzuwenden. Darüber hinaus sind bei der Vergärung Verfahrensschritte notwendig, die für einen raschen anaeroben Abbau von organischen Abfällen sorgen, indem sie die abzubauenden Bioabfälle fein zerkleinern, homogenisieren und anmaischen ([39] Bidlingmaier und Müsken, 2001).

13.1 Entfernung von Störstoffen

Bei der Störstoffabtrennung ist generell zu berücksichtigen, dass technische Trennverfahren selten einen Abtrenngrad von 100 % mit einer Selektivität von

Bild 70: Schneckenwellen
Quelle: Metso Lindemann GmbH, Firmeninformation (2000)

100 % kombinieren. Erschwerend kommt hinzu, dass Störstoffe immer in unterschiedlicher Zusammensetzung auftreten. Aufbereitungsstufen müssen deshalb in der Praxis immer an die anlagenspezifischen Gegebenheiten angepaßt werden ([181] Kübler, 1998). Welche Verfahren zum Einsatz kommen, hängt beispielsweise von der Art der Abfallsammlung ab; denn wenn zu erwarten ist, dass ein größerer Teil des angelieferten Abfalles in Plastiktüten verpackt ist, bedarf es als erstes einer Grobzerkleinerung. Zu diesem Zweck werden hauptsächlich langsam laufende Aggregate mit selektiver Zerkleinerung wie beispielsweise Schneckenwellen (Bild 70), Schnecken- oder Schraubenmühlen eingesetzt.

Als grundsätzliche Formen der weiteren Störstoffseparation können die Handlese, die Siebung, die Eisenmetallabscheidung und die Sink-Schwimm-Trennung eingesetzt werden.

13.1.1 Handlese

Eine Handlese kann prinzipiell für den gesamten Bioabfall vorgenommen werden und ist entweder bei dem in einem Flachbunker ausgebreiteten Abfall oder auf einem Sortierband (Bild 71) machbar. Ein dauernder Arbeitsplatz zur Abtrennung von Störstoffen (Sortierplatz, Bild 71) ist aber nur dann zumutbar, wenn nicht das gesamte Material gesichtet werden muss, sondern aus einem mit Ungehörigkeiten angereicherten Stoffstrom ausgelesen wird, wie es z.B. der Siebüberlauf in der Grobaufbereitung darstellt ([39] Bidlingmaier und Müsken, 2001). Unter dem Aspekt der Hygiene bzw. des Arbeitsschutzes sind solche Sortierplätze jedoch häufig als problematisch einzustufen.

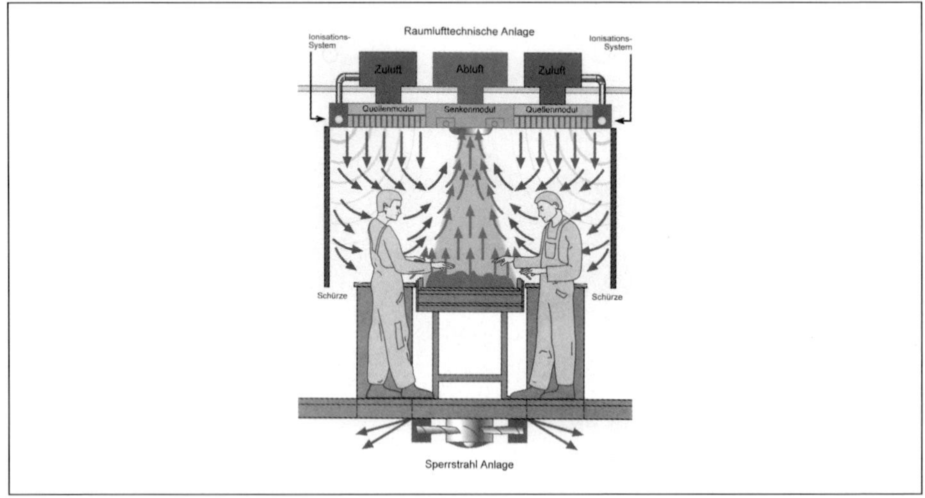

Bild 71: Raumlufttechnische Anlage
Quelle: Horstmann (2003)

13.1.2

Siebung

Mittels einer Störstoffanalyse lässt sich nachweisen, dass 98 % der Störstoffe in der Siebfraktion größer 60 mm liegen. Bei geringem Grüngutanteil lässt sich diese Fraktion gut als Siebüberlauf abtrennen. Daher wird im allgemeinen gleich zu Anfang des Aufbereitungsprozesses eine Vorabsiebung von Grob- oder Störstoffen wie Astwerk und Folien vorgenommen. Bei hohem Grüngutanteil können allerdings mehr als 20 % des Bioabfalls in der Fraktion größer 60 mm liegen, was eine weitere Siebung nach Beendigung der Kompostierung erforderlich macht. Je nach Bedarf werden verschiedene Siebtypen eingesetzt.

Trommelsiebe (Bild 72) haben eine steife Tragkonstruktion und sind mit austauschbaren, gelochten Blechen verkleidet. Die Sieblöcher können unterschiedliche Formen haben, von quadratisch oder rechteckig über rautenförmig bis rund. Solche Siebtrommeln sind einfach und robust und ermöglichen eine dauernde Umwälzung des Materials. Nachteilig kann sich die relativ hohe Bauweise auswirken; die Staubentwicklung erfordert zudem eine Kapselung.

Bild 72: Trommelsieb
Quelle: [141] Heering und Zeschmar-Lahl (2001)

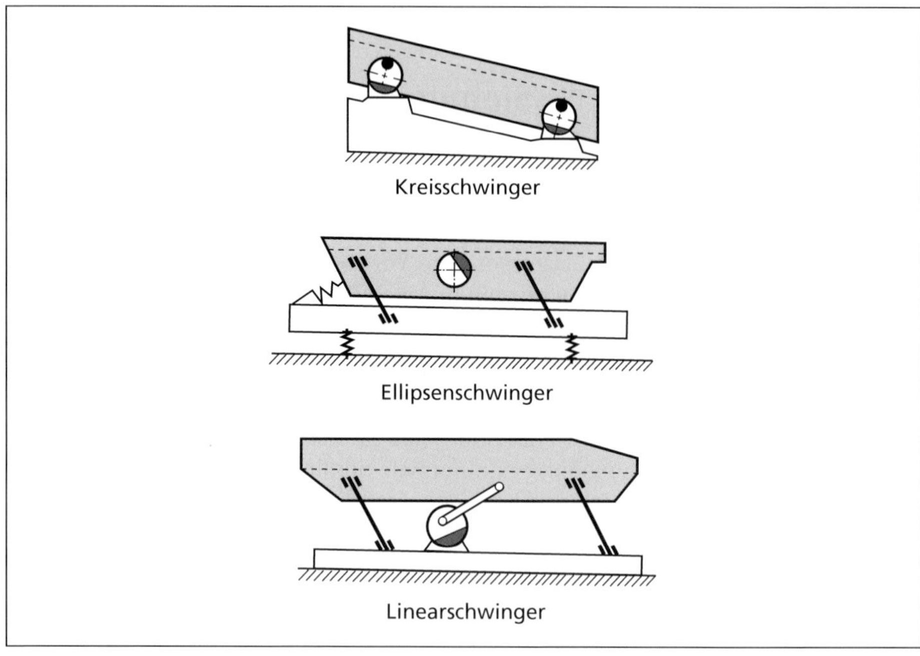

Bild 73: Kreis-, Ellipsen- und Linearschwinger

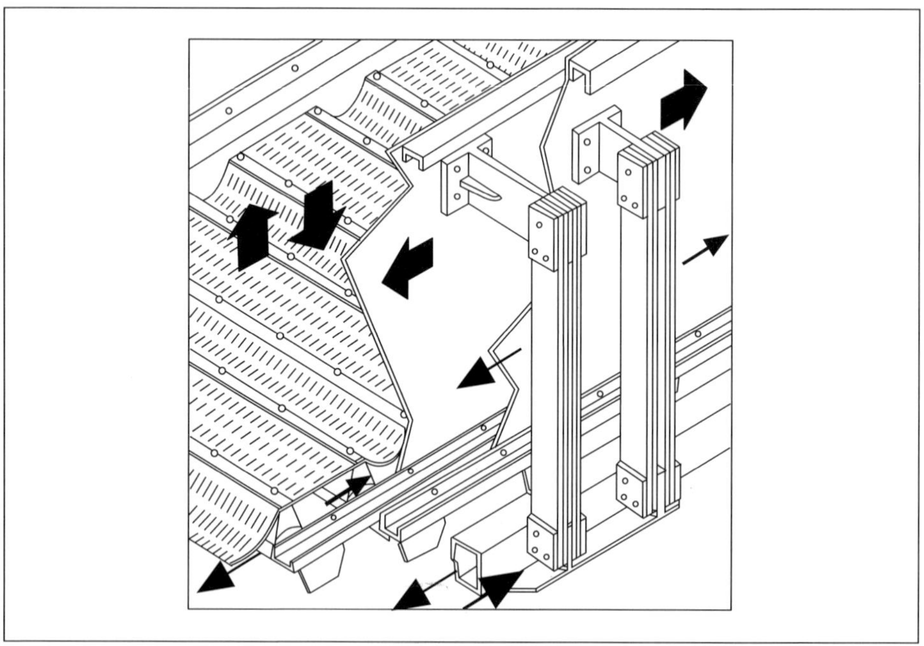

Bild 74: Wirkungsschema eines Spannwellensiebes

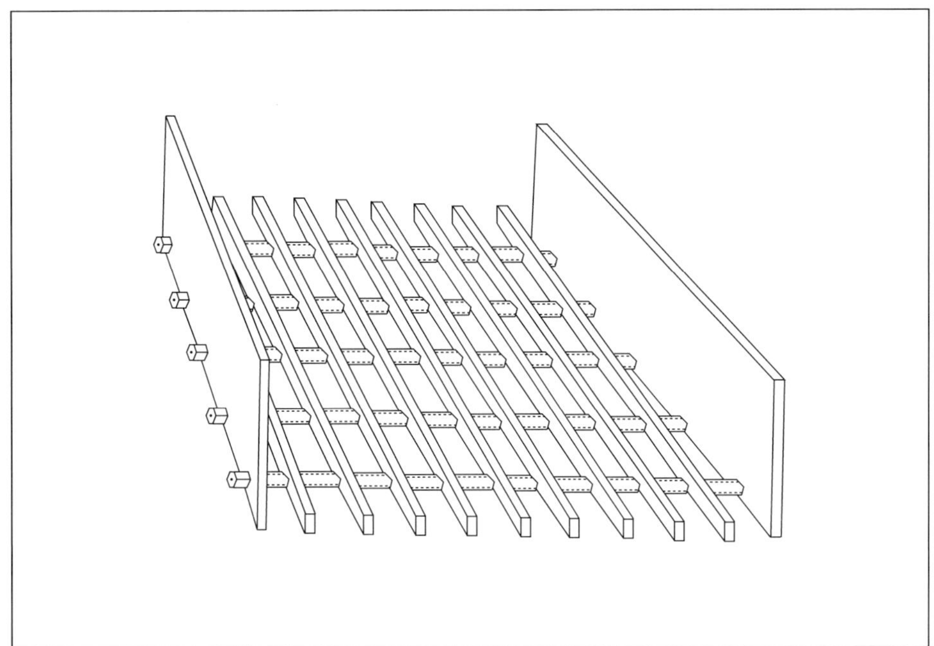

Bild 75: Stangensizer

Flachsiebe sind ebenfalls einfach und robust, es gibt sie als Kreis-, Ellipsen- und Linearschwinger-Systeme (Bild 73). Der Nachteil dieser Systeme liegt in möglichen Verstopfungen der Siebmaschen, außerdem können großflächige Teile die Sieböffnungen abdecken und das Passieren von darüberliegenden kleinen Teilen verhindern.

Eine Sonderform auf der Basis eines Flachsiebes stellen Spannwellensiebe (Bild 74) dar, die zwar einen hohen Verschleiß und dadurch kurze Standzeiten haben, dafür aber einen guten Selbstreinigungseffekt durch die hohen Beschleunigungskräfte beim Spannen des elastischen Bodens aufweisen.

Stangensizer (Bild 75) können speziell zur Abscheidung grober und sperriger Abfallbestandteile eingesetzt werden.

Zur Behandlung des Siebüberlaufes gibt es je nach Bedarf verschiedene Möglichkeiten, die sich aus der Zusammensetzung des Materials ergeben: reines Astwerk lässt sich zerkleinern und direkt der Nachrotte zuführen. Bei einem Siebüberlauf mit wenigen Störstoffen können diese von Hand aussortiert und zur Deponierung gegeben werden. Das verbleibende organische Material wird getrennt zerkleinert, nachgesiebt und dem Prozess wieder zugeführt. Ein Siebüberlauf mit hohem Gehalt an Störstoffen ist hingegen nur zur Deponierung oder Verbrennung geeignet.

Der Siebdurchgang (das organische Substrat für die Vergärung oder Kompostierung) kann einer weiteren Aufbereitung zugeführt werden.

13.1.3

Magnetscheider

Magnetscheider werden zur Eliminierung von Eisenbestandteilen eingesetzt. Dadurch werden Störungen bei der Zerkleinerung des Abfallgutes verhindert, zusätzlich wird auch das Schadstoffpotential vermindert, was zu einer Verbesserung der Kompostqualität führt. Magnetscheider sind außerordentlich flexibel hinsichtlich ihrer Bauweise und ihrer Anordnung und können dadurch optimal an alle Betriebsverhältnisse angepaßt werden. Es gibt Trommel-, Walzen- und Überbandmagneten (Bild 76), die Magnetfelder können elektrisch oder permanent sein.

Das typische Problem bei Magnetscheidern liegt darin, dass bei zu großem Abstand vom Band nicht alle Eisenbestandteile herausgeholt werden, insbesondere, wenn die Teile unter dem Abfall versteckt liegen. Ist jedoch der Abstand klein genug, um auch die verschütteten Eisenteile noch herauszuziehen, so kommt es besonders bei Überbandmagnetscheidern häufig zu Verstopfungen durch zu große Teile.

Das verbleibende organische Substrat für die Vergärung oder Kompostierung kann je nach anschließender Verarbeitung der Anmaischung in Stofflösebehältern oder der trockenen, mechanischen Feinzerkleinerung unterworfen werden.

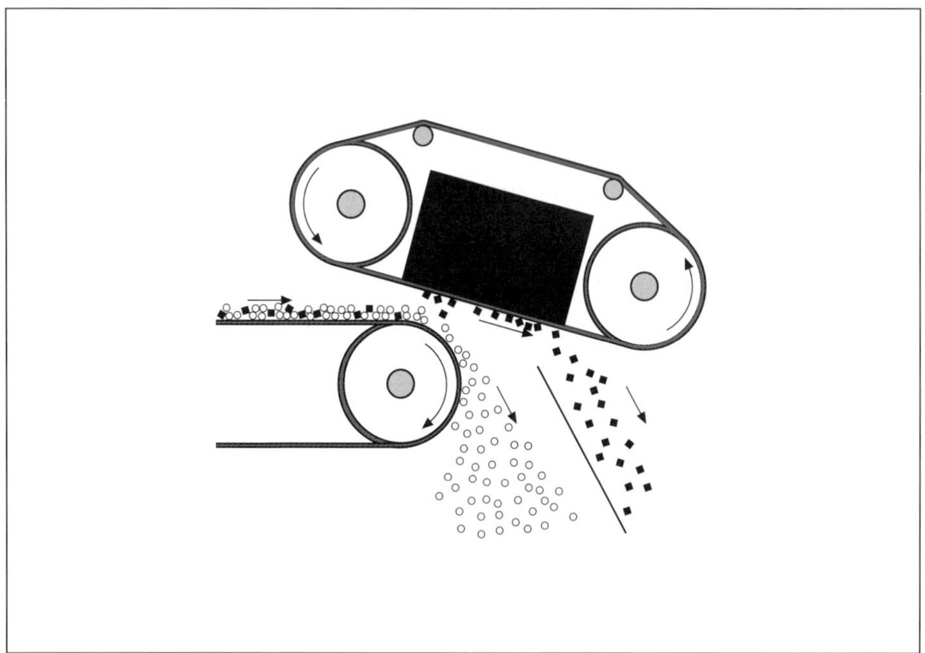

Bild 76: Überbandmagnetscheider
Quelle: [289] Thomé-Kozmiensky (1995)

13.1.4

Sink-Schwimm-Trennung

In flüssigem Ausgangsmaterial können Störstoffe sehr gut aufgrund unterschiedlicher Dichten abgetrennt werden. Dieser Selektierprozess eignet sich aber nur für Material, das zur Nassvergärung bestimmt ist und ist zudem sehr teuer. Zu trockenes Material wird zunächst im Auflösebehälter angemaischt, als Wasser finden außer Frischwasser auch Prozesswasser oder andere entsprechend wässrige Substrate Verwendung. In dem gleichen Behälter, in dem angemaischt wird, kann zudem die Abtrennung von Störstoffen erfolgen.

Hierfür gibt es verschiedene Möglichkeiten (Bild 77): feste Abfallbestandteile können aufgefasert und in Lösung gebracht werden. Leichte, obenauf schwimmende Teile wie Plastik, Textilien oder Holz werden mit einem Rechen, schwere Teile wie z.B. Glas, Steine oder Metalle über eine Schleuse abgezogen. Feinstteile wie Splitter oder Sand werden mittels eines Sandabscheiders entfernt.

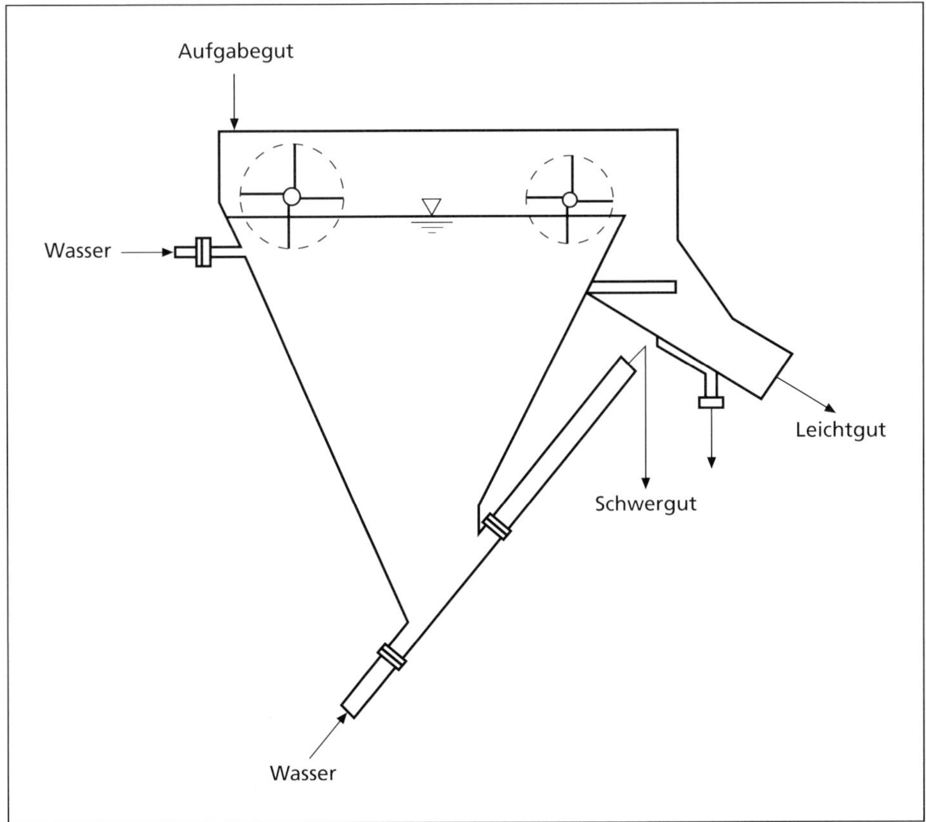

Bild 77: Sink-Schwimm-Trennung

Bild 78: Sortierreste und aufgereinigter Kompostrohstoff
Quelle: Prospekt Firma BG-Recyclingmaschinen GmbH (2000)

13.2 Behandlung des verbleibenden Bioabfalls

Als Ergebnis dieser Verfahrensschritte sind die Störstoffe soweit vom aufgereinigten Ausgangsmaterial abgetrennt worden, dass eine biologische Behandlung möglich ist (Bild 78). Dazu wird der Bioabfall selbst für die Vergärung oder für die Rotte vorbereitet, indem er zerkleinert, gemischt und ggf. homogenisiert wird. Häufig schließt sich nach Abschluß der biologischen Behandlung eine weitere Feinsiebung an, um verbliebene Störstoffe abzutrennen. Der hier anfallende Siebüberlauf kann noch bis zu 40 Gew.- % ausmachen.

13.2.1 Zerkleinerung

Für den anaeroben Abbau wird das aufgereinigte Abfallmaterial durch eine feine Zerkleinerung beispielsweise mit Hilfe einer Schneidscheibenmühle weiter optimiert. So kann der nachfolgende Gärprozess wesentlich effektiver gestaltet werden. Noch feiner wird das Ausgangsmaterial durch Doppelschneckenaufbereiter oder eine Verquirlung im Auflösebehälter aufgeschlossen, dieser Schritt dient dann gleichzeitig der Homogenisierung des Materials ([39] Bidlingmaier und Müsken, 2001).

Auch für den Rotteprozess ist eine Zerkleinerung des aufgereinigten Bioabfalls sehr wichtig, und das aus mehrerlei Gründen: zunächst wird so die spezifische Oberfläche der Bioabfallbestandteile vergrößert, insbesondere, wenn als Zerkleinerungsschritt eine Auffaserungstechnik angewandt wird. Dies kommt den Mikroorganismen zugute, die das derart aufgeschlossene Material besser verwerten können. Daneben wird auch die Wasseraufnahmefähigkeit des Bioabfalls

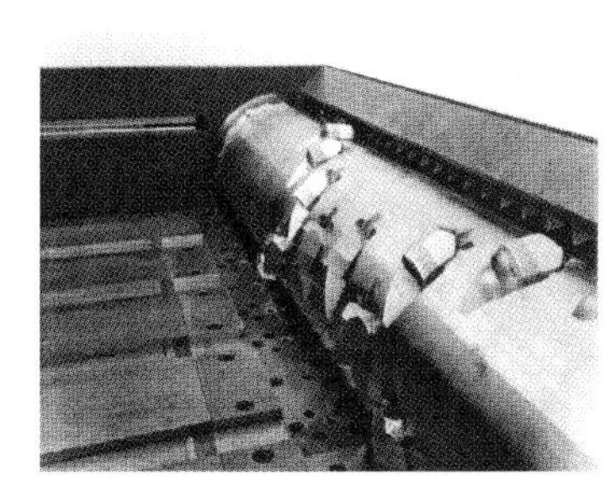

Bild 79: Ein- und Zweiwellenzerkleinerer
Quelle: [141] Heering und Zeschmar-Lahl (2001)

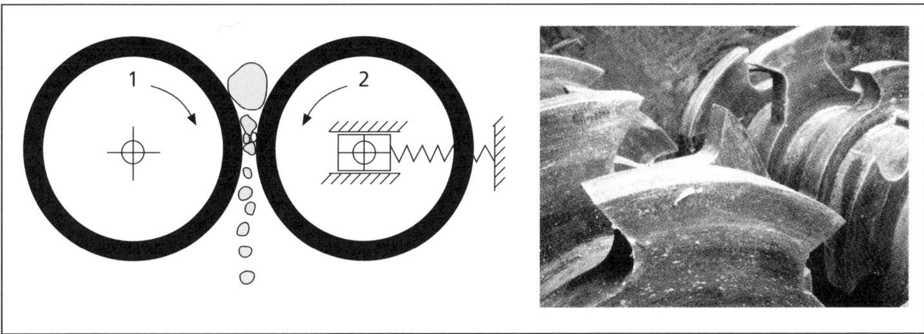

Bild 80: Walzenmühlen in Schema und Praxis
Quelle: (rechts) Prospekt Fa. Willibald (2000)

verbessert. Die Zerkleinerung ist daher besonders wichtig für die Aufbereitung von Holz und größeren Papiermengen.

Wenn viele Holzbestandteile vorliegen, werden schnell laufende Zerkleinerungsaggregate wie Schlagmühlen oder Schneidmühlen (schnelle wie langsame) eingesetzt. Die schnellen Schneidmühlen verwendet man häufig für die Zerkleinerung von Strauchschnitt als Strukturmittelbeigabe. Ansonsten kommen langsam laufende Aggregate wie Drehtrommeln, Siebraspeln und das gesamte Sortiment von Mühlen (Schnecken-, Hammer-, Prall-, Walzen-, Schraubenmühlen etc.) zur Anwendung (Bild 79 und Bild 80). In der Regel findet sich in jeder Anlage aber nur eine Zerkleinerungsstufe.

13.2.2 Mischung und Homogenisierung

Unter dem Begriff Mischung versteht man die gleichmäßige Zugabe von Hilfs- und Ergänzungsstoffen wie z.B. Strukturmaterial zum Bioabfall. Während des Mischens wird das Ausgangsmaterial auch homogenisiert, was wegen der stark schwankenden Zusammensetzung und Konsistenz des eingesammelten Bioabfalls insbesondere bei der Vergärung wichtig ist. Beide Punkte sind von Bedeutung, um für die Mikroorganismen günstige Abbaubedingungen einstellen zu können. Bei Kompostierungsanlagen jüngeren Datums hingegen wird das Material in der Regel nicht mehr homogenisiert.

Je nach Bedarf werden eher Langzeitmischer oder Kurzzeitmischer eingesetzt. Die Langzeitmischer (Mischbunker, Drehtrommeln) werden alle bei eher inhomogenem Material verwendet. Drehtrommeln haben Drehzahlen von 13-15 U/min und sind gut geeignet bei Aufenthaltszeiten von ca.1 Stunde. Dann dienen sie gleichzeitig der Mischung wie der Homogenisierung. Will man aber nur schnell etwas mischen oder Wasser zugeben, um optimale Bedingungen einzustellen, so eignen sich besser Kurzzeitmischer wie z.B. Paddelmischer.

Kapitel 14

Anaerobe Behandlung

14.1

Einführung und Geschichte

Mit dem Begriff der Vergärung wird aus biologischer Sicht der anaerobe Abbau organischer Substanz bezeichnet, aus abfallwirtschaftlicher Sicht wird darunter ein anaerobes Alternativverfahren zur biologischen Abfallbehandlung durch Kompostierung verstanden; beide Wege ergänzen sich gut. Die im Rahmen der Vergärung entstehenden Produkte sind auf der einen Seite das sogenannte Biogas, eine Mischung aus überwiegend Methan und Kohlendioxid mit anderen Spurengasen, auf der anderen Seite ein Gärrest, der zu Kompost umgesetzt werden kann.

Es ist überraschend, dass die Vergärung erst in den letzten Jahren an Gewicht zugenommen hat - die erste großtechnische Vergärungsanlage für Bioabfälle wurde 1992 in Kaufbeuren in Betrieb genommen -, schließlich reicht die Geschichte der Anaerob-Technik recht weit zurück: die erste Beschreibung der Bildung von Biogas findet sich im 17. Jahrhundert, der erste dokumentierte Biogasreaktor wurde 1859 in Bombay betrieben. Erste Anfänge einer Biogasnutzung in Europa begannen 1896 in der Stadt Exeter (UK), wo das Faulgas aus geschlossenen Absetzbecken für die Straßenbeleuchtung genutzt wurde. Die ersten Biogasanlagen wurden jedoch nicht zur Behandlung der organischen Fraktion des Hausmülls genutzt, sondern zum einen in der Landwirtschaft zur Behandlung tierischer Exkremente und zum anderen zur anaeroben Schlammstabilisierung in kommunalen Kläranlagen bzw. zur Reinigung organisch hoch belasteter Abwässer.

Durch die Entwicklung geschlossener und beheizbarer Faulbehälter in den zwanziger Jahren des vorigen Jahrhunderts wurde nicht nur die Stabilisierung des Faulschlammes, sondern auch die Nutzung des Faulgases zur Wärme- und Elektroenergieerzeugung erleichtert ([214] MLUR, 2000). Diese Verhältnisse änderten sich erst im Zuge der Ölkrise in den siebziger Jahren und nach der Entwicklung leistungsfähigerer Reaktoren in der Abwasserreinigung zu Beginn der achtziger Jahre, die den Weg zur Entwicklung von Biogasanlagen für feste und schlammartige organische Abfallstoffe bereiteten.

Die Vergärung von Bioabfällen, häufig gemeinsam mit anderen organischen Abfällen, bringt für die Organismen jedoch einige Probleme mit sich: Da anaerobe Bakterien langsam wachsen, können sie sich nicht umgehend an wechselnde Umgebungsbedingungen anpassen. Dies ist aber in der Bioabfallwirtschaft mit ihrer ständig variierenden Materialzusammensetzung permanent der Fall, was den Anlagenbetrieb insbesondere in der Frühphase dieser Technologie instabil und in gewissem Grad unberechenbar werden ließ. Infolge mangelnder Kenntnisse über die exakten anaeroben Stoffwechselketten führte dies in eben jener Anfangszeit dazu, dass man versuchte, Temperatur und pH-Wert als die bekannten Regelgrößen zu optimieren: extrem schwierige Regelungsanforderungen an die Stabilität einer definierten Temperatur bei ± 0,5 °C und eines bestimmten pH-Wertes um ± 0,2 Einheiten waren die Folge. Mit dem heutigen Wissen um die unterschiedlichen, an den anaeroben Umsetzungsprozessen beteiligten Mikroorganismen sowie ihrer jeweils optimalen Lebensbedingungen entwickelten sich die mehrstufigen Anlagen ([191] Langhans, 1999).

Die Erwartungen, die seitens der Abfallwirtschaft an die Biogasanlagen gestellt werden, sind hoch: im Vergleich zur Kompostierung benötigen die Biogasanlagen weniger Platz. Zudem tritt durch ihre zur Aufrechterhaltung der anaeroben Verhältnisse ohnehin nötige geschlossene Bauweise das Problem der Geruchsemissionen in den Hintergrund. Die hohen Abbauraten bei der Vergärung ergeben nur einen vergleichsweise kleinen Gärrest, der nach einer kurzen Nachkompostierungsphase zu entsprechend geringen Kompostmengen führt. Ein weiterer, sehr wichtiger Aspekt besteht darin, dass bei diesen Verfahren auch eine Verwertung von störstoffhaltigen organischen Abfällen möglich ist, weil sich die Störstoffe einfacher abtrennen lassen als bei der Kompostierung. Diese Faktoren sowie das recht weite Spektrum akzeptabler Ausgangsmaterialien lassen sehr flexible Anwendungsmöglichkeiten zu. Hinzu kommt die Tatsache, dass sich im Rahmen der Vergärung Energie gewinnen und verkaufen lässt.

Diese Gegebenheiten führten in jüngster Vergangenheit zu einer rasanten Entwicklung auf dem Gebiet der Vergärungstechnik organischer Abfälle, die sich auch in einem sprunghaften Anstieg der Anlagenzahl niederschlägt. So gab es neben Hunderten von landwirtschaftlichen und Abwasservergärungsanlagen im Jahr 1998 allein 44 Vergärungsanlagen für Bioabfall, das sind doppelt so viele wie noch zwei Jahre zuvor. Die Gesamtkapazität dieser 44 Anlagen lag mit 1,2 Mio. Mg/a gleich viermal so hoch wie im Jahr 1996 und stellte damit knapp 15 % der Behandlungskapazität für organische Abfälle.

Der Erfolg spricht für sich, doch hängt die weitere Entwicklung der Anaerobtechnik sehr von der Einbindung dieses Verfahrensweges in übergeordnete Entsorgungskonzepte ab ([41] Bilitewski et al., 1994; [110] Faulstich und Christ, 1998).

14.2

Allgemeine biochemische Grundlagen

Im Zusammenhang mit den Abbauvorgängen im Rahmen der Vergärung wie auch später der Kompostierung ist es unabdingbar, sich mit den Grundlagen der Biochemie zu beschäftigen. Bereits der Grundstoffwechsel der Organismen ist sehr komplex, in Bild 81 ist eine Übersicht gezeigt, in die sich alle im weiteren Verlauf erläuterten Reaktionen einordnen lassen.

Bevor die wesentlichen Mechanismen und Prinzipien vorgestellt werden, nach denen der Stoffwechsel funktioniert, sollen einige wichtige Begriffe erklärt werden.

Metabolismus ist die übergeordnete Bezeichnung für alle im Organismus von Pflanzen, Tieren und Mikroorganismen ablaufenden chemischen Reaktionen, seien sie aufbauender, umbauender oder abbauender Natur.

Assimilation bedeutet, dass Lebewesen Stoffe aus ihrer Umgebung aufnehmen und diese in körpereigene organische Verbindungen umformen. Mit Anabolismus wird die Gesamtheit der aufbauenden Stoffwechselreaktionen bezeichnet. Entsprechende Biosynthesereaktionen sind meist energieverbrauchend (endergon), die erforderliche Energie wird bei grünen Pflanzen dem Sonnenlicht entnommen (Photosynthese), bei anderen autotrophen Organismen aus der Umwandlung anorganischer Substanzen (Chemosynthese).

Heterotrophe Organismen gewinnen diese Energie durch energieliefernde (exergone) Reaktionen im Verlauf des Abbaus von organischen Nahrungsstoffen oder zelleigenen organischen Verbindungen. Dieser Vorgang wird Dissimilation genannt. Der Begriff Katabolismus umfasst die Gesamtheit der abbauenden Stoffwechselreaktionen.

Anabolismus und Katabolismus sind eng miteinander verknüpft, die Steuerung beider Vorgänge wird hauptsächlich über den aktuellen Vorrat und Bedarf der Zellen an ATP geregelt. ATP ist ein zellulärer Energieträger; ein hoher ATP-Spiegel fördert anabole Reaktionen und umgekehrt.

Ein Intermediärstoffwechsel umfasst alle Umbauprozesse, die zwischen assimilatorischen und dissimilatorischen Vorgängen vermitteln. Bei diesem ganzen System handelt es sich um ein Fließgleichgewicht, weil Lebewesen offene Systeme sind, die permanent auf eine Gleichgewichtslage hin reagieren, ohne sie ganz zu erreichen.

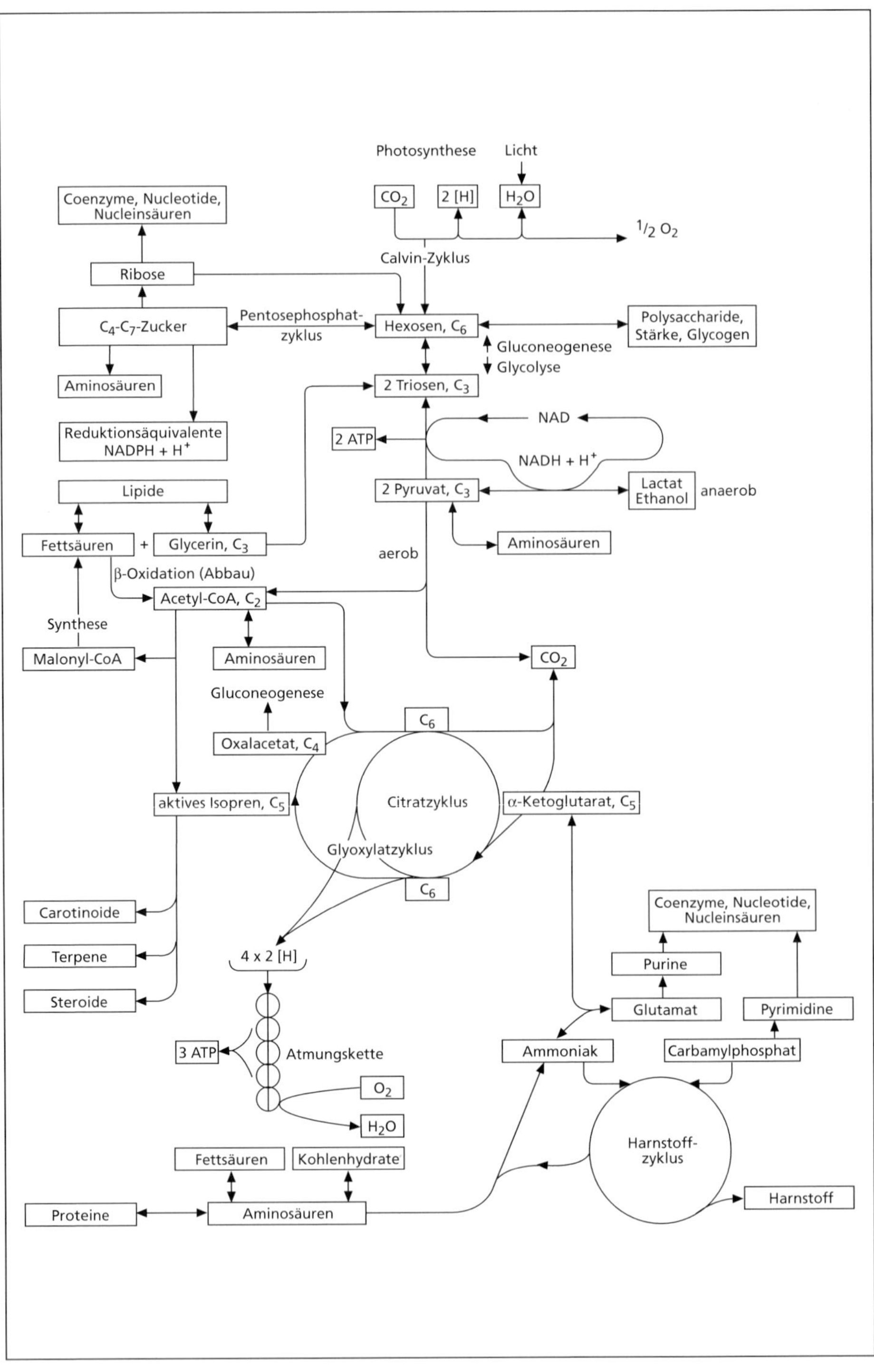
Photosynthese
Licht
CO_2
2 [H]
H_2O
$1/2\ O_2$
Calvin-Zyklus
Coenzyme, Nucleotide, Nucleinsäuren
Ribose
C_4-C_7-Zucker
Pentosephosphat-zyklus
Hexosen, C_6
Polysaccharide, Stärke, Glycogen
Gluconeogenese
Glycolyse
Aminosäuren
2 Triosen, C_3
Reduktionsäquivalente NADPH + H^+
NAD
2 ATP
NADH + H^+
Lipide
2 Pyruvat, C_3
Lactat Ethanol
anaerob
Fettsäuren
+
Glycerin, C_3
Aminosäuren
aerob
β-Oxidation (Abbau)
Acetyl-CoA, C_2
Synthese
Malonyl-CoA
Aminosäuren
CO_2
Gluconeogenese
C_6
Oxalacetat, C_4
aktives Isopren, C_5
Citratzyklus
α-Ketoglutarat, C_5
Glyoxylatzyklus
C_6
Carotinoide
Coenzyme, Nucleotide, Nucleinsäuren
Terpene
4 x 2 [H]
Purine
Steroide
Glutamat
Pyrimidine
3 ATP
Atmungskette
Ammoniak
Carbamylphosphat
O_2
H_2O
Harnstoff-zyklus
Fettsäuren
Kohlenhydrate
Harnstoff
Proteine
Aminosäuren

Das Schema zeigt einige wichtige Beziehungen und Verknüpfungen des Intermediärstoffwechsels. An verschiedenen Stellen wird auf die Bildung von ATP hingewiesen.

Die Verhältnisse bei Mikroorganismen (speziell Stickstoff-Fixierung) wurden nicht berücksichtigt. Die Pfeile deuten an, dass Abbau und Synthese oftmals (zumindest streckenweise) über die gleichen Stoffwechselwege verlaufen.

In der Photosynthese als wichtigstem biosynthetischen Prozess wird die Energie der Lichtquanten (Sonnenenergie) zur Wasserspaltung benutzt und Sauerstoff gebildet (Lichtreaktion). Der aktive Wasserstoff dient zusammen mit CO_2 dem Aufbau von Kohlenhydraten (Hexosen, Dunkelreaktionen des Calvin-Zyklus).

Hexosen fungieren als Grundbausteine für die Synthese von Polysacchariden (pflanzlicher Stärke und tierischem Glykogen) und als Ausgangssubstanzen für die Umwandlung verschiedener Zucker ineinander im Rahmen des Pentosephosphatzyklus. Von den so synthetisierten Zuckern spielt insbesondere die Ribose eine wichtige Rolle als Bestandteil der Coenzyme, Nucleotide und Nucleinsäuren. Sie kann andererseits auch wieder in den *pool* der Hexosen eingeschleust werden. Desweiteren dient der Pentosephosphatzyklus als Quelle für Reduktionsäquivalente (NADPH + H^+) für Syntheseprozesse.

Schließlich können die gebildeten C_4-C_7-Zucker der Aminosäuresynthese dienen, wobei – wie das Schema andeutet – dies nicht die einzigen Intermediärprodukte zum Aminosäureaufbau sind. Im katabolen Stoffwechsel wird mit Hexosen in Form von Glucose die Glycolyse gestartet, die unter anaeroben Bedingungen zu Lactat oder Ethanol (alkoholische Gärung) führt, unter aeroben Bedingungen dagegen über Acetyl-CoA mit dem Citratzyklus und über diesen mit der Atmungskette verbunden ist.

Bild 81: Übersicht über den Stoffwechsel

14.2.1

Erstes Charakteristikum: Reaktionsablauf mit Zwischenstufen

Alle Stoffwechselprozesse haben viele Zwischenstufen; ihr Ablauf ist entweder in langen Reaktionsketten oder in Form von Cyclen organisiert.

Der biologische Sinn dieser Teilschritte liegt zum einen in der dadurch gegebenen Möglichkeit zur Vernetzung von Stoffwechselwegen, zum anderen darin, dass so Anabolismus und Katabolismus durch gemeinsame Zwischenprodukte verknüpft und besser reguliert werden können.

Diese Reaktionsfolgen haben aber auch einen energetischen Sinn; denn die im Stoffwechsel gewonnene oder verbrauchte chemische Energie steht nicht kontinuierlich, sondern „portionsweise" zur Verfügung. Der Grund dafür liegt darin, dass die freigesetzte Energie durch die Hydrolyse energiereicher Phosphate, insbesondere von ATP, entsteht und daher in definierten Mengen anfällt. Die Teilschritte des Stoffwechsels müssen also auf diese „Energiewährung" abgestimmt sein. Anabole und katabole Stoffumwandlungen sind untrennbar mit der Aufnahme oder Abgabe von Energie verbunden. Dem Stoffwechsel läuft daher ein Energiewechsel parallel.

14.2.2

Zweites Charakteristikum: Nutzung unterschiedlicher Wege und Kompartimente in Anabolismus und Katabolismus

Der Anabolismus ist nicht einfach eine Umkehrung der katabolen Reaktionen, auch wenn Teilreaktionen der Stoffwechselketten oder -cyclen rückwärts durchlaufen werden. Vielmehr sind an verschiedenen Stellen „Umwege" oder andere Reaktionen eingebaut, die zu den gleichen Metaboliten führen. Dies hat zum einen energetische Gründe, weil so thermodynamisch ungünstige Reaktionen umgangen werden können. Zum anderen besteht hierdurch die Möglichkeit einer Regulation von Synthese und Abbau. Dieser Stoffwechselregulation dient auch der Umstand, dass oft beide Prozesse - obwohl gleichzeitig - in verschiedenen Zellkompartimenten ablaufen, damit gewissermaßen nichts durcheinander kommt.

14.2.3

Drittes Charakteristikum: Stoffwechsel als ein enzymatisch geregeltes Fließgleichgewicht

Die einzelnen Reaktionen des Stoffwechsels sind enzymkatalysiert und damit gut regelbar. Ebenfalls aus Steuerungsgründen werden Hin- und Rückreaktionen häufig von verschiedenen Enzymen katalysiert, obwohl sie im Prinzip umkehrbar sind. Der gesamte, enzymatisch gesteuerte Stoffwechsel befindet sich in einem dynamischen oder Fließgleichgewicht: Die am Stoffwechsel beteiligten Verbindungen befinden sich in einem quasistationären Zustand, sind also in der gleichen Konzentration vorhanden.

14.2.4

Viertes Charakteristikum: Metaboliten-Reservoir im Stoffwechsel

Als Metaboliten werden umzusetzende Stoffwechselprodukte bezeichnet. Aus solchen Substanzen, die vielen Stoffwechselwegen gemeinsam sind und deren momentane Konzentrationen in der Zelle von entscheidender Bedeutung für den jeweiligen Stoffwechselzustand des Organismus sind, wird ein Stoffwechselreservoir gebildet. Ein bekanntes Beispiel ist die aktivierte Essigsäure (Acetyl-CoA), die ein gemeinsames Zwischenprodukt des Katabolismus der Fette,

Kohlenhydrate und Proteine ist und selbst entweder zum Energiegewinn weiter abgebaut werden oder als Substrat für Synthesen Verwendung finden kann.

14.3

Biochemie der Vergärung

Unter Vergärung versteht man den biochemischen Abbau von Kohlenhydraten und anderen organischen Substanzen ohne das Beisein von Sauerstoff, also unter anaeroben Bedingungen. Dieser Weg wird von einer Vielzahl von Organismen genutzt, um Energie zu gewinnen. Die unterschiedlichen Endprodukte der Abbauwege stellen ein wichtiges Bestimmungsmerkmal der betreffenden Mikroorganismen dar. Ein gemeinsames, wichtiges Zwischenprodukt vieler Gärungen beim Abbau von Kohlenhydraten ist das Pyruvat, durch dessen unterschiedlichen Abbau in verschiedenen Mikroorganismen die große Vielfalt der Endprodukte entsteht (Bild 82).

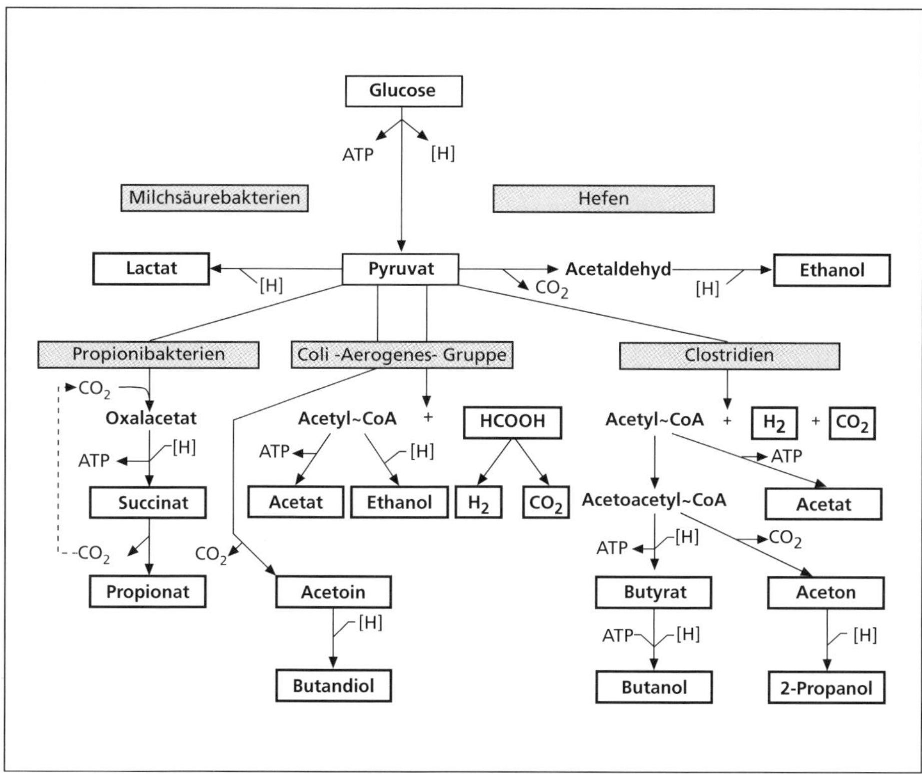

Bild 82: Zusammenfassende Übersicht über Verlauf und Produkte der wichtigsten Gärungen

14.3.1

Unterschiede zwischen anaerobem und aerobem Stoffwechsel

Die anaeroben oder fermentativen Stoffwechselprozesse unterscheiden sich in vielen Dingen von den aeroben oder oxydativen Stoffwechselprozessen. Bei den fermentativen Prozessen werden beim Substratabbau keine zusätzlichen exogenen Elektronendonatoren oder –akzeptoren eingesetzt. Der Stoff wird nur unvollständig abgebaut, die nicht freigesetzte Energie verbleibt im Endprodukt. Als Beispiel diene der anaerobe Abbau von Glucose zu Milchsäure (Lactat). Die dabei freiwerdende Energie $\Delta G_0'$ liegt bei –198 kJ/mol.

- Glucose —> 2 Lactat + 2 H^+, freiwerdende Energie $\Delta G_0' = -198$ kJ/mol

Im Gegensatz dazu werden beim oxydativen Abbau zwei Stoffe umgesetzt, deren einer als Elektronendonator und deren anderer als Elektronenakzeptor fungiert. In diesem Fall werden beide Stoffe vollständig zu anorganischen Abbauprodukten abgebaut, deren verbleibende Energie sehr gering ist. Dementsprechend ist die bei solchen Redoxprozessen freiwerdende Energie pro Mol Substrat immer größer als bei fermentativen Abbauprozessen. Als Beispiel diene der aerobe Abbau von Glucose zu Kohlendioxid und Wasser, die dabei freiwerdende Energie $\Delta G_0'$ liegt bei -2.872 kJ/mol, also mehr als zehnmal so hoch.

- Glucose + 6 O_2 —> 6 CO_2 + 6 H_2O, $\Delta G_0' = -2.872$ kJ/mol

Der Beginn beider Reaktionswege ist gleich: Glucose wird in der Glycolyse (siehe Kapitel 14.3.2) zu Pyruvat abgebaut, dabei werden zwei mol ATP pro mol Glucose gewonnen, was 2 % der in Glucose enthaltenen Energie entspricht. Es gibt auch einige wenige Bakterienarten, die in Symbiose mit H_2-verwertenden Bakterien leben und dadurch in der Lage sind, ein weiteres mol ATP zu gewinnen. Die restlichen 36 mol ATP, die mittels der Atmungskette zusätzlich gewonnen werden, stehen unter anaeroben Bedingungen jedoch nicht zur Verfügung. Daher müssen Anaerobier mehr Substrat für die gleiche Wachstumsleistung umsetzen. Die Biomasseproduktion anaerober Systeme ist also geringer als die von aeroben Systemen.

14.3.2

Glycolyse als gemeinsamer Startpunkt aerober und anaerober Abbauwege

Die Glycolyse (Bild 83) ist der bedeutendste Abbauweg der Kohlenhydrate. Sie wird in der Atmung und in den meisten Gärungen benutzt und liefert zudem noch Bausteine für viele Biosynthesen. Die Reaktionen finden im Cytoplasma von Zellen statt.

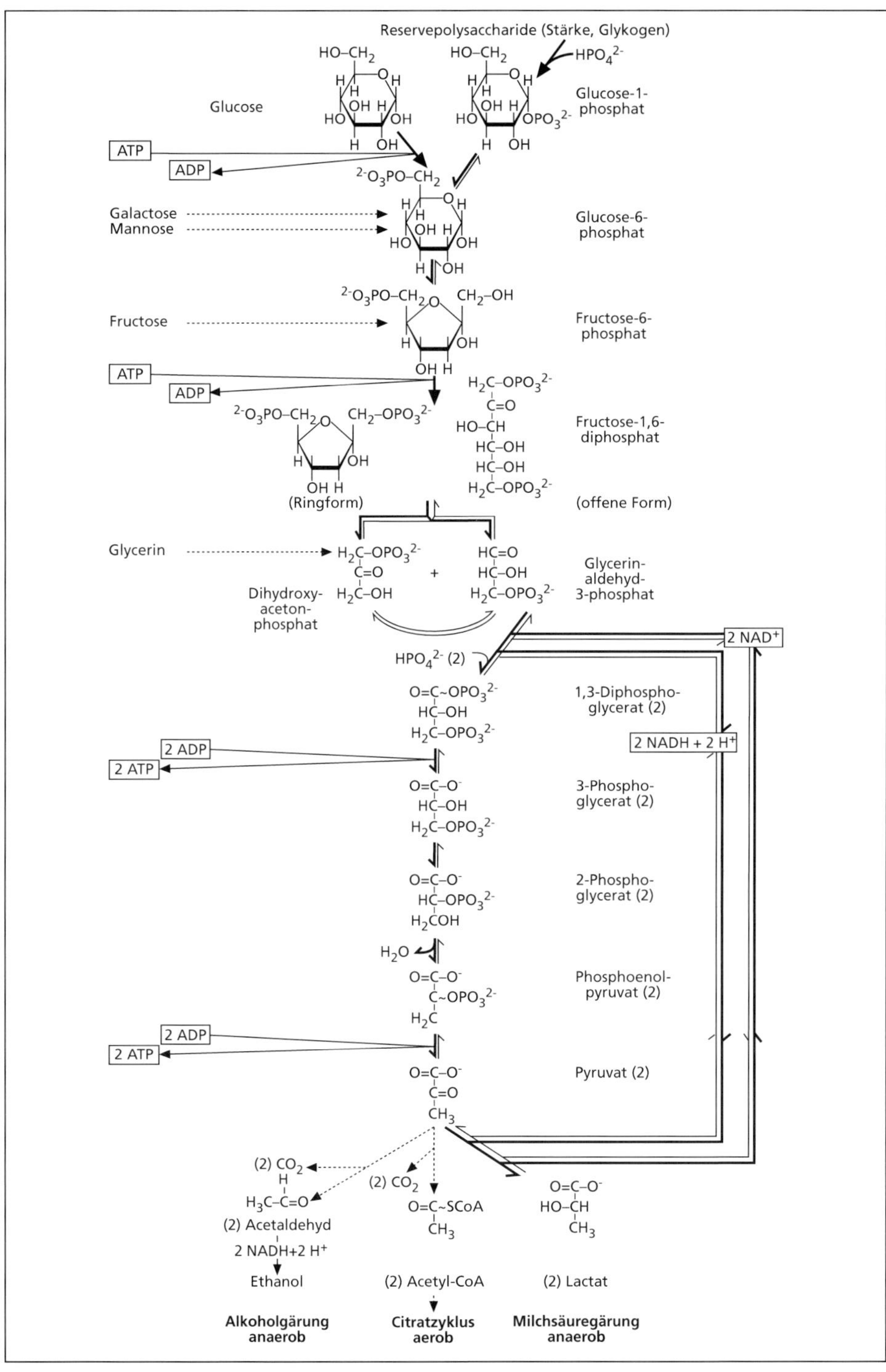

Bild 83: Glycolyse

Edukte sind Glucose, NAD, ADP und P_i, Produkte sind Pyruvat, Energie in Form von ATP und Reduktionsäquivalente bzw. Wasserstoff in Form von NADH + H^+. Das Pyruvat ist zum einen die Ausgangssubstanz vieler Gärungen, im aeroben Stoffwechsel auf der anderen Seite wird es über die oxydative Decarboxylierung als Acetyl-CoA in den Citratcyclus eingespeist. (Anmerkung: Eine Arsenvergiftung beruht darauf, dass das Arsenat die Glycolyse von den folgenden Phosphorylierungsreaktionen abkoppelt, so dass mit dem Abbau von Glucose kein Energiegewinn mehr verbunden ist.)

14.3.3

Aufbau der anaeroben Stoffwechselkette

Für die Bioabfallwirtschaft sind diejenigen Prozesse relevant, die letztlich zur Bildung von Methan führen. Dieser Bildungsprozess lässt in vier Schritte gliedern, die in drei Phasen nacheinander ablaufen. Als erstes finden hydrolytische Reaktionen statt, gefolgt von der Bildung organischer Säuren und Alkohole. In der dritten Phase laufen der dritte und vierte Schritt (Bildung von Essigsäure und Methan) gleichzeitig ab (Bild 84).

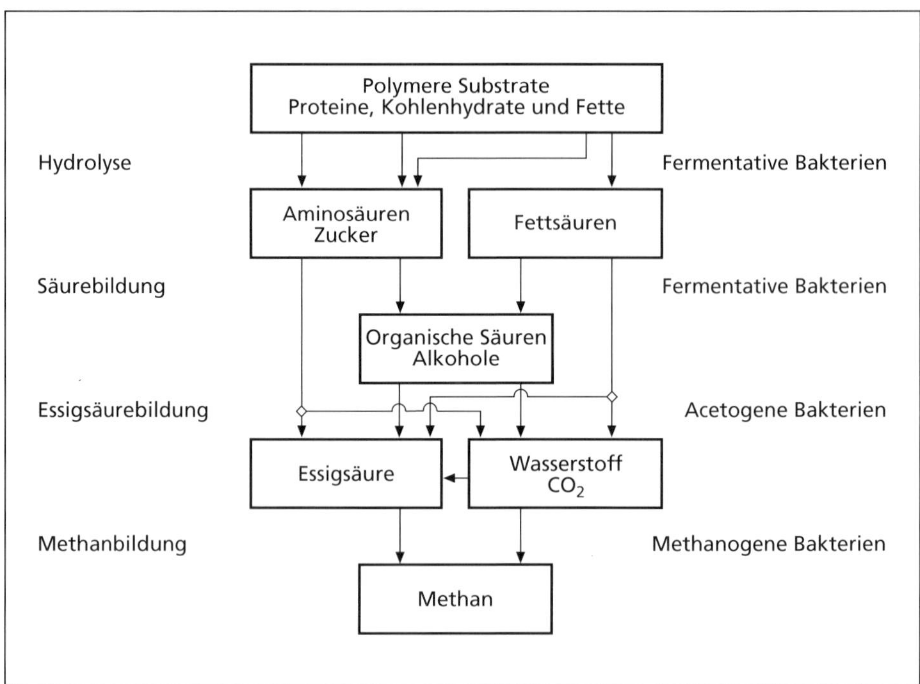

Bild 84: Schritte des anaeroben Abbaus
Quelle: [41] Bilitewski et al. (1994)

14.3.3.1

Erste Phase: Hydrolyse

Die erste Phase ist die der Hydrolyse. In ihr werden hochmolekulare Verbindungen wie Kohlenhydrate, Fette und Proteine zu ihren Spaltprodukten Zucker, Fettsäuren und Aminosäuren umgesetzt (vergleiche Kapitel 15.2). Diese Prozesse werden durch extrazelluläre Enzyme katalysiert. Am Abbau sind fakultativ und obligat anaerobe Bakterien beteiligt. Beim Abbau von Feststoffen stellt dieser Schritt wegen der schwer angreifbaren Polymere wie Cellulose und Lignin den geschwindigkeitsbestimmenden Schritt dar. Eine Optimierung der Hydrolyse ist durch vorheriges Zerkleinern des Ausgangsmaterials, durch Mischen und Rühren der Gärgutes möglich. Auch höhere Temperaturen, welche die Fette zum Schmelzen bringen, erweisen sich als hilfreich.

14.3.3.2

Zweite Phase: Acidogenese

Die zweite Phase ist dadurch gekennzeichnet, dass aus den zuvor entstandenen Produkten eine Vielzahl von Säuren gebildet wird, sie wird daher auch Acidogenese (Säurebildung) genannt. Acidogenese und Hydrolyse verlaufen simultan. An der Umsetzung sind die acidogenen (säurebildenden) Bakterien beteiligt; sie finden optimale Bedingungen bei 30 °C und pH 6; unter pH 4 wird ihr Stoffwechsel gehemmt. Typische Endprodukte sind organische Säuren wie Essigsäure (hier noch nicht so viel, max. 20 %), Milchsäure, Propionsäure und Buttersäure, außerdem entstehen niedere Alkohole wie Ethanol, Isopropanol, Butanol oder Butandiol sowie Wasserstoff und CO_2. Bei zu hohen Alkoholkonzentrationen werden die Zellen durch Extraktionseffekte geschädigt.

Alle Gärreaktionen verlaufen nach folgendem allgemeinen Schema:

- AH + B —> A + BH + Energie (ATP)

Dabei ist AH ein reduziertes, organisches Substrat, das als Elektronendonator fungiert und B ein organisches Substrat in oxidierter Form, das den Elektronenakzeptor darstellt. A ist das oxidierte, BH das reduzierte Endprodukt.

Im folgenden werden einige der wichtigsten Wege skizziert, wie unter anaeroben Bedingungen verschiedene Substrate zu den charakteristischen Endprodukten abgebaut werden können. Häufig nehmen diese Reaktionen, selbst wenn sie in der dargestellten, stark vereinfachten Form sehr ähnlich oder identisch aussehen, je nach ausführendem Organismus unterschiedliche Wege und beruhen auf andersartigen Mechanismen. Zur Veranschaulichung diene die Vergärung von Glucose zu Ethanol bei der Hefe und den beiden Bakterien *Zymomonas* und *Leuconostoc*, die für den Alkohol in Bier und Tequila (Agavenschnaps) verantwortlich sind, und dazu ganz unterschiedliche Teile des Kohlenstoffgerüstes der Glucose benutzen.

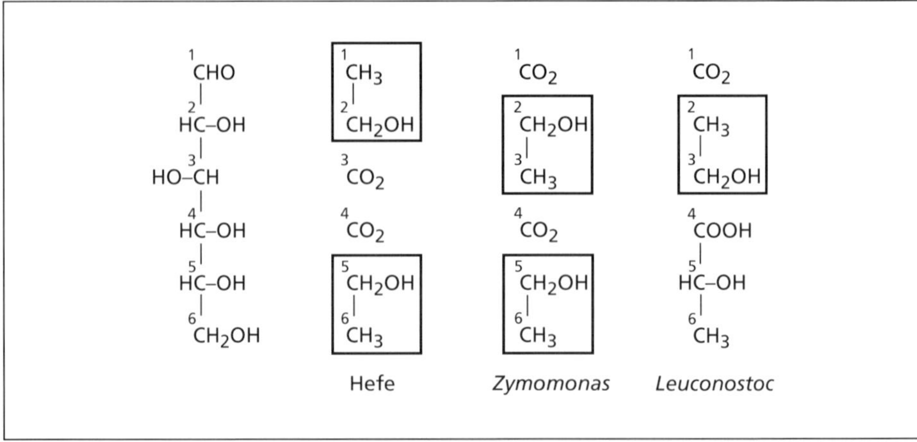

Strukturformel 1: Herkunft der C-Atome verschiedener Alkohole

Auch der Weg, der von der Glucose zum Pyruvat führt, ist unterschiedlich: in Hefen und wenigen Bakterien wird die Reaktionskette der Glycolyse beschritten, viele Bakterien gehen den sogenannten Entner-Douderoff-Weg, um Pyruvat zu erzeugen.

Generierung von Essigsäure (Acetat):

- Essigsäure-Gärung der Clostridien

  Glucose —> 2 Acetat + 2 CO_2 + 2 H_2
- Homoacetat-Gärung, *C. thermoaceticum, C. formiaceticum*

  Glucose —> 3 Acetat
- Essigsäure-Gärung, *C. aceticum, Acetobacterium woodii*

  2 CO_2 + 4 H_2—> Acetat + 2 H_2O
- Stickland-Reaktion, *C. botulinum, C. histolyticum, C. sporogenes*:

  paarweise Vergärung von Aminosäuren, Beispiel:

  Alanin + 2 Glycin + 2 H_2O —> 3 Acetat + 3 NH_3 + CO_2
- Ameisensäure-Gärung, *E. coli*

  Pyruvat —> Acetyl-CoA —> Acetat

Generierung von Milchsäure (Lactat):

- Milchsäure-Gärung

  Glucose —> 2 Lactat
- Butandiol-Gärung: *Enterobacter, Serratia, Erwinia*

  Pyruvat —> Lactat

Generierung von Propionsäure (Propionat):

- Succinat-Gärung

  Pyruvat + CO_2 —> Oxalacetat —> Malat —> Fumarat —> Succinat —> Propionat

- Propionsäure-Gärung

  Pyruvat + CO_2 —> Oxalacetat —> Succinat —> Methylmalonyl-CoA —> CO_2 Propionyl-CoA —> Propionat

- Acrylat-Weg, *C. propionicum*

  3 Lactat —> 2 Propionat + Acetat + CO_2

Generierung von Buttersäure (Butyrat):

- Ethanol-Acetat-Gärung, *C. kluyveri*

  Ethanol + Acetat —> Butyrat + Capronat + H_2

- Buttersäuregärung, *C. butyricum, C. kluyveri, Butyrovibrio fibrisolvens*

  Glucose —> Butyrat + 2 CO_2 + H_2

- Buttersäure-Butanol-Aceton-Gärung, *C. acetobutyricum*

  Pyruvat —> Acetyl-CoA —> Acetoacetyl-CoA —> Butyrat

Generierung von Alkoholen:

- alkoholische Gärung

  Glucose —> 2 Ethanol + 2 CO_2

- Butandiol-Gärung: *Enterobacter, Serratia, Erwinia*

  Pyruvat —> Acetyl-CoA —> Acetaldehyd —> Ethanol

- Buttersäuregärung, *C. butyricum, C. kluyveri, Butyrovibrio fibrisolvens*

  Pyruvat —> Acetyl-CoA —> Acetoacetyl-CoA —> Aceton —> Isopropanol

- Buttersäure-Butanol-Aceton-Gärung, *C. acetobutyricum*

  Pyruvat —> Acetyl-CoA —> Acetoacetyl-CoA —> Butyrat —> Butanol

- Butandiol-Gärung: *Enterobacter, Serratia, Erwinia*

  Pyruvat —> Acetoin + 2 CO_2 —> 2,3-Butandiol

Generierung anderer organischer Substanzen:

- Ameisensäure-Gärung, *E. coli*

  Pyruvat —> Formiat —> CO_2 + H_2

- Butandiol-Gärung: *Enterobacter, Serratia, Erwinia*

  Pyruvat —> Formiat —> CO_2 + H_2

- Succinat-Gärung

  Pyruvat + CO_2 —> Oxalacetat —> Malat —> Fumarat —> Succinat

- Buttersäure-Butanol-Aceton-Gärung, *C. acetobutyricum*

  Pyruvat —> Acetyl-CoA —> Acetoacetyl-CoA —> Aceton

Die Art der Gärprodukte wird bestimmt von der Konzentration an intermediär gebildetem Wasserstoff: je mehr Wasserstoff vorhanden ist, desto weniger Säure wird gebildet. In dieser Phase kommt es zu erstem Energiegewinn, der je nach Art der Gärreaktion bei 1-4 mol ATP pro mol Glucose liegt.

14.3.3.3

Dritte Phase: Acetogenese und Methanogenese

Die dritte Phase ist durch die Bildung von Essigsäure (Acetat) und Methan gekennzeichnet, zwei völlig verschiedenen Stoffen, die aber in ihrer Entstehung aufeinander angewiesen sind. Der Grund dafür liegt in den Lebensbedingungen der daran beteiligten Bakterien:

Die acetogenen Bakterien setzen die zuvor gebildeten Säuren zu Essigsäure, Kohlendioxid und Wasserstoff um, werden aber im Wachstum durch hohe Wasserstoffkonzentrationen gehemmt.

- Beispiel:

  Butyrat + 2 H_2O —> 2 Acetat + 2 H_2; $\Delta G_0{'}$ = - 48,1 kJ/mol Substrat

  Propionat + 3 H_2O —> Bicarbonat + Acetat + H_2; $\Delta G_0{'}$ = - 76,1 kJ/mol

Die methanogenen Bakterien, die für die Methanbildung verantwortlich sind, teilen sich in zwei Gruppen auf: die sogenannten acetoclastischen Methanbakterien stellen 70 % dar und setzen Essigsäure (Acetat, CH_3COOH) zu Methan und Kohlendioxid um. Die Gruppe der Wasserstoff-verwertenden Methanbakterien macht 30 % aus und braucht neben Kohlendioxid auch Wasserstoff für die Umsetzung zu Methan; damit ermöglichen sie den acetogenen Bakterien das Überleben. Die optimalen Lebensbedingungen für beide Arten liegen bei pH 7 und einer Temperatur zwischen 35 und 45 °C. Der Ablauf ist wie folgt:

- Acetat-verwertende Methanbakterien:

  CH_3COOH —> CH_4 + CO_2 ; $\Delta G_0{'}$ = - 37 kJ/mol

- H_2-verwertende Methanbakterien:

  CO_2 + 4 H_2 —> CH_4 + 2 H_2O ; $\Delta G_0{'}$ = - 34,5 kJ/mol

Beide Reaktionen sind nur mit einer geringen Energieausbeute verbunden; sie ermöglichen jeweils die Generierung von einem mol ATP pro mol gebildeten

Methans, daher wachsen die methanogenen Bakterien viel langsamer als andere Bakterien. Beim Abbau von gelösten Stoffen ist dies der geschwindigkeitsbestimmende Schritt.

Daneben gibt es auch Bakterien wie beispielsweise *Methanosarcina*, die in der anaeroben Atmung beide Substrate sowie darüber hinaus weitere wie Ameisensäure (Formiat, HCOOH) nutzen können. Der Abbau verläuft nach folgender Formel:

- 4 HCOOH —> 3 CO_2 + CH_4 + 2 H_2O; $\Delta G_0{'}$ = - 120 kJ/mol

Gleichzeitig findet häufig eine Konkurrenzreaktion statt in der Umsetzung organischer und anorganischer Schwefelverbindungen mit Wasserstoff zu Schwefelwasserstoff.

Die zusammenfassende Formel für die Umsetzung von Glucose zu Kohlendioxid und Methan lautet:

- $C_6H_{12}O_6$ + 3 ADP + 3 P_i —> 3 CO_2 + 3 CH_4 + 3 ATP.

14.4

Enzyme als Katalysatoren biochemischer Reaktionen

Das folgende Kapitel dient einer nähren Charakterisierung der Enzyme, ohne deren biokatalytische Wirkung es bei den in Zellen üblicherweise herrschenden Bedingungen keine Stoffwechselreaktionen bedeutenderen Umfanges gäbe.

14.4.1

Definition und Nomenklatur

Die klassische Definition für Enzyme lautet, dass sie hochmolekulare Eiweißkörper darstellen, die als biologische Katalysatoren fungieren. Bislang sind unter dieser Definition gut 3.000 Enzyme bekannt, bis zu 4.000 weitere werden vermutet, 75 Enzyme wurden im Jahr 2000 industriell genutzt ([96] Erb und Heiden, 2000). Die aktuelle Situation der Biotechnologie ist allerdings durch rasante Entwicklungen gekennzeichnet. Nachdem inzwischen bekannt ist, dass es auch Nucleinsäuren (RNA und DNA) gibt, die enzymatische Funktionen erfüllen ([336] Zaug und Cech, 1986 (für diese Arbeit erhielten sie den Nobelpreis); Sioud und Leirdal, 2000) und vermutlich entwicklungsgeschichtlich viel älter sind als die „herkömmlichen Enzyme", stimmt nicht einmal mehr die klassische Definition. Seit der Beendigung des Genomprojekts und dem Beginn des darauf aufbauenden Proteom-Projektes nimmt der Wissensstand um die Proteine beinahe täglich zu, so dass die aktuellen Zahlen zu bekannten, vermuteten und genutzten Enzymen inzwischen weit höher liegen dürften.

Die Nomenklatur kennzeichnet Enzyme allgemein durch die Endung -ase, der Rest des Namens beschreibt Substrat, evtl. beteiligtes Coenzym und Wirkungsspezifität (z.B. die NAD-abhängige Alkohol-Dehydrogenase: NAD ist das Coenzym, Alkohol das Substrat und Dehydrogenase betrifft die Wirkungsspezifität; es handelt sich also um das Enzym, das den Abbau von Alkohol katalysiert).

14.4.2 Funktion

Enzyme katalysieren die eigentliche biochemische Abbauleistung, indem sie die erforderliche Aktivierungsenergie biochemischer Reaktionen herabsetzen. Die Abläufe werden so um Faktoren von wenigstens einer Million beschleunigt, die Enzyme gehen zum Schluss unverändert aus der Reaktion heraus. Durch Enzyme werden überhaupt erst schnelle Reaktionen unter den milden Bedingungen lebender Zellen möglich (Normaldruck, etwa neutraler pH-Wert und Temperaturen, die häufig zwischen 20 °C und 40 °C liegen). Wie alle Katalysatoren beeinflussen sie nicht das Gleichgewicht selbst, sondern nur die Geschwindigkeit, mit der es sich einstellt.

Es gibt zwei Typen von enzymatischen Spezifitäten: Mit dem Begriff Wirkungsspezifität wird bezeichnet, dass jedes Enzym nur eine Reaktion oder einen Reaktionstyp beeinflusst, die Fehlerquote liegt bei weniger als 0,001‰. Substratspezifität bedeutet, dass jedes Enzym „seine" Reaktion entweder bei einer streng begrenzten Gruppe von Substraten oder auch nur bei einem einzigen Substrat beeinflusst.

Enzyme arbeiten sehr effektiv: ihr Wirkungsgrad liegt durchschnittlich bei 97 %, die restlichen 3 % werden als Wärme freigesetzt und dienen beispielsweise zur Aufrechterhaltung der Körpertemperatur.

14.4.3 Aufbau und Lokalisierung

Für den Aufbau und die Funktion eines Enzyms ist neben seiner chemischen Struktur besonders seine räumliche Struktur entscheidend.

Enzyme sind Proteine mit einer durchschnittlichen Größe von 100-500 Aminosäuren (vergleiche Kapitel 15.2.3.1), es gibt Monomere und Multimere (Dimere, Tetramere, Oktamere u.a.), wobei letztere aus gleichen oder verschiedenen Untereinheiten aufgebaut sein können. Hinsichtlich der chemischen Zusammensetzung unterscheidet man zwischen reinen Proteinen und solchen, die einen Wirkkomplex aus einem Proteinanteil (Apoenzym) und einer spezifischen Wirkgruppe bilden, die kein Protein ist. Diese Wirkgruppe kann entweder fest (kovalent) an das Enzym gebunden sein und heißt dann prosthetische Gruppe;

ein solcher Fall ist das Häm, wo eine andere organische Verbindung und ein Eisenatom gemeinsam den roten Blutfarbstoff bilden. Die andere Möglichkeit besteht in einer nicht kovalent an das Enzym gebundenen Wirkgruppe, die Coenzym genannt wird. Bekanntestes Beispiel ist das Coenzym A, eine organische Verbindung, die aktivierte Acylgruppen überträgt und als Acetyl-CoA eine wichtige Rolle beim Abbau von Kohlenhydraten und Fetten, beim Tricarbonsäurecyclus sowie bei der Synthese von Aminosäuren und Steroiden spielt.

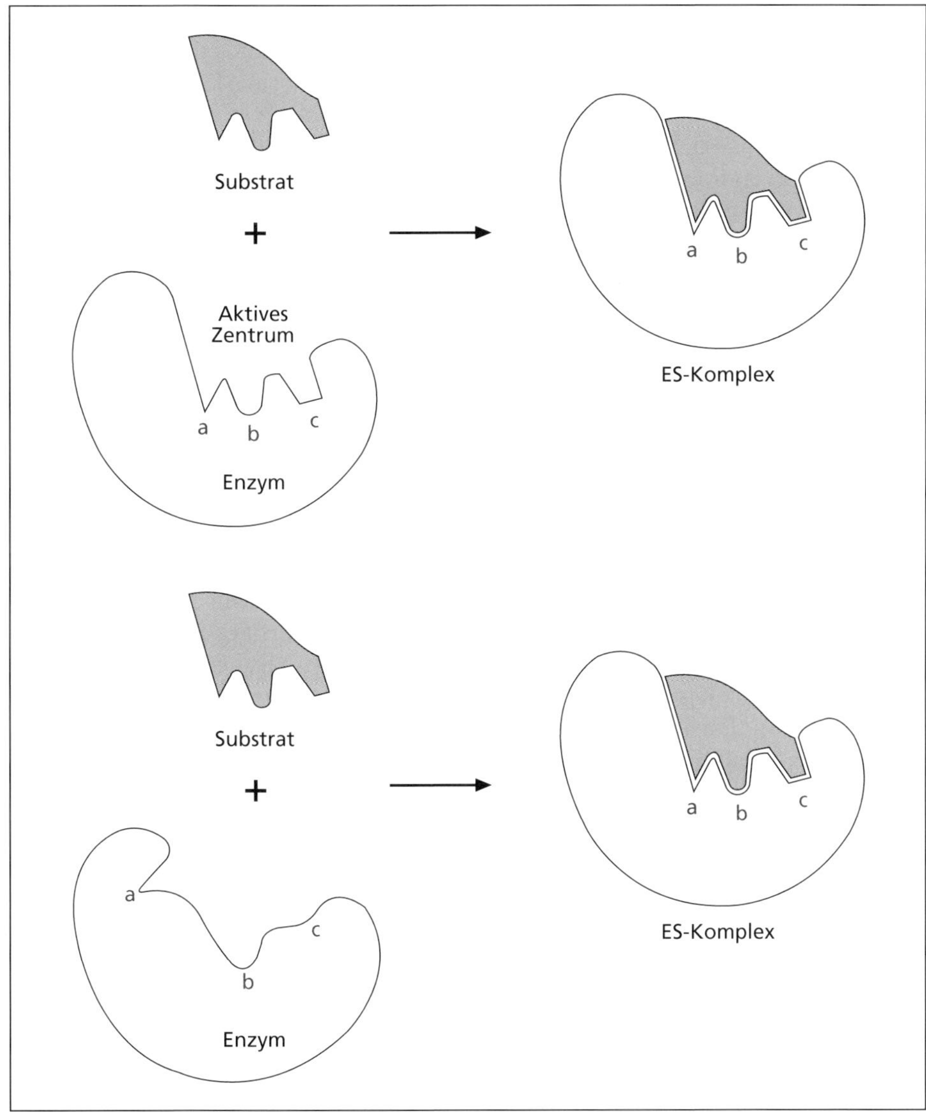

Bild 85: Strukturmodelle eines Enzyms: Schlüssel-Schloss-Prinzip (oben) und Induced-fit-Modell (unten)

Enzyme liegen entweder gelöst in einem der Zellkompartimente vor (z.B. die Enzyme der Glycolyse in der Mitochondrien-Matrix) oder membranständig in einem der verschiedenen Zellmembransysteme (z.B. die Enzyme der Atmungskette in den Mitochondrien-Membranen). Die membranständigen können zu Enzymkomplexen zusammengefasst sein, die gemeinsam an einer Kettenreaktion arbeiten (z.B. der Multienzymkomplex der Fettsäuresynthese). Darüber hinaus können Enzyme auch in den Extrazellulärraum ausgeschieden werden wie z.B. die Enzyme in Blut und Verdauungstrakt.

Für die räumliche Struktur eines Enzyms gibt es zwei Modelle (Bild 85): Beim Schlüssel-Schloss-Prinzip ist das Substrat in seiner dreidimensionalen Struktur (Schlüssel) komplementär zum aktiven Zentrum (Schloss) des Enzyms. Beim darauf aufbauenden Induced-fit-Modell lagert sich das Substrat an das aktive Zentrum des Enzyms an. Das Zentrum verändert sich durch die Bindung und bildet so den reaktiven Enzym-Substrat-Komplex (E+S —> ES —> EP —> E+P). In jedem Fall werden die Bindungen vom Enzym zu Substrat bzw. Produkt nicht kovalent gebildet, sondern über van-der-Waals-Kräfte und über Wasserstoffbrücken.

14.4.4

Kinetik

Das Verhalten eines Enzyms wird u.a. charakterisiert durch die Begriffe der Aktivität und der Wechselzahl.

Die Aktivität isolierter Enzyme ist abhängig von Faktoren wie Temperatur, pH-Wert, Salzkonzentration, von der Konzentration zweiwertiger Kationen (besonders Mg^{2+}) und von der Anwesenheit von SH-Gruppen-haltigen Reagenzien, die als Aktivatoren dienen. Es gibt außerordentlich stabile Enzyme wie z.B. die hitzeresistenten von thermophilen Organismen oder die noch bei pH 1-2 arbeitenden Enzyme des Verdauungsapparates sowie alle membranständigen Enzyme, die durch ihre Umgebung weitgehend vor einem Abbau geschützt sind.

Die Wechselzahl gibt die Anzahl von Substratmolekülen an, die von einem bestimmten Enzymmolekül pro Sekunde umgesetzt werden können. Der durchschnittliche Wert liegt bei 1 bis 1.000 pro Sekunde, aber auch Werte bis 10^5 Moleküle pro Sekunde sind keine Seltenheit. Gern zitiertes Beispiel ist die Carboanhydrase; sie katalysiert die Hydratisierung von CO_2 ($CO_2 + H_2O \longleftrightarrow H_2CO_3$) und ist mit 600.000 umgesetzten Molekülen pro Sekunde eins der schnellsten Enzyme. Ein einzelner Katalysevorgang dauert 1,7 µs; das Enzym könnte noch schneller arbeiten, aber die Katalysegeschwindigkeit wird begrenzt durch die Geschwindigkeit, mit der Enzym und Substrat sich finden. Einen Ausweg für solche Fälle bilden die Multienzymkomplexe, bei denen das Substrat nach Beendigung eines Reaktionsschrittes nicht freigesetzt wird und somit wegdiffundiert, sondern sofort an das nächste Enzym weitergegeben wird.

Eine mathematische Beziehung für die Effektivität von Enzymen in Abhängigkeit von Substratkonzentration und Reaktionsgeschwindigkeit wird durch die Michaelis-Menten-Gleichung hergestellt. Dieses Modell erklärt auf sehr einfache Art und Weise die kinetischen Eigenschaften vieler Enzyme. Ihm liegt die Beobachtung zugrunde, dass bei vielen Enzymen die Reaktionsgeschwindigkeit von der Substratkonzentration abhängt (Bild 86).

Setzt man die Enzymkonzentration als konstant, so steht bei geringer Substratkonzentration die Reaktionsgeschwindigkeit in fast linearem Verhältnis dazu, wohingegen bei hoher Substratkonzentration die Reaktionsgeschwindigkeit fast unabhängig von ihr ist. Als Erklärung dafür wurde postuliert, dass bei der Katalyse intermediär ein spezifischer Enzym-Substrat-Komplex auftreten muss. Der durch die Michaelis-Menten-Gleichung errechnete K_M-Wert gibt Aussage über das Maß der Bindungsstärke zwischen Enzym und Substrat (niedrige K_M-Werte zeigen hohe Bindestärke und umgekehrt).

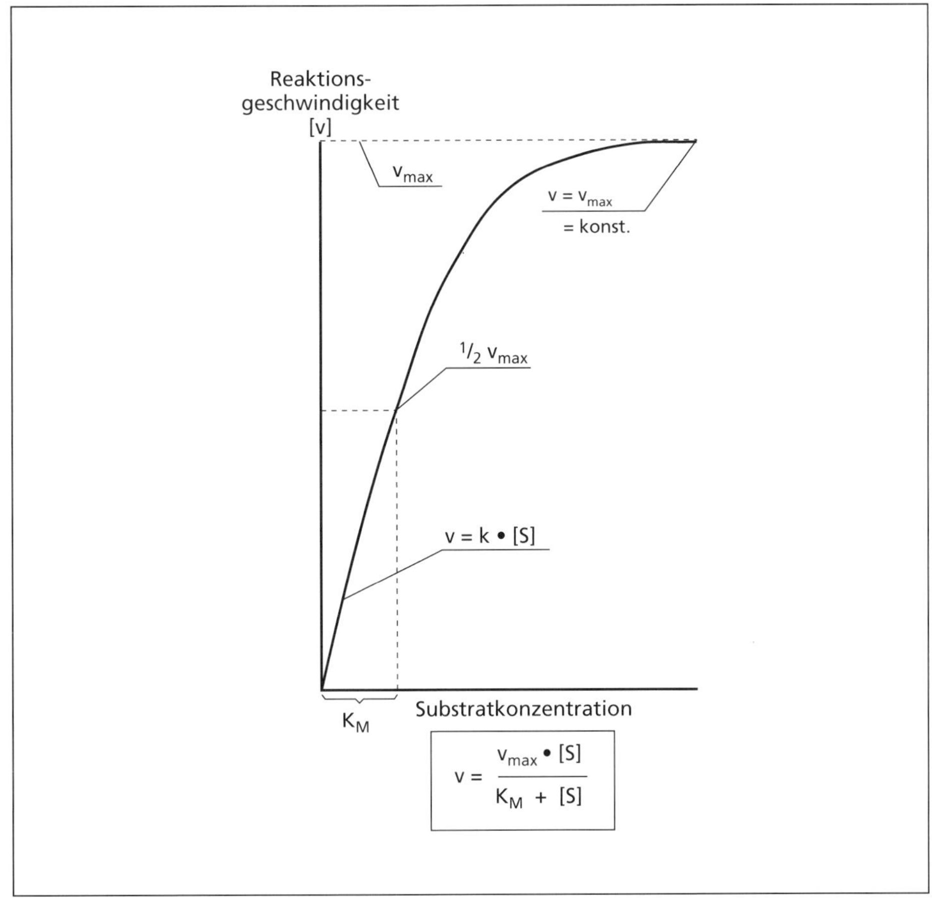

Bild 86: Michaelis-Menten-Gleichung

14.4.5

Regulation

Es gibt eine Vielzahl verschiedener Möglichkeiten, um enzymatische Aktivitäten zu steuern: auf genetischer Ebene (vor der Transkription, nach der Transkription und nach der Translation), auf Proteinebene und auf der hormonellen Ebene. Im folgenden werden die klassischen Regulationsmöglichkeiten auf der Ebene von Proteinen geschildert.

Man unterscheidet irreversible und reversible Hemmungen, wobei bei den reversiblen zwischen der kompetitiven und der nicht-kompetitiven Hemmung differenziert wird. Zusätzlich gibt es das Prinzip der allosterischen Hemmung.

Bei der irreversiblen Hemmung wird das aktive Zentrum dauerhaft durch einen dem Substrat ähnlichen Stoff blockiert. Der Inhibitor ist dabei kovalent oder doch so fest an das Enzym gebunden, dass er gar nicht oder nur sehr langsam vom Enzym abdissoziieren kann. Cyanidionen binden beispielsweise irreversibel an Substratbindungsstellen von Cytochromen und blockieren damit die Atmungskette.

Die reversible Hemmung ist dagegen durch eine schnelle Gleichgewichtseinstellung zwischen Enzym und Inhibitor gekennzeichnet. Der einfachste Typ eines reversiblen Mechanismus ist derjenige der kompetitiven Hemmung. Ihr Mechanismus stellt eine vorübergehende Blockierung des aktiven Zentrums durch einen dem Substrat ähnlichen Stoff dar (Bild 87, Mitte). Hier wird also die Zahl der freien Enzyme verringert. Es kann zur Konkurrenz von Substrat und Produkt um das aktive Zentrum des Enzyms kommen, was aus einer strukturellen Ähnlichkeit zwischen Substrat und Produkt resultiert. Die Bindungen von Substrat und Hemmstoff schließen sich also gegenseitig aus. Bei vielen Reaktionsketten blockieren auf diese Weise die Endprodukte reversibel die an ihrer Entstehung beteiligten ersten Enzyme (z.B. bei der Synthese von Aminosäuren). Dies wird als Endprodukthemmung bezeichnet.

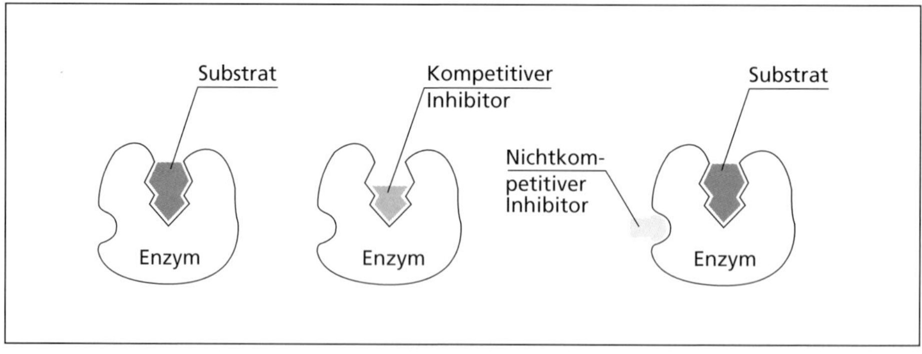

Bild 87: Kompetitive und nicht kompetitive Hemmung

Die nicht-kompetitive Hemmung ist ebenfalls reversibel, Inhibitor und Substrat binden jedoch an verschiedene Bindungsstellen am Enzym (Bild 87, rechts). Es wird also nicht die Zahl der freien Enzyme vermindert, sondern die Wechselzahl wird verändert. Das Enzym kann zwar das Substrat binden, wird aber durch die gleichzeitige Bindung des nicht-kompetitiven Inhibitors in seiner Arbeitsleistung behindert.

Der allosterischen Hemmung liegt das Phänomen zugrunde, dass ein oligomeres, d.h. aus mehreren Untereinheiten bestehendes Enzym in seinen aktiven Zentren mehrere benachbarte Bindungsstellen für verschiedene Substrate besitzen kann, die oft unterschiedliche Bindungsstärken haben (Bild 88). Darüber hinaus können regulatorisch wirksame Moleküle, die an anderen Stellen als den aktiven Zentren (den allosterischen Zentren) gebunden werden, aktivierende oder hemmende Auswirkungen auf die Aktivität des aktiven Zentrums haben. Allosterische Enzyme unterliegen einer anderen Kinetik (nicht dem Michaelis-Menten-Modell, sondern dem Alles-oder-Nichts-Prinzip).

Das Hämoglobin ist wohl das am besten verstandene allosterische Protein. Hämoglobin ist wichtig, weil es für die Bindung und den Transport von Sauerstoff verantwortlich ist. Die Eigenschaft als allosterisches Protein manifestiert sich darin, dass die Bindung von O_2 an Hämoglobin die Bindung von weiterem O_2 an dasselbe Hämoglobinmolekül begünstigt. Zusätzlich transportiert es H^+ und CO_2; beide Substanzen beeinflussen ebenfalls die Bindungscharakteristik des Sauerstoffs und machen sie pH-abhängig. Schließlich wirken auch organische Phosphorverbindungen wie Diphosphoglycerat regulierend auf die Sauerstoffbindung an das Hämoglobin. Dieses kooperative Verhalten verschiedener Substrate ist typisch für allosterische Moleküle ([282] Stryer, 1986).

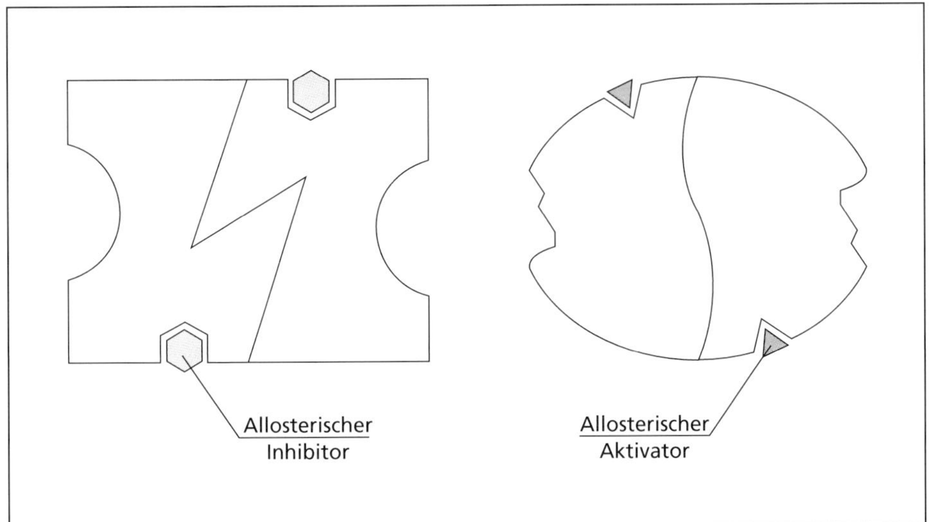

Bild 88: Alles-oder-nichts-Modell eines allosterischen Enzyms

14.5

Technische Umsetzung

Nach diesem Exkurs durch die der Vergärung zugrunde liegenden biochemischen Grundlagen schließt sich der Bogen zurück zum Verfahrensablauf. Im

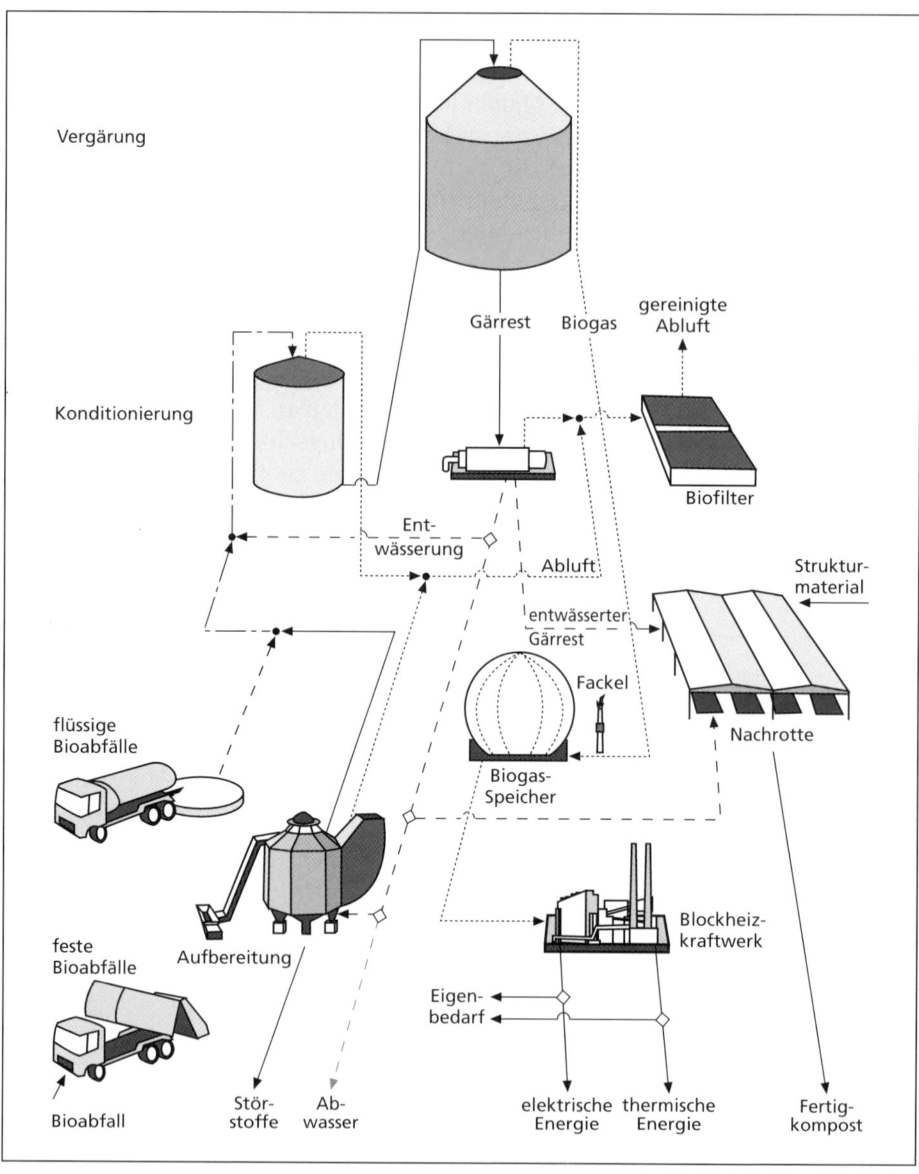

Bild 89: Technologische Komponenten großindustrieller Vergärungsanlagen
Quelle: [192] Langhans (1999/2)

Anschluss an die Aufbereitung des Bioabfalls folgt die Vergärung (Fermentation), für deren Gestaltung es nach der Art der gewählten Prozessparameter unterschiedliche Möglichkeiten gibt: nach der Anzahl der Reaktoren wird unterschieden in einstufige und zweistufige Prozesse, nach der Betriebstemperatur in mesophil oder thermophil und nach dem Trockensubstanzgehalt des Ausgangsmaterials in eine trockene oder eine nasse Fermentation. Im Laufe des Fermentationsprozesses wird das organische Abfallmaterial weitgehend zu Biogas umgesetzt. Das verbliebene Substrat wird als Gärrest bezeichnet. Die Aufarbeitung des Biogases wie des Gärrestes werden im Anschluss an das der Vergärung parallel geschaltete Kapitel der Kompostierung gemeinsam mit der Aufbereitung der dort entstehenden, sehr ähnlichen Produkte vorgenommen.

Eine Anmerkung sei dem Kapitel der technischen Umsetzung vorausgeschickt. Beachtliches Optimierungspotential liegt noch in vielen Bereichen des mikrobiellen Abbaus, beispielsweise in Form einer Analyse der Bakterienarten, die für den Abbau spezieller Abfälle nötig sind. Eine Aufschlüsselung der entsprechenden Reaktionsschritte und die Anpassung bestimmter Verfahrensparameter an die optimalen Lebensbedingungen dieser Bakterien können hilfreich sein, wenn dadurch neue Möglichkeiten eröffnet werden, um ungewöhnliches Ausgangsmaterial anzunehmen ([265] Scherer et al., 1992). Außerdem gilt es immer zu bedenken, dass die anaerobe Verfahrenstechnik zunächst für die Abwasserreinigung entwickelt worden ist. Bei der Behandlung von Nass- und Bioabfall oder organischem Gewerbeabfall können daher Probleme mit Ablagerungen, Verstopfungen oder der Bildung von Sediment- und Schwimmschichten auftreten.

In Bild 89 ist eine Übersicht über die Komponenten einer großtechnischen Vergärungsanlage dargestellt.

14.5.1
Inbetriebnahme

Üblicherweise bedarf die Inbetriebnahme einer Anlage keines eigenen Kapitels. Bei den Vergärungsverfahren ist das anders; denn die Art der Inbetriebnahme hat massive Auswirkungen auf das spätere Leistungsvermögen der Anlage: anzustreben ist ein ruhiger, gewissenhaft kontrollierter Verlauf.

Eine anaerob arbeitende Anlage in Betrieb zu nehmen, dauert länger als bei aeroben Verfahren, durchschnittliche Anlaufzeiten liegen abhängig vom gewählten Verfahren bei etwa drei Monaten ([39] Bidlingmaier und Müsken, 2001). Der Grund dafür liegt darin, dass die nötige Bakterienpopulation aus viel weniger Arten besteht und dass diese wenigen Arten sich auch erst bei der Inbetriebnahme bilden müssen. Außerdem führt die geringe Biomasseproduktion der Anaerobier dazu, dass Störungen der Bakterienpopulation nicht so schnell wieder ausgeglichen werden. Üblicherweise wird eine neue Anlage mit dem Substrat aus einer anderen, bereits funktionierenden Anlage beschickt und dann das Material zunächst eine Zeitlang im Kreis geführt. Nach einiger Zeit wird zusätzliches Substrat zugegeben, das dem ersten Ausgangsmaterial noch möglichst ähnlich ist. Das Gärgut kann entweder mechanisch durch Rühren oder Umwälzen oder mittels Perkolation von Biogas durchmischt werden. Bei homogenem Substrat und ungestörtem Betrieb können die bakteriellen Abbauleistungen dementsprechend ebenfalls zunehmen, so dass nach dieser Einarbeitungsphase auch andere Stoffe Eingang in die Anlage finden können. Der weitere Betrieb kann kontinuierlich oder diskontinuierlich erfolgen, indem entweder permanent oder schubweise Material zu- und abgeführt wird.

14.5.2

Verfahrensparameter

Wichtige Kriterien bei der Verfahrenstechnik der Vergärung sind der Sauerstoffgehalt, der pH-Wert und die Verweildauer. Während der Sauerstoff in der Regel konstant gehalten wird, kann der pH-Wert sich im Prozessverlauf ändern. Die Verweildauer lässt sich den Erfordernissen des Betriebsablaufes in gewissen Grenzen anpassen.

14.5.2.1

Sauerstoff

Bezüglich ihres Verhältnisses zum Sauerstoff unterscheiden sich die an der Vergärung beteiligten Bakterienstämme: der Bereich der Hydrolyse / Acidogenese kann durchaus gesteuerte Belüftungsänderungen vertragen, da viele der Mikroorganismen fakultative Anaerobier sind. Dies ist aus verschiedenen Gründen vorteilhaft: Zum einen können bestimmte Verbindungen wie z.B. aromatische Ringe und diverse Antibiotika unter aeroben Bedingungen besser abgebaut werden, wodurch sich deren Biotoxizität verringert. Zum zweiten führen schon geringe Mengen an Sauerstoff zur einer Verringerung der Menge an Schwefelwasserstoff (H_2S), das auf die Bakterien als Stoffwechselgift wirkt, dadurch kommt es zu einer höheren Prozessstabilität. Schließlich ist noch zu vermerken, dass Stress auch bei Bakterien zu einer Erhöhung der Stoffwechselleistungen führt. Eine gezielte Belüftung einer fakultativ anaeroben Bakterienkolonie führt demzufolge zu einer Aktivitätssteigerung und zu besseren Abbauraten.

Der Bereich der Acetogenese / Methanogenese ist jedoch obligat anaerob. Eine gewisse Sauerstoff-Toleranz ist nur darauf zurückzuführen, dass Bakterien aus symbiontischen Gründen häufig flockig wachsen, so dass die fakultativen Anaerobier in den Randschichten der Flocke die strikten Anaerobier innen schützen.

14.5.2.2

pH-Wert

Der pH-Wert ändert sich im Verlaufe des Abbauprozesses: während der Hydrolyse ist er leicht sauer und wird durch die entstehenden Säuren noch saurer. Die methanogenen Bakterien hingegen benötigen ein neutrales bis leicht alkalisches Medium; das pH-Optimum für die Methanbildungsstufe liegt bei 6,8-7,2. Ist die Anlage so gebaut, dass Hydrolyse und Methanbildung in getrennten Behältern ablaufen, so lässt sich die Abbaugeschwindigkeit entsprechend steigern. Finden beide Reaktionen in einem Behälter statt, so kommt es wegen der unterschiedlichen pH-Optima zur gegenseitigen Hemmung beider Prozesse, der Prozess läuft deutlich langsamer ab. Eine Pufferung ist hier also sinnvoll, die wichtigsten Puffersysteme sind der Carbonat- und der Ammoniumpuffer.

- Carbonatpuffer:

  $H_2CO_3 + H_2O <\!\!\longrightarrow HCO_3^- + H_3O^+$

  $HCO_3^- + H_2O <\!\!\longrightarrow H_3O^+ + CO_3^{2-}$

- Ammoniumpuffer:

  $NH_3 + H_2O <\!\!\longrightarrow NH_4^+ + OH^-$

Stickstoffarme Substrate reagieren daher bei Säureakkumulation sehr anfällig, der pH-Wert sinkt schnell, während stickstoffreiche Substrate, wie z.B. Güllen, gut gepuffert sind. Hohe Ammoniumkonzentrationen bergen jedoch die Gefahr, dass der mit pH und Temperatur wachsende Anteil undissoziierten Ammoniaks als Stoffwechselgift die von den Bakterien tolerierbare Toxizitätsschwelle überschreitet. Für proteinreiche Abfälle ist hier die hohe Ammoniumfreisetzung während des Gärprozesses zu beachten.

Besonders Schwermetalle sind in ihrer Löslichkeit stark pH-abhängig, was wiederum ihre Biotoxizität und ihren Verbleib in der Fest- bzw. Flüssigphase des Gärablaufes bestimmt ([191] Langhans, 1999).

14.5.2.3

Verweildauer

Die Verweildauer des Substrats im Reaktor wird maßgeblich vom gewünschten Abbaugrad bestimmt. Dieser wiederum hängt ab von der Temperatur und der Konzentration an aktiver Biomasse. Durchschnittliche Verweildauern liegen bei 15-20 Tagen (Bild 90). Während die Biogasausbeute mit steigender Verweilzeit stetig zunimmt, durchläuft die Bildungsrate ein Maximum. Dieses Maximum liegt beim Doppelten der kritischen Verweilzeit, zu der die methanogenen Bakterien aus dem Biogasreaktor ausgespült werden.

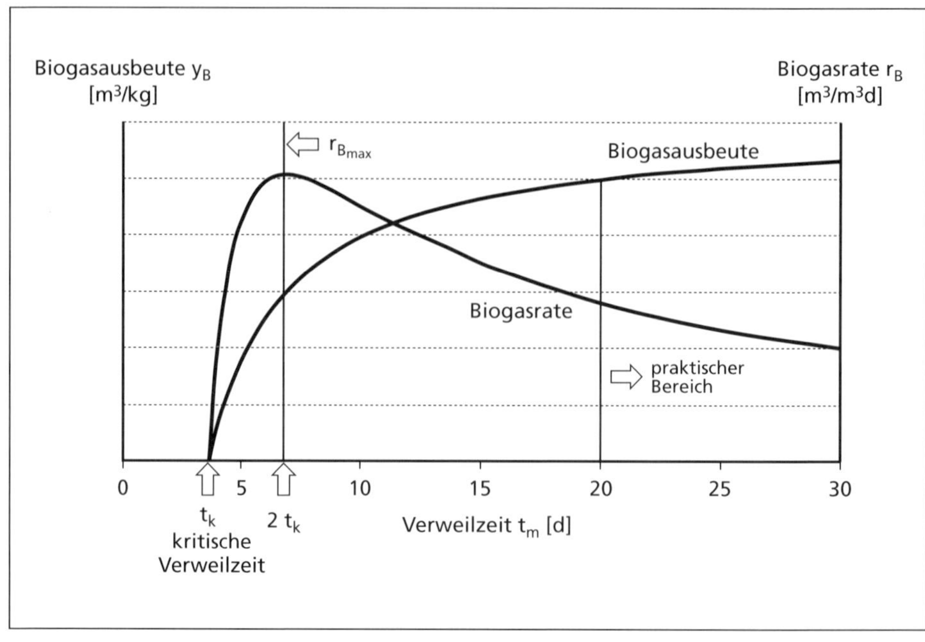

Bild 90: Beziehung zwischen Verweilzeit, Biogasausbeute und Biogasrate in landwirtschaftlichen Biogasanlagen
Quelle: [214] MLUR (2000)

Die beteiligten Mikroorganismen reagieren unterschiedlich auf die Retentionszeit: die Cellulose-abbauenden Organismen wachsen relativ langsam, eine längere Verweildauer bedingt also höhere Abbauraten an Cellulose. Diejenigen Bakterien, die leicht lösliche Stoffe abbauen, werden hingegen durch lange Retentionszeiten gehemmt. Als Grund wird vermutet, dass sich hier zu viele schädigende Stoffwechselendprodukte ansammeln ([39] Bidlingmaier und Müsken, 2001).

14.5.3

Methoden zur Erhöhung der Bakteriendichte im Reaktor

Ein grundsätzliches Problem bei der Vergärung ist das relativ langsame Wachstum der Bakterien. Alle Methanisierungsverfahren sind daher auf Methoden zur Erhöhung der Biomasse im Reaktor angewiesen. Dies kann beim Bau eines Reaktors auf unterschiedliche Weise realisiert werden:

- bei Schlammbettreaktoren wird durch Zugabe von Flocken aus aerobem Belebtschlamm eine Flockenbildung aus Bakterienbiomasse initiiert (UASB-Reaktoren),

- bei Kontaktreaktoren wird der gewonnene Belebtschlamm aus einem dem Faulraum nachgeschalteten Absatzbecken rückgeführt,
- bei Schwebe- und Wirbelbettreaktoren wachsen die Bakterien auf mobilen Trägern,
- bei Anaerobfiltern wachsen sie auf festen Trägern: das Trägermaterial bestimmt dabei die Aufwuchsgeschwindigkeit, das Lückenvolumen bedingt ein Festhalten organischer Flocken, was aber auch eine Verstopfungsgefahr in sich birgt (Festbettreaktoren).

Das langsame Wachstum bringt allerdings auch den Vorteil mit sich, dass die Schlammproduktion sehr gering ist, bei manchen Verfahren fällt überhaupt kein Überschussschlamm an. Der damit verbundene Entsorgungsaufwand ist also sehr gering ([39] Bidlingmaier und Müsken, 2001).

14.5.4
Vergärungsprozesse, unterschieden nach der Prozessführung

Bei der Anlagenplanung muss entschieden werden, ob der gesamte Reaktionsablauf in einem oder in zwei Reaktoren stattfinden soll. Die einfachsten Vergärungsanlagen bestehen aus einem einzigen Reaktor, nach bisherigem Kenntnisstand werden aber zweistufige Anlagen den Anforderungen der Mikroflora am besten gerecht. Neuerdings werden in einer 60 l-Technikumsanlage Versuche mit dreistufigen Verfahren durchgeführt. Diese Vorgehensweise erbringt eine über 80 % ige Abbaurate bei verkürzter Verweilzeit ([119] Friedl, 2000).

14.5.4.1
Einstufige Prozesse

Bei einem einstufigen Verfahrensablauf finden alle Reaktionsschritte, also Hydrolyse, Säurebildung und Methanbildung, in einem Reaktor statt. Bei der Methanisierung von Bioabfällen stellt (im Gegensatz zur anaeroben Abwasserbehandlung) die Hydrolyse den geschwindigkeitsbestimmenden Schritt dar (vergleiche Kapitel 14.3.3.1), gefolgt von der Methanogenese. Die Versäuerungsstufe stellt sich hingegen schnell und unproblematisch ein.

Das einstufige Verfahren ist technisch einfach zu bewerkstelligen (Bild 91) und relativ preiswert. Die Schritte lassen sich jedoch nicht getrennt optimieren, daher kommt es zur gegenseitigen Hemmung der einzelnen Prozesse. Insbesondere bei einem zu hohen Angebot an leicht löslichen Stoffen kann es zu einer

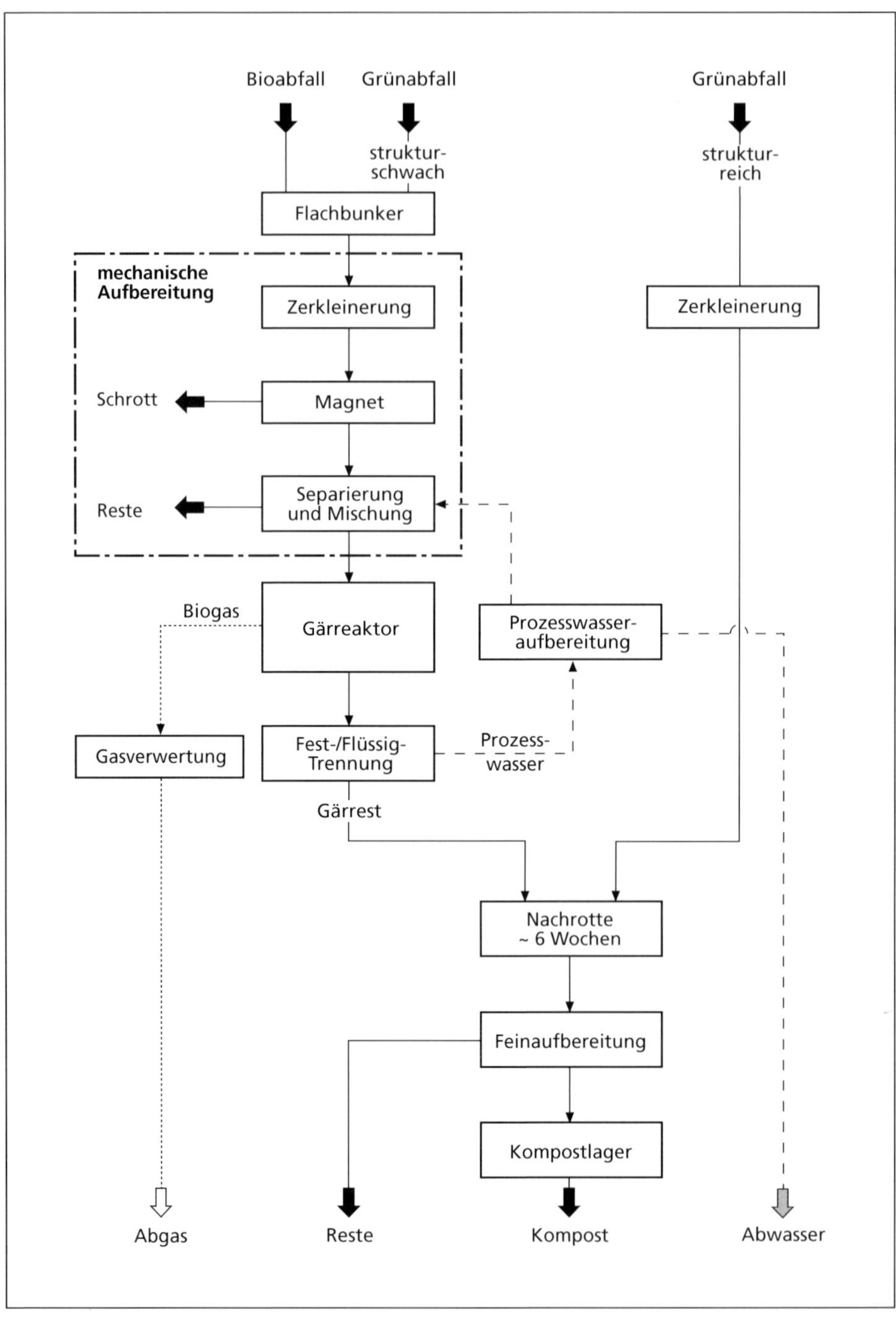

Bild 91: Fließschema einer einstufigen Vergärung
Quelle: [39] Bidlingmaier und Müsken (2001)

Übersäuerung kommen, was die Methanbildner hemmt. Dadurch wird der Prozess instabil, was wiederum zu geringerer Betriebssicherheit führt. Aus diesen Gründen benötigen einstufige Prozesse eine längere Verweildauer.

Von den im Jahr 1999 existierenden 44 Anlagen waren 27 einstufig aufgebaut, wobei von diesen 27 Anlagen 18 im Nassverfahren und 9 im Trockenverfahren betrieben wurden ([167] Kern et al., 1999). Einige dieser Verfahren werden im folgenden skizziert (Tabelle 11).

Tabelle 11: Übersicht über verschiedene einstufige Verfahren
Quelle: [39] Bidlingmaier und Müsken (2001), bearbeitet

	Einstufiges BTA-Verfahren	NÖBL-Verfahren	Solidigest-Verfahren
Verfahrenstyp	einstufige, mesophile Nassvergärung	einstufige, mesophile Nassvergärung	einstufige, mesophile Nassvergärung
Referenzanlage	Baden-Baden, 5.000 t/a	Greinsfurth (A, seit 1978)	Belearia (I, 48.000 t/a Hausabfälle und Klärschlamm, seit 1985)
Input	Bioabfälle	Bioabfälle, insbesondere Schlachthofabfälle	Hausabfälle, Klärschlamm
Kurzbeschreibung			
Verfahrensschritte	Zerkleinerung (Schraubenmühle)	Vor- und Feinzerkleinerung (Monomulcher)	Grobzerkleinerung
	Stofflösung	Erwärmung	Fe-Metall-Abscheidung
	Zerkleinerung		Klassierung (~ 62 Gew.-% Siebdurchgang)
	Schwimm-Sink-Trennung		Schwimm-Sink-Trennung (Suspension zur Fermentation mit 10-20 Gew.-% TS)
	Suspensionsherstellung (8-10 % TS)		Zerkleinerung < 3 mm
			Klärschlammzugabe (6-8 Gew.-% TS)
	Fermentation (35 °C)	Fermentation	Fermentation (35 °C, Raumbelastung 8 kg oTS/(m^3•d)
Verweilzeit	16 d Abbau von 40-45 % oTS		10 d
Output			
Biogas	Gasspeicher, Notfackel		40 m^3/t Abfall im Winter 65 m^3/t Abfall im Sommer
Gärrest	~ 35 % oTS Entwässerung durch Zentrifuge aerobe Nachrotte	Entwässerung im Schlammspeicher Hygienisierung durch Branntkalk	~ 20 Gew.-% TS Entwässerung durch Zentrifuge
Abwasser	~ 0,5 % oTS Biologische Nitrifikation von NH_4	Nachklärung	

14.5.4.2

Zweistufige Prozesse

Wird die Prozessführung zweistufig gestaltet (Bild 92), so verlaufen Hydrolyse und Säurebildung einerseits und die Acetat- und Methanbildung andererseits in getrennten Stufen. Der organische Abfall passiert also zunächst einen Hydrolysereaktor, in dem die schwer abbaubaren Inhaltsstoffe des Substrats zu Säuren, Alkoholen und anderen, leicht abbaubaren Produkten umgesetzt werden. Nach diesem Schritt ist ein Großteil der organischen Substanz in der wässrigen Phase gelöst. In einem zweiten Schritt wird dieses derart vorbehandelte Material in einem Folgereaktor der Methanogenese ausgesetzt.

Das zweistufige Verfahren ermöglicht höhere Abbauleistungen und daher höhere Methanausbeuten durch die Möglichkeit, für die getrennten Phasen jeweils optimale Bedingungen zu schaffen. Dies führt zu einer biologisch stabileren Betriebsführung auch bei schwer abbaubaren Substraten. Zudem wird das Material durch die pH-Absenkung während der Hydrolyse besser hygienisiert. Insbesondere für Substrate mit einem engen C/N-Verhältnis, wie z.B. stark eiweißhaltige Abfälle mit hohem Stickstoffanteil, bietet sich das zweistufige Verfahren besonders an, weil es sonst durch eine pH-bedingte Verschiebung des Verhältnisses von Ammonium zu Ammoniak in der Lösung zur Hemmung des Abbaus kommen kann. Kommunale Bioabfälle weisen zwar in der Regel ein C/N-Verhältnis >20 auf, jedoch liegt der Anteil leicht löslicher organischer Substanz (ohne Salze) mit ca. 45 % sehr hoch ([39] Bidlingmaier und Müsken, 2001).

Zur Optimierung des Methanisierungsprozesses kann eine Fest-Flüssig-Trennung durchgeführt werden, dies wird durch Anmaischen der Bioabfälle und anschließendes Abpressen oder aber mittels Perkolation von Flüssigkeit durch einen Abfallkörper vollzogen. Dieser Vorgang kann vor oder nach der Methanisierung erfolgen. Eine Trennung vor der Methanisierung hat den Vorteil, dass die Flüssigphase entsprechend der in Kläranlagen erprobten Technik in Hochleistungsreaktoren mit relativ geringen Verweilzeiten abgebaut werden kann. Erfolgt die Trennung erst nach der Methanisierung, können volldurchmischte Wirbelschicht- oder Schlammbettreaktoren zur Anwendung kommen.

Nachteilig wirkt sich bei den zweistufigen Verfahren die aufwendige Regelungstechnik aus. Hierdurch sind sie teurer als die einstufigen Verfahren.

Von den eingangs genannten 44 Vergärungsanlagen weisen 17 eine zweistufige Prozessführung auf (vergleiche Tabelle 12), wobei 13 Anlagen im Nassverfahren und 4 im Trockenverfahren betrieben werden ([167] Kern et al., 1999).

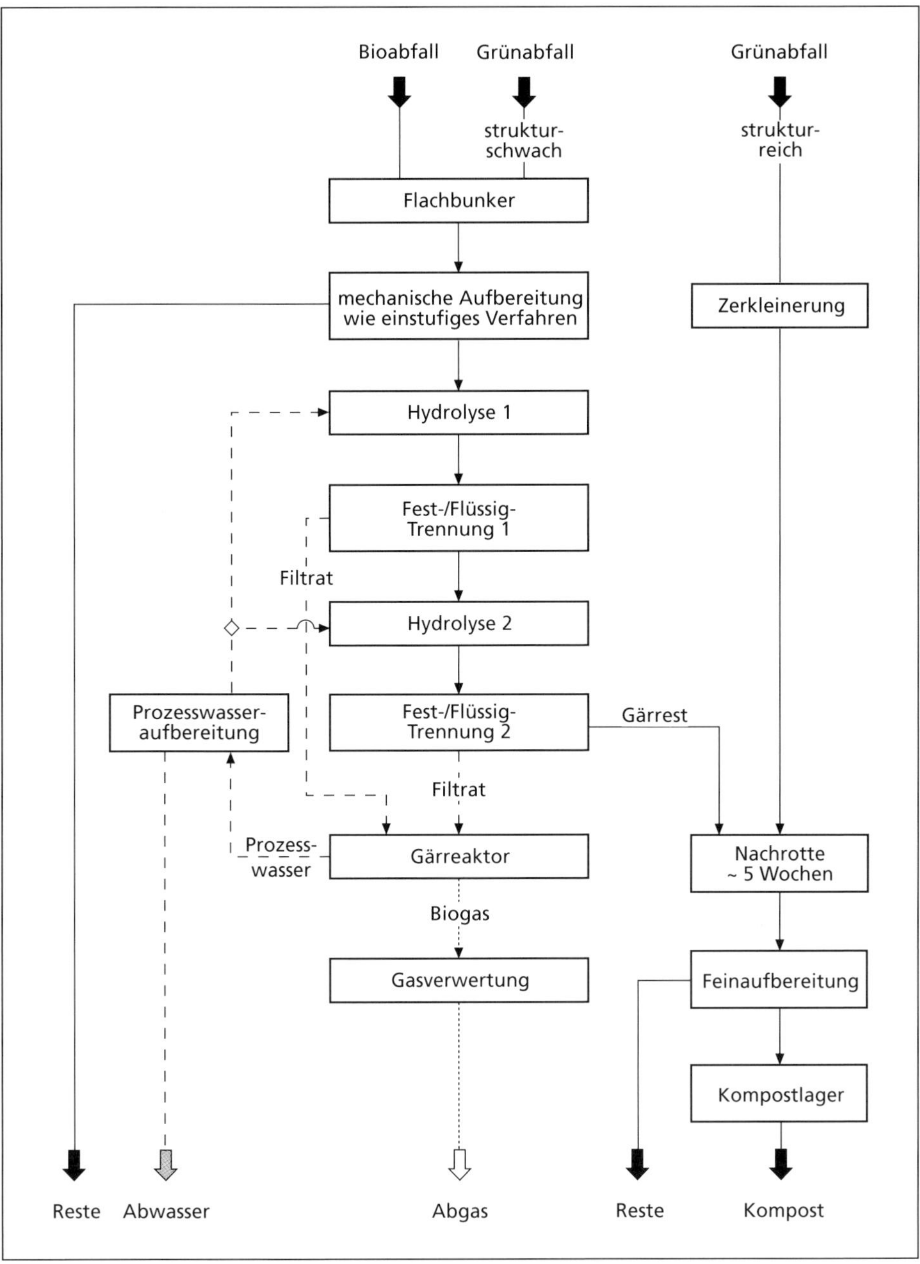

Bild 92: Fließschema einer zweistufigen Anlage
Quelle: [39] Bidlingmaier und Müsken (2001)

Tabelle 12: Übersicht über verschiedene zweistufige Verfahren
Quelle: [39] Bidlingmaier und Müsken (2001)

	AN-Verfahren	UWASting-Verfahren	Zweistufiges BTA-Verfahren
Verfahrenstyp	zweistufige, mesophile Vergärung	zweistufige, mesophile Nassvergärung	zweistufige, mesophile Vergärung
Referenzanlage	Delft (NL), Bremen, Ganderkeese (3.000 t/a)	–	Helsingør (DK, 20.000 t/a)
Input	Bioabfälle	Bioabfälle	Bioabfälle
Kurzbeschreibung			
Verfahrensschritte	Siebung 80 mm	Vorzerkleinerung	Grobzerkleinerung in einer Schraubenmühle
	Siebdurchgang: Fe-Metallabscheidung	Fe-Metallabscheidung	Fe-Metallabscheidung
	Siebüberlauf: Händische Sortierung, Fe-Metallabscheidung, Grobzerkleinerung	Schwimm-Sink-Trennung	Schwimm-Sink-Trennung, Suspension 8-10 Gew.-% TS
	Zusammenführung beider Stoffströme	Hygienisierung (75-80 °C, Wärmetauscher)	Sandabscheidung
	Fermentation: 1. Hydrolyse (33 °C, Batchverfahren) 2. Methanisierung (Hygienisierung bei 70 °C, danach Gärung bei 30 °C)	Fermentation: 1. Hydrolyse 2. Methanisierung (Raumbelastung 2,2 kg oTS/(m^3•d)	Fermentation: 1. Hygienisierung (70 °C, 1 h) 2. Hydrolyse (Rührreaktor, neutraler pH-Wert, 35 °C, Abbau von 70-80 % oTS) 3. Methanisierung (Festbettreaktor mit PP-Füllkörpern)
Verweilzeit	Hydrolyse: 4 d Methanisierung: 12 d	14 d	10-14 d
Output			
Biogas	Entschwefelung, Verwertung, Notfackel	555 m^3/t oTS	Verwertung, Notfackel
Gärrest	Entwässerung, Nachkompostierung	Aerobe Nachklärstufe	Entwässerung, Nachrotte
Abwasser		Nitrifikation/Denitrifikation	

14.5.5

Vergärungsprozesse, unterschieden nach Trockensubstanzgehalt des Ausgangsmaterials

Das zweite Unterscheidungskriterium der verschiedenen Anlagentypen ist der Wassergehalt des Inputmaterials. Entsprechend diesem erfolgt die Weiterverarbeitung im Trocken- oder im Nassvergärungsverfahren.

14.5.5.1
Trockenfermentation

Wenn für organisches Ausgangsmaterial eine Trockenvergärung vorgesehen ist, sollte es nach Möglichkeit einen durchschnittlichen Trockensubstanzgehalt von 30-35 % aufweisen. Es werden auch Werte von 20-40 % akzeptiert, aber bei sehr hohen Trockensubstanzgehalten besteht die Gefahr von Hemmungen, und der Stofftransport im Fermenter kann behindert werden. Bioabfall erreicht bereits ohne weitere Vorbehandlung die für eine Trockenfermentation angestrebten Werte. Die Trockenfermentation findet in einstufigen Reaktortypen statt, bei denen das Gärgut mittels Schneckenpumpen an einer Seite des Reaktors zugeführt und an der anderen entnommen wird. Mit Rührwerken oder eingedüstem Biogas wird das Gärgut gemischt bzw. umgewälzt. Als Verweildauer kann bei mesophilem Betrieb mit drei bis vier Wochen, bei thermophilem Betrieb mit zwei bis drei Wochen gerechnet werden ([39] Bidlingmaier und Müsken, 2001).

Tabelle 13: Übersicht über verschiedene Verfahren der Trockenfermentation
Quelle: [39] Bidlingmaier und Müsken (2001), bearbeitet

	Valorga-Verfahren	Biocel-Verfahren	Kompogas-Verfahren
Verfahrenstyp	einstufige, mesophile Trockenvergärung	einstufige, mesophile Trockenvergärung	einstufige, thermophile Trockenvergärung
Referenzanlage	La Buisse (F, 8.000 t/a, seit 1984) Amiens (F, 55.000 t/a, seit 1988)	Pilotanlage in ´t Zand (NL, Reaktorvolumen 450 m^3, seit 1991)	Rümelang (CH), Zürich (CH) (5.000 t/a je Gärbehälter)
Input	gemischte Haushaltsabfälle	Bioabfälle, Holzhäcksel als Zuschlagstoff	Bioabfälle
Kurzbeschreibung			
Verfahrensschritte	Klassierung (Grob-, Mittel-, Feinfraktion)		Vorzerkleinerung
	Ballistische Trennung der Feinfraktion		händische Störstoffauslese
	Wässerung der Feinfraktion (30-35 Gew.-% TS, ggf. mit Klärschlamm)		Nachzerkleinerung (Schneidscheibenmühle)
	Fermentation: Raumbelastung 7,5-9 kg oTS/(m^3•d)	Fermentation: Substrat 30 Gew.-% TS Hygienisierung bei 70-80 °C	Fermentation
Verweilzeit	12-18 Tage	20 Tage	15-20 Tage
Output			
Biogas	145 m^3/t aufbereitetem Abfall ~ 225 m^3 CH_4/t oTS, 60 % CH_4	90 m^3/t organische Gewerbeabfälle (~ 55 % CH_4)	Gasfilteranlage, Verwertung im Blockheizkraftwerk
Gärrest	Entwässerung (50-55 Gew.-% TS), Zerkleinerung, Siebung, Nachrotte	Entwässerung durch Pressung auf 40 Gew.-%	Entwässerung, Nachrotte

Dadurch, dass das Ausgangsmaterial nicht angemaischt werden muss, ergibt sich eine hohe Auslastung des Faulraumes. Außerdem ist der Wasserbedarf gering, was sich gleichzeitig positiv auf die zu manövrierenden Stoffströme auswirkt. Die Gasausbeute ist bei der Trockenvergärung geringer, außerdem sind Durchmischung und Förderung der Suspension energieintensiver und weniger effektiv ([143] Heinrich, 1999).

Von den derzeit 44 Anlagen wird in 13 Anlagen trocken fermentiert (Kern et al., 1999, siehe auch Tabelle 13). Auf diese 13 Anlagen entfallen 30 % der derzeit vorhandenen Gesamtkapazität ([173] Korz, 1999).

14.5.5.2

Nassfermentation

Bei der Nassvergärung (Beispiele siehe Tabelle 14) muss das Ausgangsmaterial über einen Trockensubstanzgehalt von ca. 10 % verfügen. Wenn dies nicht ursprünglich bereits der Fall ist, wird, wie bei Bioabfall, das Material mit Frisch- und/oder Kreislaufwasser zu einer pump- und rührfähigen Suspension vermischt.

Tabelle 14: Übersicht über verschiedene Verfahren der Nassfermentation
Quelle: [39] Bidlingmaier und Müsken (2001), bearbeitet

	Arenha-Verfahren	Paques-Verfahren	Wabio-Verfahren
Verfahrenstyp	einstufige, mesophile Nassvergärung	zweistufige, mesophile Nassvergärung	einstufige, mesophile Nassvergärung
Referenzanlage	Hildesheim (seit 1988)	Breda (NL, seit 1988, 20.000 Mg/a)	Vaasa (SF, 14.000 Mg/a)
Input	Bioabfälle	Großmarktabfälle	Hausmüll, Klärschlamm
Kurzbeschreibung			
Verfahrensschritte	Klassierung (Trommelsieb)	mechanische Aufbereitung	Zerkleinerung
	Feinvermahlung der Feinfraktion		Fe-Metallabscheidung
	Herstellen einer Suspension		Klassieren (50 mm)
	Ausschleusung inerter Stoffe (Sandfang)		Homogenisierung in Hydrolysebehälter
			Schwimm-Sink-Trennung
	Vergärung: Raumbelastung 1,1-2,1 kg oTS/(m³•d)	Vergärung: 1. Hydrolyse 2. Methanisierung (27-36 °C)	Vergärung: 36-37 °C Abbaugrad: 55 Gew.-% oTS
Verweilzeit	20-25 Tage		15-20 Tage
Output			
Biogas	220-440 m³/Mg oTS (61-65 Vol.-% CH_4)	21 m³/Mg Abfall bzw. 290 m³/Mg oTS (80 Vol.-% CH_4)	Trocknung, Speicherung, Notfackel
Gärrest	Entwässerung und Nachrotte	Entwässerung	Hygienisierung (70 °C, 8 h), Entwässerung, Nachrotte
Abwasser		Ausschleusung überschüssigen Prozesswassers	Teilrückführung

Der Schlamm kann ggf. auch rückgeführt werden. In der Verflüssigungsstufe ist zusätzlich eine Abscheidung von Schwimm- und Sinkstoffen möglich.

Ein solch flüssiges und homogenes Substrat bringt wenige Probleme mit sich, was die Handhabung des Schlammes betrifft, daher ist eine gezielte Materialführung und Substratdurchmischung im Reaktor möglich. Es herrschen günstige Stoff- und Wärmeaustauschbedingungen sowie eine sichere Gasentbindung. Diese Konsistenz ermöglicht demzufolge eine Vielfalt unterschiedlicher Verfahrensweisen.

Nachteilig wirken sich die großen Stoffströme aus, die durch die Anmaischung entstehen und zudem am Ende der Vergärung eine Entwässerung erfordern.

Die Nassvergärung wird in 31 der insgesamt 44 Anlagen praktiziert (Kern et al., 1999), die 70 % der derzeit vorhandenen Gesamtkapazität stellen ([173] Korz, 1999).

14.5.6

Vergärungsprozesse, unterschieden nach der Betriebstemperatur

Neben der Art der Prozessführung und dem eingestellten Trockensubstanzgehalt variieren die derzeit verbreiteten Vergärungsverfahren auch nach der Temperatur, mit der sie betrieben werden. Da die methanogenen Bakterien ohnehin diejenigen sind, die am langsamsten wachsen und am empfindlichsten auf Milieuschwankungen reagieren, richtet man sich bei der Einstellung der Verfahrenstemperatur in der Regel nach der derjenigen, welche die in der Kultur vorhandenen Methanogenen bevorzugen. Hier gibt es Unterschiede: Es gibt psychrophile (kälteliebende) Stämme, die sich bei 10 °C am wohlsten fühlen. Sie wachsen entsprechend langsam und haben einen geringen Substratdurchsatz, weswegen sie nicht für die großtechnische Abfallbehandlung, sondern nur für die Fermentation kleiner Mengen geeignet sind, wie sie z.B. auf einzelnen Bauernhöfen vorkommen. Für die Vergärung werden ausschließlich mesophile und thermophile Stämme eingesetzt. Da bei dem anaeroben Abbau organischer Substanz sehr wenig Energie frei wird, muss zur Einhaltung beider Reaktionstemperaturen externe Energie zugeführt werden.

14.5.6.1

Mesophile Prozesse

Das Temperaturniveau der mesophilen Prozesse liegt zwischen 30 °C und 40 °C, die Optima der entsprechenden Organismen zwischen 32 und 50 °C. Bei diesen

Temperaturen können selbst komplexere Verbindungen bereits abgebaut werden, das Verfahren eignet sich also auch für Bioabfall. Eine Hygienisierung des Abfallmaterials findet unter diesen Bedingungen allerdings nicht statt. Die entsprechenden Bakterien und Hefen weisen keine überaus hohen, aber sehr stabile Wachstumsraten auf und werden in der Abfallbehandlung gern eingesetzt, sie benötigen jedoch wegen dieses mäßigen Wachstums immer eine gewisse Adaptationszeit. Innerhalb der mesophilen Stämme gibt es ein breites Artenspektrum als Selektionspool zur Anpassung an wechselnde Umgebungsbedingungen, dadurch wird eine hohe Prozessstabilität gewährleistet.

Die mesophilen Verfahren machen 75 % der einstufigen und 50 % der zweistufigen Nassverfahren aus und 20 % der einstufigen Trockenverfahren (Tabelle 15) ([167] Kern et al., 1999).

Tabelle 15: Übersicht über verschiedene mesophile Verfahren
Quelle: [39] Bidlingmaier und Müsken (2001), bearbeitet

	Waasa-Verfahren	DSD/CTA-Verfahren	Kaufbeurer-Verfahren
Verfahrenstyp	einstufige, mesophile Nassvergärung	zweistufige, mesophile Nassvergärung	einstufige, mesophile Nassvergärung
Referenzanlage	Vaasa (SF, 14.000 Mg/a)	Zobes (bei Plauen, 5.000-20.000 Mg/a)	Kaufbeuren (seit 1992, 2.500 Mg/a)
Input	Bioabfälle	Bioabfälle	Bioabfälle
Kurzbeschreibung			
Verfahrensschritte	Klassierung (Trommelsieb 50 mm)	Zerkleinerung (Förderschnecken)	Grobzerkleinerung
	händische Sortierung (Stör-/ Grobstoffe)	Fe-Metallabscheidung	Suspensionsherstellung
	Fe-Metallabscheidung	Grobstoffabscheidung (Trommelsieb)	
	Anmaischung	Suspensionsherstellung	
	Schwimm-Sink-Trennung	Schwimm-Sink-Trennung	
	Substratherstellung (15 Gew.-% TS)		
	Fermentation	Fermentation: 1. Hydrolyse (8-12 °C, 3-5 d) 2. Methanisierung (33 °C, 8-12 d), Raumbelastung 8,9 kg TS/(m³•d)	Fermentation
Verweilzeit	mind. 15 d	11-17 d	
Output			
Biogas	Verdichtung, Reinigung, Speicherung, Notfackel	Filterung, Speicherung, Notfackel	
Gärrest	Entwässerung, Nachrotte	Entwässerung, Nachrotte	

14.5.6.2

Thermophile Prozesse

Im Rahmen einer thermophilen Prozessgestaltung werden Betriebstemperaturen von 53-57 °C eingehalten. Die hierfür genutzten, thermophilen Stämme wachsen am besten bei Temperaturen bei 50-70 °C, allerdings werden solche Werte nur von wenigen Arten bevorzugt. Änderungen im Milieu können daher nicht durch andere Arten beliebig abgefangen werden. Da gleichzeitig höhere Temperaturen mit höheren Konzentrationen an NH_4^+ einhergehen, was als Zellgift wirkt, sind die Populationen biologisch instabiler.

Thermophile bieten aber den Vorteil, dass sie die Temperaturen, bei denen viele energiereiche Substrate wie z.B. Fette in lösliche Form gebracht werden, gut ertragen und daher für bestimmte Anwendungen besser geeignet sein können

Tabelle 16: Übersicht über verschiedene thermophile Verfahren
Quelle: [39] Bidlingmaier und Müsken (2001), bearbeitet

	Biowaste-Verfahren	Dranco-Verfahren	Linde-Verfahren
Verfahrenstyp	einstufige, thermophile Nassvergärung	einstufige, thermophile Vergärung	einstufige, thermophile Nassvergärung
Referenzanlage	Lyngby (DK, Versuchsanlage)	Brecht (NL, seit 1992, 10.000 Mg/a)	
Input	Bioabfälle, Gülle	Bioabfall, Papierabfall	Bioabfälle
Kurzbeschreibung			
Verfahrensschritte	Stofflöser	Homogenisierung und Zerkleinerung (schnell laufende Trommel)	Zerkleinerung
	Abscheidung Schwerstoffe	Siebung (40 mm)	Anmaischung (max. 15 % TS)
	Siebung	Mischung Siebdurchgang mit bereits vergorenem Substrat	Schwimm-Sink-Trennung
	Zerkleinerung auf 2 mm	Erwärmung auf 50 °C	Vorhydrolyse
	Fermentation (55 °C)	Fermentation: Raumbelastung 13-15 kg TS/(m^3•d)	Fermentation (55-57 °C)
Verweilzeit		20 d	12-15 d
Output			
Biogas		75 m^3/t organischem Abfall, 60 % CH_4	Verbrennung in Blockheizkraftwerk, Notfackel
Gärrest	keine Nachbehandlung	Entwässerung (50-55 Gew.-% TS, Schneckenpresse), Feinsiebung, Nachrotte (10 d), Vermarktung	

als mesophile, methanbildende Bakterien. Auch weisen sie infolge ihrer höheren Wachstumsgeschwindigkeit kürzere Adaptationszeiten auf. Die Abbauraten können bis zu 10 % höher ausfallen als die der mesophilen Kulturen, damit einhergehend liegen die Gasausbeuten bei diesen Verfahren höher als bei den mesophilen. Bei ausreichender Verweilzeit wird das Abfallmaterial zudem hygienisiert.

Für die Anlage bedeuten diese Temperaturen einen höheren Energieeinsatz und technischen Aufwand; da zur Aufrechterhaltung der Prozesstemperatur ein höherer Anteil des erzeugten Biogases verbraucht wird, ist die Nettoenergieausbeute geringer.

25 % der Anlagen im einstufigen und 50 % derer im zweistufigen Nassverfahren werden unter thermophilen Bedingungen betrieben, zudem 80 % der Anlagen mit einstufigem Trockenverfahren (vergleiche Tabelle 16). Zweistufige Anlagen im Trockenverfahren fallen aus oben genannten Gründen aus der Betrachtung heraus ([167] Kern et al., 1999).

14.5.7

Energiebilanz

Bei der Vergärung wird Energie in Form von Methan freigesetzt, die als verwertbare Energie der für den Prozess benötigten Energie gegenübersteht. Wenn zum Zwecke der Vergleichbarkeit für die Energienutzung eine Kraftwärmekopplung angenommen wird, so ergeben sich für die einzelnen Verfahren sehr ähnliche Werte (siehe Tabelle 17), wobei die realistischen Werte im unteren Bereich der angegebenen Schwankungsbreite liegen.

Von der produzierten Energie werden im Mittel 20-30 % für den Eigenbedarf benötigt, und 8-12 % gehen verlustig, so dass ein Überschuss von 58-72 % zu verzeichnen ist. Abzuziehen ist hiervon der Treibstoff für Fahrzeuge und, falls der Gärrest nicht als Flüssigdünger ausgebracht wird, der Energiebedarf für die

Tabelle 17: Energiebilanz ein- und zweistufiger Vergärungsverfahren in [%] der Gesamtenergie Quelle: [39] Bidlingmaier und Müsken (2001)

Parameter	Einstufige Verfahren Mittelwerte %	Zweistufige Verfahren Mittelwerte %
Gesamtenergie	100	100
Stromerzeugung	26 - 33	27 - 33
Strombedarf	7 - 19	6 - 15
Stromabgabe	9 - 25	12 - 26
Wärmeerzeugung	59 - 64	56 - 63
Wärmebedarf	7 - 18	8 - 45
Wärmeüberschuss	42 - 56	12 - 50
Energieverlust	8 - 10	10 - 12

Nachrotte, der ca. 60 % desjenigen einer Kompostanlage mit gleichem Durchsatz beträgt. Der Wertbereich für den bereinigten Überschuss liegt dann bei 30-45 % .

14.6 Spezialfall Speisereste-Verwertung

In Deutschland fallen zur Zeit jährlich etwa 1,8 Mio. Mg Speisereste an ([148] Hilger, 2000), die sich von ihrer Konsistenz her bestens zur biologischen Behandlung anbieten; gleichwohl stellen sie einen Sonderfall dar, weil sie aus seuchenhygienischen Gründen dem Tierkörperbeseitigungsgesetz unterliegen.

14.6.1 Rechtliche Grundlagen

Ergänzend zu den juristischen Grundlagen in Kapitel 5 seien hier mit dem Tierkörperbeseitigungsgesetz und der Viehverkehrsordnung die für Speisereste wichtigen Rechtsnormen vorgestellt.

14.6.1.1 Tierkörperbeseitigungsgesetz

Das Tierkörperbeseitigungsgesetz (TierKBG) fordert die gefahrlose Beseitigung von Tierkörpern und Teilen davon sowie von tierischen Erzeugnissen wie Eiern, Milch oder zubereitetem Fleisch. Aus Gründen der Umsetzbarkeit sind diejenigen Privathaushalte, Gaststätten, Kantinen o.ä. von dieser Pflicht befreit, bei denen nur geringe Mengen dieser Speisereste anfallen, wobei der Begriff „geringe Mengen" als das Äquivalent eines 4-Personen-Haushaltes definiert ist. Entsprechende Abfälle unterliegen nicht mehr dem Tierkörperbeseitigungsgesetz, sondern dem Kreislaufwirtschafts- und Abfallgesetz.

Neben dieser mengenmäßig begründeten Ausnahme von der Pflicht zur Beseitigung gibt es noch zwei weitere Ausnahmen: Die eine bildet die Verfütterung im eigenen Betrieb, die in § 8 Absatz 1 Nr. 3 des TierKBG geregelt ist. Auf Basis dieses Paragraphen können auch an Kompostierungs- und Vergärungsanlagen solche Ausnahmegenehmigungen erteilt werden. Diese Genehmigung wird unter Auflagen erteilt, wobei die Bestimmungen der Viehverkehrsordnung (§ 24a Absatz 1 Satz 2) beachtet werden müssen.

Die zweite findet sich in § 8 Absatz 2 Nr. 2 des TierKBG; sie lässt die Beseitigung in anderen Anlagen zu und ermöglicht damit die Abgabe an Dritte wie den Landhandel oder Landwirte. Der Antrag auf diese Ausnahmegenehmigung muss sowohl vom Abfallproduzenten als auch vom Aufbereiter gestellt werden. Die aufbereiteten Speiseabfälle dürfen zudem nur an Tierhaltungen abgegeben werden, die sowohl eine Ausnahmegenehmigung nach § 8 Absatz 1 Nr. 3 des TierKBG als auch nach § 24a Absatz 1 Satz 2 der Viehverkehrsordnung besitzen.

14.6.1.2

Viehverkehrsordnung

Die abfallrechtlichen Vorschriften gelten prinzipiell nicht für Speisereste, da diese definitionsgemäß vom Abfallbegriff ausgenommen sind. Infolgedessen fallen Küchenabfälle aus Privathaushalten unter das Abfallrecht, solche aus Gaststätten aber unter das Tierseuchenrecht, was völlig unterschiedlichen Anforderungen an die anschließende Behandlung stellt.

Die Viehverkehrsverordnung beruht, im Gegensatz zu allen zuvor dargestellten Rechtsvorschriften, die ihren Ursprung im Abfall- und Immissionsschutzrecht haben, auf dem Tierseuchengesetz. Sie enthält Maßnahmen zum Schutz gegen die Verschleppung von Tierseuchen im Viehverkehr, Abschnitt 10a mit seinem einzigen Paragraphen 24a trifft Regelungen zur Viehfütterung. Zunächst wird in Satz 1 ein generelles Verbot der Verfütterung von Speiseabfällen an Klauentiere ausgesprochen. Nach Satz 2 von § 24a, Absatz 1 können für Schweine Ausnahmen genehmigt werden, wenn die Speiseabfälle bestimmten, nicht bundeseinheitlich geregelten Hygienisierungsanforderungen genügen, zu denen derzeit u.a. eine Erhitzung für 60 Minuten bei 90 °C unter Rühren oder für 20 Minuten bei 121 °C und 3 bar zählen.

14.6.2

Verwertungsmöglichkeiten

Es gibt neben der landwirtschaftlichen Verwertung zwei verschiedene großtechnische Möglichkeiten der Verwertung von Speiseresten, nämlich die der Co-Vergärung und die der Behandlung in Tierkörperbeseitigungsanstalten und Spezialbetrieben (Bild 93).

Die Co-Vergärung von Speiseresten mit Bioabfällen (Bild 94) führt wegen ihrer stofflichen Zusammensetzung und hohen Wassergehalte zu sehr guten Resultaten, alternativ eignen sich auch Gülle und Klärschlamm als Cosubstrate. Die erforderliche Hygienisierungsstufe lässt sich vor oder nach der Vergärung einschalten. Im Verlaufe des Prozesses besteht die Möglichkeit, Biogas zu gewinnen.

Für den traditionellen Weg der Entsorgung von Speiseresten durch landwirtschaftliche Betriebe stellen die Biogasanlagen eine zunehmende Konkurrenz dar.

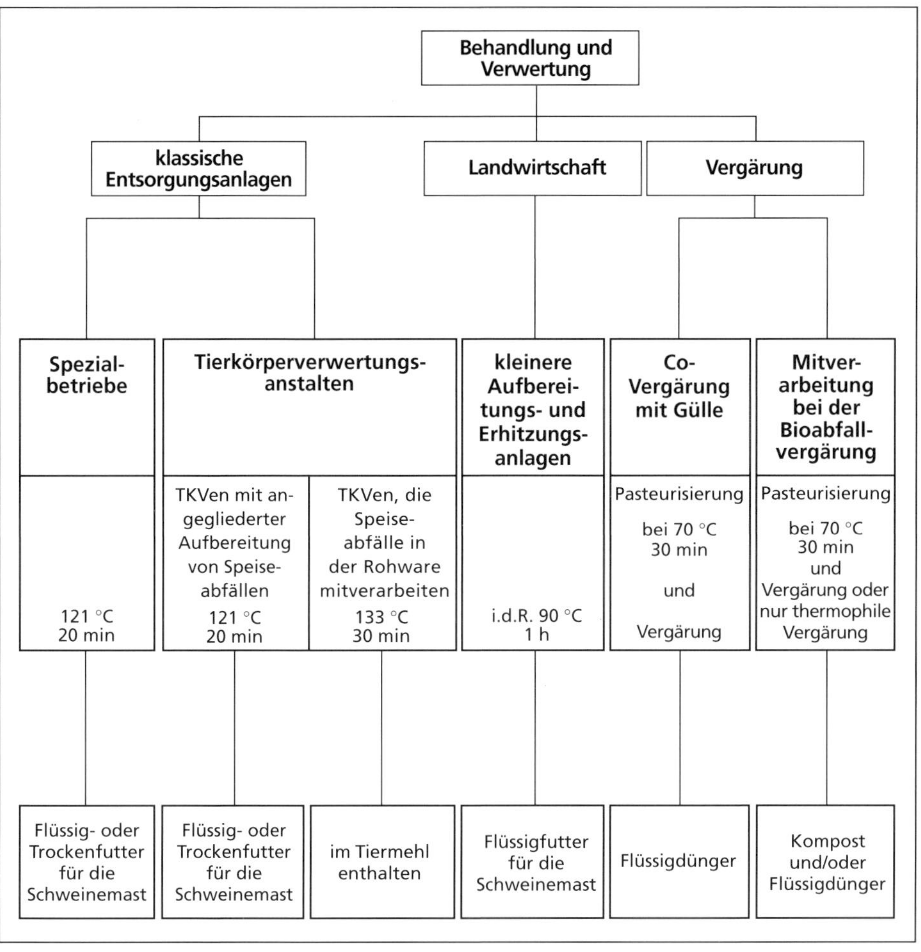

Bild 93: Möglichkeiten der Verwertung von Speiseresten
Quelle: [174] Kosak (2001)

Dies dürfte sich noch dadurch verstärken, dass sich die Vergütungen für derart erzeugte Energie in jüngster Zeit durch das neue Erneuerbare-Energien-Gesetz deutlich verbessert haben ([152] ifeu, 2001).

Bei der Behandlung in Tierkörperbeseitigungsanstalten werden zunächst Fremdstoffe aussortiert, dann wird das Material zerkleinert und hygienisiert (unter Rühren für 60 min bei mehr als 90 °C oder für 20 min bei 3 bar und mindestens 121 °C). Zur Schonung der nachfolgenden Aggregate, vor allem jedoch zur Verdaulichkeit des erzeugten Futters darf die maximale Korngröße 50 mm nicht übersteigen; dies erfordert in der Regel eine Zerkleinerung der Speisereste. Da zudem die Abfälle nicht aus einer definierten Quelle eines Produktionsprozesses stammen, müssen immer Vorkehrungen gegenüber Stör- und Schadstoffen enthalten sein. Das entstehende Produkt wird derzeit entweder als Flüssigfutter für

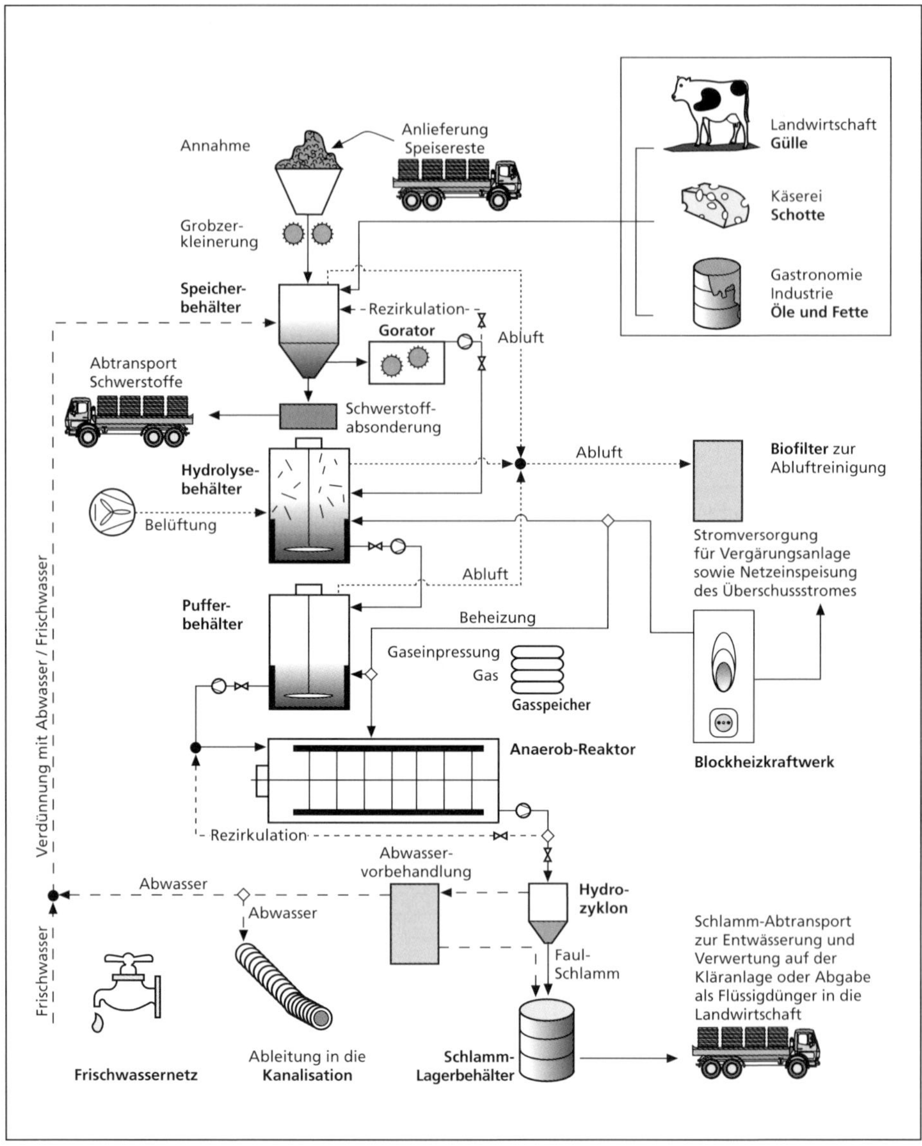

Bild 94: Speisereste-Vergärungsanlage (IMK-Verfahren)
Quelle: Prospekt der ENERCOMP AG (1997)

Mastschweine (nicht jedoch für Zuchtschweine und Ferkel) verwendet oder zu Tiermehl weiterverarbeitet. Da die vollständige Entseuchung weiterhin umstritten ist, gibt es hier Absatzprobleme, die sich durch ein ab 01.11.2002 vermutlich in Kraft tretendes Verfütterungsverbot erhärten werden.

14.6.3

Ausblick

Derzeit liegt ein Verordnungsentwurf des Europäischen Parlaments und des „Rates über Hygienevorschriften für nicht für den menschlichen Verzehr bestimmte tierische Nebenprodukte" vor, der für diese Nebenprodukte die gleichen Verarbeitungsbedingungen fordert wie für gefährliche Stoffe gemäß Artikel 2 Nr. 1 und 2 der Richtlinie 90/667/EWG. Als Konsequenz ist zu erwarten, dass Speisereste zukünftig für 20 Minuten bei 133 °C und 3 bar behandelt werden müssen. Dieses Verfahren wird schon in einigen Anlagen praktiziert; für die kleinen Aufbereitungsanlagen mit angegliederter Tierhaltung jedoch, die etwa 90-95 % der Futtermittelhersteller ausmachen, wird die Aufbereitung zur Verfütterung im eigenen Betrieb dadurch unrentabel. Auch Vergärungsanlagen müssen einen Hygienisierungsreaktor mit den erforderlichen Parametern vorschalten, so dass eingehende Speisereste zunächst hygienisiert und dann dem normalen Gärprozess zugeführt werden. Bei einigen wenigen Anlagen wird bereits so verfahren.

Kapitel 15

Aerobe Behandlung

15.1

Einführung und Geschichte

Mit dem Begriff der Kompostierung wird aus biologischer Sicht der aerobe Abbau organischer Substanz bezeichnet, durch den in der Natur und ohne jedwede technische oder sonstige Hilfsmittel ein Großteil der biologischen Abbauprozesse bewerkstelligt wird. Da hier im Gegensatz zur Vergärung Sauerstoff an den Umsetzungsprozessen beteiligt ist, können die beteiligten Organismen sehr viel Energie aus dem Substrat schöpfen, die Wachstumsraten sind also erheblich höher als bei den anaeroben Organismen.

Aus abfallwirtschaftlicher Sicht wird hierunter das die Vergärung ergänzende, aerobe Verfahren zur Behandlung biologisch abbaubaren Abfalls verstanden. Bei der Kompostierung entstehen Produkte in Form verschiedener Arten von Kompost. Die bei dem Rotteprozess freiwerdende Energie kann menschlicherseits nicht im gleichen Umfang wie bei der Vergärung genutzt werden, sondern ist weitgehend zur Aufrechterhaltung des Rotteprozesses erforderlich.

Es heißt, dass bereits im biblischen Jerusalem die Kompostierung von Abfällen betrieben wurde. Auch Asien ist bekannt für seinen noch bis ins letzte Jahrhundert höchst sorgsamen Umgang mit seinen natürlichen Rohstoffen. In westlichen Ländern ist die Lebensphilosophie anders: hier sind im ursprünglichen Denken nicht Kreisläufe als Prinzip des Laufes der Welt, sondern Expansion und Wachstum in einer lange für unerschöpflich gehaltenen Natur verankert. Die kleinen, landwirtschaftlichen Stoffkreisläufe brachen mit zunehmender Bevölkerungsdichte und Verstädterung auf, die hygienischen Verhältnisse spiegelten die mangelnde Abfallentsorgung wider. Die erste, für Europa gesicherte Angabe einer Kompostierungsanlage ist auf die Mitte des 16. Jahrhunderts zu datieren: in Amsterdam wurden derzeit eingesammelte Abfälle kompostiert und anschließend mit Gewinn verkauft. Die erste deutsche Abfallkompostierungsanlage entstand im Jahr 1915 in Neumünster. Sie arbeitete zunächst mit Gewinn, musste aber nach 15 Jahren wegen Unwirtschaftlichkeit schließen. Erst gut zehn Jahre nach dem zweiten Weltkrieg gingen wieder erste Kompostwerke in Baden-Baden und Blaubeuren in Betrieb: bis 1972 stieg die Zahl auf 16 Anlagen an ([243] Oberholz, 1995; [204] Mach und Schenkel, 1995). Diese waren allerdings kaum mit den heutigen zu vergleichen, bestand doch ihr Zweck in der Kompostierung eines Restmüll-Klärschlamm-Gemisches, um die Entsorgung des Klärschlamms in Griff zu bekommen. Erst nachdem Anfang der achtziger Jahre Diskussionen über den Schadstoffgehalt aufkamen und die Vermarktung der erzeugten Komposte zusammenbrach, wurde in der Zeit von 1984 bis etwa 1987 das Spektrum des zu kompostierenden Materials von Restmüll und Klärschlamm auf organische Abfälle in der heutigen Form umgestellt. In Witzenhausen bei

Kassel wurden erste Versuche zur Einführung einer „Biotonne" im heutigen Sinne realisiert.

Heute wird die Kompostierung biologisch abbaubarer Abfälle unter dem Gesichtspunkt der Kreislaufwirtschaft betrieben: das Wertstoffpotential des organischen Materials ist erkannt worden und soll genutzt werden, um künftig zur Schonung der natürlichen Ressourcen beizutragen. Zudem wird so eine Entlastung der Deponien bewirkt.

Steigende Mengen getrennt erfasster Bioabfälle bilden die Grundlage für eine wachsende Branche: aktuelle Zahlen geben die Menge der erfassten Bioabfälle und Grünabfälle mit knapp 7 Mio. Mg/a an. Die Zahl der Kompostierungsanlagen stieg von 16 im Jahr 1972 über 28 im Jahr 1987 und 335 im Jahr 1996 auf die heutige Zahl von 558 Anlagen, wobei hier nur Anlagen mit Kapazitäten von mehr als 1000 Mg/a eingerechnet sind ([115] Fricke und Turk, 2001). Hinzu kommen etwa 500 bis 1000 Kleinanlagen mit einer Gesamtkapazität von etwa 1 Mio. Mg/a ([166] Kern, 1999).

Diese Kompostierungsanlagen werden zu über 60 % von privaten Unternehmen betrieben; knapp 30 % liegen in der Hand von Kommunen und Zweckverbänden, etwa 5 % gehören Unternehmen des Landschaftsbaus. Sie verarbeiten ein weites Spektrum an Bioabfällen und Grüngut, teilweise werden auch andere biogene Abfälle zugesetzt.

An die im Folgenden erklärten biochemischen Grundlagen schließt sich die technische Umsetzung an, den Schluss bildet ein Kapitel speziell für die Kompostierung von Klärschlamm.

15.2 Biochemische Stoffwechselprozesse

In den folgenden Kapiteln werden die Abbaureaktionen der drei verschiedenen großen Stoffklassen (Fette, Kohlenhydrate und Proteine) sowie von Lignin erläutert; der Schwerpunkt dieser Kapitel liegt dabei auf den für die Rotte wichtigen Vorgängen. Alle diese Reaktionen münden letztlich in die grundlegenden Prozesse des Citrat- bzw. Glyoxylatcyclus und der oxydativen Phosphorylierung, in denen die Organismen den größten Teil der Energie gewinnen, derer sie zum Leben und zur Vermehrung bedürfen.

Alle diese Abbaureaktionen werden durch Mikroorganismen bewerkstelligt. Diese scheinen biochemisch omnipotent zu sein; denn obwohl die grünen Pflanzen seit Jahrmillionen organische Verbindungen synthetisieren, hat sich keine dieser Substanzen in nennenswertem Umfang angereichert. Unter Luftabschluss ist allerdings ein geringer Bruchteil in Form stark reduzierter Kohlenstoffverbindungen wie Erdöl, Erdgas und Kohle erhalten geblieben. Auch könnten einige der synthetisch hergestellten Stoffe (z.B. bestimmte Pflanzenschutzmittel, Detergenzien und hochpolymere Kunststoffe) dem mikrobiellen Abbau widerstehen - soweit sich dies nach einer geologisch so kurzen Zeitspanne sagen läßt ([267] Schlegel, 1992).

15.2.1

Prinzipielle Schritte der Energiegewinnung aus organischem Material

Alle Lebewesen nutzen organische Substanzen, um die in ihnen enthaltene Energie oder die damit verbundenen „Rohmaterialien" zu gewinnen. Im Schnitt werden aber von der Gesamtmenge des umgesetzten, organisch gebundenen Kohlenstoffs nur 20 % für den Baustoffwechsel, 80 % hingegen für den Betriebsstoffwechsel, d.h. zur Energiegewinnung eingesetzt. Bei den Stoffwechselreaktionen wird zudem chemische Energie in Form von Wärme freigesetzt. Dieser Wärmeüberschuß beträgt 33-41 kJ pro g Kohlenstoff und ist u.a. dafür verantwortlich, dass sich bei der Kompostierung das Rottegut ohne äußere Wärmezufuhr erhitzt.

Selbst eine einfache Bakterienzelle verfügt über die Kapazität, mehr als tausend voneinander unabhängige Reaktionen durchzuführen. Der komplizierte Verlauf dieser vielen anabolen und katabolen Stoffwechselwege kann gedanklich auf drei verschiedene Ebenen verteilt und damit geordnet werden (Bild 95). Der im folgenden vorgestellte Grundstoffwechsel ist für alle Organismen gleichermaßen gültig.

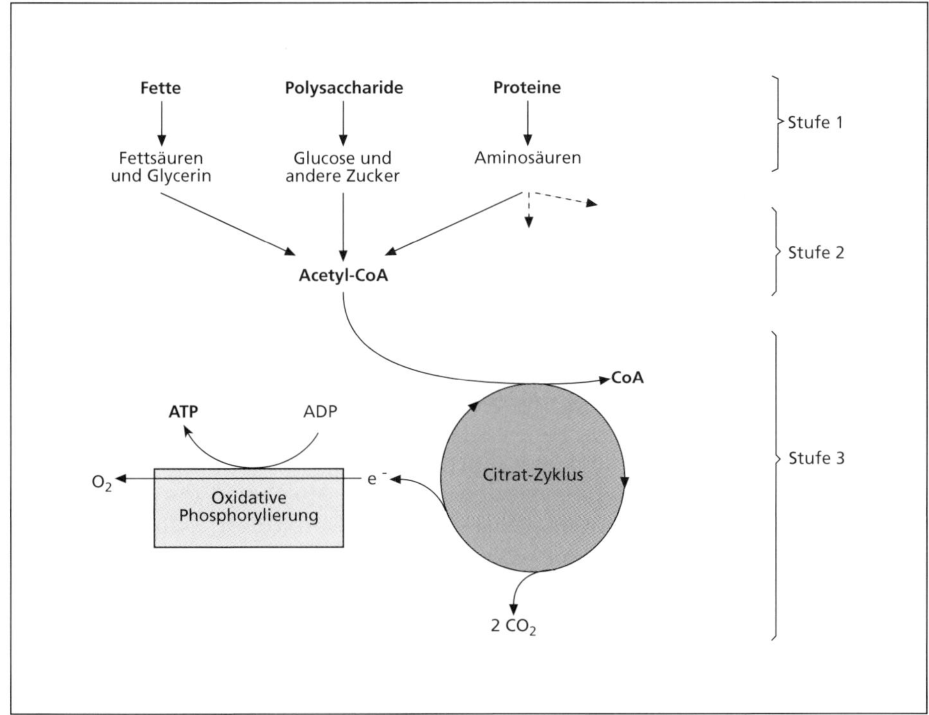

Bild 95: Schritte der Energiegewinnung aus Nahrungsmolekülen

15.2.1.1

Erste Ebene: Zerlegung großer Moleküle in kleine Untereinheiten

Auf der ersten Ebene stehen Kohlenhydrate, Nucleinsäuren und Proteine als große Moleküle, außerdem die Fette mit mittlerer Molekülgröße. Alle sind entweder aus Biosynthesen hervorgegangen oder dienen dem Organismus als Nahrung und werden zu diesem Zweck in kleinere, energetisch nutzbare Bruchstükke zerlegt. Auf dieser Ebene entstehen also aus den Kohlenhydraten Disaccharide und Monosaccharide, aus den Nucleinsäuren Mononucleotide, aus den Proteinen Peptide und Aminosäuren und aus den Fetten Diglyceride, Monoglyceride, Glycerin und freie Fettsäuren. Dabei entsteht keine verwertbare Energie.

15.2.1.2

Zweite Ebene: Direkte Verwendung dieser kleinen Untereinheiten oder Umbau zu wenigen einheitlichen Grundsubstanzen

Im weiteren Verlauf wird die entstandene Vielfalt an Bruchstücken entweder direkt wiederverwendet, z.B. zum Wiederaufbau von Makromolekülen, oder durch weiteren Abbau derart umgewandelt und „vereinheitlicht", dass aus ihnen wichtige Grundsubstanzen wie z.B. Acetyl-CoA entstehen. Die auf diesen Stoffwechselwegen erzeugten Zwischenprodukte können wiederum zu Synthesen herangezogen werden. Es entsteht etwas Energie in Form von ATP, aber noch nicht viel.

15.2.1.3

Dritte Ebene: Nutzung der gewonnenen Grundsubstanzen zur Energiegewinnung

Citratcyclus und oxydative Phosphorylierung als letzte Stoffwechselwege bei der Oxydation von Nahrungsstoffen werden von allen Molekülen durchlaufen. Im Citratcyclus wird das Acetyl-CoA vollständig zu CO_2 oxydiert. Dabei entstehen Elektronen, die auf dem Weg der oxydativen Phosphorylierung auf O_2 übertragen werden. Hierbei entstehen große Mengen an ATP; denn diese Stoffwechselwege sind die effektivsten Prozesse, um Energie zu erzeugen. Zusätzlich werden auf dieser Ebene die Grundbausteine für die Synthese der Makromoleküle bereitgehalten, speziell in Form der Intermediärprodukte des Citratcyclus. Weiterhin gibt es auf diesem Niveau Verknüpfungen zu speziellen Stoffwechselwegen, die der Synthese zur Ausscheidung oder Speicherung vorgesehener Schlackenstoffe (insbesondere stickstoffhaltiger Endprodukte) dienen ([282] Stryer, 1985).

15.2.2

Abbau von Lipiden

15.2.2.1

Grundlagen

Unter dem Begriff „Lipide" sind Fette und Öle zusammengefaßt.

Fette sind tierischen Ursprungs. Chemisch gesehen sind sie Ester aus jeweils einem Molekül Glycerin und drei langkettigen Fettsäuren (Strukturformel 2). Es handelt sich also um Triacylglyceride, die sich in ihrem Verhalten deutlich aufgrund der Anzahl der in dieser Kohlenstoffkette enthaltenen Doppelbindungen unterscheiden. Enthält eine Fettsäure nur Einfachbindungen, so nennt man sie gesättigt; Beispiele sind die Palmitinsäure (C16, gesättigt) und die Stearinsäure (C18, gesättigt). Ölsäure hat wie die Stearinsäure ebenfalls eine Kette aus 18 C-Atomen, aber mit einer Doppelbindung und ist daher ungesättigt. Je höher in einem Fett der Gehalt an ungesättigten Fettsäuren ist, desto schneller wird es durch Wärmezufuhr flüssig (man vergleiche den festen Talg der Rinder und Hammel, die durch den Prozess des Widerkäuens fast alle Doppelbindungen aufgeschlossen haben, mit dem pastösen Schweine- oder Gänseschmalz oder dem noch flüssigeren Walöl).

Öle sind pflanzlichen Ursprungs und ebenfalls Ester aus Glycerin und langkettigen Fettsäuren. Außer den bei den Fetten schon genannten treten bei Ölen zusätzlich noch andere, mehrfach ungesättigte Fettsäuren auf, die den flüssigen Charakter der Öle ausmachen.

Lipide sind nicht zu verwechseln mit den Lipoiden, zu denen neben Phosphatiden, Carotinoiden, Steroiden oder Prostaglandinen auch die Wachse gehören, bei denen die Fettsäuren statt mit Glycerin mit höheren primären Alkoholen verestert sind ([282] Stryer, 1985; [131] Gottschalk, 1988).

$$
\begin{array}{lcl}
H_2C\text{–}OH + OH\text{–}C(=O)R^1 & & H_2C\text{–}O\text{–}C(=O)R^1 \\
\quad | & & \quad | \\
H\text{–}C\text{–}OH + OH\text{–}C(=O)R^2 & \underset{+3\,H_2O}{\overset{-3\,H_2O}{\rightleftarrows}} & H\text{–}C\text{–}O\text{–}C(=O)R^2 \\
\quad | & & \quad | \\
H_2C\text{–}OH + OH\text{–}C(=O)R^3 & & H_2C\text{–}O\text{–}C(=O)R^3 \\
\text{Glycerin} \quad \text{Fettsäuren} & & \text{Triglycerid}
\end{array}
$$

Strukturformel 2: Aufbau eines Triglycerids

15.2.2.2
Abbaureaktionen

Lipide werden in einem ersten Schritt in ihre Grundbestandteile Glycerin und die drei Fettsäuren abgebaut. Im zweiten Schritt wird das Glycerin durch weitere Abbauprozesse letztlich in abgewandelter Form in die Glycolyse eingeschleust, die Fettsäuren werden zu Acetyl-CoA und Energie in Form von ATP abgebaut. Die Schritte werden in den folgenden Kapiteln ausführlicher dargestellt. Als dritter Schritt schließen sich Citratcyclus und oxydative Phosphorylierung an (siehe Kapitel 15.2.6).

15.2.2.2.1
Abbau von Fetten zu Glycerin und Fettsäuren

Fette (Triglyceride) werden enzymatisch durch Lipasen zu Glycerin und Fettsäuren hydrolysiert (Strukturformel 3).

15.2.2.2.2
Abbau von Glycerin zu Acetyl-CoA

Glycerin wird zu Glycerin-3-phosphat phosphoryliert und danach zu Dihydroxyacetonphosphat oxydiert (Strukturformel 4).

Das Dihydroxyacetonphosphat wird zu Glycerinaldehyd-3-phosphat isomerisiert und in die Glycolyse eingeschleust (Strukturformel 5).

$H_2C{-}O{-}C({=}O){-}R^1$ | $H{-}C{-}O{-}C({=}O){-}R^2$ | $H_2C{-}O{-}C({=}O){-}R^3$ $\underset{-3\,H_2O}{\overset{+3\,H_2O}{\rightleftharpoons}}$ $H_2C{-}OH + OH{-}C({=}O){-}R^1$ | $H{-}C{-}OH + OH{-}C({=}O){-}R^2$ | $H_2C{-}OH + OH{-}C({=}O){-}R^3$

Triglycerid — Glycerin — Fettsäuren

Strukturformel 3: Fettabbau

$CH_2OH{-}CH(OH){-}CH_2OH$ (**Glycerin**) —[Glycerin-Kinase; ATP → ADP]→ $CH_2OH{-}C(H)(OH){-}CH_2OPO_3^{2-}$ (**L-Glycerin-3-phosphat**) —[Glycerinphosphat-Dehydrogenase; NAD^+ → H^+ + NADH]→ $CH_2OH{-}C({=}O){-}CH_2OPO_3^{2-}$ (**Dihydroxyacetonphosphat**)

Strukturformel 4: Abbau von Glycerin zu Dihydroxyacetonphosphat

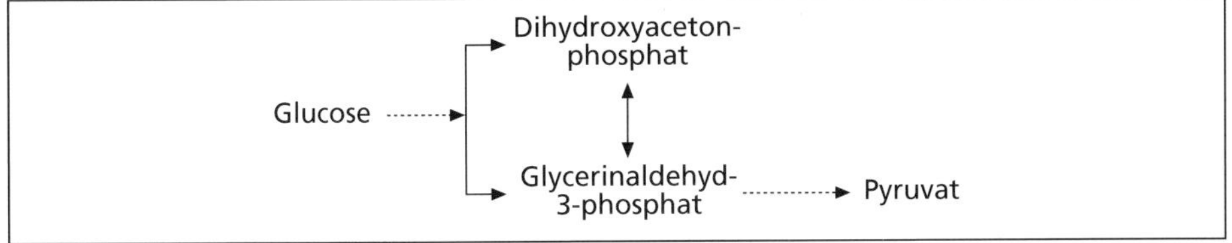

Strukturformel 5: Abbau von Dihydroxyacetonphosphat

Pyruvat als Endprodukt der Glycolyse ist Vorstufe zum Citratcyclus (Bild 97); die Reaktionen von Pyruvat zu Acetyl-CoA werden durch den Multienzymkomplex der Pyruvat-Dehydrogenase katalysiert und sind zusammengefaßt in Bild 96.

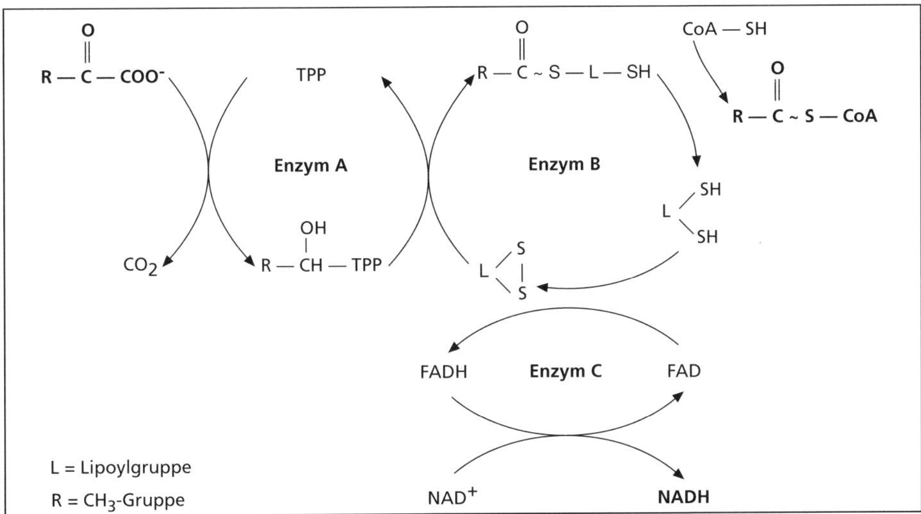

Bild 96: Umsetzung von Pyruvat zu Acetyl-CoA

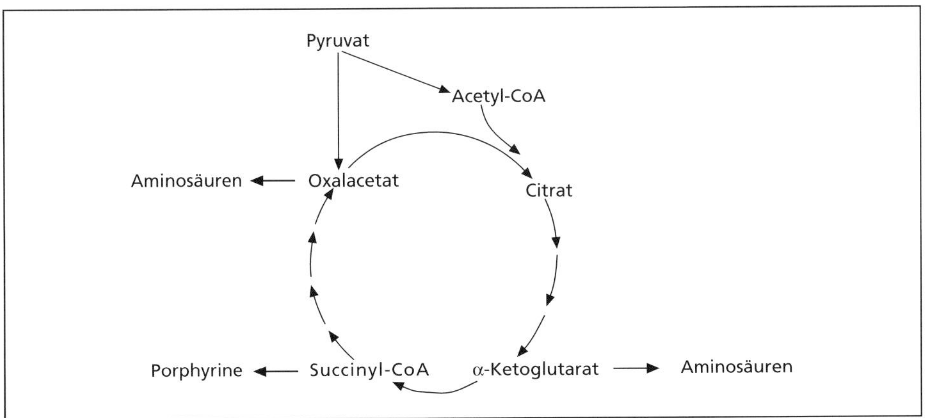

Bild 97: Biosynthetische Aufgaben des Pyruvats im Citratcyclus

15.2.2.2.3

Abbau von Fettsäuren zu Acetyl-CoA bzw. Succinyl-CoA

Fettsäuren werden in einem zyklischen Prozess durch laufende Abspaltung von C-2-Einheiten abgebaut; dieser Vorgang nennt sich β-Oxydation und wird zunächst als Übersicht dargestellt (Strukturformel 6), bevor die einzelnen Reaktionsschritte detailliert aufgezeigt werden.

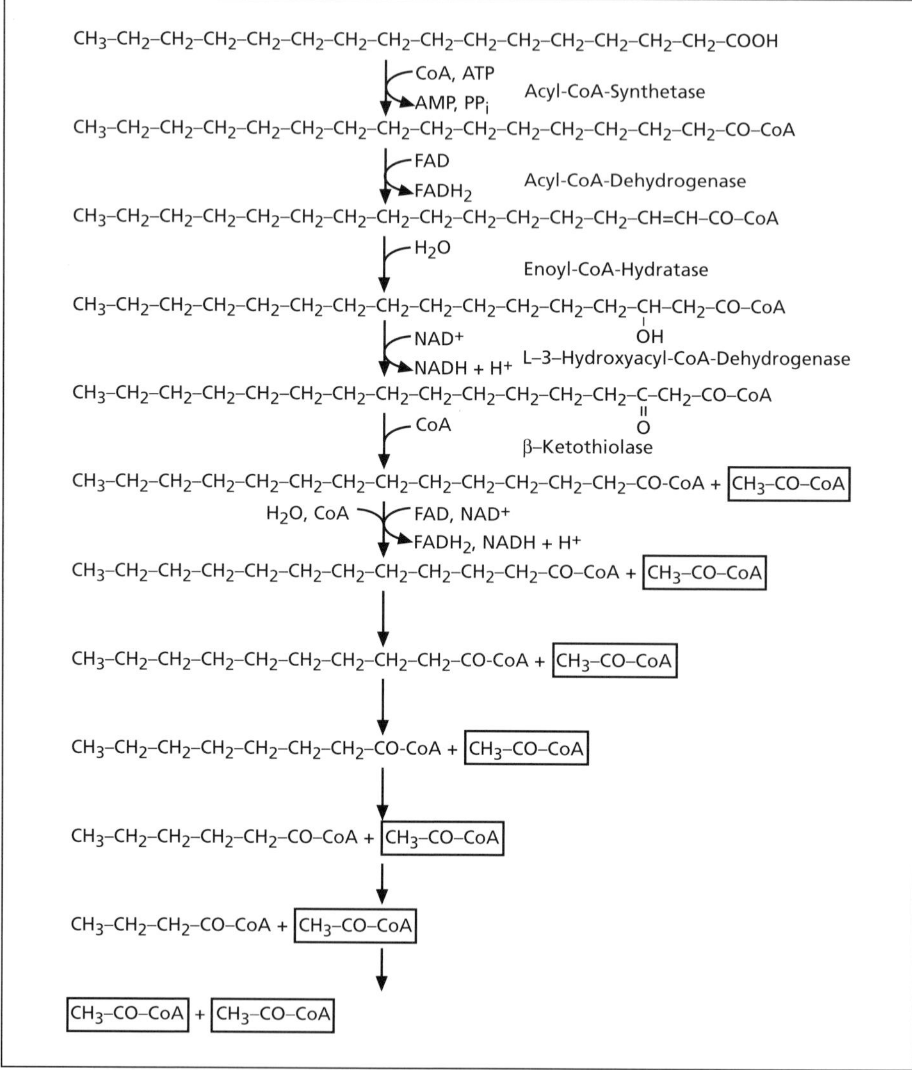

Strukturformel 6: Fettsäureabbau, Übersicht

Es entstehen in jeder Runde das aus zwei Kohlenstoffatomen bestehende Acetyl-CoA, je ein Molekül NADH und $FADH_2$ sowie das um zwei Kohlenstoffatome verkürzte Fettsäure-CoA.

Zum Schluß verbleiben bei den Fettsäuren, die aus einer geraden Anzahl von Kohlenstoffatomen bestehen, zwei Moleküle Acetyl-CoA. Bei den sehr seltenen, ungeradzahligen Fettsäuren entsteht ein Acetyl-CoA und ein aus drei Kohlenstoffatomen bestehendes Propionyl-CoA (nicht abgebildet).

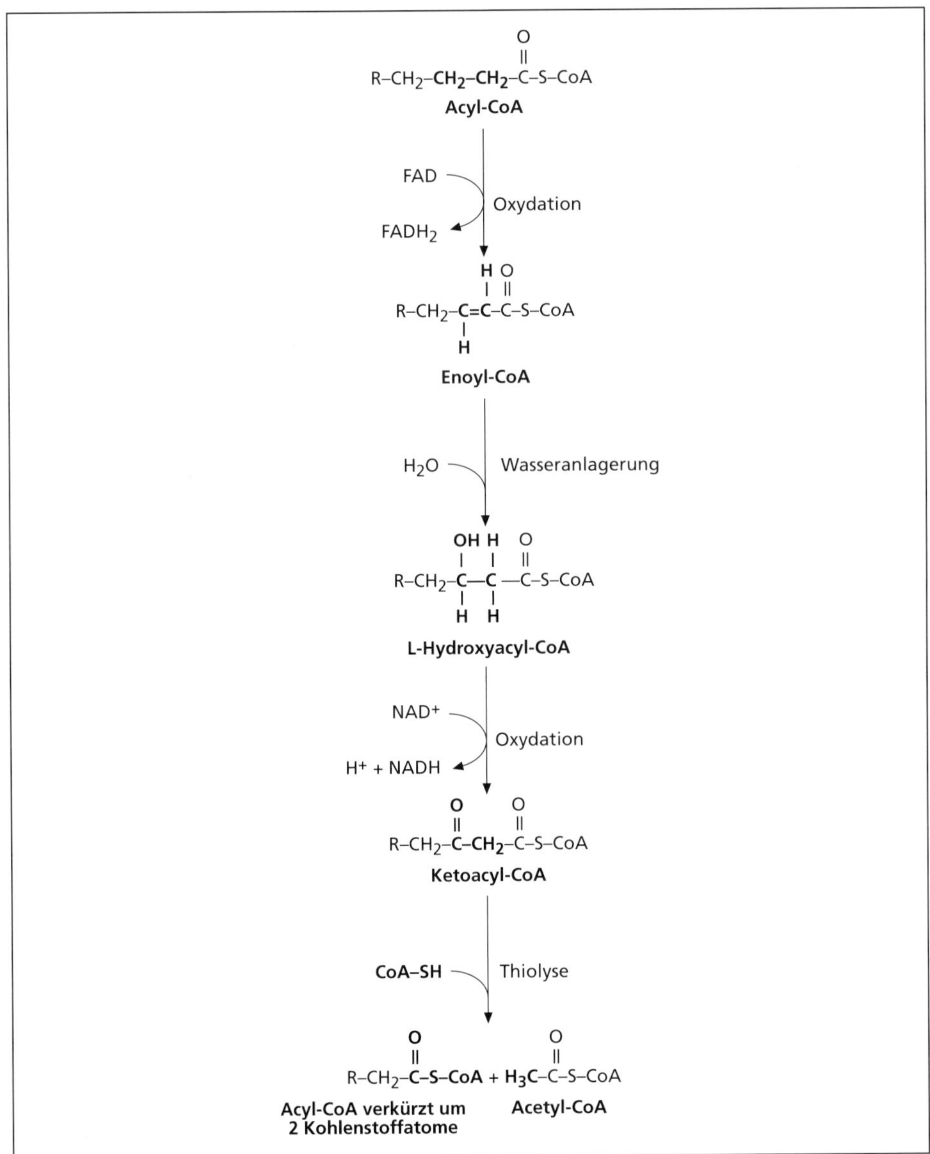

Strukturformel 7: Zyklischer Teil des Fettsäureabbaus

Das Acetyl-CoA wird in den Citratcyclus eingeschleust, aus NADH und $FADH_2$ entstehen in der Atmungskette jeweils drei bzw. zwei ATP. Das Propionyl-CoA tritt nach Umwandlung in Succinyl-CoA in den Citratcyclus ein.

Alle diese Schritte werden enzymatisch katalysiert. Die beteiligten Enzyme sind zu einem Multienzymkomplex zusammengelagert, um die Reaktionswege der einzelnen Reaktionspartner zu verkürzen (siehe Kapitel 14.4). Jedes Enzym bearbeitet Fettsäureketten von sehr variabler Länge, was auch zweckdienlich ist, wenn die abzubauende Fettsäure nicht nach Ende eines jeden Zyklus den Enzymkomplex verlassen und zum nächsten diffundieren soll.

Der Reaktionszyklus wird mit der Aktivierung der Fettsäure zum Acyl-CoA durch die Fettsäure-Thiokinase (=Acyl-CoA-Synthetase) eingeleitet. Der sich anschließende zyklische Teil ist in vier verschiedene Reaktionen gegliedert, die sich wiederholen, bis eine Fettsäure vollständig abgebaut ist (Strukturformel 7).

- Oxydation mit FAD durch eine Acyl-CoA-Dehydrogenase,
- Wasseranlagerung durch die Enoyl-CoA-Hydratase,
- Oxydation mit NAD durch die L-3-Hydroxyacyl-CoA-Dehydrogenase,
- Spaltung durch die β-Ketothiolase in Anwesenheit von CoA zu Acetyl-CoA und der verkürzten Acyl-CoA-Kette.

An diesen Abbauzyklus der Fettsäuren schließen sich der Citratcyclus und die oxydative Phosphorylierung als dritter Schritt an (siehe Kapitel 15.2.6).

15.2.3

Abbau von Proteinen

15.2.3.1

Grundlagen

Proteine sind Makromoleküle, die sich aus 20 verschiedenen Aminosäuren zusammensetzen (Strukturformel 8).

Diese einzelnen Aminosäuren sind über Peptidbindungen miteinander zu Di-, Tri- oder Oligopeptiden verknüpft; eine Folge von mehr als 20 Aminosäuren nennt man Protein (Strukturformel 9).

Jedes Protein hat eine sogenannte Primärstruktur, die sich in der Reihenfolge der einzelnen Aminosäuren abzeichnet (Strukturformel 10).

Mit dem Begriff Sekundärstruktur wird die dreidimensionale Struktur (Bild 98) einer Aminosäurekette bezeichnet. Bedingt durch die Art und Abfolge der einzelnen Aminosäuren können sich einzelne Kettenabschnitte spontan in Form

Glycin (Gly) | L-Alanin (Ala) | L-Valin (Val) | L-Leucin (Leu) | L-Isoleucin (Ile) | L-Serin (Ser) | L-Threonin (Thr)

L-Cystein (Cys) | L-Cystin (Cys–Cys) | L-Methionin (Met) | L-Tryptophan (Trp) | L-Histidin (His) | L-Prolin (Pro)

L-Phenylalanin (Phe) | L-Tyrosin (Tyr) | L-Asparaginsäure (Asp) | L-Asparagin (Asp–NH_2 oder Asn) | L-Glutaminsäure (Glu) | L-Glutamin (Glu–NH_2 oder Gln) | L-Lysin (Lys) | L-Arginin (Arg)

Strukturformel 8: Aminosäuren

$H_2N\text{–}CH(R^1)\text{–}COOH + H_2N\text{–}CH(R^2)\text{–}COOH \underset{+H_2O}{\overset{-H_2O}{\rightleftharpoons}} H_2N\text{–}CH(R^1)\text{–}CO\text{–}NH\text{–}CH(R^2)\text{–}COOH$

Strukturformel 9: Aufbau eines Peptids

Tyrosin | Alanin | Leucin | Glycin | Asparaginsäure | Cystein

Strukturformel 10: Primärstruktur eines Proteins

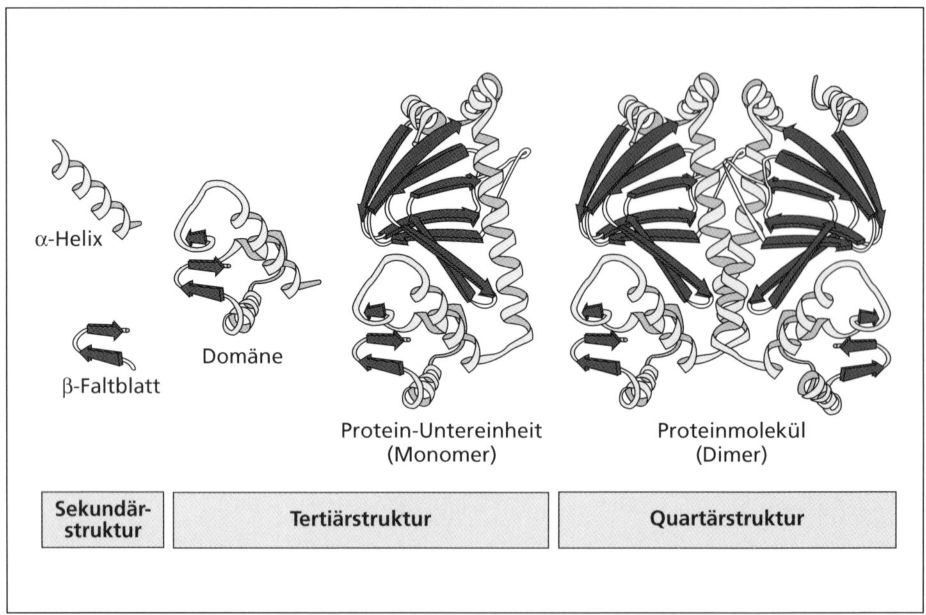

Bild 98: Sekundär-, Tertiär- und Quartärstruktur eines Proteins
Quelle: [10] Alberts et al. (1997)

eines β-Faltblattes oder einer α-Helix anordnen. Unter „Tertiärstruktur" versteht man die räumliche Struktur eines ganzen Proteins, wobei zwischen fibrillären (meist unlöslichen) und globulären (löslichen) Proteinen unterschieden wird. Mit dem Begriff Quartärstruktur wird die Zusammenlagerung mehrerer Proteinuntereinheiten zu einem Komplex bezeichnet. Naturgemäß hat nicht jedes Protein eine solche Quartärstruktur.

Die an der Strukturbildung beteiligten Bindungsarten bei der Peptidbindung zwischen einzelnen Aminosäuren sind kovalenter Natur. An der räumlichen Strukturgebung sind zusätzlich ionische, Wasserstoffbrücken- und hydrophobe Bindungen beteiligt.

Neben reinen Proteinen gibt es auch eine Reihe von Proteinen, die mit nichteiweißartigen prosthetischen Gruppen verbunden sind. Je nach Art dieser prosthetischen Gruppe handelt es sich z.B. um Chromo-, Nucleo-, Lipo- oder Glycoproteine ([282] Stryer, 1985; [267] Schlegel, 1992; [10] Alberts et al., 1997).

15.2.3.2

Abbaureaktionen

Proteine werden in einer ersten Schrittfolge in ihre einzelnen Aminosäuren zerlegt, diese werden in einem zweiten Schritt auf verschiedene Weise in den

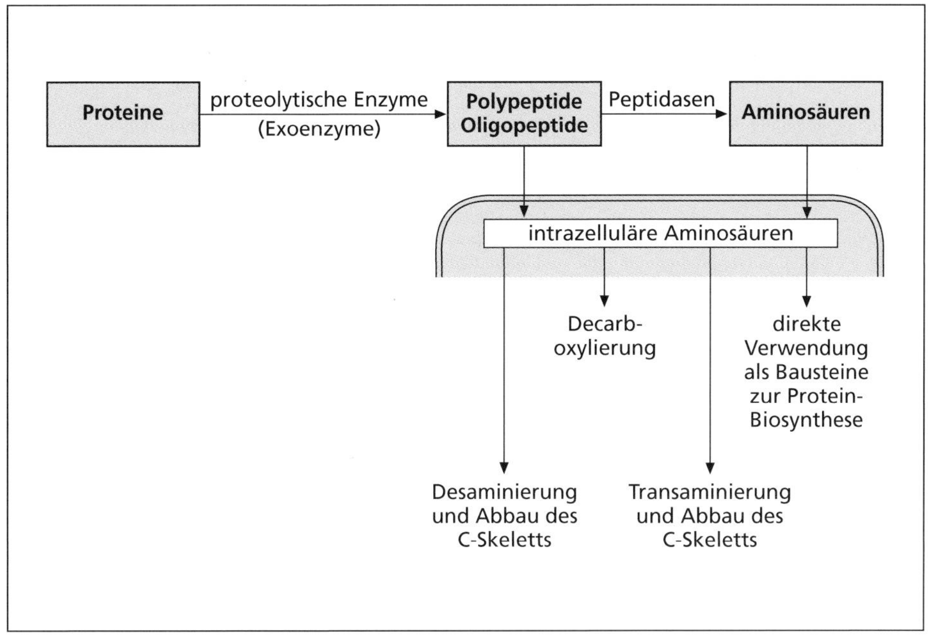

Bild 99: Möglichkeiten des Proteinabbaus außerhalb und innerhalb einer Zelle

Intermediärstoffwechsel eingebracht, wo sie je nach Bedarf zu unterschiedlichen Produkten umgebaut werden können (Bild 99). Auch hier laufen alle Schritte letztlich in den Citratcyclus und die oxydative Phosphorylierung ein (siehe Kapitel 15.2.6).

15.2.3.2.1

Abbau von Proteinen zu Aminosäuren

Proteine können (wie alle Polymere) nicht in die Zelle eindringen und werden zuerst außerhalb der Zelle durch Exoenzyme in permeable Spaltstücke zerlegt. Diese Exoenzyme, Proteasen genannt, hydrolysieren die Proteine zu Polypeptiden und Oligopeptiden, teilweise auch schon zu Aminosäuren (siehe Bild 99). Die kleinen Bruchstücke und einzelnen Aminosäuren werden von den Zellen aufgenommen und, falls nötig, intrazellulär durch Peptidasen weiter zu Aminosäuren abgebaut (Strukturformel 11).

Die beteiligten Enzyme unterscheiden sich sehr stark voneinander. Teilweise sind sie hochspezifisch und trennen nur zwischen bestimmten Aminosäuren (Trypsin nur hinter Lysin und Arginin, Thrombin nur zwischen Arginin und Glycin), andere sind völlig unspezifisch und trennen alle erreichbaren Bindungen (so das aus Bakterien isolierte Subtilisin). Wieder andere schneiden bei

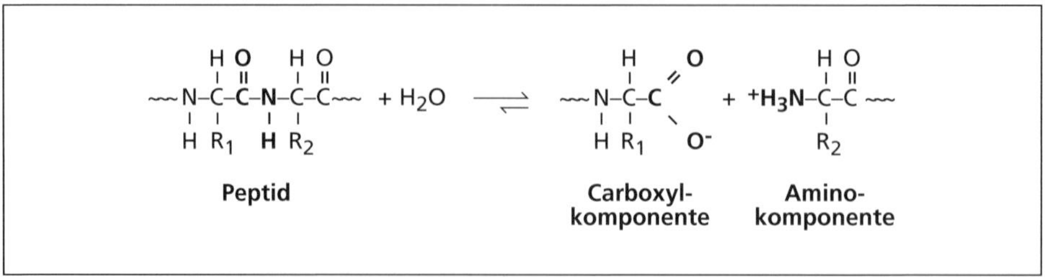

$$\sim N(H)-C(R_1)(H)-C(=O)-N(H)-C(R_2)(H)-C(=O)\sim + H_2O \rightleftharpoons \sim N(H)-C(R_1)(H)-C(=O)O^- + {}^+H_3N-C(R_2)(H)-C(=O)\sim$$

Peptid — Carboxylkomponente — Aminokomponente

Strukturformel 11: Peptidspaltung

Oligopeptiden der Reihe nach die C-terminale Aminosäure ab (Carboxypeptidasen) oder spezialisieren sich auf räumliche Strukturen wie z.B. helicale Bereiche eines Proteins wie beim Kollagen.

15.2.3.2.2

Abbau oder Weiterverwendung der Aminosäuren

Den einzelnen Aminosäuren stehen in der Zelle zwei Wege offen: entweder werden sie ohne jeden Abbau oder Umbau direkt als Bausteine zur Protein-Biosynthese eingesetzt oder sie werden abgebaut und an verschiedenen Stellen in den Intermediärstoffwechsel eingeschleust. Es gibt vier prinzipielle Abbauwege, die im folgenden geschildert werden: die Decarboxylierung, die Transaminierung / Desaminierung und der Abbau des Kohlenstoffskeletts.

Bei der Decarboxylierung wird von der Aminosäure die Säuregruppe entfernt. Aus der Säuregruppe entsteht CO_2, der Rest der Aminosäure ist ein primäres Amin. Die Reaktion wird von Decarboxylasen katalysiert und findet unter

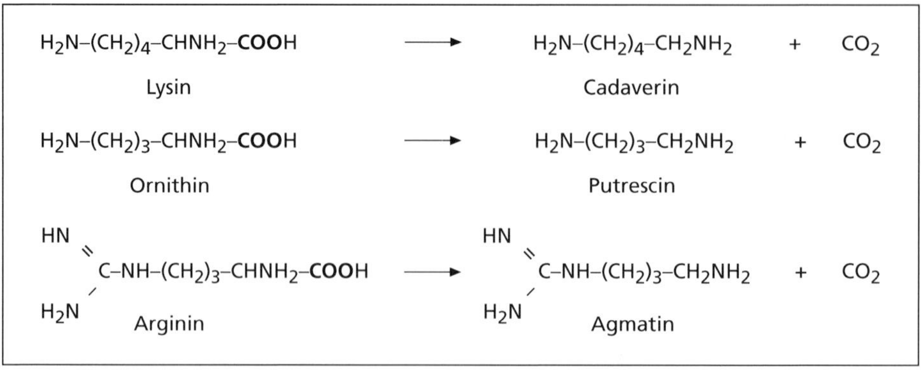

$$H_2N-(CH_2)_4-CHNH_2-COOH \longrightarrow H_2N-(CH_2)_4-CH_2NH_2 + CO_2$$

Lysin → Cadaverin

$$H_2N-(CH_2)_3-CHNH_2-COOH \longrightarrow H_2N-(CH_2)_3-CH_2NH_2 + CO_2$$

Ornithin → Putrescin

$$(HN=)(H_2N)C-NH-(CH_2)_3-CHNH_2-COOH \longrightarrow (HN=)(H_2N)C-NH-(CH_2)_3-CH_2NH_2 + CO_2$$

Arginin → Agmatin

Strukturformel 12: Decarboxylierung von Aminosäuren zu primären Aminen anaeroben Bedingungen im sauren pH-Bereich statt. Als Leichengifte bekannt sind die primären Amine Cadaverin, Putrescin und Agmatin, die als Abbauprodukte der Aminosäuren Lysin, Ornithin und Arginin entstehen (Strukturformel 12).

Der Sinn von Transaminierung und Desaminierung ist letztlich die Abspaltung der Aminogruppe aus der Aminosäure und ihre Überführung in das Ammonium-Ion (NH_4^+). Dieser zweite Schritt kann aber mangels entsprechender Enzyme nicht mit allen Aminosäuren durchgeführt werden, sondern nur mit Glutamat und Alanin. Daher muss bei allen anderen Aminosäuren zuerst die Aminogruppe abgeschnitten und auf ein anderes Empfängermolekül übertragen werden. Häufig wird dazu die Ketosäure α-Ketoglutarat eingesetzt, Endprodukt ist dann Glutamat, das gleichzeitig Ausgangspunkt für die folgende Desaminierung ist. Es wird also aus irgendeiner Aminosäure zunächst Glutamat hergestellt, wovon dann NH_4^+ abgespalten werden kann.

Erster Schritt ist der Transfer der Aminogruppe von einer Aminosäure auf eine Ketosäure. Dieser Schritt wird von Transaminasen (auch Amidotransferasen genannt) katalysiert (Strukturformel 13).

Zweiter Schritt ist die Abspaltung von Ammonium aus einer Aminosäure. Dieser Vorgang wird Desaminierung genannt. Die wichtigste derartige Reaktion ist die oxydative Desaminierung von Glutamat zu α-Ketoglutarat und Ammonium mittels der Glutamat-Dehydrogenase (Strukturformel 14).

Außerdem gibt es die Desaminierung von Asparaginsäure zu Fumarat und Ammonium mittels der Aspartase. Auch die Aminosäuren Serin und Threonin können direkt desaminiert werden: Serin wird zu Pyruvat und Ammonium, Threonin zu α-Ketobutyrat und Ammonium umgesetzt.

$$\underset{\boxed{R_1}}{\overset{NH_3^+}{H{-}C{-}COO^-}} + \underset{(R_2)}{\overset{O}{\overset{\|}{C}{-}COO^-}} \rightleftharpoons \underset{\boxed{R_1}}{\overset{O}{\overset{\|}{C}{-}COO^-}} + \underset{(R_2)}{\overset{NH_3^+}{H{-}C{-}COO^-}}$$

Strukturformel 13: Transaminierung

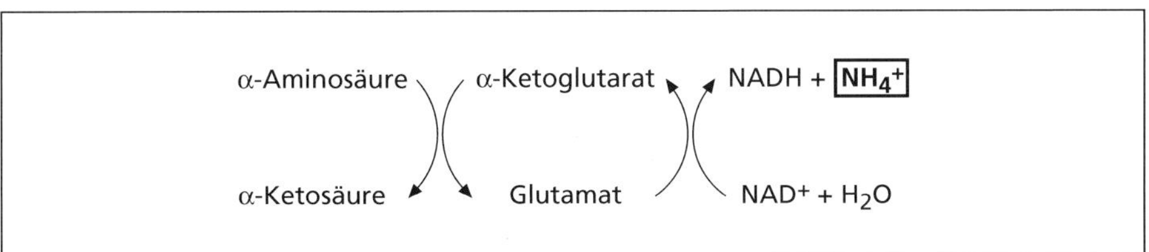

Strukturformel 14: Desaminierung

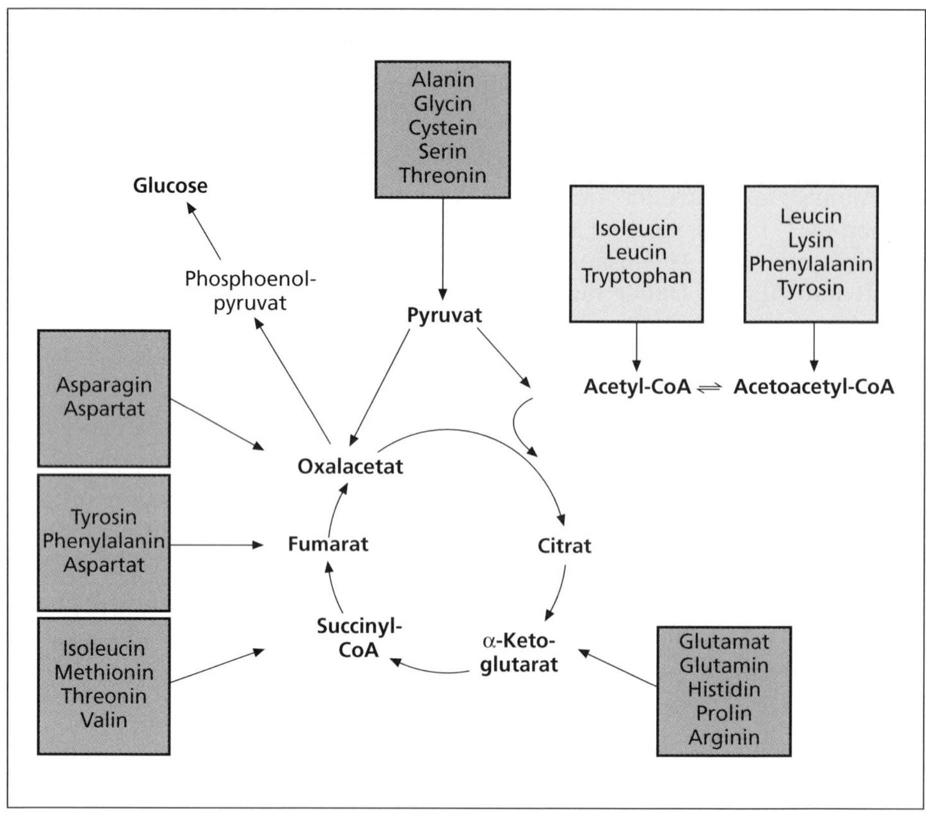

Bild 100: Verwertung des Kohlenstoffgerüstes der Aminosäuren

Nach Entfernung der Säure- und der Aminogruppen verbleibt das Kohlenstoffgerüst der Aminosäuren, das letztlich in verschiedene Stufen des Citratcyclus eingebaut wird (Bild 100). Die Kohlenstoffgerüste aller 20 Aminosäuren lassen sich dabei auf nur 7 Moleküle reduzieren, so wird aus allen Aminosäuren der C_3-Familie Pyruvat synthetisiert, aus denen der C_4-Familie Oxalacetat und aus denen der C_5-Familie α-Ketoglutarat. Die Wege der anderen Aminosäuren sind ebenfalls dargestellt; einige (Lys, Phe, Ile, Asp, Thr) haben mehrere Reaktionsmöglichkeiten.

15.2.4

Abbau von Kohlenhydraten

Bei Kohlenhydraten unterscheidet man zwischen Einfachzuckern, den Monosacchariden, Zwei- bzw. Dreifachzuckern als Di- und Trisacchariden und Polysacchariden, die aus sehr vielen Zuckermolekülen aufgebaut sind. Der Abbau von Kohlenhydraten geht so vonstatten, dass im ersten Schritt die Polysaccharide zu Di- und Monosaccariden zerlegt werden. Als zweites werden die Disaccharide ebenfalls in ihre beiden Ausgangszucker geteilt. Die verschiedenen Zucker werden je nach Art auf verschiedenen Wegen in die Glycolyse eingeschleust und hauptsächlich zur Energiegewinnung genutzt.

15.2.4.1

Grundlagen

Die Nomenklatur macht alle Zucker durch die Endung -ose kenntlich. Aufgrund ihrer chemischen Struktur unterscheidet man zwischen Ketosen und Aldosen, je nachdem, ob das zweite Kohlenstoffatom mit dem Sauerstoffatom eine Keto- oder eine Aldehydverbindung eingegangen ist.

Der Unterschied zwischen Ketosen und Aldosen schlägt sich ebenfalls in der Nomenklatur nieder: die Ketosen haben die Endung -ulose, die Aldosen die Endung -ose (Strukturformel 15).

Ein weiteres Unterscheidungsmerkmal liegt in der Zahl der Kohlenstoffatome, die ein Zucker hat: Zucker mit fünf C-Atomen nennt man Pentosen, solche mit sechs Hexosen etc.

```
R1                     R
  \                     \
   C = O                 C = O
  /                     /
R2                     H

Keton                  Aldehyd

                       O     H
      1                 \\ 1 /
  H2C - OH                C
     |                    |
    2C = O           H - 2C - OH
     |                    |
 H - 3C - OH         H - 3C - OH
     |                    |
 H - 4C - OH         H - 4C - OH
     |                    |
  H2C - OH             H2C - OH
      5                    5

D-Ribulose             D-Ribose
```

Strukturformel 15: Ketosen und Aldosen

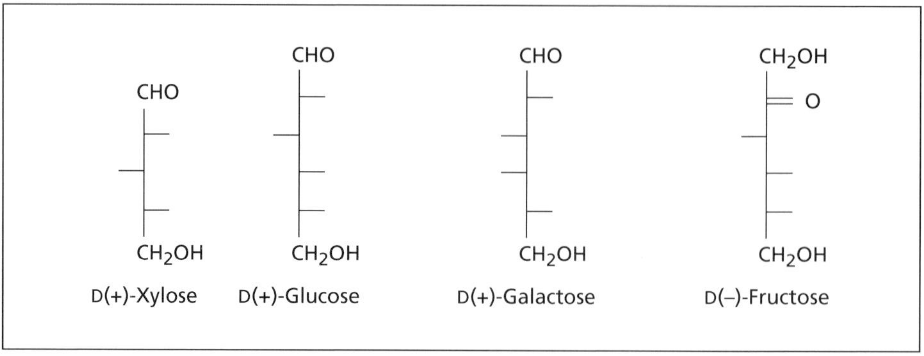

CHO, CH$_2$OH — D(+)-Xylose; CHO, CH$_2$OH — D(+)-Glucose; CHO, CH$_2$OH — D(+)-Galactose; CH$_2$OH, O, CH$_2$OH — D(–)-Fructose

Strukturformel 16: Die wichtigsten Monosaccharide

Zu den wichtigsten Monosacchariden zählen die Fructose (Fruchtzucker), die aufgrund ihrer sechs C-Atome eine Hexose ist und wegen ihrer Ketobindung zum Sauerstoff insgesamt einen Fünfring bildet (das sechste C-Atom steht außerhalb des Ringes). Die Glucose (Traubenzucker) ist ebenfalls eine Hexose, bildet aber wie die Galactose als Aldose einen Sechsring. Die Xylose („Holzzucker") schließlich ist gleichfalls eine Aldose und bildet mit ihren fünf C-Atomen einen Fünfring (Strukturformel 16).

Bei den Disacchariden tritt ein weiteres Kriterium hinzu, was die Verknüpfung der Zuckermonomere miteinander beschreibt. Bei der Maltose (Malzzucker) sind zwei Glucose-Moleküle α-1-4 glycosidisch miteinander verbunden, was zu einer gewinkelten Struktur des Disaccharids führt. Auch bei der Cellobiose sind zwei Glucose-Moleküle miteinander verknüpft. Da es sich hier aber um eine β-1-4 glycosidische Bindung handelt, ergibt sich eine lineare Struktur. Dieser Unterschied hat Auswirkungen auf die Struktur der aus diesen Disacchariden aufgebauten Polysaccharide (Strukturformel 17).

Aus der Vielzahl der Polysaccharide sollen an dieser Stelle nur die vier wichtigsten vorgestellt werden, die auch in der Bioabfallwirtschaft dominant sind.

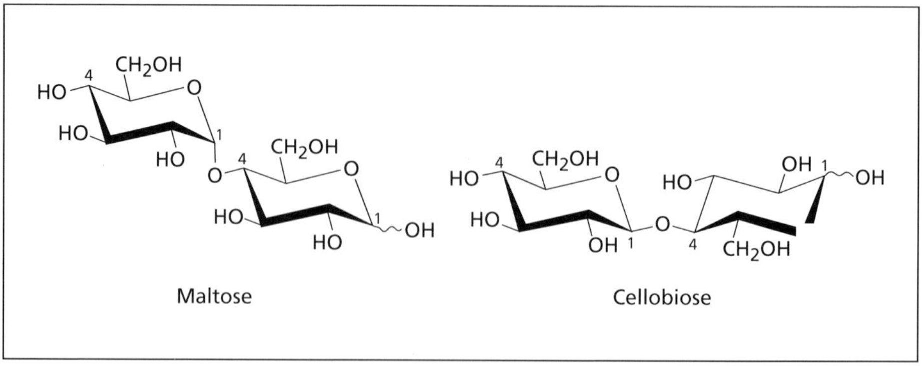

Maltose: HO, 4, CH$_2$OH, O, HO, 1, HO, O, 4, CH$_2$OH, O, HO, 1, OH, HO

Cellobiose: HO, 4, CH$_2$OH, O, HO, OH, 1, O, 4, HO, CH$_2$OH, OH, 1, OH

Strukturformel 17: Bindungsarten bei Disaccariden

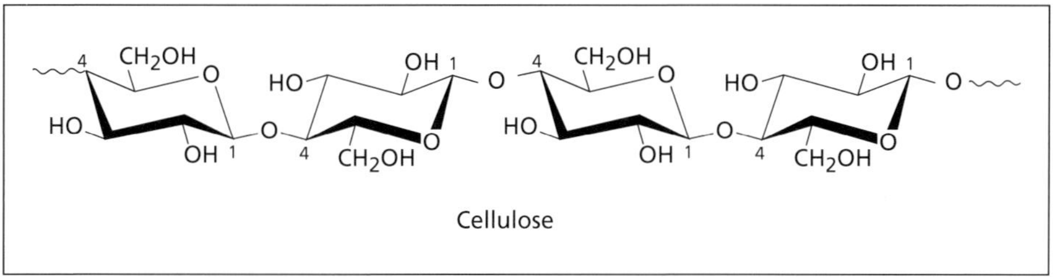

Strukturformel 18: Cellulose

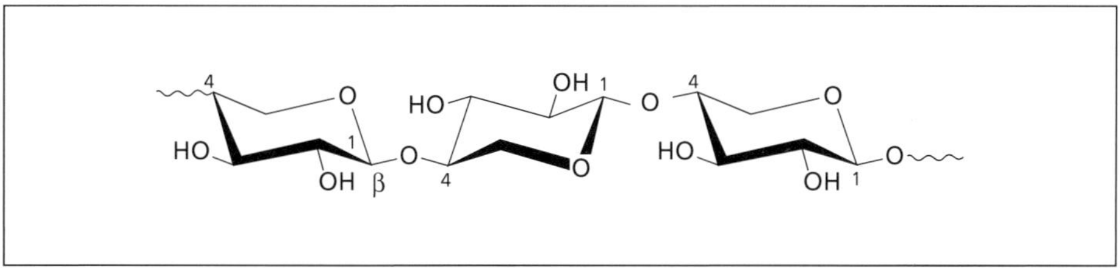

Strukturformel 19: Xylankette

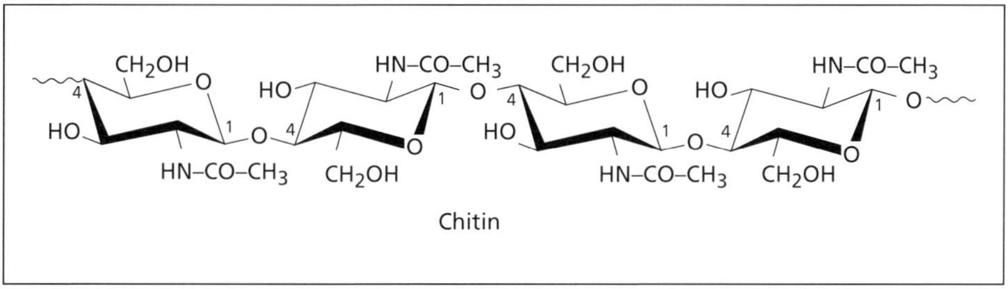

Strukturformel 20: Chitin

Cellulose ist ein β-1-4 Glucan aus (zig-)tausenden von Molekülen von Cellobiose und deswegen linear und unverzweigt. Cellulose ist die am häufigsten auftretende Verbindung in der Biosphäre und enthält mehr als die Hälfte des gesamten organischen Kohlenstoffs; Pflanzenfasern wie Baumwolle, Flachs, Hanf oder Jute sind fast ausschließlich aus Cellulose aufgebaut (Strukturformel 18).

β-1-4 Xylan besteht aus Xylose-Untereinheiten und ist das zweithäufigste Kohlenhydrat der Welt. Xylan bildet die Wandsubstanz von Laubholz (20-25 %), Koniferenholz (7-12 %), Stroh und Bast (bis zu 30 %) und ist auch in den Pressrückständen des Zuckerrohrs in großem Maße enthalten (ca. 30 %) (Strukturformel 19).

Chitin ist ein Makromolekül aus N-Acetylglucosamin, β-1-4 glycosidisch miteinander verbunden, und bildet sowohl die Wandsubstanz vieler Pilze als auch das Exoskelett vieler wirbelloser Tiere (Strukturformel 20).

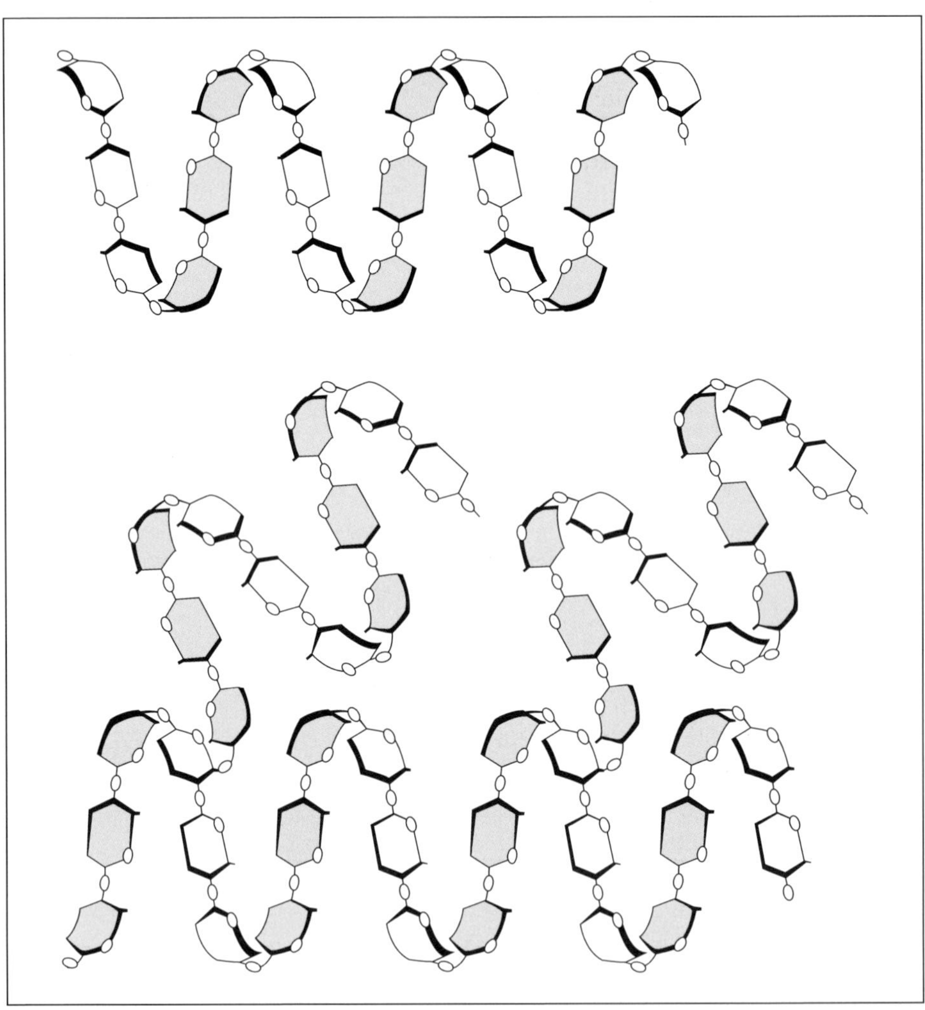

Strukturformel 21: Stärke mit Amylose und Amylopektin

Stärke schließlich ist ein α-1-4 Glucan aus (zig-) tausenden von Molekülen des Disaccharids Maltose; es hat aufgrund dessen gewinkelter Struktur eine schraubig gewundene Form, die unverzweigt als Amylose oder leicht verzweigt als Amylopektin vorkommt (Strukturformel 20).

15.2.4.2

Abbau der Polysaccharide zu Di- und Monosacchariden

Da es auf der Welt große Mengen an Polysacchariden gibt und diese viel Energie in sich gespeichert haben, gibt es einerseits viele Organismen, die sich von diesen Polysacchariden ernähren. Andererseits weisen fast alle Organismen mehrere Abbauwege auf, um diese Energiequelle auch unter wechselnden Rahmenbedingungen nutzen zu können. Erläutert werden im folgenden die verschiedenen Abbaumöglichkeiten der vier zuvor eingeführten Polysaccharide Cellulose, Xylan, Stärke und Chitin ([267] Schlegel, 1992).

15.2.4.2.1

Abbau von Cellulose

Der Abbau von Cellulose ist unter aeroben wie unter anaeroben Bedingungen möglich.

Für den aeroben Abbau gibt es einen Satz von Enzymen, der gemeinsam die Spaltung von Cellulose bewerkstelligen kann. Da der Celluloseabbau sehr aufwendig ist, wird dieses aerobe Cellulasesystem in der Regel nur dann ausgebildet, wenn Cellulose als einzig verfügbares Substrat vorliegt. Die Aktivität der beteiligten Enzyme wird durch andere Substrate und das Spaltprodukt Cellobiose unterdrückt (Katabolit-Repression). Der Abbauvorgang verläuft in drei Schritten, die durch verschiedene Enzyme katalysiert werden.

- Endo-β-1,4-glucanasen greifen die β-1,4-Bindungen innerhalb des Makromoleküls gleichzeitig an und erzeugen große Kettenabschnitte.
- Exo-β-1,4-Glucanasen spalten vom Ende der Kette das Disaccharid Cellobiose ab.
- β-Glucosidasen hydrolysieren Cellobiose unter Bildung von Glucose.

Zum Abbau von Cellulose sind viele Organismen befähigt. Zu ihnen gehören in erster Linie Pilze (u.a. die Gattungen *Fusarium* und *Chaetomium*). Einige Pilzarten wie *Trichoderma viride, Chaetomium globosum* und *Myrothecium verrucaria* werden wegen ihrer ausgeprägten Fähigkeit, Cellulose abzubauen, sogar als Testorganismen zum Nachweis der Cellulose-Zersetzung sowie zur Prüfung von Imprägnationsmitteln für Tuche und Planen aus Cellulose eingesetzt. Daneben gibt es eine Reihe von Bakterien, die Cellulose abbauen, wie z.B. die *Cytophaga* und die *Sporocytophaga*. Bei den Myxobakterien sind es die Gattungen *Polyangium*, *Solangium* und *Achangium*, bei den coryneformen Bakterien beispielsweise *Cellulomonas*, bei den Actinomyceten ist diese Fähigkeit bislang nur von *Streptomyces cellulosae*, den Streptosporangien und *Micromonospora chalcea* bekannt. Zusätzlich können viele Bakterien bei Bedarf die Produktion der entsprechenden Enzyme ankurbeln und sind so innerhalb kurzer Zeit in der Lage, ihren Energiebedarf durch den Abbau von Cellulose zu decken.

In einem anaeroben Milieu wird Cellulose zu Ethanol, Acetat, Formiat, Lactat, molekularem Wasserstoff und CO_2 vergoren, als Stickstoffquelle dienen Ammoniumsalze. Unter thermophilen Bedingungen wird dies bewerkstelligt von *Clostridium thermocellum*, unter mesophilen Bedingungen von *Clostridium cellobioparum*.

15.2.4.2.2

Abbau von β-1-4 Xylan

Das Prinzip des Abbaus von Xylan ist sehr einfach: das Polysaccharid wird durch das Enzym Xylanase in unterschiedliche lange Bruchstücke gespalten, es entstehen das Monomer Xylose, das Dimer Xylobiose oder längere Bruchstücke, die noch weiter abgebaut werden müssen. Xylan wird schneller und von mehr Mikroorganismen abgebaut als Cellulose, und viele der Cellulose-abbauenden Organismen produzieren auch das Enzym Xylanase. An Organismen sind in saurem Milieu hauptsächlich Pilze aller Arten beteiligt, selbst der Kulturchampignon ist dazu in der Lage. In neutralem bis alkalischem Milieu sind es Bakterien der Gattung *Bacillus* oder der *Sporocytophaga*.

15.2.4.2.3

Abbau von Stärke

Stärke ist als Energielieferant sehr wichtig, daher haben sich in der Evolution verschiedene Wege zum Abbau entwickelt. Neben dem hydrolytischen Weg werden in Kürze auch die Phosphorolyse und die Transglycosylierung vorgestellt.

Stärke kann in ihrer Originalgröße von keiner Zelle aufgenommen werden. Um dennoch an die darin gespeicherte Glucose zu gelangen, scheiden viele Zellen Enzyme nach außen ab, die das riesige Polysaccharid in Bruchstücke zerlegen, die dann membrangängig sind. Zur extrazellulären Spaltung von Polysacchariden werden verschiedene Amylasen eingesetzt (Bild 101). Das Enzym Amylo-1,6-glucosidase spaltet ganz speziell die Verzweigungen im Amylopektin, so dass es nur noch lineare Moleküle gibt. Die β-Amylase, die es nur bei Pflanzen gibt, trennt vom Rand des Stärkemoleküls an den freien Enden Maltosen ab (Exo-Amylase), die von der Maltase als nächstem Enzym zu Glucose hydrolysiert werden. Die α-Amylase gibt es bei Pflanzen, Tieren und Mikroorganismen, sie ist eine Endo-Amylase, weil sie nicht nur von freien Enden her, sondern auch innerhalb des Makromoleküls viele α-1,4-Bindungen abbaut. Dabei wird Maltose gebildet (ein Disaccharid aus Glucose, α-1,4-glycosidisch verbunden), außerdem entstehen Maltotriose (ein Trisaccharid aus Glucose, auch α-1,4-glycosidisch verbunden) und α-Dextrine, die α-1,4- und α-1,6-glycosidisch verbunden sind. Anschließend werden Maltose und Maltotriose durch die Maltase, die α-Dextrine durch die α-Dextrinase zu Glucose hydrolysiert (d.h. es dauert länger als bei der β-Amylase, bis freie Glucose entsteht).

Bei der Phosphorolyse wird der enzymatische Abbau von Stärke durch Phosphorylasen katalysiert, die an freien, nicht reduzierenden Enden des Stärkemoleküls Glucose-1-phosphat freisetzen und damit die unverzweigten Ketten der Amylose komplett abbauen. Bei verzweigten Ketten des Amylopektins funktioniert dieser Weg solange, bis an den 1,6-Verzweigungspunkten die Reaktion

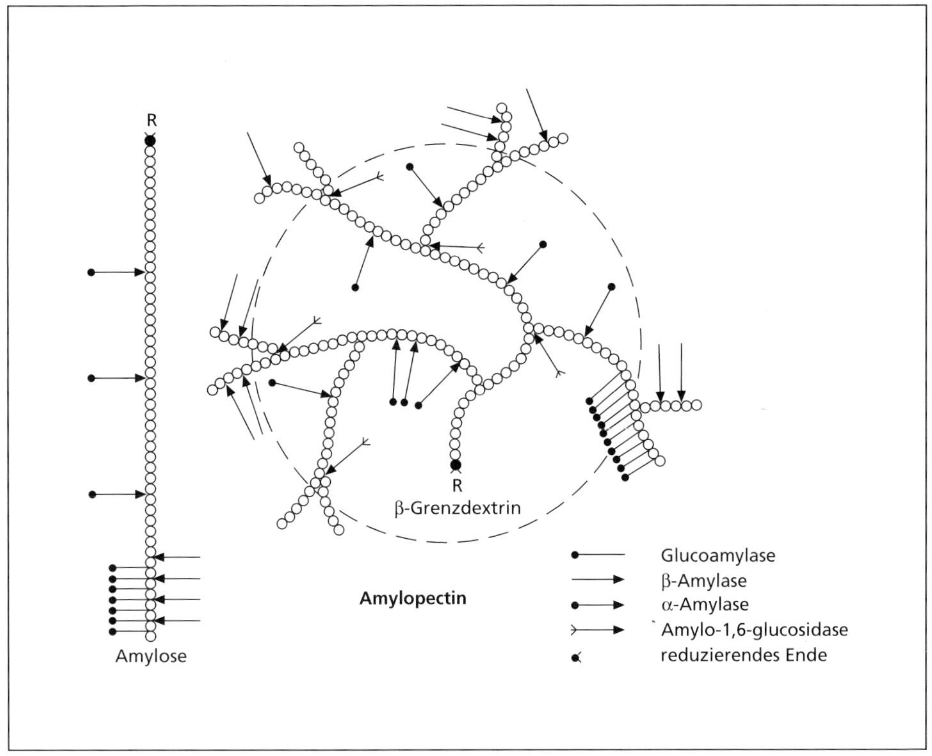

Bild 101: Angriffspunkte der am Abbau von Amylose und Amylopektin beteiligten Enzyme

zum Stillstand kommt. Für diese Kreuzung wird die Amylo-1,6-glucosidase benötigt, danach geht der Stärkeabbau weiter wie zuvor.

Die Transglycosylierung von Stärke ist ein Spezialfall bei *Bacillus macerans*, der hier nur der Vollständigkeit halber erwähnt wird. Es handelt sich hierbei um den Umbau von Stärke zu ringförmig geschlossenen Ketten aus 6, 7 oder 8 Glucose-Molekülen (= α-, β- oder γ-Cyclodextrine). Dieser Vorgang wird durch spezielle Transglycosylasen katalysiert.

15.2.4.2.4

Abbau von Chitin

Auch Chitin ist als Polysaccharid so groß, dass es extrazellulär durch abgeschiedene Enzyme abgebaut werden muss. Dies geschieht in zwei Schritten: zunächst greift das Enzym Chitinase das Chitin gleichzeitig an vielen Stellen an und baut es zu wenig N-Acetylglucosamin sowie Chitobiose und -triose ab. Letztere werden durch Chitobiase zu deren Monomer N-Acetylglucosamin gespalten, das ein wichtiges Zwischenprodukt im Stoffwechsel darstellt (Strukturformel 22).

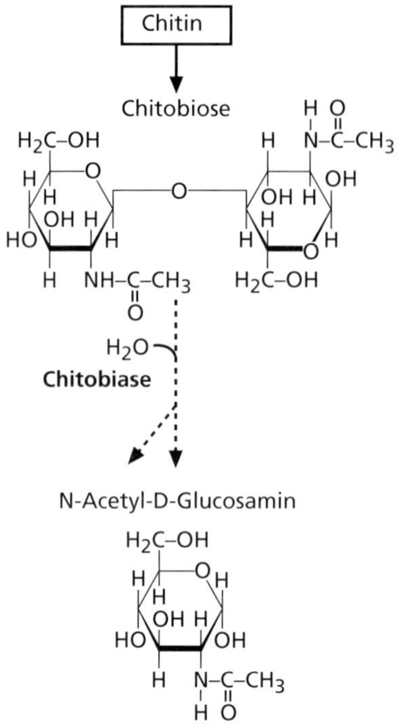

Chitin

Chitobiose

H_2O

Chitobiase

N-Acetyl-D-Glucosamin

Strukturformel 22: Chitinabbau

In jedem Gramm Ackerboden sind bis zu 10^6 Mikroorganismen zur Chitinverwertung befähigt, woraus sich schließen lässt, dass Chitin ein dauernd verfügbares Substrat ist. Dazu gehören sehr viele Arten von Boden- und Wasserbakterien, z.B. *Flavobacterium*, *Bacillus*, *Cytophaga* und *Pseudomonas*. Besonders gut geeignet sind Actinomyceten wie *Streptomyces*, *Nocardia* und *Micromonospora*, bei Pilzen sind es u.a. *Aspergillus*- und *Mortierella*-Arten ([212] Michal, 1982).

15.2.4.3

Verwertung der Monosaccharide

Die Glucose ist die Ausgangssubstanz der Glycolyse (siehe Kapitel 14.3.2) und wird dort unter ATP-Gewinn zu Pyruvat abgebaut. Es folgen Citratcyclus und Atmungskette als die zentralen Prozesse zum Energiegewinn. Ihr Wirkungsgrad liegt bei über 90 %. Daneben gibt es weitere Reaktionstypen der Glucose wie z.B. ihre Speicherung in Form von Glycogen, die Gluconeogenese, den Pentosephosphatzyklus oder den Umbau zu anderen Stoffwechselprodukten; Hauptzweck der Glucose liegt jedoch im Energiegewinn durch die Glycolyse.

Fructose und Galactose werden nach einigen Umbauschritten ebenfalls in die Glycolyse eingeführt. Fructose wird dazu in Glycerinaldehyd und Dihydroxyacetonphosphat überführt, die direkt und indirekt in die Glycolyse eintreten. Galactose wird zu Glucose-1-Phosphat umgebaut, das ein wichtiges Zwischenprodukt z.B. im Glycogenstoffwechsel darstellt ([282] Stryer, 1985).

15.2.5
Abbau von Lignin

15.2.5.1
Grundlagen

Lignin ist als Stützbaustoff einer der Hauptinhaltsstoffe verholzter Pflanzenteile und daher mengenmäßig neben Cellulose einer der am häufigsten vorkommenden Naturstoffe. Prinzipiell ist das Lignin aus Phenylpropan-Einheiten aufgebaut. Als Ausgangsstoffe fungieren u.a. die aromatischen Aminosäuren Phenylalanin und Tyrosin (Strukturformel 23).

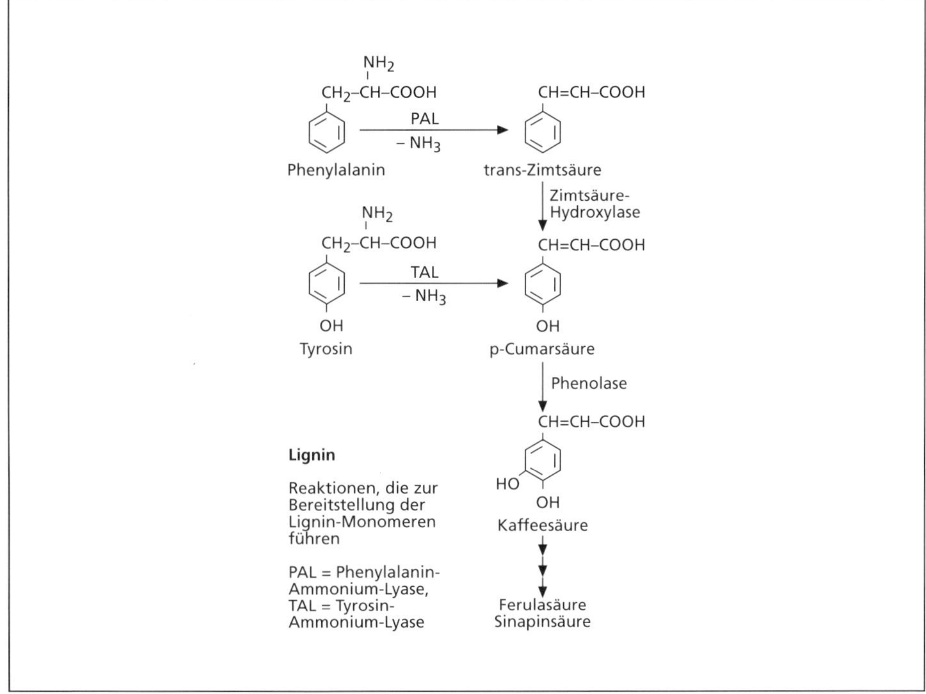

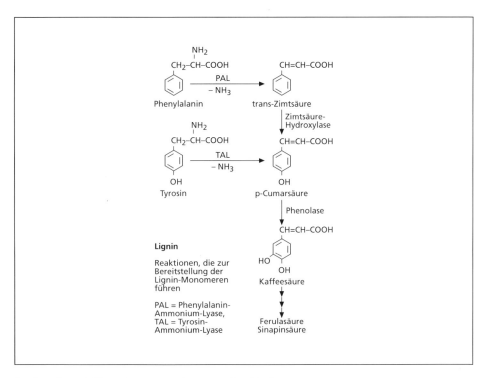

Strukturformel 23: Ausgangssubstanzen des Lignins

R_4, R_3, R_2 am Benzolring (Positionen 1–6): R_3–C₆H₂(4)–$CH{=}CH{-}R_1$ (Position 1), R_4 an Position 5, R_2 an Position 3

	Zimtsäuren $R_1 = -C(=O)OH$	Zimt-aldehyde $R_1 = -C(=O)H$	Zimt-alkohole $R_1 = -C(OH)(H)H$
$R_2 = R_3 = R_4 = H$	Zimtsäure		
$R_3 = OH$ $R_2 = R_4 = H$	p-Cumarsäure	p-Cumaraldehyd	p-Cumarylalkohol ►►► Gramineenlignin
$R_3 = OH$ $R_2 = OCH_3$ $R_4 = H$	Ferulasäure	Ferulaaldehyd (Coniferylaldehyd)	Coniferylalkohol ►►► Nadelholzlignin
$R_3 = OH$ $R_2 = R_4 = OCH_3$	Sinapinsäure	Sinapinaldehyd	Sinapylalkohol ►►► Laubholzlignin

Strukturformel 24: Schematische Darstellung der verschiedenen Lignin-Monomere

Diese Aminosäuren werden in mehreren Schritten zu verschiedenen Zimtsäure-Derivaten (Cumar-, Ferula- und Sinapinsäure) bzw. den entsprechenden Zimtaldehyden und -alkoholen umgewandelt (Strukturformel 24).

Anschließend kommt es unter der katalytischen Wirkung von Peroxidasen zu Dehydrierungsreaktionen. Die entstehenden Radikale sind letztlich als die eigentlichen, reaktionsfähigen Phenylpropan-Einheiten aufzufassen.

Die Radikale polymerisieren zu einem hochmolekularen, dreidimensionalen Netzwerk. Diese Reaktion verläuft spontan und ohne weitere Beteiligung von Enzymen. Da radikale Reaktionen ungeheuer schnell und ungesteuert ablaufen, werden rein nach dem Zufallsprinzip die jeweils nächstliegenden Phenylpropan-Monomere auf unterschiedlichste Weise miteinander verknüpft. Für die Art des entstehenden Ligninmoleküls spielen daher die Anzahl und Verteilung der Monomere wichtige Rollen; auch die unterschiedlichen Polymerisationgrade hängen ausschließlich von der Verfügbarkeit der diversen Einheiten ab. Das entstandene Lignin sieht bei allen Pflanzengruppen unterschiedlich aus, das Lignin von Laubholz ist beispielsweise ganz anders aufgebaut als das von Nadelholz; denn alle Pflanzengruppen sind charakterisiert durch verschiedene Anteile an den jeweiligen Monomeren.

Als Ergebnis dieser Prozesse entsteht Lignin als ein chemisch völlig uneinheitlicher, sehr komplexer Stoff, der ausgesprochen stabil ist. Bereits ein einziges Molekül Lignin besteht aus etwa 320 Phenylpropaneinheiten; nachfolgend ist $^1/_{20}$ einer solchen Struktur dargestellt ([146] Herder, 1994) (Strukturformel 25).

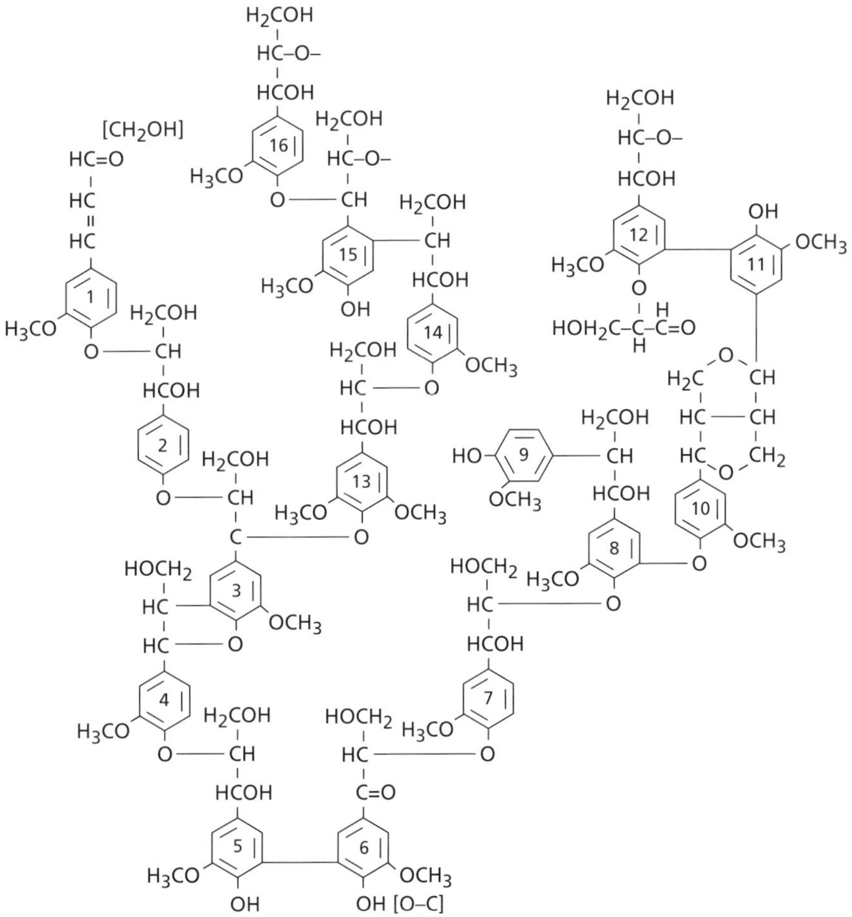

Lignin

Ausschnitt aus der Struktur des Nadelholzlignins. Das Schema zeigt die Verknüpfung von 16 Phenylpropaneinheiten (davon 14 Coniferylalkoholeinheiten, 1 Cumarylalkoholeinheit und 1 Sinapylalkoholeinheit) und ihre unterschiedlichen Verknüpfungsarten. Die Größe der wiedergegebenen Struktur entspricht etwa dem 20. Teil eines Ligninmoleküls. Aufgrund der räumlich gerichteten Vierbindigkeit der Kohlenstoffatome der C_3 -Seitenketten und durch weitere Quervernetzungen (im Schema aus Übersichtsgründen nicht eingezeichnet) resultiert eine dreidimensionale Netzwerkstruktur.

Strukturformel 25: Teilstruktur eines Ligninmoleküls

15.2.5.2

Abbau

Da der Aufbau von Lignin während der Polymerisation ohne enzymatische Mitwirkung abläuft, gestaltet sich auch der enzymatische Abbau sehr schwierig. Die Halbwertszeit von Lignin im Boden liegt je nach Luftzufuhr bei 10-20 Jahren, es stellt daher die Hauptquelle für den Humus des Bodens dar. Generell verläuft der Abbau nur mikrobiell und hauptsächlich unter Mitwirkung von bestimmten Pilzen (Basidiomyceten). Da diese Pilze aerobe Organismen sind, kann Lignin unter Luftabschluß gar nicht abgebaut werden. Aus dem Pilz *Phanerochaete chryosporium* konnte eine Ligninase isoliert werden, ein Sauerstoffbindendes Häm-Protein, das extrem reaktionsfreudige Radikale bildet und für den Abbau verantwortlich zeichnen könnte. Die Erreger der „Weißfäule" greifen nur Lignin an und lassen die umliegende Cellulose nahezu unberührt (im Gegensatz zu den Erregern der „Braunfäule", die Cellulose und die Hemicellulosen angreifen und das Lignin zurücklassen). Manche Pilze greifen auch beides an. Wichtige Arten für den Ligninabbau sind der Schmetterlingssporling (*Polystictus versicolor*) und verschiedene Schichtpilze (z.B. *Stereum hirsutum*). Das Problem für die Anwendung liegt darin, dass diese Pilze normalerweise nur an abgestorbenen Bäumen wachsen und somit für die Kompostierung so gut wie nicht einsetzbar sind.

Lignin fällt bei der Herstellung von Zellstoff als Nebenprodukt an und gelangt als lösliche Ligninsulfonsäure in Gewässer. Es trägt so erheblich zur organischen Gewässerverschmutzung bei und machte beim Rhein beispielsweise 20 % der organischen Gesamtverschmutzung aus ([146] Herder, 1994). Auf der Suche nach neuen Möglichkeiten zum Abbau von Lignin modifizierte man ein Verfahren, das ursprünglich für den Abbau von aromatischen Kohlenwasserstoffen, Sprengstoffen etc. bei der Sanierung schadstoffhaltiger Abwässer und Böden entwickelt worden war. Hierbei werden die zum Ligninabbau befähigten Pilze oder Bakterien in Hydrogele aus Polyvinylalkohol verkapselt. Dieses stabile, feinmaschige Gel läßt sich zu Plättchen von 1-2 mm Durchmesser formen (Bild 102), die den Mikroorganismen ideale Wachstumsbedingungen bieten, sofern von außen Nährstoffe zugefügt werden. Es ist bekannt, dass die Lignin-abbauenden Enzyme durch mechanischen Streß inaktiviert werden, aber durch die Einbettung der Pilze in das schutzbietende Gelmedium konnte diese Inaktivierung verhindert werden. Auch die Zerstörung der Mycelien durch Bakterienbefall war wesentlich geringer ([194] Leidig et al., 1999). Mit diesem Verfahren ist es also gelungen, die zum Ligninabbau befähigten Organismen von den abgestorbenen Bäumen in kleine, einfacher zu handhabende Gelkügelchen zu transformieren, was dem gezielten Ligninabbau ganz neue Perspektiven eröffnet.

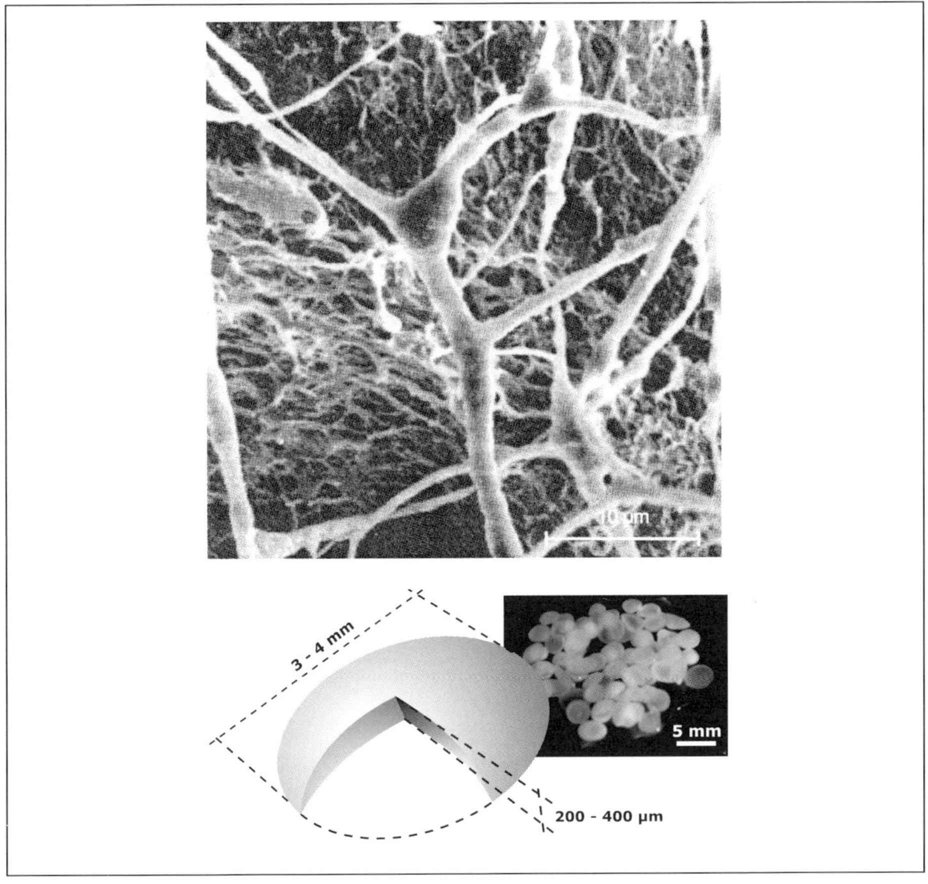

Bild 102: Mycel von *Trametes versicolor* im Inneren eines PVAL-Hydrogels
Quelle: [194] Leidig et al. (1999) und Prospekt der Firma geniaLab BioTechnologie – Produkte und Dienstleistungen GmbH

15.2.6

Gemeinsame Wege zur Energiegewinnung aus dem Abbau der verschiedenen Ausgangssubstanzen

Im Anschluß an diese Vielfalt von Abbaureaktionen der unterschiedlichen Ausgangsstoffe münden alle Wege in die zentralen Prozesse der Energiegewinnung ein: dies sind der Citratcyclus bzw. bei den Mikroorganismen und Pflanzen der Glyoxylatcyclus und die Atmungskette bzw. oxydative Phosphorylierung (siehe auch Kapitel 15.2.1).

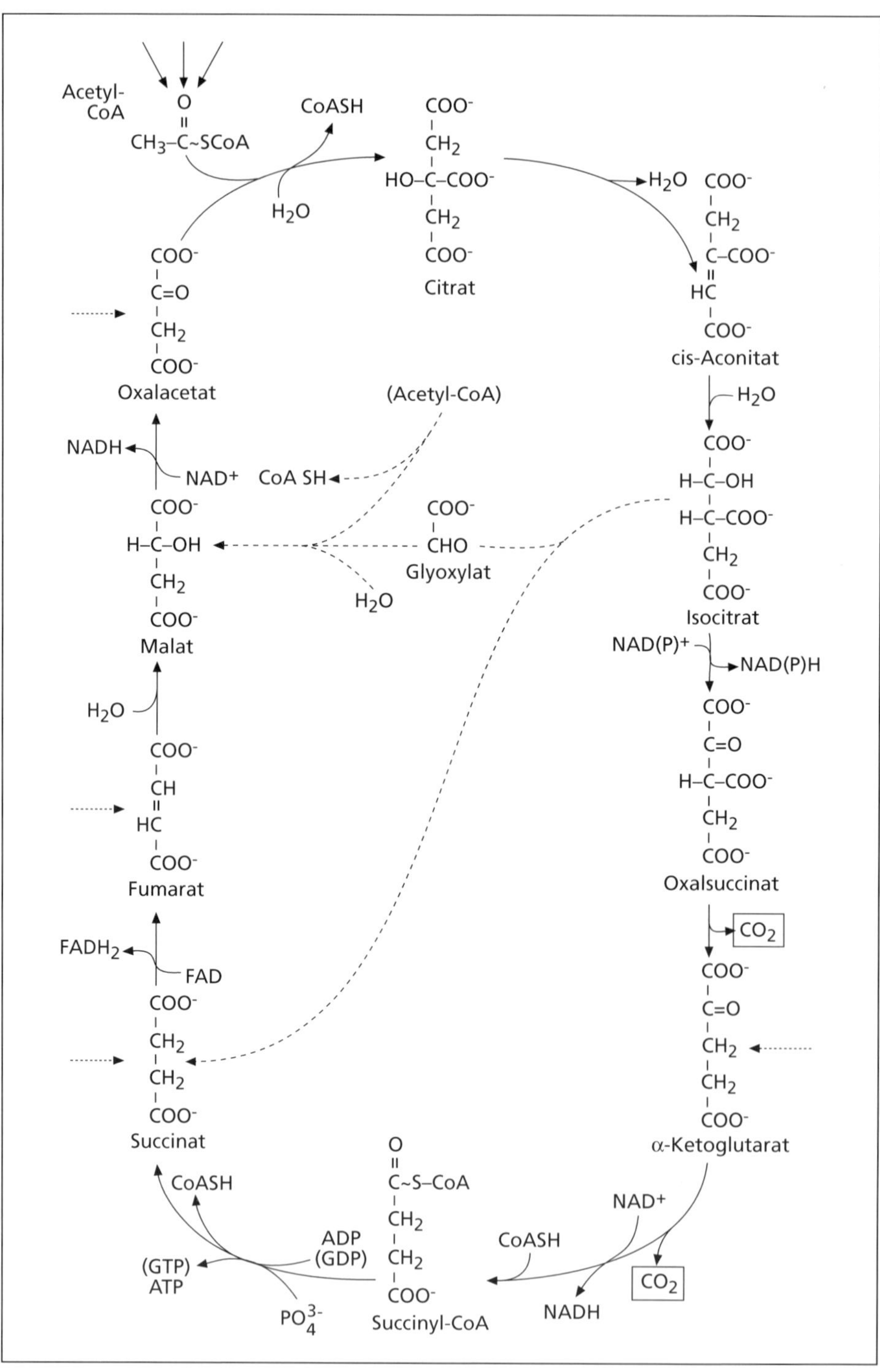

Bild 103: Citratcyclus

15.2.6.1

Citratcyclus

Der Citratcyclus (Bild 103) ist der wichtigste Weg der vollständigen Oxidation von Acetyl-CoA (aus dem Abbau von Kohlenhydraten, Fetten und manchen Aminosäuren) zu CO_2 und die Endstation aller zur Energieerzeugung verwendbaren Moleküle. Gleichzeitig ist er die Drehscheibe des Intermediärstoffwechsels (vergleiche auch Bild 95); denn hier findet die Synthese von Zwischenprodukten für die Biosynthese von Produkten des Zellstoffwechsels statt.

Als Edukte sind Acetyl-CoA, NAD, FAD, GDP + P_i und H_2O zu nennen. Die entstandenen Produkte sind CO_2, Reduktionsäquivalente in Form von NADH und $FADH_2$, GTP sowie viele Zwischenprodukte, die als Ausgangsmaterial für Biosynthesen dienen.

Die Reaktionen des Citratcyclus finden im Inneren (Matrix) der Mitochondrien statt, die meisten beteiligten Enzyme liegen an der inneren Membran (nur die Succinat-Dehydrogenase liegt innerhalb dieser Membran und ist gleichzeitig fest in die Atmungskette integriert).

Der Citratcyclus läuft nur unter aeroben Bedingungen; denn NAD und FAD können nur durch Elektronenübertragung auf molekularen Sauerstoff in den Mitochondrien regeneriert werden.

(Anmerkung: Die Wirkung von Fluoroacetat (Rattengift) ist darauf zurückzuführen, dass eines der Enzyme des Citratcyclus gehemmt wird.)

15.2.6.2

Glyoxylatcyclus

Der Glyoxylatcyclus (Bild 104) ist ein Nebenweg des Citratcyclus in Mikroorganismen und Pflanzen. Er dient hauptsächlich der Umwandlung von Fetten in Kohlenhydrate und ist wichtig für Pflanzensämlinge sowie für das Wachstum von Mikroorganismen auf der Basis von Fettsäuren oder Essigsäure. Als Edukt fungiert Acetyl-CoA, Produkte sind Wasserstoff in Form von NADH + H^+ und Pyruvat, das zur Bildung von Fructose, Glucose u.a. Kohlenhydraten genutzt werden kann. Die Reaktionen finden bei Pflanzen in den Glyoxysomen, bei Mikroorganismen im Cytoplasma statt.

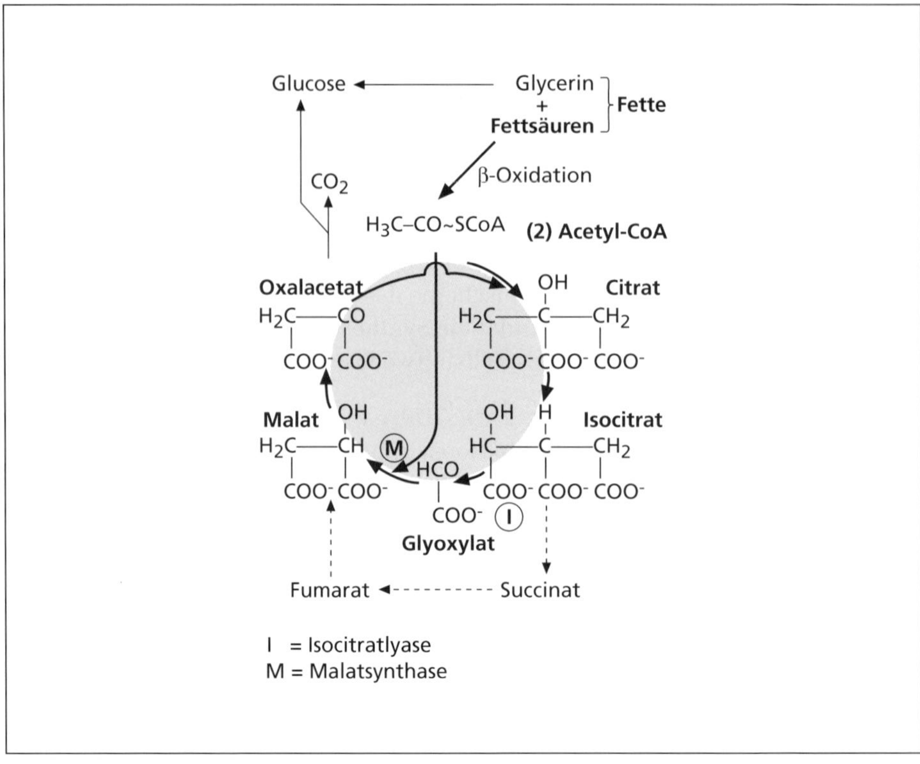

Bild 104: Glyoxylatcyclus

15.2.6.3

Atmungskette und Oxydative Phosphorylierung

Die Atmungskette ist eine Folge von enzymatischen Redoxreaktionen (Bild 105); sie findet nur unter aeroben Bedingungen statt und ist maßgeblich für die Energieversorgung der Zellen verantwortlich.

Edukte sind Wasserstoff und Sauerstoff, die zu den Produkten Wasser sowie Wasserstoff in Form von NADH + H^+ und FADH + H^+ führen. Die benötigten Enzyme sind in der inneren Membran der Mitochondrien angeordnet.

Die Oxydative Phosphorylierung (auch Atmungskettenphosphorylierung genannt) ist ein Vorgang zur Speicherung der in der Atmungskette freiwerdenden Energie in Form von ATP. Der zugrunde liegende Mechanismus ist die Übertragung der Elektronen von NADH bzw. $FADH_2$ auf O_2, wobei Oxidation und

Phosphorylierung über einen Protonengradienten miteinander gekoppelt sind. Die Oxidation von NADH ergibt 3 ATP, die von $FADH_2$ führt zu 2 ATP.

Edukte sind also ADP und P_i, die zu dem Produkt ATP umgesetzt werden. Die Reaktionen finden in der inneren Membran der Mitochondrien statt. (Anmerkung: Bei Vergiftungen durch CO und CN^- (Blausäure) ist dieser Mechanismus blockiert.)

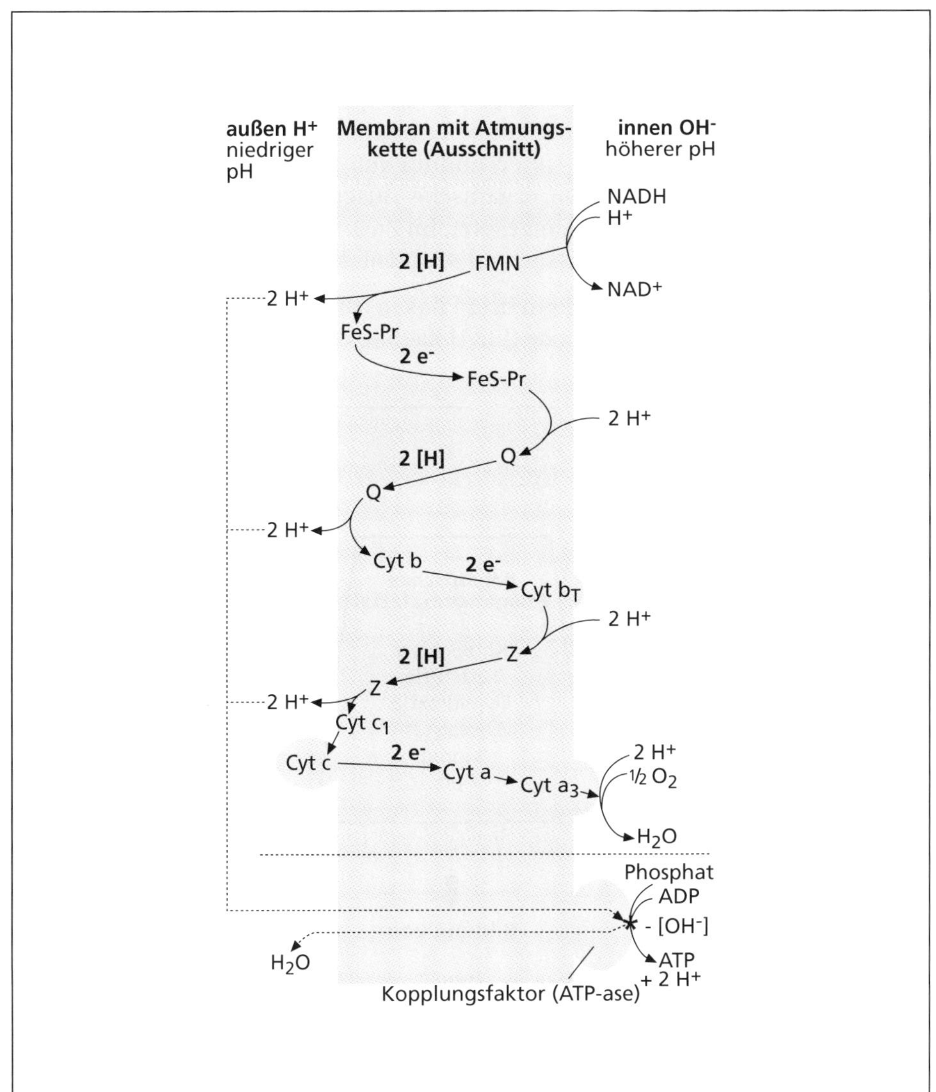

Bild 105: Atmungskette und Atmungskettenphosphorylierung, Übersicht

15.3

Technische Umsetzung

15.3.1

Konkreter biologischer Ablauf des Rotteprozesses

Die Vorgänge der Kompostierung können auf abstraktem Niveau sehr einfach dargestellt werden (Bild 106): Unter Einfluß von Sauerstoff, Wasser und verschiedenen Organismen werden organische Ausgangsstoffe zu Humus, Nährstoffen und neuen Organismen umgesetzt. Im Zuge des Prozesses werden neben Wärme auch Kohlendioxid, Wasser und Ammoniak freigesetzt.

Dieser Rotteprozess gliedert sich in drei Phasen (Bild 107): die Abbauphase, die Umbauphase und die Aufbauphase ([334] Zachäus, 1994; [335] Zachäus, 1995).

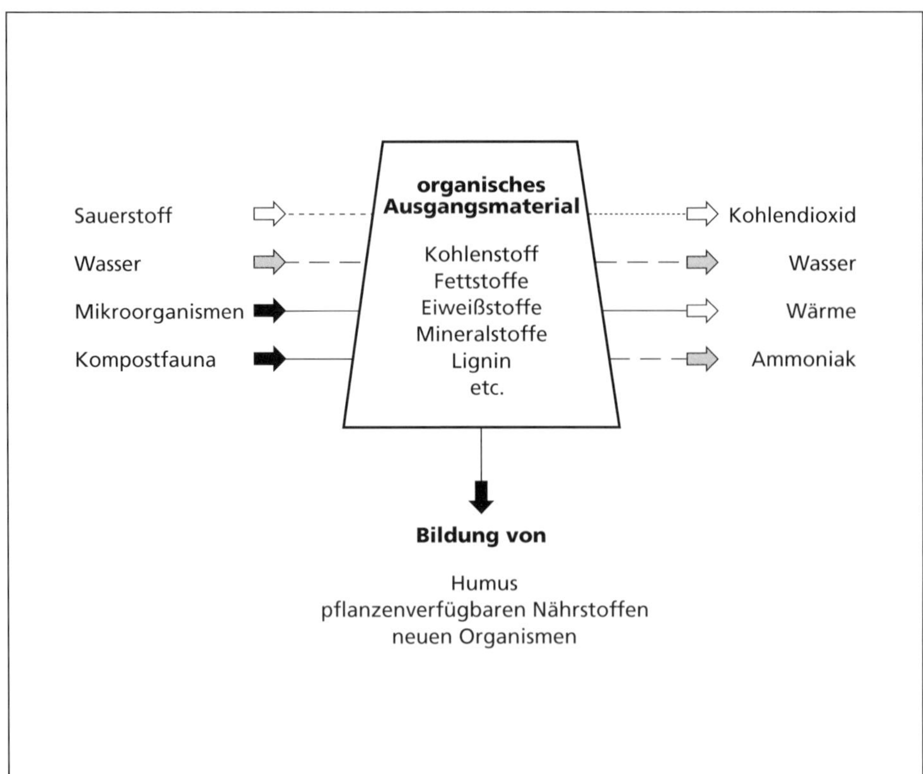

Bild 106: Umsetzungsvorgänge bei der Kompostierung

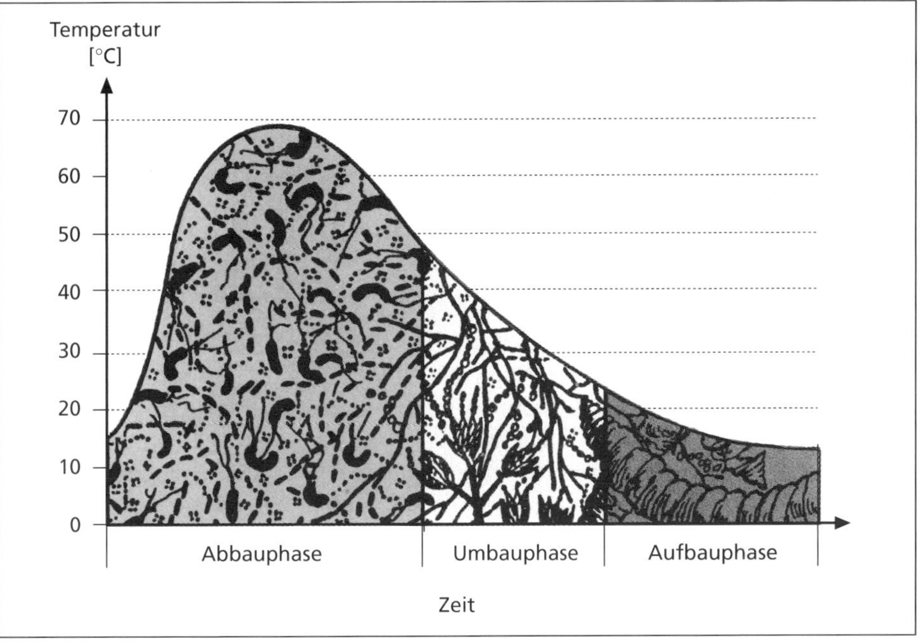

Bild 107: Phasen des Rotteprozesses
Quelle: [4] Abfallwirtschaftsbetriebe Hannover (1994)

15.3.1.1

Abbauphase

Die Abbauphase ihrerseits beginnt mit einer sogenannten Anlaufphase, die zwischen 12 h und 24 h andauert. Im Bioabfall enthaltene psychrophile (Bakterien, Schimmelpilze wie *Penicillium* und *Mucor*) und mesophile Lebewesen (Actinomyceten und andere Bakterien, Pilze wie *Aspergillus*) führen ihr in der Biotonne begonnenes Werk fort, bauen unter den für sie sehr günstigen Bedingungen organisches Material ab und vermehren sich exponentiell. Durch diese Vorgänge erwärmt sich die Miete bis zur Selbsterhitzungstemperatur von 45 °C. Damit ist die Anlaufphase beendet.

Es folgt die „Intensivrotte". Die mesophilen Organismen der Anlaufphase sterben ab oder bilden Sporen, je nachdem, wie schnell die hohen Temperaturen erreicht werden. Dafür kommt es jetzt zu einem verstärkten Wachstum der thermophilen Organismen. Nach drei bis fünf Tagen wird die Maximaltemperatur des gesamten Prozesses erreicht, die bei ca. 70 °C liegt. Unter ungünstigen Bedingungen kann die Intensivrotte bis zu 10 Wochen dauern.

In beiden Teilphasen werden leicht abbaubare Stoffe wie Einfachzucker und höhere Kohlenhydrate zu niedermolekularen Verbindungen, z.T. sogar bis zur vollständigen Mineralisierung abgebaut. Parallel kommt es zu einem Angriff komplexerer Verbindungen wie Cellulose.

15.3.1.2

Umbauphase

Als zweites schließt sich die Umbauphase an, auch sie kann unter entsprechend schlechten Bedingungen bis zu 10 Wochen dauern. Bei Temperaturen von 45-55 °C vermehren sich die thermophilen Organismen (überwiegend Bakterien) sehr stark, bei Temperaturen von 55-75 °C kommt es zu einer Abnahme der Keimzahlen und der biologischen Aktivität.

Die in der Umbauphase erreichten Temperaturen von bis zu 75 °C sind im Hinblick auf die Erfordernisse der Hygienisierung sehr, für jedwede biologische Aktivität allerdings wenig wünschenswert. Noch höhere Temperaturen von bis zu 100 °C werden bei der biologischen Behandlung von getrennt erfassten Bioabfällen nicht erreicht, sind jedoch im biologischen Prozess mechanisch-biologischer Verfahren zur Restmüllbehandlung nachgewiesen worden. Diese hohen Temperaturen beruhen wahrscheinlich nicht auf biologischen, sondern auf rein chemischen Vorgängen wie Autooxidation, pyrolytischen Reaktionen oder Maillardreaktionen. Dabei kommt es zur Hitzeschädigung vieler Organismen, was nach Abkühlung des Haufwerks zu einem verzögertem Wiederbelebungsvorgang führt (daher sind Irrtümer bei der Beurteilung des Rottegrades möglich).

In der Umbauphase wird der weitere Abbau komplexerer Verbindungen bewerkstelligt. In dieser Phase findet auch die Hygienisierung des organischen Abfallmaterials durch Selbststerilisierung statt. Die Entseuchung bedarf keiner sehr hohen Temperaturen, weil die meisten Krankheitserreger auf Körperbedingungen angepaßt sind. Es werden zwei Wochen bei Temperaturen oberhalb von 55-60 °C und einem Anfangswassergehalt von 40-60 % empfohlen; zusätzlich wird ein mindestens einmaliges Umsetzen angeraten, um das gesamte Material zu erfassen. Diese Bedingungen reichen auch zur Abtötung vermehrungsfähiger Pflanzenteile und -samen. Vorsicht ist bei den sporenbildenden Gram-positiven Bakterien (Bazillen) geboten, die als Sporen überleben können. Die Sporenbildung bleibt aus, wenn von vornherein in der Anfangsphase auf einen langsamen Temperaturanstieg geachtet wird.

15.3.1.3

Aufbauphase

Die dritte Phase ist die Aufbauphase, die auch Abkühlungsphase, Reifephase oder Nachrotte genannt wird. Sie dauert im Schnitt 5 Wochen. Bei Temperaturen unterhalb von 45 °C kommt es zu einer erneuten Zunahme der mesophilen Organismen, dabei besteht keine Identität zu den mesophilen Organismen des Beginns. Ein Animpfen des Ausgangsmaterials mit fertigem Kompost ist also wenig sinnvoll. In der Abkühlungsphase kommt es zur Massenentfaltung von Actinomyceten, die für den Abbau schwer zersetzbarer Verbindungen wie Lignin zu hochmolekularen Huminstoffen verantwortlich sind. Der Mechanismus der Huminstoffbildung ist immer noch weitgehend unbekannt. Das von manchen Actinomyceten freigesetzte Stoffwechselprodukt Geosmin, verantwortlich für den typischen Erdgeruch, kann ein Zeichen für Kompostreife sein.

Zu diesem Zeitpunkt findet die Besiedelung der Miete durch Kleinlebewesen statt, vorausgesetzt, sie können dem Kompost durch einen sogenannten „offenen" Boden zuwandern. Diese Kleinlebewesen wie Würmer, Milben, Springschwänze etc. vermehren sich sehr schnell und führen bald zu einer Durchmischung und mechanischen Zerkleinerung des Kompostmaterials.

Der Rotteprozess ist beendet, wenn alle leicht abbaubaren Substanzen umgesetzt und die biologische Aktivität im Rottegut großteils abgeschlossen ist. Die Dauer des Rotteprozesses hängt maßgeblich ab vom gewählten Verfahren und beträgt:

- 9-12 Wochen bei regelmäßigem Umsetzen,
- 12-16 Wochen bei nicht umgesetzten Mieten mit künstlicher Belüftung und
- 16-25 Wochen bei nicht umgesetzten Mieten ohne künstliche Belüftung.

15.3.2 Verfahrensparameter

Bei der Kompostierung sind manche Parameter zu Beginn des Verfahrens optimal einzustellen, dazu gehören auch der Sauerstoff- und der Wassergehalt in den Mieten. Die Temperatur hingegen ändert sich im Laufe der Abbauvorgänge. Da jede der Phasen eine typische Temperaturentwicklung aufweist, kann die Temperatur gut als Rotteindikator eingesetzt werden, zumal sie messtechnisch leicht zu erfassen ist.

15.3.2.1 Temperatur

Das Temperaturniveau ist nicht nur für die besiedelnden Organismen, sondern auch aus anderen Gründen wichtig: zum einen im Hinblick auf den Wassergehalt in der Miete; denn hohe Temperaturen führen zu Wasserverlusten, die bei trockenem Material weniger, bei Küchenabfällen mit einem Wassergehalt von bis zu 80 % aber sehr erwünscht sind. Zum zweiten im Hinblick auf die Mietengröße; denn zu kleine Mieten kühlen leichter aus, so dass sich der Rotteprozess verlangsamt. Komposte mit fortgeschrittenem Abbau verfügen im allgemeine über eine sehr gute Temperaturspeicherung bei gleichzeitig schlechter Wasseraufnahme. Die Abkühlungsphase verzögert sich insofern erheblich, wenn

Komposte nur selten umgesetzt werden, da die Temperaturabgabe aus dem Haufwerk nur gering ist. Schließlich ist die Höhe und Dauer der erreichten Temperatur von ausschlaggebender Bedeutung im Hinblick auf die hygienischen Bedingungen; denn die Selbsterhitzung des Rottegutes führt zur Abtötung von Unkrautsamen und pathogenen Keimen. Die Temperaturen, die für die Herstellung von hygienisch unbedenklichen Material notwendig sind, liegen bei 55 °C bei gleichzeitigem Einhalten bestimmter Randbedingungen (siehe auch Kapitel 18.1.4.2).

15.3.2.2

Wasser

Wasser ist wichtig, um den Organismen Nährstoffe zu- und Stoffwechselendprodukte abzuführen, zudem sichert es die Beweglichkeit der Mikroorganismen. Sinkt der Wassergehalt auf Werte unter 20-25 % ab, so führt dies zum Erliegen des biologischen Prozesses. Zuviel Wasser kann jedoch zu Sauerstoffmangel führen, dann kippt das System zum Anaeroben ab. Desweiteren ist der Wassergehalt wichtig im Hinblick auf die Strukturstabilität des Rottegutes: hoher Wassergehalt und strukturschwaches Material (z.B. Küchenabfälle) führen zum Zusammensacken des Haufwerks, zur Verdichtung und gegebenfalls zum Luftabschluss. Weiterhin ist zu berücksichtigen, dass das Wasseraufnahmevermögen von Komposten fortgeschrittenen Abbaugrades erheblich eingeschränkt ist. Derart ausgetrocknete Komposte durch die einfache Zugabe von Wasser wieder zu befeuchten ist somit sehr schwierig; die erneute Induzierung der biologischen Abbauvorgänge dementsprechend mit hoher zeitlicher Verzögerung versehen. Insofern ist der Einhaltung der Wassergehalte im Verlauf der Kompostierung vermehrte Aufmerksamkeit zu schenken. Als Optimum kann ein Wassergehalt von 40-50 %, je nach Struktur, angesehen werden. Liegt der Wert darunter, ist eine Bewässerung erforderlich, bei Werten von über 60 % hingegen ist je nach Struktur eine Zwangsbelüftung oder regelmäßiges Umsetzen vonnöten.

15.3.2.3

Sauerstoff

Die aeroben Umsetzungsprozesse bedürfen unbedingt des Sauerstoffs. Bei kleinen Mieten wird der Sauerstoff durch Diffusion ins Mieteninnere geführt. Bei großen Mieten ist eine künstliche Belüftung erforderlich, weil einerseits die Diffusionsgrenze bei 70 cm liegt und weil außerdem die Löslichkeit von

Sauerstoff in Wasser generell sehr gering ist: bei 20 °C sind in 1 Liter Wasser 6,2 ml (=0,28 mmol) Sauerstoff enthalten, das reicht, um 8,3 mg (=0,046 mmol) Glucose zu oxidieren. Bei steigenden Temperaturen sinkt die Löslichkeit weiter ab, daher ist ggf. eine gezielte Belüftung nötig, um den aeroben Organismen das Überleben zu ermöglichen. Die Grenzen in der Mietenhöhe, ab denen eine künstliche Belüftung notwendig wird, sind jedoch nicht starr und die niedergeschriebenen Werte als Anhaltswerte zu verstehen. So existieren heute Verfahren mit maximalen Mietenhöhen von 2,50 m bis 2,80 m, die mit und ohne Belüftung ausgestattet werden. Darüber hinaus ist die Intensität unterschiedlich groß, so dass sich auch in einer Kompostierungsanlage fließende Übergänge zwischen unbelüfteten und belüfteten Stadien ergeben.

Bei statischen Systemen ist ein regelmäßiges Umsetzen des Kompostes, wenn auch nicht zwingend nötig, so doch vorteilhaft, um die Sauerstoffzufuhr in den Mietenkern zu fördern. Auf diese Weise werden die aeroben Abbauprozesse besonders in der Aufbau- und Abkühlungsphase beschleunigt, was sich in einem früheren Temperaturabfall gen Rotteende und in einer erheblichen Verkürzung der Gesamtbehandlungszeit äußert. Zudem werden durch eine gute Sauerstoffversorgung die mit anaeroben Prozessen verbundenen Geruchsprobleme minimiert.

Hinsichtlich der Belüftung kann man zwischen zwei etwa gleich üblichen Systemen unterscheiden, dem Drucksystem und dem Saugsystem. Beim Drucksystem wird die Luft von unten durch das Rottegut gedrückt, beim Saugsystem wird die Luft am Mietenfuß angesaugt. Beide Systeme haben Vor- und Nachteile. Beim Drucksystem kann die zwangsweise Luftzufuhr zur Ausbildung von bevorzugten Strömungskanälen für Luft, aber auch für Wasser führen. Als Folge der ungleichen Sauerstoffversorgung entstehen im umzusetzenden Abfall Zonen unterschiedlich hoher Temperatur. Dies wiederum führt zur lokalen Austrocknung, zum schnellerem Abtransport von Wasser und zu unterschiedlichem Abbau des Kompostes. Bei Systemen mit Saugbelüftung sind derartige Probleme nicht in diesem Umfang zu erwarten. Die Luft wird hier über die Bodenplatte abgesaugt und strömt von außen ins Mieteninnere nach. Die Luftzufuhr ist somit gleichmäßiger. Da das verdampfte Wasser jedoch nicht wie bei der Druckbelüftung aus der Miete ausgetrieben wird, fällt es als Kondensat zusammen mit dem Sickerwasser an. Im Allgemeinen ergeben sich hierdurch größere Mengen von Sickerwasser, was zur Vernässung des Mietenfußes und dadurch zu Sauerstoffmangel führt. Die Gesamtmenge an Abwasser ist davon allerdings weitgehend unberührt, da lediglich der Entstehungsort der unterschiedlichen Abwassermengen (Sickerwasser und Kondensat) unterschiedlich ist. Das Saugsystem hat zudem noch den Nachteil, dass der Düsenboden je nach Ausführung leicht verstopfen kann. Mit der Kombination aus Saug- und Druckbelüftung versucht man, die Vorteile beider Verfahren zu vereinen.

Beide Belüftungssysteme sind mit der Freisetzung von unterschiedlich großen Mengen an Wasserdampf verbunden. Beim Drucksystem sind diese im allgemeinen so groß, dass es im Halleninneren zu einer Taupunktunterschreitung kommt (Waschküche). Beim Saugsystem wird zwar ebenfalls über die Mietenoberfläche

Wasserdampf an die Umgebung abgegeben, die Mengen sind jedoch wesentlich geringer. Bei beiden Systemen ist dem Korrosionsschutz hohe Aufmerksamkeit zu schenken. Aus gesundheitlichen Gründen verbietet sich zudem ein fester Arbeitsplatz in einem solch aggressiven Hallenklima.

Ein Vorteil unbelüfteter gegenüber belüfteten Verfahren liegt im wesentlich gleichmäßigeren Wasserhaushalt. Wenn die Verdampfung des Wassers nicht durch Belüftungsmaßnahmen gefördert wird, ist der Wasserverlust der Mieten und als Folge auch der Aufwand zu deren Befeuchtung erheblich geringer. Darüber hinaus wirkt sich die fehlende Luftzufuhr auch positiv auf die Sättigungskonzentration an Wasserdampf in der Abluft des unbelüfteten Verfahrens aus. Hier wird im allgemeinen nur die Hallenluft abgesaugt und einer Biofilterung zugeführt. Aufgrund der geringeren „Verdünnung" der Abluft mit Frischluft ist diese insbesondere bei geschlossenen Intensivrotteverfahren wassergesättigt. Zusätzliche Maßnahmen, um die Abluft vor der Biofilterung zu befeuchten und damit das Austrocknen des Filterbettes zu verhindern, sind somit nicht notwendig. Der Energieverbrauch unbelüfteter Verfahren ist infolgedessen gegenüber belüfteten Verfahren wesentlich geringer, auch die Korrosion stellt kein so großes Problem dar.

15.3.3 Häusliche Eigenkompostierung

Neben den Kompostwerken wird Kompost auch und in großem Maßstab von Hobbygärtnern durch Eigenkompostierung erzeugt; die von ihnen erzeugte Kompostmenge wird auf weit über 1,5 Mio. Mg/a geschätzt ([308] van Wickeren, 1995). Die Eigenkompostierung stellt den ökologisch sinnvollsten Weg der Verwertung dar (Bild 108); denn so entfallen die Vorgänge von Sammlung, Transport und externer Behandlung der Abfälle, die Umweltbelastungen wie Flächenverbrauch und Emissionen sind vernachlässigbar und da die Bürger den von ihnen selbst produzierten Kompost auch selber einsetzen, sind die Störstoffgehalte minimal.

Nachteilig sind die im Vergleich zu großtechnischen Verfahren die schlechtere Hygienisierung sowie die erheblich längeren Rottezeiten, die sich dadurch ergeben, dass das Ausgangsmaterial aufgrund der geringeren Menge nicht so homogen zusammengesetzt sein kann und daher schwankende C/N-Verhältnisse den Abbau verzögern. Auch die damit verbundene Arbeit sowie das vermehrte Auftreten von Insekten, Mäusen oder sogar Ratten sowie Geruchsbelästigungen werden nicht von jedem gleichermaßen geschätzt. Im dem Maße, wie der Anteil von Nutzgärten gegenüber dem an Ziergärten sinkt, werden allerdings geringere Mengen an Kompost benötigt, was im letzten Jahrzehnt zu einem Rückgang des Maßes an Eigenkompostierung geführt hat.

In den Haushalten fallen Küchenabfälle und Garten- bzw. Pflanzenabfälle als kompostierbares Material an. Der größte Teil davon kann sehr gut selbst kompostiert werden, einige Ausgangssubstanzen weisen allerdings Besonderheiten

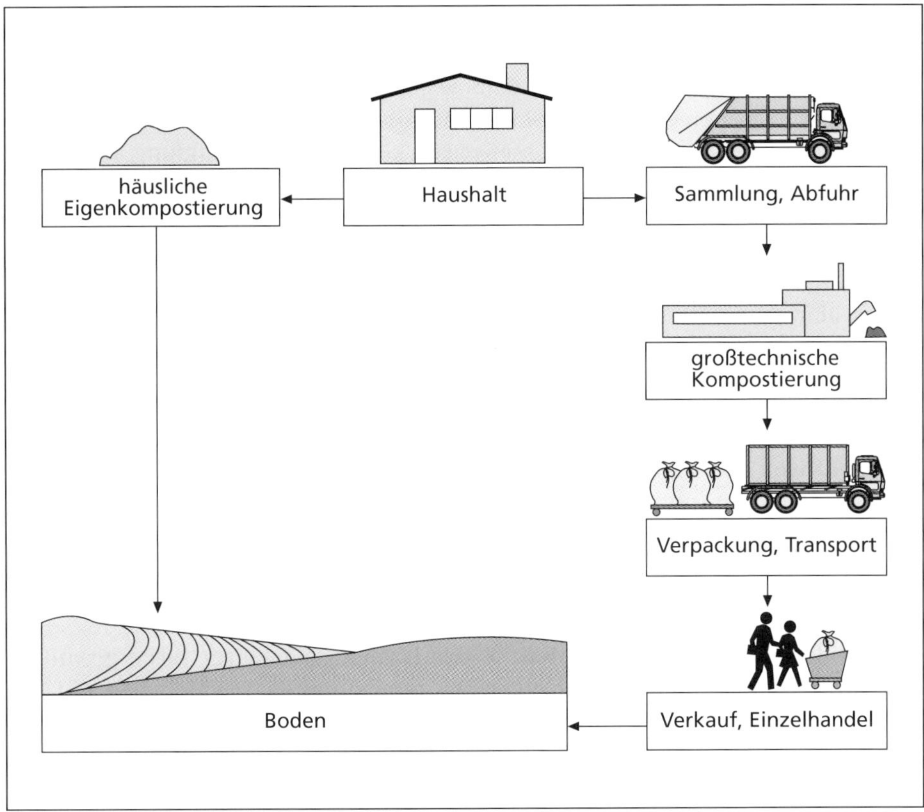

Bild 108: Wege der Rückführung von organischen Abfällen in den Naturkreislauf über die Kompostierung

auf. Rasenschnitt sollte zum einen als Schutz vor erhöhtem Schneckenbefall nur angewelkt verwendet werden. Zum anderen sollte er mit Laub, Erde oder Strauchschnitt vermischt werden, weil es sonst zum Luftabschluß in den darunter liegenden Arealen kommen kann. Bei Laub unterscheidet man zwischen leicht verrottenden Laubarten wie Linde, Buche, Ahorn oder Esche und schwer verrottenden Arten wie Eiche, Kastanie, Pappel oder Birke. Die Kompostierung größerer Mengen schwer verrottenden Laubes führt zur Freisetzung von Gerbsäuren, was eine Versauerung des Kompostes mit sich bringt. ([48] BIU, 1996).

Die Eigenkompostierung erfolgt auf einem sehr niedrigen, verfahrenstechnischen Standard. Das Material wird während der Rotte nicht unbedingt umgesetzt und nicht zwangsbelüftet. Das der Eigenkompostierung entnommene Kompostmaterial kann daher eher als Frisch- denn als Reifekompost angesehen werden. Bei kleinen Mieten kann es infolge zu geringer Temperaturen zu einer ungenügenden Hygienisierung des Abfallmaterials kommen. Daher sind bei einigen Stoffen sowohl aus Küchen- als auch aus Gartenabfällen Probleme bei der Kompostierung zu erwarten, so dass sie besser in den großtechnischen Anlagen verwertet werden sollten.

Von den Küchenabfällen sind insgesamt etwa 10-20 % nicht durch Eigenkompostierung zu verwerten. Dazu gehören Knochen und derlei tierische Abfälle, die aufgrund ihres starken Geruchs vermehrt Insekten, Ratten und andere Kleinnager anziehen und zu hygienischen Probleme führen können. Sehr nasse, strukturlose Küchenabfälle wie Essensreste können zur Ausbildung anaerober Zonen, zu Geruchsbildung und minderwertigen Komposten führen. Essensreste mit zu hohem Salzgehalt entfallen, und die Schalen von Zitrusfrüchten enthalten Fungizide, die auch die im Komposthaufen enthaltenen Pilze töten und so für eine ungewollte Verlängerung der Rottezeiten sorgen. Da bei Eigenkompostierern die Rottezeit jedoch keine Rolle spielt, ist deren Verwendung unbedenklich.

Von den Garten- und Pflanzenabfällen sind folgende Stoffe nicht in der Eigenkompostierung zu verwerten: Samentragende Unkräuter und kranke Pflanzen entfallen, weil die Hygienisierung nicht immer gewährleistet ist. Nasse, strukturlose Abfallkomponenten (z.B. viel frisch gemähter Rasen) können zu Sauerstoffabschluss und daher vermehrter Geruchsbildung und minderwertigem Kompost führen. Holzige Materialien ab etwa 3-4 cm Durchmesser sind ebenfalls ungeeignet, da meistens entsprechende Häcksler fehlen.

Demzufolge geben auch nur 20-30 % der Eigenkompostierer ihren gesamten nativ-organischen Abfall auf den eigenen Komposthaufen. Die Mehrheit gibt insbesondere die aus rottetechnischen oder hygienischen Gründen schwierigen Abfälle in die Mülltonne. Grün- und Strauchschnitt können auch direkt an die Kompostwerke geliefert werden; alternativ werden inzwischen vielerorts Häcksler ausgeliehen.

Die Emissionen aus dieser Art von Kompostierungsprozessen sind prinzipiell mit denen zu vergleichen, die bei offenen, überdachten Kompostierungsprozessen bei der Herstellung von Frischkompost auftreten. Aufgrund der fehlenden Belüftung ist allerdings nicht auszuschließen, dass der biologische Abbau tendenziell in den anaeroben Bereich übergeht. Insbesondere die gasförmige Stickstoffemission verschiebt sich dadurch vom normalerweise vorwiegend gebildeten Ammoniak in Richtung Lachgas, das zu den klimarelevanten Treibhausgasen gezählt wird ([152] ifeu, 2001).

Die Erfahrung lehrt, dass die Einführung der Biotonne immer zur Verminderung des Maßes an Eigenkompostierung führt. Die Gründe liegen auf der Hand: die Biotonne ist bequemer und erfordert weniger Arbeits- und Zeitaufwand bzw. geringeren Platzbedarf; auch die Belästigung durch Geruch und Schadtiere bei der Eigenkompostierung erleichtern den Übergang zur Biotonne. Soll ein möglichst hohes Maß an Eigenkompostierung erhalten werden, so bieten sich verschiedene Maßnahmen an wie die Schaffung bzw. Erhöhung des Abfall-Problembewusstseins oder die Wissensvermittlung bzgl. der Kompostierung. Auch sehr praktische Maßnahmen können getroffen werden; dazu gehören die Entwicklung bzw. Bereitstellung von Kleinkompostern, der Aufbau eines Häckseldienstes oder finanzielle Anreize ([308] van Wickeren, 1995; [334] Zachäus, 1994).

15.3.4

Einführung in die Kompostierungstechnik

Prinzipiell basieren alle Kompostierungsanlagen auf den gleichen Funktionsbestandteilen; auf die zwischen alten und neuen Bundesländern bestehenden Unterschiede wird später eigens eingegangen. Bereits vorgestellt wurden der Annahmebereich und die Grobaufbereitung. Das Herzstück jeder Anlage ist das im folgenden dargestellte Rottesystem zum aeroben Abbau organischer Abfälle,

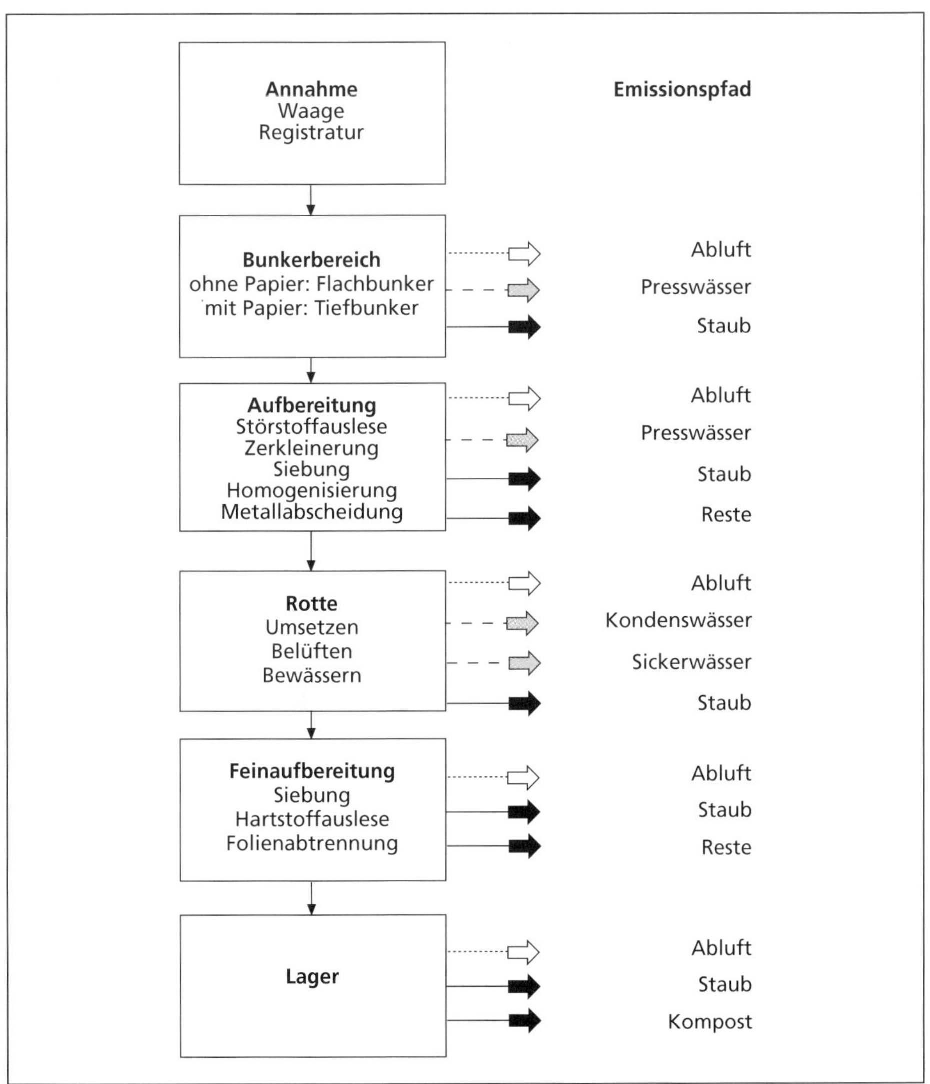

Bild 109: Verfahrensschema für ein Bioabfallkompostwerk
Quelle: [39] Bidlingmaier und Müsken (2001)

das konkret der Mineralisierung, Hygienisierung und Verrottung des aufbereiteten Ausgangsmaterials zu verwertbaren Produkten dient. Hierbei gibt es eine Vielzahl verschiedener Verfahren, die unterschiedlichen Ansprüchen genügen müssen. An eine gute und effiziente Rotteführung werden verschiedene Forderungen gestellt wie die nach einer zeitlichen Optimierung im Sinne einer Beschleunigung des Prozesses durch Verbesserung der Rottebedingungen. Daraus resultiert die Forderung nach einer ausgereiften Steuerung der aeroben Prozesse, zusätzlich ist immer auch eine Emissionskontrolle gefragt. All dies hat direkte Auswirkungen auf die Wahl der geeigneten Anlagen- und Verfahrenstechnik. Natürlich spielt bei der Auswahl der geeigneten Technik auch die Menge, Art und Zusammensetzung des Ausgangsmaterials eine wichtige Rolle.

Außerdem sind die genehmigungsrechtlichen Voraussetzungen zu berücksichtigen. Die heutige Genehmigungspraxis für neue Abfallkompostierungswerke bedingt wegen der Vorgaben bezüglich der Geruchsemissionen zumeist ein geschlossenes Rottesystem. In geschlossenen Rottehallen kann aber kein ständiger Arbeitsplatz eingerichtet werden, was z.B. bei Mietenkompostierungen den Einsatz eines vollautomatischen Umsetzgerätes nach sich zieht.

Daneben fordert auch jeder Standort seine eigenen Kriterien, so wie jedes Entsorgungsgebiet mit seiner spezifischen Infrastruktur eigene Rahmenbedingungen setzt (vergleiche Kapitel 8.3.4).

Die zur Verfügung stehenden Verfahren unterscheiden sich neben dem Preis hauptsächlich in ihrer Verarbeitungskapazität, ihrem Flächenbedarf und dem Grad der Automatisierung. Ebenfalls von Belang sind die Art der Sauerstoffversorgung sowie Art und Ausmaß der Minimierung von Emissionen.

Die sich anschließenden Schritte der Feinaufbereitung des gerotteten Materials sowie ggf. der Veredelung und Lagerung werden in späteren Kapiteln erläutert. Ein zusammenfassendes Verfahrensschema der grundlegenden Elemente einer Kompostierungsanlage ist in Bild 109 dargestellt.

15.3.5

Energiebedarf

Der Energiebedarf von Kompostierungsanlagen ist vor allem abhängig von der gewählten Rottetechnik, von der Lüftungsleistung und vom Anlagendurchsatz. Im Gegensatz zu den Gärverfahren kann aus dem Kompostierungsprozess keine Primärenergie gewonnen, sondern nur Wärmeenergie zurückgewonnen werden. Dies geschieht in Ansätzen über Wärmetauscher in Abluftströmen, deren Energieabgabe zur Vorwärmung von Zuluftströmen oder zur Warmwasserbereitung bzw. zur Raumheizung verwendet werden kann. Für kleine Anlagen ist ein Energiebedarf von 0,03-0,10 MWh/Mg, für mittelgroße einer von 0,04-0,08 MWh/Mg und für große Anlagen ein Bedarf von 0,02-0,06 MWh/Mg anzusetzen; die Angaben beziehen sich auf die Jahresdurchsatzleistung ([39] Bidlingmaier und Müsken, 2001).

15.3.6

Rottesysteme

Das wichtigste Unterscheidungsmerkmal aller Rottesysteme liegt darin, ob das Material während des Rotteprozesses bewegt wird, dann handelt es sich um dynamische Systeme, oder ob es ruhig liegt, dann nennt man das System ein statisches. Die dynamischen Systeme konnten sich aus Gründen, die im nächsten Kapitel erläutert werden, nicht durchsetzen. Weiterhin kann man unterscheiden, ob es sich bei den Systemen um gekapselte oder (quasi-)offene handelt. Im Folgenden werden die verschiedenen Verfahrenstypen mit den jeweiligen Vor- und Nachteilen vorgestellt ([41] Bilitewski et al., 1994; [334] Zachäus, 1994; [308] van Wickeren, 1995).

15.3.6.1

Dynamische Systeme

Dynamische Rottesysteme zeichnen sich dadurch aus, dass das Material kontinuierlich bewegt und belüftet wird. Dies bietet viele Vorteile; denn so wird das Ausgangsmaterial sehr gut homogenisiert, der Prozess lässt sich besser steuern, und zumindest in Bezug auf die Vorrotte gewinnt man Zeit im Vergleich zu statischen Rottesystemen. Da aber durch das ständige Umwälzen die zum Abbau komplexerer Verbindungen erforderlichen Actinomyceten und Pilze keine Myzelien ausbilden können, ist in den dynamischen Systemen keine vollständige Verrottung möglich. Um fertig abgebauten Kompost zu erhalten, muss das Rottegut deshalb anschließend noch eine Zeitlang eine Nachrotte in Mietenform durchlaufen (vergleiche Kapitel 15.3.5.2), so dass sich, bezogen auf die gesamte Rottezeit, keine wesentliche Zeitersparnis ergibt. Aus diesem Grunde, aber auch wegen zu hoher Kosten für die Maschinentechnik und die Energie werden dynamische Systeme in Konzepten neu zu errichtender Anlagen nicht mehr berücksichtigt. Innerhalb der dynamischen Rottesysteme wurden zwei Verfahren entwikkelt: die Rottetürme und die Rottetrommeln.

15.3.6.1.1

Rottetürme (Reaktortürme)

Bei Rottetürmen (Bild 110) wird der Bioabfall nach der Grobaufbereitung beispielsweise über Trogkettenförderer oben in den Turm aufgebracht und über eine Verteileinrichtung unter dem Dach des Reaktors eingetragen.

Das Material durchläuft den Turm von oben nach unten. Da der Rohstoff im Turm nicht durchmischt wird, ist vorher unbedingt eine Zerkleinerung und Mischung des Materials nötig. Nach einer Verweilzeit von 4-6 Tagen wird das

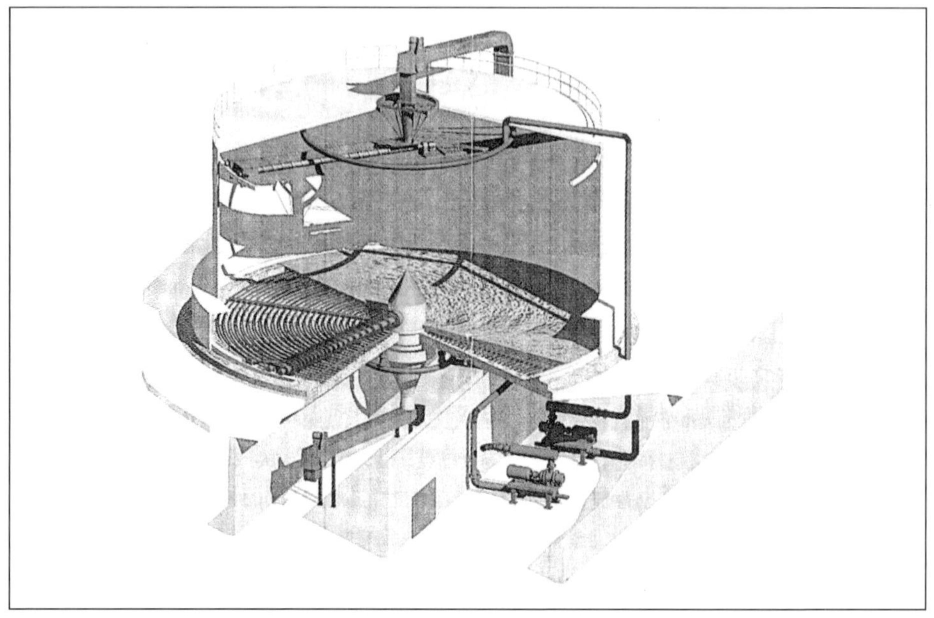

Bild 110: Rotteturm
Quelle: [335] Zachäus (1995)

Material am unteren Ende des Turms kontinuierlich ausgetragen. Als Austragssysteme werden Untenentnahmefräsen oder Austragsschnecken eingesetzt, die über den häufig als Belüftungsplatte ausgebildeten Boden um den Mittelpunkt des Reaktors rotieren und das Rottegut nach innen fördern.

Das für jeden Rotteprozess typische Temperaturprofil findet sich auch in den Rottetürmen verwirklicht: oben herrscht ungefähr Umgebungstemperatur, nach unten hin steigt die Temperatur auf ihren Höhepunkt an, um gegen Ende des Turmes langsam wieder abzufallen. Über die Trogkettenförderer kann auch Wasser zugeführt werden, um das Rottegut zu befeuchten. Die meisten Rottetürme sind vollständig geschlossen und werden mit kombinierten Saug- und Drucksystemen künstlich belüftet (vergleiche Tabelle 18). Dabei strömt Druckluft, dem Gegenstromprinzip entsprechend, von unten dem abwärtsgehenden Material entgegen. Für die Abluft steht oben ein eigenes Sauggebläse zur Verfügung, bevor sie über Kompostfilter desodoriert wird. Rottetürme wurden häufig für entwässerten Klärschlamm genutzt.

Sie bieten als Vorteile Raum für Volumina über 1.000 m³ bei geringem Platzbedarf und erzeugen minimale Abluftmengen, weil die gesamte Rotte in einem geschlossenen, automatisierten System abläuft. Als Nachteile sind die unzureichende Durchmischung und schlechte Belüftung im Turm zu verzeichnen. Deswegen wird die organische Substanz nur unvollständig abgebaut. Außerdem verschleißen die Austragsgeräte relativ schnell.

Von ihrer Eignung her bieten sich diese Reaktortürme für große und mittlere Anlagen an; kleine Anlagen sind denkbar, aber aufgrund des hohen Automatisierungsgrades teuer.

Tabelle 18: Verfahrensablauf in einem Reaktorturm
Quelle: [39] Bidlingmaier und Müsken, (2001), bearbeitet

	Steinmüller
Verfahrenstyp	quasidynamisch, geschlossener Reaktor mit möglicher Umwälzung
Reaktor	Turm
Referenzanlagen	Bozen (I)
Kapazität	12.000 - 25.000 Mg/a je Hauptrottetrommel
Kurzbeschreibung	
Verfahrensschritte	Grobaufbereitung
	Reaktorbeschickung über Trogkettenförderer
	Hauptrottereaktor (1.750 m^3)
	2 Nachrottereaktoren (je 1.250 m^3)
	Saug-/Druckbelüftung der Reaktoren
	Umsetzung durch Austrag und Wiedereintrag in Reaktor möglich
	Kompostkonfektionierung
Verweilzeit	Hauptrotte: 14 d
	Nachrotte: 28 d

15.3.6.1.2

Rottetrommeln

Die Rottetrommel (Bild 111) wird in Deutschland inzwischen kaum noch eingesetzt, ist aber nach wie vor das weltweit am häufigsten eingesetzte, dynamische Verfahren.

Bild 111: Rottetrommel
Quelle: [335] Zachäus (1995)

Zur Vorrotte wird das Ausgangsmaterial nach der Grobaufbereitung in Drehtrommeln gegeben, wo es kontinuierlich umgewälzt und belüftet wird. Während der Beschickung bzw. Entnahme dreht sich die Trommel mit bis zu 3 U/min, sonst mit 1 U/min oder in Intervallen. Durch diese Rotation der Trommel, den hohen Eigendruck des Materials und die Feuchtigkeit wird das Rottegut ausgezeichnet homogenisiert. Zudem werden die Abfälle ohne weiteres Zutun selektiv zerkleinert, so dass beispielsweise Papier zerfasert wird, Plastikfolien aber erhalten bleiben und bei der späteren Aufbereitung gut entfernt werden können. In der Trommel entstehen Temperaturen bis zu 70 °C, zur Hygienisierung des Rottegutes sind daher nur 1-3 Tage nötig. Nach 1-14 Tagen wird das Material entnommen, gesiebt und getrennt nach Siebresten, die deponiert oder verbrannt werden, und Kompost, der in Mieten weiter umgesetzt wird.

Abluft entsteht hauptsächlich in der Drehtrommel und wird entweder direkt oder mit einem Umweg über die Unterflurbelüftung der Mieten in ein Kompostfilter gesaugt.

Die Vorteile dieses Verfahrens liegen neben der guten Homogenisierung in der kurzen Behandlungszeit und der selektiven Zerkleinerung. Die Aufenthaltszeit in der Drehtrommel reicht jedoch nur zu einer Vorbehandlung des Materials und ist nicht als eigentliches Vorrottesystem anzusehen. Es muss auf jeden Fall eine Mietenkompostierung nachgeschaltet werden.

Tabelle 19: Übersicht über verschiedene Verfahren mit Rottetrommeln
Quelle: [39] Bidlingmaier und Müsken (2001), bearbeitet

	Altvater	Lescha	Envital
Verfahrenstyp	dynamisch (geschlossener Reaktor, Umwälzung)	dynamisch (geschlossener Reaktor, Umwälzung)	dynamisch (geschlossener Reaktor, Umwälzung)
Reaktor	Rottetrommel	Siebrottetrommel	Rottetrommel
Referenzanlagen	Bad Kreuznach (stationär) Pforzheim, Kitzingen (mobil)	Mainz, Ingolstadt, Reinheim	Erlenbach, Aschaffenburg
Kapazität	5.000 - 30.000 Mg/a je nach Trommelgröße	300 Mg/a (18 m^3-Trommel) 600 Mg/a (32 m^3-Trommel) 1.200 Mg/a (65 m^3-Trommel)	3.000 Mg/a je Trommel
Kurzbeschreibung			
Verfahrensschritte	Grobaufbereitung		
	Drehtrommel (autogene Zerkleinerung, Homogenisierung, Belüftung, ggf. Befeuchtung)Klassierung)	Siebrottetrommel (autogene Zerkleinerung, Vorrotte, ggf. Befeuchtung,	Rottetrommel (autogene Zerkleinerung, Homogenisierung, Abluftfassung)
	Klassierung	Nachrotte	Abluftreinigung
	Hauptrotte		Nachrotte mit Umsetzer
	Nachrotte		
Verweilzeit	Drehtrommel: 1 d	Siebrottetrommel: 10 d	Rottetrommel: 4 d
	Hauptrotte: 30 d	Nachrotte: 70 d	Nachrotte: 70 d
	Nachrotte: 90 d		

Je nach Trommelgröße können zwischen 400 Mg/a und 30.000 Mg/a verarbeitet werden (vergleiche Tabelle 19). Als stationäre Anlage wird sie für mittlere und große Anlagen genutzt, als mobiles System auch für kleine Anlagen.

15.3.6.2

Statische Systeme

Statische Rottesysteme sind dadurch gekennzeichnet, dass das zu kompostierende Material in Ruhe liegen bleibt; die Belüftung kann auf natürlichem oder künstlichem Wege erfolgen.

Einer der Vorteile dieser Systeme liegen in den durch geringeren Verschleiß bedingten, niedrigeren Betriebskosten. Da das organische Material nicht bewegt wird, können Myzelien bildende und für den Kompostierungsprozess wichtige Mikroorganismen besser wachsen und so für eine vollständige Verrottung sorgen. Dadurch steigt die Qualität des Kompostes. Weiterhin hat man eine sehr gute Emissionsführung und Hygienisierung, die auf Antibiotika sowie im Mieteninneren auf die hohen Temperaturen zurückzuführen ist. Die Nachteile liegen bei natürlicher Belüftung in der Sauerstoffversorgung und darin, dass die Vorrottezeit länger dauert.

Es sind verschiedene Verfahren möglich, die nach zunehmender Technisierung vorgestellt werden: zunächst werden die Verfahren mit natürlicher Belüftung (Mietenkompostierung, Mattenverfahren) erläutert, dann die Verfahren mit künstlicher Belüftung (Mietenverfahren, künstlich belüftete Zellen und Hangar, Brikollareverfahren, Boxen- oder Containerkompostierung). Aus diesen ursprünglich statischen Verfahren können durch Umsetzvorgänge oder Ähnliches quasidynamische Systeme werden.

15.3.6.2.1

Mietenkompostierung mit natürlicher Belüftung

Die Methode, organisches Material unter natürlichen Sauerstoffverhältnissen aufzustapeln und durch Klein- und Kleinstlebewesen abbauen zu lassen, ist das älteste Kompostierungsverfahren. Die typische Mietenform (Bild 112) ist zur Aufrechterhaltung der Sauerstoffversorgung nötig, die bei Dreiecksmieten üblichen Höhen liegen bei 1,30 m, 1,80 m oder 2,0 - 2,5 m, Trapezmieten liegen bei 1 m Höhe, weiterhin gibt es Tafelmieten, deren Höhenbegrenzung bei 2,20 m liegt. Ein gewisses Mindestvolumen ist nötig, um eine Auskühlung zu verhindern; bei sehr kleinen Mieten kann sonst unter Umständen ein Durchfrieren im Winter nicht verhindert werden.

Bild 112: Dreiecksmieten
Quelle: Stadtmüller (2002)

Eine einfache Mietenkompostierung benötigt immer relativ viel Platz, der genaue Bedarf hängt von der Abfallmenge und der benötigten Rottezeit, aber auch von der Mietenform und -höhe ab. Daher werden diese Verfahren in dicht besiedelten Gebieten nur bei kleinen Abfallmengen eingesetzt, die eine geringere biologische Aktivität aufweisen und wegen eines hohen Luftporenvolumens mit natürlicher Belüftung gut auskommen (z.B. bei der dezentralen Kompostierung von Garten-, Park- und Friedhofsabfällen sowie von Straßenbegleitgrün). In Gebieten mit geringerer Bevölkerungsdichte gibt es aber auch Anlagen mit Kapazitäten von bis zu 40.000 Mg/a.

Zur kontrollierten Erfassung des Sickerwassers ist eine Entwässerung durch Ringgräben nötig. Eine geschlossene Hallenkonstruktion kommt wegen des vergleichsweise hohen Flächenbedarfes und der damit verbundenen hohen Baukosten nicht in Betracht.

Häufig werden die Mieten während des Rotteprozesses umgesetzt, dadurch wird aus einem statischen genaugenommen ein quasi-dynamisches Verfahren. Der Umsetzvorgang dient der Optimierung der Belüftungsverhältnisse und der besseren Durchmischung des Materials. Bei umzusetzenden Mieten ist die Wahl der Mietenform und -höhe weniger von der Sauerstoffversorgung als vielmehr von der Wahl des Umsetzsystems abhängig: Mobile Umsetzsysteme begrenzen die Mietenhöhe auf etwa 1,80 m bis 2,0 m; höhere Mieten finden sich selten. Mit stationären Umsetzsystemen sind Mietenhöhen bis 2,50 m realisierbar, geeignet sind hierfür alle Mietenformen.

Bild 113: Umsetzung mittels Radlader
Quelle: [335] Zachäus (1995), bearbeitet

Sehr häufig wird an den Vorgang des Umsetzens die Befeuchtung des Rottegutes gekoppelt, weil Wasser in „geschlossene" Mieten erfahrungsgemäß nur schwer eindringt: abhängig von Struktur und Korngröße des Materials und dadurch vom Alter der Miete bleibt sonst der Wassereintrag auf eine Randschicht von etwa 0,3 bis maximal 0,5 m begrenzt. Indem Befeuchtung und Umsetzung miteinander verknüpft werden, lässt sich dieses Phänomen umgehen.

Durch das Umsetzen ändern sich auch die Rottezeiten: Werden die Mieten zwischendurch umgesetzt, so dauert es 9-12 Wochen, bis der Kompost reif ist, bei Mieten ohne Umsetzen und mit natürlicher Belüftung beträgt die Zeitspanne zwischen 20 und 25 Wochen. Eine Miete kann mit Radladern (Bild 113) oder Stallmiststreuern umgesetzt werden, es gibt zudem spezielles Umsetzgerät wie selbstfahrende oder seitlich gezogene Aggregate (Bild 114).

Bild 114: Traktorgezogene und selbstfahrende Umsetzgeräte
Quelle: Prospektmaterial der Firmen Morawetz (2000) und Backhus (2003)

Bild 115: Aufbau einer Kompostmatte
Quelle: [335] Zachäus (1995)

Trotz des relativ niedrigen technischen Aufwandes ist auch ohne Zwangsbelüftung nach 10-12 Wochen mit regelmäßig bewirtschafteten Mieten der Rottegrad IV sicher erreichbar. Nachteilig wirkt sich bei Dreiecksmieten der generell hohe Flächenbedarf aus, der sich noch erhöht, wenn für das Umsetzgerät eine Fahrgasse erforderlich ist. Je nach Umsetzgerät und Inputmenge können 1.000 bis 6.000 Mg/a durchgesetzt werden, abhängig vom Flächenangebot ist auch mehr möglich.

15.3.6.2.2

Mattenverfahren

Das Mattenverfahren stellt eine Sonderform natürlich belüfteter Mieten dar. Als unterste, strukturgebende Schicht werden sperrige Pflanzenabfälle aufgehäuft, durch die ungehindert Sauerstoff in die Miete diffundieren kann. Schichtweise abwechselnd werden darauf Lagen von Bioabfällen und Grünabfällen bis zu einer Höhe von etwa 1,5 m aufgebaut (Bild 115).

Dieses Gebilde wird regelmäßig mit Radladern aufgelockert, die mit einem speziellen Vorsatzgerät ausgerüstet sind. Nach unten hin sollte die Matte mit einer Folie oder mit einer mineralischen Abdichtung samt durchlässiger Trageschicht abgedichtet werden. Dadurch lassen sich Kondensationszonen verhindern, das Sickerwasser kann erfasst und das Grundwasser geschützt werden. Die Rottedauer beträgt beim Mattenverfahren 3-4 Monate, danach wird das Material zur Nachrotte auf Dreiecks- oder Tafelmieten umgesetzt.

15.3.6.2.3

Mietenverfahren mit künstlicher Belüftung

Im Gegensatz zu den zuvor erläuterten Kompostierungsverfahren weisen alle nachfolgend dargestellten Verfahren eine systematische Belüftung auf. Der Einsatz von Belüftungsverfahren wird stets mit der theoretisch notwendigen Sauerstoffzufuhr in das Mieteninnere begründet; die Grenzen, ab denen eine Belüftung notwendig wird, sind jedoch fließend. So existieren Verfahren mit einer Mietenhöhe von bis zu 2,80 m mit und ohne Zwangsbelüftung nebeneinander. Durch die bessere Sauerstoffversorgung werden auch die geruchsintensiven, anaeroben Faulungsprozesse unterbunden.

Die Belüftungsverfahren sind inzwischen weit entwickelt. Hatte man anfangs noch Rohre, Paletten und anderes Gerüstmaterial unter den Mieten verlegt, das bei jedem Umsetzvorgang mit viel Aufwand entfernt werden musste, so nutzt man heute befahrbare Flächen mit Unterflurbelüftung, die gleichzeitig der Entwässerung dienen: es gibt verschiedene Varianten wie spaltenabgedeckte Rinnen, porösen Bitumenkies, durchströmbare Betonsteine und Betonluftbetten (Bild 116).

Für die belüftete Nachrotte von Bioabfällen ohne Zwangsbelüftung werden verschiedene Verfahren angeboten, zu denen beispielsweise das Goretex-Verfahren ([43] Binding, 1999) als aktiv belüftete, laminatgekapselte Mietenrotte gehört. Wie viele dieser Verfahren ist es zur Emissionsminderung bei der Restabfallkompostierung entwickelt worden, lässt sich aber auch in der Bioabfallkompostierung einsetzen. Durch die verbesserte Sauerstoffversorgung des Mietenkerns lassen sich mit unterschiedlich großem, aber grundsätzlich wesentlich geringerem Aufwand als bei geschlossener Vorrotte Gerüche und sonstige Emissionen wesentlich verringern.

Bild 116: Systeme der Unterflurbelüftung am Beispiel der Kompostwerke Lemgo (links, bis Mitte der 90er Jahre) und Tornesch (rechts)
Quelle: Abfallbeseitigungs-GmbH Lippe (links) und AVBKG mbH Tornesch-Ahrenlohe (rechts)

15.3.6.2.4

Künstlich belüftete Hallen

Umgibt man zum Zwecke der Minimierung von Sickerwasser und Gerüchen eine künstlich belüftete Miete mit Begrenzungsmauern und einem Dach, so erhält man künstlich belüftete Zellen, die im Flächenbedarf etwa denen der offenen Kompostierung entsprechen. Die Rottehallen sind vollständig geschlossen; die Abluft wird wie auch die Abluftströme aus anderen Anlagenteilen durch einen Biofilter desodoriert. Der aufbereitete Rohkompost wird über eine fahrbare Eintragsvorrichtung in die Rottehalle eingetragen. Im Allgemeinen arbeitet man bei eingehaustem Betrieb mit Tafelmieten.

Tafelmieten werden meist mit automatischen, oft auf Schienen laufenden und nicht bodengängigen Aggregaten umgesetzt, die einen Arbeitsplatz in der Rottehalle hinfällig machen (Bild 117). Eine solche Maschine transportiert während des Umsetzvorgangs jeweils eine Charge zum nächsten Rottefeld, die Umsetzung kann kontinuierlich oder diskontinuierlich in wöchentlichen oder mehrwöchentlichen Abständen erfolgen. Das Umsetzgerät erfordert teilweise zusätzlichen Flächenbedarf durch die Notwendigkeit eines Wartungsfeldes und zusätzlichen Raumbedarf durch die erforderlichen Mindestbauhöhen von etwa fünf Metern. Die Umsetzer bieten häufig die Möglichkeit, den Kompost anzufeuchten, das Material zu durchmischen und zu homogenisieren. Teilweise ist auch eine Kompensation des Rotteverlustes gewährleistet, dadurch wird erheblich weniger Fläche benötigt. Der Austrag in die Nachrotte oder zur Feinaufbereitung geschieht durch automatische Abnahme des Rottegutes vom Umsetzgerät.

Eine geschlossene Rottehalle sichert einen insbesondere hinsichtlich der Gerüche emissionsarmen Betrieb, was sich vor allem in dichter bebauten Gebieten als vorteilhaft erweist. Das Klima in der Rottehalle ist jedoch als aggressiv einzustufen und erfordert einen erhöhten Aufwand für den Korrosionsschutz der Bauteile sowie der Maschinen- und Elektrotechnik (vergleiche Kapitel 15.3.2.3).

Bild 117: Umsetzgerät für Tafelmieten
Quelle: [335] Zachäus (1995)

Tabelle 20: Übersicht über verschiedene Verfahren zur Hallenkompostierung
Quelle: [39] Bidlingmaier und Müsken, (2001), bearbeitet

	Bühler	Holzmann	Koch	Noell	Thyssen
Verfahrens-typ	quasidynamisch, Hallen-Tafelmiete mit Umsetzermit	quasidynamisch, Hallen-Tafelmiete Umsetzer	quasidynamisch, Hallen-Tafelmiete mit Umsetzer	quasidynamisch, Hallen-Tafelmiete mit Umsetzer	quasidynamisch, Hallen-Tafelmiete mit Umsetzer
Reaktor	Halle	Halle	Halle	Halle	Halle
Referenz-anlagen	Gütersloh,Perugia (I) Medemblik (NL)	KemptenBrilon	Grünstadt,		Dortmund
Kapazität	15.000-30.000 Mg/a	15.000-25.000 Mg/a	12.000-25.000 Mg/a	20.000 Mg/a	12.000-25.000 Mg/a
Kurzbeschreibung					
Verfahrens-schritte	Aufbereitung	Aufbereitung	Aufbereitung	Aufbereitung	Aufbereitung
	Tafelmieten (druckbelüftet, automatische wöchentliche Umsetzung der Mieten auf ein neues Rottefeld, ggf. Befeuchtung)	Tafelmieten (druckbelüftet, automatische tägliche Umsetzung der Mieten, ggf. Befeuchtung)	Tafelmieten (3 Wochen saug-belüftet, danach automatische Umsetzung der Mieten, ggf. Befeuchtung)	Tafelmiete (saugbelüftet, automatische wöchentliche Umsetzung auf ein neues Rottefeld, ggf. Befeuchtung)	Tafelmiete (saugbelüftet, Auflockerung, ggf. Befeuchtung)
					Konfektionierung
		Abluftfassung und Biofilter			
	Feinaufbereitung	Feinaufbereitung	Feinaufbereitung	Feinaufbereitung	
	Abluftfassung und Desodorierung (Biofilter)	Zwischen-speicherung	(Klassierung, Hartstoff-abscheidung)	Nachrotte	
				Lagerung	
Verweilzeit	11 Wochen	Rotte: 9 Wochen	9 - 12 Wochen	Rotte: 12 Wochen	8 - 10 Wochen
		Zwischenspeicher: bis zu 90 d			

Die Rottedauer in diesen künstlich belüfteten Hallen liegt je nach gewünschtem Abbaugrad und der Ausführung der nachfolgenden Behandlungsschritte zwischen 2 und 12 Wochen. Es sind Durchsatzleistungen zwischen 12.000 bis über 30.000 Mg/a möglich; mehrstraßige Anlagen sind machbar. Dieses Verfahren gibt es in verschiedenen Varianten (Tabelle 20).

15.3.6.2.5

Zeilenkompostierung

Bei der Zeilenkompostierung kommt das Rottegut in eine Reihe nebeneinander liegender Rottezeilen, die durch feste Zwischenwände voneinander getrennt, aber nach oben hin offen sind. Das Eintragssystem der Rottehalle verteilt den aufbereiteten Rohkompost auf die Rottezeilen. Jede Zeile wird durch eine eigene Belüftung und einen eigenen Umsetzrhythmus eigenständig betrieben.

Bild 118: Zeilenreaktoren mit Umsetzer
Quelle: [335] Zachäus (1995)

Für die Umsetzung gibt es spezielles, auf Schienen laufendes Gerät, das von Zeile zu Zeile versetzbar ist (Bild 118). Das Material wird durch die Umsetzvorgänge in Richtung Austrag weiterbewegt, teilweise ist dabei eine Befeuchtung des Materials und eine Kompensation des Rotteschwundes möglich. Durch die Veränderung der Umsetzzyklen kann die Aufenthaltsdauer in den Zeilen variiert werden, damit besteht die Möglichkeit, Komposte unterschiedlicher Reifegrade zu erzeugen. Der Kompostaustrag erfolgt ebenfalls automatisch über ein Fördersystem zur Nachrotte oder zur Feinaufbereitung.

Da die Rotte in einer geschlossenen Halle stattfindet und die Geräte vollautomatisch funktionieren, ist hier kein Arbeitsplatz erforderlich. Die Einhausung sichert einen insbesondere wegen der Gerüche wichtigen, emissionsarmen Betrieb. Wenn eine Kompensation des Rotteverlustes gegeben ist, sinkt der Platzbedarf. Auch hier ist das Klima in der Rottehalle selbst bei einer Saugbelüftung der offenen Zeilen als aggressiv einzustufen, was einen erhöhten Aufwand zum Schutz von Bauteilen und Maschinenelementen sowie der Elektrotechnik zur Folge hat.

Pro Rottezeile können bei acht- bis zehnwöchiger Aufenthaltszeit ungefähr 3.000 Mg/a durchgesetzt werden, die Verfahren eignen sich daher hauptsächlich für mittlere bis große Anlagen.

15.3.6.2.6

Tunnelkompostierung

Die Tunnelkompostierung (Bild 119) ist eine alternative Entwicklung zur Zeilenkompostierung. Wie bei der Zeilenkompostierung handelt es sich um einzelne,

Bild 119: Tunnelbefüllhalle mit Befüllmaschine
Quelle: [335] Zachäus (1995)

voneinander getrennte Rottezellen, die jedoch im Unterschied zur Zeilenkompostierung komplett geschlossen sind. Die Maße für solche Tunnel liegen beispielhaft bei 25 bis 30 m Länge, 4 bis 6 m Breite und 4 bis 5 m Höhe. Unabhängig von den angegebenen, heute üblichen Abmessungen für Tunnelsysteme existieren allerdings auch kleinere Tunnelanlagen.

Die Umsetz- und Belüftungstechnik entspricht weitgehend derjenigen der Zeilenkompostierung (Bild 120). Das Verfahren kann optimiert werden, indem das

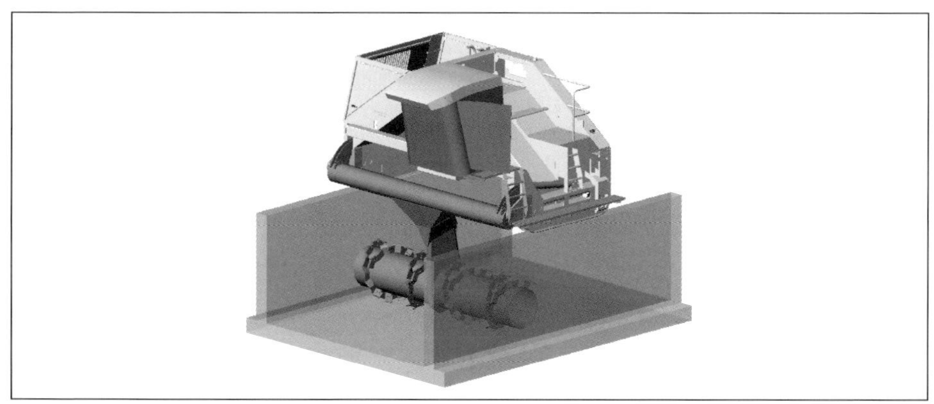

Bild 120: Umsetzgerät einer Tunnelkompostierung
Quelle: Backhus (2004)

Material diskontinuierlich entsprechend dem Rottefortschritt umgesetzt und die geruchsbeladene, wassergesättigte Abluft zum größten Teil im Kreislauf geführt wird ([64] Brinker, 1994). Eine Bewässerung kann über an der Tunneldecke installierte Düsen vorgenommen werden. Der Austrag des Kompostes zur Feinaufbereitung erfolgt vollautomatisch, nur sehr kleine Tunnelverfahren werden mit Radladertechnik beschickt und entleert.

Durch die Tunnelbauweise wird das Abluftvolumen reduziert, was seinerseits zu geringeren Biofilterflächen und Kosten führt. Auch der Raumbedarf ist wegen der niedrigen Bauhöhe von maximal 5 m gering. Ein weiterer Vorteil der kleinräumig gekapselten Verfahren besteht zudem in der guten Kontrollierbarkeit des Rotteprozesses. So ist es beispielsweise möglich, die für die Hygienisierung notwendige Temperatur konstant einzuhalten. Es entstehen aber höhere Investitions- und Betriebskosten durch den in der Regel damit verbundenen, maschinellen Aufwand.

Bei zehntägiger Aufenthaltszeit können in einem der genannten Rottetunnel etwa 5.000 Mg/a durchgesetzt werden. Das Verfahren eignet sich daher hauptsächlich für mittlere bis große Anlagen (Tabelle 21). Wegen der modularen Bauweise ist es zwar prinzipiell auch für kleine Anlagen denkbar, kommt dafür aber aus Kostengründen nicht in Betracht.

Tabelle 21: Übersicht über verschiedene Verfahren zur Tunnelkompostierung
Quelle: [39] Bidlingmaier und Müsken (2001), bearbeitet

	Babcock	**Umweltschutz Nord**	**Herhof**
Verfahrenstyp	quasidynamisch geschlossener Tunnelreaktor mit Umwälzung	quasidynamisch geschlossener Tunnelreaktor mit Umwälzung	quasidynamisch geschlossener Tunnelreaktor mit Umwälzung
Reaktor	Tunnel	Tunnel	Rottebox
Referenzanlagen	-	Oldenburg	Beilstein
Kapazität	~ 1.300 Mg/a je Rottetunnel	~ 5.000 Mg/a je Rottetunnel	~ 500-600 Mg/a je Rottebox
Kurzbeschreibung			
Verfahrensschritte	Aufbereitung	Aufbereitung (u.a. Siebtrommel)	Grobaufbereitung
	Rottetunnel (30 x 4 x 5 m, automatische Umsetzung von Tunnel zu Tunnel ~ 4 mal, ggf. Befeuchtung, Abluftfassung)	Rottetunnel (automatische Umsetzung, Druckbelüftung ggf. Befeuchtung)	Rotteboxen (Druckbelüftung) Zerkleinerung (Hammermühle)
	Biofilter		Rottebox
	Nachrotte	Biofilter	Nachrotte
	Feinaufbereitung	Feinaufbereitung	Feinaufbereitung
		Tafelmiete (überdacht, Umsetzer, ggf. Befeuchtung)	
Verweilzeit	Rottetunnel 6 Wochen	Rottetunnel 10 Tage	je Rottebox ~ 10 Tage
		Nachrotte 8-10 Wochen	

Bild 121 : Palettierte Brikolare-Presslinge
Quelle: [335] Zachäus (1995)

15.3.6.2.7

Brikollareverfahren

Das Brikollareverfahren stellt eine Sonderform der Mietenkompostierung dar. Bio- und Grünabfälle werden zerkleinert und hydraulisch zu kleinformatigen, bis zu 30 kg schweren Presslingen verdichtet, deren Wassergehalt sich dadurch auf 50-62 % reduziert. Diese Presslinge werden zu jeweils 1,2-1,8 Mg auf Paletten gestapelt und zur Intensivrotte in einer geschlossenen Halle zwischengelagert (Bild 121). Der Ein- und Austrag in die bzw. aus der Halle erfolgt über ein vollautomatisches Transportsystem. Innerhalb von fünf bis sechs Wochen verpilzen die Presslinge, erwärmen sich auf ca. 70 °C und trocknen dabei langsam bis zu einem Wassergehalt von etwa 30-35 % aus. Biologischer Abbau und Austrocknung finden also gleichzeitig statt. Das entstandene Produkt ist stabil und wasserabweisend. In der Feinaufbereitung werden die Presslinge zunächst mechanisch aufgelockert, anschließend wird das Material gesiebt und über eine Hartstoffabscheidung, beispielsweise einen Windsichter, geleitet. Das Endprodukt wird entweder in die Nachrotte gegeben oder direkt gelagert.

Aufgrund der vollautomatisch ablaufenden Rottevorgänge ist in der Halle kein Arbeitsplatz erforderlich. Da zudem die Presslingsstapel in der Regel nicht aktiv belüftet werden und keine Umsetzvorgänge in der Halle stattfinden, liegt die abzusaugende Geruchsfracht niedriger als bei anderen Verfahren mit Rottehalle. Der erzeugte Kompost ist zwar ohne Probleme lagerbar, der Rottegrad liegt allerdings nur bei III, was auf der Absatzseite zu Einschränkungen führt. Prinzipiell kann aber nach einer Wiederbefeuchtung des Materials eine Nachrotte vorgenommen werden.

Das Brikollareverfahren ist bei Durchsatzleistungen von 15.000 Mg/a bis über 50.000 Mg/a einsetzbar. Der relativ hohe maschinelle Aufwand bei der Abfallaufbereitung und die Notwendigkeit einer Rottehalle machen diese Verfahrenstechnik nur für mittlere bis große Anlagen interessant. Zudem muß bei einem angestrebten Rottegrad von IV (Fertigkompost) eine Nachrotte eingeplant werden.

Beim Einsatz eines Hochregallagers in der Rottehalle ergibt sich ein geringerer Flächen- und Raumbedarf als bei konventionellen Rottehallen. Alle anderen Anlagenteile sind denen anderer Verfahren vergleichbar, nur bei der Aufbereitung ist zusätzlicher Platzbedarf für die Herstellung der Presslinge und in der Feinaufbereitung für die Auflösung derselben einzuplanen ([39] Bidlingmaier und Müsken, 2001).

15.3.6.2.8

Boxen- oder Containerkompostierung

Die Kompostierung in Boxen oder Containern ist im Gegensatz zur Hallen-, Zeilen- oder Tunnelkompostierung ein diskontinuierliches System. Durch seinen modularen Aufbau ist es gleichermaßen mobil wie stufenweise erweiterungsfähig und stellt so im Prinzip eine Miete mit einem gewissen Automatisierungsgrad dar, die an ein Versorgungssystem für Luft, Wasser und ggf. Nährstoffe angeschlossen ist (Bild 122). Als Rottebox bezeichnet man normalerweise geschlossene Behälter mit 30-60 m^3 Fassungsvermögen; Rottecontainer werden sie genannt, wenn sie eine Länge von 20 Fuß (englischen Maßeinheit, entspricht 0,3048 m), also die Maße eines Standard-Containers aufweisen.

Bild 122: Containerkompostierung, Übersicht mit Krananlage und Detail
Quelle: [335] Zachäus (1995) und Prospekt der Firma Horstmann (2000)

Tabelle 22: Übersicht über verschiedene Verfahren zur Containerkompostierung
Quelle: [39] Bidlingmaier und Müsken (2001), bearbeitet

	Herhof	**Mannesmann-Lentjes**
Verfahrenstyp	statische Boxenkompostierung	statische Containerkompostierung
Reaktor	Rottebox	Rottecontainer
Referenzanlagen	Aßlar, Darmstadt	Ammerland, Bergschenhoek (NL)
Kapazität	~ 1.300 Mg/a je Rottebox	~ 600 Mg/a je Rottecontainer
Kurzbeschreibung		
Verfahrensschritte	Rottebox (Belüftung, Abluftfassung)	Rottecontainer (20-Fuß-Container)
	Biofilter	Biofilter
	Feinaufbereitung	Nachrotte
	Nachrotte	(Tafelmiete, überdacht)
		Feinaufbereitung
Verweilzeit	Rottebox: 10 d	Rottecontainer: 10 d

Rotteboxen werden zur Vorrotte eingesetzt. Die wichtigste Voraussetzung für einen guten Rotteverlauf ist die vorhergehende Mischung der Rohabfälle. Nach einer Rottezeit von 7-14 Tagen sind die schnell abbaubaren organischen Bestandteile weitgehend umgesetzt, danach entstehen wesentlich weniger Gerüche und Sickerwasser, so dass das Material, falls Kompost mit höherem Reifegrad gewünscht wird, zur Nachrotte auf Mieten gegeben werden kann.

Sehr vorteilig wirkt sich aus, dass die geruchsintensive erste Rottephase in einem geschlossenen System stattfindet. Während dieser Zeit ist die Rotte hinsichtlich Temperatur und Sauerstoffversorgung über die Belüftung steuerbar. Durch die hohe Raumausnutzung kann in der Vorrotte Platz gespart werden, aufgrund der kurzen Aufenthaltszeit in der Rottebox kann aber maximal der Rottegrad II erreicht werden. Das trockenstabilisierte Austragsgut eignet sich wegen seines geringen Wassergehaltes nur bedingt für eine statische Nachrotte. Wird wieder angefeuchtet und umgesetzt, so ergeben sich dieselben (Geruchs-) Probleme wie bei anderen Rotteverfahren ohne Einhausung im gleichen Rottestadium.

Es sind bei einwöchiger Aufenthaltszeit Durchsatzleistungen von ca. 1.300 Mg/a je Rottebox oder –container möglich (Tabelle 22). Bei Mengen ab 25.000 Mg/a kann eine Krananlage für das Versetzen der Container wirtschaftlicher sein als der Betrieb mit Radladern oder Abrollkippern.

15.3.7

Bestandsaufnahme zur Kompostierungstechnik in Deutschland

In den vorherigen Kapiteln wurde vorgestellt, welche Möglichkeiten technischer und organisatorischer Art in der Abfallkompostierung bestehen. Das vorliegende Kapitel zeichnet nach, welche Kompostierungstechniken in Deutschland tatsächlich zur Anwendung kommen. In einer Datenerhebung aus dem Jahr 1998 sind 535 Kompostierungsanlagen auf die Kapazität ihrer Anlagen, das verarbeitete Material und die eingesetzte Technik bei der Kompostierung, Umsetzung und Belüftung untersucht worden ([220] N.N .1998/4; [195] Leonhardt, 1998; [166] Kern 1999).

Zunächst werden die Anlagen im Hinblick auf die Technik verglichen, die sie zur Kompostierung des Abfallmaterials einsetzen. Von den untersuchten Anlagen waren 327 Anlagen (61 %) als offene oder überdachte Dreiecksmieten und 78 Anlagen (15 %) als Tafelmieten konzipiert. Weiterhin wurden 58 Boxen- bzw. Containeranlagen (11 %) und 23 Tunnel- bzw. Zeilenkompostierungsanlagen (4 %) beschrieben. 15 Anlagen (3 %) arbeiteten nach dem Trommelkompostierungsverfahren, 6 Anlagen (1 %) nach dem Brikollareverfahren und 28 Anlagen (5 %) fielen unter die Rubrik „Sonstige" bzw. es erfolgten keine Angaben.

Setzt man diese Zahlen in Relation zur Behandlungskapazität, so stellt man fest, dass 50 % des in Deutschland kompostierten Bioabfalles in offenen oder teilgekapselten Dreiecks- oder Trapezmieten verarbeitet wird. Aus diesen Zahlen wird also ersichtlich, dass die meisten Kompostierungsanlagen immer noch einen sehr einfachen Standard aufweisen. Gleichzeitig sind die technisch aufwendigeren und daher kostenintensiveren Anlagen auch diejenigen mit den höheren Kapazitäten.

Zu ähnlichen Aussagen kommt die Befragung hinsichtlich der eingesetzten Umsetzungssysteme. Von den 535 untersuchten Anlagen arbeiteten 226 Anlagen (42 %) mit Radladern; 21 Anlagen (4 %), darunter viele Tafelmieten, haben Koordinatenumsetzer in Betrieb, 159 Anlagen (30 %) anderes spezielles Umsetzgerät. 11 Anlagen setzen gar nicht um oder fallen in die Rubrik „Sonstige". Über auffällig viele Anlagen, nämlich 118, was immerhin 22 % entspricht, werden keine Angaben gemacht, was dafür spricht, dass auch hier nicht umgesetzt wird. Insgesamt weisen also nur 34 % aller Anlagen spezielles Umsetzgerät auf.

Die Zahlen verschieben sich, wenn man sie nicht auf die Zahl, sondern auf die Kapazität der Anlagen bezieht. Dann werden nämlich 10 % der Kapazität allein von Koordinatenumsetzern erbracht und weitere 40 % mit speziellem Umsetzgerät. Nur 30 % entfallen dann auf den Radlader; die verbleibenden 20 % haben sicher oder vermutlich keine differenzierten Umsetzgeräte. Als Quintessenz bleibt festzuhalten, dass viele Anlagen einen minimalen Standard auch bei der Umsetzung aufweisen und die Anlagen, die über spezielle Geräte zum Umsetzen verfügen, auch die mit der höheren Kapazität sind.

Die oben dargestellten Verhältnisse zeichnen sich auch bei der Belüftungstechnik ab: von den 535 untersuchten Anlagen besaßen 314 Anlagen, das sind immerhin 59 %, keine Zwangsbelüftung. 64 Anlagen (12 %) wiesen ein kombiniertes Saug-Druck-System, 54 Anlagen (10 %) ein Drucksystem und 28 Anlagen (5 %) ein Saugsystem auf. 75 Anlagenbetreiber (14 %) machten keine Angaben zur Art der Belüftung, diese Anlagen verfügen also vermutlich über eine natürliche Sauerstoffversorgung. Insgesamt kann daher angenommen werden, dass 63 %

der deutschen Abfallkompostierungsanlagen ohne spezielle Belüftungssysteme betrieben werden.

Verglichen nicht mit der Anlagenzahl, sondern mit ihrer Kapazität, werden 50 % des Abfalls ohne Zwangsbelüftung behandelt. Die größeren Anlagen haben demnach auch die besseren Belüftungssysteme. Interessant ist auch die Beziehung zwischen der Art der Belüftung und der Art des umgesetzten Materials: Anlagen, die überwiegend Bioabfälle kompostieren, haben zu 60 % eine Zwangsbelüftung, während von den Anlagen, die neben dem aus Biotonnen stammenden Bioabfällen auch Grüngut und gewerbliche Organik kompostieren, nur 40 % hierüber verfügen.

15.3.8

Vergleich alter und neuer Bundesländer

Bei der Befragung trat ein großer Unterschied zwischen den alten und den neuen Bundesländern zutage, der sich in vielen Details widerspiegelt.

Betrachtet man beispielsweise die Kapazitäten der Kompostierungsanlagen in Relation zur Einwohnerzahl, so kommt man bei den alten Ländern auf 62 kg/E, bei den neuen Ländern auf 206 kg/E. Die neuen Länder haben also pro Kopf mehr als dreimal so hohe Kapazitäten wie die alten Länder. Die durchschnittliche Kapazität der Anlagen liegt in den alten Ländern bei 12.500 Mg/a. In den neuen Länder liegt sie mit 14.400 Mg/a 15 % höher, dabei sind allerdings viele

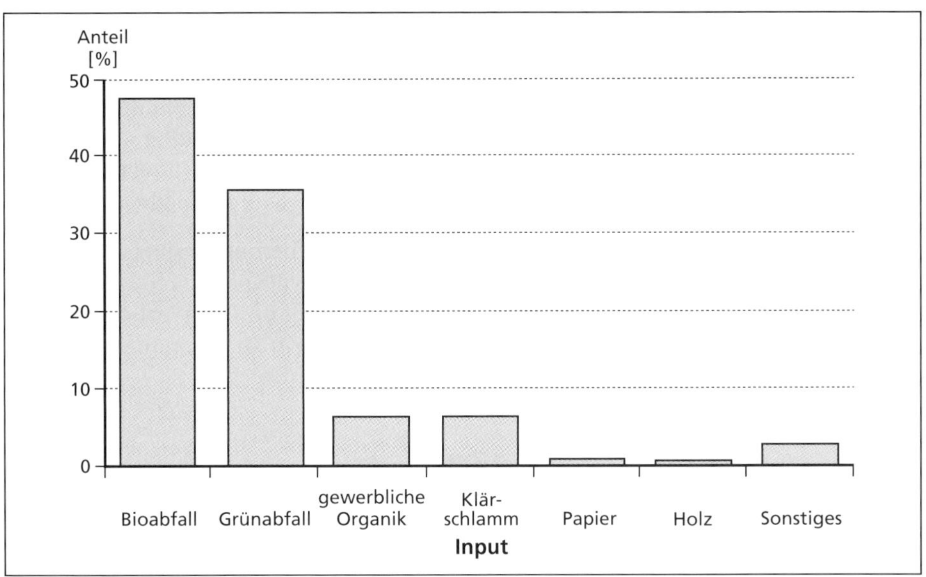

Bild 123 a: Ausgangsmaterial
Quelle: [166] Kern (1999)

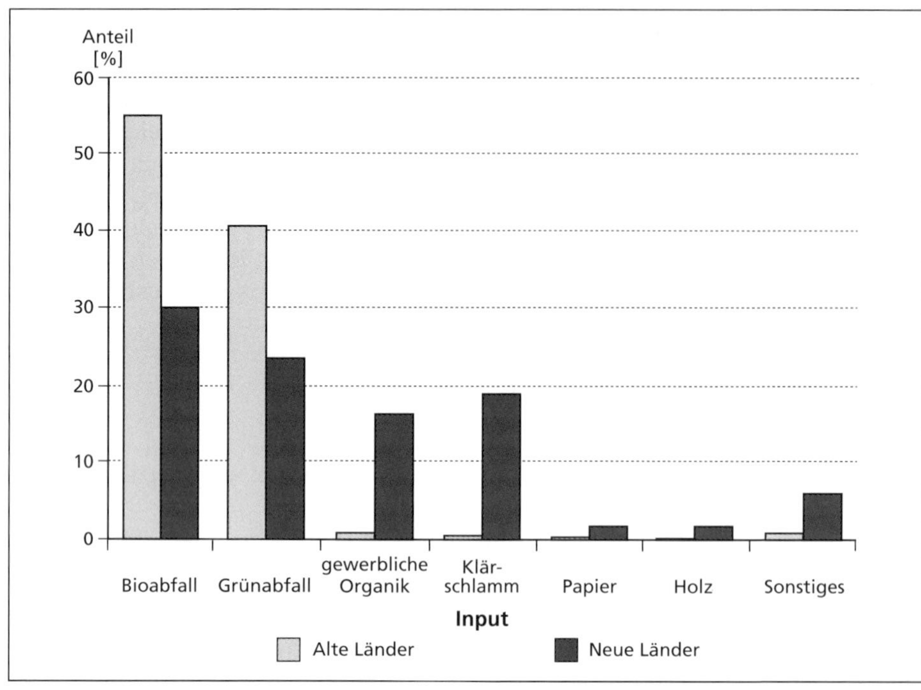

Bild 123 b: Ausgangsmaterial in den alten und den neuen Bundesländern
Quelle: [166] Kern (1999)

kleine Anlagen mit weniger als 6.500 Mg/a, die nicht nach BImSchG, sondern nur nach Baurecht genehmigt werden.

Auch das Ausgangsmaterial ist überraschend unterschiedlich (Bilder 123 a, b): in den alten Ländern teilt es sich relativ einfach auf in 57 % Bioabfall, 41 % Grünabfall und 2 % Anderes. In den neuen Ländern sieht das völlig anders aus: es werden 30 % Bioabfall, 25 % Grünabfall, 18 % organisches Gewerbeabfälle, 19 % Klärschlamm sowie 8 % Papier, Holz und Sonstiges kompostiert.

Weiterhin wurde der Anteil an einfachen Mietensystemen analysiert, der in den alten Ländern bei ca. 30 % und in den neuen Ländern bei ca. 75 % liegt. Das korrespondiert mit den Daten für die Zwangsbelüftung im Ost-West-Verhältnis; denn ca. 30 % der Anlagen in den alten bzw. 60 % derer in den neuen Ländern haben keine Zwangsbelüftung ([166] Kern, 1999).

15.3.9

Quintessenz

Als Resultat dieser Untersuchung bleibt festzuhalten, dass zwar vieles möglich ist, dass es aber in der Realität neben sehr vielen kleinen und einfach gehaltenen Anlagen nur wenige große Anlagen gibt, die dann meist auch technisch sehr aufwendig gestaltet sind. Insgesamt ist ein starkes Ost-West-Gefälle zu verzeichnen. Da gleichzeitig die Auslastung der Anlagen in den neuen Ländern nur bei etwa 60 % liegt, hat dies die naheliegende Konsequenz, dass aufgrund der in den neuen Ländern geringeren Behandlungskosten die Bioabfälle von den alten in die neuen Bundesländer transportiert werden. Dies wird auch zunehmend festgestellt. Die Ökobilanz der Kompostierung wird durch die langen Transportwege erheblich schlechter.

15.4

Spezialfall Klärschlamm-Kompostierung

Die Klärschlammverwertung ist ein sehr umstrittenes Feld in der Bioabfallwirtschaft. Auf der einen Seite stehen positive Aspekte wie das Wertstoffpotential von Klärschlamm in Form der organischen Substanz, die zu Düngezwecken eingesetzt werden kann, der seuchenhygienische Nutzen des Kompostierungsverfahrens und die weitere Erschließung eines gewinnbringenden Absatzmarktes. Dem gegenüber stehen auf der anderen Seite vergleichsweise hohe Gehalte an Nährstoffen wie an Schadstoffen, eine mangelnde Qualitätssicherung und ungenügende Hygienisierungsmaßnahmen, an denen sich zuletzt im Zuge der BSE-Krise eine heftige Diskussion über die landwirtschaftliche Verwertung von Klärschlamm schlechthin entzündet hatte.

Für die Entsorgung des Klärschlamms sind die kreisfreien Städte, Kreise und Abwasserverbände zuständig, die ein Klärschlammentsorgungskonzept zu erarbeiten haben. Dieses muss die regelmäßige, endgültige, dauerhafte und schadlose Entsorgung des Klärschlammes gewährleisten.

Früher zielten die Entsorgungswege hauptsächlich auf die landwirtschaftliche Nutzung ab; je nach den regionalen Bedingungen ergaben sich leichte Unterschiede: Hamburg beispielsweise mit seinen wenigen landwirtschaftlichen Flächen, aber der Nordsee vor der Tür, hat noch in den achtziger Jahren die anfallenden Klärschlämme etwa hälftig auf See verklappt bzw. deponiert ([123] Funke, 1997). Infolge der deutlich schlechteren Qualität der anfallenden Klärschlämme steht dieser landwirtschaftliche Entsorgungsweg zumindest in den alten Bundesländern inzwischen nicht mehr ohne weiteres zur Verfügung.

Heute ergibt sich im Hinblick auf das Kreislaufwirtschafts- und Abfallgesetz folgendes Entsorgungsszenario (Bild 124; [295] Tritt, 1997): Da eine Vermeidung von Klärschlamm kaum erreichbar und eine Deponierung ohne Vorbehandlung ab 2005 nicht mehr gestattet ist, bieten sich die Möglichkeiten der stofflichen und der thermischen Verwertung an.

Die stoffliche Verwertung kann prinzipiell entweder im direkten Einsatz in Landwirtschaft und Landbau erfolgen oder dadurch, dass das Material erst biologisch vorbehandelt wird. In beiden Fällen müssen mindestens drei Anforderungen erfüllt sein: Der Schadstoffgehalt muss der *Klärschlammverordnung*

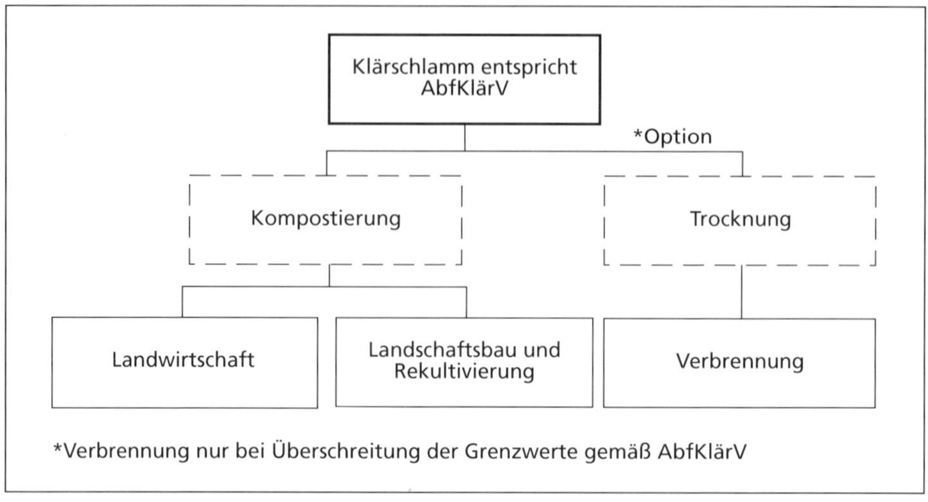

Bild 124: Konzeption zur Verwertung von unbelastetem Klärschlamm
Quelle: [295] Tritt (1997)

entsprechen, es müssen genügend landwirtschaftliche Flächen für die Aufbringung zur Verfügung stehen und es muss eine ausreichende Akzeptanz für die landwirtschaftliche Verwertung herrschen. Aufgrund mangelnder Akzeptanz entfällt der Weg der direkten landwirtschaftlichen Verwertung in den alten Bundesländern inzwischen nahezu vollständig. Die biologische Vorbehandlung durch Kompostierung von Klärschlämmen gewinnt daher zunehmend an Bedeutung, die Verarbeitung kann in flüssiger Form oder als entwässerter Rohschlamm praktiziert werden (Bild 125). Da im Rahmen der biologischen Behandlung organische Substanz abgebaut wird, kommt es dann zu einer Aufkonzentration der im Klärschlamm vorhandenen Schadstoffe.

Auch zur Vergärung ist Klärschlamm wegen seiner Konsistenz geeignet. Nach der BSE-Krise ist aber der Wille der Landwirte zur Verwertung solch stabilisierter Klärschlämme sehr gesunken. Der Einsatz von Klärschlamm zu Rekultivierungszwecken ist ebenfalls nicht unumstritten, obwohl hier abhängig vom Bodentyp bestimmte Mengen an Klärschlamm durchaus sinnvoll verwertet werden können ([268] Schmeisky und Podlacha, 1998).

Um Klärschlamm thermisch zu behandeln, ist eine Entwässerung, unter Umständen verbunden mit einer Trocknung notwendig. Der Heizwert von getrocknetem Faulschlamm ist vergleichbar mit dem von Braunkohle und liegt bei etwa 11.000 kJ/kg ([111] Faulstich und Wiebusch, 1997). Es wird auch die Ansicht vertreten, Klärschlamm sei als Abfall aus nachwachsenden Rohstoffen zu sehen. Als solcher kann er gemäß § 6 Abs. 2 Satz 2 KrW-/AbfG energetisch verwertet werden, auch wenn der Heizwert unter 11.000 kJ/kg liegt ([22] Baumgart, 1997).

Zahlen aus dem Jahr 1995 verdeutlichen die Wege, die der Klärschlamm in ganz Deutschland derzeit noch nimmt: ca. 20 % des Materials unterliegen der

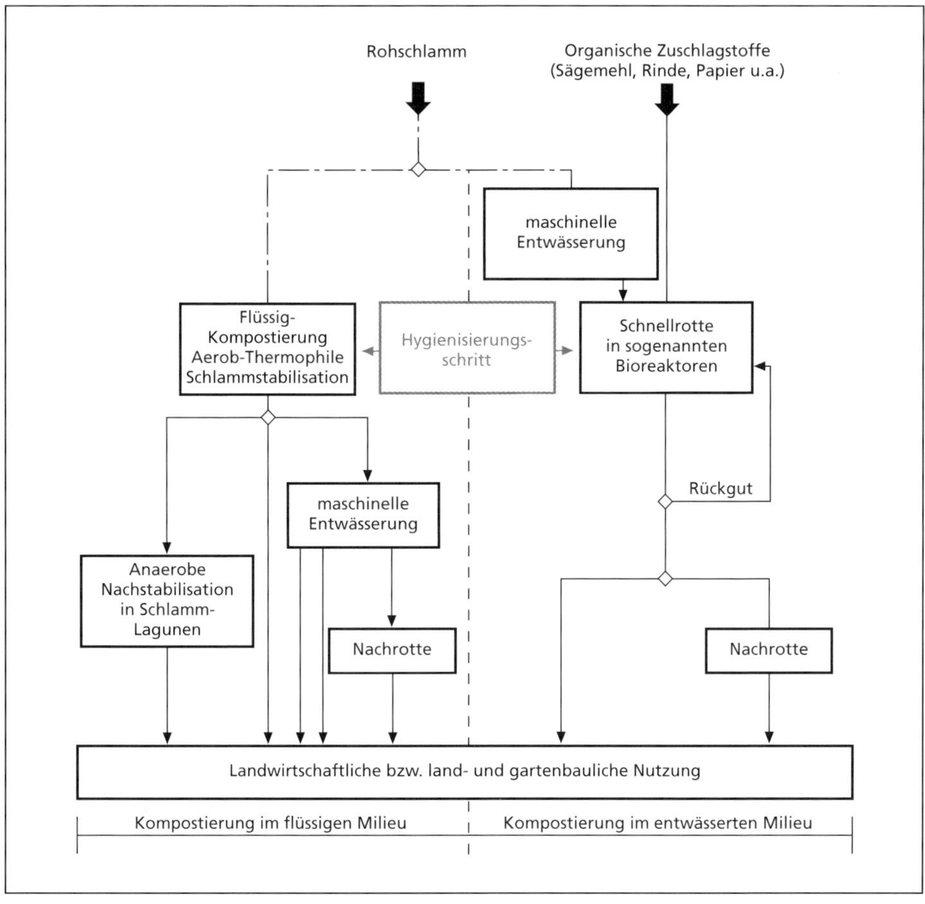

Bild 125: Verfahrensschritte bei der Klärschlammkompostierung
Quelle: [41] Bilitewski et al. (1994)

Beseitigung durch Verbrennung, 30 % werden landwirtschaftlich verwertet und ca. 50 % deponiert, was aber ab 2005 nicht mehr möglich sein wird ([138] Hahn, 1997).

Am Beispiel der Kläranlagen, die im Berlin-Brandenburger Raum das Berliner Abwasser entsorgen, läßt sich gut veranschaulichen, wie aus Gründen der Entsorgungssicherheit verschiedene, auch für die Zukunft tragbare Entsorgungswege eingeschlagen werden können (Tabelle 23).

Nachdem im Februar 2002 beschlossen wurde, durch eine Novellierung der *Klärschlammverordnung* die Grenzwerte für Schwermetalle deutlich zu senken und denen der Bundes-Bodenschutzverordnung anzugleichen, die Untersuchungsparameter für organische Schadstoffe zu überprüfen und weitere Anforderungen an die Hygiene aufzustellen ([104] Euwid, 2002), wird sich die Verwertung von kommunalem Klärschlamm strikter als zuvor in zwei Wege aufteilen: belastete Klärschlämme werden verbrannt werden müssen, unbelastete

Tabelle 23: Berliner Abwasser- und Klärschlammdaten für das Jahr 2000
Quelle: [274] Senatsverwaltung für Stadtentwicklung (2002)

Klärwerk	**Abwasser** m^3/a	**Klärschlamm** Mg TS/a	**Behandlungsart**
Ruhleben	77.400.420	35.026	Verbrennung
Falkenberg	34.449.211	11.033	Kompostierung/ Rekultivierung
Schönerlinde	24.714.088	8.190	Vergasung
Münchehofe	15.814.601	5.956	Kompostierung/ Rekultivierung
Waßmannsdorf	55.788.300	19.339	Vergasung
Stahnsdorf	19.200.619	6.438	Kompostierung/ Rekultivierung
Wansdorf	14.275.749	6.740	Mitverbrennung bzw. Deponieaufbaustoff
Summe	**241.642.988**	**92.722**	

hingegen können weiterhin verwertet werden, was für diejenigen Schlämme, die diese neuen Qualitätskriterien erfüllen, Erleichterungen bei der Vermarktung bringen wird.

Kapitel 16

Feinaufbereitung nach der biologischen Behandlung

Nachdem im Anschluss an die vorbereitenden Verfahrensschritte (Kapitel 11 bis 13) die biologischen Alternativverfahren der Vergärung und der Kompostierung mit ihren biochemischen und technischen Grundlagen und den jeweiligen Spezialfällen der Speiserestevergärung bzw. der Klärschlammkompostierung vorgestellt wurden, folgt in diesem Kapitel die Feinaufbereitung, die bei beiden Verfahren erforderlich ist, um aus den Rohprodukten hochwertige Qualitätserzeugnisse herzustellen. Bei der Vergärung entstehen Biogas und ein Gärrest, der zu Kompost verarbeitet werden kann, bei der Kompostierung Kompost in verschiedenen Reifegraden. Für beide Rohprodukte wird erläutert, in welchen Schritten die Feinaufbereitung erfolgt. Als letztes wird der Ausgangsbereich vorgestellt.

16.1

Aufbereitung des Biogases

Aus 1 kg abgebauter organischer Trockensubstanz werden durch die Vergärung 0,3-0,6 m^3 Biogas gebildet, bei 1 Mg Bioabfall entspricht das ca. 100-160 m^3 Biogas. Es enthält etwa 55-65 Vol.- % CH_4, was bedeutet, dass bis zu 85 % der organischen Substanz abgebaut worden sind ([250] Paschlau, 1998). Zusätzlich enthält es 34-44 Vol.- % CO_2, außerdem NO_2, O_2, H_2, H_2S und andere Spurengase. Menge und Qualität variieren nach Art der eingehenden Substrate bzw. der Prozessführung und lassen sich in gewissen Grenzen beeinflussen. In Tabelle 24 und Tabelle 25 ist angegeben, wie sich Ertrag und Zusammensetzung des Biogases in Abhängigkeit vom abgebauten Substrat unterscheiden; Tabelle 24 enthält organische Grundsubstanzen, in Tabelle 25 wird dies auf verschiedene Ausgangsmaterialien konkretisiert.

Beim einstufigen Verfahren liegt der Biogasertrag bei 80-110 Nm^3 pro Mg Input, bei zweistufigen Verfahren bei 80-120 Nm^3. Bezogen nicht auf das Gewicht des

Tabelle 24: Biogaserträge und -zusammensetzung bei verschiedenen Grundsubstanzen
Quelle: [39] Bidlingmaier und Müsken (2001)

Ausgangsstoff	Verhältnis $CO_2 : CH_4$	Gasertrag l/kg TS	Methangehalt Vol.-%	Heizwert H_U kJ/Nm^3
Kohlenhydrate	1 : 1,00	900	50	17.800
Proteine	1 : 1,06	700	70	24.900
Fette	1 : 0,45	1.200	67	23.700

Tabelle 25: Stoffdaten und Gaserträge von verschiedenen Ausgangsstoffen
Quelle: [47] Biskupek (1998), bearbeitet

Ausgangssubstanzen	TS %	oTS % TS	Methanausbeute l/kg oTS
Bioabfall	40 - 75	30 - 70	200 - 600
Grünschnitt	11,7	87 - 93	600
Mähgut	22 - 37	93 - 96	500
Fettabscheiderrückstand	2 - 70	69 - 99	700
Speiseabfälle	9 - 37	74 - 98	500 - 700
Rindermist, frisch	12 - 25	65 - 85	200 - 300
Schweinegülle	2,5 - 9,7	60 - 85	260 - 450
Pferdemist	28	75	300 - 400
Rübenblatt	15 - 18	78 - 80	400 - 500
Laub	85	82	400

Inputmaterials, sondern auf die organische Trockensubstanz ergeben sich im Schnitt Werte von 300-600 Nm^3/Mg oTS (entspricht 300-600 l/kg oTS). Der Heizwert wird mit 6,0 bis 6,5 kWh/Nm^3 angegeben ([115] Fricke und Turk, 2001).

Das entstandene Biogas kann als solches nicht direkt verwendet werden, sondern bedarf einer Aufreinigung und Methananreicherung.

16.1.1

Reinigung

Die hohe Feuchtigkeit im Gas führt bei der Abkühlung im Leitungssystem zur Kondensation. Daher ist die Abscheidung von Wasser ein erster, notwendiger Schritt bei der Aufreinigung von Biogas, der am einfachsten durch einen Kondensationsabscheider bewerkstelligt wird.

Zur Entnahme von gröberen Schmutzteilchen sowie zum Abscheiden weiterer Feuchtigkeit kommen Grobfilter, meist in Form von Kiesfiltern zum Einsatz. Sie können zur Reinigung gespült werden. Zur Abscheidung kleiner Schmutzteilchen, die im Laufe der Zeit feine Düsen wie zum Beispiel in Brennern zusetzen können, werden einfache Glas- oder Metallwollfüllungen und Keramikfilter eingesetzt.

Einen weiteren, sehr wichtigen Reinigungsschritt stellt die Entschwefelung des Biogases dar. Das darin in Spuren enthaltene H_2S ist ein farbloses, giftiges und ätzend riechendes Gas; es verbrennt u.a. zu SO_2, was seinerseits korrosiv und umweltbelastend wirkt. Zur Anwendung kommen verschiedene Verfahren; bei allen lassen sich die Reinigungsmedien mit Sauerstoff wieder regenerieren.

Eine seit langem bekannte Methode ist die der Entschwefelung mit Raseneisenerz $Fe(OH)_3$, bei der pelletiertes Raseneisenerz und Schwefelwasserstoff zu Pyrit und Wasser reagieren:

- $2\ Fe(OH)_3 + 3\ H_2S \longrightarrow Fe_2S_3 + 6\ H_2O$

Für dieses Trockenverfahren wird häufig ein Turmentschwefeler benutzt, in den das zu reinigende Gas von unten eingeleitet wird und aufwärts die Katalysatorschüttung durchströmt. Bei der Regeneration mit Sauerstoff bilden sich Raseneisenerz und elementarer Schwefel:

- $2\ Fe_2S_3 + 3\ O_2 + 6\ H_2O \longrightarrow 4\ Fe(OH)_3 + 3\ S_2$

Bei diesem Schritt wird viel Energie in Form von Wärme freigesetzt, die zur Entzündung der Katalysatorsubstanz führen kann. Nach mehrfacher Beladung und Regeneration verliert die Oberfläche des Materials an Reinigungswirkung und muss ausgetauscht werden.

Eine weiteres Verfahren besteht in der Entschwefelung durch Adsorption an Aktivkohle. Dabei reagiert adsorbierter Schwefelwasserstoff bei geringer Temperatur unter dem katalytischen Einfluss der Aktivkohle mit Sauerstoff zu elementarem Schwefel und Wasser:

- $8\ H_2S + 4\ O_2 \longrightarrow S_8 + 8\ H_2O$

Der elementare Schwefel wird an der inneren Oberfläche der Aktivkohlepartikel adsorbiert und bei Temperaturen von über 450 °C wieder desorbiert. Für diesen Reinigungsprozess muss ein Energieverbrauch von 1-3 % der Biogasmenge berücksichtigt werden. Abhängig von der erforderlichen Reinigungsleistung ist die Aktivkohle mehrmals im Jahr auszutauschen.

Bei der Entschwefelung durch die oxydative Gaswäsche oxidiert das schwefelwasserstoffhaltige Gas in einem Adsorber zu elementarem Schwefel und Wasser. Hauptbestandteil der Waschflüssigkeit ist ein Eisenchelat-Komplex (z.B. EDTA) in wässriger Lösung, der im Gegenstrom zu dem von unten kommenden Biogas geführt wird. Dieser Komplex wird im Zuge der Oxidation des Schwefelwasserstoffs bei Temperaturen zwischen 5 und 50 °C reduziert und der dadurch gebildete elementare Schwefel mit der Waschflüssigkeit ausgetragen:

- $2\ H_2S + O_2 \longrightarrow S_2 + 2\ H_2O$

Nach der Einleitung in ein Absetzbecken setzt sich der elementare Schwefel als Schlamm ab und wird anschließend entwässert. Die reduzierte Waschflüssigkeit regeneriert man durch Einleiten von Luft.

Neben diesen technischen Verfahren ist die Entschwefelung durch mikrobielle Oxidation des Schwefelwasserstoffes zu elementarem Schwefel und Sulfat in einem Rieselfilmreaktor möglich (Bild 126). Die entsprechenden Schwefelbakterien (z.B. *Thiobacillus*) sind auf der Oberfläche einer Füllkörperschüttung angesiedelt, die notwendige Befeuchtung erfolgt durch Besprühen der Füllkörperschüttung mit Wasser. Die optimalen Randbedingungen für die verschiedenen, eingesetzten Arten von *Thiobacilli* liegen bei etwa 25 °C und pH-Werten zwischen 1,7 und 2,3. Zumindest einige Arten von *Thiobacilli* sind in der Lage, die bei der Oxidation von Sulfit zu Sulfat freiwerdende Energie im Zuge einer Substratphosphorylierung zu nutzen. Die im Gegenstrom zum Gas geführte Flüssigkeit dient gleichzeitig zum Auswaschen der mikrobiellen Oxidationsprodukte des Schwefelwasserstoffes.

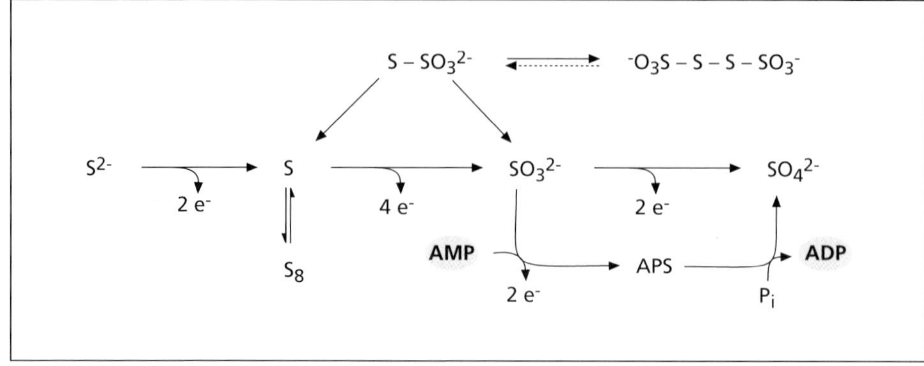

Bild 126: Übersicht über die wichtigsten Reaktionsschritte bei der Oxidation von Schwefelverbindungen durch schwefeloxidierende Bakterien

16.1.2

Methananreicherung

Soll das gewonnene Biogas in ein öffentliches Erdgasnetz eingespeist werden, so muss dessen Methangehalt den Werten des DVGW-Arbeitsblattes G 260 entsprechen. Dazu ist eine Aufkonzentrierung des Methans erforderlich. Genaugenommen wird nicht Methan hinzugefügt, sondern das im Biogas enthaltene CO_2 abgetrennt, es sind vier Verfahren bekannt.

Beim sogenannten adsorptiven Verfahren strömt getrocknetes Gas bei erhöhtem Druck in einen Waschturm ein; die Waschlösung enthält Monoethylamin. Kohlendioxid wird unter Bildung von Hydrogencarbonaten und Schwefelwasserstoff als Hydrogensulfid entfernt (eine separate Entschwefelung ist dann nicht mehr erforderlich). Die mit den gelösten Carbonaten und Sulfiden angereicherte Waschlösung kann durch Temperaturerhöhung und Druckerniedrigung aufgereinigt werden. Das desorbierte CO_2-H_2S-Gemisch wird im allgemeinen verbrannt.

Die Druckwasserwäsche funktioniert im Prinzip wie die Wäsche mit Monoethanolamin, nur ohne chemische Zusätze. Das belastete Wasser wird mit Luft regeneriert.

Ganz anders arbeitet das Druckwechsel-Adsorptionsverfahren, das die unterschiedlichen Adsorptionsgeschwindigkeiten der Gase an Kohlenstoff-Molekularsiebe zu nutzen weiß, deren Porenstruktur eine wesentlich schnellere Adsorption von Kohlendioxid, Stickstoff, Sauerstoff und Wasserdampf als Methan ermöglicht. Vom Ablauf her sieht das so aus, dass über einen Druckaufbau zunächst die Adsorption aller enthaltenen Gase bewirkt wird. Bei Druckentlastung wird als erstes das Methan freigesetzt, CO_2 löst sich hingegen erst durch Evakuierung und muss dann abgesaugt werden. Je nach zu reinigender Gasmenge ändert sich die Zahl der Adsorber. Die Taktzeiten liegen im Minutenbereich.

Das Membranverfahren schließlich nutzt das unterschiedliche Permeationsverhalten der Gase bei verschiedenen Partialdrücken durch Membranen aus Celluloseacetat, Polysulfonen, Silikonen und Polycarbonaten. Dabei ist zu berücksichtigen, dass H_2S die Membranen schädigt und demzufolge unbedingt vorher abgetrennt werden muss. Dieses Verfahren ist bislang nur in kleinem Maßstab getestet worden.

16.1.3

Speicherung

Für die Gasspeicherung stehen verschiedene Verfahren zur Verfügung (Bild 127): Gas kann bei niedrigem Druck gespeichert werden; dazu können Ballon-Gasspeicher genutzt werden, bei denen ein Ballon durch den Überdruck des anfallenden Gases aufgebläht wird. Ebenfalls möglich sind Nass- bzw. Membran-Gasspeicher, bei denen eine zwischen zwei Flansche eines Gehäuses fest eingespannte

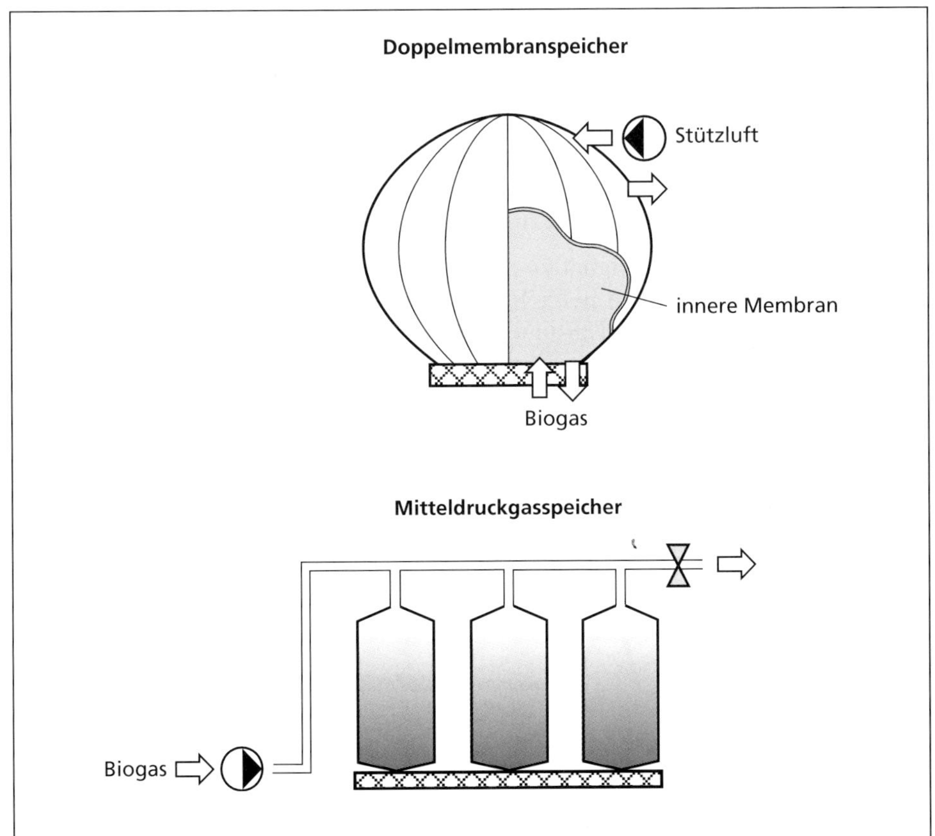

Bild 127: Systeme zur Speicherung von Biogas
Quelle: [214] MLUR (2000)

Membran mittels Ballast beschwert wird, um den erforderlichen Druck aufzubringen.

Die Alternative besteht in der Speicherung unter mittleren bis hohen Drücken. Mittels eines vorgeschalteten Kompressors werden diese Typen von Speicherbehältern auf einen bestimmten maximalen Speicherdruck gefüllt. Zweck der Speicherhaltung unter Druck ist die Anpassung an den Übergabedruck der nachfolgenden Gasverwertungseinrichtungen. Für die Abgabe des zuvor gereinigten Gases an ein Erdgas- oder Stadtgasnetz werden Mitteldruck-Gasspeicher, für die Verwendung des Gases als Treibstoff für Fahrzeuge Hochdruck-Gasspeicher eingesetzt.

16.2

Aufbereitung der Gärreste

Nach Abschluss der Fermentation fällt neben dem Biogas ein Gärrest an, der sich unter anaeroben Bedingungen nicht oder nur schwer weiter abbauen lässt. Dieser Gärrest kann, wenn er einem thermophilen Vergärungsverfahren mit eingeschlossener Hygienisierung entstammt, direkt als Flüssigdünger in der Landwirtschaft eingesetzt werden. Mesophiler Behandlung entstammender Gärrest ist, bevor er als Flüssigdünger eingesetzt wird, erst noch zu hygienienisieren. Üblicherweise wird der Gärrest jedoch einer etwa sechswöchigen Nachrotte unterzogen, um den Schlamm zu stabilisieren und dadurch ein Produkt herzustellen, das besser vermarktet werden kann.

Um für eine Nachrotte geeignet zu sein, muss der Gärrest entwässert werden; denn der Wassergehalt liegt je nach Verfahren bei 60-95 %. Mit Siebband- und Kammerfilterpressen (Bild 128 und Bild 129), Schneckenpressen, Zentrifugen o.ä. wird das Material auf einen Trockensubstanzgehalt von ca. 40 % eingestellt und ggf. mit Strukturmaterial versehen.

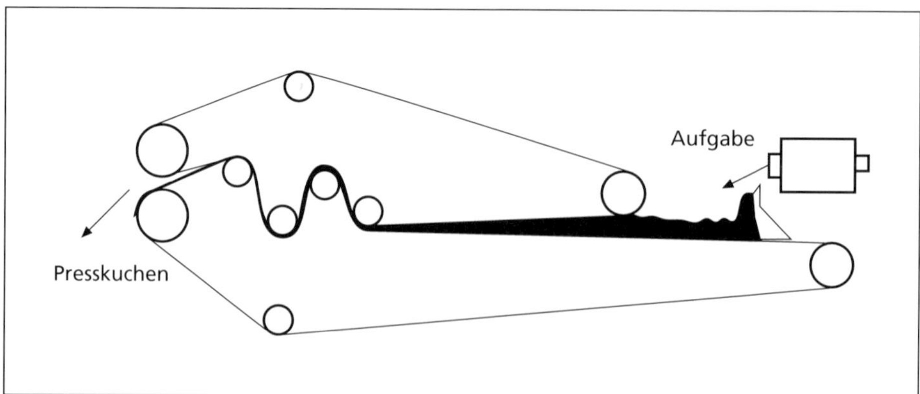

Bild 128: Siebbandpresse

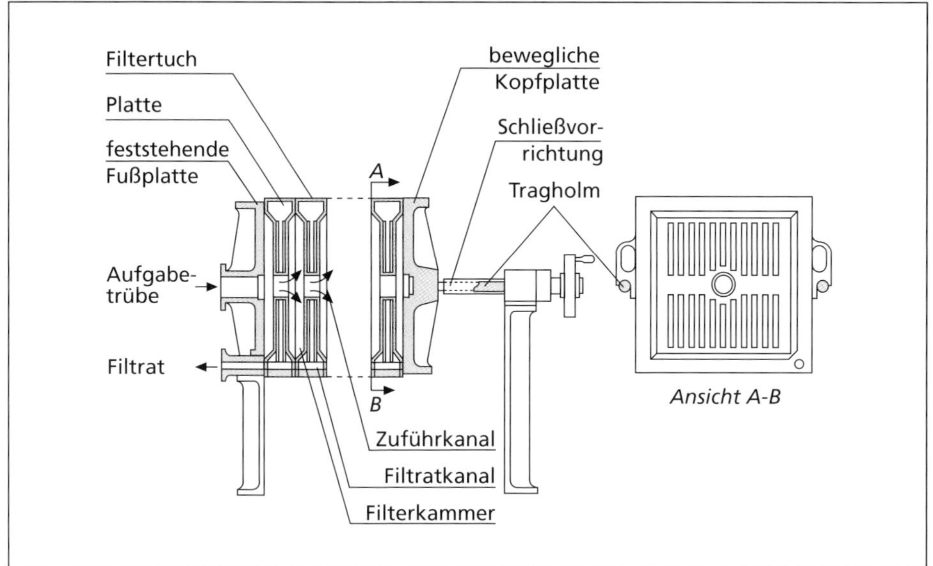

Bild 129: Kammerfilterpresse

Unmittelbar nach der Entwässerung weist der Gärrückstand durch seinen Restgehalt an noch leicht flüchtigen Säuren und sonstigen leicht abbaubaren organischen Substanzen deutliche Geruchsintensität auf; innerhalb weniger Tage wird das Material jedoch als relativ geruchsarm empfunden.

Die Nachrotte entspricht derjenigen, die sich auch bei den Kompostierungsverfahren der Ab- und Umbauphase anschließt (siehe Kapitel 15.3) und wird daher an dieser Stelle nicht näher erläutert. Die Aufbereitung des nachgerotteten Gärrestes verläuft analog dem im folgenden vorgestellten Verfahren für verrottetes Material aus der Kompostierung.

16.3

Aufbereitung des gerotteten Kompostmaterials

Im Anschluss an den Rotteprozess folgt die Feinaufbereitung des verbleibenden Materials. Welche Weiterbehandlung nötig ist, hängt ab von den Vorbehandlungen, die das Ausgangsmaterial im Vorfeld des Rotteprozesses erfahren hat, von der angestrebten Anwendung und der angestrebten Qualität des fertig umgesetzten Kompostes. Gemäß der Bioabfallverordnung dürfen beispielsweise die Störstoffe im Kompost maximal 0,5 Gew.- % betragen.

In der Regel wird das fertig gerottete Material als erstes gesiebt, bei Bedarf können eine Feinaufbereitung mit nachgeschalteter Eisenmetallabscheidung und eine Windsichtung zur Folienabtrennung (vergleiche Kapitel 16.3.3) durchgeführt werden.

16.3.1 Zerkleinerung und Siebung

Im Anschluss an die Nachrotte wird der fertige Kompost noch einmal gesiebt, weil so höhere Kompostqualitäten erzielt werden können. Eine solche Nachsiebung funktioniert nur, wenn das Material eine maximale Restfeuchte von 30 % hat, da sich sonst Klumpen bilden. Ebenfalls störend sind Knollen, die in statischen Rottesystemen durch Verpilzung entstanden sind. Diese Knollen können mit Fräsmaschinen oder schnell laufenden Mühlen zerkleinert werden, um eine befriedigende Ausbeute zu bekommen. Insbesondere bei sehr fein abgesiebten Komposten mit Körnungen unter 10, 15 oder höchstens 25 mm verbleiben sonst Siebreste von bis zu 30-40 % dessen, was aus dem Rotteprozess herausgekommen ist. Dieser Siebrest besteht überwiegend aus holzigen Bestandteilen, wird jedoch, da sich diese während des Rotteprozesses nicht schnell genug abbauen lassen, derzeit noch weitgehend deponiert. Ab dem Jahr 2005 entfällt dieser Weg, so dass für diese Fraktion eine thermische Nutzung als Biomasse oder eine Aufbereitung in einer MBA erforderlich wird, was die Kosten für eine Kompostierung in die Höhe treiben wird. Bei gröber abgesiebten Komposten, die diese holzige, strukturgebende und nährstoffreiche Fraktion noch beinhalten, stellt sich dieses Entsorgungsproblem weniger, da hier der Siebrest wesentlich geringer ausfällt.

Als Siebe (siehe auch Kapitel 13.1.2) werden Trommelsiebe mit Bürsten und Klopfeinrichtungen eingesetzt, es finden sich auch Kreisschwingsiebe. Gewöhnliche Schüttelsiebe sind wegen ihres geringen Wirkungsgrades umstritten.

16.3.2 Schwerstoffabscheidung

Fertiger Kompost enthält häufig noch Glas, Steingutscherben oder andere Teile mit relativ hoher spezifischer Dichte. Solche Störstoffe können mit Luftsetzmaschinen (Bild 130) oder Windsichtern (Bild 131) entfernt werden, wobei letztere ziemlich empfindlich auf schwankende Wassergehalte reagieren.

16.3.3 Folienabscheidung

Mit der Folienabscheidung werden speziell sehr leichte und optisch unerwünschte Teile wie Plastikfolien aus dem Kompostmaterial entfernt. Man kann dazu

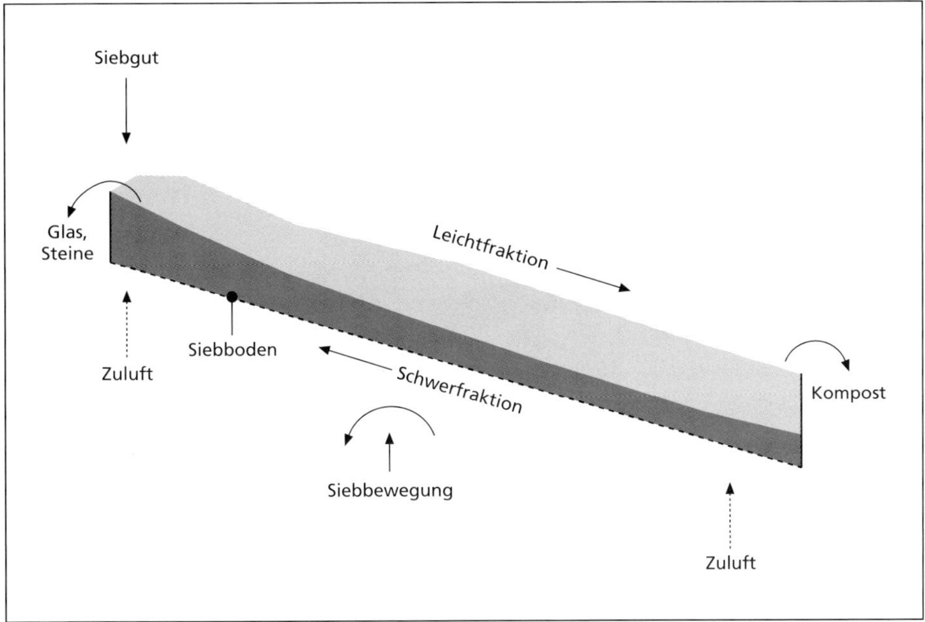

Bild 130: Funktionsprinzip einer Luftsetzmaschine
Quelle: [289] Thomé-Kozmiensky (1995)

Exhaustoren und Windsichter (Bild 131), Stachelwalzen, mechanische Greifer-Werkzeuge und Trommelsiebe einsetzen.

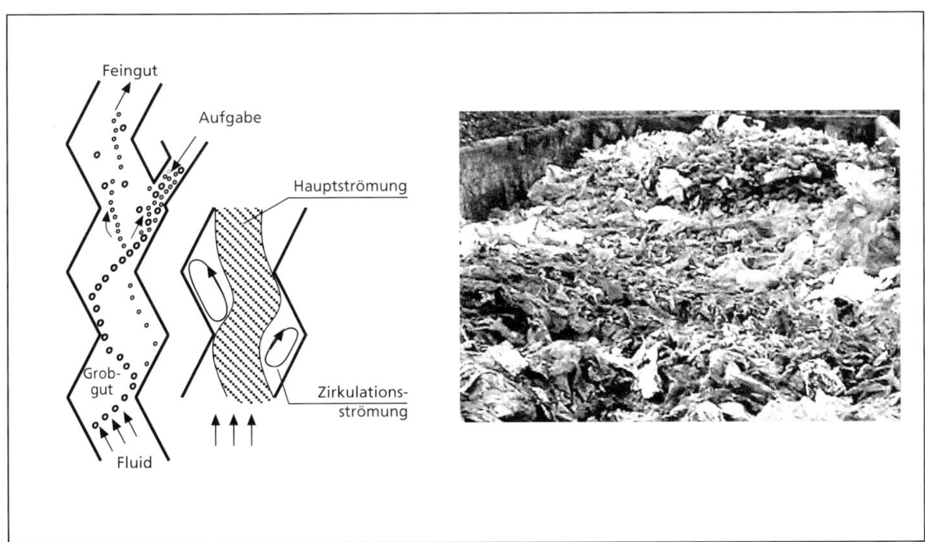

Bild 131: Windsichtung im Zickzacksichter, dazu das Ergebnis
Quelle: (rechts) BG-Prospekt (2000)

Bild 132: Misch- und Absackanlage
Quelle: Prospekt Willibald (2000)

16.4

Konfektionierung und Lagerung

Der letzte Schritt zum fertigen Produkt ist die Konfektionierung. Abhängig vom Verkaufszweck wird Kompost als lose Massenware oder in Säcken angeboten (Bild 132), gegebenenfalls kann er auch noch durch gezielte Beigabe von unbelastetem Erdaushub zu definierten Erden oder Pflanzsubstraten veredelt werden.

Da die Hauptabsatzzeiten für Komposte im Frühjahr und Herbst liegen, sollte es möglich sein, mindestens eine Halbjahresproduktion zwischenzulagern. Ist aus Platzgründen kein ausreichend großes Kompostlager möglich, so ist entweder über langfristige Abnahmeverträge beispielsweise mit Erdenherstellern oder durch externe Lagerkapazitäten Abhilfe zu schaffen. Auch für die aussortierten Reste aus der Grob- und Feinaufbereitung müssen entsprechende Zwischenlager und Transportmöglichkeiten zur Verfügung gestellt werden.

16.5

Massenbilanzen

Die Massenströme in Vergärungsverfahren teilen sich in Fremdstoffe, Abwasser, Feststoffe (Gärrest oder Kompost) und Gas auf. Die Masse der Gärreste liegt durchschnittlich bei 40-60 Gew.- % des Inputs. Die Unterschiede zwischen den einzelnen Herstellern sind sehr gering. Bild 133 zeigt die links Massenbilanz der Bioabfallvergärung im Überblick.

Auch der Weg des Bioabfalls durch eine Kompostierungsanlage lässt sich anhand der Massenströme nachvollziehen (Bild 133 rechts). Die Prozentzahlen sind Gewichtsprozente und beziehen sich auf die im Werk angelieferte Abfallmenge, deren Störstoffgehalt für das Beispiel unter 5 % beträgt. Danach bleiben bei einer ordnungsgemäßen Rotte und Materialaufbereitung 30 % der Inputmenge als absatzfähiger Kompost übrig und 7 % als Reststoffe, die einer anderweitigen Entsorgung zugeführt werden müssen. Der Abbau in der organischen Trockenmasse wurde für diese Betrachtung mit 55 % angenommen.

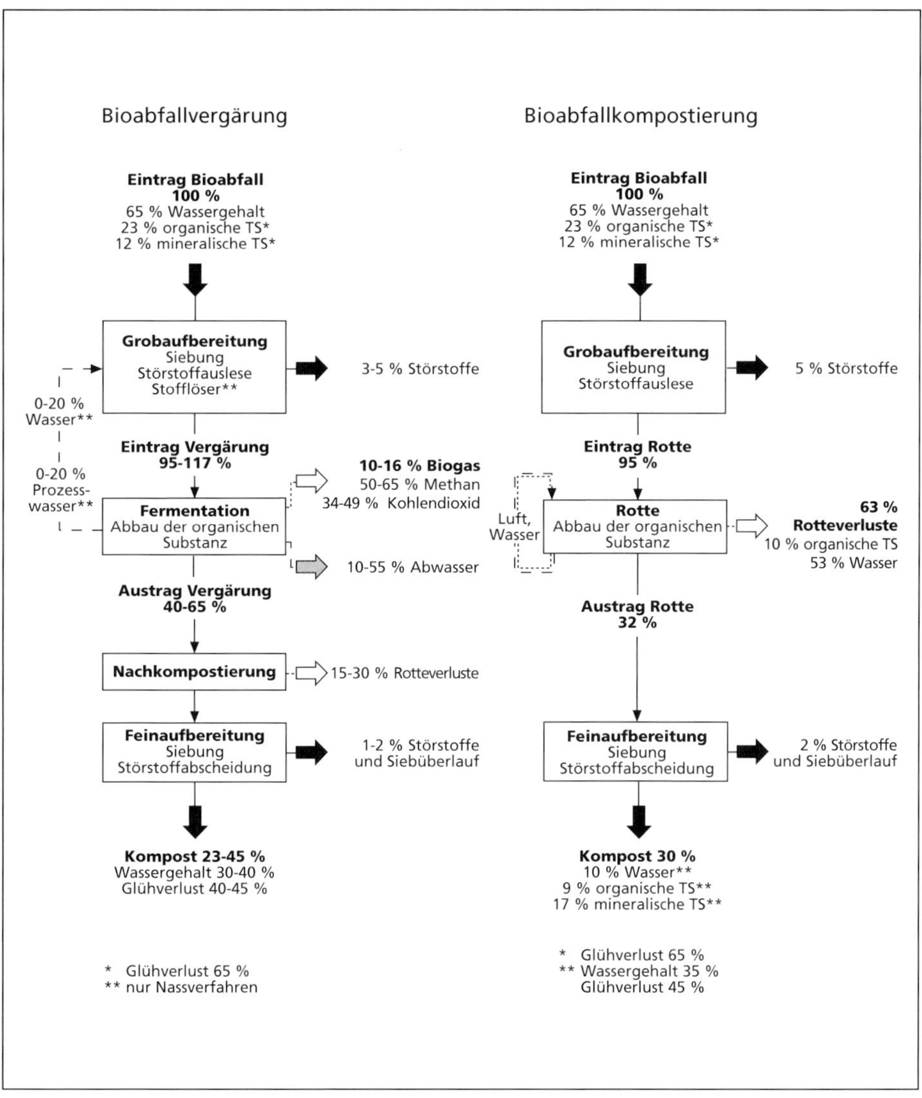

Bild 133: Massenbilanz der Bioabfallvergärung (links) und der Bioabfallkompostierung (rechts)
Quelle: [39] Bidlingmaier und Müsken (2001)

Kapitel 17

Emissionen und Emissionsminderung

Bei allen Bioabfallbehandlungsanlagen wird besonderes Augenmerk auf die Erfassung und Minimierung von Emissionen gelegt. Diese Umweltbelastungen stammen aus verschiedenen Quellen und breiten sich auf unterschiedlichen Wegen aus. Der Betrieb von Kompostierungsanlagen verursacht in der Regel Lärm, Staub und das, was landläufig unter dem Begriff „Ungeziefer" zusammengefasst wird, dazu Gerüche, Keime und in geringerem Maße Abwasser. Vergärungsanlagen weisen schwerpunktmäßig Abwasser und die Abgase aus der Biogasverwertung als Emissionsstrom auf. Geruchsemissionen sind gegenüber der Kompostierung deutlich eingeschränkt.

Diese Emissionen lassen sich nicht ganz vermeiden. Dennoch gibt es ein breites Spektrum an Möglichkeiten zu ihrer Minderung, was nicht nur ökologisch (insbesondere aus Klimaschutzgründen) und für die Betriebskosten von Bedeutung ist, sondern auch einen nicht zu unterschätzenden Einfluss auf die Akzeptanz der konkreten Bioabfallbehandlungsanlage und ihre Erzeugnisse hat.

17.1 Lärm

In allen Bioabfallbehandlungsanlagen entsteht Lärm durch schnell laufende Maschinen, Ventilatoren, etc. Für eine Minimierung dieses Lärms an den Arbeitsplätzen des Betriebspersonals und für den Außenbereich sorgen schallmindernde Maßnahmen wie die Einhausung entsprechender Aggregate.

17.2 Staub

Bei den anaeroben Anlagen entwickelt sich Staub bei der Aufbereitung trockeneren Materials und bei der Nachrotte des Gärrestes. Im eigentlichen Vergärungsprozess entsteht aufgrund der hohen Wassergehalte kein Staub.

Bei den aeroben Verfahren entstehen die höchsten Staubemissionen beim Umsetzen der Mieten und bei der Aufbereitung gerotteter Komposte in den Sieb- und Hartstoffabscheideanlagen. Auch an den Absackanlagen der Konfektionierung und im Lagerbereich werden Stäube freigesetzt.

Durch Befeuchten des Materials kann der Staubbildung generell vorgebeugt werden. Da sie jedoch nicht ganz zu vermeiden ist, bietet es sich an, entsprechende Anlagenteile wie Bunker und die aufgeführten, staubträchtigen Aggregate einzuhausen. Dem gleichen Zweck dient bei Materialausträgen ins Freie die Installation von Abwurfschläuchen bis auf die Materialoberfläche. Auch durch gezieltes Absaugen und Reinigen der staubhaltigen Luft kann die Staubemission minimiert werden.

Für den Anlagenbetrieb empfiehlt sich eine regelmäßige Reinigung der Verkehrswege und ein Verschließen der Kompostlagerhalle.

Da es sich bei entstehenden Staubaufwirbelungen von der Korngröße her um Grobstäube mit nur geringem Fein- bzw. Schwebstaubanteil handelt, die sich bereits in geringer Entfernung vom Entstehungsort wieder niederschlagen, sind dichte Bepflanzungen an den Anlagengrenzen als ausreichend anzusehen, um unzumutbare Belästigungen auch der naheliegenden Nachbarschaft auszuschließen ([39] Bidlingmaier und Müsken, 2001).

17.3 Abgase

Die Abluft aus Bioabfallbehandlungsanlagen enthält in unterschiedlichem Ausmaß Gerüche, Keime und verschiedene Gase. Hier sollen, ergänzend zu den Ausführungen des Kapitels 2.2.2.1.2 die Abgasemissionen betrachtet werden; Gerüche und Keimemissionen werden nachfolgend in eigenen Kapiteln behandelt.

Bei der Kompostierung bilden sich neben CO_2 auch N_2O (Lachgas) und in den anaeroben Zonen CH_4. Lachgas wird wie die beiden anderen Gase zu den Treibhausgasen gezählt, zudem spielt es eine wichtige Rolle beim Abbau der stratosphärischen Ozonschicht, daher muss die Abluft gefasst und gereinigt werden.

Die Abgase der Biogasverwertung, die in der Regel in einem Blockheizkraftwerk entstehen, wie auch die der Notfackeln enthalten eine Reihe von Schadstoffen wie CO, NO_x und SO_x. Wenn der Verwertung eine Stufe zur Gasreinigung vorgeschaltet ist (siehe auch Kapitel 16.1), können die einschlägigen Vorschriften (BImSchG, TA Luft) mit den marktüblichen Gasmotoren meist erfüllt werden. Im Falle einer katalytischen Abgasreinigung ist die Einhaltung der Emissionsgrenzwerte der genannten Regelwerke auf jeden Fall gewährleistet.

17.4 Ungeziefer

Eine Vielzahl von Insekten wie Fliegen, Wespen, Schaben, Heimchen etc. tritt bei offener Rotteführung in Abhängigkeit von der Jahreszeit verstärkt auf. Sie sind als Maden und in Form ausgewachsener Insekten zu finden und ungefährlich, können aber lästig werden. Eine Minimierung kann durch handelsübliche Insektizide direkt oder vorbeugend ausgeübt werden. Auch die Vermeidung von Fleisch- und Fischresten im Bioabfall erweist sich in dieser Hinsicht als wirkungsvoll, da diese durch ihren Geruch besonders viele Fliegen anziehen.

Ratten und Mäuse treten vereinzelt, in den Herbstmonaten jedoch vermehrt auf. Solange die Anlagen besenrein gehalten werden und der täglich anfallende Abfall sofort aufbereitet wird, sind keine größeren Probleme zu erwarten. Beim Überhandnehmen von Ratten sind ggf. Köderdepots mit Rattengift aufzustellen, um die Seuchenhygiene zu gewährleisten.

17.5
Geruch

Bioabfälle stellen ein sehr geruchsintensives Ausgangsmaterial dar, und Geruchsemissionen entstehen an vielen Stellen innerhalb des Verfahrensprozesses. Sollen diese beurteilt werden, sind dafür neben deren Intensität, die zwischen keiner bis zu einer unerträglichen Geruchswahrnehmung schwanken kann, auch die Qualität – von angenehm bis ekelerregend – und die Häufigkeit und Dauer des Auftretens der Geruchsemissionen von Bedeutung. Zur Minimierung von Gerüchen sind verschiedene Verfahren entwickelt worden ([58] Both et. al., 1993; [59] Both, 2000; [62] Breeger und Kiene, 2001).

17.5.1
Gesetzliche Grundlagen

Die gesetzlichen Grundlagen zum Themenkomplex Geruch finden sich im Bundes-Immissionsschutzgesetz sowie in einer Vielzahl von Verordnungen, Verwaltungsvorschriften und entsprechenden Länderbestimmungen. Die wichtigsten seien hier angeführt:

Entsprechend § 3 Absatz 4 des Bundes-Immissionsschutzgesetzes fallen Geruchsstoffe bei Erfüllung bestimmter Kriterien in die Kategorie schädlicher Umwelteinwirkungen, die zu erheblichen Belästigungen führen können. Diese sind sowohl vorbeugend (durch das Genehmigungsverfahren bei neuen Anlagen) als auch nachträglich (durch Überwachungsverfahren bei vorhandenen Anlagen) zu vermeiden.

Gemäß der Ersten Verwaltungsvorschrift zum Bundes-Immissionsschutzgesetz, der TA Luft, zählen Geruchsstoffe zu Luftverunreinigungen. Maßnahmen zur allgemeinen Begrenzung und Feststellung von geruchsintensiven Stoffen sind unter Nr. 3.1.9 festgehalten, besondere Regelungen speziell für Kompostanlagen finden sich unter Punkt 3.3.8.5.1 der TA Luft.

Die Geruchsimmissions-Richtlinie (GIRL) wurde Anfang der 90er Jahre in Nordrhein-Westfalen entwickelt, um die Gleichbehandlung aller Vorhabensträger und Anlagenbetreiber sicherzustellen. In den meisten Bundesländern (Ausnahmen: Bayern, Bremen und Hamburg) ist sie mittlerweile als Erlass eingeführt und damit für die Genehmigungs- und Überwachungsbehörden verbindlich geworden. Sie enthält Immissionswerte, welche die maximale Häufigkeit angeben, mit der Gerüche auftreten dürfen: bei Wohn- und Mischgebieten beträgt sie 10 % der Jahresstunden, für Gewerbe- und Industriegebiete 15 %.

17.5.2
Arten von Geruchsstoffen

Ein Teil der Geruchsstoffe ist von vornherein im Abfall vorhanden, weil bereits dem Ausgangsmaterial ein besonderer Geruch innewohnt.

Die Art der zusätzlich entstehenden Geruchsstoffe und deren Entstehungsprozesse unterscheiden sich maßgeblich dadurch, ob im Abfall anaerobe oder aerobe Verhältnisse herrschen. Unter anaeroben Bedingungen entstehen an geruchsintensiven Stoffen hauptsächlich Schwefelverbindungen wie H_2S, Mercaptane und verschiedene Alkylsulfide. Im aeroben Milieu entstehen besonders in der ersten, sehr warmen Phase viele, stark riechende Zwischen- und Endprodukte wie Alkohole, Ester und Ketone sowie organische Säuren, von denen die intensiv riechende Buttersäure eine der bekanntesten Vertreterinnen ist. Auf nicht biologischem Weg bilden sich Geruchsstoffe im Zuge von Pyrolyse-, Maillard- und Autooxidationsprozessen. Eine Übersicht über all diese Stoffe gibt Bild 134.

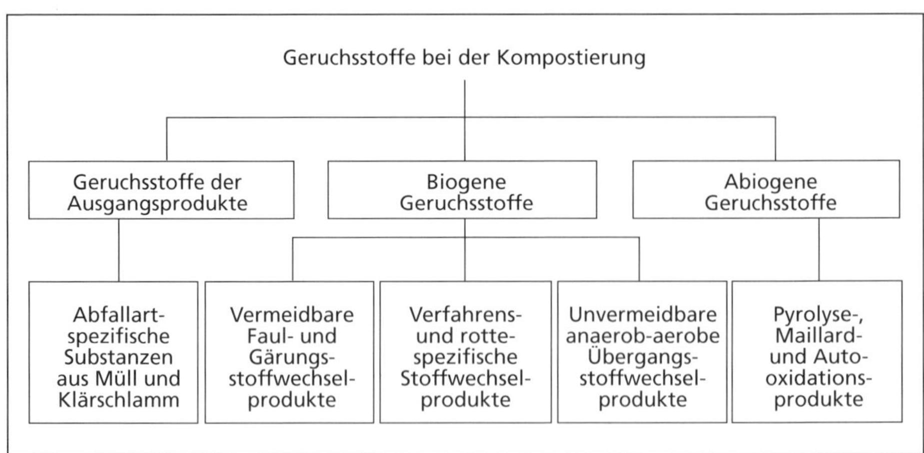

Bild 134: Einteilung der Geruchsstoffe
Quelle: [266] Schirz (2000), bearbeitet

Da diese Substanzen einen sehr niedrigen Siedepunkt aufweisen, gehen sie bereits bei normalen Außentemperaturen in die Gasphase über. Die Freisetzung und Ausbreitung solcher Stoffe wird dadurch stark begünstigt. Unterstützt wird dieses Phänomen noch, wenn die Temperatur der Geruchsquelle (z.B. der Miete) über der Umgebungstemperatur liegt.

17.5.3
Entstehungsorte

Gerüche entstehen an vielen Orten und in vielen Arbeitsvorgängen der Behandlung von Bioabfall. Manche lassen sich direkt einem Luftstrom oder einem Aggregat zuordnen und damit sowohl in ihrer Ausbreitung gut berechnen als auch gut fassen und reinigen. Andere können keinem direktem Volumenstrom zugeordnet werden, wie die Gerüche auf Mietenoberflächen. Solche Gerüche lassen sich zum einen hinsichtlich ihrer Ausbreitung nur näherungsweise berechnen oder abschätzen, zum anderen kann man sie schlechter fassen und einer Reinigung zuführen. Bei der Vergärung und bei geschlossenen Rotteprozessen entstehen weniger Emissionen. Eine Konkretisierung in Zahlen findet sich in Tabelle 26 und Tabelle 27.

Für Geruchsemissionen gibt es typische Entstehungsorte ([266] Schirz, 2000; [39] Bidlingmaier und Müsken, 2001), dazu gehört als erster der Bereich der Anlieferung: insbesondere bei zu langer Lagerung des Rohmaterials, bei nassem Material oder bei größeren Mengen Gras oder Laub kommt es hier zur Bildung verdichteter, anaerober Zonen. In den Aufbereitungshallen ist das Schreddern und Sieben des Rohmaterials geruchsintensiv, vor allem, wenn die Abbauprozesse bereits begonnen haben. Die Reaktoren der Vergärungsanlagen sind geruchlos, solange sie geschlossen sind. Die Entleerung der Reaktoren geht allerdings mit erheblichen Geruchsintensitäten einher, die innerhalb eines Tages stark abklingen. Gleiches gilt für Betrieb und Entleerung von Rottezellen, -trommeln und –containern. Viele Gerüche werden von offenen Mieten der Kompostierungs- und (im Zuge der Nachrotte) der Vergärungsanlagen, besonders beim Umsetzen, freigesetzt sowie an allen Orten, an denen mit Geruchsstoffen belastetes Sickerwasser gehandhabt wird.

Tabelle 26: Geruchsemissionen einer Vergärungsanlage (Jahresdurchsatz 10.000 Mg)
Quelle: [39] Bidlingmaier und Müsken (2001)

Emissionsquelle	Geruchsemissionen GE/m^3	
	vor dem Biofilter	nach dem Biofilter
Annahme	220	9
Aufbereitung	260	10

Tabelle 27: Geruchsemissionen einer Kompostanlage (Jahresdurchsatz ca. 6.000 Mg) Quelle: [39] Bidlingmaier und Müsken (2001)

Entstehungsort der Gerüche	Kompostmenge m³	Kompostierung auf 1,60 m hohen unbelüfteten Dreiecksmieten GE/s	Vorschaltung von Rotteboxen (Aufenthaltszeit 7/14 Tage) GE/s
Bunker	46	390	390
Input			
frisch aufbereitet	23*	235	235
abgedeckt	23*	40	
Rotteboxen			
Abluft nach Biofilter (5 m³/m³•h)	230/460		48/96
Austrag (feucht)	41/39		1.120/640
Dreiecksmieten (in Ruhe)			
bis 14 Tage alt	~ 250**	680	320
über 14 Tage alt	~ 1.300**	520	520
Dreiecksmieten während der Umsetzung			
7 Tage alt	41	1.120	
14 Tage alt	39	640	640
21 Tage alt	37	240	240
Rottegrad > III***	~ 60**	72	72
Feinaufbereitung******	23	28	28
Lager (12 Wochen)			
Tagesmenge angegraben	23	12	12
Lagermieten in Ruhe	1.380	235	235
Summe		**4.212**	**3.860/2.468**

* halbe Tagesmenge
** Durchschnittswert
*** 14-tägiger Umsetzrhythmus (täglich zwei Mieten)
**** wie Umsetzen bei Rottegrad > III

17.5.4

Minimierung von Geruchsemissionen

Um Geruchsemissionen zu vermindern, gibt es zwei Ansatzpunkte: als Primärmaßnahme wird versucht, bereits ihre Entstehung im Produktionsprozess zu vermeiden oder zu minimieren, als Sekundärmaßnahmen werden die schon entstandenen Substanzen an ihrer Ausbreitung und Freisetzung gehindert, indem die geruchsbeladene Abluft desodoriert wird ([266] Schirz, 2000; [39] Bidlingmaier und Müsken, 2001). Zusätzlich sollten Mindestabstände von etwa 500 m zur nächsten Bebauung eingehalten werden, auch wenn nur 300 m bei den großen, immissionsschutzrechtlich genehmigten und 100 m bei den kleinen, baurechtlich zugelassenen Kompostanlagen gefordert sind ([7] Abstandserlass, 1990).

17.5.4.1

Primärmaßnahmen

Am effektivsten sind alle Maßnahmen, die dazu beitragen, die Verfahrensgestaltung so zu gestalten, wie sie eigentlich sein sollte: Bei beiden Verfahren ist auf die Auswahl geeigneter Ausgangssubstanzen zu achten, es sollte nicht zuviel Biotonnenmaterial eingesetzt werden, zudem sind ausreichende Mengen an Strukturmaterial (20-50 Vol.-%) zur Auflockerung des Rottematerials selbst und ggf. für einen Mietenfuß von ca. 30 cm Schichtdicke vorzuhalten. Die äußerste, üblicherweise gehandhabte Menge liegt bei einem Volumenverhältnis von 80 %:20 % oder 90 %:10 % an (geldbrindendem) Biotonnengut und (erforderlichem) Strukturmaterial. Im Zweifelsfalle ist eine Bestimmung der Schüttdichte des angelieferten Materials hilfreich. Das Rohmaterial sollte so schnell wie möglich aufbereitet und, wenn eine sofortige Verarbeitung aus Witterungsgründen nicht möglich ist, abgedeckt werden. Bei offenen Mieten können die Mietenfirste ebenfalls mit einer etwa 10 cm dicken Schicht von Reifekompost und als Schutz vor Dauerregen mit semipermeablen Siloplanen abgedeckt werden. Bei der Kompostierung ist auf die Einhaltung aerober Verhältnisse zu achten; im Zweifelsfall bietet es sich an, die Hauptrottezeit zu verlängern und Überlastfahrweisen zu vermeiden. Die Nachrotte kann bei beiden Verfahren auf saugbelüfteten Rotteplatten erfolgen, deren Schütthöhe nicht über 3 m liegen sollte. Bei ungünstigen meteorologischen Bedingungen sollten emissionsrelevante Tätigkeiten vermieden werden.

Bild 135: Voll gekapseltes Förderband
Quelle: [141] Heering und Zeschmar-Lahl (2001)

Auf baulicher Seite ist es hilfreich, wenn die Rotte- und Lagerflächen mit einer gut zu reinigenden Oberfläche versehen sind, die täglich gesäubert wird. Zudem sollten die Anlagenteile, die für die Geruchsemission relevant sind, gekapselt werden (Bild 135). Im Bunker, aber auch bei den Schreddern und Transportbändern, werden Unterdruck-Verhältnisse von 1-1,5 mbar gehalten, außerdem sollte sich der Bunker nur bei den Füllvorgängen öffnen. Eine optimierte Luft- und Wasserführung führt ebenfalls zur höchstmöglichen Einbindung entstehender Geruchsstoffe in anfallendes Kondensat. Die Entscheidung, ob eine Anlage mit einer Saug- oder Druckbelüftung oder einem kombinierten System betrieben werden soll, muss bei jeder Anlage neu durchdacht und den jeweiligen Gegebenheiten angepasst werden.

17.5.4.2

Sekundärmaßnahmen

Nicht vermiedene Gerüche gehen in die Abluft über. Diese besteht in der Regel aus vielen Komponenten in schwankenden Zusammensetzungen, die zwar hohen Konzentrationen an Geruchseinheiten (vergleiche Kapitel 17.5.6.1), aber nur geringen Absolutkonzentrationen entsprechen (tausende von Geruchseinheiten können aus nur wenigen ng der jeweiligen Substanz bestehen). Die Reinigung der Abluft wird durch die häufig gleichzeitig auftretende Staubbelastung zusätzlich erschwert. Derzeit gängige Reinigungsverfahren sind die biologische Abluftreinigung über Biofilter oder Biowäscher und die thermische oder die katalytische Nachverbrennung.

17.5.4.2.1

Biofilter

Die Biofiltration ist ein biologisches Verfahren zur Abluftreinigung, bei dem organische Luftschadstoffe mit Hilfe von Mikroorganismen unter Anwesenheit von Sauerstoff letztlich zu CO_2 und H_2O abgebaut werden. Die Abluftinhaltsstoffe werden dabei durch Sorptionsprozesse in die wässrige Phase überführt und diffundieren in das feste Filtermaterial, auf dem die Mikroorganismen angesiedelt sind. Der klassische Flächenfilter für Kompostwerke (Bild 136) benutzt als Filtermaterial Biomasse wie z.B. den groben Siebüberlauf aus der Kompostierung, Wurzelholz, Rindenmulch, Heidekraut, Kokosfasern sowie Mischungen dieser Komponenten. Die Filterschütthöhe ist von den gewählten Materialkomponenten abhängig und kann zwischen 1 m bei dichten Strukturen und 3 m bei groben Strukturen variieren. Filteraufbau und -betrieb sind so zu gestalten, dass Filterdurchbrüche, durch welche die Abluft ungereinigt entweichen könnte,

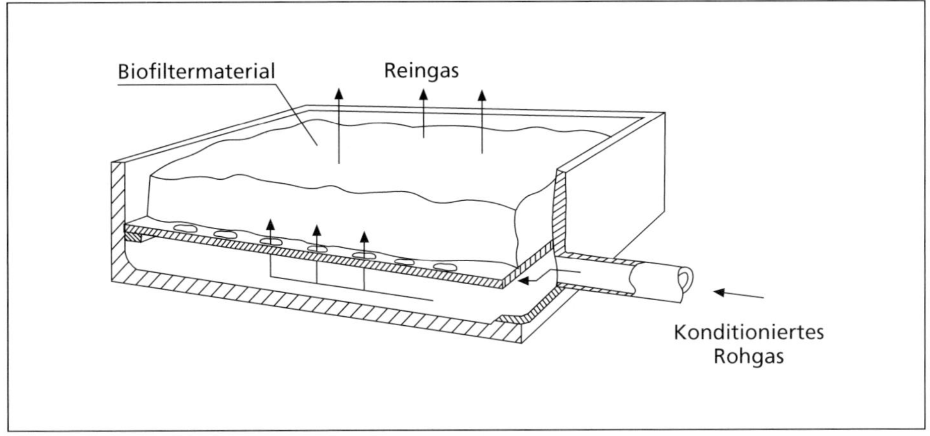

Bild 136: Aufbau eines Flächenfilters
Quelle: [266] Schirz (2000)

verhindert werden. Neben seiner Funktion als Sorptionsfläche und Trägermaterial dient das Filtermaterial zudem als Puffer bei Emissionsspitzen, als Feuchtigkeitsspeicher (optimaler Wassergehalt 40-60 %) und als Nährstoffreservoir für die Mikroorganismen (Glühverlust > 50 %).

Die Abbauleistung wird von einer Vielzahl verschiedener Bakterien und Pilze erbracht, die in der Lage sind, wechselnde Umgebungsbedingungen zu tolerieren. Dadurch kommt es in der Regel zu konstanten Abbauleistungen. Sind besonders schwer abzubauende oder ungewöhnliche Substrate zu erwarten, empfiehlt sich der gezielte Einsatz speziell geeigneter Mikroorganismen ([172] Kobelt, 1995).

Vor dem Eintritt in das Filter sind Abgas bzw. Abluft von Staub zu befreien und auf ein stabiles Temperaturniveau zwischen 25 und 37 °C sowie auf mindestens 95 % relative Feuchte zu konditionieren, um einen möglichst stabilen Wasserhaushalt im Filtermaterial zu gewährleisten.

Zusätzlich zu der Abluftbefeuchtung kann eine Zonenbewässerung notwendig werden, wenn die unterste Schicht aufgrund hoher biologischer Aktivität oder die oberste aufgrund von Sonneneinstrahlung oder Windeinfluss austrocknen. Niederschlags- bzw. Sickerwasser aus dem Filter sind entsprechend abzuleiten, so dass keine vernässten Zonen im Filtermaterial entstehen können. Das Sickerwasser ist unter dem Filter aufzufangen und einer Reinigung zuzuführen ([266] Schirz, 2000).

Die Reinigungseffizienz eines Biofilters unterscheidet sich für die verschiedenen im Abluftvolumenstrom enthaltenen Schadstoffe. Für Ammoniak liegt sie bei 96 %, für Methan und TOC bei etwa 50 %, CO_2, N_2O und N_2 werden fast nicht abgeschieden ([152] ifeu, 2001).

17.5.4.2.2

Biowäscher

Beim Biowäscherverfahren lassen sich zwei Reinigungsprozesse unterscheiden: im ersten Schritt werden die Geruchsstoffe aus dem Gas in Wasser absorbiert, dies kann beispielsweise im einem Waschturm geschehen. Es gibt verschiedene Bauformen, die aber alle eine Maximierung der Kontaktfläche zwischen Gas und Flüssigkeit anstreben. Die mit Geruchsstoffen beladene Abluft wird in den Sumpf des Absorbers geleitet, im Gegenstrom zur Abluft wird das gereinigte Wasser geführt. Leicht wasserlösliche Geruchsstoffe und Sauerstoff treten in die wässrige Phase über, das gereinigte Gas verlässt den Absorber. Das beladene Wasser wird in einem zweiten Schritt in einem Bioreaktor regeneriert, in dem Mikroorganismen die eingetragenen Geruchsstoffe zu H_2O und CO_2 abbauen. Hierzu dient ein Belebungsbecken, in dem die Mikroorganismen entweder frei in der Waschflüssigkeit vorliegen (Belebtschlammbecken) oder auf Einbauten angesiedelt sind (Tropfkörperanlagen). Der wesentliche Unterschied zum Biofilter ist, dass beide Teilschritte (Absorption und biologischer Abbau) örtlich voneinander getrennt stattfinden ([74] Cerajewski, 1995).

Aufgrund der zu erwartenden verschärften Geruchsemissionsauflagen für biologische Abfallbehandlungsanlagen wird die Tendenz zu mehrstufigen Abluftreinigungsverfahren gehen. Dies kann bis zur Kombinationen aus Biowäschern und mehreren hintereinander geschalteten Biofiltern führen.

17.5.4.2.3

Thermische und katalytische Nachverbrennung

Das Prinzip der thermischen Nachverbrennung beruht auf der Verbrennung von Schadstoffen in der Abluft. Dabei werden organische Schadstoffe bei Temperaturen von 800-1000 °C in die Verbindungen H_2O und CO_2 überführt. Dieses Verfahren wird wegen der hohen Energiekosten, die bei der Reinigung der in der Regel sehr großen Abluftmengen entstehen würden, bei reinen Bioabfallbehandlungsanlagen (noch) nicht angewendet. Gleiches gilt für die katalytische Nachverbrennung, die auf einer Verbrennung von Schadstoffen an einem geeigneten Katalysator, z.B. an einer Edelmetalloberfläche, bei niedrigen Temperaturen (300-350 °C) beruht ([172] Kobelt, 1995).

17.5.5

Geruchsimmissionsprognose

Im Rahmen des Genehmigungsverfahrens für Kompostierungs- und Vergärungsanlagen sind Geruchsimmissionsprognosen zu erstellen. Damit wird abgeschätzt, wie hoch die Geruchsbelästigung an wieviel Stunden im Jahr an einem bestimmten Punkt (in der Regel an den nächsten Wohnhäusern) sind. Dabei wird eine Ausbreitungsrechnung für die Gerüche der Anlage durchgeführt, welche die örtlichen meteorologischen Verhältnisse sowie die bereits vorhandene Belastung an Gerüchen berücksichtigt. Wenn die Belastung durch die geplante Anlage zuzüglich der bereits vorhandenen Belastung kleiner als der Immissionswert ist (siehe Kapitel 17.5.1) ist, ist die Anlage aus Sicht des Geruchsimmissionsschutzes genehmigungsfähig. Wird durch die Emissionen der Anlage der Immissionswert überschritten, muss der Anlage die Genehmigung versagt werden, sofern der Betreiber der geplanten Anlage nicht durch zusätzliche Minderungsmaßnahmen die Emissionen weiter reduzieren kann – solange, bis der Immissionswert unterschritten wird.

Wenn anzunehmen ist, dass die bereits vorhandene Belastung an Gerüchen hoch ist, ist sie olfaktometrisch oder durch Rasterbegehungen zu ermitteln. Ebenso sind diese Verfahren anzuwenden, wenn im Rahmen des Überwachungsverfahrens der begründete Verdacht besteht, dass durch eine vorhandene Anlage die Immissionswerte überschritten werden. Beide Verfahren werden nachfolgend beschrieben.

17.5.6

Messung von Geruchsimmissionen

Geruchs-Immissionsmessungen werden in der Regel kurz nach der Inbetriebnahme einer Anlage und in regelmäßigen Abständen von drei bis fünf Jahren gemessen, falls nicht Beschwerden seitens der Bevölkerung dies häufiger erfordern. Die Zeitpunkte sind nicht gesetzlich festgelegt, sondern werden durch den Genehmigungsbescheid einer Anlage vorgeschrieben. Die Messungen werden als Rasterbegehungen mit Probanden durchgeführt, die die Belastung in bester Näherung erfassen soll.

Um eine Aussage zu dem in § 3 BImSchG genannten Begriff der „erheblichen Belästigung" zu machen, werden fünf geruchsspezifische Kriterien herangezogen. Die Geruchskonzentration wird in [GE/m^3 Umgebungsluft] gemessen, bei der Geruchsintensität wird ermittelt, ob der Geruch schwach, deutlich oder stark ausgeprägt ist, bei der Hedonik geht es darum, ob ein Geruch angenehm oder unangenehm wirkt. Weiterhin wird analysiert, ob es feste Zeitpunkte gibt, zu denen typischerweise Geruchsemissionen freigesetzt werden und die Dauer der Geruchseinwirkung wird festgestellt ([266] Schirz, 2000).

Die zur Bestimmung von Geruchskennwerten erforderliche Messtechnik wird Olfaktometrie genannt. Das Olfaktometer, dessen man sich zur Bestimmung bedient, besteht definitionsgemäß aus einer Verdünnungseinrichtung und einem Riechteil (Nase). Zum Versuch werden jeweils mindestens vier, bei besonders grundlegenden Messungen acht Probanden eingesetzt.

17.5.6.1

Geruchskonzentration

Die Konzentration von Geruchsstoffen, die bei 50 % der Probanden zu einem Geruchseindruck führt, wird Geruchsschwelle genannt und ist festgelegt als 1 GE/m³. Sie wird unterschwellig mittels Olfaktometrie bestimmt, indem einer definierten Menge Neutralluft so lange Probenluft zugemischt wird, bis die Probanden eine eindeutige Geruchswahrnehmung haben.

Es sei darauf hingewiesen, dass eine Verzehnfachung der Geruchsstoffkonzentration nur einer Verdopplung der wahrnehmbaren Geruchsstärke entspricht, da die menschliche Nase die Sinneswahrnehmung „Geruch" in logarithmischem Maßstab erfasst.

17.5.6.2

Geruchsintensität

Die Geruchsintensität ist definiert als die Stärke der Empfindung, die durch einen Geruchsreiz ausgeübt wird, die Skala reicht von sehr schwach über deutlich bis zu extrem stark. Messungen zur Geruchsintensität werden ebenfalls mit einem Olfaktometer, aber überschwellig und wegen der zu erwartenden großen Streubreite mit mindestens acht Probanden durchgeführt.

17.5.6.3

Hedonik

Die Angabe unterschiedlicher Konzentrationen von Geruchsstoffen ergibt keinerlei Aussage über die hedonische Geruchswirkung, also über die Qualität der gemessenen Gerüche, die von äußerst angenehm bis äußerst unangenehm reicht. Die Messung der Geruchsqualität wird überschwellig mittels Olfaktometrie vorgenommen, zur statistischen Absicherung der Bewertung müssen 15 Probanden eingesetzt werden.

17.5.6.4

Zeitpunkt und Dauer

Zeitpunkte und Dauer von Geruchsemissionen werden protokolliert, der Zeitpunkt (z.B. Auftreten in der Arbeits- oder Freizeit der Betroffenen) wird als Summe im Jahr gewichtet, die Dauer in sogenannten Geruchsstunden dargestellt. Per Konvention sind sechs Minuten mit Geruch als eine Geruchsstunde festgesetzt worden.

17.5.6.5

Häufigkeit der Geruchsemission

Die Geruchshäufigkeiten stellen die zentrale Kenngröße des Systems der Ermittlung von Geruchsimmissionen dar. Die Angaben erfolgen in Prozent der Jahresstunden. Zu ihrer Ermittlung dürfen nur solche Geruchsimmissionen herangezogen werden, die zweifelsfrei aus Anlagen oder Anlagengruppen stammen und damit abgrenzbar sind gegenüber Gerüchen aus dem Kraftfahrzeugverkehr, dem Hausbrandbereich, der Vegetation, landwirtschaftlichen Düngemaßnahmen oder Ähnlichem.

Auf die Ermittlung muss eine Bewertung der Geruchsimmission erfolgen, die sicherstellen soll, dass Anwohner im Einwirkungsbereich eines Geruchsemittenten keiner erheblichen Belästigung ausgesetzt werden. Hierzu ist ein Bewertungskonzept entwickelt worden, das es auf der Basis von Geruchshäufigkeiten ermöglichen soll, eine Beurteilung der Situation vorzunehmen. Dieses Konzept hat Eingang in die bereits genannte Geruchsimmissions-Richtlinie gefunden.

17.6

Abwasser

Abwasser in größeren Mengen entsteht hauptsächlich in den Vergärungsanlagen und den geschlossenen Rottesystemen; offene Kompostierungsanlagen haben mit dieser Art von Emission weniger zu tun. Die Entsorgung wird in der Regel über die Einleitung in kommunale Kläranlagen vorgenommen.

17.6.1

Rechtliche Grundlagen

Zwar gibt es für Deponiesickerwasser wie auch für Sickerwasser aus mechanisch-biologischen Anlagen rechtliche Vorschriften; Abwasser aus Anlagen zur Behandlung von getrennt gesammelten Bioabfällen und zur Herstellung von Kompost ist jedoch vom Geltungsbereich dieser Vorschriften ausgenommen. Eigene gesetzliche Regelungen für die Aufbereitung der Prozessabwässer aus Vergärungs- und Kompostierungsanlagen gibt es derzeit nicht.

Da aber die eingesetzten Materialien Abfälle sind und demzufolge die Inhaltsstoffe Auszügen des Inhaltes von Deponiesickerwässern gleichen, ist zu vermuten, dass das Abwasser ohne weitere Behandlung nicht zur Einleitung in öffentliche Kläranlagen geeignet ist ([39] Bidlingmaier und Müsken, 2001). Daher wird einerseits im Rahmen der Anlagengenehmigung bereits jetzt teilweise auf die

Parameterliste des Anhangs 51 der Abwasserverordnung oder auf das ATV-Arbeitsblatt A-115 Bezug genommen, andererseits steht zu Erwarten, dass früher oder später auch Reinigungsvorschriften für Vergärungs- und Kompostierungsanlagen entstehen werden ([200] Loll, 2000/2).

17.6.2

Herkunft des Abwassers

Das Wasser in Bioabfallbehandlungsanlagen entstammt der Eigenfeuchte des Materials, die bei 60-75 % liegt, wird aber bei aeroben Umwandlungsprozessen auch neu gebildet (endogene Entstehung). In offenen Systemen wird es zusätzlich durch eingetragenen Niederschlag, in Vergärungssystemen durch das zum Anmaischen verwendete Wasser verursacht (exogene Entstehung).

Die Freisetzung erfolgt in Form von Sicker-, Kondens- und Presswasser. Als Sikkerwasser wird das Wasser bezeichnet, das sich unten im Material sammelt. Kondenswässer können als „verlagerte" Sickerwässer angesehen werden, die im Prinzip denselben Entstehungskriterien unterliegen wie die Sickerwässer selbst. Sie fallen bei der Fassung und Reinigung von Abluftströmen an. Presswässer aus der Eigenfeuchte des Materials entstehen bei der Aufbereitung durch Verdichtungsvorgänge, insbesondere bei strukturschwachen Abfällen.

17.6.3

Aufkommen

Bei großtechnischen Vergärungsanlagen fallen durchschnittlich über 500 l Abwasser pro Mg aufzubereitendem Bioabfall an, unabhängig davon, ob das eingesetzte Verfahren eine Trocken- oder eine Nassfermentation ist (Tabelle 28) ([294] Tidden und Faulstich, 1999).

Bei den verschiedenen Rottesystemen liegen die Werte wesentlich niedriger (Tabelle 29). Bei der unbelüfteten Mietenrotte fällt zu Beginn und nach dem Umsetzen so gut wie kein Sickerwasser an, was auf die hohen Temperaturen und die damit einhergehende Verdunstung zurückzuführen ist. Erst später entsteht

Tabelle 28: Abwassermengen aus Vergärungsanlagen in [l/Mg Bioabfall]
Quelle: [294] Tidden und Faulstich (1999)

Verfahren	Abwassermengen aus Vergärungsanlagen l/Mg Bioabfall		
	Minimum	Mittelwert	Maximum
Trockenfermentation	300	513	1.030
Nassfermentation	259	553	1.000
Summe aller Anlagen	**259**	**538**	**1.030**

Tabelle 29: Mengen an Überschußwasser aus Kompostierungsanlagen in [l/Mg Bioabfall]
Quelle: [39] Bidlingmaier und Müsken (2001), bearbeitet

Verfahren	Anmerkung	Überschusswasser l/Mg FS $_{\text{Bioabfall}}$
Rottetrommel (Stirnwand)	nach 26 h Aufenthaltszeit	3,3
Rottebox	Sickerwasser, Rottezeit 1 Woche Kondenswasser, Rottezeit 1 Woche	28 50 - 100
unbelüftete Mietenrotte		14 - 34
Drehtrommel/Rottezelle + unbelüftete Mietenrotte	gesamte Rottezeit	48 - 63
Drehtrommel + saugbelüftete Mietenrotte	gesamte Rottezeit	44 - 56

Sickerwasser in nennenswerten Mengen. Bei geschlossenen wie auch bei kombinierten Systemen bildet sich mehr Sickerwasser, was einerseits auf den gezielten Austrag des Kondenswassers über die Abluftreinigung, andererseits auf die höhere mechanische Beanspruchung des Rottegutes zurückzuführen ist.

17.6.4 Abwasser-relevante Parameter

Bisherige Analysen zur Charakterisierung der Abwässer aus Bioabfallbehandlungsanlagen zeigten, dass Untersuchungskriterien wie mineralische Öle und Fette, Fischgiftigkeit, Bakterienleuchthemmung und bei den Kompostierungsanlagen die CSB- und BSB_5-Werte in der Regel unkritisch sind. Auch Schwermetalle stellen kein reales Problem dar. Schwieriger verhält es sich mit den im Folgenden erläuterten Parametern ([197] Loll, 1998; [200] Loll, 2000/2; [39] Bidlingmaier und Müsken, 2001).

Der AOX-Wert, mit dem der Gehalt an adsorbierbaren, organisch gebundenen Halogenen bezeichnet wird, ist der strittigste Parameter bei der Beurteilung von Prozesswässern aus der Behandlung biogener Abfallstoffe. An seiner Elimination entscheiden sich die Qualität und somit die Kosten der erforderlichen Aufbereitung der entstehenden Prozessabwässer. Nach bisherigen Daten ist bei der Vergärung wie bei der Kompostierung regelmäßig mit überhöhten AOX-Werten zu rechnen, was zur Entstehung bzw. Freisetzung kanzerogener Stoffe führen kann. Daher ist eine geeignete Aufbereitungstechnik einzusetzen.

Die gemessenen CSB- und BSB_5-Werte im Abwasser der Kompostierung entsprechen den Vorschriften. Bei der anaeroben Behandlung ist der biologische Sauerstoffbedarf nicht von Interesse. Der CSB-Wert des Abwassers aus Vergärungsanlagen weist jedoch auch nach einer extensiven Reinigung und langen Aufenthaltszeit einen relativ hohen Wert auf, der auf unter anaeroben Bedingungen nur schwer oder gar nicht abbaubare Substanzen zurückzuführen ist. Abwässer mit diesen Konzentrationen oder Frachten sind auf keinen Fall für eine Direkteinleitung geeignet. Bei einer Indirekteinleitung findet üblicherweise nur eine Verdünnung und keine echte Reinigung statt.

Eine Begrenzung von Sulfatwerten für Abwässer aus Anaerobanlagen wird überwiegend deshalb vorgenommen, weil hier bei Werten oberhalb von 400 mg/l eine Betonkorrosion in weiterführenden Leitungen und Reaktoren zu befürchten ist.

Stickstoff liegt in den Prozessabwässern überwiegend als NH_4-N vor und erreicht stets mehrere 100 mg/l. Bei einer Direkteinleitung wird somit eine Stickstoff-Eliminationsstufe erforderlich. Bei einer Indirekteinleitung ist darauf zu achten, dass die verarbeitende biologische Reinigungsstufe groß genug ist, um die zusätzliche Stickstoffracht abzubauen.

Je nach Art und Ausmaß der Kreislaufführung kann sich im Prozesswasser von Vergärungsanlagen eine hohe Aufsalzung ergeben, welche die nachgeschalteten biologischen Reinigungsprozesse stört oder hemmt. Gleichzeitig ist die Steigerung der Korrosivität bei der Materialauslegung der Behandlungsaggregate zu berücksichtigen.

Ein hoher Anteil der Schmutzparameter haftet an Kleinstpartikeln an und lässt sich daher mittels einer Filterung entfernen. Es hat sich gezeigt, dass 99 % dieser Kleinstpartikel kleiner als 100 µm sind, 30 % liegen sogar unter 10 µm.

Tabelle 30: Verschmutzungsparameter aus Vergärungsanlagen
Quelle: [200] Loll (2000/2) sowie [39] Bidlingmaier und Müsken (2001), bearbeitet

Parameter	Konzentration	Einheit	Frachten x 10^{-4}	Einheit
spez. Abwassermenge	500	l/Mg		
BSB_5	2,3	g/l	11.450	kg/a
CSB	10,9	g/l	54.350	kg/a
Zink	7,66	mg/l	38.300	g/a
Kupfer	2,51	mg/l	12.550	g/a
Chrom	0,83	mg/l	4.150	g/a
Blei	0,54	mg/l	2.700	g/a
Nickel	0,41	mg/l	2.050	g/a
Cadmium	< 0,03	mg/l	< 125	g/a
Quecksilber	< 0,015	mg/l	< 65	g/a
Ammonium	614	mg/l	3.070	kg/a
Phosphor	116	mg/l	580	kg/a
Sulfat	298	mg/l	1.490	kg/a
AOX	0,5 - 15	mg/l		
Salzgehalt	1,5 - 25	mS/cm		
abfiltrierbare Stoffe	5.000 - 20.000	mg/l		

Tabelle 31: Belastung von Sicker- und Kondenswässern bei der Bioabfallkompostierung
Quelle: [39] Bidlingmaier und Müsken (2001)

Verfahren	Proben-herkunft	Kompost-alter d	BSB_5 mg/l	CSB mg/l	pH-Wert	KCl** g/l	Nitrat mg/l	absetzbare Stoffe mg/l
Rottebox	Sickerwasser	0-5	7.050	15.150	7,1	8,4	0	8
Rottebox	Sickerwasser	7	2.340	6.230	8,1	4,3	3	1,5
Rotte-trommel	Kondens-wasser	0-7	60	1.720	8,8	2,6	0	0
Rotte-trommel	Kondens-wasser	0-7	300	2.370	7,9	1,2	0	0
Miete nach Box	Sickerwasser	0-49	150-2.070	1.140-3.780	6,6-9,0	1,6-7,7	6,0-36	0,3-3,4
Miete nach Trommel	Sickerwasser	0-56	80-2.000	780-2.160*	7,1-7,8*	1,1-2,9	0-4	0,3-2,0
Miete direkt	Sickerwasser	0-47	150-39.000	1.120-67.000	5,5-8,0	0,9-20,2		1,2-25,0
Vergleich	Sickerwasser		4.020-32.800	8.700-57.000	5,0-9,7	0,8-34,4		0-7

* Kompostalter 22 Tage
** Berechnete Werte

Die Analyseergebnisse zu den wichtigsten Verschmutzungsparametern des Abwassers aus Vergärungs- und Kompostierungsanlagen sind in Tabelle 30 und Tabelle 31 zusammengefasst. Die in Tabelle 31 zusammengestellten Parameter sind in den zu erwartenden Wertebereichen angegeben. Tendenziell kann davon ausgegangen werden, dass die Minimalbereiche auf eine Vermischung mit geringer belasteten Abwasserströmen innerhalb der Gesamtanlagenkomplexe zurückzuführen sind, so dass hier eine gewisse Verdünnung der eigentlichen Prozessabwässer bewirkt wird. Die Maximalwerte zeigen in erster Linie hochkonzentrierte Prozessabwässer an, wie sie bei hochgradiger Kreislaufführung auszuschleusen sind ([200] Loll, 2000/2).

17.6.5

Konsequenz aus den Analysen

Als Konsequenz der dargelegten Ergebnisse werden entstehende Abwässer sinnvollerweise in unbelastete und belastete Wässer getrennt. Unbelastetes Abwasser kann wie bisher den kommunalen Kläranlagen zugeführt werden, belastetes Abwasser sollte nicht durch unbelastetes auf ein unbedenkliches Niveau verdünnt, sondern nach dem Stand der Technik gereinigt werden. Die direkte, landwirtschaftliche Verwertung wird häufig kritisch gesehen mit der Begründung, der sogenannte „Flüssigdünger" sei wegen zu hoher AOX-Werte nicht als Sekundärrohstoffdünger zu definieren ([197] Loll, 1998).

17.6.6

Aufbereitungsverfahren

Im Folgenden werden verschiedene Schritte zur Aufreinigung von Abwässern dargestellt. Inwieweit die beschriebenen Verfahrensstufen eine auch im Hinblick auf die Betriebskosten sinnvolle Teilreinigung bewirken, muss im Einzelfall näher untersucht werden ([200] Loll, 2000/2).

17.6.6.1

Entfernung von Kleinstpartikeln

Aus zuvor dargelegten Gründen empfiehlt sich als erster Reinigungsschritt eine Entfernung der Kleinstpartikel. Mit Schwerkraftverfahren wie der Sedimentation oder Zentrifugation ist bei den vorliegenden, geringen Partikelgrößen kein nennenswerter Erfolg zu erwarten. Der Zusatz von Flockungsmitteln schafft hier Abhilfe: durch eigenen Auftrieb und noch beschleunigt durch die Nachgasung des gelösten Abfallmaterials treiben die gebildeten Flocken an die Oberfläche, wo sie abgezogen werden können. Auch geeignet sind biologische Reinigungsstufen mit filtrierender Wirkung und Filtrationsverfahren, welche die vorgenannte Teilchengröße berücksichtigen.

17.6.6.2

Eliminierung hoher Stickstoff- und Kohlenstofffrachten

Zum Abbau der Stickstoff- und Kohlenstoffanteile sind generell alle aeroben und anaeroben biologischen Reinigungsverfahren einsetzbar. Bedingt durch die besondere Problematik der abfiltrierbaren Stoffe bieten sich hier Schlammabscheidesysteme an, die gleichzeitig eine filtrierende Wirkung haben. Dies können z.B. Membranbiologiesysteme, durchströmte Biofilter oder Pflanzenbeetanlagen sein.

17.6.6.3

Membrantechnologien

Um eine Vollreinigung zu erzielen, sind höherwertige Verfahren von physikalischer oder chemischer Natur erforderlich. Angepasste Membrantechnologien wie die Umkehrosmose sind in der Lage, das anfallende Prozessabwasser im Hinblick auf eine Direkteinleitung und auf jeden Fall für eine Indirekteinleitung vollständig aufzubereiten. Bei der Membrantechnologie wird im Gegensatz zu anderen Verfahren auch eine Entsalzung der Abwässer bewirkt.

17.6.6.4
Adsorption

Analog zur Sickerwasseraufbereitung aus Deponiesickerwässern kann für die Aufbereitung von Prozessabwässern aus der anaeroben Abfallaufbereitung eine kombinierte Verfahrenstechnik mit Kernstück einer Adsorptivstufe erfolgen, beispielsweise auf Aktivkohlebasis. Hier sind meist Zusatzstufen mit Flockung bzw. Filtration und Biologie sinnvoll zu kombinieren.

17.6.6.5
Katalytische Oxidation

Zur Elimination des biologisch nicht abbaubaren Rest-CSB´s und zur Zerstörung der AOX-Komponenten ist die katalytische Oxidation z.B. auf Ozonbasis geeignet. Hierbei werden die beiden problematischsten Stoffgruppen nicht nur eliminiert, sondern zerstört. Das Verfahren der katalytischen Oxidation wird sinnvollerweise auch in Kombination mit vorgeschalteter Biologie und mechanischen Abscheidesystemen installiert, um den hierfür erforderlichen Energieaufwand zu minimieren.

In diesem Zusammenhang ist darauf hinzuweisen, dass es seit vielen Jahren Anlagen zur Aufbereitung von Sickerwasser aus Deponien gibt, die zuverlässig arbeiten und teilweise offene Kapazitäten zur Abnahme entsprechender Abwässer aufweisen.

17.7
Keime

„Pilzvorkommen als Hygienerisiko?!“, „Biotonne Ursache für plötzlichen Kindstod?“, „Göttinger Wissenschaftler warnt vor Gesundheitsrisiken durch Biotonne“, „Sporenschleuder Biotonne: Macht der Hausmüll krank?“, „Umweltmedizinisches Institut warnt vor Gefahren durch Biomüll“. Immer wieder kursieren Meldungen dieses Inhalts durch die Presse, oft bereits in der Überschrift mit Fragezeichen versehen und mit Folgeartikeln wie „Keine Beweise für Botulismuserkrankungen durch die Biotonne“ oder „Aus hygienischer Sicht keine Gefahr durch Bioabfalltonnen“ ([221] N.N., 1998/5, [227] N.N. 2000/4, [233-236] N.N. 2001/6-9).

Das Thema Hygiene in der Bioabfallwirtschaft ist offensichtlich ein sehr medienwirksames Thema, dessen Erörterung schnell in unsachlicher Weise abgleitet.

Als Einstieg in eine sachorientierte Darstellung diene ein längeres Zitat von Böhm et al. (1998) [54], das den Stand der Dinge sehr treffend formuliert:

„Aus objektiv nicht einfach nachzuvollziehenden Gründen hat die aerogene Verbreitung von Keimen aus Bioabfällen ... durch publizistische Aktivitäten einen Stellenwert erlangt, der ihr eigentlich nicht zusteht. In den letzten Jahren wurden wiederholt in den Medien und hastig einberufenen wissenschaftlichen „Informationsveranstaltungen" die Gesundheitsrisiken für den Menschen durch Bioaerosole bei Sammlung, Abholung, Bearbeitung und Anwendung von Bioabfällen und Komposten hochstilisiert, und viele Forschergruppen entdeckten vor diesem Hintergrund spontan ihr fachliches Interesse an der Sammlung und Beurteilung von Bioaerosolen. Die wenigen Forschungsinstitute in der Bundesrepublik, die sich schon seit Jahrzehnten mit der Sammlung und Charakterisierung von Bioaerosolen beschäftigten, konnten diese Welle von Aktivitäten nicht aufhalten, und ihre aus langjähriger Erfahrung genährte Mahnung zur Vorsicht bei der Interpretation der Messwerte verhallte ungehört. Erst jetzt, nachdem fast alle methodischen Fehler, die zu machen sind, gemacht, fast alle extremen Messwerte, die zu bestimmen waren, der Öffentlichkeit vorgestellt wurden und noch so unwahrscheinliche pathophysiologische Mechanismen bemüht wurden, um einen Zusammenhang zwischen pathogenetisch unspezifischen mikrobiologischen Parametern und auftretenden Krankheitserscheinungen zu konstruieren, beginnt hoffentlich die Phase der kritischen Betrachtung der eigenen Messergebnisse und der Relativierung der Resultate unter Gebrauch des gesunden Menschenverstandes."

Nach dieser Einstimmung werden im Folgenden einige Grundlagen zum Thema Keim-Emissionen gegeben. Anschließend werden die hygienischen Verhältnisse am Arbeitsplatz in einem Kompostwerk bzw. in der Umgebung eines Kompostwerkes betrachtet und die hygienischen Aspekte der Sammlung von Bioabfall dargestellt, die so häufig durch die Medien spektakulär aufbereitet werden.

17.7.1

Grundlagen zur Emission von Keimen

Bei Anlagen zur Behandlung organischer Abfälle ist prinzipiell immer eine Freisetzung von Mikroorganismen, Teilen von Mikroorganismen und Stoffwechselprodukten möglich. Untersuchungen zu diesem Thema sind wichtig aus Gründen des Arbeitsschutzes und wegen der Gefahr der Verlagerung allergisierender bzw. pathogener Keime in die Umwelt. Dennoch sind die Versuchsergebnisse mit Vorsicht zu interpretieren, weil sowohl die Sammeltechniken höchst unterschiedlich sind als auch die arbeitsmedizinische Relevanz dieser Emissionen noch nicht geklärt ist.

17.7.1.1

Arten von Keimen

Bei der Behandlung von Abfällen kommen viele sogenannte Keime vor. Unter diesem Begriff werden Bakterien, Pilze und Viren sowie freigesetzte Zellbestandteile zusammengefasst. In den seltensten Fällen handelt es sich hierbei um obligat pathogene Krankheitserreger, es sind vielmehr Keime, die an den Umsetzungsvorgängen beteiligt sind oder die sich als Begleitflora im Material bzw. Substrat vermehrt haben.

An Bakterien sind hauptsächlich *Salmonella, Actinomyces, Streptococcus, E. coli* und andere Enterobakterien sowie deren Endo- und Exotoxine medizinisch relevant. Bei den Pilzen sind verschiedene Arten der Schimmelpilze *Aspergillus* und *Penicillium* von Bedeutung, außerdem deren Sporen, Myxotoxine und Zellwandbestandteile wie die β-1-3-Glucane. Bei beiden Gruppen ist ebenfalls mit biologisch aktiven Proteasen sowie anderen Enzymen und Stoffwechselprodukten zu rechnen, die möglicherweise aerogen verfrachtet werden. Alle Zellen können lebend oder tot im Sinne von kultivierbar oder nicht kultivierbar auftreten. Schließlich sind noch Viren wie die Arten *Coxsacki B, Echo* und *Herpes-simplex* in diesem Zusammenhang zu nennen. Während sich die Bakterien und Pilze im Sammelgut vermehren können, sind die Viren einem kontinuierlichen Absterbevorgang unterworfen.

Alle diese Keime sind in der Regel auch im ungetrennten häuslichen Gesamtmüll vorhanden sowie ebenfalls im Restmüll zu erwarten (Tabelle 32). Weitere

Tabelle 32: Mikroorganismen in häuslichen Abfällen
Quelle: [53] Böhm (2000)

Abfallfraktion	**Nachgewiesene Mikroorganismenspezies und -gruppen**	
Abfall (gesamt)	Bakterien	*Salmonella, Escherichia, Yersinia, Streptococcus, Staphylococcus*
	Viren	*Enteroviren, Hepatitis A-Virus*
	Pilze	*Aspergillus (A. fumigatus)*
	Parasiten	*Ascaris lumbricoides* (Spulwurm)
Altglas	Bakterien	*Staphylococcus, Streptococcus, Acinetobacter, Enterobacter, Citrobacter, Hafnia, Klebsiella, Proteus, Serratia, Aeromonas, Pseudomonas, Kluyvera*
Nassmüll	Bakterien	*Enterococcus, Escherichia, Pseudomonas*
Haushaltsabfall	Bakterien	*Enterobacter, Proteus, Escherichia, Pseudomonas, Klebsiella, Serratia, Citrobacter*
Altpapier mit Nass- und Hausmüll	Bakterien	*Staphylococcus, Streptococcus, Acinetobacter, Enterobacter, Citrobacter, Hafnia, Klebsiella, Proteus, Serratia, Aeromonas, Pseudomonas, Kluyvera, Escherichia, Salmonella*

Keime werden durch die Menschen eingebracht, die den Abfall erfassen und ihn bzw. den fertigen Kompost behandeln.

Da Mikroorganismen in ihrer natürlichen Umgebung dazu tendieren, in Kolonien zu wachsen, erscheinen sie auch im Aerosol meist als Aggregate oder Mikrokolonien, die an andere Materialien gebunden sind. Die Größe der auftretenden Keime variiert dabei zwischen 0,02-0,3 µm für Viren über 0,5-10 µm bei Bakterien und deren Sporen bis hin zu 1-30 µm bei Pilzen (vergleiche Kapitel 12).

17.7.1.2

Trägermedium Luft

Die Luft ist kein geeignetes Milieu für das Wachstum und die Vermehrung von Mikroorganismen, da sie weder die benötigten Nährstoffe noch die notwendige Feuchtigkeit enthält. Sie dient den Mikroorganismen lediglich als Trägermedium. Die Überlebensfähigkeit luftgetragener Keime hängt maßgeblich von der Luftfeuchtigkeit, der Temperatur und den Sauerstoffverhältnissen ab, außerhalb von geschlossenen Räumen kommen UV-Licht und andere, energiereiche Strahlen als limitierende Faktoren hinzu. Die meisten emittierten Keime werden in einer Entfernung von 100 bis 200 m zur Keimquelle aus der Luft abgeschieden oder im luftgetragenen Zustand inaktiviert. Allerdings kann es in seltenen Fällen und unter besonderen meteorologischen Bedingungen auch zur Verfrachtung über größere Distanzen kommen.

Verschiedene Mikroorganismen, die in ihrer Ökologie auf diese aerogene Verbreitung angewiesen sind, haben sich jedoch an diese Notwendigkeit angepasst, indem sie Sporen bilden. Diese Sporen sind gegenüber Trockenheit, Kälte, Hitze und ultravioletter Strahlung relativ resistent und daher gut für den Transport auf dem Luftweg geeignet.

17.7.1.3

Medizinische Bedeutung der Mikroorganismen

Alle freigesetzten Keime können entweder über die Luft eingeatmet oder durch Kontamination übertragen werden.

Die Krankheiten, die durch die in Bioabfall vorhandenen Mikroorganismen oder deren Stoffwechselprodukte verursacht werden, treten häufig in unspezifischer Form auf, dazu zählen Unwohlsein, grippeähnliche Symptome, allergische Reaktionen, Asthma und andere Atemwegserkrankungen ([230] N.N., 2001/3). Auch komplexe Krankheitsbilder wie die Farmerlunge, ODTS (Organic Dust Toxic Syndrom) oder EAA (Exogen-Allergische Alveolitis) gehören dazu. In letzter Zeit ist auch das Thema Botulismus durch die Medien aufgegriffen worden. Botulismus ist eine Form der Lebensmittelvergiftung, die auf fünf für den Menschen gefährliche Toxine zurückgeht, welche das Bakterium *Clostridium botulinum* produziert. Das Bakterium selbst ist ungefährlich und kommt an anaeroben Standorten häufig vor, dazu zählen u.a. auch Blumenerde, Honig und eben die Biotonne. Erste Ergebnisse einer entsprechenden Untersuchung belegen, dass in der Biotonne zwar das Bakterium, nicht aber eines seiner Toxine gefunden werden kann. Eine zweite Studie ist noch nicht abgeschlossen, generell ist aber schon festzuhalten, dass das Risiko, über die Biotonne an Botulismus zu erkranken, deutlich geringer ist als dasjenige, das durch den direkten Kontakt zu Staub oder Erde besteht ([299] UBA, 2000; [236] N.N., 2001/9; [118] Fricke, 2001).

17.7.1.4

Beurteilung der hygienischen Relevanz von Keimemissionen

Für die Beurteilung der hygienischen Relevanz von Keimemissionen ist die Ableitung einer Gefährdungssituation in der Bioabfallwirtschaft nur sinnvoll:

- wenn sich epidemiologische Kreisläufe über das betreffende Umweltkompartiment oder Untersuchungsgut schließen können und dafür auch entsprechende klinische Beweise vorliegen,
- wenn für die entsprechenden Mikroorganismen mit einer ausreichenden Überlebensfähigkeit in der Umwelt gerechnet werden kann und die Keimemission zeitlich begrenzt sehr hoch oder über einen längeren Zeitraum konstant nachweisbar ist,
- wenn zuverlässige und reproduzierbare Verfahren zur quantitativen Erfassung der Keimmenge zur Verfügung stehen,
- wenn das biologische Bezugssystem (Wirt) das gesunde, also nicht durch Krankheit oder medikamentöse Behandlung abwehrgeschwächte Individuum ist und
- wenn sichergestellt ist, dass in anderen Bereichen des natürlichen Lebensraumes der Bezugsgruppe unter normalen Lebensumständen nicht genau so hohe oder höhere Keimbelastungen der gleichen Art auftreten ([54] Böhm et al., 1998).

Diese Hintergrundbelastung muss bei allen Messungen berücksichtigt werden. In Tabelle 33 sind entsprechende Werte an keimbildenden Einheiten (KBE) für die Gesamtzahl an Bakterien und Pilzen sowie für das Vorkommen von *Aspergillus fumigatus* und thermophilen Actinomyceten als medizinisch relevanten Arten

Tabelle 33: Hintergrundwerte für vier mikrobiologische Parameter
Quelle: [55] Böhm et al. (2000)

Mikrobiologischer Parameter	Umgebung	Sammelgerät	Anzahl KBE/m³ Luft	
			von	bis
Gesamtbakterienzahl	Städtische Umgebung	RCS-plus	30	200
		Andersen	35	130
	Einzelhausbebauung	RCS-plus	10	360
		Andersen	7	130
	Park	RCS-plus	110	510
		Andersen	18	230
	Feld/Baumschule	PGP direkt	57	1.200
		PGP indirekt	860	12.000
Gesamtpilzzahl	Städtische Umgebung	RCS-plus	120	1.200
		Andersen	660	170.000
	Einzelhausbebauung	RCS-plus	8	790
		Andersen	710	1.700
	Park	RCS-plus	11	180
	Feld/Baumschule	PGP direkt	630	2.300
		PGP indirekt	1.700	32.000
Aspergillus fumigatus	Feld/Baumschule	PGP direkt	29	910
		PGP indirekt	n.n.	11.000
Thermophile Actinomyceten	Feld/Baumschule	PGP direkt	n.n.	600
		PGP indirekt	n.n.	4.800

n.n. nicht nachweisbar

zusammengefasst. Die Datenerhebung erfolgte unter vergleichbaren Bedingungen in den Jahren 1995-1997, je nach Art des Sammelgerätes fallen vergleichbare Werte dabei höchst unterschiedlich aus ([55] Böhm et al., 2000).

17.7.2

Chronologie der Verbreitung von Keimen

Die Sammlung und Handhabung von organischen Abfällen ist eine Folge von Schritten, von denen jeder eine bestimmte Bedeutung bei der Vermehrung und Freisetzung von Mikroorganismen besitzt. Vereinfacht dargestellt, folgt auf einen Schritt, bei dem das Sammelgut mit der Umwelt in Kontakt kommt, immer eine Phase, in der sich biologische, chemische oder physikalische Prozesse abspielen, die das Sammelgut in seinen Eigenschaften verändern:

- bei der Sammlung zunächst die Öffnung und Beschickung der Sammelbehälter, gefolgt von einer Standzeit mit aeroben und anaeroben

Abbauvorgängen, bei denen sich dazu befähigte Keime vermehren können oder einem Absterbevorgang unterworfen sind,

- bei der Abholung zunächst das Öffnen und Umfüllen der Behälter in das Sammelfahrzeug, gefolgt von dem Transport, bei dem eine Durchmischung des Sammelgutes und eine weitere Keimvermehrung stattfinden können,
- bei der Behandlung zunächst das Abladen, Zwischenlagern, Sortieren und Mischen des Abfallgutes, gefolgt von der aeroben oder anaeroben Behandlung, der Aufbereitung, Lagerung, Verladung und dem Transport,
- bei der Anwendung zunächst das Abladen, Zwischenlagern und Verteilen, gefolgt von der endgültigen Einarbeitung in den Boden.

Die aerogene Freisetzung von Mikroorganismen, ihren Bestandteilen und Stoffwechselprodukten kann bei jedem Bearbeitungsschritt, von der Sammlung bis zur Anwendung des Fertigproduktes, erfolgen. Die Weitergabe erfolgt zum einen über die Menschen, die den Abfall bearbeiten; denn sie tragen auf ihrer Haut, ihrer Kleidung und ihren Arbeitsmitteln Keime, die durch die menschliche Bewegung verbreitet werden. Auch Insekten, Vögel und Ratten, die sich vorübergehend in Abfallbehandlungsanlagen aufhalten, können die dort aufgenommenen Keime verschleppen. Schließlich zählen schnell bewegliche und rotierende Maschinenteile sowie Gebläse zu den Keimquellen, allerdings zu sogenannten sekundären Keimquellen, weil sie die Keime nur lokal verbreiten. Bei der offenen Mietenkompostierung ist auch die Fahraktivität des Radladers auf den mehr oder weniger verschmutzten Freiflächen als sekundäre Keimquelle auszumachen ([55] Böhm et al., 2000).

17.7.2.1

Hygienische Aspekte bei der Sammlung

Stichproben bei dem erfassten Bioabfall wiesen Gesamtkeimzahlen von 10^6 bis 10^9 koloniebildenden Einheiten pro Gramm Feuchtmaterial nach, die Werte für Pilze wurden mit 10^3 bis 10^7, die für Bakterien mit 10^4 bis 10^7 KBE/g FS bestimmt ([264] Scherer, 1992). Diese Mikroorganismen werden zunächst mit dem organischen Abfallmaterial in die Tonnen eingetragen. Daher macht es für den Beginn keinen Unterschied, ob man den Bioabfall im Restabfall belässt oder getrennt sammelt.

Untersuchungen hinsichtlich einer potentiellen Gefährdung durch das Sammeln von Bioabfällen in einer separaten Biotonne kamen zu dem Ergebnis, dass die durchschnittlichen Keimbelastungen in der Biotonne vergleichbar sind mit denen in den Tonnen für Restmüll und Verpackungen. Speziell für den Anteil der Bakterien an der Gesamtkonzentration der Keime lagen die Werte für die Restmülltonne mit 40 % vor der Biotonne mit 30 % und der für Verpackungen mit 10 %. Bezüglich des Pilzanteils zeigte sich ein umgekehrtes Bild: die Tonne für

Verpackungen wies mehr Pilze auf als die Biotonne, die ihrerseits wiederum über dem Niveau der Restmülltonne lag ([68] BSR, 1999).

Eine weitere Analyse beschäftigt sich mit der häufig geäußerten Sorge, dass die in den Biotonnen vorhandenen Keime beim Öffnen der Tonnen vermehrt freigesetzt werden. Das ist in der Tat so, aber auch die dann gemessenen Werte liegen unter dem Niveau dessen, was bei der Anwendung von Gewürzen wie gemahlenem Pfeffer oder Paprikapulver oder durch die Anwesenheit von Zimmerpflanzen freigesetzt wird ([227] N.N., 2000/4).

Studien zu der Frage, ob sich diese eingetragenen Mikroorganismen während der Standzeit in den Biotonnen wesentlich besser vermehren als in den Restmülltonnen, ergaben keinen signifikanten Unterschied zwischen Bio- und Restmülltonne. Das Maximum der Keimbelastung durch Schimmelpilzsporen lag zwischen dem 3. und 5. Tag nach Befüllen der Tonne, ab dann waren die Werte für ca. 3 Wochen stabil ([221] N.N., 1998/5). Hinweise auf Verschiebungen ergaben sich wohl für das Artenspektrum, da nach längerer Standzeit eine Zunahme thermotoleranter Schimmelpilze wie *Aspergillus fumigatus* in den Biotonnen nachgewiesen wurde.

17.7.2.2

Hygienische Aspekte bei der Abholung

Für den nächsten Verfahrensschritt wurden die Konzentrationen an luftgetragenen Mikroorganismen analysiert, die am Heck eines Sammelfahrzeugs bei der Sammlung verschiedener Abfallfraktionen gemessen wurden. Eine Zusammenfassung der hier gewonnenen Daten zeigt Tabelle 34 ([55] Böhm et al., 2000).

Im Rahmen einer Studie der Bundesanstalt für Arbeitsschutz und Arbeitsmedizin zur „Gefährdung von Beschäftigten bei der Abfallsammlung und -abfuhr durch

Tabelle 34: Konzentrationsbereiche an luftgetragenen Mikroorganismen am Heck eines Sammelfahrzeugs [koloniebildende Einheiten pro m³ Luft]
Quelle: [55] Böhm et al. (2000)

Parameter	Konzentrationsbereich luftgetragener Mikroorganismen KBE/m³			
	Gesamtbakterien	Schimmelpilzsporen	*A. fumigatus*	thermophile Actinomyceten
Papiermüll	< N bis $10^{4,7}$	< N bis 10^{5}	n.n. bis $10^{3,2}$	n.n. bis 10^{4}
Gesamtmüll	< N bis $10^{5,9}$	< N bis $10^{7,1}$	n.n. bis $10^{5,6}$	n.n. bis $10^{2,7}$
Restmüll	< N bis $10^{4,6}$	< N bis $10^{7,1}$	n.n. bis $10^{4,6}$	n.n. bis $10^{4,2}$
Bioabfall	< N bis $10^{5,8}$	< N bis $10^{7,1}$	n.n. bis $10^{6,1}$	n.n. bis $10^{4,5}$
Hintergrund	< N bis $10^{4,7}$	n.n. bis $10^{3,9}$	n.n. bis < N	n.n. bis < N

n.n. = nicht nachgewiesen
< N = unter der methodischen Nachweisgrenze (~ 10^{3} KBE/m³ Luft)

Keimexpositionen" wurden weiterhin 220 westfälische Müllwerker und 1.600 Luftproben untersucht. Bei den Müllwerkern konnte in keinem Fall eine Beeinträchtigung der Gesundheit durch erhöhten Keimausstoß nachgewiesen werden. Bei der Untersuchung der Luftproben auf lebensfähige Keime wurden statt der angenommenen Größenordnung von 100.000 bis 150.000 koloniebildenden Einheiten pro m^3 Luft Werte von maximal 15.000 koloniebildenden Einheiten gefunden. Entgegen landläufiger Annahmen besteht demzufolge für Müllmänner beim Abfahren der Biotonne keine höhere Gesundheitsgefahr durch frei werdende Keime als bei der Sammlung anderer Abfallarten ([21] BAUA, 2001).

17.7.2.3

Hygienische Aspekte bei der Behandlung

Im Annahmebereich des Rohmaterials im Kompostwerk wurde ebenfalls eine Analyse der Keimzahlen durchgeführt mit dem Ergebnis, dass beispielsweise bis zu 10^6 KBE Salmonellen pro Gramm Feuchtgewicht im Bioabfall enthalten sein können. Dennoch sind kein einziges Mal im Bereich der Annahme Salmonellen aus der Luft nachgewiesen worden ([55] Böhm et al., 2000).

Eine Vielzahl von Untersuchungen hat sich mit den Krankheitsbildern der Personen auseinandergesetzt, die in Bioabfallbehandlungsanlagen arbeiten und dort häufig mit sehr hohen Keimkonzentrationen konfrontiert sind. Das Personal, das an den jeweiligen Arbeitsschritten beteiligt oder in entsprechendem räumlichen Zusammenhang exponiert ist, kommt indirekt über die Luft oder aber direkt durch Berührung oder Verletzungen mit den Mikroorganismen und deren Begleitstoffen in Kontakt.

Auffällige Unterschiede zu den Krankheitsbildern anderer Arbeitnehmer konnten bislang nicht belegt werden. Das zeigt sich nicht zuletzt daran, dass selbst bei im Durchschnitt hoch belasteten Arbeitnehmern im Bereich der Kompostierung keine signifikant höheren Erkrankungsraten der Atemwege, der Haut oder in Hinsicht auf Allergien gegenüber der Normalbevölkerung nachgewiesen werden konnten. Auch wenn in dieser Studie bei einigen der Beschäftigten vermehrt Schleimhautreizungen festgestellt werden konnten, und auch wenn diese Studie im grundsätzlichen Ansatz nicht unumstritten ist, so kann sie doch als Beleg dafür dienen, dass hinsichtlich der Ableitung von konkreten Gesundheitsgefahren aus Messwerten für Bioaerosole derzeit Zurückhaltung geboten zu sein scheint ([219] N.N., 1998/3; [53] Böhm, 2000).

Typisch ist allerdings hier wie auch in anderen Berufen, dass Krankheiten wie Asthma bronchiale, die zu Beginn der Berufstätigkeit auftreten, in der Regel dazu führen, dass der betroffene Arbeitnehmer relativ schnell die Arbeitsstelle wechselt. Bei den längerfristig arbeitenden Personen sind solche Fälle daher selten zu finden ([230] N.N., 2001/3).

17.7.2.4

Hygienische Aspekte bei der Anwendung

Je nachdem, ob die verarbeiteten Stoffe direkt aus der Landwirtschaft kommen und (z.B. bei Güllegemeinschaftsanlagen) auch dorthin wieder direkt zurückgeführt oder ob Materialien unterschiedlicher Herkunft verwendet werden, können sich mehr oder weniger geschlossene epidemiologische Kreisläufe in schlecht kontrollierbare, offene Systeme verwandeln. Durch die gezielte Hygienisierung des Abfallmaterials wird eine solche Durchreichung pathogener Keime unterbunden.

17.7.3

Minimierung von Keimemissionen

Die tatsächlichen Auswirkungen von Keimemissionen sind schwer abzuschätzen. Im Zusammenhang mit der biologischen Abfallbehandlung kann durchaus eine gegenüber „normalen" Umweltkonzentrationen erhöhte Belastung mit luftgetragenen Mikroorganismen gegeben sein. Das betrifft sowohl eine berufsbedingte Bioaerosol-Belastung der Luft an entsprechenden Arbeitsplätzen als auch unter bestimmten Umständen Emissionen in die Nachbarschaft von solchen Abfallbehandlungsanlagen.

Das ATV-Merkblatt „Hygiene bei der biologischen Abfallbehandlung – Hinweise zu baulichen und organisatorischen Maßnahmen" (ATV-M 365) weist auf diese Risiken hin und zeichnet Vermeidungsstrategien in allen betroffenen Bereichen auf. Eine solche Minimierung der Keimemissionen wird häufig durch Einhausung von Anlagenteilen und durch eine Fassung und Reinigung der Abluft praktiziert.

Geschlossene und offene Anlagen unterscheiden sich deutlich hinsichtlich ihres Emissionsverhaltens. Geschlossene Anlagen zeigen tendenziell einen zwar nicht weitreichenden, aber steten Einfluss auf die Umgebung. Die hierbei ermittelten Bioaerosol-Konzentrationen liegen ab einer Entfernung von 100-200 m von der Anlage in der Regel im Bereich der natürlichen Hintergrundwerte. Offene Anlagen zeigen zwar nur während der begrenzten Zeit von Arbeiten (vor allem Materialbewegungen) auf dem Anlagengelände einen Einfluss auf die Umgebung, der aber in Einzelfällen noch in Distanzen von bis zu 500 m nachgewiesen werden kann.

Bei der Reinigung der Abluft über ein Biofilter verschiebt sich einerseits die Zusammensetzung der Keime (Tabelle 35), andererseits emittieren auch nach dem Reinigungsprozess die Biofilter selbst noch Keime (Tabelle 36) ([55] Böhm, 2000).

Tabelle 35: Emissionkonzentrationen in Roh- und Reingas der Biofilter (Mittelwerte)
Quelle: [55] Böhm et al. (2000)

Anlage	Messung	n	Mittelwerte der Mikroorganismenkonzentrationen in Roh- und Reingas der Biofilter KBE/m³														
			Pilze, 20 °C			Pilze, 45 °C			*Aspergillus fumigatus*			Actinomyceten, 50 °C			Bakterien, 37 °C		
			Roh-gas	Rein-gas	A	Roh-gas	Rein-gas	A	Roh-gas	Rein-gas	A	Roh-gas	Rein-gas	A	Roh-gas	Rein-gas	A
1	1	1*	41.000	530	99 %	n.b.	n.b.	-	36.000	320	99 %	83.000	430	99 %	21.000	3.600	83 %
	2	2*	41.500	21.600	48 %	33.000	14.700	55 %	29.900	14.900	50 %	70.600	17.900	75 %	129.000	87.700	32 %
	5	5	2.270	163	93 %	1.100	44	96 %	1.160	44	96 %	n.b.	n.b.	-	81.700	16.400	80 %
2	1	6	52.700	526	99 %	19.600	144	99 %	18.400	134	99 %	n.b.	n.b.	-	24.200	5.440	78 %
	2	5	11.800	1.180	90 %	8.310	24	100 %	4.830	NG	-	n.b.	n.b.	-	27.400	4.120	85 %
	3	5	2.570	328	87 %	304.000	463	100 %	551.000	667	100 %	n.b.	n.b.	-	7.870.000	225.000	97 %
3	1	4	5.060	1.420	72 %	8.680	423	95 %	8.430	1.030	88 %	n.b.	n.b.	-	56.000	2.890	95 %
	2	4	4.820	2.340	51 %	3.280	1.370	58 %	3.350	1.940	42 %	n.b.	n.b.	-	13.100	5.870	55 %
	3	4	3.430	1.850	46 %	2.130	1.700	20 %	2.370	1.790	24 %	n.b.	n.b.	-	21.500	5.670	74 %

n Anzahl der Proben
* Sammelprobe
NG Nachweisgrenze
n.b. nicht bestimmt
KBE koloniebildende Einheiten
A Abscheidegrad

Tabelle 36: Emissionsquelle Biofilter
Quelle: [55] Böhm et al. (2000)

Parameter	Mikroorganismenkonzentration im Reingas (Jahreswerte) KBE/m³	
	Durchschnitt	Maximum
Bakterien, 37 °C	$4{,}0 \cdot 10^3$	$4{,}5 \cdot 10^4$
Actinomyceten, 50 °C	$2{,}5 \cdot 10^3$	$4{,}3 \cdot 10^4$
Schimmelpilze, 22 °C, DG 18-Agar	$2{,}2 \cdot 10^3$	$1{,}4 \cdot 10^4$
Schimmelpilze, 30 °C, DG 18-Agar	$5{,}8 \cdot 10^3$	$5{,}0 \cdot 10^4$
Aspergillus ssp., 45 °C	$2{,}4 \cdot 10^3$	$5{,}0 \cdot 10^4$
Schwärzepilze	bis $3{,}9 \cdot 10^2$	bis $3{,}9 \cdot 10^4$

17.7.4 Schlussfolgerungen

Aus den angeführten Untersuchungen lassen sich mehrere Schlüsse ziehen:

Zum einen besteht aus hygienischen Gründen keine Notwendigkeit für die oft geforderte wöchentliche Leerung der Biotonne.

Zum zweiten können abwehrgeschwächte Menschen tatsächlich gesundheitliche Probleme durch das vermehrte Aufkommen von Bakterien und Pilzsporen bei der Sammlung von Bioabfällen bekommen.

Unklarheit herrscht aber offensichtlich über den Begriff des „abwehrgeschwächten Menschen", weswegen sich das Bundesgesundheitsamt in einer Pressemitteilung ([31] BGA, 1991) genötigt sah, diesen Begriff zu erläutern. Danach umfasst der Begriff „abwehrgeschwächte Menschen" beispielsweise Leukämiekranke, Patienten nach einer Organtransplantation, chronisch Lungen-, Leber- und Nierenkranke, Menschen mit Tuberkulose, schwerem Diabetes, AIDS, Tumorkranke unter entsprechender Behandlung oder Personen mit Asthma bronchiale sowie unter Kortisonbehandlung - also schwer kranke Menschen. Dass solche Menschen in ihrem instabilen Gesundheitszustand vermutlich gesundheitliche Probleme bei jeder Exposition gegenüber unüblichen Konzentrationen an Mikroorganismen haben werden, nimmt nicht Wunder. Höchst unwahrscheinlich ist aber, dass solche schwer kranken Menschen überhaupt in die Lage kommen, sich selber um die getrennte Erfassung und Sammlung ihres Bioabfalls bemühen zu müssen. Asthmatiker, die der oben genannten Gruppe zugezählt werden, aber durchaus zur Entsorgung ihres Abfalls befähigt sind, können sich per Attest vom Anschluss- und Benutzungszwang der Bioabfallsammlung befreien lassen.

Zum dritten führen bei gesunden Menschen auch massive Expositionen gegenüber Schimmelpilzen nicht zur Erkrankung. Das Bundesgesundheitsamt begrüßt daher ausdrücklich die Einführung von Systemen der getrennten Sammlung organischer Abfälle mittels Biotonne.

Die Erfassung und Behandlung von Bioabfall gibt also – bei Einhaltung von technischen und betrieblichen Voraussetzungen und erforderlichen Abständen – keinen Anlass zu gesundheitlichen Befürchtungen ([26] BDE, 1999). Das entbindet die Betreiber und Verantwortlichen von entsprechenden Anlagen jedoch nicht von der Pflicht zu einer Minimierung von Bioaerosol-Belastungen und -emissionen durch organisatorische und technische Maßnahmen, da sich diese Pflicht aus dem Vorsorgegedanken des § 10 des Kreislaufwirtschafts- und Abfallgesetzes ergibt.

Kapitel 18

Abschlussuntersuchungen

Alle Komposterzeugnisse müssen vor einer Nutzung eine Reihe von Prüfungen bestehen, die von ihrem Wert und ihrer Schadlosigkeit Zeugnis geben. Dazu gehören hygienische Belange ebenso wie die Analyse von bestimmten Inhaltsstoffen.

18.1

Hygienische Anforderungen an Prozesse und Produkte

Bei der Vergärung wie auch bei der Kompostierung vermehren sich neben den nützlichen oder harmlosen Mikroorganismen auch pathogene Viren, Bakterien und Pilze. Zudem werden über das Ausgangsmaterial Pflanzensamen eingetragen. Im folgenden wird zunächst ein Überblick über die Bedeutung einiger der pathogenen Mikroorganismen gegeben. Anschließend werden die Mechanismen der Hygienisierung des Ausgangsmaterials bei den anaeroben wie den aeroben Abbauprozessen und das ordnungsgemäße Nachweisverfahren erläutert. Die hygienischen Aspekte bei der Freisetzung von Keimen aller Art, sei es bei der Erfassung, der Sammlung oder Behandlung des Bioabfalls in den Bioabfallbehandlungsanlagen, sind bereits im Themenkomplex „Emissionen" in Kapitel 17 vorgestellt worden.

18.1.1

Nachweis des Hygienisierungserfolges

Die Anforderungen an den Nachweis der hygienischen Leistungsfähigkeit der eingesetzten Verfahren sind in der BioAbfV festgehalten (§ 3 Absatz 4 Nr. 1) und werden von den Bestimmungen der RAL-Gütesicherung aufgenommen ([69] Bundesgüteausschuss, 2001). Um generell zu prüfen, ob das von einer Anlage praktizierte Hygienisierungsverfahren die gesetzlichen Bestimmungen erfüllt, müssen neue Anlagen innerhalb eines Jahres nach Inbetriebnahme eine direkte Prozessprüfung durchführen.

Bei einer solchen direkten Prozessprüfung werden definierte Mengen von einem bestimmten Prüforganismus in einer semipermeablen Verpackung mit in den Abbauprozess eingeschleust. Am Ende entweder des Hygienisierungsschrittes oder des gesamten Verfahrens werden die Päckchen mit den Testorganismen aus dem Abfallmaterial herausgesucht und ihr Inhalt analysiert. Die direkte Prüfung gilt als bestanden, wenn in keiner Probe intakte Organismen und pro Liter Prüfsubstrat weniger als zwei keimfähige Samen oder austriebsfähige Pflanzenteile nachweisbar sind. Auf diese Weise lassen sich systembedingte Unwägbarkeiten beurteilen und beherrschen; falls erforderlich, sind die Betriebsbedingungen entsprechend zu korrigieren. Die Untersuchungsergebnisse müssen 10 Jahre lang aufgehoben werden.

Bei bestehenden Anlagen reichte dazu für einen Übergangszeitraum eine Konformitätsprüfung nach dem Hygiene-Baumusterprüfsystem der Bundesgütegemeinschaft Kompost aus. Nachdem dieser abgelaufen ist, müssen deren Betreiber den Nachweis der erfolgreichen Hygienisierung ebenfalls über eine direkte Prozessprüfung erbringen

Als permanente Kontrolle während des Betriebs muss die Einhaltung der geforderten Behandlungstemperatur durch eine indirekte Prozessprüfung nachgewiesen werden. Als eine solche gilt die Dokumentation des Temperaturverlaufes sowie bei Kompostierungsanlagen der Umsetzungszeitpunkte und bei Vergärungsanlagen der Beschickungsintervalle während der Abbauprozesse. Die Messprotokolle sind 5 Jahre lang aufzubewahren (BioAbfV, § 3). Zusätzlich werden die behandelten Bioabfälle in regelmäßigen Abständen einer Endprüfung unterzogen, deren Protokolle ebenfalls 10 Jahre lang zu archivieren sind. Alle Untersuchungen werden von unabhängigen Stellen durchgeführt. Das Ziel besteht darin, eine einwandfreie Inaktivierung von krankheitserregenden Mikroorganismen aus Gründen der Pflanzen- und Seuchenhygiene garantieren zu können.

18.1.2

Charakterisierung hygienisch relevanter Organismen

Von der Vielzahl der im gesammelten und behandelten Abfallgut enthaltenen Keime kann eine Reihe von Arten von phyto- und seuchenhygienischer Relevanz sein.

18.1.2.1

Phytohygienisch wichtige Organismen

Die Testorganismen für Hygienisierungskontrollen sind so ausgewählt, dass sie in ihrer Empfindlichkeit möglichst gut zu den Anforderungen passen, die durch die Ausgangsmaterialien oder den späteren Verwendungszweck an das Verfahren gestellt werden. Typische Indikator-Organismen für die phytohygienische Unbedenklichkeitsprüfung sind Tomatensamen, *Plasmodium brassicae* und das *Tabakmosaik-Virus* ([56] Böhm et al., 2000/2; [206] Martens et al., 2000).

Tomatensamen bieten sich an, weil sie gegenüber den zur Hygienisierung eingesetzten Temperaturen überdurchschnittlich resistent sind. Im Falle eines mangelhaften Verfahrensverlaufes werden sie daher nicht abgetötet und keimen aus, wenn der produzierte Kompost auf Böden aufgebracht wird. Auch Hirse und Flughafer keimen gelegentlich aus, insbesondere, wenn die Felder mit Klärschlammprodukten gedüngt wurden ([63] Brensing, 1995). Bei solchen Pflanzensamen sind die Folgen der unzureichenden Hygienisierung also sehr offensichtlich, in jedem Fall kommt es dadurch zu Ertragsausfällen.

Ebenfalls wirtschaftliche Schäden verursachen verschiedene Erreger von pflanzlichen Krankheiten, dazu gehören u.a. die beiden parasitischen Schleimpilze *Plasmodium brassicae*, der bei Kohlarten einen Wurzelkropf verursacht (Kohlhernie), und *Spongospora subterranea*, der für die Kartoffelräude verantwortlich ist. Einige Schimmelpilze der Gattung *Penicillium* rufen bei Pflanzen Fruchtfäulen hervor, und auch *Streptomyces scabies* als Erreger des Kartoffelschorfs und *Graphium ulmi* als Auslöser des Ulmensterbens sind wirtschaftlich bedeutsam.

Das bekannte *Tabakmosaikvirus (TMV)* gehört in eine Virenfamilie, die durch Virosen an verschiedenen Pflanzen qualitative Schäden an den Blättern und Ertragsminderungen hervorrufen; bei *TMV* erfolgt die Übertragung auf rein mechanischem Wege, so dass er als Versuchsorganismus sehr beliebt ist.

18.1.2.2

Seuchenhygienisch wichtige Organismen

Von den für die menschliche und tierische Gesundheit bedeutsamen Mikroorganismen wird in der Regel nur ein sehr geringer Anteil qualitativ und quantitativ erfasst. In Tabelle 37 ist eine Auswahl solcher Keime zusammengestellt. Es handelt sich um thermotolerante Pilze und bei den Bakterien hauptsächlich um thermophile Actinomyceten, die sich im Verlauf des aeroben Abbauprozesses massenhaft entwickeln.

Um die vielfältige Flora von Mikroorganismen analysieren zu können, kann eine Reihe verschiedener mikrobieller Parameter bestimmt werden, von denen einige der am häufigsten genutzten nachfolgend vorgestellt werden. Die Gesamtbakterienzahl erfasst alle in einem bestimmten Temperaturbereich auf einem Standardnährboden mit Fungizidzusatz wachsenden Bakterien, üblicherweise liegt der zur Anzucht gewählte Temperaturbereich bei 30 °C oder bei 37 °C. Thermophile Actinomyceten werden in der Regel bei einer Temperatur von 50 °C auf Spezialnährmedien nachgewiesen. Bei den Enterobakteriaceen testet man verschiedene gramnegative Bakterienarten unterschiedlicher Herkunft. Die Gesamtpilzzahl erfasst alle auf einem Nährboden für Schimmelpilze in einem bestimmten Temperaturbereich wachsenden Pilzkolonien. Daneben können die Anzahl der aeroben Sporenbildner oder der Fäkalstreptococcen als weitere Parameter bestimmt oder feinere Differenzierungen der Arten bei gesammelten Actinomyceten oder Schimmelpilzen vorgenommen werden.

Tabelle 37: Hygienisch relevante Bakterien und Pilze (Auswahl)
Quelle: [56] Böhm et al. (2000)

Spezies	Infektion (opportunistisch)	Medizinische Relevanz	
		Exogen allergische Alveolitis *	Asthma, Schnupfen
Thermoactinomyces spec.		+	
Thermomonospora spec.		(+)	
Saccharopolyspora		+	
Saccharomonospora		+	
Streptomyces spec.	(?)	(+)	
Aspergillus fumigatus	+	+	+
Rhizomucor pusillus	+		+
Penicillium spec.		+	
Rhizopus spec.	+		
Graphium spec.		+	
Altenaria tenuis			

* Durch Inhalation staubförmiger, organischer Substanzen ausgelöste, komplexe immunulogische Reaktion, die sich bei ständiger Exposition v.a. als chronische Bronchitis manifestiert

Typische Indikator-Organismen für die seuchenhygienische Unbedenklichkeitsprüfung sind *Salmonella Senftenberg* W_{775}, H_2S negativ, *E. coli*, *Streptococcus aureus* und *Aspergillus fumigatus* oder andere Pilze.

Salmonellen, insbesondere *S. typhimurium*, sind die am weitesten verbreiteten Nahrungsmittelvergifter. Sie produzieren Enterotoxine, wie sie in ähnlicher Form z.B. auch von *Vibrio cholerae* gebildet werden, die zu Schleimhautreizungen und Durchfall, bei Neugeborenen und Säuglingen auch zu Meningitis führen können. Salmonellen werden in der Regel durch mit Fäkalien verunreinigte Nahrungsmittel übertragen und vermehren sich insbesondere in Fleisch-, Ei- und Milchprodukten sehr schnell.

Escherichia coli ist eine harmlose Bakterienart, die regelmäßig im Dickdarm von Mensch und Tier vorkommt. Zwar ist es nicht das häufigste Bakterium, aber eines, das auch außerhalb des Darmes eine Zeitlang überleben kann und sich leicht nachweisen lässt. Dadurch ist es als Indikator-Organismus für fäkale Verunreinigungen geeignet, die eine Menge gefährlicherer, aber schwerer nachzuweisender Bakterien enthalten können.

Staphylococcus aureus ist eine grampositive Bakterienart, die bei Mensch und Tier auf der Haut und in der Mundflora vorkommt. Bei geschwächten Individuen kann sie ins Gewebe übertreten und dort unangenehme bis tödliche Krankheiten (u.a. Wundinfektionen, Angina, Lungenentzündung) hervorrufen. Beim Eindringen in die Blutbahn verursachen diese Bakterien eine Sepsis, bei vermehrtem Wachstum in Eier-, Milch- und Fleischgerichten kann es zusätzlich durch deren Toxine zu einer Nahrungsmittelvergiftung kommen.

Aspergillus fumigatus stellt eine arbeitsmedizinisch bedeutsame Pilzart dar, die zu Allergien und anderen Erkrankungen u.a. der Atmungsorgane und der Haut führen kann.

Ein anderer, hygienisch bedeutsamer Pilz ist *Rhizopus*, der als häufiger Luftkeim auf faulenden Pflanzensubstraten, im Boden und auf Nahrungsmitteln wie Mehl, Brot oder Malz lebt und Mycosen und Allergien auslösen kann. Einige Arten von *Penicillium* zersetzen Lebensmittel, Textilien, Leder und sogar Polyurethan, manche können (neben Antibiotika) Mycotoxine bilden. Bei geschwächten Individuen tritt *Rhizomucor* auf, der akute Infektionen auslösen und durch den Atmungs- und Speisetrakt in den Organismus eindringen kann, wo er Wandnekrosen und septische Infarkte mit tödlichem Ausgang hervorrufen kann.

Alle diese wie auch andere pathogene Mikroorganismen können prinzipiell im Bioabfall enthalten sein, daher gilt der einwandfreien Hygienisierung des Materials mit dem Ziel der Dezimierung solcher Keime höchste Aufmerksamkeit.

18.1.3

Hygienisierungsprozess bei der Vergärung

Die Mechanismen des Hygienisierungsprozesses sind bei den Vergärungsanlagen unterschiedlich und hängen maßgeblich davon ab, ob die Anlagen thermophil oder mesophil betrieben werden.

In den thermophilen Anlagen ist die wirksame Hygienisierungskomponente die Temperatur. Da pathogene Organismen auf Lebensweise und Körpertemperatur ihrer Wirte angepasst sind, können sie bei der Abfallbehandlung in der Regel bereits durch relativ geringe Temperaturdifferenzen abgetötet werden. Bei Untersuchungen zur Auswirkung der Vergärung auf MKS-Viren wurden Viren in einer Größenordnung von etwa 10^6 infektiösen Einheiten pro ml Gülle in einen Biogasreaktor gefüllt und waren bei Temperaturen zwischen 50 und 55 °C nach einer Stunde nicht mehr nachweisbar ([213] MKS, 2001). Weitere Versuche auf dem gleichen Temperaturniveau (Bild 137) zeigten, dass behüllte (*BVDV, AKV*) und unbehüllte Viren (*ERV, ECBO*) bereits nach wenigen Stunden bis unter die Nachweisgrenze inaktiviert werden. Noch schneller lassen sich Salmonellen (*S. senft., S. enter.*) in ihrem Titer reduzieren; spätestens nach sechs Stunden können sie nicht mehr nachgewiesen werden. Fäkalstreptococcen (*FKS*) sind zwar deutlich thermoresistenter, sind aber nach 24 Stunden ebenfalls stark reduziert. Beim Bovinen Parvovirus (*BPV*) ist erst nach 48 h eine Reduktion zu sehen, dieses Virus ist dann aber immer noch nachweisbar.

Der Hygienisierungseffekt mesophiler Anlagen beruht weniger auf der Temperatur als vielmehr auf der Summe von Faktoren wie pH-Wert, Redoxpotential, NH_3-Konzentration und dem Maß der Zerkleinerung. Diese Wirkungen lassen sich nicht einzeln voneinander abgrenzen. Das Temperaturspektrum mesophiler Anlagen reicht von 21 °C bis 35 °C. Versuche bei weniger als 30 °C ergaben, dass keiner der getesteten Organismen in nachweisbarer Weise inaktiviert werden konnte. Bei Temperaturen über 30 °C konnte innerhalb unterschiedlicher Zeiträume bei allen verwendeten Indikator-Organismen eine deutliche Titerreduktion

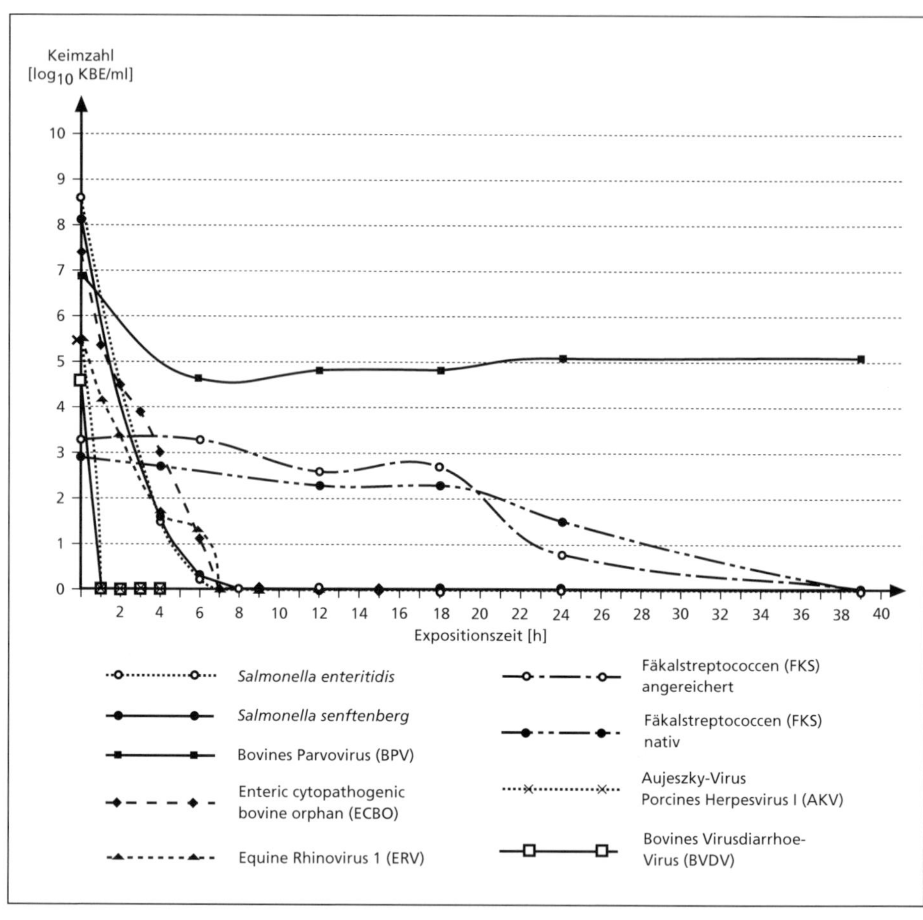

Bild 137: Inaktivierung verschiedener Bakterien und Viren in einem thermophilen Anaerobreaktor (Rindergülle, ca. 46 °C)
Quelle: [206] Martens et al. (2000)

gezeigt werden (Bild 138). Behüllte Indikatorviren wie *BVDV* und *AKV* ließen sich bereits nach einem einzigen Expositionstag nicht mehr nachweisen, unbehüllte Viren wie *ERV* und *ECBO* sowie Salmonellen waren nach etwa zwei Wochen deutlich im Titer reduziert oder konnten nicht mehr nachgewiesen werden. Fäkalstreptococcen (*FKS*) und das *BPV* dagegen wurden auch nach zwei Wochen nur wenig reduziert und ließen sich regelmäßig darstellen.

Die gesetzlichen Vorgaben der Bioabfallverordnung fordern daher für Anaerobanlagen, die im mesophilen Bereich arbeiten, eine thermische Vorbehandlung des Materials für eine Stunde bei 70 °C, eine Nachbehandlung der Produkte durch Erhitzung auf 70 °C für 1 h oder eine Nachkompostierung des Gärrestes.

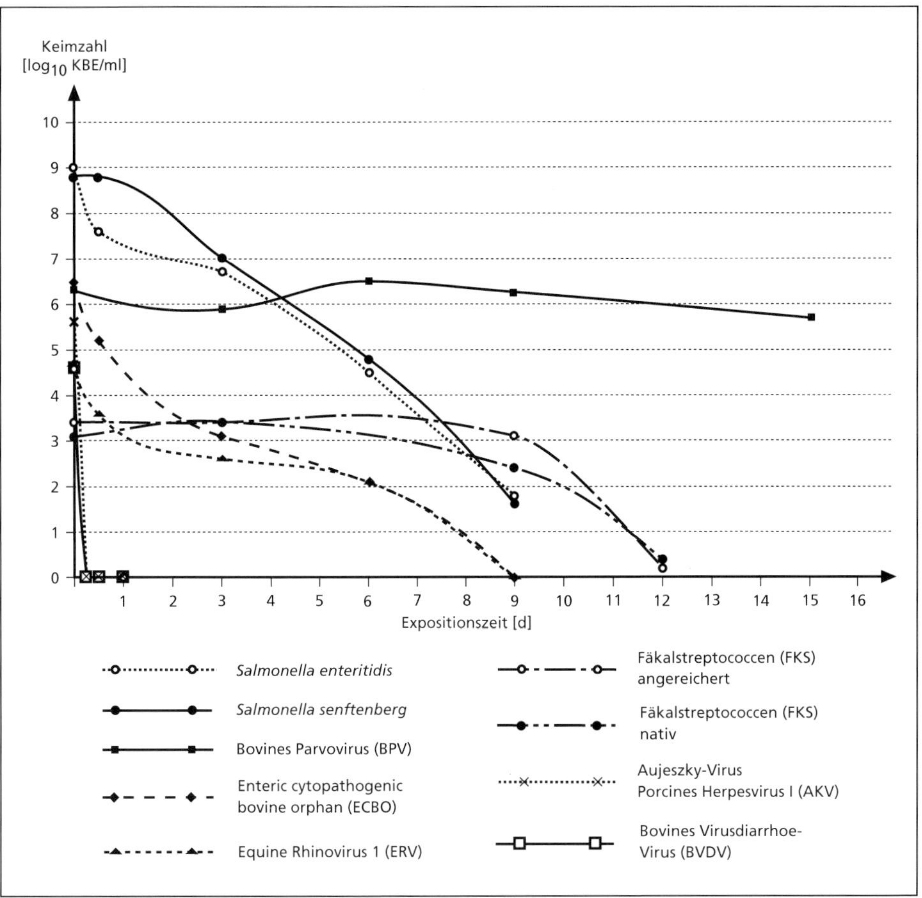

Bild 138: Inaktivierung verschiedener Bakterien und Viren in einem mesophilen Anaerobreaktor (Rindergülle, ca. 31 °C)
Quelle: [206] Martens et al. (2000)

Praktiziert wird häufig auch eine Erhitzung für 30 Minuten auf 90 °C. Für thermophile Anaerobanlagen gibt es eine Auswahl möglicher Verfahren: neben einer Nachkompostierung sind sowohl eine thermische Vorbehandlung für 30 Minuten bei 70°C oder Temperaturen von 55 °C bei einer realen Aufenthaltszeit von mindestens 24 Stunden und einer mittleren hydraulischen Aufenthaltszeit von mindestens 20 Tagen gestattet. Hinsichtlich der Erhitzungsgebote für Speiseabfälle zur Verfütterung weichen diese Vorerhitzungstemperaturen und –zeiten von denen der Viehverkehrsordnung ab, weil für eine Reihe von Krankheitserregern von einer zusätzlichen mikrobiziden Wirkung des Anaerobprozesses ausgegangen werden kann ([56] Böhm et al., 2000/2).

18.1.4

Durchführung und Kontrolle der Hygienisierung im Rottegut

Es gibt bei der Kompostierung zwei Mechanismen, die der Hygienisierung von organischem Abfallmaterial dienen: zum einen durch von manchen Mikroorganismen gebildete antibiotische Wirkstoffe, die keim- und wachstumshemmend auf pathogene Bakterien einwirken, und zum anderen durch die Hygienisierungstemperatur der Selbsterhitzung des Rottegutes. Zusätzlich wird der Erfolg einer Hygienisierung von der Rottedauer und von Faktoren wie dem Wassergehalt, der Durchlüftung und dem pH-Wert des Rottegutes bestimmt.

18.1.4.1

Hygienisierung durch Antibiotika

Antibiotika sind niedermolekulare Stoffwechselprodukte, die in der Natur von manchen Bakterien und Pilzen in aufwendigen Produktionsprozessen erzeugt werden. Bei den Bakterien sind es in erster Linie die verschiedenen, im Boden lebenden *Streptomyces*-Arten, die alleine 65 % der bekannten Antibiotika-Arten produzieren. Für weitere 10 % zeichnen unterschiedliche Arten von Actinomyceten wie *Micromonospora* oder *Nocardia* sowie *Bacillus* verantwortlich.

Die verbleibenden 25 % der bekannten Antibiotika-Arten werden von Pilzen hergestellt, wobei hier neben Arten wie *Aspergillus, Acemonium* und *Pleurotus* hauptsächlich der Schimmelpilz *Penicillium* zu nennen ist. Die Beobachtung, dass Schimmel heilende Wirkung ausüben kann, stammt bereits aus dem Mittelalter, wo grün verschimmeltes Brot (*Penicillium*) zur Wundheilung eingesetzt wurde ([250] Paschlau, 1998).

Bislang sind ca. 6.000 Arten von Antibiotika isoliert worden. Hinsichtlich ihrer Wirkung werden sie unterteilt in Bakterizide und Fungizide, die schon in geringen Konzentrationen zur Abtötung von fremden Mikroorganismen führen, und in Bakteriostatika bzw. Fungistatika, die bei anderen Mikroorganismen nur reversible Wachstumshemmungen bewirken. Eine solche Hemmung ist meist selektiv und weist ein charakteristisches Wirkungsspektrum auf, das eng oder relativ weit gefasst sein kann.

Zahlreiche Studien beschäftigten sich mit den Wirkungsmechanismen dieser verschiedenen Antibiotika. Dabei stellte sich heraus, dass neben anderen insbesondere vier unterschiedliche Mechanismen immer wieder auftreten. Weit verbreitet sind Mechanismen, die zur Hemmung der Synthese der Zellwand führen: die Penicilline, Cephalosporine und auch Vancomycin wirken auf diese Weise. Eine andere Möglichkeit liegt in der Beeinträchtigung der Cytoplasmamembran, diese wird von Polymyxinen und Bacitracin genutzt. Vielfältig gestalten sich die

Hemmungsmöglichkeiten der Mechanismen der Protein- und Nucleinsäuresynthese, mögliche Angriffspunkte liegen hier in der Translation (Tetracyclin, Chloramphenicol, Kanamycin, Neomycin, Streptomycin, Erythromycin), in der Transkription (Rifampicin) oder in der Replikation, also der DNA-Synthese (Novobiocin).

18.1.4.2

Hygienisierung durch die Temperatur

In Kompostwerken wird während der Rottezeit sowie bei der nachfolgenden Lagerung kontinuierlich die Temperatur gemessen, um zu kontrollieren, ob die zur Hygienisierung erforderlichen Bedingungen eingehalten worden sind.

Die im Zuge der biologischen Abbauprozesse entstehenden Temperaturen von bis zu 70 °C sind für fast alle pathogenen Keime und Unkrautsamen tödlich. Auch die meisten Viren sind sehr temperaturempfindlich und werden bei Temperaturen um 50 °C schon innerhalb von Stunden vernichtet. In Tabelle 38 wird ein Überblick über die verschiedenen Temperaturzonen und die damit verbundenen hygienischen Güteklassen gegeben.

Allerdings ist zum Zwecke einer vollständigen Hygienisierung zu beachten, dass anfangs im Rotteprozess die Temperaturen nicht zu schnell hochgefahren werden dürfen; denn unter solchen Umständen bilden manche pathogenen Keime hitzeresistente Dauerformen. Bei langsamer Temperatursteigerung werden keine Sporen gebildet, dadurch werden diese Bakterien effektiver abgetötet.

Desweiteren ist zu berücksichtigen, dass die Außenbereiche der Mieten bei weitem nicht die zur Hygienisierung erforderlichen Temperaturen erreichen (Bild 139). Um eine einwandfreie Hygienisierung zu gewährleisten, muss daher das Material zwischenzeitlich umgesetzt werden, damit die ehemaligen Randbereiche in die heiße Innenzone gelangen.

Tabelle 38: Temperaturzonen bei mikrobiellen Rottevorgängen unter aeroben Bedingungen
Quelle: [308] van Wickeren (1995), bearbeitet

Temperaturzone	Temperatur °C	Arten von Mikroorganismen	Rottezone	Hygienische Güteklassen
I	unter 20 bis 45 °C	Mesophile Organismen	oligotherm	volle Virulenz
II	45 bis 55 °C	Übergang mesophiler zu thermophilen Organismen	β-mesotherm	biochemische Entseuchung
III	55 bis 65 °C	thermophile Organismen	α-mesotherm	biophysikalische Entseuchung
IV	65 bis über 80 °C	Abklingen thermophiler Organismen, Beginn chemischer Prozesse	polytherm	thermische Desinfektion

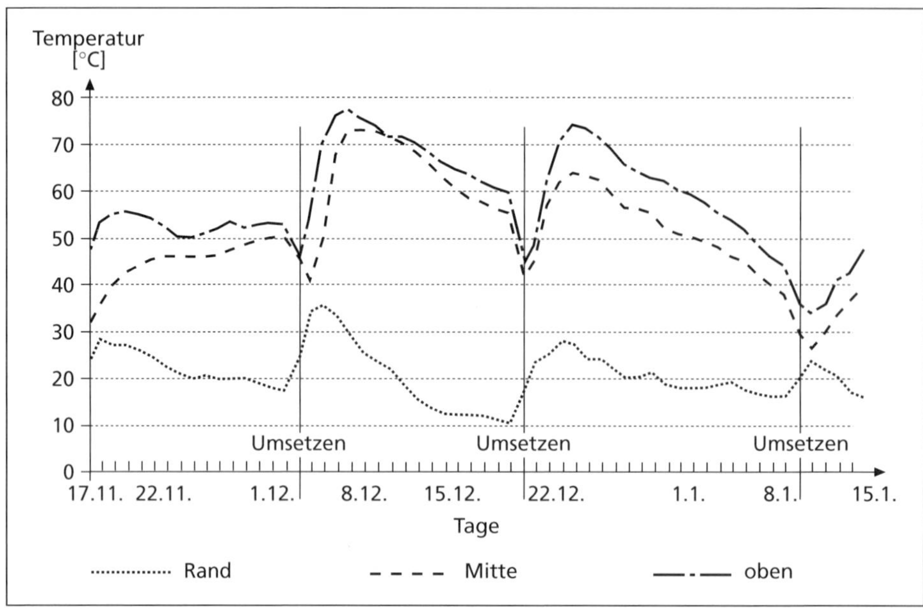

Bild 139: Exemplarischer Temperaturverlauf (Tagesmittelwerte) in einer Kompostmiete
Quelle: [56] Böhm et al. (2000/2)

Zur Hygienisierung des Abfallmaterials schreibt die *Bioabfallverordnung* vor, dass entweder Temperaturen von mehr als 55 °C über einen möglichst zusammenhängenden Zeitraum von zwei Wochen oder aber Temperaturen von mehr als 65 °C über eine Woche im gesamten Mischgut herrschen müssen. In geschlossenen Anlagen werden Temperaturen über 60 °C für eine Woche als ausreichend erachtet (BioAbfV, Anhang 2 Nr. 2.1). Der Wassergehalt muss unterdessen bei 45-50 % liegen und ein pH-Wert von etwa 7 eingehalten werden.

Risiken einer Rekontamination der Fertigprodukte entstehen entweder über Geräte, die mit Roh- oder Fertigware in Kontakt kommen oder durch Fehler in der Gestaltung des Prozesses, wie z.B. die Benutzung kontaminierten Sickerwassers zur Befeuchtung von Material im Endstadium der Kompostierung.

18.2

Stoffliche Anforderungen an die Produkte

Die fertig umgesetzten, hygienisch einwandfreien Produkte müssen einer Vielzahl von Anforderungen genügen, um in den Verkehr gebracht werden zu dürfen und zur erfolgreichen Vermarktung geeignet zu sein. Die zur Beurteilung der Produkte erforderlichen Untersuchungen werden teilweise in den Behandlungsanlagen selbst, teilweise durch Fremdlabors durchgeführt (vergleiche Kapitel 20.1.2). Außerordentlich wichtig ist gerade bei inhomogenem Material eine repräsentative Probenahme.

Die folgende Übersicht stellt verschiedene, mögliche Untersuchungen vor. Sie beruht auf Vorschlägen des Verbandes der landwirtschaftlichen Untersuchungs- und Forschungsanstalten (VDLUFA) zur Bestimmung der geforderten Parameter im Rahmen der Qualitätskontrolle.

18.2.1

Körnung

Der fertige Kompost wird einer Siebanalyse zur Beurteilung der Partikelgröße unterzogen. Es werden feinkörnige Komposte mit Korngrößen zwischen 0,1 und 12 mm von den mittelkörnigen unterschieden, deren Partikel kleiner als 25 mm und den grobkörnigen, deren Partikel kleiner als 40 mm sein müssen. Die Körnung sollte auf die Anwendungsziele im Pflanzen- und Gartenbau abgestimmt sein. Feinkörnige Komposte haben oft weniger Nährstoffe und viel Sand, grobkörnige können noch viele Störstoffe enthalten, weswegen sie in der Regel nicht abgegeben werden.

18.2.2

Rottegrad und Pflanzenverträglichkeit

Der Rottegrad entspricht dem Sauerstoffverbrauch eines Kompostes und wird gemessen als Sauerstoffzehrung einer Feststoffprobe in 4 Tagen (Selbsterhitzungsversuch), bezogen auf die organische Trockenmasse. Er gibt darüber Auskunft, welchen Reifegrad der Kompost erreicht hat, gilt also als Maß für den Gehalt an biologisch abbaubaren Stoffen.

Die Überprüfung der Pflanzenverträglichkeit erfolgt im Keimpflanzenversuch mit Sommergerste. Die Ergebnisse sind bei den Anwendungsempfehlungen zu berücksichtigen.

18.2.3

Wassergehalt

Aussagen über Wassergehalt bzw. Trockensubstanz eines Kompostes werden erreicht durch Trocknung bei 105 °C. Ein zu hoher Wassergehalt führt bei der Ausbringung der Komposte zu Schwierigkeiten durch Klumpenbildung, zu trokkene Komposte verwehen leicht.

Der für die Aufbereitung optimale Wassergehalt liegt bei maximal 45 %. Auch als lose Ware darf Kompost maximal 45 Gew.-% Wasser enthalten, für die Vermarktung in Säcken liegt der Wert bei 35 %. Für Komposte, die einen Glühverlust von über 40 % in der Trockenmasse aufweisen, sind die maximal zulässigen Wassergehalte abhängig vom Gehalt an organischer Masse.

Der durchschnittliche Wassergehalt des in Deutschland aus Bioabfällen hergestellten Kompostes liegt bei 37 %.

18.2.4
Gehalt an organischer Substanz

Der Gehalt an organischer Substanz bestimmt den Wert von Kompost als Bodenverbesserungsmittel und wird gemessen als Glühverlust einer getrockneten Probe beim Glühen für drei Stunden bei 550 °C.

Nach den Richtlinien der Bundesgütegemeinschaft Kompost darf er bei Frischkompost 40 %, bei Fertigkompost 20 % in der Trockensubstanz nicht unterschreiten; beides stellt in der Regel kein Problem dar. Die Werte aus Norddeutschland liegen zwar signifikant niedriger als der Bundesdurchschnitt, reichen aber aus, um das Gütesiegel zu erhalten. Auffällig hohe Werte können von Küchenabfällen und Rasenschnitt als Kompostrohstoff herrühren, evtl. auch von mitkompostiertem Schmutzpapier.

18.2.5
C/N-Wert

Das Verhältnis von Kohlenstoff zu Stickstoff ist wichtig für Rotteverlauf und Kompostanwendung und kann sehr unterschiedliche Werte aufweisen. Für das Ausgangsmaterial sind Werte von 20-30 günstig; denn höhere Werte verzögern den Abbauprozess. Tiefere Werte führen dagegen zu Stickstoffverlusten im Rotteprozess. Für eine spätere Anwendung sind Werte von kleiner 18 erstrebenswert, da höhere Werte zur Immobilisierung von Stickstoff im Boden führen. Der Bundesdurchschnitt deutscher Komposte liegt mit einem Wert von knapp 17 optimal; die Werte aus Bayern liegen darüber, was vermutlich zum einen auf einen hohen Anteil an Grün- und Pflanzenabfall, zum anderen aber auch auf eine andere, dort übliche Analysemethode zurückzuführen ist, die Carbonate mit berücksichtigt.

18.2.6
pH-Wert

Der pH-Wert ist kennzeichnend für die Verfügbarkeit der Nährstoffe. Der pH-Wert eines Kompostes muss in der Deklaration angegeben werden, da sich aus ihm Anwendungsbeschränkungen erkennen lassen. Er liegt durchschnittlich bei

7,56 und ist dadurch für fast alles sehr gut geeignet; eine Ausnahme bilden bestimmte säureliebende Pflanzenkulturen wie Koniferen, Azaleen, Rhododendren, Eriken und Moorbeetkulturen, die pH-Werte um 4,5 bevorzugen. Es fällt auf, dass Komposte aus Norddeutschland tiefere pH-Werte (7,22) haben als die aus Nordrhein-Westfalen, Baden-Württemberg und Rheinland-Pfalz (7,97); der Grund liegt in verschiedenen Bodenarten mit unterschiedlichen Gehalten an basisch wirksamen Stoffen.

18.2.7

Pflanzennährstoffe

Grundsätzlich enthalten Komposte alle für die Pflanzenernährung wichtigen Haupt- und Spurenelemente, bei reinen Grüngutkomposten allerdings kann es zur Unterschreitung der seitens der Düngemittelverordnung vorgegebenen Werte für Stickstoff, Phosphor und Kalium kommen. Hauptnährstoffe neben diesen sind Magnesium und Calcium. Als Spurennährstoffe gelten Eisen, Mangan, Zink, Kupfer, Bor und Molybdän. Der Einsatz von Komposten zur Düngung bedingt die Deklaration der Nährstoffe, damit die Düngewirkung der Komposte in die allgemeine Nährstoffbilanz einbezogen werden kann. Die Angabe erfolgt als durchschnittlicher Gesamtgehalt in Gewichtsprozent der Trockensubstanz sowie für die gelöste Form als durchschnittlicher Gehalt in mg/l Frischsubstanz. Auf mögliche Schwankungen ist in beiden Fällen hinzuweisen.

Stickstoff ist einer der Hauptnährstoffe im Pflanzenbau. Der prozentuale Stickstoffanteil liegt im Durchschnitt bei 1,15 % (im Norden bei 0,89 %). Er ist zu über 90 % in organischer Form gebunden, weitere 5-15 % können in einer Vegetationsperiode im Boden durch Mineralisation in pflanzenverfügbare Form, d.h. in Nitrat, überführt werden. NH_4^+ wirkt als Zellgift und sollte bei guter Rotteführung immer nur in Spuren vorliegen. Die Stickstoffwerte können durch eine zielgerichtete Auswahl des Ausgangsmaterials beeinflusst werden; Holz und Papier sind beispielsweise extrem stickstoffarme Zuschlagstoffe. Auch durch Auswaschung, durch überhöhte Temperaturen im Mietenkörper oder durch anaerobe Verhältnisse im Mietenkörper sinken die Stickstoffwerte.

Phosphat zählt ebenfalls zu den Hauptnährstoffen für Pflanzen. Der prozentuale Phosphatanteil liegt bei durchschnittlich 0,62 % an P_2O_5, (im Südwesten 0,85 %), davon sind 20-40 % in pflanzenverfügbarer Form vorhanden.

Der prozentuale Anteil an Kalium liegt durchschnittlich bei 1,01 % (in Norddeutschland niedriger), insgesamt liegen über 85 % in pflanzenverfügbarer Form vor. Generell sind die Kalium-Werte abhängig von Ausgangsmaterial und Rotteführung, was u.a. daran liegt, dass Kalium schnell ausgewaschen wird.

Calcium und Magnesium, basisch wirksame Stoffe, finden sich in Form von Oxiden, Oxidhydraten und Carbonaten. Sie fördern die Krümelbildung (Kalk) und stellen eine Gegenmaßnahme zur Bodenversauerung dar. Der durchschnittliche, prozentuale Anteil an Calcium liegt bei 3,95 %, der für MgO liegt bei 0,80 %, beide Werte korrelieren miteinander. Die Werte sind im Norden wegen der kalkarmen Böden niedriger.

Zusätzlich können die Mengenanteile an Ballaststoffen und Trockensubstanz und die Dichte in kg/l bestimmt werden. Letztere ist von verschiedenen Parametern abhängig und nimmt mit zunehmender Rottedauer zu. Unter pflanzenbaulichen Gesichtspunkten ist dies nicht relevant.

18.2.8

Salzgehalt

Der Salzgehalt eines Kompostes ist wichtig für die Pflanzengesundheit; er beträgt im Schnitt 3,89 g/l Frischsubstanz und wird als spezifische elektrische Leitfähigkeit gemessen. Für die Anwendung im Freien sind die durchschnittlichen Werte unbedenklich, die Substratproduktion bedarf jedoch ausgesprochen salzarmer Produkte, daher sind hier ggf. Einschränkungen der Zumischungsmenge zu erwarten.

Der Salzgehalt wird wesentlich vom Rotteausgangsmaterial bestimmt: Speisereste sind besonders stark salzhaltig, Grüngut enthält wenig Salz. Komposte aus Bioabfällen weisen daher in der Regel einen vielfach höheren Salzgehalt auf als Komposte aus Grünabfällen. Aus gleichem Grunde enthalten nährstoffreiche im Gegensatz zu nährstoffarmen Komposten mehr wasserlösliche Salze, meist Chloride und Sulfate der Alkali- und Erdalkalimetalle. Eine Minimierung ist durch eine offene Rotteführung möglich, bei der das Salz ausgewaschen wird; dieses Salz findet sich dann allerdings im Abwasser wieder. Material aus vorangegangener Vergärung, dessen Salz im Zuge der Entwässerung entfernt worden ist, eignet sich gut zur gezielten Herstellung salzarmer Komposte.

18.2.9

Spurenelemente / Schwermetalle

Jeder Kompost enthält unterschiedliche Anteile an Spurenelementen und Schwermetallen, dazu zählen Bor (B), Mangan (Mn), Molybdän (Mb), Blei (Pb), Cadmium (Cd), Chrom (Cr), Kupfer (Cu), Nickel (Ni), Quecksilber (Hg) und Zink (Zn). Die Menge dieser Elemente ist wichtig für die Beurteilung der Güte eines Kompostes: ein gewisses Maß an Spurenelementen ist lebenswichtig, aber ein Zuviel wirkt oft toxisch. Da Schwermetalle keinem biologischen Abbau unterliegen, reichern sie sich im Verlauf der Vergärung und Kompostierung an (siehe auch Bild 142); Fertigkomposte verfügen daher in der Regel über höhere Schwermetallgehalte als Frischkomposte. Obwohl die Zusammenhänge der Übertragungsketten Boden-Pflanze-Tier-Mensch noch weitgehend unerforscht sind, wird eine Schadstoffminimierung für sinnvoll erachtet.

In den beiden folgenden Kapiteln werden zunächst die normalerweise vorkommenden Mengen sowie die einzuhaltenden Grenzwerte aufgezeichnet, anschließend wird vor dem Hintergrund möglicher Minimierungen die Herkunft der einzelnen Schwermetalle nachvollzogen.

18.2.9.1

Gehalt und Grenzwerte

Untersuchungen zu den Schwermetallgehalten verschiedener Komposte (Tabelle 39) kommen zu dem Ergebnis, dass Kompost aus Bio- und Grünabfall signifikant weniger belastet ist als solcher aus Gesamtabfall. Weiterhin kann im Vergleich der erhaltenen Werte mit den seitens der *Bioabfallverordnung* vorgegebenen Grenzwerten festgestellt werden, dass die vorgegebenen Richtwerte inzwischen nur zu ca. 50 % ausgeschöpft werden, eine gewisse Bandbreite ist auf unterschiedliche Böden und unterschiedliches Ausgangsmaterial zurückzuführen. Die Gegenüberstellung der Werte aus dem Jahr 1992 mit jüngeren Daten zeichnet bereits eine solche Reduzierung der Schwermetallgehalte nach.

In der Regel gibt es bei den meisten Schwermetallen keine Unterschiede zwischen ländlicher und städtischer Struktur (Tabelle 40). Nickel bildet eine

Tabelle 39: Schwermetallgehalte unterschiedlicher Komposte im Vergleich zu den verschiedenen bestehenden Grenzwerten
Quelle: [41] *Bilitewski et al. (1994); [115] **Fricke und Turk (2001); [47] ***Biskupek (1998), bearbeitet

	Schwermetallgehalte mg/kg TS						
	Blei	Cadmium	Chrom	Kupfer	Nickel	Zink	Quecksilber
Parameter, normiert auf 30 % OS i.d.TS Gesamtmüllkompost*	596	6,39	82,9	318	52,1	1.823	2,79
Grünkompost*	63,1	0,72	28,44	34,52	18,56	176,92	0,28
Biokompost mit Papier*	116,2	0,96	39,8	76,2	21,4	350,3	0,54
Biokompost (1994)*	83,07	0,84	35,83	46,76	20,48	249,1	0,38
Biokompost (1996)**	52	0,5	22,5	43,7	14,3	184,6	0,2
Rindermist***	7	0,4	20	39	10	213	0,04
Schweinegülle***	7-18	0,5-1,8	2-14	250-760	11-32,5	700-1.200	0,04
Vorsorgewerte nach § 8 (2.1) BBodSchG[1)]	40-100	0,4-1,5	30-100	20-60	15-70	60-200	0,1-1
Grenzwert A der BioAbfV[2)]	150	1,5	100	100	50	400	1,0
Grenzwert B der BioAbfV[3)]	100	1,0	70	70	35	300	0,7
Grenzwerte nach § 4 (12) AbfKlärV	900	10	900	800	200	2.500	8

1) Die Werte unterscheiden sich für die verschiedenen Bodenarten
2) Ausbringungsmenge < 20 Mg TS/ha an Kompost innerhalb von 3 Jahren
3) Ausbringungsmenge < 30 Mg TS/ha an Kompost innerhalb von 3 Jahren

Tabelle 40: Schwermetallgehalte im Bioabfallkompost aus städtischen und ländlichen Sammelgebieten
Quelle: [117] Fricke et al. (1992)

Element	Schwermetallgehalt mg/kg TS			
	original organische Substanz		normiert auf 30 % OS i.d. TS	
	Stadt	Land	Stadt	Land
Blei	88,58	71,33	85,45	77,23
Cadmium	0,85	0,77	0,84	0,83
Chrom	30,64	36,50	33,38	39,01
Kupfer	46,71	42,74	45,74	46,42
Nickel	16,76	28,51	17,31	29,99
Zink	245,75	229,71	258,47	242,66
Quecksilber	0,39	0,28	0,35	0,39

Ausnahme, da es hier starke geogene Einflüsse gibt: in Hessen wie auch im Jura stößt man beispielsweise auf höhere Nickelgehalte ([117] Fricke et al., 1992).

Ein Vergleich von Schwermetallfrachten, die in Deutschland durch Kompost und andere Düngemittel auf Böden übergehen, zeigt, dass Kupfer und Zink (Bild 140) sowie Cadmium und Nickel (Bild 141, oben) überwiegend durch Wirtschaftsdünger, Chrom und Blei jedoch (Bild 141, unten) hauptsächlich durch

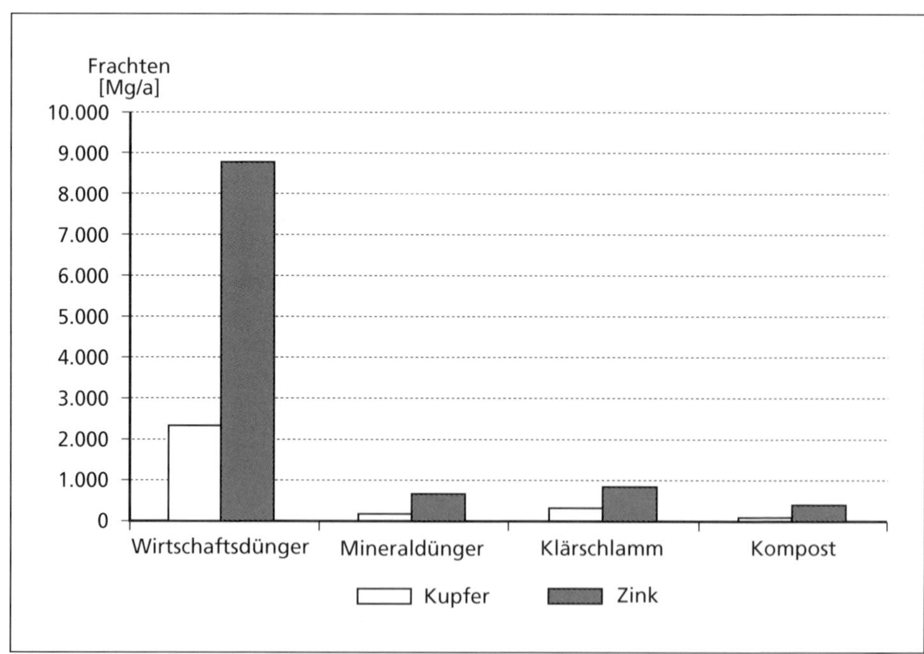

Bild 140: Kupfer- und Zinkfrachten verschiedener Düngemittel in Mg/a
Quelle: [86] EdDE (2001)

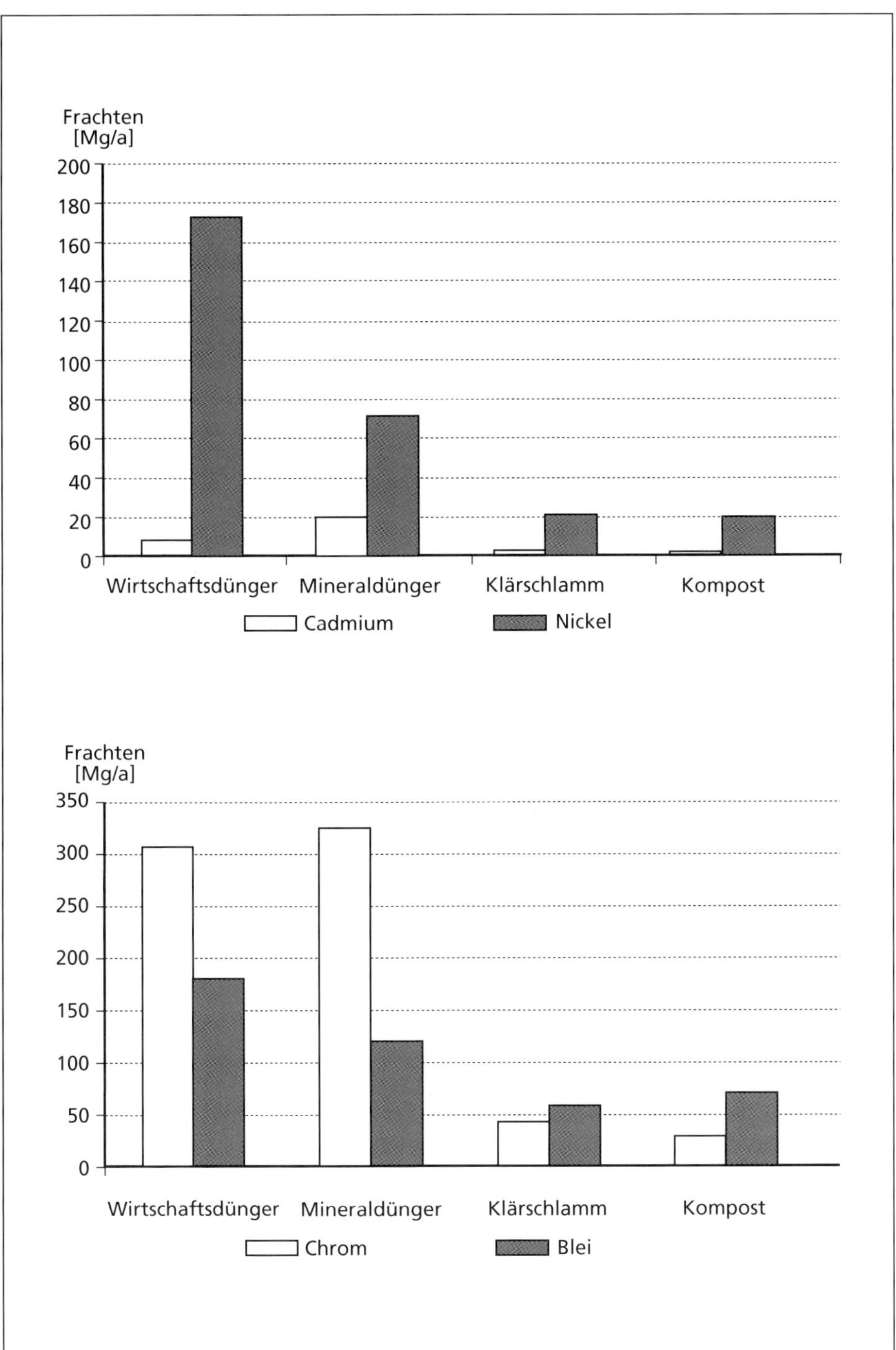

Bild 141: Cadmium- und Nickelfrachten sowie Chrom- und Bleifrachten verschiedener Düngemittel in Mg/a
Quelle: [86] EdDE (2001)

Tabelle 41: Vorsorgewerte für Metalle nach Anhang 2 Nr. 4 der BBodSchV
Quelle: [24] BBodSchV (1999)

Böden	Schwermetallgehalt mg/kg TS						
	Cadmium	Blei	Chrom	Kupfer	Quecksilber	Nickel	Zink
Bodenart Ton	1,5	100	100	60	1	70	200
Bodenart Lehm/Schluff	1	70	60	40	0,5	50	150
Bodenart Sand	0,4	40	30	20	0,1	15	60
Böden mit naturbedingt und großflächig siedlungsbedingt erhöhten Hintergrund-werten	unbedenklich, soweit eine Freisetzung der Schadstoffe oder zusätzliche Einträge nach § 9 Abs. 2 und 3 der BBodSchV keine nachteiligen Auswirkungen auf die Bodenfunktionen erwarten lassen						

Mineraldünger eingebracht werden, dicht gefolgt von Wirtschaftsdüngern. Der Anteil von Komposten an den jeweiligen Gesamtfrachten ist vergleichsweise gering. Dieses Verhältnis ändert sich allerdings zum Nachteil für die Komposte, wenn die Schwermetallfrachten mit der Düngewirkung in Beziehung gesetzt werden.

In Tabelle 41 sind die Werte zusammengefasst, die seitens der Bundesbodenschutz- und Altlastenverordnung an die Stoffe gestellt werden, die auf Böden aufgebracht werden sollen. Aufgrund unterschiedlicher Empfindlichkeit und Leitfähigkeit wird nach drei Bodentypen unterschieden.

Bei Klärschlammprodukten ergeben sich hohe Schadstoffwerte, die auf Desinfektions- und Reinigungsmittel, organische Schadstoffe und Schwermetalle zurückzuführen sind. Letztere sind in Tabelle 42 und Tabelle 43 vergleichend dargestellt. Zu den dort angegebenen Werten der *Klärschlammverordnung* ist anzumerken, dass diese in der Regel um etwa 30 % unterschritten werden.

Tabelle 42: Durchschnittliche Schwermetallgehalte in Klärschlamm
in den Jahren 1982 bis 1997
Quelle: [320] Walenzik (2001)

Jahr	Schwermetallgehalt mg/kg TS						
	Cadmium	Blei	Chrom	Kupfer	Quecksilber	Nickel	Zink
1982	4,1	190	80	370	2,3	48	1.480
1986-1990*	2,5	113	62	320	2,3	34	1.045
1992	2,2	97	58	301	2,4	32	1.147
1997	1,4	63	46	274	1	23	809
Veränderung	-75 %	-66 %	-43 %	-25 %	-56 %	-52 %	-45 %

* Durchschnitt des Fünfjahreszeitraumes, elf Länder

Tabelle 43: Schadstoffkonzentrationen in unterschiedlichen Düngemitteln im Vergleich zur Klärschlammverordnung
Quelle: [63] Brensing (1995)

Parameter	Einheit	Müll-kompost	Bio-kompost	Hausgarten-kompost	Schweine-gülle	AbfKlärV
Cadmium	mg/kg TS	4	0,1 - 1,0	0,5	0,8	10
Blei	mg/kg TS	400	50 - 100	100	11	900
Chrom	mg/kg TS	70	25 - 60	40	9,0	900
Kupfer	mg/kg TS	270	30 - 50	30	290	800
Quecksilber	mg/kg TS	2,5	0,1 - 0,5	0,2	0,04	8
Nickel	mg/kg TS	50	10 - 30	20	11	200
Zink	mg/kg TS	1.300	150 - 350	250	890	2.500
PCB*	mg/kg TS	1,5	0,1 - 0,3			0,2
PCDD/PCDF	ng TE/kg TS	103	10 - 30			100

* Summe der nach AbfKlärV relevanten Kongenere

18.2.9.2

Herkunft

Eine Basisbelastung an Schwermetallen im Kompost lässt sich nicht vermeiden, weil schon die Mutterböden in den Gärten belastet sind. Dazu kommen die Schwermetalle, die dort aus schwermetallhaltigen Düngemitteln und Bioziden eingetragen werden. Auch die Entsorgung der Hausbrandasche als „Düngemittel" im eigenen Garten erhöht die Werte.

In den biologischen Abfallbehandlungsanlagen selbst führt der Abbau an organischer Substanz im Rahmen der Vergärung bzw. Kompostierung zwingend zu einer Aufkonzentrierung der im Ausgangsmaterial vorhandenen Schwermetalle (Bild 142). Zusätzlich kann sich die Konzentration an Schwermetallen erheblich erhöhen, wenn Straßenkehricht oder das Laub von Straßenbäumen mitkompostiert wird. Besonders bei der Vergärung macht sich bemerkbar, dass in Lebensmittelprodukten im Verlauf der Jahre eine Aufkonzentration von Schadstoffen festgestellt werden konnte.

Die Eintragspfade sind bei organischen und anorganischen Schadstoffen ähnlich, sie gehen vor allem über die Luft und die Ausgangsmaterialien, aber auch über das Wasser. Der Transport erfolgt häufig über lange Strecken, daher kommt es auch in ländlichen Gegenden zu höheren Konzentrationen.

Im folgenden werden mögliche Erklärungen für die Herkunft der Schwermetalle im Kompost gegeben ([137] Hackenberg et al., 1998).

Blei findet Verwendung in Benzin, Bleibatterien, Kabelmänteln, Verchromungsanoden und Legierungen. In landwirtschaftlich genutzten Böden liegt die

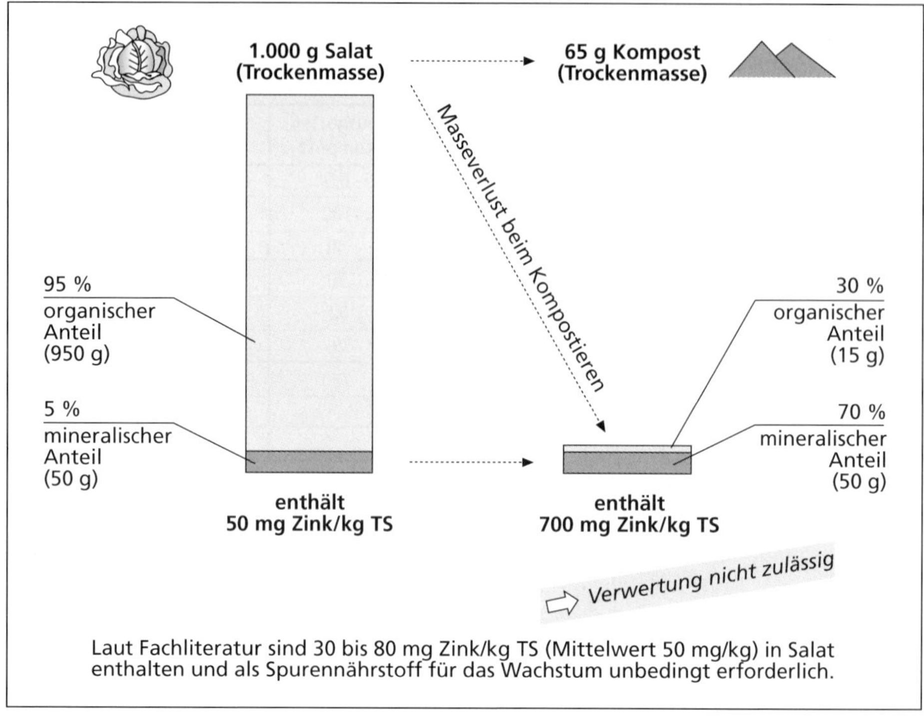

Bild 142: Aufkonzentrierung von Schadstoffen durch den Rotteprozess: das „Salatblatt-Beispiel"
Quelle: [71] Burth (1998), bearbeitet

Konzentration an Blei zwischen 2 und 200 mg/kg, bei bleierzhaltigen Gesteinen kann der Wert auch höher liegen. In der Nachbarschaft von Straßen werden Werte bis zu 700 mg/kg erreicht. Blei wird über den Luftpfad auf Böden und Pflanzen übertragen.

Cadmium findet Verwendung als Rostschutzüberzug und Elektrodenmaterial, als Legierung in Lagermetallen, in der Kerntechnik und als Farbpigment. Auch in Form von Cd-Chalcogeniden für Photozellen ist es zu finden, in Ni-Cd-Batterien und als Stabilisator für Kunststoffe. In Böden liegt die Konzentration von Cadmium bei 0,01-1 mg/kg, kann aber aufgrund von Immissionen Werte bis zu 100 mg/kg erreichen. Der Eintrag verläuft überwiegend über den Wasserweg, beispielsweise durch Düngemittel und Abwässer, aber auch über Abgase.

Chrom wird in Gerbereien und Galvanik-Betrieben eingesetzt, in der Bau-, Druck-, Textil- und der chemischen Industrie, für Legierungen (Chromstahl) und Farbpigmente sowie zur Holzimprägnierung. In Böden liegt die Konzentration bei 10-100 mg/kg, zusätzliches Chrom stammt hauptsächlich aus phosphathaltigen Düngern.

Kupfer findet sich in Heizschlangen sowie als Gefäß- und Leitermaterial bzw. Legierungsmetall. Zudem wird es in verschiedenen Druckverfahren der

Papierverarbeitung eingesetzt. Die normalen Bodenkonzentrationen liegen zwischen 2 und 40 mg/kg, können jedoch auf über 1000 mg/kg steigen. Kupfer wird auf dem Wasserweg eingetragen, so z.B. über kupferhaltige Pflanzenschutzmittel im Hopfen- und Weinanbau oder über kupferhaltige Wachstumsförderer in der Schweinegülle. Viel Kupfer kam früher über Altpapier in die Komposte, hier ist die Tendenz aufgrund der getrennten Erfassung jedoch rückläufig.

Nickel wird in der Stahlproduktion, der Galvanik- und der Elektroindustrie verwendet, außerdem für Legierungen, Thermoelemente und Ni-Cd-Akkumulatoren, als Hydrierungskatalysator z.B. für die Fetthärtung und für Dieselkraftstoff. In den Böden liegt Nickel in einer durchschnittlichen Konzentration von 45 mg/kg vor und steigt selten auf Werte von mehr als 100 mg/kg. Nickel wird über den Luftweg übertragen, so z.B. mit den Dieselabgasen. Ein Teil des im Kompost gemessenen Nickels stammt aus dem Abrieb der verwendeten Zerkleinerungsaggregate.

Zink findet u.a. Verwendung als Zinkspritzguss, in verzinkten Dachrinnen, Wasserleitungen und –behältern, in Holzbehandlungs-, Desinfektions- und Pflanzenschutzmitteln, im Korrosionsschutz sowie in der Galvanik. Es wird als Vulkanisierungshilfe, Pigment und in verschiedenen Druckverfahren der Papierverarbeitung eingesetzt. Die Konzentration in Böden liegt bei 10-300 mg/kg, unter Hochspannungsmasten sind die Werte stark erhöht und in der Nähe von Zinkhütten werden sogar Werte von bis zu 50.000 mg/kg erreicht. Zink wird über den Wasserpfad und über Altpapier in den Kompost eingetragen. Ob Zink allerdings tatsächlich ein für Pflanze, Tier oder den Menschen toxisches bzw. problematisches Element ist, wird noch kontrovers diskutiert ([198] Loll, 1999).

18.2.10

Organische Schadstoffe

Organische Schadstoffe, insbesondere im Form von halogenierten Aromaten, werden hauptsächlich in Verbrennungsprozessen freigesetzt und über den Luftpfad verbreitet. Dadurch kommt es auch in organischen Abfällen zu einer Grundbelastung an polychlorierten Biphenylen (PCB), Dibenzodioxinen (PCDD), Dibenzofuranen (PCDF) und polycyclischen aromatischen Kohlenwasserstoffen (PAK). Zum quantitativen Vorhandensein dieser organischen Schadstoffe in Komposten sind immer wieder Studien vorgenommen worden: die Messwerte für PCDD und PCDF lagen zwischen 2 und 40 ng l-TEq/kg TS und für PCB bei etwa 0,01 bis 0,1 mg/kg TS je gemessener Einzelsubstanz (vergleiche [178] Krauß und Wilke, 1997). Diese Konzentrationen sind so gering, dass diese Stoffe derzeit für die Bioabfallwirtschaft als irrelevant angesehen werden; die Forderung des LAGA-Merkblattes M10 zu einer jährlichen Vorsorgeuntersuchung auf diese Parameter wurde nicht in die Bioabfallverordnung übernommen. Allerdings muss auch hier darauf geachtet werden, dass nicht über Störstoffe vermeidbare Kontaminationen eingetragen werden.

Kapitel 19

Produkte, Verwendung, Vermarktung

Nachdem kontrolliert worden ist, ob die aus der Behandlung von Bioabfällen hervorgegangenen Erzeugnisse hygienisch und von den Inhaltsstoffen her einwandfrei sind, können sie in den Verkehr gebracht werden. Es entstehen im Rahmen der Vergärungsverfahren Biogas und Kompost, bei den Kompostierungsverfahren nur Kompost. Beide Produkte werden im folgenden vorgestellt und auf ihre Verwendungsmöglichkeiten hin analysiert. Da Kompost mit Absatzschwierigkeiten zu kämpfen hat, werden hierzu auch Vermarktungsstrategien aufgezeigt.

19.1 Biogas

Das aufgereinigte Biogas besteht zu 90-99 % aus Methan, es hat einen Heizwert von 20-30 MJ/Nm^3 und liegt damit in der Größenordnung etwa so hoch wie Braunkohle mit 8-17 MJ/kg ([182] Kuchling, 1984). Bei der Nutzung von Biogas können Wärme oder Strom gewonnen werden, die Vergütung für den Strom liegt entsprechend den Vorgaben des EEG bei etwa 0,08-0,09 Euro/kWh.

19.1.1 Verwendungsmöglichkeiten von Biogas

Biogas kann prinzipiell ohne weitere Umwandlungsprozesse in das öffentliche Gasnetz eingespeist werden; dieser Weg bedarf aber, obwohl er so einfach klingt, eines hohen Aufbereitungsaufwandes und wird daher zur Zeit nur selten beschritten. Weit verbreitet ist dagegen die Nutzung des Biogases zur Erzeugung von Strom oder, sofern ein Nutzer vorhanden ist, von Wärme. Die Verwertung kann durch Verbrennung in Feuerungsanlagen, in verschiedenen Wärmekraftmaschinen oder durch die Nutzung in Brennstoffzellen erfolgen. Letztlich muss eine Kosten-Nutzen-Rechnung zeigen, welches dieser in den folgenden Kapiteln dargestellten Verfahren am gegebenen Standort vorteilhaft ist. In Abhängigkeit der regionalen Gegebenheiten ist auch die Mitverbrennung des Biogases in Anlagen mit anderen Brennstoffen möglich. Generelle Voraussetzung für den Einsatz des Biogases ist die Einhaltung der technischen Richtwerte für die Gasqualität (vergleiche auch Kapitel 16.1). Ansonsten werden die Anforderungen auch von der geplanten Nutzung bestimmt: während beispielsweise die Flammengeschwindigkeit und das Dichteverhältnis für die Brennertechnik von Bedeutung sind, bestimmen Methanzahl und Oktanzahl das Klopfverhalten bei der motorischen Nutzung ([214] MLUR, 2000).

19.1.1.1

Einspeisung ins öffentliche Gasnetz

Dass Biogas auch in das öffentliche Erdgasnetz eingespeist werden kann, ist gemeinhin wenig bekannt, obwohl zwei Demonstrationsanlagen in Stuttgart (von der EU gefördert) und bei Bochum (mit Förderung vom BMFT) dies über 15 Jahre lang mit aufbereitetem Klärgas praktiziert haben.

Die Art der Aufbereitung hängt davon ab, ob das Gas in ein Erdgasverteilnetz eingespeist oder als beschränkte Zumischung von max. 5 Vol.- % einem unter Hochdruck stehenden Transportnetz beigefügt wird. In der Schweiz werden beide Verfahren in einem Gemeinschaftsprojekt realisiert. Soll in Deutschland Biogas in das öffentliche Erdgasnetz eingespeist werden, so stellt sich zum einen die Frage des Netzzugangs, weiterhin fallen Durchleitungskosten an und es müssen die Anforderungen und Toleranzen eingehalten werden, die für Erdgas der öffentlichen Versorgung in den DVGW-Regelungsblättern G 260 (Gasbeschaffenheit) und G 260/II (Ergänzungsregeln für Gase der 2. Gasfamilie) verbindlich festgeschrieben sind.

19.1.1.2

Verbrennung in Feuerungsanlagen

Die Verbrennung des Biogases verläuft nach folgender Formel:

- $CH_4 + 2\ O_2 \longrightarrow CO_2 + 2\ H_2O$ + Wärmeenergie

Wird die Verbrennung in Feuerungsanlagen durchgeführt, so können Wirkungsgrade von über 80 % erreicht werden; bei dieser Form von Wärmeerzeugung handelt es sich also um eine sehr wirtschaftliche Nutzungsvariante. Daher hat sich das Verfahren für eine Reihe von Anwendungen etabliert:

Zunächst wird die heiße Verbrennungsluft in Wärmetauscher geleitet, in denen Wasser erhitzt und je nach Bedarf auch in die Dampfphase überführt wird. Dieser Wärmeträger wird u.a. in Fernwärmenetzen, aber auch für industrielle Prozesse wie z.B. die Papierherstellung genutzt.

Kann aufgrund fehlender Abnehmer die Energie nicht in Form von Wärme abgegeben werden, was bei etwa 90 % der Biogasanlagen der Fall ist, so wird der heiße Dampf in Turbinen geleitet, die elektrische Generatoren antreiben. Auf diese Weise wird die Wärmeenergie in elektrische Energie umgewandelt.

Eine Kombination der Nutzung von sowohl Wärmeenergie als auch elektrischer Energie wird durch die sogenannte „Kraft-Wärme-Kopplung" erreicht, bei der die Abwärme hinter der Dampfturbine für Heizzwecke genutzt wird. Dieses Konzept erreicht bei großen Anlagen die besten Wirkungsgrade. Kleine Anlagen erzielen weitaus schlechtere Ergebnisse, dennoch kann aus regionalen Gründen auch eine solche Lösung sinnvoll sein.

19.1.1.3

Verbrennung in Wärmekraftmaschinen

Die Verbrennung des Biogases verläuft in Wärmekraftmaschinen nach der gleichen Chemie wie in Feuerungsanlagen, die Energie aus der Verbrennung des Biogases wird aber nicht zur Erhitzung von Wasser genutzt, sondern direkt in mechanische Energie umgewandelt. Denkbar sind die zwei Verfahrensprinzipien der Nutzung in Verbrennungsmotoren und in Gasturbinen. Die in diesen Aggregaten erzeugte mechanische Energie kann entweder direkt genutzt oder durch einen nachgeschalteten Generator in elektrische Energie umgewandelt werden. Die Energieversorgungsunternehmen sind gesetzlich verpflichtet, den in ihrem Versorgungsgebiet erzeugten Strom aus regenerativen Energiequellen abzunehmen und zu vergüten ([74] Cerajewski, 1995).

19.1.1.3.1

Verbrennungsmotoren

Mit einigem Aufwand verbunden ist die Nutzung in Verbrennungsmotoren zum Antrieb von Fahrzeugen. In Bild 143 ist dargestellt, wie der Aufbereitungsgang konzipiert ist, wenn das gewonnene Biogas u.a. zum Betrieb von Lkw genutzt wird. Die einzelnen Schritte der Trocknung, Entschwefelung und Methananreicherung sind bereits in Kapitel 16.1 beschrieben worden.

Die aus 1 Mg organischem Abfall gewonnene Menge an Biogas entspricht etwa 65-95 Liter Benzin, ist aber CO_2-neutral und verursacht weniger NO_x und CO ([322] Weber und Zeller, 1998).

Die technischen Probleme für diese Nutzung als Treibstoff sind gering, wie Versuche mit Traktoren in der Landwirtschaft und mit Kompaktoren auf Mülldeponien gezeigt haben. Bei den eingesetzten Verbrennungsmotoren handelt es sich in fast allen Fällen um Gas-Ottomotoren, die entweder als solche konstruiert worden sind (Großmotoren) oder um auf Otto-Betrieb umgestellte (Lkw-) Dieselmotoren, die zur Leistungssteigerung auch mit mechanischen oder Abgasturboladern ausgerüstet werden können. Aufgrund der niedrigen Preise für fossile Brennstoffe erscheint diese Art der Nutzung zunächst nicht sehr reizvoll. Erst dadurch, dass Biogas als erneuerbare Energie von der Mineralölsteuer befreit

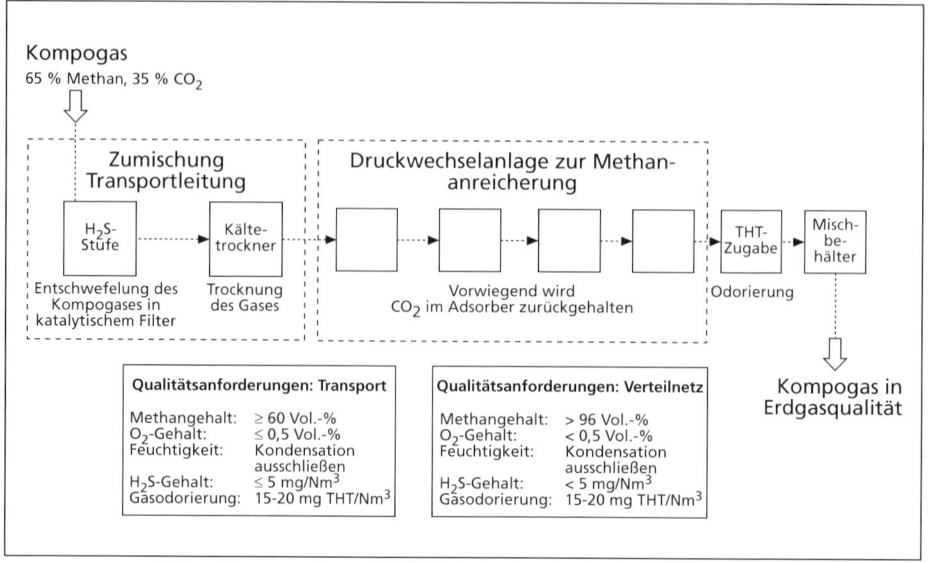

Bild 143: Schematische Darstellung der Kompogasaufbereitung
Quelle: [322] Weber und Zeller (1998)

ist, sinkt dessen Preis auf ein Niveau, das um etwa ein Drittel unter dem für Benzin oder Diesel liegt, so dass der Betrieb solcher Fahrzeuge doch wirtschaftlich interessant werden kann. In jüngster Zeit sind zwei Entwicklungen nennenswert:

Zum einen wird in der schwedischen Stadt Linköping Biogas gewonnen, gereinigt und mit einem Druck von 4 bar zu einem nahegelegenen Busdepot geleitet. Dort wird es auf 200 bar komprimiert und während des nächtlichen Parkens der Busse automatisch in bis zu 45 Busse gleichzeitig eingefüllt. Das nutzbare Gas enthält ungefähr 95 % Methan und hat einen Heizwert von ca. 9 kWh/Nm³; 1 Nm³ entspricht etwa 1 Liter Benzin oder Diesel. Der Aktionsradius dieser gasbetriebenen Fahrzeuge beschränkt sich wegen des benötigten Tankvolumens auf etwa 300–400 km bei Bussen und 200 km bei Pkw, was aber für das dort erforderliche Tagessoll eines Busses ausreicht ([196] Linköping Biogas, 1998). Ein ähnliches Projekt ist in der Schweiz realisiert worden. Dort ist zudem ein gasbetriebener Gabelstapler entwickelt worden (mit geregeltem Dreiwegekatalysator, 2,2-Liter-Vierzylindermotor, elektronisch geregelter Doppeleinspritzung für Erdgas oder Biogas). Aufgrund seiner geringen Abgasemissionen kann dieser auch in geschlossenen Räumen eingesetzt werden und wird so zur Konkurrenz zu herkömmlichen Elektrostaplern.

Neben dieser Nutzung zum Fahrzeugantrieb gibt es den sehr viel bekannteren Betrieb als Stationärmotor für den Antrieb von Pumpen und anderen, unterschiedlichsten Arbeitsmaschinen (z.B. in Klärwerken und auf Deponien).

Technisch interessant ist die Nutzung von Verbrennungsmotoren für den Antrieb von elektrischen Generatoren. Diese setzen die vom Motor gelieferte

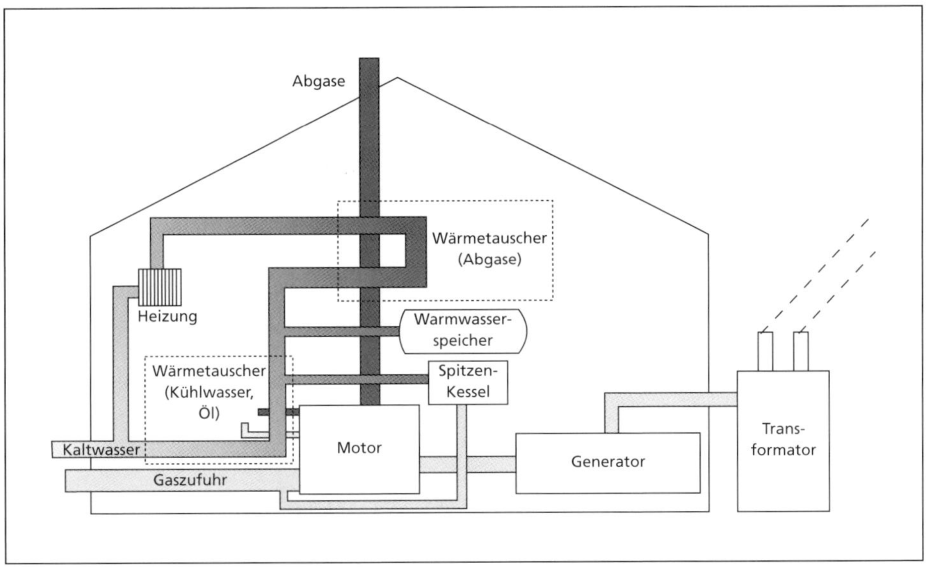

Bild 144: Beispiel einer dezentralen Kraft-Wärme-Kopplung
Quelle: [214] MLUR (2000)

mechanische Energie in elektrische Energie um, anteilsmäßig entspricht dies ca. 30 % der Brennstoffenergie. Darüber hinaus kann die Verlustwärme des Motors (überwiegend Kühlwasser- und Abgasenergie) als zusätzliche Nutzwärme (etwa 55 %) für Heizungszwecke genutzt werden (was dann ebenfalls eine Kraft-Wärme- bzw. Strom-Wärme-Kopplung darstellt) (Bild 144). Diese Kombination aus einem gasbetriebenen Verbrennungsmotor und einem motorbetriebenen Generator nennt man Blockheizkraftwerk (BHKW).

Aus 1 Mg organischem Abfall können 100-160 m^3 Biogas erzeugt werden, mit Hilfe einer solchen Kraft-Wärme-Kopplungsanlage können daraus ca. 170 kWh an Strom und 340 kWh an Wärme in Form von Warmwasser mit etwa 70 °C erzeugt werden.

19.1.1.3.2

Gasturbinen

Wegen der grundsätzlich einfacheren Bauweise haben Gasturbinenanlagen Vorteile gegenüber anderen Wärmekraftmaschinen. Hier ist aber zu berücksichtigen, dass diese nur bei sehr großen Biogasmengen rentabel zu betreiben sind. Das Gas muss auf 10-16 bar komprimiert werden, um es in der Turbine nutzen zu können, was eine entsprechende Gasvorbehandlung erfordert und technisch schwierig zu realisieren ist. Gasturbinen lassen sich nur bei ständiger Vollast sinnvoll einsetzen, im Gegensatz zu Gas-Otto- und Gas-Dieselmotoren, die auch im Teillastbereich zwischen 70 und 100 % einen guten Wirkungsgrad aufweisen. Demgegenüber kann die Wärmenutzung bei Gasturbinen (z.B. bei Faulschlammtrocknungsanlagen) teilweise deutlich günstiger gestaltet werden als bei Motoren, da im Abgas nahezu die gesamte abgegebene thermische Energie (Abwärme) bei relativ hohen Temperaturen anfällt.

Als wirtschaftliche Untergrenze wird derzeit eine mechanische Leistung von 1 MW genannt, die von Biogasanlagen der vorhandenen Arten und Größen bei weitem nicht erreicht wird. Der durch die bestehenden Vergärungsanlagen erreichbare Wirkungsgrad liegt bei etwa 22 %. Die technische Entwicklung für kleinere Leistungseinheiten hat aber in den letzten Jahren stark zugenommen, so dass künftig kostengünstige Systeme im kleinen Leistungsbereich zu erwarten sind ([214] MLUR, 2000).

19.1.1.4

Nutzung in Brennstoffzellen

In Zukunft könnte eine weitere Variante an Bedeutung gewinnen, die sich durch Wirkungsgrade auszeichnet, die deutlich höher liegen als die eines Aggregates aus Verbrennungsmotor und Generator, und daher bislang überwiegend zur Stromgewinnung in Weltraumfahrzeugen und U-Booten genutzt wurde. Im Rahmen eines Forschungsvorhabens wird die Energieerzeugung in der Brennstoffzelle aus Biogas untersucht ([228] N.N., 2001).

Brennstoffzellen (Bild 145) sind elektrochemische Stromquellen, in denen Wasserstoff und Sauerstoff unter Bildung von Wasser und elektrischem Strom miteinander reagieren (wie eine gebändigte Knallgasreaktion). Die Zellen sind aus zwei porösen Metallelektroden (beispielsweise aus Platin-bedampften Kohlenstoffmatten) aufgebaut, die von einem Elektrolyten umgeben sind (z.B. Phosphorsäure, Kalilauge oder eine protonenleitende Membran von etwa 0,1 mm Dicke). Von außen wird unter Druck Wasserstoff als Brennstoff an die Anode geführt und dort unter der katalytischen Wirkung des Platins in Protonen und Elektronen zerlegt. Die Protonen wandern durch den Elektrolyten zur Kathode, die Elektronen laden die Anode negativ auf. Der Sauerstoff als Oxidationsmittel wird an die Kathode geführt und reagiert dort mit den Elektronen zu Sauerstoffionen (O^{2-}) bzw. Hydroxidionen (OH^-), dadurch lädt sich die Kathode positiv auf. So entsteht zwischen beiden Elektroden eine Spannung von etwa 1 V. Verbindet man beide Elektroden miteinander durch Anschließen eines elektrischen Verbrauchers, so fließen die Elektronen über diesen von der Anode zur Kathode. Gleichzeitig wandern die Hydroxidionen durch den Elektrolyten und werden durch die Wasserstoffionen zu Wasser reduziert, das in Dampfform abgezogen wird.

Die theoretisch mögliche Spannung einer Zelle liegt bei 1,23 V (dieser Wert ergibt sich aus den thermodynamischen Daten der Knallgasreaktion mit ΔG = -237 kJ/mol bei 25 °C), aufgrund von Verlusten werden in der Praxis aber

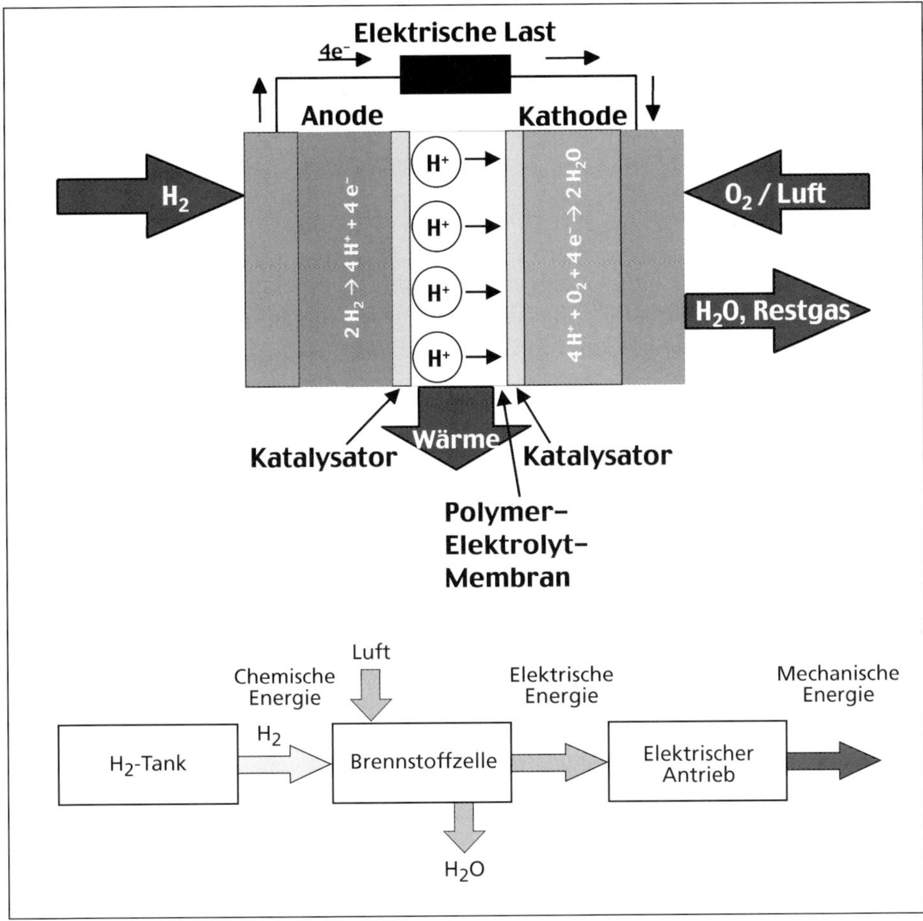

Bild 145: Funktionsprinzip der Brennstoffzelle
Quelle: (oben) ADAM OPEL AG (2003)

nur Werte von 0,6-0,9 V erreicht. Indem man (üblicherweise 200) Einzelzellen stapelweise zu sogenannten *Stacks* aufschichtet, können Spannungen von mehr als 200 V erzeugt werden.

Bislang lassen sich nur Wasserstoff (H_2), Methanol (CH_3OH) und Hydrazin (HNNH) direkt umsetzen. Alle anderen Brennstoffe müssen vorher durch Reaktion mit Wasserdampf und eventuell Luft in Wasserstoff umgewandelt werden, wobei auch Kohlendioxid entsteht. Anfallendes CO und CO_2 müssen vor der Nutzung entfernt werden (z.B. durch Methanisierung bei CO und durch Ausfrieren zu Trockeneis bei CO_2).

- Methanisierung:

  $CO + 3\ H_2 \longrightarrow CH_4 + H_2O$

Die Erzeugung von Wasserstoff durch Steam Reforming oder Teiloxidation von Biogas lohnt sich bisher nur bei sehr großen Anlagen ([214] MLUR, 2000).

- Steam Reforming:

  $CH_4 + 2\ H_2O \longrightarrow CO_2 + 4\ H_2$

- Teiloxidation:

  $2\ CH_4 + O_2 \longrightarrow 2\ CO + 4\ H_2$

Die Voraussetzung für eine erfolgreiche Kombination aus Biogaserzeugung und Nutzung in einer Brennstoffzelle sind geeignete Wege zur Gasaufbereitung in Kombination mit einer geeigneten Brennstoffzelle.

19.2 Kompost

Alternativ zu Biogas steht am Ende des gesamten Procedere Kompost als humusähnliches Zersetzungsprodukt. Heute werden allein in den über 400 Kompostanlagen, die der RAL Gütesicherung unterliegen, jährlich rund 4,5 Mio. Mg Kompostrohstoff zu spezifischen Kompostprodukten verarbeitet ([299] UBA, 2000), hinzu kommen die knapp 200 großen und mehreren hundert kleinen Kompostanlagen, die sich nicht der BGK angeschlossen haben und ebenfalls große Mengen an Kompost herstellen.

19.2.1 Kompostarten

Es wird zwischen einer Vielzahl von unterschiedlichen Kompostarten differenziert, die im folgenden kurz vorgestellt werden.

19.2.1.1 Unterscheidung nach dem Ausgangsmaterial

Nach der Art des Ausgangsmaterials wird differenziert zwischen

- Biokompost, der aus Küchen-, Garten- und Parkabfällen hergestellt worden ist,
- Rindenhumus auf der Basis von Schälrinden und
- Klärschlammkompost mit einem hohen Anteil an Klärschlämmen.

Vom Ausgangsmaterial hängt auch ab, ob es sich um nährstoffarme oder nährstoffreiche Komposte handelt.

Ebenso bedarf das Material, das als Gärrest einer Fermentation entstammt und anschließend über eine Nachrotte zu Kompost umgewandelt worden ist, einer eigenen Betrachtung. Die Substrateigenschaften dieses Kompostes sind dem des „normalen" Kompostes ähnlich. Unterschiede im Material beruhen darauf, dass Komposte aus vorangegangener Nassvergärung in der Regel niedrigere Salzgehalte aufweisen, weil im Zuge der Entwässerung Salz ausgewaschen wird. Dafür weisen sie oft höhere Gehalte an Schwermetallen auf; denn diese werden bei der Vergärung durch die hohen Abbauraten aufkonzentriert ([41] Bilitewski et al., 1994).

Ein besonderes Augenmerk ist darauf zu richten, dass verschiedene Rechtsverordnungen greifen, wenn unterschiedliche Ausgangsmaterialien gemeinsam vergoren werden. Prinzipiell und teilweise je nach der Herkunft der anaerob ausgefaulten Schlämme unterliegen die hergestellten Komposte der Düngemittel-, Klärschlamm-, Gülle- oder Kompostverordnung. Das kann problematisch werden, wenn durch die Covergärung mit Bioabfällen Gülle und Klärschlamm als Abfall deklariert werden ([60] Braukmeier und Stegmann, 1998, vergleiche auch Kapitel 5.3.3).

19.2.1.2

Differenzierung nach dem Reifegrad

Ein wichtiges Unterscheidungskriterium ist der Zeitpunkt, zu dem der Rotteprozess abgebrochen wurde.

Unter dem Begriff Kompostrohstoff versteht man das Ausgangsmaterial vor der Rotte, das nur mechanisch zerkleinert worden ist.

Als Frischkompost wird der hygienisierte, aber noch in Rotte befindliche Kompost bezeichnet, der in acht bis zehn Tagen erzeugt werden kann. Auf der Skala der Rottegrade erreicht er den Rottegrad II bis III. Dieser Kompost ist noch sehr nährstoffhaltig, aber schädlich für Pflanzen, weil in ihm noch zu viele Organismen enthalten sind, deren Hauptfunktion darin besteht, organisches Material abzubauen - einerlei, ob Bioabfall oder junge Wurzeln. Das C/N-Verhältnis liegt beim Frischkompost bei 25-30 : 1. Bei der pflanzenbaulichen Anwendung von Frischkompost ist in gewissem Grade mit einer Stickstoffmobilisierung zu rechnen, was bedeutet, dass die im Boden befindlichen Mikroorganismen den Stickstoff nutzen, um die organische Substanz im Frischkompost schneller abzubauen. Als Folge können die Pflanzen selbst unter Stickstoffmangel leiden. Bei unsachgemäßer Lagerung oder Weiterverarbeitung kann es wegen der hohen biologischen Aktivität zu Faulprozessen durch Sauerstoffmangel kommen.

Fertigkompost, auch Reifekompost genannt, ist entseucht und befindet sich im fortgeschrittenen Rottestadium. Er enthält weniger Organismen, daher ist er wurzelverträglich. Man unterscheidet zwischen den Rottegraden III bis V. Die Menge an organischer Substanz ist geringer als beim Frischkompost und das C/N-Verhältnis wegen des Entweichens des gasförmigen, oxidierten Kohlenstoffs auf etwa 15 : 1 reduziert. Soll Fertigkompost hergestellt werden, so ist eine Mindestrottezeit von 8-10 Wochen bei reiner Kompostierung und von 4-6 Wochen bei einer Nachrotte von Gärresten erforderlich ([39] Bidlingmaier und Müsken, 2001).

19.2.1.3 Unterscheidung nach dem Grad der Aufbereitung

Mit dem Begriff Spezialkompost wird Frisch- oder Fertigkompost bezeichnet, der zielgerichtet weiterbehandelt worden ist.

Hinsichtlich ihrer Anwendung wird zwischen Mulchkomposten zur Bodenabdeckung und Erdkomposten als Bodenersatz differenziert. Substratkomposte dienen als Mischkomponenten für Kultursubstrate ([243] Oberholz, 1995).

19.2.1.4 Unterscheidung nach Düngemitteltyp

Nach Abschnitt 3a der Düngemittelverordnung können Komposte aus Sekundärrohstoffen verschiedenen Düngemitteltypen zugeordnet werden: Als organischer NPK-Dünger kann er in fester oder flüssiger Form ausgebracht werden und muss jeweils über 0,5 % Gesamtstickstoff, 0,3 % Gesamtphosphat und 0,5 % Gesamtkalium verfügen, die Summe muss sich auf mindestens 2 % belaufen. Als organisch-mineralischer NPK-Dünger müssen die genannten Substanzen zu jeweils mindestens 3 % und insgesamt zu mindestens 12 % enthalten sein. Alle Werte beziehen sich auf den Trockenrückstand. In der Regel fallen Komposte in die erste Kategorie.

19.2.2 Verwendungsmöglichkeiten von Kompost

Der entstandene Kompost wird in der Landwirtschaft, im Gartenbau, Landschaftsbau und Weinbau eingesetzt, ein Teil wird zur Herstellung von Erden genutzt. Geringere Mengen finden Absatz in Baumschulen, im Forstbau und in Sonderkulturen ([243] Oberholz, 1995; [103] Euwid, 2001/3). Diese Anwendungsmöglichkeiten werden in den folgenden Kapiteln beschrieben, zuvor seien aber zwei

Fragen behandelt, die grundsätzlicher Natur sind: zum einen die nach dem Ende der Abfalleigenschaft von Bioabfallkomposten und zum zweiten die der Gleichwertigkeit von Düngemitteln verschiedener Herkunft.

19.2.2.1

Einmal Abfall, immer Abfall?!

Nicht erst seit Inkrafttreten der Bioabfallverordnung wird darüber gestritten, ob spezifikationsgerechte Komposte rechtlich immer noch als „Abfälle zur Verwertung" definiert sind, oder ob diese Abfalleigenschaft zu einem bestimmten Zeitpunkt aufhört und dem Kompost anschließend das Attribut „Produkt" zugebilligt werden kann. Zu der Frage, wann die Abfalleigenschaften aufhören, gibt es unterschiedliche Ansichten.

Die Bundesregierung stellt in einem Schreiben vom 13.08.1999 an die europäische Kommission fest, dass dies nicht bereits mit dem Inverkehrbringen, sondern erst mit seiner tatsächlichen Anwendung auf der Fläche der Fall ist. Als Begründung hierfür wird angeführt, dass sich aufgrund der Abfall-typischen Eigenschaften von behandelten Bioabfällen durch eine unsachgemäße Verwendung von Komposten (insbesondere durch erhöhte Aufwandmengen und damit erhöhte Schadstofffrachten) Gefahren und Beeinträchtigungen ergeben können, denen vorgebeugt werden soll.

Die 53. Umweltministerkonferenz gab im Oktober 1999 eine nicht nur auf Bioabfall, sondern allgemein auf Abfälle bezogene Stellungnahme des Inhaltes ab, dass prinzipiell die Abfalleigenschaften bei aufzubereitenden Abfällen erst mit der Nutzung der aufbereiteten Abfälle enden. Sie konstatiert aber zusätzlich, dass für Abfälle, welche die Eigenschaften eines für denselben Zweck aus Rohstoffen hergestellten Produktes erfüllen und von denen keine Abfall-spezifischen Beeinträchtigungen für das Wohl der Allgemeinheit ausgehen, die Abfalleigenschaften bereits nach Abschluß der Aufbereitung enden.

Die Bundesgütegemeinschaft setzt sich dafür ein, dass bereits die fertig aufbereiteten Komposte als Produkte eingestuft werden und greift in ihrer Argumentation die Begründung der Bundesregierung auf. Nach Meinung der BGK weisen gütegesicherte Komposte keine Abfall-typischen Eigenschaften mehr auf, weil sie einerseits eindeutig spezifiziert und in der allgemeinen Verkehrsanschauung als Produkt anerkannt seien und andererseits den einschlägigen Produktnormen für Düngemittel sowie weiteren, nicht gesetzlichen Normenanforderungen entsprechen, wie sie auch für Vergleichsprodukte aus primären Rohstoffen gelten. Eine Beeinträchtigung durch unsachgemäße Verwendung sei wegen der Produkt- und Hersteller-spezifischen Vorgaben zur Deklaration und fachgerechten Anwendung ebenfalls nicht zu begründen. Seit Bioabfallkomposte nicht mehr nur gegen Zuzahlung, sondern auch gegen Entgelt abgegeben werden, besteht ihrer Auffassung nach auch keine Gefahr mehr durch erhöhte Aufbringungsmengen. Die Frage ist noch nicht abschließend beantwortet. Vorerst ist festzuhalten, dass es die erfolgreiche Vermarktung gütegesicherter Kompostprodukte auf Sekundärrohstoffbasis sicher beeinträchtigt, wenn diese als Abfall deklariert werden ([230] N.N., 2001/3).

19.2.2.2

Gleichwertigkeit gegenüber anderen Düngemitteln

Im folgenden wird aufbauend auf den juristischen Grundlagen des Kapitels 5 erläutert, auf welcher Basis Komposte aus Sekundärrohstoffen als Dünger deklariert und genutzt werden.

Die Zulassung solcher Komposte als Düngemittel ist durch die Einfügung des Abschnittes 3a in die Düngemittelverordnung vom 16.07.1997 erfolgt. Demzufolge dürfen diejenigen Stoffe gewerbsmäßig als Sekundärrohstoffdünger in den Verkehr gebracht werden, die im Trockenrückstand einen Nährstoffgehalt von insgesamt mehr als 0,5 % Stickstoff, 0,3 % Phosphat oder 0,5 % Kaliumoxid aufweisen, oder die bei einer Aufbringung in praxisüblichen Mengen zu einer jährlichen Nährstoffzufuhr von mehr als 30 kg Stickstoff, 20 kg Phosphat, 30 kg Kaliumoxid oder 100 kg basisch wirksamem Calciumoxid je Hektar führen. In der Regel entsprechen die Komposte dabei dem zugelassenen Düngemitteltyp „Organischer NPK-Dünger" (vergleiche Kapitel 19.2.1.4).

Komposte, deren Gehalte an Pflanzennährstoffen weit unter den Werten der Düngemittelverordnung liegen, können laut Düngemittelgesetz als Bodenhilfsstoffe in den Verkehr gebracht werden. Bodenhilfsstoffe sind Stoffe, die den Boden biotisch, chemisch oder physikalisch beeinflussen, um seinen Zustand oder die Wirksamkeit von Düngemitteln zu verbessern (vergleiche § 1 Nr. 3 DMG).

Bioabfallkomposte werden zur Düngung und Bodenverbesserung meistens in Abständen von mehreren Jahren aufgebracht. Bei üblichen Aufwandmengen von 30 Mg Trockenmasse je Hektar in 3 Jahren (Höchstmenge laut § 6 BioAbfV) entspricht dies einem Düngen von z.B. 300 kg Stickstoff, 150 kg Phosphat und 250 kg Kaliumoxid sowie 1000 kg Calciumoxid je Hektar. Dies ist eine praxisübliche Düngung, wie sie auch mit Düngemitteln erfolgt, die aus primären Rohstoffen hergestellt worden sind.

Komposte, die einem der in Anlage 1 der Düngemittelverordnung festgelegten Düngemitteltyp entsprechen, dürfen in den Verkehr gebracht werden, wenn sie hygienisch unbedenklich sind (§ 1 Absatz 2 DMV) und die abfallrechtlichen Grenzwerte für tolerierbare Gehalte an Schadstoffen und Fremdstoffen einhalten (§ 1 Absatz 3 DMV). Die entsprechenden Grenzwerte stehen in der Bioabfall- und der Klärschlammverordnung. Durch die RAL Gütesicherung Kompost wird gewährleistet, dass die düngemittelrechtliche Kennzeichnung und Warendeklaration gemäß Düngemittelverordnung festgestellt und angegeben wird, sowie die genannten Anforderungen erfüllt sind. Neben diesen düngemittel- und abfallrechtlichen Vorschriften berücksichtigt die RAL Gütesicherung weitere Rechtsbestimmungen und Normen (KrW-/AbfG, BioAbfV, AbfKlärV, DMG, DMV, DV, BBodSchG, BBodSchV, Standards und Vorgaben der LAGA, DIN- und FLL-Regelwerke). Die Nutzungsfähigkeit von gütegesichertem Kompost als „sekundärer Rohstoff" im Sinne des Art. 3 Absatz 1 b) Unterbuchstabe i) der Richtlinie 75/442/EWG ist damit gegeben.

Für die Zukunft wird angestrebt, die hohen Qualitätsansprüche, die Bioabfallkomposte zum Schutz von Boden, Wasser, Pflanzen, Tier und Mensch erfüllen müssen, auch auf die anderen Düngemittel zu übertragen. Hierbei müssen die Schadstoffe einbezogen werden, aber auch das Angebot an Nährstoffen muss Berücksichtigung finden; denn nicht alles, was nicht schadet, nützt zugleich. Als ein für alle Düngemittel gültiges Bewertungskriterium bietet sich daher der Quotient aus Schadstoff- und Nährstoffkonzentration des dem Boden zuzuführenden Produkts an. Als Bezugsnährstoff eignet sich der Phosphatgehalt; denn dieser ist unabhängig von der Masse und nur von der Nährstoffracht bestimmt. Dadurch ist ein Bezug zur ordnungsgemäßen Düngung hergestellt und ein objektiver Vergleich verschiedener Düngemittel und Bodenhilfsstoffe möglich ([259] Rieß, 1995). Eine solche Gleichstellung kann sich auch förderlich auf die landwirtschaftliche Verwertung von Serodüngern auswirken, nach der Wirtschaftsdünger wie Gülle und Stallmist, Mineraldünger sowie die Sekundärrohstoffdünger Bioabfall und Klärschlamm die gleichen Anforderungen hinsichtlich ihrer Nutz- und Schadstoffe erfüllen müssen ([75] Christian-Bickelhaupt, 2001).

19.2.2.3

Landwirtschaftliche Verwertung

In der Landwirtschaft gibt es mehrere Gründe für einen sinnvollen Einsatz von Düngern und Bodenhilfsstoffen:

- Durch die Bewirtschaftung werden den Böden seitens der Pflanzen Nährstoffe entzogen; die Ernte von Obst oder Blattfrüchten beispielsweise kann einem Boden durchaus mehr als 100 kg allein an Kalium pro Hektar und Jahr entziehen.
- Aufgrund der zunehmenden Bodenversauerung wird bei pH-Werten unter 5,5 ein Teil der ursprünglich festgebundenen Spurenelemente in ionischer Form freigesetzt, bei Calcium und Magnesium führt dies zu Nährstoffmangelerscheinungen der Pflanzen, bei Schwermetallen wie Zink, Kupfer, Chrom oder Aluminium zu erhöhter Phytotoxizität.
- Nicht allein Nährstoffe, sondern der Boden selbst geht im Zuge von Erosionsvorgängen verloren und zwar besonders bei ungeschützten oder verdichteten Böden wie den Fahrrinnen der Landmaschinen. Durch die entstandenen Rinnen fließen nach Regenfällen kleine Bäche, die Land abtragen. Es ergeben sich mögliche Bodenverluste zwischen 11 und 35 Mg/ha•a durch Rinnen- und Flächenspülung.

In einem mehrjährigen Forschungsvorhaben des Fachbereiches Landbau der Universität-Gesamthochschule Paderborn, Abteilung Soest, in Zusammenarbeit mit Unternehmen der Abfallwirtschaft und landwirtschaftlichen Betrieben konnten positive Auswirkungen eines Einsatzes von Kompost hinsichtlich oben aufgeführter Probleme nachgewiesen werden: die Ernteerträge stiegen um 0,5 – 1 % pro Mg ausgebrachter Komposttrockenmasse, gleichzeitig ließ sich der Verbrauch an Mineraldünger reduzieren. Dabei konnten keine erhöhten Schwermetallgehalte im Boden und in den Ernteprodukten nachgewiesen werden. Zusätzlich bewirken Kompostgaben eine Stabilisierung des pH-Wertes auf dem gewünschten Niveau und eine Verbesserung des Bodengefüges ([243] Oberholz 1995).

Voraussetzung für die positive Wirkung des Kompostes ist allerdings eine Analyse der Bodeninhaltsstoffe; denn Böden mit einem hohen Gehalt an pflanzenverfügbaren Nährstoffen (Gehaltsklasse E nach VDLUFA) sind nach den Bestimmungen des LAGA-Merkblattes M10 von der Kompostverwertung ausgeschlossen. Die Menge, die an Kompost aufgebracht werden darf, richtet sich ansonsten vor allem nach den bereits vorhandenen Nährstoffen im Boden, dem pH-Wert und der organischen Substanz. Exakte Angaben über die Nährstoffgehalte und deren Wirkung erleichtern den Landwirten die Bestandsführung und Düngeplanung.

19.2.2.4

Garten- und Landschaftsbau

Naturgemäß ist der Garten- und Landschaftsbau auf den Einsatz organischer Stoffe angewiesen und auch geeignet, organische Stoffe dem Naturkreislauf wieder zuzufügen. Die Entsiegelung von Bodenflächen erfordert nährstoff- und strukturreiches Material, um beispielsweise beim Rückbau von Straßen die extrem verdichteten, fast toten Böden neu zu beleben. Vegetationsschichten werden als Baugrund-, Drän- oder Filterschichten dort eingesetzt, wo beispielsweise der bestehende Boden abgetragen oder eine Begrünung von Bauteilen vorgenommen werden muss. Es bedarf der Substrate für Dachbegrünungen, Kübelbepflanzungen, Rasengitter und den Böschungsbau an Straßen, zur Gestaltung von Wohn-, Grün- oder Sportanlagen sowie für die allgemeine Verbesserung von Vegetationsflächen.

Große Mengen sind auch bei Rekultivierungsmaßnahmen wie der Begrünung von Halden, Deponien und Tagebauen oder dem Ausgleich von Landschaftsschäden bei größeren Bauvorhaben nötig. So erfolgt im Rheinland eine Rekultivierung der Tagebaue mit dem Ziel, landwirtschaftliche Flächen wiederherzustellen. Kompost gelangt dabei vor allem zum Einsatz, um organische Masse zuzuführen. Da die zur Rekultivierung eingesetzten Böden meist aus tieferen Bodenschichten stammen, weisen sie ein völlig gestörtes Bodenleben auf. Mit der Zufuhr von Kompost wird die mikrobielle Aktivität des Bodens stark gefördert. Die Böden beinhalten zudem einen für landwirtschaftliche Flächen

Tabelle 44: Anforderungen an Kompostsubstrate im Garten- und Landschaftsbau
Quelle: [252] Popp (2001)

Anforderungen	Bereich			angestrebtes Ziel
	Lärm-schutz-wände	Pflanz-tröge	Rasen-waben/ Rasen-gitter	
gute Schütt- und Rieselfähigkeit	x	x	x	leichtes Verfüllen der Pflanzelemente
hohes Schüttgewicht	x			festlagernder Einbau des Substrats ohne arbeitsintensives Verdichten
geringer Volumenschwund/Stabilität	x	x	x	kaum Sackung des Substrats, physikalische Eigenschaften bleiben erhalten
geringe Erosionsanfälligkeit	x			stabil gegen Windeinwirkung und Wasserzufuhr
gute Wasserführung	x	x	x	kurze Bewässerungsdauer, sichere Ableitung von Überschusswasser
rasche Wasseraufnahme	x	x	x	gute Wiederbenetzung trocken gewordener Substrate
hohe Wasserkapazität	x	x	x	langes Bewässerungsintervall
gute Versorgung mit Nährstoffen	x			keine aufwendigen Nachdüngungs-maßnahmen
gute Kalkversorgung (nur sinnvoll bei kalktoleranten Pflanzen)	x			keine aufwendige Nachkalkung

deutlich zu geringen Humusanteil; auch hier kann mit Kompost Abhilfe geschaffen werden ([152] ifeu, 2001). Die Anforderungen, die im Garten- und Landschaftsbau an Komposte gestellt werden, sind in Tabelle 1 zusammengefaßt.

19.2.2.5

Produktionsgartenbau

Weitere traditionelle Nutzungsarten liegen im Gartenbau, wo der Kompost zum Anbau von Obst, Gemüse und Zierpflanzen eingesetzt wird. Ein geringerer Teil findet seine Abnehmer in Baumschulen sowie bei Sonderkulturen wie Spargel und Champignons. In diesem Bereich soll die Verwendung von Kompost dazu dienen, die Bodenstruktur zu verbessern und den Boden mit organischer Substanz anzureichern, wie es für die Parameter Phosphor, Kalium und Magnesium in entsprechenden Versuchen erfolgreich gezeigt werden konnte. Die eingesetzten Komposte sollten daher über ein ausgewogenes Verhältnis zwischen Fein- und Grobporen verfügen. Geschätzt werden auch die Pufferkapazität von Komposten sowie die guten Wiederbefeuchtungseigenschaften. Mehrjährige Versuche mit regelmäßigen Kompostgaben im Obstbau erbrachten bei der generativen und vegetativen Entwicklung der Bäume Effekte (z.B. eine Förderung der obstbaulich erstrebten Verzweigung), wie sie sonst nur bei Bewässerungsversuchen zu finden sind; dies wird auf die Reduzierung der Evapotranspiration durch Kompost als Bodendecker zurückgeführt, die selbst einer gleichmäßigen Wasser- und Nährstoffversorgung der Bäume dient ([130] GK SW, 2001).

Da im Produktionsgartenbau (Obst, Gemüse) in der Regel Produkte hergestellt werden, die der menschlichen Ernährung dienen, darf laut LAGA-Merkblatt M10 nur Kompost der Kategorie 1 eingesetzt werden. Dies gilt ebenso für Baumschulflächen, weil dort auf Wechselflächen mit der Landwirtschaft zurückgegriffen wird, um Bodenermüdungserscheinungen vorzubeugen.

19.2.2.6

Weinbau

Ein weiterer kleiner, aber klassischer Abnehmer ist der Weinbau - nicht zufällig lagen die ersten Kompostwerke fast ausnahmslos in Weinbaugebieten, wo

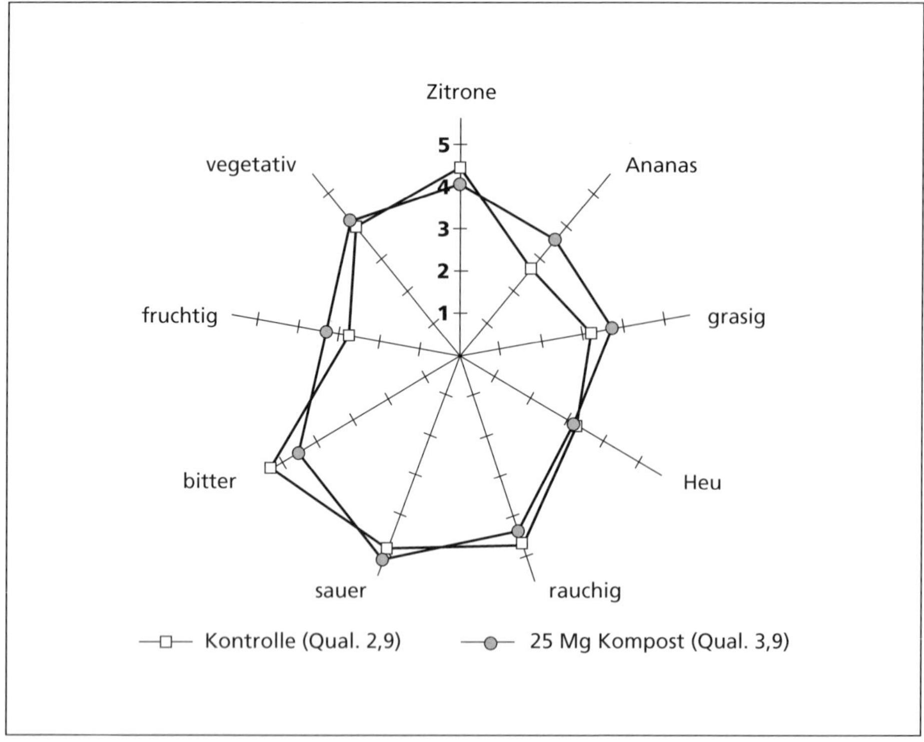

Bild 146: Einfluß der Kompostanwendung auf das Aromaprofil eines 1997er Pfälzer Rieslings
Quelle: [174] Kosak (2001)

anfänglich der größte Teil des erzeugten Kompostes zum Erosionsschutz genutzt wurde. Als Dauerkultur stellt der Weinbau besonders hohe Ansprüche an die Fruchtbarkeit und die Humusversorgung der Böden. Insbesondere bei der Neuanlage und nach Flurbereinigungen bietet sich die Gelegenheit, den Humusgehalt im Boden durch Kompost zu verbessern. Im Weinbau kommt dem Kompost überdies die besagte Funktion als Bodenhilfsstoff zum Erosionsschutz in Steillagen zu, wofür aus betriebswirtschaftlichen Gründen zumeist ein seitens der Nährstoffe minderwertiger Kompost ausreicht. Dennoch zeigt die Erfahrung, dass auch hier meistens vorsorglich die beste Qualität gefordert wird. Gut ein Viertel der Winzer setzt Kompost ein, vermutlich ist mit keinem nennenswerten zusätzlichen Absatzpotential zu rechnen.

Nicht unterschlagen werden sollen in diesem Rahmen die erfolgversprechenden Ergebnisse eines dreijährigen Feldversuches im Auftrag der Gütegemeinschaft Kompost, Region Südwest e. V., bei denen auch der Einfluß der Anwendung von Kompost auf die Weinqualität analysiert wurde (Bild 146) ([174] Kosak, 2001).

19.2.2.7

Forstwirtschaft

Die Forstwirtschaft bietet nur einen kleinen Absatzmarkt für Komposte, weil entsprechende Nutzungsmöglichkeiten gemäß BioAbfV dort stark eingeschränkt sind: in begründeten Ausnahmefällen ist beispielsweise ein Einsatz für die Anlage von Wildäckern und die Aufforstung von Windwurf- und Grenzertragsflächen zulässig. Degenerierte Böden können durch Kompostgaben qualitativ und durch Maschineneinsatz komprimierte Böden strukturell verbessert werden. Schließlich ist es möglich, mit Hilfe von Kompost Substrate für die Anzucht in Forstbaumschulen herzustellen.

19.2.2.8

Bedarf seitens der öffentlichen Hand

Etwa ein Drittel der Institutionen der öffentlichen Hand setzt Kompostprodukte ein, um insbesondere das sogenannte „Straßenbegleitgrün" zu pflegen. Dieses ist durch knappes Wasserangebot, die Luftverschmutzung seitens der vorbeifahrenden Autos und winterliche Streusalzgaben starken Belastungen ausgesetzt. Von den Kompostgaben versprechen sich die Grünflächenämter eine Verbesserung der Wasserhaltekapazität und der Nährstoffversorgung. Auch der Versauerung des Bodens soll entgegengewirkt werden.

19.2.2.9

Erdenwerke

Eines der zukunftsträchtigsten Absatzgebiete von Kompost liegt in der Herstellung von Erden. In den Erdenwerken werden auf technischem Wege Böden für unterschiedlichste Zwecke hergestellt. Die Hälfte der produzierten Substrate wird für spezielle Zwecke wie Dachbegrünungen, Kübelbepflanzungen, Lärmschutzwände oder Pflanzlöcher etc. genutzt, die andere Hälfte für den Hobbygartenbau. Die Verwendung in Erdenwerken stellt höchste Anforderungen an die Qualität der verwendeten Komposte, diese Substratkomposte durchlaufen daher in der Aufbereitung noch zusätzliche Schritte wie z.B. eine feinere Siebung. Neben den physikalischen, chemischen und biologischen Eigenschaften ist eine gleichbleibende Qualität das wichtigste Auswahlkriterium der Substratindustrie, da Mängel bei diesen Punkten negative Auswirkungen auf die Vermarktbarkeit der erzeugten Substrate haben ([232] N.N., 2001/5). Reine Bioabfallkomposte können aufgrund hoher Salz- und Nährstoffgehalte nur in Volumenanteilen von maximal 10 % eingesetzt werden, Grüngutkomposte hingegen mit bis zu 40 %, da sie die niedrigsten Nährstoff- und Ballaststoffanteile aufweisen. Komposte aus vorangegangener Vergärung liegen in ihren Werten dazwischen und eignen sich daher ebenfalls.

19.2.2.10

Technische Anwendungen

Weniger bekannt, aber für die Erschließung neuer Märkte interessant sind technische Anwendungen. Dazu zählen der Deponiebau mit etwa 5 % des Absatzes, bei dem Kompost für die Rekultivierungsschicht der Oberflächenabdichtungen eingesetzt wird, die Einbringung in Lärmschutzwänden (1-7 %) und die Verwendung als Filtermaterial zur Desodorierung von Geruchsemissionen. Als Absorptionsmaterial ist Kompost geeignet, wenn es z.B. um das Binden oder Abscheiden von Mineralölen und Fetten bei Unfällen auf Wasseroberflächen geht. Auch ist seine Eignung zur Sickerwasservorreinigung und als Trägermaterial zur Dekontamination von Böden (Abbau von Detergentien, Dieselöl, Herbiziden, bestimmten Pestiziden) nachgewiesen.

19.2.3

Bedeutung der durch Kompost substituierten Produkte

Wenn Kompostprodukte nicht ganz neue Absatzgebiete erschließen, verdrängen sie andere, bereits etablierte Produkte. Es sind dies die Wirtschafts- und

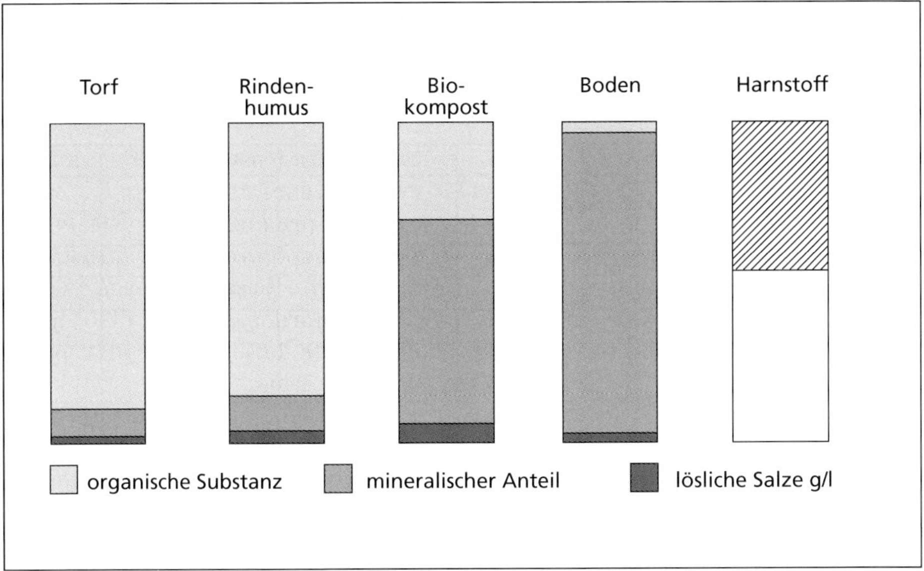

Bild 147: Schematischer Vergleich organischer/mineralischer Anteile bei verschiedenen Substratrohstoffen und Düngern im Vergleich zu Kompost
Quelle: [127] Gerwin und Grimm (1998)

Mineraldünger, Rindenhumus und Torf. Kompost vereint dabei sowohl die Nährstoffcharakteristika der Mineraldünger wie die strukturellen von Torf oder Rindenhumus in sich (Bild 147).

19.2.3.1

Wirtschafts- und Mineraldünger

In den Fällen, in denen Kompost wegen seines Gehaltes an Nährstoffen genutzt wird, ersetzt er in der Regel andere Stoffe wie Wirtschafts- und Mineraldünger.

Wirtschaftsdünger sind beispielsweise Gülle, Jauche, Mist oder Stroh, die ohnehin in landwirtschaftlichen Betrieben anfallen und ungeachtet der darin vorhandenen Schadstoffe (Schwermetalle, Medikamente etc.) ebenfalls zu Düngezwecken genutzt werden.

Mineraldünger werden aus primären Rohstoffen hergestellt, Herkunftsländer beispielsweise des Phosphaterzes sind Israel (37 %), die USA (33 %), Marokko (25 %) und die GUS (5 %). Dieses Phosphat wie auch die anderen primären Rohstoffe müssen zunächst gewonnen werden; es folgt die Aufbereitung und Produktion der Kunstdünger, was in der Regel mit erheblichen Transportwegen verbunden ist. Auch Mineraldünger sind nicht frei von Schwermetallen, eine entsprechende Übersicht für verschiedene, handelsübliche Düngemittel gibt Tabelle 45.

Tabelle 45: Schwermetallgehalte in Düngemitteln
Quelle: [152] ifeu (2001)

Düngemittel	Schwermetallgehalte mg/kg							
	As	Cd	Cr	Cu	Ni	Hg	Pb	Zn
Kalkammonnitrat	3,3	0,24	17,3	2,9	6,8	0,01	11,3	46
Harnstoff	0,04	0,1	1	0,8	1	0,01	1	0,8
Single-Superphosphat	3,7	6	181	22,5	14,6	0,021	1	138
Triple-Superphosphat	3,7	30,6	300	23	31	0,04	1	448
Thomasphosphat	3,2	0,1	1.759	33	6	0,04	5,6	57
Rohphosphat (weicherdig)	3,6	11,4	160	15,9	15,5	0,07	1,2	195
Ammoniumnitrat-phosphat	1,53	4,59	30,1	2,49	7,65	0,0091	0,62	27,3
Ammoniumphosphate	3,2	9,6	63	5,2	16	0,019	1,3	57
K-Dünger	0,01	0,1	7	4	3	0,012	1	10
Ca-Dünger	0,05	0,3	11,4	8,5	4,8	0,014	6,1	46
Mg-Dünger	0,05	0,1	6,9	3	1	0,01	1	9,5

19.2.3.2

Rindenhumus

In den Fällen, in denen Kompost seiner strukturverbessernden Eigenschaften wegen eingesetzt wird, kann er zu etwa gleichen Teilen Rindenhumus wie Torf (siehe Kapitel 19.6.3) ersetzen.

Rindenhumus wie auch Rindenmulch wird aus den Rinden produziert, die als Nebenprodukte oder Abfall in der Forstwirtschaft anfallen. Dazu wird das Material zunächst auf Korngrößen kleiner als 40 mm zerkleinert und in Freilandmieten aufgesetzt. Um einen biologischen Abbauprozess zu initiieren, ist es notwendig, dem Substrat Stickstoff beizugeben: pro m^3 Rindenmaterial werden 1-2 kg Reinstickstoff überwiegend in Form von Harnstoff verwendet. Der Unterschied zwischen Rindenmulch und Rindenhumus liegt in der Rottedauer: bei Rindenmulch beträgt sie 3 Monate, bei Rindenhumus 6 Monate. In dieser Zeit werden die Mieten regelmäßig etwa alle 4 Wochen umgesetzt. Rindenmulch wird nicht durch Kompost, sondern durch frisch geschredderte Garten-, Park- oder Friedhofsabfälle ersetzt. Rindenhumus findet Verwendung im Hobbygartenbau sowie im Garten- und Landschaftsbau, er wird prinzipiell auch den Komposten zum Zwecke der Oberflächenabdeckung und Unkrautbekämpfung vorgezogen, tritt allerdings aufgrund seines höheren Marktpreises nicht in bedeutende Konkurrenz zum Kompost ([152] ifeu, 2001).

19.2.3.3

Torf

Biologisch besonders interessant ist die Produktsparte von Torf und Torfprodukten. Torf ist eine Bodenauflage aus wenig zersetzten, konservierten Pflanzenresten, die in den Monaten Juni bis September in Tiefen von 1-3 m gestochen wird. Luft- und Mineralstoffmangel, niedrige Temperaturen und saures Milieu führen zur Hemmung des mikrobiellen Abbaus der Streu. Zusammensetzung und Verwesungsgrad des Torfs variieren mit dem Entwicklungsstand des Moores. Generell ist er arm an Nährstoffen und Spurenelementen, er hat an sich schlechte Bodenverbesserungseigenschaften und trägt durch seinen sauren pH-Wert zur Versäuerung des Bodens bei ([41] Bilitewski et al., 1994). Wertgebend ist seine organische Substanz, die mehr als 94 % der Trockensubstanz ausmacht.

Nach der Trocknung findet Torf Verwendung als Brennstoff (knapp 10 %, aus älteren Moostorfen), zur Herstellung von Aktivkohle (aus bei der Schwelung von lufttrockenem Torf entstehendem koksartigen Rückstand, Torfkoks genannt), hauptsächlich aber (fast 90 %, entsprechend einer Menge von etwa 8 Mio. m^3) zur Herstellung von Erdgemischen für die Pflanzenanzucht und zur Verbesserung leichter Böden in Landwirtschaft und Gartenbau.

In Deutschland ist das Torfstechen mit hohen Auflagen hinsichtlich der Renaturierung und Wiederbenässung der Moore verbunden. Zur Zeit werden noch 85 % des in Deutschland genutzten Torfes im Inland, überwiegend in Niedersachsen gestochen, die restlichen 15 % stammen hauptsächlich aus Estland und den anderen baltischen Ländern. Die Tendenz geht aber eben wegen dieser hohen Auflagen eindeutig in Richtung Import. Aufgrund der stark steigenden Nachfrage nach Torf wird zunehmender Abbau auch in bisher ökologisch noch intakten Feuchtgebieten betrieben, zahlreiche Moortiere und -pflanzen sind bereits vom Aussterben bedroht. Der Ersatz durch Kompost aus Bioabfall ist daher aus ökologischen Gründen höchst sinnvoll.

19.2.4

Vermarktung von Komposten

Mit der zunehmenden Getrennterfassung von Bioabfällen entstehen steigende Mengen an Komposten, deren Absatz eine der Herausforderungen der nächsten Zeit sein wird. Auf die Schwierigkeiten, die sich bei der Vermarktung ergeben, und auf entsprechende Prognosen wird im folgenden eingegangen.

19.2.4.1

Marktanalyse

Eine umfassende Marktanalyse bietet die besten Voraussetzungen für den erfolgreichen Absatz der Komposte.

Im Zuge solcher Analysen stellte sich allgemein heraus, dass durchschnittlich 70 % derjenigen Bürger, die sich schon eingehender mit dem Thema Biokompost befasst haben, bereits zu den bestehenden Bedingungen zum Komposteinsatz bereit sind. Darüber hinaus gaben rund 20 % der Befragten an, sie seien zur Kompostnutzung gewillt, wenn bestimmte qualitative oder preisliche Bedingungen erfüllt seien. In denselben Befragungen gaben bis zu 80 % der Befragten ein hohes Informationsbedürfnis an ([243] Oberholz, 1995).

Nachfolgend wird ein Überblick über den Stand des Kompostabsatzes gegeben, verbunden mit einer Einschätzung des Potentials. Eine Auskunft über die Verwertungswege der im Jahre 1998 abgegebenen 3,8 Mio. Mg Kompost von Mitgliedern der BGK ist in Bild 148 enthalten.

Derzeit finden 39 % des abgesetzten Kompostes Eingang in die Landwirtschaft. Es setzt aber nur 1 % der Landwirte Kompost oder Kompostprodukte ein. Da die landwirtschaftlich genutzten Flächen in Deutschland 60 % der Gesamtfläche betragen, ist prinzipiell eine erhebliche Steigerung denkbar. Die weit verbreitete Sorge vor Beeinträchtigungen des Bodens durch Komposte aus Sekundärrohstoffen, besonders in Verbindung mit dem Thema Klärschlamm, lässt jedoch keine guten Prognosen zu.

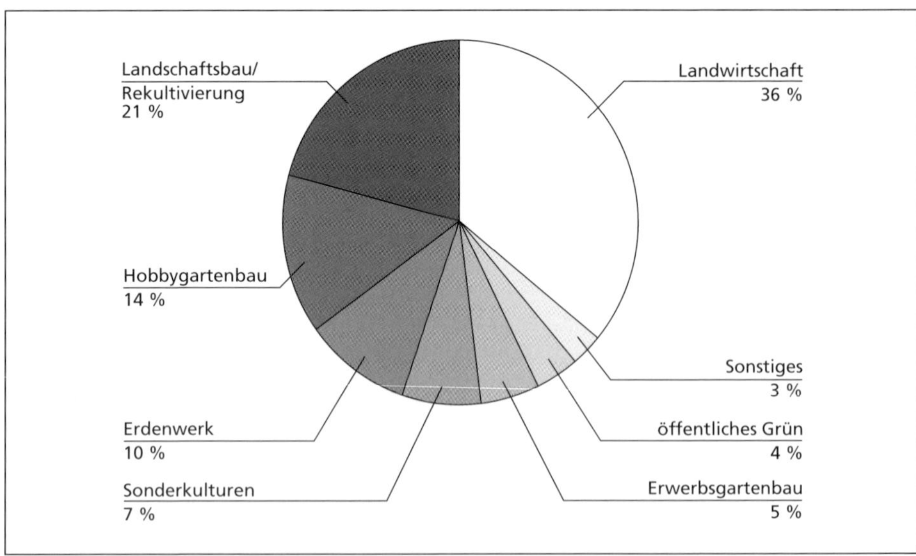

Bild 148: Vermarktungswege von Kompost im Jahr 1998
Quelle: [165] Kehres (2000)

In den anderen Anwendungsbereichen stellt sich die Situation genau umgekehrt dar: Sie verfügen über ein im Vergleich zur Landwirtschaft begrenztes Flächenangebot, dafür ist jedoch eine im marktwirtschaftlichen Sinne echte Nachfrage gegeben. Diese basiert auf der Notwendigkeit des Einsatzes von Humusstoffen, die zugekauft werden müssen.

Der Garten- und Landschaftsbau ist durch seine vielfältigen Aufgaben geradezu prädestiniert für den Einsatz von Kompost; hier wird, überwiegend durch Substitution von Mineraldüngern, auch noch Steigerungspotential gesehen. Im Moment werden 10-30 % des Kompostes im Landschafts- und Gartenbau abgesetzt. Bei einer Umfrage jüngeren Datums unter Gartenbaubetrieben ([215] Moos und Helm, 1999) zeigte sich jedoch neben großer Unsicherheit hinsichtlich der erfolgreichen Anwendung von Komposten als derzeitiges Hauptproblem die schwankende Qualität der Produkte. Durch einen konkurrenzfähigeren Preis, eine auch bei wechselnden Chargen gleichbleibende Qualität und detaillierte Anwendungshinweise könnten aber 30 % der Befragten motiviert werden, in Zukunft im Gartenbau Komposte einzusetzen.

Der Obstbau im speziellen verzichtet dennoch weitgehend auf den Einsatz von Kompost; als Gründe hierfür werden Qualitätsbedenken und ein zu hoher Preis genannt, zudem sind Informationsdefizite festzustellen. Immerhin geben aber 58 % der befragten Obstbauern an, dass sie bei angemessenen Preisen und einwandfreier Qualität durchaus bereit seien, künftig Komposte einzusetzen. Auch in Gärtnereien verwenden aus Sorge vor zu schlechter Qualität nur 20 % der Betriebe betriebsfremde Komposte.

Etwa 30 % der Betriebe der öffentlichen Hand setzen Kompostprodukte ein. Aufgrund positiver Erfahrungen im Umgang mit Kompost sieht ein Fünftel der Nutzer weiteres Potential für einen Einsatz von Komposten, sei es zusätzlich oder als Ersatz für andere Stoffe. Den Betrieben der öffentlichen Hand kommt bei der Abnahme von Kompost Vorbildfunktion zu.

Fast 25 % des Kompostes nehmen den Weg in die Erdenindustrie, sie stellen allerdings in den Erdenwerken nur einen Anteil von 1,7 % der Mischkomponenten dar ([252] Popp, 2001). Da bei entsprechender Qualität der Anteil von Kompost in den Erdenprodukten bis zu 20 % betragen kann, wird im Einsatz von Erden auf Kompostbasis auch das größte Steigerungspotential für weiteren Absatz gesehen.

Einige wichtige Faktoren wie Potential, Absatzsicherheit, Ansprüche an die Qualität der Produkte, mögliche Erlöse und Chancen der Marktentwicklung für Kompostprodukte sind für die vier wichtigsten Absatzbereiche in Bild 149 beispielhaft charakterisiert.

Bei allen aufgezeigten Verwertungswegen ist jedoch zu beachten, dass diese Absatzpotentiale sich für die verschiedenen Anlagen deutlich unterscheiden und stark regional geprägt sind. So stehen nicht in allen Regionen hohe Absatzpotentiale in Sonderkulturen oder auch in der Landwirtschaft zur Verfügung. Auch die Aspekte der Marktsättigung sowie der Bodenschutz haben große Auswirkungen auf die Absatzchancen. In manchen Gebieten übersteigen allein die

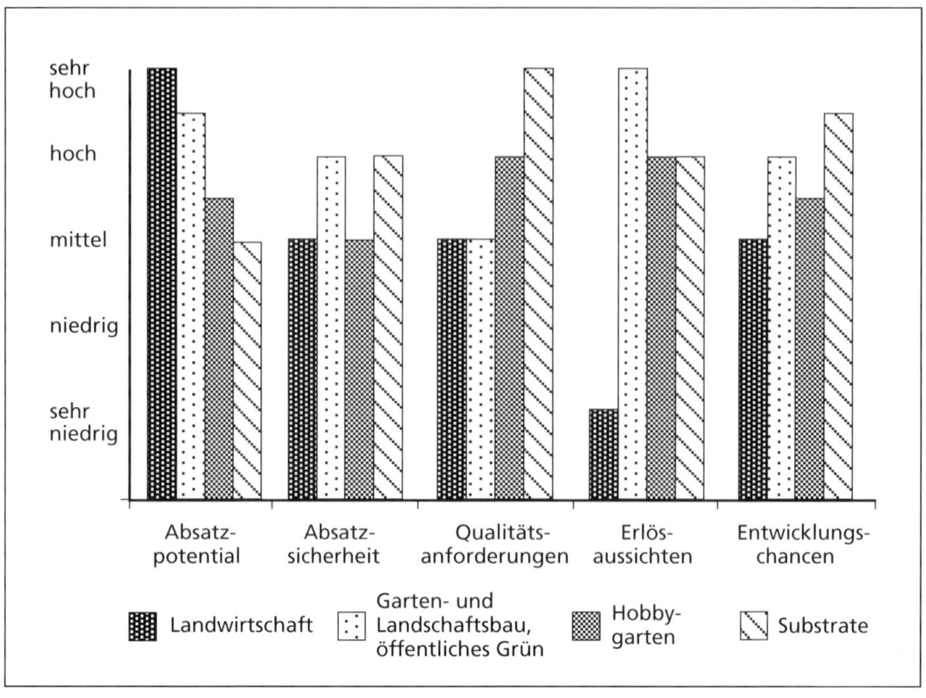

Bild 149: Marketingaspekte der Kompostvermarktung
Quelle: [165] Kehres (2000)

Nährstoffrachten aus dem Wirtschaftsdünger den rechnerischen Nährstoffbedarf auf landwirtschaftlichen Flächen. Für Sekundärrohstoffdünger bestehen dann kaum Absatzmöglichkeiten.

19.2.4.2

Inhalte einer möglichen Imagekampagne für Kompost aus Bioabfällen

Um neue Produkte auf dem Markt zu etablieren oder vorhandene Marktanteile auszubauen, muss zunächst der Bekanntheitsgrad der Produkte gesteigert werden. Darüber hinaus müssen die potentiellen Käufer vom Wert dieses Produktes überzeugt werden. Neben diesen wertvermittelnden Aktionen müssen auch die zuvor dargelegten Sorgen und Kritikpunkte seitens der Bevölkerung durch Information und Öffentlichkeitsarbeit aufgegriffen werden. Im folgenden wird eine Reihe von Argumenten aufgelistet, die Inhalt einer Imagekampagne sein können.

- Kompost ist ein Nährstoffträger, der reich an organischer Substanz und an den Nährstoffen Stickstoff, Phosphor, Kalium, Calcium und Magnesium ist.

- Durch Kompostgaben können nutzengleiche Mengen an Mineraldünger eingespart werden.
- Kompost verbessert die Struktur des Bodens und führt zu einer Erhöhung des Humusgehaltes. Das Bodengefüge wird aufgelockert, was seinerseits die Aktivität des Bodenlebens und die Bewurzelungstiefe der Pflanzen fördert und als Konsequenz die Erosionsneigung des Bodens mindert.
- Durch Kompostgaben können nutzengleiche Mengen an Torf und Rindenhumus ersetzt werden.
- Kompost bewirkt eine Verbesserung des Wasser- und Wärmehaushaltes von Böden jeder Art: bei sandigen Böden erhöht sich die Wasserhaltekapazität, deshalb trocknen die Böden nicht so schnell aus; bei schweren Tonböden wird die Luft- und Wasserdurchlässigkeit erhöht und so das Maß der Oberflächenauswaschung verringert.
- Durch Kompostgaben werden eine kurze Bewässerungsdauer und lange Bewässerungsintervalle ermöglicht.
- Kompost aus qualitätskontrollierter Herstellung ist hygienisch einwandfrei.
- Die Qualität von Komposten wird staatlich überwacht. Nur einwandfreie Komposte erhalten das Prüf- und Gütesiegel.
- Jedem Kompostprodukt werden exakte Anwendungshinweise beigefügt, die eine optimale Nutzung erleichtern.

19.2.4.3

Probleme

Die Schwierigkeit, an der insbesondere anfangs die Vermarktung des Kompostes krankte, bestand darin, dass Kompost in den derzeit anfallenden und im Wachstum begriffenen Mengen ein „gesetzlich verordnetes Produkt" war. Die Kompostherstellung geschah ja nicht aufgrund der Marktnachfrage, sondern aus abfallwirtschaftlichem Interesse an einer Reduzierung der Restmüllmenge und einer Verwertung geeigneter Bestandteile des Hausmülls.

Die Marktpräsenz konnte demzufolge nicht durch gewachsene Nachfrage und resultierendes Angebot entstehen - der Markt hatte nicht auf das Produkt „Kompost" gewartet. Auch heute noch kennt er eine Fülle von Konkurrenzprodukten, ist unorganisiert, zeigt heterogene Angebotsstrukturen und eine uneinheitliche Erlössituation.

Bei Klärschlammprodukten hat das schlechte Image dazu geführt, dass wegen der Ausweitung des Vertragsanbaus viele Landwirte von den Nahrungsmittelherstellern zum Verzicht auf Klärschlammdüngung genötigt werden ([101] Euwid, 2001). Absatzschwierigkeiten entstehen hier zudem dadurch, dass aus dem benachbarten Ausland gegen Zuzahlung mehrerer hundert Mark pro Hektar und Jahr Klärschlämme zur Düngung angeboten werden.

Bei Bioabfallkomposten herrscht trotz des hohen Bekanntheitsgrades von Kompost bei Bürgern und Institutionen noch vielfach Unkenntnis über die mannigfaltigen Einsatzmöglichkeiten solch gütegesicherter Erzeugnisse. Aus der Vergangenheit resultieren Vorbehalte gegenüber der inzwischen sehr hohen Qualität von Bioabfallkomposten, zudem wird das schlechte Image von Klärschlamm- und Müllkompost oft auf Bio- und Grünabfallkompost übertragen ([127] Gerwin und Grimm, 1998; [19] Barth und Kroeger, 1998). Dieses Phänomen spiegelt sich in einer Rangliste des Jahres 1997 wider, welche die landbauliche Eignung von Düngern aus Sekundärrohstoffen präsentiert (Bild 150). Hier liegt Biokompost an letzter Stelle, noch hinter kommunalen Klärschlämmen.

Betrachtet man die Geschichte der Bioabfallwirtschaft, so stößt man schnell auf die Gründe dieses Missstandes: an sich stand Kompost in einem guten Ruf, aber gerade zu Beginn der Produktion von Kompost aus Bioabfällen war zu wenig auf die Qualität des Endprodukts geachtet worden. Immer wieder wurden seitens der Käufer Mängel festgestellt: So wurde in den sechziger Jahren der Störstoff Glas bemängelt, in den siebziger Jahren waren es erst die Kunststofffolien, gefolgt von der Schwermetallproblematik und den PCB als organischen Schadstoffen. In den achtziger Jahren wurden die Geruchsemissionen der Kompostanlagen kritisiert, 1989 die Dioxine, 1990 die Emission von Luftkeimen und 1992 kam die Sickerwasserproblematik in die Diskussion. Diese Mängel wurden dann zwar behoben, aber ein Ansehensverlust ist immer schwer wieder gutzumachen ([289] Thomé-Kozmiensky, 1995). Im Zuge einer weiteren Qualitätssteigerung ist zu erwarten, dass sich die oben genannte Rangfolge zugunsten von Biokompost ändern wird, wenn das abzugebende Produkt wissenschaftlich fundierte und nachprüfbare Grenzwerte einhält. Wichtig ist, dass der Endabnehmer genau weiß und auch bestimmen kann, was er erhält.

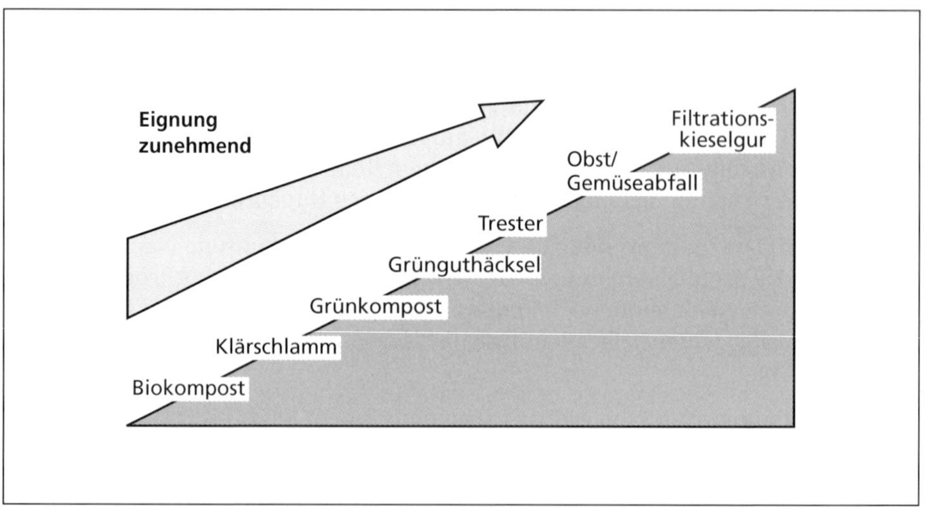

Bild 150: Landbauliche Eignung von Serodüngern in vorläufiger ökologischer Rangfolge
Quelle: [290] Thomé-Kozmiensky (1997)

19.2.4.4

Prognosen

Will man Prognosen für die zukünftigen Absatzchancen von Komposten aus Bioabfällen treffen, so muss im wesentlichen nach der Qualität der erzeugten Produkte differenziert werden:

Frischkomposte und Kompostprodukte geringerer Qualität werden bei Vollzug der Bioabfallverordnung zunehmend Schwierigkeiten im Absatz haben und höchstens gegen Zuzahlung in der Landwirtschaft Absatz finden. Grundlage der entsprechenden Prognosen ist die Tatsache, dass sich Frischkomposte (Bild 151) fast ausschließlich für die landwirtschaftliche Verwertung eignen. Selbst eine optimistische Betrachtungsweise zeigt nur leichte Verschiebungen hin zu anderen Marktsegmenten. Gegenwärtig jedoch zeigt der Absatz von Frischkomposten zunehmende Tendenz, weil dessen Herstellung erheblich kostengünstiger ist und das Material eine geringere Schadstoffaufkonzentration aufweist (vergleiche Kapitel 18.2.9).

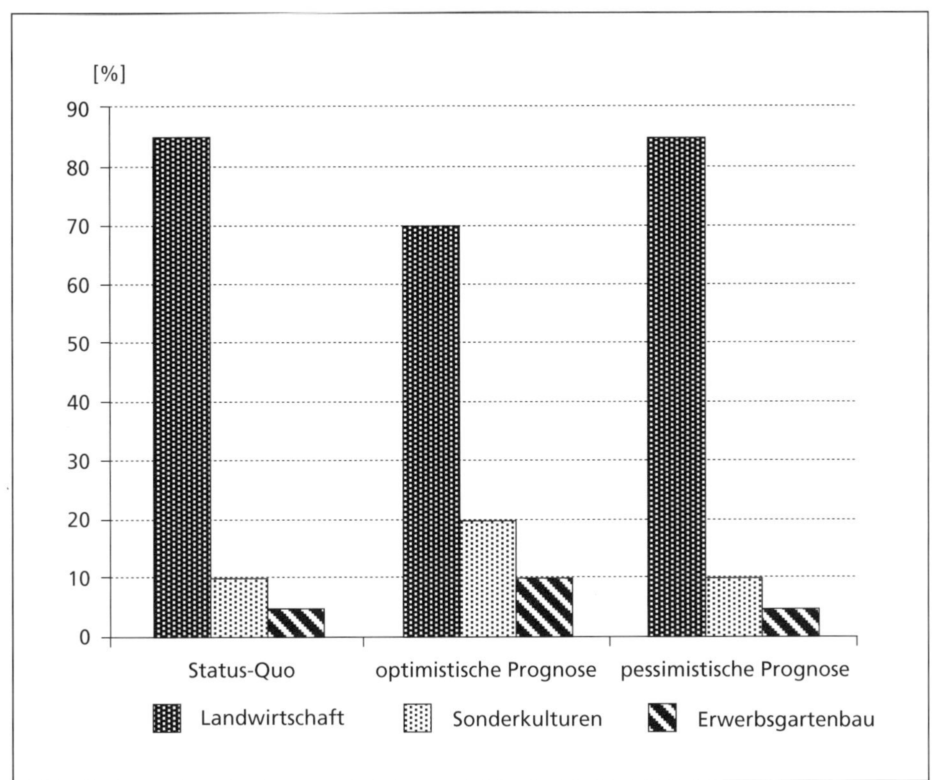

Bild 151: Prognose der Verwertung von Frischkomposten
Quelle: [152] ifeu (2001)

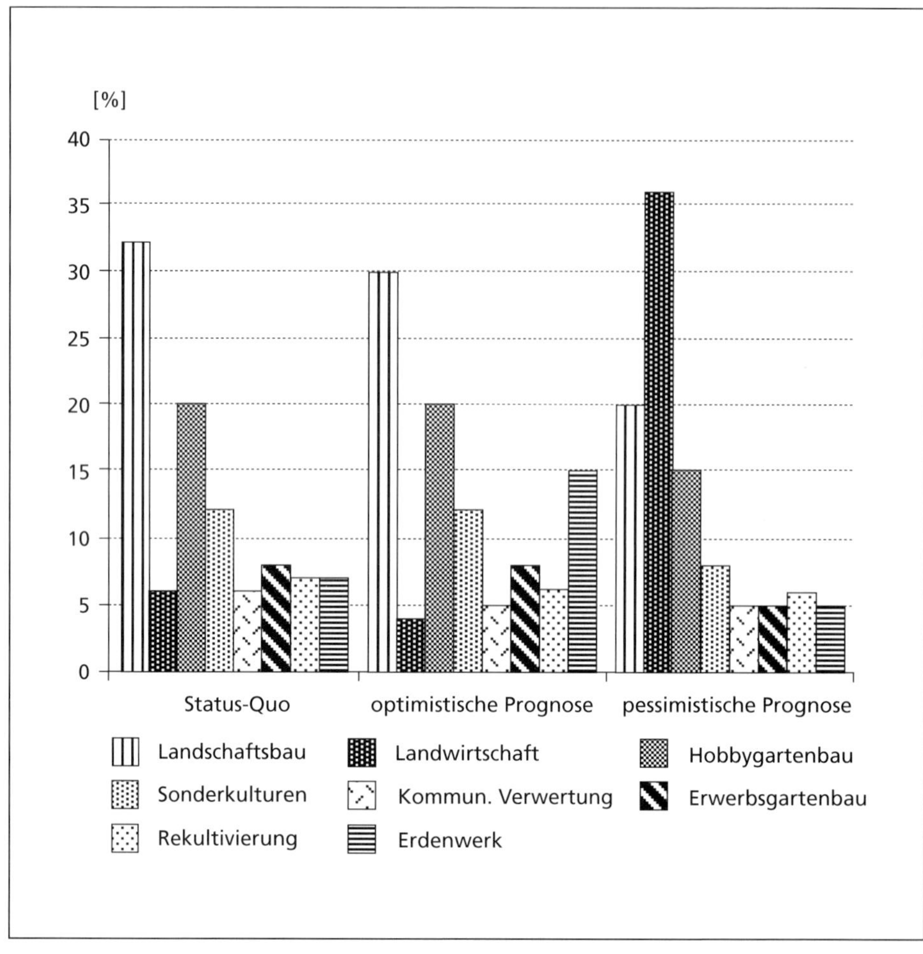

Bild 152: Prognose der Verwertung von Fertigkomposten
Quelle: [152] ifeu (2001)

Bei hochwertigen Kompostprodukten sind die Absatzchancen dagegen durchaus positiv einzuschätzen. Insbesondere für Kleinabnehmer und Sackware werden die lagerfähigen Reifekomposte genutzt. Bei solchen Fertigkomposten (Bild 152) wird im optimistischen Szenario vor allem im Bereich der Veredelung über Erdenwerke großes Potential gesehen. Das pessimistische Entwicklungsszenario steht unter der Annahme, dass sich angesichts steigender Kompostmengen die Marktanteile gerade in den Bereichen außerhalb der Landwirtschaft nicht werden halten lassen.

Bei der Prognose der zukünftigen Verwertung von kompostierbaren Gärrückständen (Bild 153) geht die optimistische Variante davon aus, dass

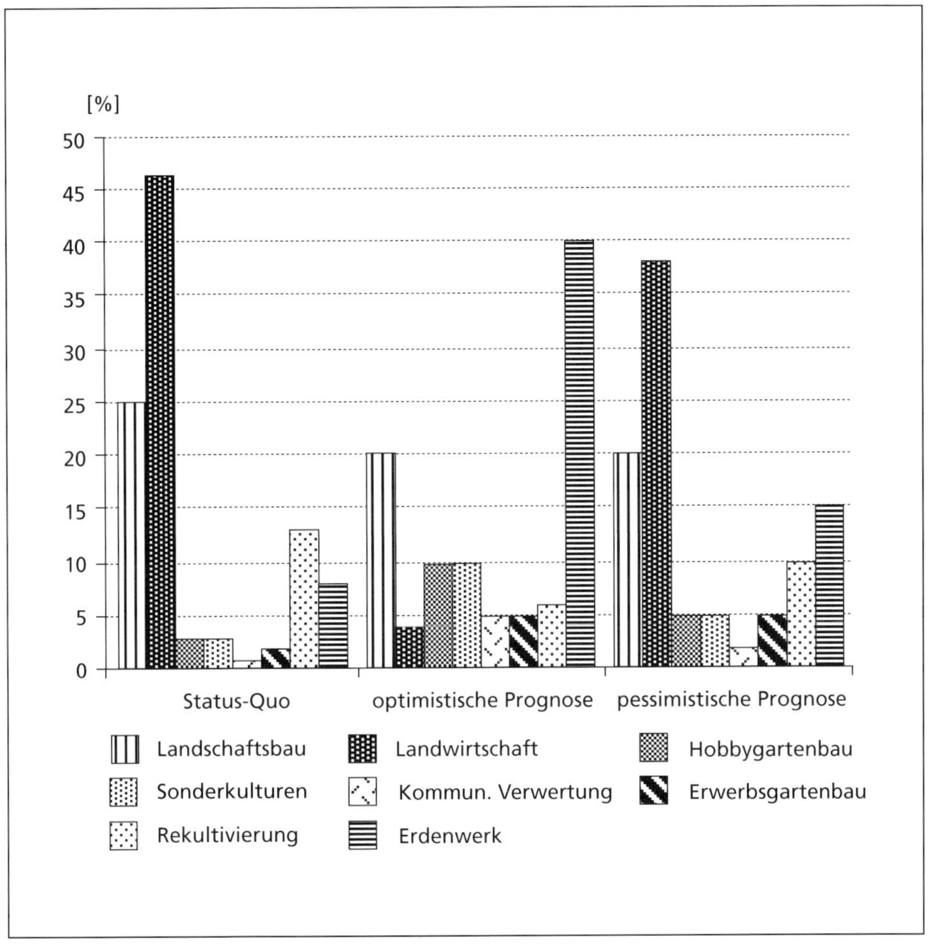

Bild 153: Prognose der Verwertung von Fertigkomposten aus Vergärungsanlagen
Quelle: [152] ifeu (2001)

insbesondere in den Marktsegmenten Erwerbsgartenbau und Sonderkulturen Potentiale vorhanden sind, die jedoch nur unter erheblichen Anstrengungen gerade im Bereich Marketing erreicht werden können. Die pessimistische Prognose wird als die eher realistische angenommen. Danach würden die Anteile in den hochwertigen Verwertungssegmenten deutlich zunehmen, was zu Lasten der landwirtschaftlichen Verwertung und des Einsatzes in Rekultivierungsmaßnahmen und im Landschaftsbau ginge. Im Bereich der direkten Verwertung der Gärrückstände werden die Potentiale für die hochwertigeren Anwendungen im Erwerbsgartenbau und bei den Sonderkulturen nicht sehr hoch eingeschätzt ([152] ifeu, 2001).

Kapitel 20

Qualitätsmanagement

Unter dem Begriff Qualitätsmanagement versteht man das Bemühen eines Unternehmens um Optimierung der Qualität seiner Produkte; in diesem Rahmen werden darunter Biogas und Kompost verstanden. Da die Qualität des erzeugten Biogases und sein Absatz keine Schwierigkeiten aufwerfen, soll an dieser Stelle nur das Qualitätsmanagement für Komposte aus Bioabfall dargelegt werden. Hier bleibt festzuhalten, dass in den neuen Bundesländern der Absatz von Komposten kein Problem darstellt; die Aussagen dieses Kapitels gelten also hauptsächlich für die alten Bundesländer, in denen trotz Gütesicherung massive Absatzprobleme bestehen.

Von einer Qualitätssicherung erhofft man sich bessere Chancen für eine erfolgreiche Kompostierung und Vermarktung und als Konsequenz daraus auch die gesicherte, langfristige Verwertung der organischen Abfälle; dazu stehen verschiedene Instrumente zur Verfügung. ([39] Bidlingmaier und Müsken, 2001; [19] Barth und Kroeger, 1998; [250] Paschlau, 1998; [308] van Wickeren, 1995; [41] Bilitewski et al., 1994; [117] Fricke et al., 1992)

20.1

Elemente des Gütesicherungssystems

Das Deutsche Institut für Gütesicherung und Kennzeichnung (RAL) ist als Dachverband Träger des Systems aller Gütezeichen in Deutschland. Die Bundesgütegemeinschaft Kompost (BGK) ist dafür zuständig, die Einhaltung der vom RAL festgelegten Gütebestimmungen kontinuierlich und jederzeit nachvollziehbar sicherzustellen. Sie hat für Komposte ein Gütesicherungssystem geschaffen, das die Einhaltung der einzelnen Qualitätskriterien überwacht und aus folgenden Elementen besteht:

- Güterichtlinien zur Standardisierung der Produktqualität
- Eigenüberwachung der Kompostproduktion durch den Betrieb
- kontinuierliche und unabhängige Fremdüberwachung der Qualität
- Deklarationspflicht von Komposteigenschaften und –inhaltsstoffen
- Empfehlungen als Basis für die fachgerechte Anwendung

Die Untersuchungen, welche die Betriebe selber durchführen, um die Qualität ihrer Produkte zu kontrollieren, sind in Kapitel 18.2 ausgeführt. Die anderen Punkte werden im folgenden dargelegt.

20.1.1

Güterichtlinien für Kompost

Die Qualität bzw. der Wert eines Kompostes wird gemessen an Anteilen wie organischer Substanz, Pflanzennährstoffen und Spurenelementen einerseits und Schadstoffgehalten andererseits. Diese Faktoren werden maßgeblich von Art und Zusammensetzung der verwerteten Ausgangsstoffe bestimmt, außerdem durch Bodenqualität und Immissionen im jeweiligen Sammelgebiet. Darüber hinaus sind auch die eingesetzte Verfahrenstechnik und die Art der Rotteführung von Bedeutung. Die Anforderungen an die Qualität von Komposten sind in den Richtlinien der Bundesgütegemeinschaft Kompost e.V. festgehalten.

Diese Anforderungen besagen, dass aus physikalischer Sicht ein Kompost wegen der damit verbundenen Verletzungsgefahr keine optisch wahrnehmbaren Metall-, Kunststoff-, Hartstoff- und Glasteilchen aufweisen darf. Der Richtwert für Fremdstoffe im Kompost liegt daher bei 0,5 Gew.- % der Trockensubstanz. Steine sind ebenfalls unerwünschte Inhaltsstoffe, der Gehalt an Steinen, die größer als 5 mm sind, darf 5 Gew.- % der Trockensubstanz nicht überschreiten.

Aus chemischer Sicht muss jeder Kompost frei sein von schädigenden Einflüssen auf Pflanze, Boden und später auf den Konsumenten des pflanzlichen Produkts. Er darf also nur unbedenkliche Gehalte an Schwermetallen und organischen Schadstoffen aufweisen. Das ist allein realisierbar durch die Auswahl geeigneter Rohstoffe.

Aus biologischer Sicht ist einerseits die Entseuchung des Materials zu gewährleisten sowohl hinsichtlich Krankheitserregern als auch in Bezug auf Unkrautsamen. Andererseits haben genügend organische Substanz und pflanzenverfügbare Haupt- und Spurenelemente vorzuliegen. Zudem muss aus Gründen der Pflanzenverträglichkeit ein bestimmter Rottegrad gegeben sein.

20.1.2

Fremdüberwachung

Neben den Untersuchungen, die in den Betrieben selbst vorgenommen werden, erfolgt unter dem Gesichtspunkt der Anwendungssicherheit und des Verbraucherschutzes eine Überwachung der Qualitätskriterien der erzeugten Komposte durch Fremdüberwacher wie Gütegemeinschaften oder vergleichbare, anerkannte Institutionen. Sie stellen für jedes Produkt, welches der RAL Gütesicherung unterliegt, ein jährliches Fremdüberwachungszeugnis aus, das als Qualitätsnachweis gegenüber den Kunden und den zuständigen Behörden dient. Es enthält:

- die Kennzeichnung des Produktes mit dem RAL Gütezeichen,
- die düngemittelrechtliche Kennzeichnung,

- die nach Düngemittelrecht ordnungsgemäße Warendeklaration,
- die Prüfung und Übereinstimmung mit den abfallrechtlichen Bestimmungen,
- die Angabe der nach § 6 Absatz 1 BioAbfV zulässigen Aufwandmengen,
- die konkreten Qualitätseigenschaften des Produktes inklusive möglicher Abweichungen der einzelnen Qualitätsparameter,
- Angaben zur Anwendung des Produktes nach guter fachlicher Praxis einschließlich der Rechengrundlagen zur Düngeplanung und zur Bodenverbesserung ([230] N.N., 2001/3).

20.1.3

Deklarationspflicht

In den Bestimmungen der BGK ist auch festgehalten, welche Parameter deklarationspflichtig sind; dazu zählen Art (z.B. Frischkompost) und Zusammensetzung (hauptsächliche Ausgangsstoffe), Maximalkorn und Rohdichte, Salzgehalt, pH-Wert, Gesamtgehalte und lösliche Gehalte an Pflanzennährstoffen ($N_{ges.}$ bzw. NO_2-N und NH_4-N, P_2O_5, K_2O, MgO, CaO), organische Substanz, Nettogewicht oder Volumen, Name und Anschrift des für das Inverkehrbringen Verantwortlichen und die Empfehlungen für die sachgerechte Anwendung.

20.1.4

Angaben zur Anwendung

Die im folgenden aufgelisteten Angaben zur Anwendung des Produktes nach guter fachlicher Praxis sind für jedes Erzeugnis einzeln zu bestimmen und im Rahmen der Warendeklaration zu berücksichtigen. Es sind dies:

- die je Mg und m^3 des Produktes enthaltenen Mengen an Pflanzennährstoffen (N, P_2O_5, K_2O, MgO), basisch wirksamen Stoffen (CaO) und organischer Substanz in kg/Mg Frischmasse sowie in kg/m^3 Frischmasse (die in der Trockenmasse vorliegenden Analyseergebnisse werden für die Düngeberechnung in Frischmasse umgerechnet),
- für Stickstoff (N) eine Differenzierung der Gehalte in Gesamtgehalt (N_{ges}), organisch gebundenen Stickstoff (N_{org}), löslichen Stickstoff ($N_{lösl}$) sowie im Anwendungsjahr für die Düngung tatsächlich anrechenbaren Stickstoff (N_{anr}),
- empfohlene Aufwandmengen für die Landwirtschaft und den Gartenbau in Mg/ha, m^3/ha und l/m^2 jeweils nach Maßgabe des Nährstoffbedarfes üblicher Fruchtfolgen und mittlerer Versorgungsstufen des Bodens sowie unter Berücksichtigung der durch die Bioabfallverordnung zu limitierenden Aufwandmengen,

- empfohlene Aufwandmengen differenziert nach Nutzungsart (Anwendungszweck) und Bodenart unter Berücksichtigung der aus Sicht des Gewässerschutzes zu limitierenden Nährstofffrachten sowie der aus Sicht des Bodenschutzes zu limitierenden potentiellen Schadstofffrachten,
- Empfehlungen zur anteiligen Zumischung von Fertigkompost zu nährstoffarmen Rohböden oder Bodenaushub bei der Herstellung von kulturfähigen Oberböden (Mutterböden) in % sowie für Schichtstärken von 10-50 cm in m^3/ha.

20.1.5
Konsequenzen bei mangelnder Qualität

Komposte, die den Anforderungen dieses Qualitätssicherungssystems nicht genügen, werden künftig am Markt kaum noch Chancen haben; die Einhaltung dieser Anforderungen ist zumindest in den alten Bundesländern aus Gründen der Entsorgungssicherheit essentiell. Sollten dennoch Mängel bei Kompostprodukten festgestellt werden, so führt dies zunächst zur Mahnung des Anlagenbetreibers und schließlich zum Entzug des Gütezeichens. Seitens der zuständigen Behörde sind bei unkorrekten Temperaturprotokollen drastische Maßnahmen bis hin zur Schließung der Anlage möglich.

Den Ergebnissen der RAL-Gütesicherung Kompost ist zu entnehmen, dass Fälle von mangelnder Hygiene noch nie aufgetreten sind; die tatsächliche Mängelquote lag für das Jahr 2000 bei 2 % ([69] Bundesgüteausschuß, 2001).

20.2
Gütezeichen in der Bioabfallwirtschaft

In der Bioabfallwirtschaft sind inzwischen mehrere Produkte mit eigenem Gütezeichen versehen: das bekannteste ist das Gütezeichen Kompost, RAL-GZ 251 (Bild 154), das Anfang des Jahres 2002 von 427 Kompostanlagen geführt werden durfte.

Im Abfall- und im Düngemittelrecht werden aber mit der BioAbfV und der DüngemittelV nicht nur Komposte angesprochen. Daher soll für alle in diesem Geltungsbereich befindlichen Stoffgruppen eine Gütesicherung angeboten werden können, um dadurch insgesamt die Vertrauenswürdigkeit und Vermarktung der Erzeugnisse zu verbessern. Gleichzeitig wird so eine Basis geschaffen, auf der sich die Sekundärrohstoffdünger für die vom BMVEL angekündigten

Bild 154: Gütezeichen Kompost, RAL-GZ 251
Quelle: [69] Bundesgüteausschuss (2001)

Gütesiegel für landwirtschaftliche Erzeugnisse als mögliche Düngemittel qualifizieren können.

Auf diesem Hintergrund wird gerade das Gütezeichen RAL-GZ 256, unter dem bislang Sekundärrohstoffe bzw. Bodenverbesserungsmittel zusammengefasst waren, in drei Teilbereiche aufgeteilt:

Das Gütezeichen RAL-GZ 256/1 (Bild 155) beinhaltet flüssige und feste Gärprodukte und ist bereits genehmigt. 16 Vergärungsanlagen unterliegen dieser neuen RAL-Gütesicherung ([33] BGK, 2001/2).

Das Gütezeichen RAL-GZ 256/2 soll für Veredelungsprodukte aus Abwasserschlämmen stehen und ist zur Genehmigung eingereicht. Es betrifft nur Komposte, die unter Verwendung schadstoffarmer Klärschlämme und anderer, nach der Bioabfallverordnung geeigneter Ausgangsstoffe hergestellt worden sind ([32] BGK, 2001). Klärschlammkomposte mit diesem Gütezeichen haben eine separate Gütesicherung; sie unterliegen zwar der Klärschlammverordnung, zeichnen sich ihr gegenüber aber durch verschiedene Punkte aus: Die Hygienisierung des Schlammes wird gemäß den Anforderungen der Bioabfallverordnung durchgeführt, die zulässigen Schwermetallgehalte sind auf 50 % der Werte der Klärschlammverordnung reduziert worden. Das Untersuchungsspektrum von organischen Schadstoffen ist erweitert, und die geforderten physikalischen und biologischen Eigenschaften sind verbessert worden.

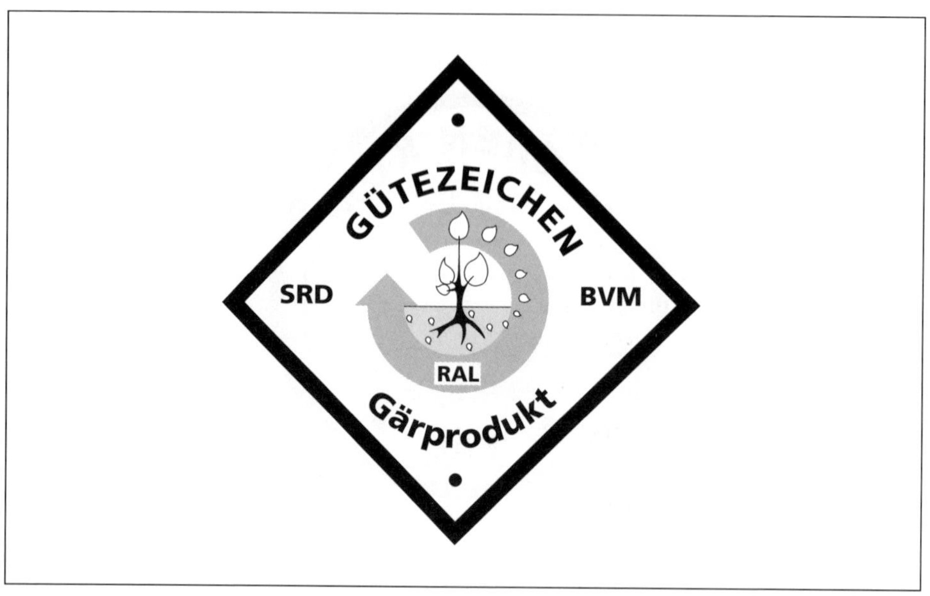

Bild 155: Gütezeichen Gärprodukt, RAL-GZ 256/1
Quelle: [69] Bundesgüteausschuss (2001)

Das Gütezeichen RAL-GZ 256/3 umfasst unbehandelte Abfälle und ist ebenfalls zur Genehmigung eingereicht. Es gilt nur für unbedenkliche, organische Produktionsrückstände und mineralische Feststoffe aus der Nahrungsmittelproduktion (Trester, Schlempen, Rückstände aus der Gemüseverarbeitung, Karbonationskalke, Kieselgur u.ä.). Hier muss für jeden Einzelfall eine neue, herkunftsbezogene Entscheidung durch Sachverständige des Bundesgüteausschusses getroffen werden ([34] BGK, 2001/3).

Ebenfalls neu ist das Gütezeichen RAL-GZ 995 für biologische Abluftreinigungsanlagen, deren Hersteller damit für die Qualität der Planung, Lieferung und Inbetriebnahme bis hin zur Wartung einer solchen Anlage einstehen.

Kapitel 21

Vergleich und Bewertung verschiedener Behandlungsverfahren

Nachdem nun die biologischen Verfahren der Abfallbehandlung mit all ihren verschiedenen Aspekten vorgestellt worden sind, sollen an dieser Stelle Vergleiche zwischen den Verfahrensalternativen gezogen werden. Mit solch einer Vorgehensweise soll die beste aus mehreren vorgegebenen Varianten ausgewählt werden. Sie umfasst die Bewertung der Varianten nach technischen, wirtschaftlichen, abfallwirtschaftlichen, ökologischen, regionalspezifischen, sozialen sowie bei Bedarf weiteren Kriterien.

Das Problem bei der Gewichtung von Kriterien liegt darin, dass dies immer sehr subjektiv abläuft. Deshalb wird versucht, Regeln aufzustellen, nach denen gewichtet werden soll. Hierzu gibt es verschiedene methodische Konzepte ([133] Grassinger und Salhofer, 2001).

Das *Konzept des Kumulierten Energieaufwandes* (KEA) berücksichtigt als einzigen Faktor eine energieseitige Betrachtung von Prozessen. In der Abfallwirtschaft wurde mit diesem Konzept z.B. ein Vergleich verschiedener Kompostierungsverfahren durchgeführt ([135] Gronauer und Helm, 1996).

Die *Kosten-Nutzen-Analyse* (KNA) ist eine gesamtwirtschaftliche Wohlfahrtsrechnung für ein bestimmtes Vorhaben. Im Gegensatz zur betriebswirtschaftlichen Investitionsrechnung erfolgt bei der KNA die Bewertung der Kosten- und Nutzenkomponenten aus volkswirtschaftlicher Sicht. Mit Hilfe der KNA kann also der Beitrag eines Vorhabens zur gesellschaftlichen Wohlfahrt erfasst werden. Ein Kritikpunkt an dieser Methode besteht darin, dass sich zahlreiche Umweltauswirkungen nicht in Geldeinheiten ausdrücken lassen und als Folge davon unberücksichtigt bleiben.

Aus dem Genehmigungsrecht ist insbesondere auf die *Umweltverträglichkeitsuntersuchung* (UVU) zu verweisen. Die Stärke des UVU-Ansatzes besteht in der Erfassung und Bewertung der lokalen Umweltauswirkungen. Dies ist aber auch zugleich seine Schwäche, da überregionale bzw. globale Wechselwirkungen ebenso ausgeblendet werden wie die ökologischen Folgen der angenommenen und freigesetzten Materialströme (Lebenswege). Auch die Nutzungsmöglichkeiten, die aus den jeweiligen Prozessen stammen (Energie, Stoffe, Dienstleistungen), werden bei diesem Ansatz ausgeblendet.

Ein technisch-wirtschaftlicher Verfahrensvergleich umfasst eine Gegenüberstellung der zur Diskussion stehenden Verfahren hinsichtlich ihres technischen Standes und damit ihrer Realisierbarkeit sowie ihrer prinzipiellen Eignung unter den gegebenen Bedingungen. Die technischen Varianten werden hier ebenso einbezogen wie Fragen des Flächenbedarfs, der Betriebssicherheit, des Emissionspotentials und der Verwertbarkeit der Endprodukte. Auch energetische und finanzielle Aspekte finden Berücksichtigung. Nicht gewichtet werden soziale und volkswirtschaftliche Kriterien. Am Ende eines Verfahrensvergleichs ist die Variante ermittelt, welche die gestellte Aufgabe unter den gegebenen Randbedingungen optimal erfüllt.

Die Ökobilanz, auch unter dem Namen *Life Cycle Assessment* (LCA) bekannt, ist eine Methode zur Abschätzung der mit einem Produkt oder einem Verfahren verbundenen, potentiellen Umweltauswirkungen. Während die Vorgehensweise für die Festlegung des Ziels und des Untersuchungsrahmens sowie für das Erstellen der Sachbilanz weitgehend geklärt ist, besteht jedoch über die Durchführung der Wirkungsabschätzung und der Bewertung von in der Sachbilanz erfassten Daten noch kein wissenschaftlicher Konsens. Im Rahmen der Normierung wurden daher nur allgemeine Anforderungen und Grundsätze der Wirkungsabschätzung festgelegt und Empfehlungen für die Durchführung der Auswertung gegeben. Die Norm enthält keine spezifische Methode für die Auswertungsphase.

Welches methodische Konzept für die Durchführung einer Bewertungsstudie zielführend ist, hängt davon ab, welche Kriterien vorrangig in die Bewertung einbezogen werden sollen. Im Folgenden werden ein technisch-wirtschaftlicher Verfahrensvergleich und eine Ökobilanz eingehender vorgestellt.

21.1 Technisch-wirtschaftlicher Verfahrensvergleich

In der Bioabfallwirtschaft stellt sich als Erstes die Frage, ob die getrennte Erfassung und Verwertung von Bioabfall vorteilhaft ist. Zu vergleichende Modelle sind auf der einen Seite reine Beseitigungsvarianten (MVA, MBA + Deponie, MBA + MVA) mit Kombinationsvarianten (obige Varianten in Verbindung mit einer Kompostierungs- bzw. Vergärungsanlage). Ist diese Frage positiv zu beantworten, so ist als nächstes zu klären, welches Verfahren zur Erfassung bzw. zur Verwertung der Bioabfälle vorteilhaft ist. Bei der Erfassung muss also entschieden werden, welches Sammelfahrzeug bei welcher Logistik optimal eingesetzt werden kann. Im Rahmen der Verwertung ist zu klären, ob Kompostierung oder Vergärung oder ein Kombinationsverfahren aus beiden am besten einzusetzen ist.

Da die Lagerung und Aufbereitung, die Konfektionierung der festen Rückstände und die Abluftbehandlung bei den anaeroben und aeroben Behandlungsanlagen nahezu identisch sind, unterscheiden sich die Anlagentypen im Wesentlichen nur im biologischen Behandlungsteil. Tabelle 46 gibt hierzu einen Überblick, die einzelnen Unterscheidungsmerkmale werden im anschließenden Text erörtert.

Tabelle 46: Vergleichende Übersicht über anaerobe und aerobe Techniken
Quelle: [39] Bidlingmaier und Müsken (2001)

Merkmal	Einheit	Aerobe Behandlung	Anaerobe Behandlung
Eignung		strukturreiche Abfälle mit Wassergehalten unter 70 %, aber auch Mischungen	strukturschwache Abfälle mit hohem Wassergehalt, kein holziges Material (Lignin, Cellulose)
Flächenbedarf kleine Anlage	m^2/Mg	0,6 - 1,9	0,7 - 1,6
mittlere Anlage		0,4 - 1,2	0,4 - 0,9
große Anlage		0,4 - 1,0	0,3 - 0,6
Abwasser Menge	l/Mg	100 - 400	300 - 570*
BSB_5	g/l	2 - 50	2 - 5
Feste Reste**	%	~ 7	4 - 7
Geruch*** kleine Anlage	GE/s	2.500 - 4.000	1.000 - 1.500
mittlere Anlage		2.000 - 5.000	1.800 - 3.000
große Anlage		4.500 - 6.000	2.500 - 4.000
Energiebedarf kleine Anlage	MWh/Mg	0,03 - 0,10	0,1 - 0,2*
mittlere Anlage		0,04 - 0,08	0,1 - 0,2*
große Anlage		0,02 - 0,06	0,1 - 0,2*
Energieertrag Biogas	MWh/Mg	0	0,3 - 0,7
Wärme		nur Wärmerückgewinnung aus Abluft möglich	Kraft-Wärme-Kopplung im BHKW
Endprodukte Kompost**	%	~ 30, vermarktbar, Anforderungen variieren je nach Absatzgebiet	~ 25 - 45, Nachrotte erforderlich, Salzgehalt günstiger, Schwermetallgehalte z.T. leicht erhöht
Biogas**			10 - 16
Kosten**** kleine Anlage	Euro/Mg	85 - 140	180 - 285*****
mittlere Anlage		90 - 175	125 - 190*****
große Anlage		120 - 240	150 - 205*****

* ohne Nachrotte
** auf der Basis des Inputs
*** Gesamtemission einschließlich evtl. vorhandener Reinigungsmaßnahmen
**** Stand 1993
***** ohne Erlöse inkl. Nachrotte

21.1.1

Eignung und Realisierbarkeit

Prinzipiell sind sowohl die Vergärung als auch die Kompostierung zur biologischen Behandlung von organischen Abfällen anwendbar. Die Entscheidung für eines der beiden Systeme oder eine Kombination hängt von den zu verarbeitenden Abfallmaterialien, den Standortspezifika, den Produktabnehmern im Umfeld der Anlage und den wirtschaftlichen Rahmenbedingungen des Einzelfalles ab.

21.1.2

Unterschiede in der Verfahrenstechnik

Die Aufbereitung der angelieferten Abfälle verläuft für die Kompostierung und die anaerobe Trockenfermentation praktisch identisch. Ein Unterschied besteht in einer vor dem Gärprozess eingesetzten Feinzerkleinerung, die einen besseren Materialaufschluss bei der nachfolgenden Fermentation bewirkt. Für eine anaerobe Nassfermentation ist zusätzlich die Herstellung einer Gärsuspension notwendig, was z.B. in einem Stofflöser oder einem Anmaischbehälter unter teilweiser Verwendung von rückgeführtem Prozesswasser geschieht. Stofflöser haben den Vorteil, dass durch die in ihnen stattfindende Schwimm-Sinktrennung zusätzlich eine Störstoffabtrennung stattfindet. Entwässerungsschritte für die auf diese Weise abgeschiedenen Störstoffe sind dann allerdings notwendig.

In der Art der biologischen Behandlung liegt der grundsätzliche Unterschied der beiden hier vorgestellten Systeme. Während zur Aufrechterhaltung eines ordnungsgemäßen Kompostierungsprozesses die Anwesenheit von Sauerstoff zwingend nötig ist, muss bei der Fermentation unter Sauerstoffabschluss gearbeitet werden. Dies bedingt die in Tabelle 47 aufgelisteten, unterschiedlichen Techniken bzw. Randbedingungen.

Bei der Kompostierung fällt Kompost an, der aufbereitet und gelagert werden muss. Der bei der Vergärung entstehende, hygienisierte Gärrest kann entweder direkt aufs Feld ausgebracht oder zur Nachrotte gegeben werden; in diesem Fall entsteht daraus auch Kompost. Die zur Konfektionierung eingesetzten Aggregate sind dieselben. Als weiteres Produkt der Vergärung entsteht Biogas, dessen Reinigung und Methananreicherung zusätzliche Schritte erfordert (vergleiche Kapitel 16.1).

21.1.3

Flächen- und Raumbedarf

Auf den ersten Blick scheint die Vergärung beim Flächen- und Raumbedarf die bessere Wahl zu sein. Reine Vergärungsanlagen liegen beim Flächenbedarf um rund die Hälfte niedriger als Kompostwerke vergleichbarer Größe. Dieser Vorteil der Gärverfahren im Flächenverbrauch schlägt sich in einer kompakten Bauweise des reinen Vergärungsteiles nieder. Je nach Anlagenhersteller kann

Tabelle 47: Unterschiede im Verfahrensgang zwischen aerober und anaerober Behandlung
Quelle: [39] Bidlingmaier und Müsken (2001)

Verfahrensschritt	Aerobe Behandlung	Anaerobe Behandlung
Anlieferung	Waage Registratur	dito
Bunker	Flachbunker Tiefbunker	dito
Grobaufbereitung	Siebung	dito
	Zerkleinerung	Feinstzerkleinerung (z.B. im Stofflöser)
	Störstoffauslese	bei Sink-Schwimmverfahren wird Handauslese entbehrlich
	Magnetscheidung	
	Homogenisierung	Entwässerung der Reststoffe beim Nassverfahren
Biologische Behandlung	Rottefläche bzw. -behälter	Gärbehälter
	Belüftung des Rottegutes	Umwälzung des Gärgutes
	Umsetzen des Rottegutes	Gaserfassung
	Bewässern des Rottegutes	Entwässerung des Gärrestes
	Anwesenheit von Sauerstoff	Ausschluss von Sauerstoff
		Aerobe Nachrotte, wie links dargestellt
Feinaufbereitung	Siebung Störstoffabscheidung	dito
Lager	Puffer für Halbjahresproduktion (bei Direktabsatz auch kleiner)	dito
Biogas		Reinigung Speicherung Verwertung Notfackel
Abluft	Biofilter Biowäscher Große Luftmengen	dito Kleinere Luftmengen
Abwasser	Rückführung Reinigung Geringe Mengen	dito Größere Mengen

dies zu relativ hohen Bauwerken führen, was bei der Einbindung des Werkes in die Landschaft zu berücksichtigen ist.

Da aber aus Gründen der sicheren Absetzbarkeit des Endproduktes (Hygiene, Akzeptanz) in der Regel eine Nachrotte des Gärrestes durchzuführen ist, verbraucht sich dieser Vorteil je nach Anlagenkonzept teilweise bis gänzlich. Vorteilhaft hinsichtlich der Minimierung des Flächen- und Raumbedarfes ist eine gemeinsame Kompostierung von Gärrest und Grünschnitt; denn das Volumen einer solchen Rottemischung ist nur unwesentlich größer als bei reiner Grünschnittkompostierung.

21.1.4

Emissionspotential

Sowohl bei der Vergärung als auch bei der Kompostierung entstehen Lärmemissionen durch den Anlieferverkehr und durch den Betrieb von Geräten im Freien oder in offenen Hallen.

Staub ist aus beiden Anlagen bei gekapselter Bauweise und ordnungsgemäßer Führung nicht zu erwarten. Nur beim Betrieb von Mieten oder Kompostlagern ohne Umhausung ist damit zu rechnen, dass während eines Teils der Betriebszeit (z.B. beim Verladen von Kompost) Staubemissionen auftreten, die jedoch aufgrund des geringen Schwebstaubanteils nicht sehr weit tragen. Eine dichte Bepflanzung an der Grundstücksgrenze dürfte in den meisten Fällen ausreichen, um nennenswerte Staubimmissionen in der Nachbarschaft zu verhindern.

Verbrennungsabgase fallen nur in Gäranlagen mit integrierter Gasnutzung z.B. im BHKW an. Bei vorgeschalteter Gasreinigung können die emissionsrechtlichen Vorgaben eingehalten werden. Von manchen Herstellern werden darüber hinaus Abgaskatalysatoren eingesetzt.

Belästigungen durch Ungeziefer treten nur bei offenen Anlagentypen auf, halten sich aber bei ordnungsgemäßem Betrieb in akzeptablen Grenzen.

Bezüglich der Emission von Gerüchen bieten die rein anaeroben Verfahren deutliche Vorteile, da der geruchsintensivste Verfahrensabschnitt in einem geschlossenen Behälter ohne Luftzufuhr erfolgt: Wird der Anaerobtechnik eine Nachrotte zugeordnet, so kann angenommen werden, dass bei geschlossener Bauweise und entsprechender Abluftfassung insgesamt rund 40-70 % der bei Kompostwerken mit vergleichbarem Durchsatz erreichten Geruchsfrachten emittiert werden, wenn frisches Grüngut mitverarbeitet wird. Eine Nachrotte des Gärrestes alleine verursacht etwa 30-50 % des für Kompostanlagen angegebenen Wertes an Geruchsfracht.

Abwasser fällt bei beiden Anlagentypen an. Die Menge kann in Biogasanlagen fast fünfmal höher sein als in Kompostierungsanlagen. Aufgrund der oft niedrigeren Belastung in der Gesamtfracht (BSB_5) ist das entstehende Abwasser jedoch anlagenspezifisch z.T. günstiger zu bewerten. Die Kondensate aus der Abluftbehandlung von Rotteanlagen liegen in ihrer Belastung am unteren Rand des in Tabelle 46 angegebenen Bereiches, Sickerwässer aus den ersten Rottewochen und aus dem Bunkerbereich im oberen Drittel.

Frischwasser wird bei der Verarbeitung von Bioabfall in der Vergärung normalerweise nicht eingesetzt (Ausnahme: zweistufiges BTA-Verfahren). In der Kompostierung ist der durch die Belüftung verursachte Wasseraustrag zu kompensieren, bei entsprechender Wasserführung (Rückführung von Sickerwässern und Kondensaten) kann er jedoch auf einem Minimum gehalten werden.

Mit der Freisetzung von Keimen ist in ähnlicher Weise zu rechnen wie mit der von Staub. Das bedeutet, dass bei einer Einhausung entsprechender Anlagenteile und vorschriftsmäßiger Hygiene-, Luft- und Betriebsführung nicht mit Schwierigkeiten zu rechnen ist.

In der Summe liegt das Emissionspotential beider Systeme dicht beieinander. Leichte Vorteile ergeben sich zumindest in dicht besiedelten Gebieten für Anaerobanlagen, sofern Geruchsemissionen wirksam unterbunden werden.

21.1.5

Endprodukte

Die Biogasausbeute beträgt bei zweistufigen Gärtechniken je nach Anlagengröße 10-16 %, bezogen auf das eingesetzte Abfallmaterial, mehr als bei den einstufigen Anlagen.

Kompost als Endprodukt beider Anlagen ist nach den Richtlinien der Bundesgütegemeinschaft Kompost einsetzbar, wenn der Bioabfall zwecks Minimierung der Störstoffe und Schwermetalle getrennt erfasst wurde und dadurch die vorgeschriebenen Grenzwerte einhalten kann. Die hygienische Unbedenklichkeit kann immer gewährleistet werden, wenn auch die mesophile Anaerobtechnik hierzu einer Nachbehandlung bedarf. Die Absatzchancen für die erzeugten Komposte sind nur dann in ausreichendem Maße gegeben, wenn ein qualitativ hochwertiges Material hergestellt wird, das nach entsprechender Aufbereitung für sämtliche Marktbereiche akzeptabel ist. Im Unterschied zu Komposten aus rein aeroben Verfahren weisen solche aus Vergärungsanlagen mit nachgeschaltetem Rotteteil geringere Salz- und höhere Schwermetallgehalte auf. Einen positiven Einfluss auf die Störstoffgehalte (vor allem Glas und Kunststoffe) im Kompost haben die Schwimm-/Sink-Verfahren bei der Aufbereitung der Bioabfälle für Nassfermentationstechniken.

21.1.6

Energie

Anaerobverfahren produzieren Energie in Form von Biogas, das verbrannt und zur Strom- und Wärmenutzung eingesetzt werden kann. Etwa 70-80 % der produzierten Energie sind nutzbar, wenn eine Kraft-Wärme-Kopplung eingesetzt wird. Rund 20 % des erzeugten Gases werden zur Deckung des Eigenenergiebedarfes verwendet.

Die Kompostierung dagegen ist ein exothermer Prozess, bei dem nur Wärme auf einem niedrigen Temperaturniveau anfällt. Eine Nutzung ist weitgehend ausgeschlossen; einzig möglich ist die Rückgewinnung dieser Wärme aus Abluftströmen über Wärmetauscher, was zur Temperierung von Zuluftströmen im Winter oder zur Warmwasserbereitung genutzt werden kann.

21.1.7

Kosten

Der Umfang der erforderlichen Investitionen für die Anlage ist bei beiden biologischen Abfallbehandlungsverfahren hauptsächlich vom Anlagendurchsatz und von den geforderten Emissionsschutzmaßnahmen abhängig (vergleiche Tabelle 46).

Bei den kleinen Anlagen ergibt sich ein deutlicher Kostenvorteil für die aerobe Verfahrensweise (ca. 85-140 Euro/Mg spezifische Investitionskosten), weil hier der apparative Aufwand geringer ist als bei einer Vergärung. Für mittlere und große Anlagen sind die spezifischen Investitionskosten höher (bis 240 Euro/Mg) und zeigen keine großen Unterschiede zwischen anaerobem und aerobem Verfahren auf. Diese Zahlen sind als Richtwerte zu verstehen, belastbare Vergleiche sind auf der Grundlage verbindlicher Angebote der Anlagenhersteller zu erstellen.

21.1.8

Ergebnisse

Die Ergebnisse von technisch-wirtschaftlichen Verfahrensvergleichen sind in der Regel entscheidend durch regionalspezifische Kriterien geprägt, was bedeutet, dass allgemeingültige Aussagen nur systematische Hilfestellungen bieten. Für eine exakte, standortspezifische Lösung müssen Daten erhoben werden über das Einzugsgebiet und die zu erwartenden Abfallströme (Konsistenz, Mengen, Eignung für die einzelnen Verfahren etc.), über den Standort (Abstand zur Bebauung, Infrastruktur etc.) und über mögliche Absatzmärkte für Kompost, Gas und Wärme bzw. deren Eigennutzung. Im Folgenden soll an einigen Beispielen erläutert werden, welche Bedeutung solche regionalspezifischen Kriterien haben können:

- Das Kriterium „ländliche Region" kann hohe Eigenkompostierungsquoten mit sich bringen, was zu geringem Bioabfallaufkommen führt und eine getrennte Erfassung häufig nicht sinnvoll macht.
- In Regionen mit hoher Immissionsvorbelastung werden sehr hohe emissionsmindernde Anforderungen an Neuanlagen gestellt, so dass eine Kooperation mit Nachbarkommunen wirtschaftlich günstiger sein kann.

- Aus politischen oder ideologischen Motiven kann ein bestimmtes Verfahren ohne einsichtigen Grund ausgeschlossen werden.

Letztlich führt ein technisch-wirtschaftlicher Verfahrensvergleich nur dann zu einem Ergebnis, wenn vor die Bewertung der Kriterien eine Gewichtung gesetzt wird. Es muss also im Vorfeld entschieden werden, ob wirtschaftliche, ökologische, vermarktungstechnische oder andere Kriterien wichtiger sein sollen. So muss z.B. eine Kommune mit geringen finanziellen Mitteln die wirtschaftlichen Kriterien sehr hoch gewichten, da sie sonst zu gar keiner Lösung kommt.

21.2

Ökobilanz verschiedener Entsorgungswege für organische Abfälle

Ökobilanzen beziehen in die Bewertung eines Verfahrens auch die ökologischen Aspekte mit ein. In der Bioabfallwirtschaft ist der Grund zur Erstellung einer Ökobilanz darin zu sehen, dass im Rahmen der Grundpflichten der Kreislaufwirtschaft gemäß § 5 (2) KrW-/AbfG eine hochwertige Verwertung anzustreben ist. Diese muss nach § 5 (4) technisch möglich und wirtschaftlich zumutbar sein. Laut § 5 (5) entfällt jedoch der Vorrang der Verwertung, wenn die Beseitigung die umweltverträglichere Lösung darstellt.

Es gibt also offensichtlich verschieden hochwertige Verwertungsarten, die unter dem Aspekt ihrer Umweltverträglichkeit entsprechend zu wichten sind. In § 5 (5) ist festgehalten, welche Parameter zur Entscheidungsfindung besonders zu berücksichtigen sind; es sind dies die zu erwartenden Emissionen, das Ziel der Ressourcenschonung, die Energiebilanz und die Schadstoffanreicherungen in den Erzeugnissen. Der Bezug zum technisch Möglichen und zum wirtschaftlich Zumutbaren impliziert, dass ein Instrument zur Bewertung der Umweltverträglichkeit diese Aspekte als Randbedingungen beachten muss.

Die Ökobilanz wurde in den letzten Jahren methodisch intensiv diskutiert und ist zwischenzeitlich international in verschiedenen Normen bzw. Normentwürfen geregelt worden. Prinzipien und Anforderungen an ihre Durchführung sind in der ISO 14040 festgelegt, für die einzelnen Teilschritte wurden weitere Normen entwickelt. Nach heutigem Stand der Normung muss eine Ökobilanz

- die Festlegung des Ziels und des Untersuchungsrahmens (DIN EN ISO 14040),
- die Sachbilanz (DIN EN ISO 14041),
- die Wirkungsabschätzung (DIN EN ESO 14042 / FDIS 14042) und
- die Auswertung der Ergebnisse (DIN EN ISO 14043 / FDIS 14043) enthalten.

Im Folgenden wird eine sehr umfangreiche Studie zur vergleichenden Bewertung der Optionen zur Entsorgung von Bioabfällen aus Haushalten zusammenfassend vorgestellt ([187] Lahl et al., 2000; [152] ifeu, 2001).

21.2.1 Bewertungskriterien

Bezüglich der betrachteten Auswirkungen wurden folgende Kriterien untersucht:

- Terrestrisches Eutrophierungspotential: Dieses Kriterium erfasst die düngende Wirkung auf die Vegetation. Die Faktoren für die einzelnen, eutrophierend wirkenden Substanzen werden anhand von Laborversuchen ermittelt und auf ein einheitliches PO_4-Äquivalent umgerechnet.
- Aquatisches Eutrophierungspotential: Hier wird die düngende Wirkung auf Gewässer beschrieben, die Ermittlung erfolgt wie beim terrestrischen Eutrophierungspotential.
- Ressourcenbeanspruchung fossil: Die kumulierte Primärenergiebilanz stellt das Ergebnis der Energieverbräuche und Energiegewinnung in MJ pro funktioneller Einheit dar. Damit die unterschiedlichen Energieformen (Strom, Wärme, H_u) miteinander verglichen werden können, wird jeweils berechnet, welche Primärenergiemenge (inkl. Vorkette) mit dem jeweiligen Wert verbunden ist. Diese Primärenergiemengen werden zu einem Gesamtergebnis addiert.
- Ressourcenbeanspruchung mineralisch: Hiermit wird der Verbrauch von Phosphaterz gewichtet.
- Stratosphärischer Ozonabbau: Diese Kategorie erfasst die Substanzen, die zur Gesamtwirkung „Schädigung der Ozonschicht" beitragen, hierunter werden u.a. spezielle halogenorganische Stoffe (z.B. die FCKW) gezählt. Die Aggregation erfolgt nach der Wirksamkeit der einzelnen Stoffe, normiert auf das gängige Kühlmittel „R11".
- Treibhauseffekt: Für die Erfassung des Treibhauspotentials werden alle treibhauswirksamen Emissionen auf ein einheitliches CO_2-Äquivalent umgerechnet.
- Sommersmogpotential: Diese Kategorie beinhaltet alle organischen Substanzen, die zur Gesamtwirkung „Sommersmog" beitragen. Die Aggregation erfolgt gewichtet nach der Wirksamkeit der einzelnen Stoffe, normiert auf Ethylen.
- Versauerungspotential: Unter diesem Aspekt wird die Abgabe von Protonen an wässrige Umweltmilieus erfasst. Die Aggregation erfolgt entsprechend der Stöchiometrie der jeweiligen Säurebildner, normiert auf SO_2.
- Krebsrisikopotential (Humantoxizität): Die Aggregation für karzinogene Stoffe erfolgt über toxikologisch abgeleitete Wirkungsschwellenwerte, hierbei wird auf das Regelwerk der US-EPA zurückgegriffen.

- Feinstaub (Humantoxizität): Hier wird berücksichtigt, dass Partikel unter 10 µm Durchmesser zu erheblichen Gesundheitsgefahren führen.
- Toxische Schwermetalle (Humantoxizität): Die Aggregation für toxische Schwermetalle erfolgt über toxikologisch abgeleitete Wirkungsschwellenwerte. Die toxischen Schwermetalle (insbesondere Quecksilber) werden über Einzelgrenzwerte berechnet, die nach einer Analyse der jeweiligen Belastbarkeit der Grenzwerte festgelegt wurden.
- Schadstoffeintrag in Gewässer (Ökotoxizität): Hiermit wird berücksichtigt, dass insbesondere Ammonium, Kupfer und Zink für viele aquatische Lebewesen stark toxisch sind. Die Belastung mit Ammonium ist rückläufig, Kupfer und Zink tendieren zur Anreicherung.
- Schwermetalleintrag in den Boden (Ökotoxizität): Für Blei wird eine mäßig schwere, für Cadmium eine schwere Wirkung zugrunde gelegt. Bei beiden wird bewertet, dass der Eintrag praktisch irreversibel, aber lokal begrenzt ist und die Einträge aufgrund der Minderung in Luft und Sekundärrohstoffdüngern rückläufig sind.

Diese Vielzahl von Kriterien wurde ihrer ökologischen Bedeutung gemäß in vier Gruppen zusammengefasst:

- Gruppe A enthält die Kriterien Treibhauseffekt, Versauerung und Krebsrisikopotential, ihr wird eine sehr hohe ökologische Bedeutung zugemessen,
- Gruppe B enthält die Kriterien terrestrisches Eutrophierungspotential, Feinstaub, Schadstoffeintrag in Gewässer (hier: Cu und Zn) und Schwermetalleintrag in den Boden (hier: Cd) und hat eine große ökologische Bedeutung,
- Gruppe C enthält die Kriterien aquatisches Eutrophierungspotential, fossile Ressourcenbeanspruchung, Sommersmogpotential und Schwermetalleintrag in den Boden (hier: Pb) und ist von mittlerer ökologischer Bedeutung,
- Gruppe D enthält das Kriterium mineralische Ressourcenbeanspruchung und weist eine geringe ökologische Bedeutung auf.

21.2.2

Verglichene Entsorgungsszenarien

Im Vergleich zu einer modernen Müllverbrennungsanlage wurden fünf verschiedene Verfahren zur Kompostierung und sechs verschiedene Verfahren zur Vergärung von organischen Abfällen analysiert. Eine Darstellung der untersuchten Entsorgungsvarianten ist in Tabelle 48 gegeben.

Tabelle 48: Erläuterung der untersuchten Entsorgungsszenarien
Quelle: [152] ifeu (2001), bearbeitet

Verfahren	Beschreibung	Produkte
Kompostierungsverfahren		
Eigenkompostierung	Eigenkompostierung	Frischkompost
geschlossene Kompostierung	Containerkompostierung	Frischkompost
	dito, anschließend Hallenkompostierung	Fertigkompost
offene Kompostierung	offene, überdachte Mietenkompostierung	Fertigkompost
Vergärungsverfahren		
Trockenvergärung	einstufig, thermophil	entwässerter Gärrest, Biogas
	dito, anschließend offene, überdachte Mietenkompostierung	kompostierter Gärrest, Biogas
Nassvergärung	einstufig, mesophil	entwässerter Gärrest, Biogas
	dito, anschließend offene, überdachte Mietenkompostierung	kompostierter Gärrest, Biogas
Co-Vergärung mit Gülle	einstufiges, mesophiles Nassverfahren	„Biogasgülle", Biogas
Co-Vergärung mit Klärschlamm	einstufiges, mesophiles Nassverfahren	Klärschlamm, Klärgas
Thermisches Verfahren		
MVA (modern)	Verbrennung in Müllverbrennungsanlage	

21.2.3
Ergebnisse

Hinsichtlich der Kriterien der ökologisch wichtigsten Gruppe A wiesen alle untersuchten Entsorgungsalternativen nur vergleichsweise geringe spezifische Beiträge auf. Beim Thema Treibhauseffekt schneidet die Eigenkompostierung am besten ab. Die Kompostierungsverfahren, welche die entstehenden Emissionen nicht fassen und reinigen, zeigen tendenziell ein etwas schlechteres Ergebnis. Die Ergebnisse zum Komplex Krebsrisikopotential liegen alle sehr niedrig, die Eigenkompostierung und die verschiedenen Vergärungsoptionen weisen hier ebenfalls leichte Vorteile auf. Der Aspekt der Versauerung erbringt in dieser Gruppe die höchsten Beiträge, wobei die offene Kompostierung mit dem Ziel Fertigkompost mit Abstand am schlechtesten, die geschlossene Kompostierung mit dem gleichen Ziel mit noch mehr Abstand am besten abschneidet. Die Vergärungsverfahren ähneln sich sehr und liegen auf etwa dem Niveau der geschlossenen Kompostierung mit dem Ziel Frischkompost.

Hinsichtlich der Kriterien der ökologisch wichtigen Gruppe B waren deutlich größere absolute Beiträge zu erkennen, vergleichbar denen der Versauerung in Gruppe A, insbesondere für die Frage von Schadstoffeinträgen in den Boden und hinsichtlich der terrestrischen Eutrophierung. Diese Kriteriengruppe kann demnach gut zur Ausdifferenzierung der Behandlungsalternativen dienen:

Bei den Kriterien, welche die Stickstoffdynamik bei der Behandlung und Anwendung umfassen, treten die Schwächen zutage, die sich bei den Behandlungsprozessen in offenen Systemen ohne die Möglichkeit der Emissionsminderung ergeben. Dies trifft tendenziell auch für die Eigenkompostierung zu.

Die geschlossene Kompostierung mit dem Ziel Frischkompost ist wegen der verfahrenstechnischen Nähe der Emissionsminderung zu den Vergärungsansätzen auch im Ergebnis mit diesen tendenziell zu vergleichen. Deutliche Schwächen bestehen bei den Vergärungsansätzen bei der Frage der Schadstoffeinträge in Gewässer.

Die Beiträge für das toxische Risiko durch Feinstaub fallen bei den Vergärungsverfahren relativ niedrig aus, bei den Kompostierungsverfahren schneidet die geschlossene Kompostierung mit Behandlungsziel Fertigkompost am besten, die offene Kompostierung am schlechtesten ab.

Für die thermische Behandlung sind auch in dieser Kriteriengruppe über alle Aspekte gesehen keine Vorteile zu erkennen, nur beim Aspekt Schadstoffeinträge in Gewässer zeigen sich Stärken.

Bei der Gruppe C mit mittlerer ökologischer Bedeutung und bei der Gruppe D, deren ökologische Bedeutung als gering eingestuft wurde, waren die Unterschiede in beiden Gruppen fast über alle Kriterien hinweg signifikant. Dies gilt vor allem für die Frage des Verbrauchs mineralischer Ressourcen, des Bleieintrags in den Boden und abgeschwächt für die Sommersmogbildung sowie die aquatische Eutrophierung. Die Frage der Beanspruchung fossiler Ressourcen trägt kaum zur Ausdifferenzierung unter den Entsorgungsalternativen bei.

Die Eigenkompostierung weist in fast allen der angesprochenen Kriterien eindeutige Vorteile im Vergleich zu den anderen Varianten auf. Die Schwäche hinsichtlich des Schadstoffeintrags in Böden besteht nur relativ zur thermischen Beseitigung des Abfalls und weniger gegenüber den anderen Verwertungsoptionen.

Gerade die Mitbehandlung in Faulbehältern von Kläranlagen weist deutliche Schwächen auf, die u.a. aus dem Einsatz von Betriebsmitteln zur Entwässerung resultieren.

Die Schwächen der thermischen Behandlung der Abfälle besteht in der Vernichtung des im Abfall enthaltenen Potentials zur Pflanzenernährung. In Konsequenz würde dies dazu führen, dass die endliche mineralische Ressource Rohphosphat entsprechend mehr beansprucht werden müsste.

Die Unterschiede unter den anderen Entsorgungsalternativen sind nicht derart, dass sie wesentlich zur Ausdifferenzierung herangezogen werden könnten. Die Option der geschlossenen Kompostierung mit dem Behandlungsziel Fertigkompost weist innerhalb der klassischen Verwertungsoptionen leichte Vorteile auf.

Bezieht man diese Ergebnisse auf die Eigenkompostierung der Bioabfälle aus Haushalten als eine auch unter abfallwirtschaftlichen Aspekten favorisierte Entsorgungslösung (Bild 156), so zeigt sich, dass die Vorteile gegenüber den Nachteilen eher überwiegen. Relative Schwächen weist die Eigenkompostierung allein in der Frage der Freisetzung von vor allem Ammoniak auf. In allen anderen Aspekten bestätigt die ökologische Einschätzung diejenige aus abfallwirtschaftlicher Sicht.

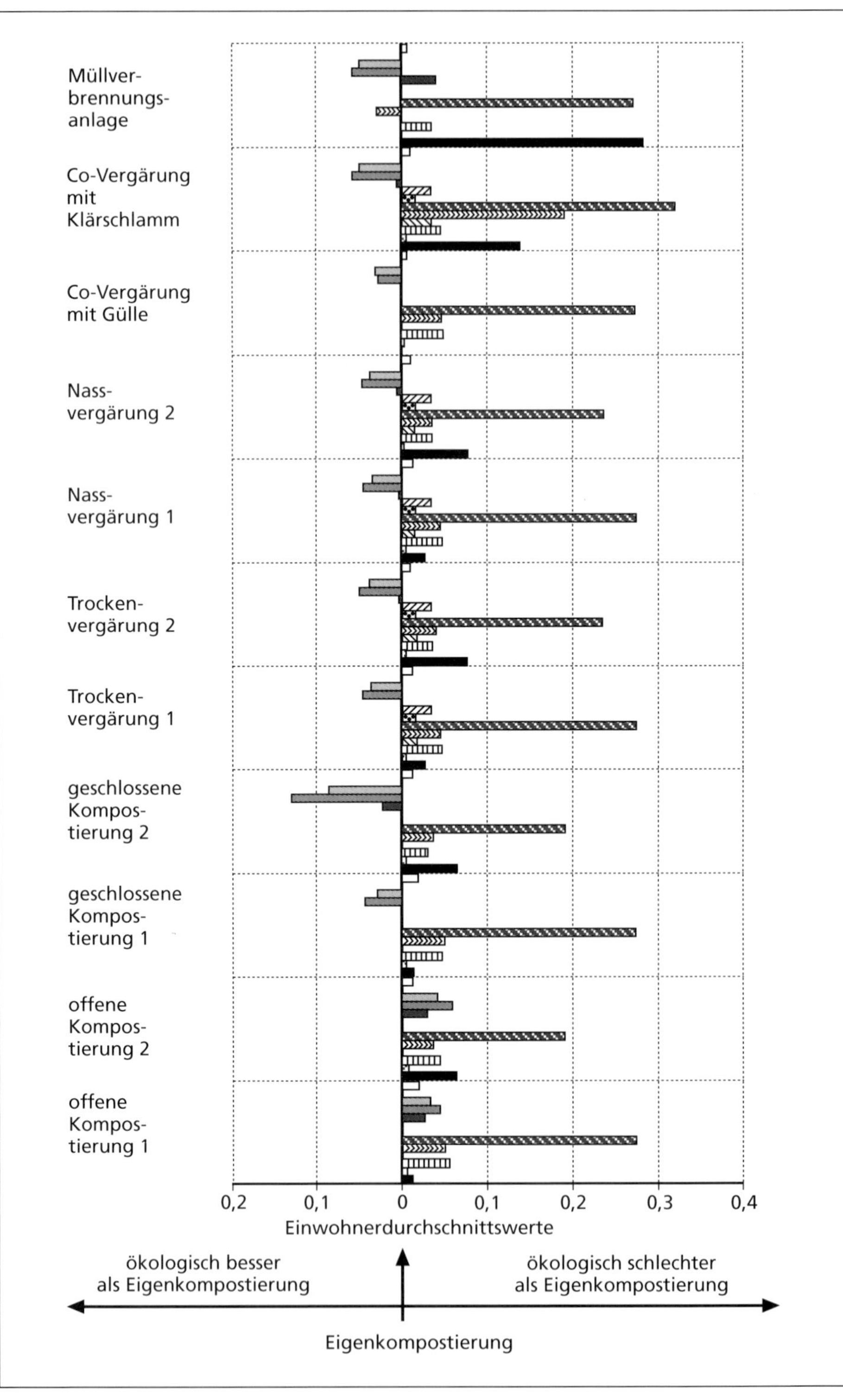
Müllverbrennungsanlage
Co-Vergärung mit Klärschlamm
Co-Vergärung mit Gülle
Nassvergärung 2
Nassvergärung 1
Trockenvergärung 2
Trockenvergärung 1
geschlossene Kompostierung 2
geschlossene Kompostierung 1
offene Kompostierung 2
offene Kompostierung 1
0,2
0,1
0
0,1
0,2
0,3
0,4
Einwohnerdurchschnittswerte
ökologisch besser als Eigenkompostierung
ökologisch schlechter als Eigenkompostierung
Eigenkompostierung

sehr große ökologische Bedeutung

- Treibhauseffekt
- Krebsrisiko (Humantoxizität)
- Versauerung

große ökologische Bedeutung

- Eutrophierung (terrestrisch)
- PM10-Risiko (Humantoxizität)
- Kupfer-Eintrag Gewässer
- Zink-Eintrag Gewässer
- Cadmium-Eintrag Boden

mittlere ökologische Bedeutung

- Blei-Eintrag Boden
- Eutrophierung (aquatisch)
- Sommersmog (POCP)
- Fossile Ressourcen (Rohöläquivalente)

geringe ökologische Bedeutung

- Mineralische Ressource Rohphosphat

Bild 156: Gesamtschau der Unterschiede der Entsorgungsoptionen von Bioabfällen, skaliert auf Einwohnerdurchschnittswerte und bezogen auf die Option der direkten Ausbringung auf landwirtschaftliche Flächen
Quelle: [152] ifeu (2001), bearbeitet

Kapitel 22

Spezialfall biologisch abbaubarer Kunststoffe

Mit den biologisch abbaubaren Werkstoffen ist erstmals in der Geschichte der industriellen Entwicklung eine Werkstoffgruppe gezielt im Hinblick auf ihre Entsorgbarkeit hin entwickelt worden. Inzwischen gibt es eine ganze Reihe verschiedener Werkstoffe; die jährlich hergestellten Mengen wurden für 1999 auf etwa 5.000 Mg pro Jahr bei einem jährlichen Zuwachs von 100 % eingeschätzt ([271] Schroeter, 1999). Sie finden Verwendung in den verschiedensten Bereichen, und ihr Anspruch auf biologischen Abbau nach dem Gebrauch sorgt etwa gleichermaßen für Hoffnung (unter dem Aspekt der Kreislaufwirtschaft, siehe Bild 157) wie für Irritation (bei der Erfassung, vergleiche Kapitel 7).

22.1 Rechtliche Grundlagen

Im Januar 1990 hat die Bundesregierung in einer Zielfestlegung ([216] N.N., 1990) die Entwicklung und den Einsatz biologisch abbaubarer, umweltverträglich kompostierbarer Kunststoffe gefordert, weil diese wertvolle Beiträge zur

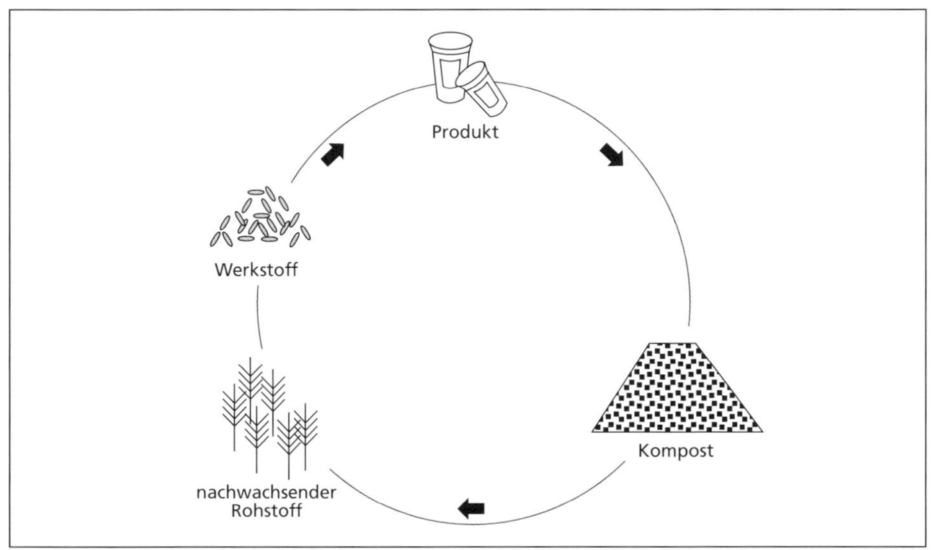

Bild 157: Kreislauf mit biologisch abbaubaren Werkstoffen aus nachwachsenden Rohstoffen
Quelle: [271] Schroeter (1999)

energetischen Nutzung der Abfallstoffe im Rahmen der Vergärung bzw. zum Kreislaufschluss innerhalb der Biosphäre im Rahmen der Kompostierung leisten könnten ([248] Pantke, 1999).

In der *Europäischen Verpackungsverordnung* wird der Begriff der „organischen Verwertung" folgendermaßen definiert: „Biologisch abbaubare Verpackungsabfälle müssen durch physikalische, chemische, wärmetechnische oder biologische Prozesse so zersetzt werden können, dass der Großteil des Endprodukts sich aufspaltet in Kohlendioxid, Biomasse und Wasser". Ein weiteres Arbeitspapier unter dem Titel „Biologische Behandlung von biologisch abbaubaren Kunststoffen" ist im Oktober 2000 beschlossen worden mit der Zielsetzung, in eine neue Richtlinie integriert zu werden ([98] EU Generaldirektion Umwelt, 2000).

Die Eignung zur Kompostierung wird festgehalten in der Bioabfallverordnung von 1999, die in der Liste grundsätzlich zur Kompostierung geeigneter Bioabfälle explizit biologisch abbaubare Produkte sowie Abfälle aus deren Be- und Verarbeitung aufführt.

Diese Abbaubarkeit muss aufgrund der Vorgaben einer technischen Norm nachgewiesen werden, derzeit wird dazu die Vornorm DIN V 54900 („Prüfung der Kompostierbarkeit von Kunststoffen") herangezogen ([248] Pantke, 1999), die auf dem Anhang E 2.20 des LAGA-Merkblattes M10 aufbaut. Dieser Anhang gibt die Kriterien vor, die Produkte aus biologisch abbaubaren Werkstoffen erfüllen müssen, damit sie für die Kompostierung geeignet sind.

Werden Verpackungen aus biologisch abbaubaren Kunststoffen hergestellt, so müssen sie laut *Verpackungsverordnung* entweder vom Vertreiber selbst oder über ein Sammelsystem zurückgenommen werden. Zudem schreibt diese Verordnung in Anhang I vor, dass ab Juli 2002 mindestens 60 % einer Kompostierung zuzuführen sind.

22.2

Ausgangsmaterial und Herstellung

In der Anfangsphase der Herstellung biologisch abbaubarer Werkstoffe wurden entsprechende Ausgangsmaterialien nur als Beimischung zu herkömmlichen, nicht abbaubaren Kunststoffanteilen eingesetzt, um Brücken zwischen diesen zu bauen. Im Zuge einer Kompostierung wurde solches Material nicht vollständig biologisch abgebaut, sondern zerfiel nur zu Schnipseln nicht zersetzbarer Kunststoffe.

Seit die DIN V 54900 existiert, werden zur Herstellung jedoch zunehmend nachwachsende Rohstoffe natürlichen Ursprungs genutzt. Zu denen pflanzlicher Herkunft zählen Stärke und Stärkederivate aus verschiedenen Pflanzen, Öle aus Roggen, Mais oder Weizen ([310] VDI, 2000) bzw. aus Lein, Cellulose und Cellulosederivate, Lignin und Mischungen dieser Stoffe untereinander. Tierischen Ursprungs sind Hühnerfedern, deren Keratin Verwendung findet für kompostierbare

Windeln, auch Chitin und Kollagen werden eingesetzt. Durch Mikroorganismen werden Polyhydroxyfettsäuren wie PHB und PHV sowie Polymilchsäure (PLA) produziert ([205] Mackwitz und Stadlbauer, 2001). Dies dient einerseits der Schonung fossiler Ressourcen, stellt aber andererseits auch ein zusätzliches Standbein für die Landwirtschaft dar, die daher dieser Neuerung grundsätzlich sehr positiv gegenübersteht.

Die entstehenden Kunststoffe sind in der Regel thermoplastisch, können deshalb mit den Methoden der Kunststofftechnik verarbeitet werden und haben auch sonst teilweise ähnliche Eigenschaften wie herkömmliche Kunststoffe.

Polymilchsäure (PLA) beispielsweise wird hergestellt aus Zucker, der aus Stärke gewonnen, zu Milchsäure vergoren und polymerisiert wird. Sie weist eine Zugfestigkeit auf, die an die von Polyamid (PA) heranreicht ([57] Bostanci, 2000). Polyhydroxybuttersäure (PHB) hat ganz ähnliche Charakteristika wie Polypropylen (PP).

Typischerweise haben die biologisch abbaubaren Kunststoffe schlechtere mechanische Eigenschaften als die konventionellen. Außerdem können sich je nach den herrschenden Bedingungen die Materialeigenschaften relativ schnell ändern, was biologisch abbaubare Kunststoffe für manche Einsatzgebiete untauglich macht, für andere aber besonders prädestiniert. Festzuhalten bleibt hinsichtlich eines ökologischen Vergleichs von „Biokunststoffen" mit herkömmlichen Kunststoffen, dass die Produktion einiger biologisch abbaubarer Kunststoffe deutlich mehr Energie verbraucht als die der herkömmlichen ([57] Bostanci, 2000).

22.3 Einsatzgebiete

Es gibt Verwendungsbereiche für biologisch abbaubare Kunststoffe, bei denen gar keine Notwendigkeit einer späteren Entsorgung besteht. Dazu zählen der Einsatz in Form von chirurgischem Nahtmaterial, das vom Körper selbst abgebaut werden kann, als Mulchfolien, Pflanztöpfe oder Urnen, die nach einiger Zeit ohne weiteres Zutun verrotten, oder als Hülsen für Übungspatronen wie in der Schweiz, damit nach Beendigung einer militärischen Übung die leeren Hülsen nicht entweder eingesammelt werden müssen oder aber in großen Mengen liegen bleiben ([271] Schroeter, 2000). In diesen Gebieten ist ihr Einsatz schon weit verbreitet. Da diese Produkte für die Abfallentsorgung keine Rolle spielen, fallen sie auch nicht unter das Kreislaufwirtschafts- und Abfallgesetz.

Desweiteren werden sie verwendet in Bereichen, für die sehr wohl die Notwendigkeit einer Entsorgung besteht wie z.B. im Verpackungsmarkt, wo aber mangels eines geeigneten Entsorgungssystems bislang ein großer Durchbruch scheiterte. Bekannt sind die Raschelsäcke für Kartoffeln, der Kunstdarm von Würsten, die Sanara-Haarshampoo-Flasche von Wella oder der Joghurtbecher von

Danone. Der Einsatz im Cateringbereich bei den Olympiaden in Lillehammer und Sydney ist ebenfalls durch die Medien gegangen. Hier wie in anderen, ähnlichen Fällen stellt sich aber die Frage, ob nicht der Gebrauch von Artikeln mit längerer Haltbarkeit und mehrfacher Verwendbarkeit das oberste Prinzip der Abfallvermeidung besser erfüllen würde. Daneben werden biologisch abbaubare Kunststoffe auch für Brillen, Kämme, Bonbonpapier oder Schraubendrehergriffe, für Grablichthüllen und Verpackungsfolien eingesetzt ([271] Schroeter, 1999; [205] Mackwitz und Stadlbauer, 2001). Das vermutlich größte Potential liegt jedoch in der Verwendung als Sammelbeutel für Bioabfälle, deren Eignung durch aufwendige Versuche inzwischen nachgewiesen ist ([[245] Otto et al., 2000/1 und [246] Otto et al., 2000/2). In Kasseler Supermärkten lief vom Herbst 2001 bis Ende Februar 2003 ein Großversuch zur Akzeptanz biologisch abbaubarer Verpackungen bei der Bevölkerung, bei dem ebenfalls ermittelt werden sollte, ob die Verbraucher diese Verpackungen tatsächlich korrekt über die Biotonne entsorgen ([27] BDE, 2001).

22.4

Biologischer Abbau

Der Abbau von Kunststoffen besteht im stufenweisen Zerlegen der Makromoleküle in einfachere Verbindungen. Dies kann auf physikalischem, chemischem oder auch biologischem Wege erfolgen, wobei der biologische Weg sich der Hilfe

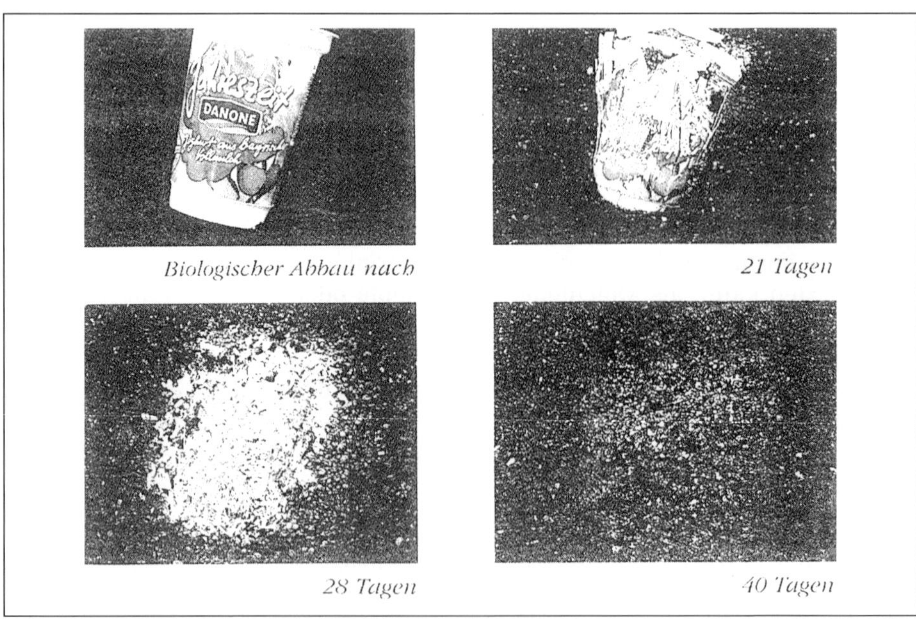

Bild 158: Abbauverhalten eines Bechers aus Polymilchsäure unter Kompostbedingungen
Quelle: [309] VDI (1998)

von Mikroorganismen bedient (Bild 158). Die biologische Abbaubarkeit bezeichnet also die Eigenschaft eines Stoffes, durch Mikroorganismen zersetzbar zu sein. Dazu bedarf es in der Regel des optimalen Zusammenspiels vieler Faktoren wie des Nährstoffangebots, des pH-Wertes und der Temperatur, der Feuchtigkeit sowie der Sauerstoffverhältnisse, um die Art, Anzahl und Vitalität der beteiligten Organismen zu optimieren.

Der Abbaugrad von biologischen Werkstoffen, bezogen auf die organische Trockensubstanz, ist im Rahmen einer Untersuchung unter realen Bedingungen mit 99,8 % bestimmt worden ([251] PlanCoTec, 1997). Diese Produkte bauen sich also im Rahmen der Kompostierung tatsächlich in etwa gleichem Zeitrahmen ab wie andere biologisch abbaubare Stoffe (Bild 159), allerdings entsteht aus ihnen kein Produkt wie Fertigkompost, sondern lediglich CO_2 und Wasser.

Seitens des Kunststoffes ist dessen chemische Struktur ausschlaggebend, da enzymatisch spaltbare Bindungen wie Acetal- und Esterbindungen sowie metabolisierbare Monomerbausteine Voraussetzung für einen erfolgreichen Abbau sind ([240] Nicolaus, 2000). Vermutlich laufen der Abbau einzelner Komponenten des biologisch abbaubaren Werkstoffes und der Kettenabbau gleichzeitig ab, aber mit unterschiedlicher Intensität. Dies belegten Studien zur Zugfestigkeit und rasterelektronenmikroskopische Untersuchungen an entsprechenden Folien zu verschiedenen Zeitpunkten des Kompostierungsablaufes ([247] Otto et al., 2001).

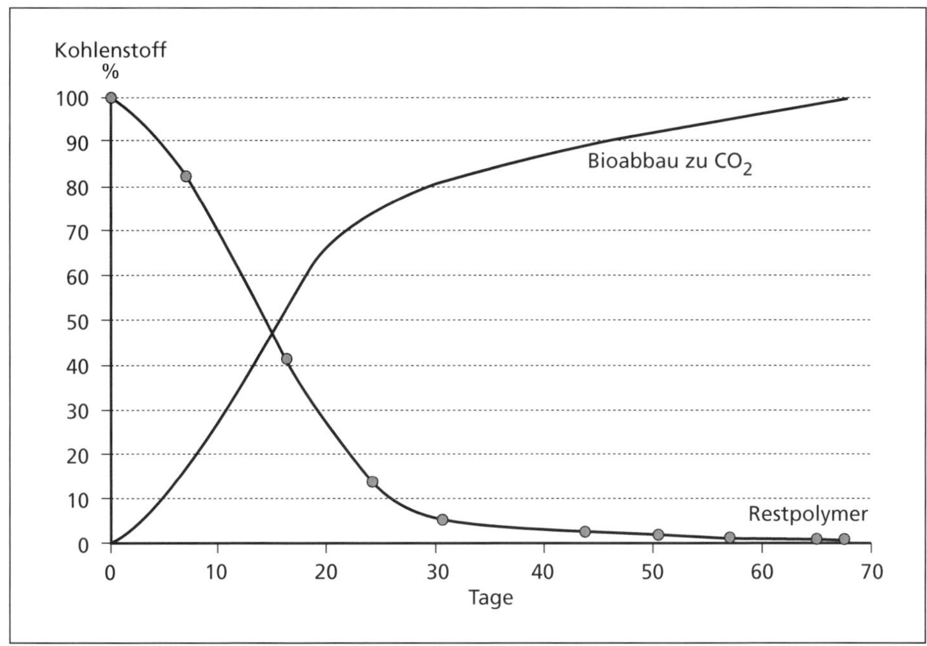

Bild 159: Abbauverhalten des Polyesteramides BAK 1095 im Komposttest (Foliendicke 200 μm)
Quelle: Anwendungstechnische Information der Firma Wolff, Walsrode (1999)

22.5

Erfassung von Produkten aus biologisch abbaubaren Werkstoffen

Verpackungen, die aus biologisch abbaubaren Werksstoffen bestehen, müssen gemäß der *Verpackungsverordnung* entweder vom Vertreiber selbst oder über ein Sammelsystem zurückgenommen werden. Denkbar sind daher verschiedene Varianten.

Eine Teilnahme am Dualen System wäre denkbar, wird aber von den Herstellern abgelehnt, weil sie dann Lizenzgebühren zahlen müssen.

Eine Erfassung über die kostengünstige Biotonne wird von den Herstellern angestrebt; dem steht entgegen, dass es hierfür zur Zeit noch kein flächendeckendes Sammelsystem gibt. Zudem müssten dann Eigenkompostierer andere Erfassungssysteme nutzen oder eigens zur Verfügung gestellt bekommen, da die auf einem privaten Komposthaufen herrschenden Bedingungen für den Abbau biologisch abbaubarer Kunststoffe unzureichend sind. Außerdem führt die augenscheinliche „Verunreinigung" des in der Biotonne gesammelten Bioabfalls durch die äußerlich kaum oder gar nicht von hergebrachten Kunststoffverpackungen zu unterscheidenden abbaubaren Werkstoffe zu steigender Verunreinigung durch andere, nicht biologisch abbaubare Fremdstoffe ([184] Kuhn und Witek, 1998; [209] Mellen, 1998).

Ebenso ist eine Erfassung über die flächendeckend vorhandene Restmülltonne vorstellbar. Seit der Novellierung der *Verpackungsverordnung* gibt es zudem aufgrund der Übergangsvorschriften des § 16 die Möglichkeit, ein eigenes System zur Sammlung biologisch abbaubarer Kunststoffe einzurichten. Dies verursacht natürlich wieder Kosten und ist auch nur zulässig für Kunststoffverpackungen, die überwiegend aus biologisch abbaubaren Werkstoffen auf der Basis nachwachsender Rohstoffe hergestellt sind und deren sämtliche Bestandteile kompostierbar sind ([240] Nicolaus, 2000).

22.6

Sammlung, Transport und Sortierung

Sammlung und Transport biologisch abbaubarer Kunststoffe stellen grundsätzlich kein Problem dar, da bei einer Nutzung vorhandener Systeme die entsprechende Infrastruktur bereits gegeben und bei einem neuen System wie z.B. Iglus oder einem Bringsystem eine geeignete Infrastruktur bekannt ist.

Bei einer Sammlung über die Biotonne ist Sorge zu tragen, dass die biologisch abbaubaren Werkstoffe bei der Aufbereitung auch im Bioabfall verbleiben und nicht durch Siebung o.Ä. abgetrennt werden. Heraussortiert werden müssen hingegen all die Kunststoffprodukte, die als Fehlwürfe in der Biotonne gelandet sind.

Werden biologisch abbaubare Kunststoffe über das Duale System erfasst, so müssen sie in Sortieranlagen von anderen Abfällen getrennt werden. Ziel einer solchen Aussortierung biologisch abbaubarer Kunststoffe ist es, gemäß den Vorgaben des Kreislaufwirtschafts- und Abfallgesetzes einen solchen Abfall zu erhalten, der entweder sortenrein einer Kompostierung oder Vergärung zugeführt werden, sortenrein oder mit geringer Vermischung durch andere Kunststoffe werkstofflich oder rohstofflich verwertet werden oder aber sortenrein oder vermischt mit anderen Kunststoffen einer energetischen Verwertung zugeführt werden kann ([29] Bertram und Zeschmar-Lahl, 2000). Bislang gibt es aber noch keine Daten über die zusätzlichen Kosten und die Effizienz der durch biologisch abbaubare Kunststoffe verursachten Sortierung. Da die biologisch abbaubaren Werkstoffe optisch kaum oder gar nicht von herkömmlichen Kunststoffen zu unterscheiden sind, wird versucht, durch Kennzeichnung der Produkte eine bessere Sortierung zu ermöglichen.

22.7

Zertifizierung von Produkten aus biologisch abbaubaren Werkstoffen

Um in den Besitz eines entsprechenden Kennzeichens zu kommen, müssen die Produkte einer aufwendigen Prüfung standhalten. Die Vornorm DIN V 54900 zur Prüfung der Kompostierbarkeit von Kunststoffen ist im Herbst 1998

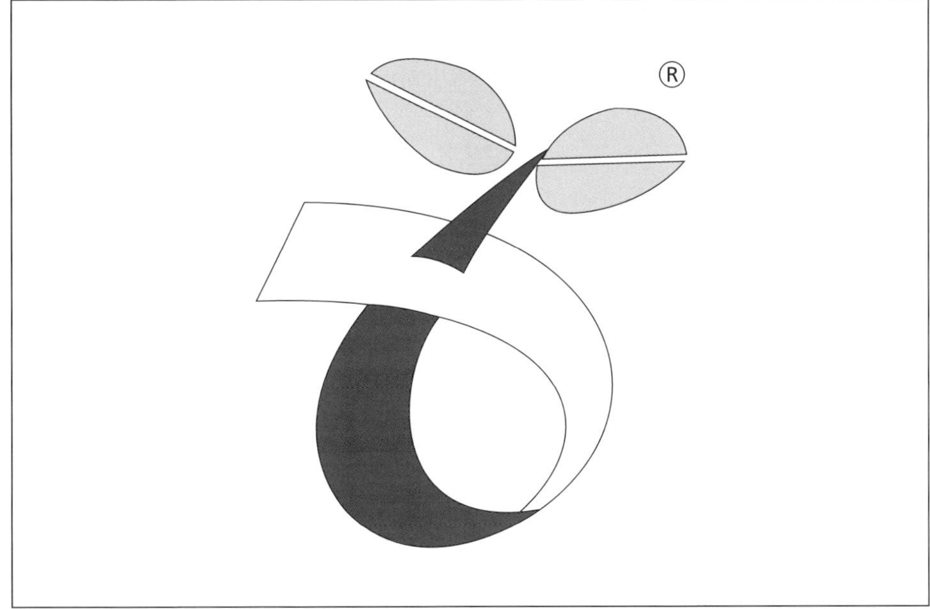

Bild 160: Kompostierbarkeitslogo
Quelle: [248] Pantke (1999)

erschienen und besteht aus drei Teilen. Ein vierter Teil mit einer ökotoxikologischen Untersuchung ist noch in Arbeit.

Im ersten Teil werden die zur Prüfung vorgelegten Kunststoffe chemisch untersucht, der zweite Teil enthält eine Prüfung auf vollständige biologische Abbaubarkeit unter Laborbedingungen, der dritte Teil eine Prüfung unter praxisrelevanten Bedingungen und eine zur Qualität der Komposte.

Mit diesem Prüfverfahren sind nunmehr präzise, abfallwirtschaftliche Regelungen möglich, da hiermit eine Grundlage für eine Kennzeichnung biologisch abbaubarer Kunststoffe geschaffen worden ist ([248] Pantke, 1999). Kunststoffe, für die dieser Nachweis der biologischen Abbaubarkeit nach DIN V 54900 erbracht worden ist, können als Folge bei einem Tochterunternehmen des Deutschen Instituts für Normierung (DIN) registriert werden und dürfen dann unter bestimmten Voraussetzungen ein international eingetragenes Warenzeichen (Bild 160) tragen ([240] Nicolaus, 2000).

Dies wiederum ist die Voraussetzung für eine zweifelsfreie Erfassung seitens der Bürger und für die sichere Erkennung seitens der Entsorger. Die ersten Produkte mit dem Zeichen der Interessengemeinschaft biologisch abbaubarer Werkstoffe e.V. (IBAW) sind seit mehreren Jahren im Handel ([219] N.N., 1998/3).

Die nicht unbeträchtlichen Kosten des Zertifizierungsverfahrens rechnen sich zur Zeit vermutlich nur wegen des besseren Absatzes aufgrund des sehr umweltbewussten Kaufverhaltens der Deutschen ([184] Kuhn und Witek, 1998). Probleme der Identifizierung des Symbols im praktischen Gebrauch entstehen durch die Verschmutzung bzw. Beschädigung der Produkte im Rahmen des Einsammelns. Auch die Identifizierung von Bruchstücken gestaltet sich schwierig, da das Kennzeichen entsprechend dem „Grünen Punkt" nur an einer Stelle des Produktes angebracht wird.

22.8

Wege zur Verwertung und Beseitigung biologisch abbaubarer Kunststoffe

Prinzipiell gibt es mehrere Möglichkeiten, die biologisch abbaubaren Kunststoffe zu entsorgen, die sich jedoch in ihrer Eignung sehr unterscheiden.

Zunächst wurden die wenigen entsprechenden Produkte über das Duale System mit erfasst. Da für diese jedoch kein eigener Sortierweg eingeführt worden war, verblieben sie im Sortierrest und wurden bislang in der Regel ohne weitere Behandlung deponiert. Ab 2005 sind die Abfälle jedoch vorzubehandeln, mechanisch, biologisch oder thermisch. Im Falle der mechanisch-biologischen Vorbehandlung werden die Verpackungen aus biologisch abbaubaren Werkstoffen aufgrund der Ähnlichkeit zu anderen Verpackungen in die Leichtstofffraktion sortiert, so dass sie energetisch verwertet werden. Grundsätzlich können sie auch im der Fraktion verbleiben, die biologisch behandelt wird, sofern durch die Prozessparameter der biologischen Behandlung ein Abbau gewährleistet wird, mit dem die Ablagerungskriterien erfüllt werden.

Die energetische Verwertung bzw. die thermische Behandlung als weitere mögliche Wege der Abfallentsorgung funktionieren unter der Voraussetzung, dass die entstehende Wärme in hohem Maße genutzt wird, weil mit ihnen alle Forderungen der TASi und auch die immissionsschutzrechtlichen Vorschriften erfüllt werden ([147] Heyde, 1998). Es stellt sich aber die Frage, ob eine Erhitzung auf 850 °C sinnvoll ist, wenn Temperaturen von 70 °C, wie sie bei der Kompostierung ohne Energiezufuhr entstehen, auch bereits zum Abbau der organischen Substanz ausreichen.

Die beiden biologischen Verfahren der Kompostierung und der Vergärung bilden den dritten möglichen Weg, der letztlich mit ihrer Entwicklung auch bezweckt war. Die Nutzung biologisch abbaubarer Müllsäcke für die Erfassung von Bioabfällen im Haushalt könnte durchaus positive Auswirkungen auf die Erfassungsquote haben. Es ist jedoch zu konstatieren, dass diese beiden Verfahren auf die Erzeugung von wertgebenden Stoffen wie Biogas und Kompost abzielen. Biologisch abbaubare Werkstoffe erbringen beides nicht, insofern ist dieser Entsorgungsweg auch nicht sinnvoll. Schwierigkeiten ergeben sich darüberhinaus für die Kompostierung (bei der Vergärung vermutlich auch, die Datenlage hierzu ist jedoch nicht ergiebig genug) in einer möglichen Verschlechterung der Kompostqualität aufgrund vermehrter Fehlwürfe. Zudem benötigt der Abbau biologisch abbaubarer Kunststoffe zwar etwa die gleiche Zeit wie die Herstellung von Fertigkomposten, braucht aber immer noch mehr Zeit als die Herstellung von Frischkomposten, die häufig Verwendung in der Landwirtschaft finden. Durch den Einsatz der biologisch abbaubaren Kunststoffe lässt sich also der Rotteprozess nicht vorzeitig abbrechen ([29] Bertram und Zeschmar-Lahl, 2000).

Ein weiterer, denkbarer Weg besteht in einem Recycling des biologisch abbaubaren Kunststoffmaterials. Erfahrungen mit herkömmlichen Kunststoffen zeigen jedoch, dass der Energieaufwand für ein sortenreines Recycling von vermischten und verschmutzten Verpackungen den dadurch erzielten Energiegewinn oft übersteigt und damit der wirtschaftliche Anreiz fehlt ([184] Kuhn und Witek, 1998).

So bleibt also festzuhalten, dass sich für die Abfallwirtschaft mit den biologisch abbaubaren Kunststoffen ein neues, interessantes Feld öffnet, dessen zukünftige Einsatzmöglichkeiten aber maßgeblich davon beeinflußt werden, ob es insbesondere für die mit der Erfassung verbundenen Probleme eine Lösung geben wird. Zudem steht zu vermuten, dass, wenn einer Erfassung über die Biotonne nicht stattgegeben wird und die biologisch abbaubaren Verpackungen über das Duale System mit erfasst werden, der wirtschaftliche Anreiz für die Hersteller entfällt.

Kapitel 23

Perspektiven der Bioabfallwirtschaft

An dieser Stelle soll all das, was bisher an Wissen über die Bioabfallwirtschaft in Deutschland zusammengetragen wurde, in einen internationalen Kontext gestellt werden. Im Rahmen der Kompostierung wird ein Vergleich zu den anderen Ländern der EU gegeben. Bei der Vergärung interessieren besonders die Exportchancen, die für die Anaerobtechnik in vielen Teilen der Welt bestehen und für den deutschen Markt, der auf diesem Sektor ohnehin schon weltweit führend ist, ein wichtiges zusätzliches Standbein darstellen können. Es folgt eine abschließende Betrachtung zum Stand der Bioabfallwirtschaft.

23.1 Stand und Perspektiven der aeroben Abfallbehandlung in Europa

In Europa bestehen krasse Differenzen sowohl bei der Erfassung von Bioabfall als auch bei der Verwendung der daraus hergestellten Produkte. Demzufolge ist auch das Entwicklungspotential als höchst unterschiedlich einzustufen.

23.1.1 Status quo der getrennten Erfassung organischer Abfälle

Die Mengen an organischen Abfällen, die in europäischen Haushalten anfallen, schwanken zwischen etwas über 20 % des gesamten Hausmülls für Großbritannien und knapp 50 % in Griechenland (Tabelle 49). Das liegt sicherlich zum Teil an den unterschiedlichen Lebensgewohnheiten in den verschiedenen Ländern Europas, ist aber auch auf unterschiedliche Definitionen der Abfallfraktionen zurückzuführen sowie darauf, dass einige der zugrunde liegenden Daten Ende der achtziger, andere Ende der neunziger Jahre erhoben wurden. Der europäische Durchschnitt wird mit 32 % organischen Anteils im Hausmüll angegeben, was 50 Mio. Mg entspricht (vergleiche Tabelle 51).

In Bezug auf die Aktivitäten im Bereich organischer Abfälle kann Europa in vier Kategorien eingeteilt werden (Bild 161).

Tabelle 49: Umfang der organischen Fraktion im europäischen Hausmüll
Quelle: [18] Barth (2000)

Land	Organischer Anteil am Hausmüll %	Bezugsjahr
Belgien/Flandern	48	1996
Belgien/Wallonien	45	1991
Dänemark	37	1994
Deutschland	32	1992
Finnland	35	1998
Frankreich	29	1993
Griechenland	49	1987 - 1993
Großbritannien	22	1997
Irland	29	1995
Italien	32 - 35	1998
Luxemburg	44	1994
Niederlande	46	1995
Österreich	29	1991
Portugal	35	1996
Schweden	40	1996
Spanien	44	1996
EU-Durchschnitt	**32**	

In den Ländern Österreich, der Schweiz, Deutschland, Belgien (Flandern), Luxemburg und den Niederlanden ist eine Politik zur Behandlung der organischen Abfälle landesweit eingeführt. Diese Länder verarbeiten mehr als 80 % der zur Zeit in Europa getrennt gesammelten und behandelten organischen Abfälle (meistens durch Kompostierung). Auch Dänemark hat inzwischen eine getrennte Erfassung eingeführt.

Schweden, Norwegen, Spanien (Katalonien) und Italien bilden die zweite Kategorie der Länder, die zur Zeit eine Verwertung der organischen Abfälle aufbauen. Diese Länder haben bereits Teile der politischen und organisatorischen Rahmenbedingungen für eine getrennte Sammlung festgelegt.

Finnland, Großbritannien, Frankreich und der wallonische Teil von Belgien stehen für die dritte Kategorie. Diese Länder haben ihre Strategien entwickelt und befinden sich in der Startphase.

Länder wie Irland, Griechenland, Portugal und Teile von Spanien sind in der vierten Kategorie zu finden. Dort sind noch keine Anstrengungen zur Kompostierung von getrennt gesammelten organischen Abfällen zu verzeichnen. Diese Länder kompostieren oder deponieren immer noch den unsortierten Hausmüll ([18] Barth, 2000). Diese Länder müssen noch erhebliche Anstrengungen unternehmen, um entsprechend der Vorgabe der europäischen Deponierichtlinie den organischen Anteil in der abzulagernden Fraktion bis zum Jahr 2008 zu senken.

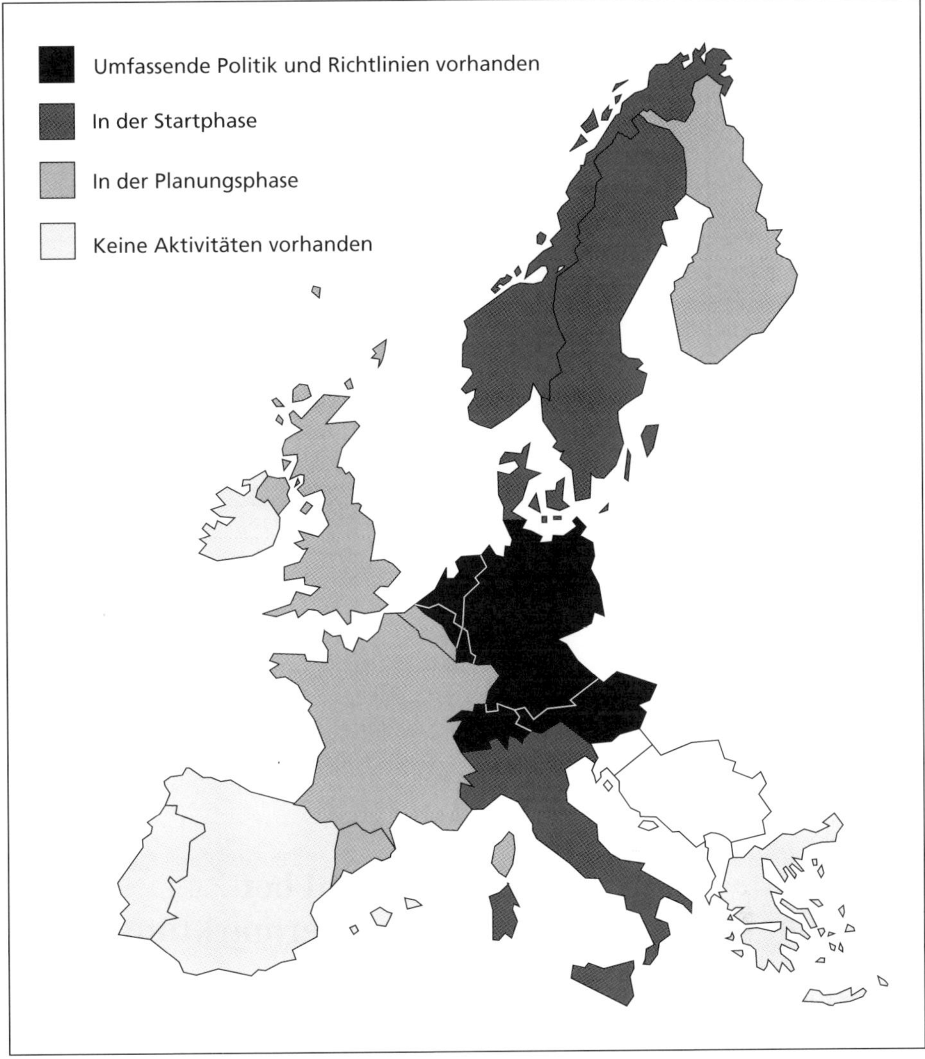

Bild 161: Entwicklung der Getrenntsammlung und Kompostierung in Europa
Quelle: [18] Barth (2000)

23.1.2

Verwendung des erzeugten Kompostes

An vier ausgewählten Ländern mit hohen Erfassungsquoten wird dargelegt, welches die wichtigsten Absatzgebiete sind und welcher Anteil des produzierten Kompostes dort vermarktet wird (Tabelle 50).

Tabelle 50: Absatzmärkte und Marktanteile aus vier europäischen Ländern
Quelle: [18] Barth (2000), bearbeitet

Anwendungsbereich	Marktanteile %			
	Belgien	Dänemark	Deutschland	Niederlande
Landschaftsbau	24	18	19	30
Rekultivierung	4	14	4	
Landwirtschaft	11	11	39	40
Gartenbau	*	2	13	*
Erdenwerke	34		10	
Hobbygarten	18	54	9	20
Sonstiges	9	2	6	10
Export	+			
Deichbau	+			+
Öffentliche Grünanlagen			+	+
Baumschulen		+	+	
Deponieabdeckung		+		
Golfplätze		+		
Weinbau			+	
Obstbau			+	
Filterbau			+	

* wird gemeinsam mit dem Bereich Landwirtschaft erfasst

23.1.3

Entwicklungspotential bei der Getrennterfassung und Vermarktung

Von der Gesamtmenge des organischen Anteils im Hausmüll europäischer Haushalte werden etwa 16 Mio. Mg/a getrennt erfasst (Tabelle 51). In der Regel wird dieser organische Abfall einer Kompostierung zugeführt und erbringt derzeit eine Kompostmenge von fast 10 Mio. Mg/a. Wieviel darüber hinaus erfassbar ist, ist schwierig zu bestimmen, da die weitere Entwicklung durch eine Reihe von Faktoren beeinflusst wird, die von Land zu Land unterschiedlich sind.

Auch das Kompostmarketing zeigt in Europa unterschiedliche Tendenzen, sowohl, was das Ausgangsmaterial (Grün- oder Bioabfall), als auch, was die Qualität der Erzeugnisse angeht. Grüngutkompost ist ein organischer Dünger und Bodenverbesserer, der überall in Europa am Markt akzeptiert ist. Er kann ohne großen technischen Aufwand in guter Qualität hergestellt werden.

Der Bioabfallkompost weist zwei unterschiedliche Entwicklungen auf. Aufgrund der fallenden oder niedrigen Annahmegebühren versuchen einige Kompostierungsanlagen, ihre Behandlungs- und Marketingkosten zu senken, was

Tabelle 51: Mengen an getrennt gesammelten, verarbeiteten und theoretisch erfaßbaren Bio- und Grünabfällen in der EU
Quelle: [18] Barth (2000), bearbeitet

Land	Bezugsjahr	Getrennt gesammelte und behandelte organische Abfälle Mio. Mg		erfassbares Potential an organischen Abfällen Mio. Mg		Theoretisches Potential Mio. Mg
		Bioabfall	Grünabfall	Bioabfall	Grünabfall	Bio- und Grünabfall
Belgien/Flandern	1998	0,33	0,39	3)		1,30
Belgien/Wallonien	1994	0,12				0,16
Dänemark	1997	0,03	0,49	0,05	0,55	0,60
Deutschland	1998	7,00		4)		9,00
Finnland	1998	0,10				0,60
Frankreich	1998	0,08	0,76	5,25	3,50	8,75
Griechenland	1995					1,80
Großbritannien	1998	0,04	0,86			3,20
Irland	1998					0,44
Italien	1999	0,40				9,00
Luxemburg	1998	0,03				0,06
Niederlande	1996	1,50	0,80	2,50	1,00	3,50
Österreich	1996	0,88 0,58 1)	0,85	1,22	1,02	2,24
Portugal	1995		0,01			1,30
Schweiz	1997	0,70	0,15	0,80	0,53	1,00
Spanien	1998	0,06 2)				6,60
Summe		**11,90**	**4,3**			**~ 50**

1) org. Gewerbeabfälle
2) Katalonien
3) In Flandern kann nur ein Potential von 0,9 Mio. t an organischen Abfällen sinnvoll erfasst und kompostiert werden.
4) In Deutschland kann nur ein Potential von 8 Mio. t an organischen Abfällen sinnvoll erfasst und kompostiert werden.

meistens zu einem Verzicht auf zusätzliche Marketinganstrengungen und zu einer bestenfalls kostenlosen Abgabe qualitativ geringwertiger Komposte an Landwirte führt. Auf der anderen Seite gehen viele Kompostanlagen dazu über, ihren Kompost mit Zuschlagstoffen aufzuwerten und Mischungen oder Spezialprodukte herzustellen, die der Kunde und somit der Markt benötigen. Sie arbeiten mit Erdenwerken zusammen oder errichten sogar eigene Anlagen. Die Qualitätssicherungsorganisationen unterstützen diesen Trend, indem sie Forschungsprojekte zur Kompostanwendung und für neue Kompostprodukte organisieren ([18] Barth, 2000).

An den Ländern der zuvor genannten ersten Kategorie, die in der Erfassung, Behandlung und Vermarktung schon viele Erfahrungen gesammelt haben, lässt sich bereits jetzt nachvollziehen, dass eine erfolgreiche Vermarktung als Grundlage für eine sinnvolle Getrennterfassung organischer Haushaltsabfälle nur mittels bester Qualität und intensiver Bemühungen um den Ausbau vorhandener Marktchancen realisierbar ist.

23.2

Stand und Perspektiven der anaeroben Abfallbehandlung

23.2.1

Stand der Anaerobtechnik in Deutschland

In Deutschland werden zur Zeit über 2000 Anlagen zur anaeroben Behandlung landwirtschaftlicher, industrieller und kommunaler Abfälle genutzt. In etwa 80 dieser Anlagen werden Biobfälle unterschiedlicher Herkunft behandelt (Bild 162, vergleiche Kapitel 14). Anaerobe Anlagen zur Bioabfallbehandlung werden inzwischen mit unterschiedlichsten Techniken und in Größenordnungen von 5.000 bis 100.000 Mg/a gebaut.

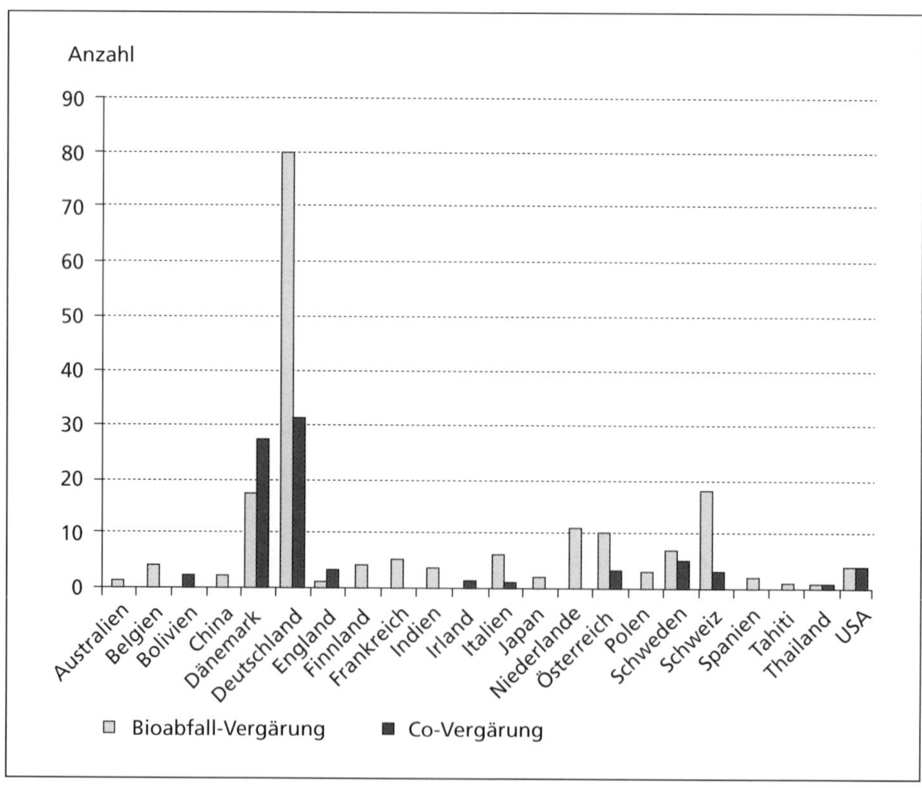

Bild 162: Anzahl der anaeroben Abfallbehandlungsanlagen
Quelle: [99] Euler et al. (2000)

Da im Rahmen des *Erneuerbare-Energien-Gesetzes* die Stromabnahme gefördert wird, werden gegenwärtig die ersten Projekte zum Anbau von Energiepflanzen für die Vergärung als Ergänzung zu organischen Reststoffen realisiert ([99] Euler et al., 2000). Im Abfallsektor wird durch die Anaerobtechnik eine kostengünstige und weitgehend emissions- und geruchsfreie Stabilisierung der Abfälle angestrebt. Zusätzlich bietet sie die Möglichkeit einer Bodenverbesserung durch den gewonnen Kompost und einer weiteren, klimaneutralen Energiequelle in Form des Biogases.

23.2.2

Internationaler Stand der Anaerobtechnik

Das Potential, das in der anaeroben Behandlung fester, schlammiger und flüssiger Substrate liegt, ist von vielen Ländern bereits erkannt worden. Die Erwartungen, die mit der Anaerobtechnologie verknüpft sind, umfassen viele Bereiche von der Lösung städtischer und ländlicher Entsorgungsprobleme über positive Auswirkungen auf Wasserqualität und Gesundheitsvorsorge bis hin zu neuen Möglichkeiten der Energieversorgung, Bodenverbesserung und des Umweltschutzes. Demzufolge wird auf internationaler Ebene die Abfallentsorgung zunehmend in Agrar-, Abwasser-, Energie- und Klimakonzepte eingebunden.

In Entwicklungsländern haben insbesondere landwirtschaftliche Biogasanlagen hohen Bekanntheitsgrad und eine Tradition, die bis in die sechziger Jahre zurück reicht. Allein in China gibt es an die 6 Mio. Domanlagen, in denen Schweinegülle und landwirtschaftliche Reststoffe aus hygienischen Gründen und zur Nährstoffsicherung vergoren werden. Aus den gleichen Gründen gibt es in Indien eine große Anzahl von Glockenanlagen zur Energie- und Düngergewinnung aus Rindermist. Bei kleinen Anlagen reicht bereits der Dung von vier Kühen aus, um ein Einfamilienhaus mit Strom zu versorgen.

Diese warmen Länder verfügen über den Vorteil, dass aus klimatischen Gründen eine einfachere Technologie (ohne Heizung und Isolierung) möglich ist, in vielen von ihnen stößt man aufgrund der langen Tradition zudem auf grundlegende Elemente in Gesetzgebung und technischem Grundwissen zur Vergärung. Vor allem mit deutscher, aber auch mit niederländischer und dänischer Entwicklungshilfe konnte daher die Biogastechnologie in Form von landwirtschaftlichen Kleinanlagen auch in Asien (Tansania, Kenia, Marokko, Burundi), weniger in einigen karibischen Ländern (Kuba, Jamaika), Mittelamerika (Nicaragua, Belize) und Südamerika (Guyana, Bolivien, Kolumbien, Brasilien) eingeführt werden.

In Thailand, Nepal, China und Indien gibt es auch langfristig angelegte, eigenständige Programme und entsprechende gesetzliche Vorgaben, die eine Anwendung und Entwicklung landwirtschaftlicher Biogasanlagen in größerem

Maßstab ermöglichen. Mit Ausnahme von Nepal konnten hier bereits landwirtschaftliche Groß- und Gemeinschaftsanlagen etabliert werden. Selbst bei diesen ist jedoch eine gezielte Prozesssteuerung durch Temperaturregelung, Pumpen und Rührwerke oder eine Verstromung des Biogases die Ausnahme.

23.2.3

Entwicklungs- und Exportpotentiale

Trotz dieser erfolgversprechenden Ansätze konnten sich die Anaerobanlagen dort, wo sie am dringendsten benötigt werden, nämlich im Bereich der kleinen und mittleren (Agro-)Industrien der Entwicklungsländer, bisher höchstens punktuell durchsetzen. Auch der Nutzen, den Biogasanlagen zur Entsorgung von Abfällen leisten können, ist außerhalb Europas kaum bekannt. Dies liegt weniger an mangelndem Interesse als vielmehr daran, dass eine geordnete Abfallentsorgung nur in den wenigsten Entwicklungsländern gewährleistet ist. Dort, wo eine geregelte Abfallentsorgung stattfindet, ist sie häufig gebührenfrei, ein Verkauf der Produkte (Strom, Wärme/Kälte, Kompost, recycelbare Stoffe, ggf. eine heizwertreiche Fraktion) ist mangels geeigneter Abnehmer kaum möglich. Daher muss in solchen Ländern auf jeden Fall ein anderes Finanzierungsmodell ausgearbeitet werden. Diesen Problemen stehen mancherlei Vorteile gegenüber. So weisen gerade die Haushaltsabfälle aus Entwicklungsländern einen besonders hohen Anteil organischer Substanz auf, und Energie und Kompost als die gewonnenen Produkte spielen volkswirtschaftlich eine viel größere Rolle als in Industrieländern. Zudem wiegen die hygienischen Vorteile sehr schwer, und niedrige Arbeitskosten machen die Abfalltrennung leichter finanzierbar.

Als Resümee kann also festgehalten werden, dass die Anaerobtechnologie gute Anwendungschancen in drei Kategorien von Ländern hat:

- in Ländern, in denen nationale wirtschaftliche Rahmenbedingungen wie z.B. eine Abfallgesetzgebung eine Technologienutzung auch kurzfristig rentabel machen,
- in Ländern, in denen eine systematische und langfristig angelegte Politik zur Förderung der Technologie aus übergeordneten Gründen wie z.B. einer Förderung erneuerbarer Energien verfolgt wird, und
- in Schwellenländern, in denen das öffentliche Bewusstsein, das Niveau des technischen Know-hows und die Einkommenspotentiale hinreichen, um den langfristigen Schutz der Umweltressourcen finanzieren zu wollen und zu können. Dies trifft besonders auf die größeren Flächenstaaten Lateinamerikas und Asiens zu ([99] Euler et al., 2000).

Die zugrundeliegenden Motive können dabei vielfältig sein:

- im Gesundheitssektor: wegen der die auf diese Weise möglichen Dezimierung pathogener, Pflanzen, Tiere oder Menschen schädigender Organismen durch die Hygienisierung des organischen Abfallmaterials,

- im Düngerbereich: da, wo die Böden besonders arm an Nährstoffen und organischer Substanz oder von Erosion bedroht sind und hohe Bodenerhaltungsaufwand erfordern (Steppen, Halbwüsten und Wüsten),
- im Energiebereich: entweder im Sektor der Brennholzversorgung und -verfügbarkeit (bedingt durch Knappheit) oder auf der Devisenseite bedingt durch vorwiegend importierte fossile Brennstoffe, den Transportaufwand in entlegene Gebiete oder die Notwendigkeit, eine stabile Energieversorgung sicherzustellen.

Da in Deutschland die Rahmenbedingungen des Umweltrechts (z.B. für die Einleitung in Gewässer, den Schutz des Bodens, die Stromeinspeisung und die Abfallbehandlung) als vorbildlich gelten, stellen sie eine gute Grundlage zum Export der Anaerobtechnologie wie auch des damit verbundenen Wissens und der entsprechenden Organisation dar.

23.3

Ausblick

Die Abfallwirtschaft bietet die Möglichkeit, Abfälle zu beseitigen oder deren gegebenenfalls noch inneliegendes Potential zu nutzen. Welcher Weg der sinnvollste ist, hängt von den Eigenschaften des jeweiligen Abfalls ab: inerter Abfall kann deponiert, solcher mit hohem Energieinhalt verbrannt werden. Stoffe wie Altglas, Altpapier, Altmetalle oder auch organische Abfälle stellen hingegen Wertstoffe dar, aus denen neue Erzeugnisse gewonnen werden können. In dem hier gewählten Rahmen fallen darunter das Biogas und der Gärrest bzw. Kompost aus den anaeroben und der Kompost nebst gegebenenfalls etwas Wärme aus den aeroben Behandlungsverfahren.

Die Gründe, warum diese Abfälle nicht, wie früher weitgehend üblich, verbrannt oder deponiert, sondern getrennt erfasst und behandelt werden sollen, sind vielfältig – aber nicht im ökonomischen Sektor zu suchen; denn die getrennte Erfassung von Bioabfällen verursacht wesentlich höhere Kosten.

Aus abfallwirtschaftlichen Gesichtspunkten kann unter dem Aspekt einer mengenmäßigen Entlastung der Deponien bzw. der Verbrennungsanlagen eine getrennte Erfassung angeraten sein.

Unter Einbeziehung politisch-rechtlicher Vorgaben liegt die Sinnhaftigkeit der getrennten Erfassung in dem Verwertungsgebot, aufgrund dessen das den Bioabfällen inneliegende Potential an Nährstoffen bzw. Energie genutzt werden soll. Unter dem Aspekt der Kreislaufwirtschaft wird bei den Bioabfällen auf diesem Weg ein Beitrag dazu geleistet, natürliche Stoffkreisläufe wieder zu schließen.

Sinnvoll wird die getrennte Erfassung und Behandlung aber erst unter Einbeziehung ökologischer Gründe: durch die Nutzung organischer Abfälle kann einerseits auf den Deponien die Bildung klimarelevanter Gase wie Methan,

Lachgas oder Kohlendioxid verringert werden. Dies ist bei der offenen, ungesteuerten Mietenrotte weniger der Fall als bei geschlossenen Kompostierungs- und Vergärungsanlagen. Da bei den Vergärungsverfahren zudem die Möglichkeit einer Nutzung der im Abfall enthaltenen Energie besteht, werden diese vermutlich in Zukunft zunehmend an Bedeutung gewinnen. Andererseits kann so ein Beitrag zur Schonung begrenzter, natürlicher Ressourcen von beispielsweise Torf oder Rohphosphaten sowie Erdgas, Erdöl oder Kohle geleistet werden, die sonst anstelle von Kompost oder Biogas verwendet werden würden. Hier kann die Bioabfallwirtschaft nutzbringend sein.

Kapitel 24

Anhang

24.1

Abkürzungsverzeichnis

Abkürzungen, die nicht dem System of Units entsprechen oder nicht allgemein bekannt sind:

/a	pro anno (lat.: pro Jahr)
µs	Mikrosekunde
A.ö.R.	Anstalt öffentlichen Rechts
AbfAblV	Abfallablagerungsverordnung
AbfKlärV	Klärschlammverordnung
Abs.	Absatz
ADP	Adenosindiphosphat
AGS	Arbeitsgemeinschaft der Sonderabfall-Entsorgungs-Gesellschaften der Länder
AKV	Aujeszky-Virus, Porcines Herpesvirus I
AMP	Adenosinmonophosphat
ANS	Arbeitskreis zur Nutzbarmachung von Siedlungsabfällen e.V.
AOX	absorbierbare organisch gebundene Halogen-Kohlenwasserstoffe
arab.	arabisch
ArbSchG	Arbeitsschutzgesetz
Art.	Artikel
ATP	Adenosintriphosphat
ATV	Abwassertechnischer Verband
BAnz.	Bundes-Anzeiger
BAUA	Bundesanstalt für Arbeitsschutz und Arbeitsmedizin
BBodSchG	Bundes-Bodenschutzgesetz
BBodSchV	Bundes-Bodenschutzverordnung
BGBl.	Bundesgesetzblatt
BHKW	Blockheizkraftwerk
BImSchG	Bundes-Immissionsschutzgesetz
BImSchV	Bundes-Immissionsschutzverordnung
BioAbfV	Bioabfallverordnung
BioStoffV	Biostoffverordnung
BMU	Bundesministerium für Umwelt, Naturschutz und Reaktorsicherheit
BMVEL	Bundesministerium für Verbraucherschutz, Ernährung und Landwirtschaft
BPV	Bovines Parvovirus
BSB_5	Biologischer Sauerstoffbedarf in 5 Tagen
BSR	Berliner Stadtreinigungsbetriebe A.ö.R.

BVDV	Bovines Virusdiarrhoe-Virus
C.	*Clostridium*
CoA	Coenzym A
CSB	Chemischer Sauerstoffbedarf
DIN V	Deutsche Industrienormen, Vornorm
DIN	Deutsche Industrienormen
DIPR	Deutsches Institut für Public Relations e.V.
DMG	Düngemittelgesetz
DMV	Düngemittelverordnung
DNA	Desoxyribonucleinsäure
DV	Düngeverordnung
DVGW	Deutscher Verein des Gas- und Wasserfaches
e^-	Elektron
E	Einwohner
E	Enzym
E.	*Escherichia*
ECBO	Enteric cytopathogenic bovine orphan
EdDE	Entsorgergemeinschaft der deutschen Entsorgungswirtschaft e.V.
EDTA	Ethylendiamin-Tetraacetat
EG	Europäische Gemeinschaft
enr.	enriched (engl.: angereichert)
EP	Enzym-Produkt-Komplex
ERV	Equine Rhinovirus 1
ES	Enzym-Substrat-Komplex
et al.	et alii (lat.: und andere)
EU	Europäische Union
EU-GH	Europäischer Gerichtshof
EWG	Europäische Wirtschaftsgemeinschaft
EWG-RL	Richtlinie der europäischen Union
FAD	Flavinadenindinucleotid (oxidierte Form)
$FADH_2$	Flavinadenindinucleotid (reduzierte Form)
FCKW	Fluor-Chlor-Kohlenwasserstoffe
FKS	Fäkalstreptococcen
FS	Feuchtsubstanz
GE	Geruchseinheit
Gen.	Genitiv
Gew.-%	Gewichtsprozent
GewAbfV	Gewerbeabfallverordnung
GG	Grundgesetz
GIRL	Geruchsimmissions-Richtlinie
GMBl.	Gemeinsames Ministerialblatt
gr.	griechisch
GTP	Guanosintriphosphat
H	Wasserstoff
$h*\nu$	Lichtenergie

IBAW	Interessengemeinschaft biologisch abbaubarer Werkstoffe e.V.
IMK	Institut für Medienentwicklung und Kommunikation GmbH
KEA	Kumulierter Energieaufwand
K_M	Michaelis-Menten-Konstante
KNA	Kosten-Nutzen-Analyse
KRdL	Kommission Reinhaltung der Luft im VDI und im Normenausschuss des Deutschen Instituts für Normung (DIN)
KrW-/AbfG	Kreislaufwirtschafts- und Abfallgesetz
KTBL	Kuratorium für Technik und Bauwesen in der Landwirtschaft e.V.
LAGA	Länderarbeitsgemeinschaft Abfall
lat.	lateinisch
LCA	Life Cycle Assessment
M	molar
MBA	Mechanisch-biologische Behandlungsanlage
Mg	Megagramm
MGB	Müllgroßbehälter
MGC	Müllgroßcontainer
Mio.	Million
MJ	Megajoule
Mrd.	Milliarde
MVA	Müllverbrennungsanlage
N.N.	non nominatus (lat.: nicht namentlich genannt)
NAD^+	Nicotinamidadenindinucleotid (oxidierte Form)
NADH	Nicotinamidadenindinucleotid (reduzierte Form)
$NADP^+$	Nicotinamidadenindinucleotidphosphat (oxidierte Form)
NADPH	Nicotinamidadenindinucleotidphosphat (reduzierte Form)
nat.	nativ
ng	Nanogramm
Nm^3	Normkubikmeter
NPK-Dünger	Stickstoff-Phosphor-Kalium-Dünger
oTS	organische Trockensubstanz
P	Produkt (bei Enzymen)
PA	Polyamid
pH	potentia hydrogenii, negativer dekadischer Logarithmus der Wasserstoffionenkonzentration
PHB	Polyhydroxybuttersäure
PHV	Polyhydroxyvalerat
P_i	anorganisches Orthophosphat
PLA	Polymilchsäure
PP	Polypropylen
PP_i	anorganisches Pyrophosphat
PR	Public Relations
RAL	Reichsausschuss für Lieferbedingungen (gegr. 1925, heute: Dt. Institut für Gütesicherung und Kennzeichnung e.V.)
RNA	Ribonucleinsäure

ROC	resistant organic carbons (nicht abbaubarer organischer Kohlenstoffanteil)
S.	*Salmonella*
S	Substrat
S	Svedberg (Sedimentationskonstante)
StVG	Straßenverkehrsgesetz
TASi	Technische Anleitung Siedlungsabfall
TEq	Toxizitätsäquivalent
TierKBG	Tierkörperbeseitigungsgesetz
TM	Trockenmasse
TOC	total organic carbons (gesamter organischer Kohlenstoffanteil)
TRBA	Technische Regel für biologische Arbeitsstoffe
t-RNA	transfer-RNA
U/min	Umdrehungen pro Minute
UASB-Reaktor	upflow anaerobic sludge blanket-reactor
UmweltHG	Umwelthaftungsgesetz
up	Umweltpraxis
UVU	Umweltverträglichkeitsuntersuchung
v.	von
VDI	Verein deutscher Ingenieure
$v_{max.}$	maximale Geschwindigkeit
WHG	Wasserhaushaltsgesetz
WOS	wirksame organische Substanz

24.2

Glossar

α-Helix [v. gr. helix = Windung, Spirale]

räumliche, spiralförmige Anordnung einer Aminosäure-Abfolge innerhalb eines Proteins

β-Faltblatt

räumliche Anordnung einer Aminosäure-Abfolge innerhalb eines Proteins in wellblechartig geknickter Form

Abgas

mit Schad- und Geruchsstoffen belastete Gasströme, die insbesondere aus Feuerungs-, Produktionsanlagen sowie Kraftfahrzeugen, aber auch aus Deponien oder kontaminierten Böden austreten und Trägergase für feste, flüssige und gasförmige Emissionen sind

Abluft

mit geruchsintensiven oder toxischen Stoffen angereicherte Luft aus vielen industriellen Prozessen, darf nur nach einem Reinigungsprozess freigesetzt werden

Absorption [v. lat. absorptio = das Aufsaugen]

hier: Aufnahme und Auflösen von im Allgemeinen gasförmigen Stoffen in anderen Stoffen (z.B. Luft in Wasser)

Abwärme

Wärmeströme, die bei technischen Prozessen auftreten und meist ungenutzt an die Umgebung abgegeben werden; manchmal ist eine Nutzung durch Wärmerückgewinnung möglich

Abwasser

durch häuslichen, gewerblichen bzw. industriellen Gebrauch verunreinigtes und von Niederschlägen aus dem Siedlungsbereich abfließendes Wasser

Acetaldehyd [v. lat. acetum = Essig]

CH_3-COH, Zwischenprodukt bei der alkoholischen Gärung, der Glycolyse sowie beim Abbau von Threonin

Acetat [v. lat. acetum = Essig]

Ester oder Salz der Essigsäure, CH_3-COOH

Acetogenese [v. lat. acetum = Essig, gr. –genēs = entstanden]

Bildung von Essigsäure, hier im Rahmen der Vergärungsverfahren durch acetogene Bakterien

Acetyl-CoA [v. lat. acetum = Essig]

aktivierte Essigsäure: energiereiche Verbindung, die sich durch Veresterung der SH-Gruppe vom Coenzym A mit Essigsäure ableitet

Acetyl-CoA-Weg [v. lat. acetum = Essig]

Weg der Biosynthese von Acetat aus einer Hexose durch einige Clostridien-Arten

acidogen [v. lat. acidus = sauer, gr. –genēs = entstanden]

säurebildend

Acidogenese [v. lat. acidus = sauer, gr. –genēs = entstanden]

Bildung von organischen Säuren, hier im Rahmen der Vergärungsverfahren durch acidogene Bakterien

acidophil [v. lat. acidus = sauer, gr. philos = Freund]

säureliebend; Bezeichnung für Organismen, die saure Bedingungen bevorzugen oder obligat auf sie angewiesen sind

Actinomyceten [v. gr. aktis = Strahl, gr. mykēs = Pilz]

Name der 17. Gruppe der Bakterien in der Klassifikation nach Bergey´s; A. bilden als Besonderheit ein Mycel und sind in der Lage, einige schwer abbaubare Naturstoffe zu zersetzen sowie (teilweise) Antibiotika zu bilden

Adaptation [v. lat. adaptare = sich gehörig anpassen]

allgemeine Bezeichnung für die genetisch erworbene oder in der physiologischen Reaktionsbreite liegende Anpassung von Organismen an die kurzfristige, langfristige oder wiederholte Wirkung von Umweltreizen

Adsorption [v. lat. ad = zu, an; sorbere = saugen]

Anreicherung eines Stoffes an der Oberfläche eines Festkörpers, durch molekulare Wechselwirkungen bedingt. Besonders stark adsorbieren fein verteilte oder poröse Stoffe (z.B. Aktivkohle) wegen ihrer größeren inneren Oberfläche (bis zu 600 m^3/g). Die adsorbierte Substanz wird als Adsorptiv, der adsorbierende Körper als Adsorbens oder Adsorber bezeichnet.

aerob [v. gr. aēr = Luft, bios = Leben]

„in Luft(sauerstoff) lebend"; als aerob werden Prozesse bezeichnet, die nur in Gegenwart von Luftsauerstoff ablaufen; Gegensatz: anaerob

Aerobe Behandlung [v. gr. aēr = Luft, bios = Leben]

gelenkter biologischer Abbau bzw. Umbau von nativ-organischen Abfällen unter Luftzufuhr; dieser Prozess wird auch Kompostierung genannt

Aerobier [v. gr. aēr = Luft, bios = Leben]

in Gegenwart von Sauerstoff wachsende (nicht phototrophe) Organismen. Fast alle Tiere, die meisten Pilze und viele Bakterien sind obligate Aerobier, haben also nur einen Atmungsstoffwechsel mit molekularem Sauerstoff (O_2). Viele mikroaerophile Bakterien, die auch auf O_2 für den Energiestoffwechsel angewiesen sind, tolerieren aber nur geringen Sauerstoffdruck (0,01-0,03 bar, Luft hat 0,2 bar). Aerobier sind vor der toxischen Wirkung des O_2 (in Form des O_2^--Radikals oder von H_2O_2) durch besondere Enzyme (Katalase, Superoxid-Dismutase, Peroxidasen) geschützt.

Aerosol [v. gr. aēr = Luft, lat. solutio = Lösung]

in Luft oder anderen Gasen feinst verteilte Schwebstoffe (Teilchengrößen von 10^{-8} bis 10^{-4} cm) fester oder flüssiger Beschaffenheit; feste Schwebstoffe erzeugen Rauch, flüssige Nebel

aerotolerant [v. gr. aēr = Luft, lat. tolerare = ertragen]

aerotolerante Mikroorganismen (fakultative Aerobier) lassen sich in Gegenwart von O_2 kultivieren, ohne dass sie geschädigt werden; sie führen jedoch nur einen Gärungsstoffwechsel aus und können O_2 nicht im Energiestoffwechsel nutzen

Aktivierungsenergie

Energiebetrag in Form von Wärme oder chemischer Energie, der notwendig ist, um eine an sich freiwillig, aber sehr langsam ablaufende chemische Reaktion in Gang zu bringen; die Wirkung von Katalysatoren beruht auf der Erniedrigung der Aktivierungsenergie

Aldosen

Klasse von Zuckermolekülen mit endständiger Aldehydgruppe, Gegensatz: Ketosen

alkalophil [v. arab. alqualīy = salzhaltige Asche der Salicornia, gr. philos = Freund]

alkali- bzw. kalkliebend; Mikroorganismen, die Biotope mit alkalischem pH-Wert bevorzugen oder obligat zum Wachstum benötigen; alkalophile Arten sind in allen Mikroorganismen-Gruppen vertreten; biotechnologisch wichtig als Lieferanten von Enzymen für Katalysen in alkalischen Lösungen

Allosterie [v. gr. allos = ein anderer, stereos = fest]

Eigenschaft vieler aus mehreren Untereinheiten zusammengesetzter Proteine, in mehr als einer – häufig zwei – stabilen Konformation der Gesamtstruktur vorzukommen. Proteine dieser Eigenschaft werden allosterische Proteine, die Umwandlung von einer zur anderen Konformation allosterischer Effekt genannt.

Amöben [v. gr. amoibē = die Wechselhafte]

Sammelbezeichnung für zwei Ordnungen der Wurzelfüßer, die Nacktamöben (*Amoebina*) und die Schalenamöben (*Testacea*)

Anabolismus [v. gr. anabolē = Aufwurf]

Gesamtheit der aufbauenden Stoffwechselreaktionen bzw. Biosynthesen; Gegensatz: Katabolismus

anaerob [v. gr. an- = nicht, aēr = Luft, bios = Leben]

unter Ausschluss von Luft(sauerstoff) ablaufend; Gegensatz: aerob

Anaerobe Atmung [v. gr. an- = nicht, aēr = Luft, bios = Leben]

in vielen Bakteriengruppen eine Form des Gewinns von Stoffwechselenergie unter anaeroben Bedingungen (Gegensatz: Gärung). Bei Substratabbau werden die freiwerdenden Elektronen (Wasserstoff) über elektronen- bzw. wasserstoffübertragende Komponenten an Stelle von O_2 von anderen Elektronenakzeptoren aufgenommen; anorganische Verbindungen (z.B. NO_3^-, NO_2^-, SO_4^{2-}, S, CO_3^{2-}) können nur von Bakterien als Elektronenakzeptoren verwendet werden. Durch die anaerobe Atmung wird das Substrat weitgehend oxidiert, und der Energiegewinn für die Zelle ist höher als bei einem reinen Gärungsstoffwechsel.

Anaerobe Behandlung [v. gr. an- = nicht, aēr = Luft, bios = Leben]

gelenkter biologischer Abbau bzw. Umbau von nativ-organischen Abfällen in geschlossenen Systemen unter Luftabschluss; auch Faulung oder Vergärung genannt

Anaerobe Photosynthese [v. gr. an- = nicht, aēr = Luft, bios = Leben, phos (Gen. photos) = Licht, synthesis = Zusammensetzung]

auch anoxygene Photosynthese genannt; spezieller Mechanismus der Photosynthese bei phototrophen Bakterien, bei dem andere Substanzen als H_2O als Elektronendonatoren verwendet werden, so dass hier kein O_2 freigesetzt wird

Analytik [v. gr. analyein = auflösen]

Lehre von der Zerlegung eines Stoffes in seine Bestandteile zur Erkennung der Art (quantitative A.) und der Menge (qualitative A.) der vorhandenen Grundstoffe oder Verbindungen

Anschlussquote

angeschlossene Personenzahl : Bevölkerungszahl * 100

anthropogen [v. gr. anthrōpos = Mensch, genetēs = Erzeuger, Erzeugter]

vom Menschen beeinflusst oder geschaffen

anthropozentrisch [v. gr. anthrōpos = Mensch, kentron = Mittelpunkt]

den Menschen in den Mittelpunkt stellend

Antimetaboliten [v. gr. anti = gegen, metabolikos = verändernd]

chemische Verbindungen synthetischen oder natürlichen Ursprungs, durch die einzelne Stoffwechselreaktionen spezifisch gehemmt werden. Sie wirken meist aufgrund ihrer chemischen Ähnlichkeit durch Verdrängung der umzusetzenden Stoffwechselprodukte (Metaboliten) von den aktiven Zentren der entsprechenden Enzyme; an diesen können sie zwar gebunden, aber aufgrund der Strukturverschiedenheit nicht umgesetzt werden (kompetitive Enzymhemmung). In anderen Fällen werden Antimetabolite von den entsprechenden Enzymen auch umgesetzt und führen so zur Anhäufung zellfremder Stoffe, die zu Fehlfunktionen führen.

AOX-Fracht

Maßzahl für die Summe der organischen Halogen- (insbesondere Chlor-) Verbindungen im Abwasser

Apoenzym [v. gr. apo = von, ab, weg; en = in, zymē = Sauerteig]

Proteinanteil eines Enzyms, ergibt zusammen mit einem Cofaktor oder einem Coenzym ein aktives Enzym (Holoenzym)

arid [v. lat. aridus = trocken]

trocken, dürr, wüstenhaft (betr. Klima oder Boden)

Arthropoden [v. gr. arthron = Glied, Gelenk; pous (Gen. podos) = Fuß]

Gliederfüßer, Teilgruppe der Gliedertiere (*Artikulata*), stellt mit über 1 Mio. Arten ($^3/_4$ aller bisher bekannten Tierarten) die bei weitem umfangreichste Gruppe dar

Assimilation [v. lat. assimilatio = Angleichung]

Überführung körperfremder Ausgangsstoffe in körpereigene Substanzen im Rahmen der meist energieverbrauchenden Prozesse des Stoff- und Energiewechsels; Gegensatz: Dissimilation

Atmungsaktivität

AT_4; Maß für die biologische Abbaubarkeit des Trockenrückstandes der Originalsubstanz von zu deponierendem Abfall, dient der Charakterisierung des Grades des erreichten biologischen Abbaus im Rahmen der biologischen Behandlung

ATP

Adenosintriphosphat, wichtigste energiereiche Verbindung des Zellstoffwechsels, entsteht u. a. bei der Glycolyse, der oxidativen Phosphorylierung der Atmungskette oder der Photophosphorylierung. Die in ATP gespeicherte Energie wird in der Zelle zur Aktivierung von Aminosäuren, Fettsäuren u.a. sowie zur Übertragung der endständigen Phosphatgruppe auf verschiedenste Substrate eingesetzt.

Aufbereitung

Behandlung von Ausgangsmaterialien, um bestimmte Eigenschaften zu erreichen, die für die Weiterverwendung der Materialien notwendig sind (Zerkleinerung, Trennung/Sortierung, Klassierung, Kompaktierung, Trocknung, Homogenisierung)

Autooxidation

scheinbar spontan verlaufende Reaktion zahlreicher organischer Substanzen mit molekularem Sauerstoff, verursacht durch photolytisch gebildete Radikale oder durch als Verunreinigungen in der betreffenden Substanz enthaltene Radikale; führt oft zur Bildung von Peroxiden, die weitere Kettenreaktionen auslösen können

autotroph [v. gr. autotrophos = sich selbst ernährend]

Ernährungsweise von grünen Pflanzen und vielen Mikroorganismen, bei der nur anorganische Stoffe zum Wachstum benötigt werden. Der Energiegewinn autotropher Organismen ist phototroph in der Photosynthese oder chemotroph durch die Oxidation von anorganischen Substraten möglich.

Bakteriophagen [v. gr. bakterion = Stäbchen, phagos = Fresser]

Viren, die ausschließlich Bakterien infizieren und dort zur Vermehrung kommen

Belebtschlammverfahren

Verfahren zum Abbau von organischer Substanz in Schlämmen durch Mikroorganismen, Enzyme und biochemisch aktive Substanzen

Biochemischer Sauerstoffbedarf (BSB)

Maß für den Verschmutzungsgrad von Abwasser mit biologisch abbaubaren, organischen Substanzen; der verwendete BSB_5-Wert gibt die Menge an Sauerstoff in [mg/l] an, die in fünf Tagen bei 20 °C für den mikrobiellen Abbau der vorhandenen Verunreinigungen im jeweiligen Abwasser verbraucht wird

biogen [v. gr. bios = Leben, gennan = erzeugen]

von biologischen Systemen abstammend oder durch solche bedingt

Biokatalysatoren [v. gr. bios = Leben, katalysis = Auflösung]

anderes Wort für Enzyme

biologische Arbeitsstoffe

Mikroorganismen, die beim Menschen Infektionen, sensibilisierende oder toxische Wirkungen hervorrufen können

Biomasse

hier: pflanzliche oder tierische Abfälle, die zur Erzeugung von Biogas eingesetzt werden (z.B. Bioabfall, Klärschlamm, Dung, Laub, Gras)

Biopolymer [v. gr. bios = Leben, polymerēs = vielteilig]

natürlich vorkommende, von lebenden Zellen durch Polymerisation (in der Regel Ringkondensation) von Grundbausteinen (Monomeren) gebildete Kettenmoleküle, die sich chemisch wieder in ihre Grundbausteine zerlegen lassen

Bioreaktor [v. gr. bios = Leben, lat. re- = wieder, actio = Handlung]

Behälter, in dem Rohstoffe durch das Enzymsystem lebender Mikroorganismen oder durch isolierte Enzyme in erwünschte Produkte umgewandelt werden

Bioturbation [v. gr. bios = Leben, lat. turbatio = Verwirrung]

Mischung von Bodenmaterial durch wühlende, grabende oder zersetzende Bodenorganismen

Butyrat [v. gr. boutyron = Butter]

Salz und Ester der Buttersäure, CH_3-CH_2-CH_2-COOH

Calvincyclus [benannt nach dem Entdecker M. Calvin]

cyclische Folge von Reaktionen, in deren Verlauf Kohlendioxid mit Hilfe von ATP und NADPH in Zucker und Stärke umgewandelt wird

Carotinoide [v. gr. karotōn = Karotte]

gelbe, rote oder purpurfarbene, im Pflanzen- und Tierreich weit verbreitete, lipophile Pigmente (Polyenfarbstoffe), die meist aus 8 Prenyl-Einheiten aufgebaut sind und daher zur Klasse der Tetraterpene (C_{40}-Körper) zählen

Cellulose [v. lat. cellula = kleine Zelle]

aus 500-5.000 unverzweigten 4-β-Glucose-Einheiten aufgebautes, wasserunlösliches Polysaccharid, das neben Hemicellulose und Pektinen den Hauptbestandteil der Gerüstsubstanz pflanzlicher Zellwände und des Mantels der Manteltiere bildet; mengenmäßig der bedeutendste Naturstoff, jährlich werden ca. 10 Billionen Mg Cellulose durch Pflanzen synthetisiert

Chemischer Sauerstoffbedarf

dient der Quantifizierung der in einem bestimmten Wasservolumen enthaltenen oxidierbaren Schmutzstoffe; der verwendete CSB-Wert gibt an, wieviel Sauerstoff zur vollständigen Oxidation aller im Abwasser enthaltenen organischen Stoffe (auch der schwer abbaubaren) benötigt wird

chemotroph [v. gr. chēmeia = Chemie, abzuleiten von chyma = Metallmischung, v. cheein = gießen; trophē = Ernährung]

Stoffwechseltyp, bei dem Stoffwechselenergie durch chemische Reaktionen beim Abbau von organischen und anorganischen Substraten (Nährstoffen) gewonnen wird. Der Energiegewinn kann durch aerobe oder anaerobe Atmung oder durch Gärung erfolgen.

Chitin [v. gr. chitōn = Kleid, Hülle]

stickstoffhaltiges, lineares Polysaccharid mit β-1,4-glycosidisch verknüpftem N-Acetylglucosamin als Grundbaustein

Chloroplasten [v. gr. chlōros = grüngelb, plastos = geformt]

die für die Photosynthese zuständigen, durch Chlorophylle grün gefärbten Plastiden der Algen und höheren Pflanzen

Chromoplasten [v. gr. chrōma = Farbe, plastos = geformt]

durch Carotinoide rot, orange oder gelb gefärbte, photosynthetisch inaktive, vielgestaltige Plastiden der pflanzlichen Zelle, die sich in den gefärbten Blüten der Blütenpflanzen, in Früchten (z.B. Tomaten) und in anderen Pflanzenteilen (z.B. den Wurzeln der Mohrrübe) finden

coryneforme Bakterien [v. gr. korynē = Kolben, Keule; lat. forma = Gestalt, gr. bakterion = Stäbchen]

Gruppe von Bakterien der Actinomyceten und verwandten Organismen; grampositive, unregelmäßige Stäbchenformen, sporenlos; Einteilung beruht auf äußerlichen Kriterien und nicht auf realen Verwandschaftsverhältnissen

Covergärung

gemeinsame Vergärung verschiedener Substrate

Cysten [v. gr. kystis = Blase, Schlauch]

biologische Dauerformen bestimmter Bakterien oder Protozoen, die der Überdauerung ungünstiger Bedingungen (Trockenheit, Nährstoffmangel) wie auch der Verbreitung dienen

Cytoplasma [v. gr. kytos = Höhlung, Bauch, Gefäß; plasma = das Geformte]

der gesamte, den Zellkern umgebende Bereich einer Zelle, der von der Zellmembran (bei pflanzlichen Zellen noch zusätzlich von der Zellwand) umgeben ist; setzt sich zusammen aus dem Cytosol und sämtlichen Zellorganellen und besteht zu etwa 70 % aus Wasser und zu ca. 15-20 % aus Proteinen

Cytoplasmamembran [v. gr. kytos = Höhlung, Bauch, Gefäß; plasma = das Geformte, lat. membrana = Häutchen]

integraler Bestandteil aller Pro- und Eukaryontenzellen, die den lebenden Zellen als Barriere zwischen Cytoplasma und extrazellulärem Nicht-Cytoplasma dient; kann vermutlich niemals de novo synthetisiert werden, sondern bedarf des Vorhandenseins bereits bestehender Membranen

Decarboxylierung [v. lat. de- = weg-, ent-; carbo = Kohle]

Abspaltung von Kohlendioxid (CO_2) aus der Carboxylgruppe (-COOH) organischer Säuren, erfolgt im Zellstoffwechsel unter der katalytischen Wirkung von Decarboxylasen

Dehydrierung [v. lat. de- = weg-, ent-; gr. hydor (Gen. hydratos) = Wasser]

auch Dehydrogenierung, Entzug von Wasserstoff aus einer chemischen Verbindung unter gleichzeitiger Übertragung auf einen Wasserstoffakzeptor, biologisch bedeutsame Untergruppe von Oxidoreduktionen

Denitrifikation [v. lat. de- = weg-, ent-; gr. nitron = Laugensalz, lat. -ficare = -machen]

eine Form der anaeroben Atmung (dissimilatorische Nitratreduktion), die durch sehr viele fakultativ anaerobe Bakterien ausgeführt wird, als Endprodukt entstehen hauptsächlich CO_2, H_2O und N_2, in geringen Mengen auch N_2O. Der Energiegewinn erfolgt durch eine oxidative Phosphorylierung (Nitratatmung) und entspricht der Sauerstoffatmung.

Deponieklasse I

Deponie, in der Abfälle abgelagert werden können, die einen sehr geringen organischen Anteil enthalten und bei denen eine sehr geringe Schadstoffreisetzung im Auslaugungsversuch stattfindet

Deponieklasse II

Deponie, in der Abfälle abgelagert werden können, die einen höheren organischen Anteil enthalten als die, die auf Deponien der Klasse I abgelagert werden dürfen, und bei denen auch die Schadstofffreisetzung im Auslaugungsversuch größer ist als bei der Deponieklasse I; zum Ausgleich sind die Anforderungen an den Deponiestandort und an die Deponieabdichtung höher

Derivat [v. lat. derivatus = abgeleitet]

hier: chemische Verbindung, die durch Abtrennung, Einführung oder Austausch von Atomen oder Atomgruppen aus einem Stammkörper entstanden und mit diesem in Aufbau oder Eigenschaften noch verwandt ist

derivativ-organisch
menschlicherseits veränderte, auf nativer Basis beruhende Zusammensetzung eines Stoffes

Desaminierung [v. lat. de- = weg-, ent-]
Abspaltung von Aminogruppen aus organischen Stickstoffverbindungen als Ammoniak

Desodorierung [v. lat. de- = weg-, ent-; odor = Geruch]
Geruchsbeseitigung, u.a. durch Oxidation oder Adsorption der Geruchsstoffe

Detergentien [v. lat. detergere = abwischen, reinigen]
synthetische, organische Verbindungen, welche die Oberflächenspannung des Wassers verringern, also Wasch- und Reinigungsmittel; seit 1962 sind in Deutschland nur noch solche Detergentien zugelassen, die biologisch abgebaut werden können

Detritus [v. lat. detritus = das Abreiben]
hier: frei im Wasser schwebende, allmählich absinkende, unbelebte Stoffe aus abgestorbenen, sich zersetzenden Tier- und Pflanzenresten

Diffusion [v. lat. diffusio = Auseinanderfließen, Ausbreitung]
passiver Transport von Molekülen von Orten höherer Konzentration zu solchen mit niedrigerer Konzentration; treibende Kraft ist die Energie, die durch die thermische Bewegung der Moleküle (Brown´sche Molekularbewegung) entsteht, es wird also keine Stoffwechselenergie für den Transport benötigt

dikaryotisch [v. gr. di- = zwei-, karyon = Nuss, Kern]
paarkernige Zellen der Asco- und Basidiomyceten, entsprechend der sporophytischen Phase der Pflanzen mit Generationswechsel

diploid [v. gr. diploos = zweifach]
mit zwei homologen Chromosomensätzen (mütterlich und väterlich) gekennzeichnete Zellen als Ergebnis der Verschmelzung zweier haploider Gameten zur diploiden Zygote bei der Befruchtung

Dipol [v. gr. di- = zwei-, polos = Pol]
Molekül mit positivem und negativem Pol, bedingt durch unterschiedliche Elektronegativität der Atome bzw. ionischen Gruppen

Dissimilation [v. lat. dissimulatio = das Unähnlichmachen]
stufenweiser, meist oxidativer Abbau organischer Verbindungen durch das Enzymsystem der lebenden Zellen, wodurch Energie (meist als ATP) frei wird

Dissoziation [v. lat. dissociatio = Trennung]
allg. reversible Spaltung einer Verbindung oder eines Komplexes in zwei oder mehrere Teilstücke oder Untereinheiten

DNA / DNS [v. engl. desoxyribonucleic acid = Desoxyribonucleinsäure]
hochpolymere Kettenmoleküle, in denen als monomere Bausteine fast ausschließlich die vier Standard-Desoxyribonucleosidmonophosphate 2´-Desoxy-adenosin-/-cytidin-/-guanosin-/-thymidin-5´-monophosphat in gebundener Form vorkommen; aufgrund der linearen Verknüpfung der vier Grundbausteine in nicht zufallsmäßiger und daher schriftartiger Reihenfolge ist die DNA Träger der genetischen Information fast aller Organismen und Viren (Ausnahme: RNA-Viren und -Phagen, deren genetische Information in Form von RNA verschlüsselt ist)

Dumping [v. engl. to dump = abladen, (Waren) verschleudern]
hier: das unerlaubte Einbringen von Abfallstoffen auf den Boden oder ins Meer

Eigenüberwachung
dem Hersteller obliegende, kontinuierliche Güteüberwachung zur Einhaltung der für das Erzeugnis festgelegten Anforderungen

Einwohnergleichwert
gibt, umgerechnet auf den Einwohner, die Menge und den Grad der Verschmutzung gewerblicher und industrieller Abwässer an

Eluat [v. lat. eluere = ab-, ausspülen]
die durch Elution in einer Flüssigkeit oder Gasphase gelösten, aus den betreffenden Säulen austretenden Stoffe oder Stoffgemische

Elution [v. lat. eluere = ab-, ausspülen]
das Herauslösen oder Verdrängen von adsorbierten Stoffen aus festen oder mit Flüssigkeit getränkten Adsorbentien mit Hilfe von Lösungsmitteln, Salzlösungen oder Gasen

Emission [v. lat. emittere = aussenden]
Abgabe von gasförmigen, flüssigen oder festen Stoffen oder Energie (Strahlung, Wärme, Lärm) in die Umwelt, vorwiegend in die Atmosphäre

endergon [v. gr. endon = innen, ergon = Werk, Arbeit]
energieverbrauchend (chemischer Reaktionstyp)

Endoplasmatisches Retikulum [v. gr. endon = innen, plasmatikos = geformt, lat. reticulum = kleines Netz]
ein nur elektronenmikroskopisch sichtbares, intrazelluläres, reich verzweigtes Membransystem aller eukaryontischen Zellen, das je nach Zelltyp unterschiedlich stark entwickelt ist, untergliedert in rauhe und glatte Form, die u.a. der Synthese und Glycosylierung von Proteinen sowie der Lipidsynthese dienen

Endosporen [v. gr. endon = innen, spora = Same]
Verbreitungs- und/oder Überdauerungszellen von Bakterien, Cyanobakterien und Pilzen, die innerhalb eines ein- oder mehrzelligen Sporenbehälters (Sporangium) gebildet und aus diesem freigesetzt werden; hohe Resistenz gegen Hitze und Trockenheit

energetische Verwertung
Einsatz von Abfall als Ersatzbrennstoff; für die Abgrenzung von energetischer Verwertung und thermischer Entsorgung ist nach dem Kreislaufwirtschafts- und Abfallgesetz der Heizwert des Abfallmaterials ausschlaggebend

Enzym [v. gr. en = in, zymē = Sauerteig]
Proteine, die in den Organismen als Katalysatoren an fast allen chemischen Umsetzungen beteiligt sind, indem sie die für den Ablauf jeder chemischen Reaktion erforderliche Aktivierungsenergie herabsetzen

Epimere [v. gr. epi = auf, dazu, nach; meros = Teil]
hier: Zuckermoleküle, die sich in der Konfiguration von nur einem asymmetrischen Kohlenstoffatom unterscheiden, Bsp.: Glucose und Galactose

Erdenwerk
Anlage zur Herstellung definierter Bodenarten und -qualitäten

Erfassungsquote
Verhältnis der tatsächlich erfassten zu der prinzipiell in den Haushalten vorhandenen Wertstoffmenge

Ethanol
CH_3-CHOH

Eukaryonten [v. gr. eu = schön, gut, recht; karyos = Nuss, Kern]
Organismen, die durch den Besitz eines Zellkerns und einer reichen Kompartimentierung der Zelle durch Membranen charakterisiert sind

exergon [v. gr./lat. ex = aus, gr. ergon = Werk, Arbeit]
energiefreisetzend

exogen [v. gr. exō = außen, außerhalb; -genēs = entstanden]

hier: durch äußere Ursachen bedingt, an der Oberfläche entstanden

Exposition [v. lat. exposition = Aussetzung]

der Einfluss äußerer Faktoren (z.B. Strahlung, Lärm, Staub), denen ein Organismus ausgesetzt ist und die je nach Qualität, Intensität und Häufigkeit fördernde, beeinträchtigende oder auch krankmachende Wirkungen haben können

Fakultative Anaerobier [v. lat. facultas = Fähigkeit, Möglichkeit, Gelegenheit; gr. an- = nicht, aēr = Luft, bios = Leben]

gewinnen ihre Stoffwechselenergie im Atmungsstoffwechsel mit O_2, schalten jedoch, wenn dieses verbraucht ist, auf eine anaerobe Atmung bzw. einen Gärungsstoffwechsel um

Formiat [v. lat. formica = Ameise]

Salz oder Ester der Ameisensäure, HCOOH

Fremdüberwachung

einer neutralen Prüfstelle obliegende Güteüberwachung, die aus Erst-, Regel- und ggf. Sonderprüfungen besteht und sich in Art und Umfang nach den in den jeweiligen Richtlinien genannten Kriterien und Anforderungen richtet

Fructose [v. lat. fructus = Frucht]

Fruchtzucker, $C_6H_{12}O_6$

Galactose [v. gr. gala (Gen. galaktos) = Milch]

Milchzucker, $C_6H_{12}O_6$

Gametenbildung [v. gr. gametēs = Gatte, genesis = Entstehung, Zeugung]

Bildung der Geschlechtszellen

Gasbildungsrate

GB_{21} im Gärtest; Maß für die biologische Abbaubarkeit des Trockenrückstandes der Originalsubstanz von zu deponierendem Abfall

Gasmigration

unkontrollierte Gasströmung in und aus Deponiekörpern

Genom [v. gr. genos = Geschlecht, Art, Abstammung]

die in einem Virus, einer Einzelzelle oder in den Zellen einer mehrzelligen Organismus enthaltene Gesamtheit der Gene und genetischen Signalstrukturen sowie der DNA-Bereiche, denen noch keine Funktion zugeordnet werden kann

Geruchseinheit

Menge an Geruchsträgern in einem Kubikmeter Neutralluft, Einheit GE/m^3

Geruchsschwelle

Geruchsstoffkonzentration, die gerade noch riechbar ist; als 1 GE/m^3 definiert

Gesamtkohlenstoffgehalt

umfasst die gesamte Menge an organischem und anorganischem Kohlenstoff im Substrat

Glucose [v. gr. glykys = süß]

Traubenzucker, $C_6H_{12}O_6$

Glühverlust

Maß für den Gehalt an organischer Substanz in Komposten, bezogen auf die Trockensubstanz

Glycolyse [v. gr. glykys = süß, lysis = Auflösung]

Abbau von freier Glucose oder von Reservepolysacchariden unter Energiegewinn in Form von ATP

Glyoxysomen [v. gr. glykys = süß, oxys = sauer, sōma = Körper]

eine Gruppe von Cytosomen, die als Leitenzym Katalase sowie die Enzyme des Glyoxylatcyclus enthalten

gramnegativ und grampositiv [benannt nach dem dän. Pathologen H. C. J. Gram]

die Gram-Färbung ist ein Färbeverfahren zur Differenzierung von Bakterien: nach dem Verfahren bleiben grampositive Bakterien wegen ihrer dichteren und dickeren Zellwand violett gefärbt, gramnegative mit dünnerer Wand werden wieder entfärbt

Halbstundenmittelwert

gebildet aus den Emissionsmesswerten für jede aufeinanderfolgende halbe Stunde, wird umgerechnet auf den Bezugssauerstoffgehalt; Grundlage für den Tagesmittelwert

haploid [v. gr. haploos = einfach]

mit einfachem Chromosomensatz bestückt

Hausmüll

Abfälle hauptsächlich aus privaten Haushalten, die von den Entsorgungspflichtigen selbst oder von beauftragten Dritten in genormten, im Entsorgungsgebiet vorgeschriebenen Behältern regelmäßig gesammelt, transportiert und der weiteren Entsorgung zugeführt werden

hausmüllähnliche Gewerbeabfälle

in Gewerbebetrieben, auch Geschäften, Dienstleistungsbetrieben, öffentlichen Einrichtungen und Industrie anfallende Abfälle, soweit sie nach Art und Menge gemeinsam mit oder wie Hausmüll entsorgt werden können

Heizwert

bezeichnet die technisch verwertbare Wärmeenergie in [kJ/kg] bei der Verbrennung von Brennstoffen, berechnet aus der bei dessen vollkommener Verbrennung entstehenden Verbrennungswärme (Brennwert) minus der Verdampfungswärme des im Brennstoff vorhandenen und bei der Verbrennung gebildeten Wassers

heterotroph [v. gr. heteros = der andere, anders beschaffen; trophē = Ernährung]

in der Ernährung auf organische Substrate als Energie- und Kohlenstoffquelle angewiesen, wird nur noch auf die Kohlenstoffquelle, die Energiequelle und den Donor für Reduktionsäquivalente angewendet

Hexosen [v. gr. hex = sechs]

Sammelbegriff für Einfachzucker mit sechs Kohlenstoffatomen, $C_6H_{12}O_6$

Homogenisierung [v. gr. homos = gemeinsam, gleich; genos = Art]

innige Vermischung unterschiedlicher, an sich nicht mischbarer Stoffe

Huminstoffe [v. lat. humus = Erde, Erdboden]

gelbbraun bis schwarz gefärbte, hochmolekulare Verbindungen, die bei der Humifizierung entstehen und sich im Boden anreichern, weil sie schwer zersetzbar sind. Chemische Bauelemente sind einfache oder kondensierte, teils stickstoff- oder sauerstoffhaltige Ringsysteme, die über Seitengruppen brücken- oder netzartig verbunden sind. Freibleibende Carboxylgruppen und phenolische OH-Gruppen bedingen den überwiegend sauren Charakter und die negative Ladung der Polymere. Wegen der Vielzahl der Verknüpfungsmöglichkeiten gibt es keine genau definierten Huminstoffe.

Hydrolyse [v. gr. hydōr = Wasser, lysis = Lösung]

Spaltung einer chemischen Verbindung unter Umsetzung eines Moleküls H_2O pro gespaltener Bindung nach der allgemeinen Gleichung $AB + H_2O$ Æ $AOH + HB$

Hydrolysereaktor [v. gr. hydōr = Wasser, lysis = Lösung, lat. re- = wieder, actio = Tätigkeit]

geschlossener Behälter von Vergärungsanlagen, in dem die Hydrolyse stattfindet

hydrophob [v. gr. hydrophobos = wasserscheu]

hier: wasserabstoßend, mit Wasser nicht oder nur wenig mischbar

Hygienisierung [v. gr. hygieinos = gesund, heilsam]

hier: Prozess der gesundheitsdienlichen Behandlung von Bioabfällen

Hyphen [v. gr. hyphē = Gewebe]

fädige Vegetationsorgane, die für die überwiegende Anzahl der Pilze und Actinomyceten charakteristisch sind; die Gesamtheit der Hyphen wird Mycel genannt

Immission [v. lat. immittere = hineinschicken, hineinlassen]

in Ökosystemen ankommende Luft- oder Wasserverunreinigungen, gemessen in [mg/l] für gelöste und in [mg/m^3] bzw. [ml/l] für gasförmige und feste Luftverunreinigungen

Induzierung [v. lat. inducere = hineinführen, sich entschließen]

hier: Beeinflussung oder Einleitung eines Entwicklungsvorgangs

inert [v. lat. iners = träge, unbeweglich]

hier: reaktionsträge Stoffe, die sich an gewissen chemischen Vorgängen nicht beteiligen

Inhibitor [v. lat. inhibere = hemmen, hindern]

chemische Stoffe, durch die einzelne oder mehrere enzymgesteuerte Reaktionen des Stoffwechsels und damit häufig auch komplexe biologische Prozesse wie Atmung, Wachstum oder Zellteilung ganz oder teilweise gehemmt werden

Intermediärstoffwechsel [v. lat. intermedius = in der Mitte von zwei anderen liegend]

Gesamtheit der zwischen dem Umbau gespaltener Makromoleküle und der Ausscheidung unbrauchbarer Schlackenstoffe liegenden Reaktionen

Inverkehrbringen

das Anbieten, Vorrätighalten zur Abgabe, Feilhalten und jedes Abgeben an andere

Ionen [v. gr. iōn = gehend]

Atome oder Atomgruppen, die ein- oder mehrfach positiv (Kationen) oder negativ (Anionen) geladen sind

Isomerie [v. gr. isomerēs = von gleichen Teilen]

hier: das Vorkommen von chemischen Verbindungen mit unterschiedlichen physikalischen und chemischen Eigenschaften bei gleicher Brutto-Zusammensetzung

Isomerisierung [v. gr. isomerēs = von gleichen Teilen]

Umwandlung einer chemischen Verbindung in eine andere mit gleicher Summenformel und gleicher Molekülgröße

kanzerogen [v. lat. cancer = Krebs, gr. gennan = erzeugen]

krebserregend

Katabolismus [v. gr. kataballein = zerstören, niederwerfen]

der stufenweise, meist oxidative Abbau organischer Verbindungen durch die Enzymsysteme der lebenden Zellen, führt zur Freisetzung von Energie (ATP)

Katabolit-Repression [v. gr. kataballein = zerstören, lat. repressio = Unterdrückung]

durch reversible Bindung regulatorisch wirksamer Proteine an die entsprechenden Signalstrukturen bewirkte Inaktivierung von Genen bzw. Gengruppen

Katalyse [v. gr. katalysis = Auflösung]

die Beschleunigung chemischer Reaktionen durch die Anwesenheit bestimmter, als Katalysatoren bezeichneter Stoffe, welche die Aktivierungsenergie herabsetzen und unverändert aus dem Reaktionsablauf hervorgehen

Ketosäuren

Carbonsäuren, die zusätzlich zu(r) Carboxylgruppe(n) eine oder mehrere Ketogruppe(n) als funktionelle Gruppe(n) aufweisen

Ketose

die neben den Aldosen wichtigste Gruppe von Zuckern; enthalten die für Ketosen charakteristische Ketogruppe, die bei allen bekannten Ketosen am zweiten C-Atom der Kette steht

Kieselgur

auch Diatomeenerde, im Süßwasser oder Meer entstandene biogene Sedimente vorwiegend aus Diatomeen, die sich mit zunehmendem Alter umwandeln können von Opal in Chalcedon oder Quarz, heute verwendet als Filtermasse in der Zucker-Industrie, bei der Bier- und Weinherstellung und zur Wasserreinigung

Kinetik [v. gr. kinētikos = beweglich]

hier: Lehre von den Reaktionsabläufen und den sie beeinflussenden Faktoren (Druck, Temperatur, pH-Wert, Lösungsmittel, Konzentrationen der Reaktionspartner) sowie von den Reaktionsmechanismen

Knospung

eine Form der ungeschlechtlichen Fortpflanzung

Kofermentierung

anderes Wort für Covergärung

Kohlhernie

unter gemäßigten Klimabedingungen weltweit verbreitete Erkrankung bei Kohlarten u.a. Kreuzblütlern, verursacht durch *Plasmodiophora brassicae*, einen parasitischen Schleimpilz. Die befallene Pflanze bleibt in der Entwicklung zurück, an den Wurzeln bilden sich knotige Verdikkungen, das Gewebe wird weichfleischig und geht unter Braunfärbung in eine Weichfäule über; durch eine gestörte Wasserversorgung verfärben sich die Blätter und welken.

Kollagen [v. gr. kolla = Leim, gennan = erzeugen]

ein zu den Skleroproteinen zählendes, wasserunlösliches und faserig aufgebautes, tierisches Protein, das besonders am Aufbau von Haut, Blutgefäßen, Sehnen, Knorpeln, Knochen und Zähnen beteiligt ist und bis zu 25 % des Proteingehalts des menschlichen und tierischen Körpers ausmacht

kompetitive Hemmung [v. lat. competere = gemeinsam zu erreichen suchen]

die Blockierung eines Enzyms durch Substanzen, die dem normalen Substrat ähnlich sind und an dessen Stelle im aktiven Zentrum gebunden, aber nicht umgesetzt werden

Kompost [v. lat. compositus über altfranz. compost = zusammengesetzt]

aus tierischen und pflanzlichen Abfällen erzeugtes Verrottungsprodukt, wird u.a. als Dünger und zur Bodenauflockerung verwendet

Kompostierung [v. lat. compositus über altfranz. compost = zusammengesetzt]

auch Verrottung, Rotte; Verfahrensbezeichnung für den mikrobiellen Um- und Abbau von organischen Abfällen wie Bio- und Grünabfall oder biogenen Gewerbeabfällen unter aeroben Bedingungen (Bezeichnung gilt nicht für die aerobe biologische Behandlung von Restabfall)

kovalent [v. lat. co- = zusammen-, valens = stark, kräftig]

eine Art der chemischen Bindung, bei der ein oder mehrere Elektronen den beteiligten Atomen gemeinsam angehören

Kraft-Wärme-Kopplung

kombinierte Erzeugung von Strom und nutzbarer Wärme mit einem insgesamt höheren Wirkungsgrad als bei der ausschließlichen Stromerzeugung

kryophil [v. gr. kryos = Eiskälte, Frost; philos = Freund]

kälteliebend

Lachgas

Distickstoffmonoxid, N_2O

Lactat [v. lat. lac (Gen. lactis) = Milch, milchiger Saft]

Salze und Ester der Milchsäure, CH_3-CHOH-COOH

Lactose [v. lat. lac (Gen. lactis) = Milch, milchiger Saft]

Milchzucker, ein aus β-Galactose und α- oder β-Glucose β-1,4-glycosidisch aufgebautes Disaccharid

Leucoplasten [v. gr. leukos = leuchtend, glänzend, weiß; plastos = geformt]

farblose Plastiden höherer Pflanzen mit Speicherfunktion

Lignin [v. lat. lignum = Holz, Baum]

einer der Hauptinhaltsstoffe des Holzes und mengenmäßig einer der am häufigsten vorkommenden Naturstoffe

Lipase [v. gr. lipos = Fett, Öl]

Enzym-Untergruppe der Esterasen bzw. Hydrolasen, durch welche die Esterbindungen der Fette hydrolytisch gespalten werden

Lipide [v. gr. lipos = Fett, Öl]

Sammelbezeichnung für die chemisch sehr heterogene Klasse der weitgehend wasserunlöslichen, dagegen in organischen Lösungsmitteln gut löslichen Verbindungen in Zellen und Organismen, eingeteilt in neutrale und polare Lipide

Lipoide [v. gr. lipōdēs = fettartig]

fettähnliche, jedoch im Gegensatz zu den Fetten polare Reste enthaltende Lipide

lithotroph [v. gr. lithos = Stein, Gestein; trophē = Ernährung]

Bezeichnung für Bakterien, die anorganische Stoffe als Wasserstoff-Donatoren verwenden, abhängig vom Energiestoffwechsel kann zwischen chemo- und photolithotroph unterschieden werden

Maillardreaktionen [benannt nach dem franz. Biochemiker L. C. Maillard]

zwischen reduzierenden Zuckern und Aminosäuren ablaufende Reaktion, die beim Erhitzen oder bei längerer Lagerung von protein- und kohlenhydrathaltigen Lebensmitteln beobachtet wird und zur Bildung brauner, pigmentartiger Substanzen führt; tritt bei Backen, Braten und Rösten, aber auch als unerwünschte Reaktion bei übermäßiger Sterilisation von Fleisch- und Milchprodukten, bei ungünstiger Lagerung von Lebensmitteln, bei der Kompostierung usw. auf

MAK-Wert

maximale Arbeitsplatzkonzentration eines gas-, dampf- oder staubförmigen Arbeitsstoffes in der Luft am Arbeitsplatz, die auch bei langfristiger Einwirkung die Gesundheit des Beschäftigten in der Regel nicht schädigt

Makromoleküle [v. gr. makros = groß, lang; lat. moles = Masse über frz. molécule = kleine Masse]

sehr große Moleküle wie Kohlenhydrate, Proteine, RNA oder DNA

Meiose [v. gr. meiōsis = Verringerung, Verkleinerung]

Teilungsvorgang im Verlauf der Bildung der Geschlechtszellen, bei dem die zygotische Chromosomenzahl auf die Hälfte reduziert wird

Melioriation [v. lat. melior = besser]

Bodenverbesserung

mesophile Organismen [v. gr. mesos = mitten, gleichmäßig; philos = Freund]

Organismen, deren Wachstumsoptimum bei Temperaturen von 20 - 45 °C liegt

metabolisierbar [v. gr. metabolē = Umsturz, Veränderung, Umwandlung]

im Stoffwechsel nutzbar

Metabolismus [v. gr. metabolē = Umsturz, Veränderung, Umwandlung]
Stoffwechsel

Metabolit [v. gr. metabolē = Umsturz, Veränderung, Umwandlung]
umzusetzendes Stoffwechselprodukt

Metazoa [v. gr. meta = hinter, nach, samt; zōa = Tiere]
Unterreich der Tiere; Vielzeller, die durch den Besitz von differenzierten Geweben, Organen und eine Trennung von Soma- und Keimbahnzellen charakterisiert sind

methanogen [v. gr. methy = Wein, gennan = erzeugen]
methanbildend

Mikroorganismen [v. gr. mikros = klein, gering; franz. organisme = Organismus]
alle zellulären oder nichtzellulären mikrobiologischen Einheiten, die zur Vermehrung oder zur Weitergabe von genetischem Material fähig sind

Mineralisation
hauptsächlich durch Mikroorganismen bewerkstelligter, vollständiger Abbau organischer Stoffe zu anorganischen Verbindungen, wodurch insbesondere Kohlenstoff, Stickstoff, Schwefel und Phosphat dem Stoffkreislauf wieder zur Verfügung gestellt werden

Mitochondrien [v. gr. mitos = Faden, chondrion = Körnchen]
die für die Atmung, d.h. die Summe der Funktionen von Citratcyclus, Elektronentransportkette und oxidativer Phosphorylierung, verantwortlichen Organellen aller Eucyten

Mitose [v. gr. mitoein = Fäden spannen]
die der Zellteilung vorausgehende Teilung des Zellkerns, aus der zwei in der Regel erbgleiche Tochterkerne hervorgehen; zuvor hat eine Verdopplung der DNA stattgefunden

Monomere [v. gr. monomerēs = einteilig, einfach]
die am Aufbau von Makromolekülen beteiligten Grundeinheiten; auch die einzelnen Untereinheiten von aus mehreren Untereinheiten aufgebauten Proteinen

Motilität [v. lat. motus = bewegt]
hier: Bewegungsfähigkeit von Organismen und Zellorganellen

Multimere [v. lat. multi = viele, meros = Teil]
hier: aus mehreren Untereinheiten zusammengesetzte Proteine

Mycel [v. gr. mykēs = Pilz]
Pilzgeflecht aus Hyphen, das den Thallus (Fruchtkörper) der meisten Pilze bildet; ein Substrat-Mycel dient der Nahrungsaufnahme und der Anheftung, ein Luft-Mycel dient hauptsächlich der Vermehrung

Myxobakterien [v. gr. myxa = Schleim, baktērion = Stäbchen]
Ordnung der einzelligen, farblosen, gleitenden Bakterien, die Sporen bilden und sich zu großen, differenzierten Zellverbänden zusammenschließen können

nativ-organisch
unveränderte, auf natürlichem Wege entstandene Zusammensetzung eines Stoffes

nichtionisierende Strahlung
räumliche Ausbreitung von Wellenstrahlungen, zu denen u.a. Licht-, Radio- oder akustische Strahlung zählen

nichtzelluläre mikrobiologische Einheiten
eigenständige, aber unter Zellniveau liegende biologische Organisationsformen wie z.B. Viren oder Viroide

Nitrifikation [v. ägypt. ntry über gr. nitron zu lat. nitrum = Natron, -ficatio = -machung]
auch Nitrifizierung; biologische Ammonium- und Nitritoxidation zu Nitrat

Nitrifizierer
gramnegative, aerobe, chemolithotrophe Bakterien, die im Energiestoffwechsel Ammonium zu Nitrit und weiter zu Nitrat bzw. Salpetersäure (HNO_3) oxidieren; spielen eine sehr wichtige Rolle im Stoffkreislauf, weil sie anfallendes NH_4^+ in das leicht lösliche NO_3^- umwandeln

öffentlich-rechtliche Entsorgungsträger
die nach Landesrecht zur Entsorgung verpflichteten juristischen Personen

Olfaktometer [v. lat. olfacere = riechen]
Gerät zur Bestimmung von Geruchskennwerten, bestehend aus einer Verdünnungseinrichtung und einem Riechteil (Nase)

Olfaktometrie [v. lat. olfacere = riechen]
die zur Bestimmung von Geruchskennwerten erforderliche Messtechnik

opportunistische Infektion
Infektion, die hauptsächlich bereits geschwächte Personen gefährdet

Organelle
1) Bezeichnung für abgetrennte Kompartimente innerhalb einer eukaryontischen Zelle, denen eine spezielle Funktion zugeordnet werden kann (z.B. Chloroplasten, Mitochondrien, ER, Golgi-Apparat); 2) Zelldifferenzierungen bei Einzellern, die zu komplexen Gebilden zusammengetreten sind (z.B. Augenfleck, Geißel, Vakuole)

organotroph [v. gr. trophē = Ernährung]
Bezeichnung für Bakterien, die organische Stoffe als Wasserstoff-Donatoren verwenden

Osmose [v. gr. ōsmos = Stoß]
Diffusion von gelösten Teilchen eines Stoffes und dem Lösungsmittel durch Membranen; die Eigenschaft der Membranen bestimmt die Art der Osmose

Oxidation
Entzug von Elektronen aus den Atomen eines chemischen Elements oder einer Verbindung

Parameter [v. gr. para = neben, gemeinsam; metron = Maß]
zur Unterscheidung der einzelnen Funktionen einer bestimmten Gruppe gewählte, charakteristische Konstante

pathogen [v. gr. pathos = Leiden, Schmerz, Krankheit; -genēs = verursachend]
Eigenschaft von Substanzen, Mikroorganismen und Parasiten, Krankheiten hervorzurufen

Pentosen [v. gr. pente = fünf]
die aus fünf Kohlenstoffatomen aufgebauten Einfachzucker mit der Bruttoformel $C_5H_{10}O_5$

Peptidoglycan [v. gr. peptos = gekocht, verdaut, glykys = süß]
netzartiges, aus Polysaccharidketten und quervernetzenden Peptiden aufgebautes Makromolekül, das als Stützskelett der Zellwand der meisten Bakterien fungiert und daher Festigkeit und Form von Bakterienzellen bestimmt

Permeabilität [v. lat. permeabilis = durchlässig]
Durchlässigkeit von Materialien für bestimmte Stoffe

Permeation [v. lat. per = hindurch, migratio = Wanderung]
unspezifischer Durchtritt von Molekülen durch Biomembranen; Gegensatz: katalysierter Transport

Peroxidasen
eine Untergruppe der Oxidoreductasen, durch die H_2O_2 als Akzeptor von Wasserstoffmolekülen organischer Verbindungen zu H_2O reduziert wird

Phosphatide

auch Phospholipide; Untergruppe der polaren Lipide, für die eine Phosphorsäureester-Gruppierung charakteristisch ist; wichtig für den Aufbau biol. Membranen

Phosphorolyse [v. gr. phōsphoros = lichttragend, lysis = Auflösung]

Spaltung von Stoffwechselprodukten mit Hilfe von Phosphat unter der katalytischen Wirkung von Phosphorylasen, wobei Phosphatreste in die Produkte eingebaut werden

Phosphorylierung

Einführung eines oder mehrerer Phosphorsäurereste in organische Moleküle oder Makromoleküle unter der Wirkung von Enzymen (meist Kinasen); erfolgt häufig durch Übertragung von Phosphatresten aus energiereichen Phosphaten wie ATP

Phototrophie [v. gr. phōs (Gen. phōtos) = Licht, trophē = Ernährung]

Form des Energiegewinns, bei der elektromagnetische Strahlung (Licht) als Energiequelle genutzt und in biochemisch gebundene Energie (ATP) umgewandelt wird

pH-Wert [v. neulat. potentia hydrogenii = Wirksamkeit des Wasserstoffs]

negativer dekadischer Logarithmus der Wasserstoffionen-Konzentration, ist ein Maß für die Acidität (pH 0-7) oder Basizität (pH 7-14) von wässrigen Lösungen

Phylogenese [v. gr. phylon = Stamm, Geschlecht; genea = Entstehung]

stammesgeschichtliche Entwicklung der Lebewesen (Organismen) entweder in ihrer Gesamtheit oder (meist) bezogen auf bestimmte Verwandtschaftsgruppen

Phytohygiene [v. gr. phyton = Gewächs, Pflanze; hygieinos = gesund]

Lehre der Maßnahmen für einen gesunden Pflanzenaufwuchs

Planfeststellung

Genehmigungsverfahren für die Errichtung und den Betrieb einer Deponie nach § 31 KrW-/AbfG

Plasmide [v. gr. plasma = das Gebilde]

bei Bakterien und z.T. bei Hefen vorkommende kleine (1-2 % des Gesamtgenoms) zirkuläre, doppelsträngige, im Cytoplasma liegende DNA, die nur wenige Gene enthält und als unabhängige genetische Einheit repliziert wird

Plastiden [v. gr. plastos = geformt]

semiautonome, relativ große Zellorganellen, die integraler Bestandteil einer jeden Pflanzenzelle sind und sich wie die Mitochondrien durch Zweiteilung vermehren

produktionsspezifische Abfälle

in Industrie, Gewerbe oder sonstigen Einrichtungen anfallende Abfälle, die keine Siedlungsabfälle sind, jedoch nach Art, Schadstoffgehalt und Reaktionsverhalten wie Siedlungsabfälle entsorgt werden können

Prokaryonten [v. gr./lat. pro = vor, gr. karyōtos = nussförmig]

morphologisch wenig differenzierte Einzeller, deren Hauptmerkmal das Fehlen eines echten, von einer Membran umschlossenen Zellkerns ist; die ringförmige DNA liegt frei im Cytoplasma

Propionat

Salz oder Ester der Propionsäure, CH_3-CH_2-COOH

Proplastiden [v. gr./lat. pro = vor, gr. plastos = geformt]

wenig differenzierte, farblose Plastiden meristematischer (teilungsfähiger) Zellen

prosthetische Gruppe [v. gr. prosthetos = hinzugefügt, angehängt]

der niedermolekulare, nicht aus Aminosäuren aufgebaute Teil eines zusammengesetzten Proteins; kann vielfach identisch mit Coenzymen sein

Proteine [v. gr. prōteios = erstrangig]

Eiweißkörper, die vorwiegend aus den 20 proteinogenen Aminosäuren durch Peptidbindungen aufgebaut sind und zuerst aus Hühnereiweiß isoliert wurden (Name!)

Protozoa [v. gr. prōtos = erster, frühester; zōa = Tiere]

dem Unterreich der Vielzeller (Metazoa) wird das Unterreich der Einzeller gegenübergestellt, innerhalb dessen die Grenze zwischen Pflanzen und Tieren verläuft

Puffer

die wässrige Lösung oder Suspension eines Salz/Säure- bzw. Salz/Base-Gemisches, deren pH-Wert sich bei Zugabe von Säuren oder Basen nur relativ wenig verändert

Pyrolyse [v. gr. pyr = Feuer, lysis = Lösung]

Spaltung von Kohlenwasserstoffen in den C-C-Ketten durch kurzzeitiges Erhitzen auf mehrere 100 °C und anschließende rasche Abkühlung

Pyruvat

ionische Form der Brenztraubensäure, CH_3-CO-COOH

Redoxreaktionen

chemische Reaktionen, bei denen die Übertragung eines oder mehrerer Elektronen von einem Elektronendonor (Reduktionsmittel) auf einen Elektronenakzeptor (Oxidationsmittel) stattfindet

Reduktion [v. lat. reductio = Zurückführung]

Aufnahme eines oder mehrerer Elektronen, die aus einer anderen chemischen Verbindung oder einer Kathode stammen

Replikation [v. lat. replicatio = Wiederholung, Kreisbewegung]

identische Verdopplung oder Vervielfachung von DNA (bzw. von RNA bei RNA-Viren); molekulare Grundlage für die Weitergabe der genetischen Information von Generation zu Generation

RG/T-Regel

beschreibt die Abhängigkeit der Geschwindigkeit einer chemischen Reaktion von der Temperatur (die Faustregel, nach der eine Temperaturerhöhung um 10 °C eine Verdopplung der Reaktionsgeschwindigkeit bewirkt, stimmt nur bedingt und näherungsweise für einen engen Bereich um 20 °C)

Ribose

eine Pentose, die als D-β-Furanose-Form in der RNA sowie deren Monomeren und in Nucleotid-Coenzymen wie Coenzym A, NAD^+, $NADP^+$, FAD vorkommt

Ribosomen [v. ribo = Ableitung von Ribose, gr. sōma = Körper]

die größten und am kompliziertesten aufgebauten, gleichzeitig stabilsten und zahlreichsten Ribonucleoprotein-Partikel der Zelle, an denen die Translation der genetischen Information stattfindet

Ribulosebisphosphatcyclus

anderer Name für den Calvincyclus

RNA

hochpolymere Kettenmoleküle, in denen als monomere Bausteine vorwiegend die vier Standard-Ribonucleosidmonophosphate Adenosin-, Cytidin-, Guanosin- und Uridin-5´-monophosphat in gebundener Form enthalten sind; werden funktionell in drei Klassen (m-RNA, r-RNA und t-RNA) unterteilt, die alle an der Translation genetischer Information wesentlich beteiligt sind

ROC [v. engl. resistant organic carbons = resistente organische Kohlenstoffe]

nicht abbaubarer, organischer Kohlenstoffanteil; Gegenteil: WOC

Rottegrad

Maß für die Reife, Stabilität und Qualität von Komposten, gemessen über die Pflanzenverträglichkeit oder die Atmungsaktivität der im Kompost vorhandenen Mikroorganismen, die Skala geht von I (Kompostrohstoff) bis V (Fertigkompost)

Saccharose [v. Sanskrit sarkarā = (aus Bambus gewonnener) Zucker(-saft), über Pali sakkharā, gr. sakchar(on), lat. saccharum]

Rohrzucker, Rübenzucker; der als Nahrungs-, Genuss- und Konserviermittel am häufigsten verwendete Zucker; ein aus je einem Molekül α-D-Glucose und β-D-Fructose aufgebautes Disaccharid; im Pflanzenreich weit verbreitet als Transportform löslicher Kohlenhydrate innerhalb der Leitgewebe

Saprophyten [v. gr. sapros = in Fäulnis übergehend, faul; phyton = Gewächs]

Fäulnisbewoher (Bakterien, Pilze und einige Blütenpflanzen), die nicht oder nicht ausreichend zur Photosynthese befähigt sind und daher ihren Nährstoffbedarf ganz oder teilweise aus toter organischer Substanz decken

Sekundärer Rohstoff [v. lat. secundus = nachfolgend]

als Nebenprodukt angefallener oder aus der Abfallwirtschaft kommender Rohstoff, der direkt oder nach Aufbereitung als Ausgangsmaterial für Produktionsprozesse eingesetzt wird

Sprossung

hier: auch Knospung, 1) Form der ungeschlechtlichen Fortpflanzung bei mehrzelligen Organismen; 2) charakteristische Vermehrungsweise von Echten Hefen, hefeähnlichen Pilzen und einer Reihe von Bakterien: in der Regel wandert ein durch mitotische Teilung entstandener Tochterkern in eine von der Mutterzelle gebildete Ausstülpung ein, meist wird die Knospe abgeschnürt, ehe sie die Größe der Mutterzelle erreicht hat

Stacks [v. engl. stack = Stapel]

Stapel von Brennstoffzellen

Stand der Technik

Begriff u. a. in der Rechtsprechung, der als Maßstab in Genehmigungsverfahren die bewährten fortschrittlichen Verfahren und Einrichtungen heranzieht

Steroide [v. gr. stēr = Fett]

umfangreiche Klasse von Naturstoffen, die mit den Terpenen verwandt und im Pflanzen- und Tierreich ubiquitär verbreitet sind

Stoffliche Verwertung

Ersatz primärer Rohstoffe durch die Gewinnung von sekundären Rohstoffen aus Abfällen oder deren direkter Einsatz für den ursprünglichen Zweck, umfasst sowohl die werkstoffliche als auch die rohstoffliche Verwertung

Streu

hier: der im Wald anfallende Bestandsabfall (Laub- oder Nadelstreu)

Substrat [v. lat. substratum = Unterlage]

1) Material, auf oder in dem Tiere bzw. Mikroorganismen leben und sich entwicklen bzw. Stoffe, die sie im Stoffwechsel abbauen; 2) die durch die katalytische Wirkung eines Enzyms umzusetzende Verbindung

Suspension [v. lat. suspendere = schweben lassen]

Verteilung fester Körper mit einem Durchmesser unter 10^{-5} cm in Flüssigkeiten; Trennung erfolgt durch Sedimentation oder Zentrifugation

Symbiose [v. gr. symbiōsis = Zusammenleben]

hier: gesetzmäßige Form der Vergesellschaftung zwischen artverschiedenen Organismen, die für beide Symbiosepartner von Vorteil ist (Gegenteil: Parasitismus)

Tagesmittelwert

gebildet aus den Halbstundenmittelwerten der Emissionen eines jeden Tages, bezogen auf die tägliche Betriebszeit einschließlich der Anfahr- oder Abstellvorgänge

Taupunkt

Temperatur eines Gas-Dampf-Gemisches, bei welcher der Dampfanteil des Gemisches zu kondensieren beginnt

thermophil [v. gr. therm$\bar{e}$ = Wärme, Hitze; philos = Freund]

wärmeliebend, bei entsprechenden Bakterien liegt das Temperaturoptimum über 50 °C

Thylakoide [v. gr. thylakoeid$\bar{e}$s = sackartig]

internes Membransystem der Chloroplasten, in dem die photosynthetischen Lichtreaktionen sowie der damit verbundene Elektronen- und Protonentransport und die ATP-Bildung ablaufen

TOC [v. engl. total organic carbons = alle organischen Kohlenstoffe]

gesamter organischer Kohlenstoffanteil, Maßzahl für die Gesamtbelastung mit organischen Stoffen

Transaminase [v. lat. trans = hindurch, jenseits von]

auch Amidotransferasen, Untergruppe der Transferasen; Enzyme, die bei der Transaminierung Aminogruppen von α-Aminosäuren auf α-Ketosäuren übertragen

Transaminierung [v. lat. trans = hindurch, jenseits von]

Übertragung der Aminogruppe von α-Aminosäuren auf die α-Position einer α-Ketosäure unter der katalytischen Wirkung von Transaminasen, kann in beide Richtungen ablaufen

Transglycosylierung [v. lat. trans = hindurch, jenseits von]

Übertragung von glykosidisch gebundenen Zuckerresten auf Hydroxylgruppen anderer Moleküle unter der katalytischen Wirkung von Transglycosidasen

Transkription [v. lat. transcriptio = Umschrift]

Synthese von RNA an DNA als Matrize, katalysiert durch die DNA-abhängige RNA-Polymerase; erster Teilschritt bei der Ausprägung der in DNA verschlüsselten genetischen Information (Genexpression)

Translation [v. lat. translatio = Übersetzung]

ein in mehreren Teilschritten ablaufender, cyclischer Prozess, durch den unter Energieverbrauch die 20 verschiedenen proteinogenen Aminosäuren mit Hilfe von t-RNA zu den hochmolekularen, linearen Kettenmolekülen der Proteine verbunden werden; essentieller Teilschritt der Genexpression

UASB-Reaktor

Reaktor mit aufwärts durchströmtem Schlammbett aus anaeroben Bakterien

Überkorn

Partikel, das größer als die Trennkorngröße ist; die Trennkorngröße ist durch die Abmessungen der Sieböffnungen nur näherungsweise vorgegeben

Vakuolen [v. lat. vacuus = leer]

Bezeichnung für einen flüssigkeitsgefüllten (bei Wasserbakterien auch gasgefüllten) Hohlraum in pflanzlichen und tierischen Zellen

van-der-Waals-Kräfte [benannt nach dem niederländ. Physiker J. D. van der Waals]

auf gegenseitiger Induzierung von Dipolmomenten beruhende Anziehungskräfte

Vergärung

hier: Verfahrensbezeichnung für den gelenkten mikrobiellen Um- und Abbau von organischen Abfällen wie Bio- und Grünabfall oder biogenen Gewerbeabfällen unter anaeroben Bedingungen

Verwertung

Rückführung von Abfall in den Stoffkreislauf, es wird unterschieden zwischen stofflicher und energetischer Verwertung

Viren [v. lat. virus = zähe Feuchtigkeit, Schleim, Gift]

meist nur im Elektronenmikroskop sichtbare, vorwiegend stäbchen- oder kugelförmige Gebilde, deren Nucleinsäure (DNA oder RNA) von einer aus mehreren, häufig identischen Untereinheiten (Capsomeren) aufgebauten Proteinhülle (Capsid) umgeben ist; stellen eine besondere Form obligat intrazellulärer Parasiten dar, da sie zur Vermehrung auf die Zellen echter Organismen angewiesen sind

Viroide [v. lat. virus = zähe Feuchtigkeit, Schleim, Gift]

die kleinsten bisher bekannten Krankheitserreger, bestehen nur aus einzelsträngiger, ringförmiger RNA, die nicht von einer Proteinhülle umgeben ist

Vorbehandlung

das Entfernen von Stoffen, die wiederverwendbar oder bei der weiteren Verwertung störend sind oder von denen eine Gefahr ausgehen kann sowie das Verringern des Volumens zum Transport

Vorrotte

auf einige Tage beschränkte Anfangsphase der Rotte mit ausgeprägter Temperaturentwicklung

Wasserstoffakzeptor [v. lat. accipere = annehmen]

Stoff oder Körper, der Wasserstoff aufnehmen kann; Sammelbegriff für sämtliche organischen und anorganischen Verbindungen, die im mikrobiellen Stoffwechsel unter reduktiver Umwandlung Elektronen für Reduktionsreaktionen aufnehmen können (Elektronenakzeptoren)

Wasserstoffbrücken

schwache chemische Bindung, die entsteht, wenn ein elektronegatives Atom einem daran gebundenen Wasserstoffatom einen Teil seiner Elektronenhülle abzieht, so dass das leicht positiv gewordene Wasserstoffatom sich gewissermaßen einem anderen, naheliegenden elektronegativen Atom zuwendet

Wasserstoffdonator [v. lat. donare = schenken]

Stoff oder Körper, der Wasserstoff abgeben kann; Sammelbegriff für sämtliche organischen und anorganischen Verbindungen, die im mikrobiellen Stoffwechsel unter oxidativer Umwandlung Elektronen für Reduktionsreaktionen bereitstellen können (Elektronendonatoren)

Wertstoffe

Abfallbestandteile oder Abfallfraktionen, die zur Wiederverwertung oder für die Herstellung verwertbarer Zwischen- oder Endprodukte geeignet sind

WOC [v. engl. organic carbons = organischer Kohlenstoffanteil]

abbaubarer organischer Kohlenstoffanteil, Gegenteil: ROC

Xylane [v. gr. xylon = Holz]

als Bestandteile der Hemicellulosen vorkommende, unlösliche Polysaccharide, die aus Xylose-Einheiten aufgebaut sind

Xylose [v. gr. xylon = Holz]

ein zu den Aldopentosen zählender Einfachzucker, Monomer der Xylane

Zelle [v. lat. cellula = kleine Kammer]

kleinste lebens- und vermehrungsfähige Einheit aller Organismen

Quellen: haupts. Herder (1994), Meyers (1995), TASi, Thomé-Kozmiensky (1995)

24.3

Literaturverzeichnis

[1] 4. BImSchV (1997) Vierte Verordnung zur Durchführung des Bundes-Immissionsschutzgesetzes: Verordnung über genehmigungsbedürftige Anlagen vom 14.03.1997, BGBl., Teil I, S. 504, zuletzt geändert am 27.07.2001 (BGBl., Teil I, S. 1950)

[2] 17. BImSchV (1990) Siebzehnte Verordnung zur Durchführung des Bundes-Immissionsschutzgesetzes: Verordnung über Verbrennungsanlagen für Abfälle und ähnliche brennbare Stoffe vom 23.11.1990, BGBl., Teil I, S. 2545, zuletzt geändert am 27.07.2001 (BGBl., Teil I, S. 1950)

[3] AbfAblV (2001) Verordnung über die umweltverträgliche Ablagerung von Siedlungsabfällen und über biologische Abfallbehandlungsanlagen (Abfallablagerungsverordnung - AbfAblV) vom 20.02.2001, BGBl., Teil I, S. 305

[4] Abfallwirtschaftsbetriebe Hannover (1994) Der Ratgeber für Eigenkompostierer

[5] AbfG (1986) Gesetz über die Vermeidung und Entsorgung von Abfällen (Abfallgesetz – AbfG) vom 27.08.1986, BGBl., Teil I, S. 1410, zuletzt geändert am 30.9.1994 (BGBl., Teil I, S. 2771)

[6] AbfKlärV (1992) Klärschlammverordnung (AbfKlärV) vom 15.04.1992, BGBl., Teil I, S. 912, geändert am 06.03.1997 (BGBl., Teil I, S. 912)

[7] Abstandserlass (1990) Abstände zwischen Industrie- bzw. Gewerbegebieten und Wohngebieten im Rahmen der Baulandplanung, Runderlass des Ministers für Umwelt, Raumordnung und Landwirtschaft vom 21.03.1990 – V B 3 – 8804.25.1 (V Nr. 2/90)

[8] AbwV, Anhang 51 (2001) Verordnung über Anforderungen an das Einleiten von Abwasser in Gewässer (Abwasserverordnung) vom 20.09.2001, BGBl., Teil I, S. 2440

[9] aid (1998) Bodenpflege, Düngung, Kompostierung, Broschüre des Auswertungs- und Informationsdienstes für Ernährung, Landwirtschaft und Forsten (aid) e.V., Bonn

[10] Alberts, B., Bray, D., Lewis, J., Raff, M., Roberts, K. und Watson, J. D. (1997) Molekularbiologie der Zelle. VCH Verlagsgesellschaft mbH, Weinheim, 3. Auflage, 1. Nachdruck

[11] Andres, O. (1965) Die Anwendung von Müll-Klärschlamm-Komposten im Weinbau. Müll-Handbuch, Kennzahl 6740, Lfg. 1965, Erich Schmidt Verlag, Berlin

[12] ArbSchG (1996) 41. Gesetz über die Durchführung von Maßnahmen des Arbeitsschutzes zur Verbesserung der Sicherheit und des Gesundheitsschutzes der Beschäftigten bei der Arbeit (Arbeitschutzgesetz – ArbSchG) vom 07.08.1996, BGBl., Teil I, S. 1246, zuletzt geändert am 19.12.1998 (BGBl. Teil I, S. 3843)

[13] Baerns, B. (Hrsg.) (1995) PR-Erfolgskontrolle. IMK GmbH in der Verlagsgruppe FAZ GmbH, Frankfurt a. M.

[14] Bannick, C. G., Hahn, J. und Penning, J. (2002) Zur einheitlichen Ableitung von Schwermetallgrenzwerten bei Düngemitteln. Müll und Abfall, 8

[15] Barck, S. und Paschlau, H. (1999) Biologische Abfallbehandlung. Müll und Abfall 8, S. 481-482

[16] Baron, M. (2000) Untersuchung zur Weiterentwicklung der Lehre in der Abfallwirtschaft. In: Umweltschutz im neuen Jahrhundert – Vom medialen Umweltschutz zum Sicherheitsdenken. TK Verlag Karl Thomé-Kozmiensky, Neuruppin

[17] Bartels, H. (1996) Mehr Mist. Weniger Abfall. Die Wuppertaler Biotonne. VKS-NEWS 6, S. 11

[18] Barth, J. (2000) Stand und Perspektiven der Biologischen Abfallbehandlung in Europa – Umwelt und Entwicklungspotenziale bei der Kompostierung. In: Wiemer und Kern (Hrsg.) 2000, S. 132-142

[19] Barth, J. und Kroeger, B. (1998) Kompostierung und Qualitätssicherung von Kompost in Europa. In: Wiemer und Kern (Hrsg.), 1998, S. 209-234

[20] Barthenheier, G. (1982) Zur Notwendigkeit von Öffentlichkeitsarbeit – Ansätze und Elemente zu einer allgemeinen Theorie der Öffentlichkeitsarbeit. In: Haedrich, G., Barthenheier, G., Kleinert, H. (Hrsg.), Öffentlichkeitsarbeit. Ein Handbuch. Verlag Walter de Gruyter, Berlin, New York

[21] BAUA (2001) Keimbelastung aus Biotonne ist für Müllwerker keine erhöhte Gefahr. BDE-INFO 17, S. 489

[22] Baumgart, H.-C. (1997) Auswirkungen des Kreislaufwirtschaftsgesetzes auf den praktischen Vollzug. In: Thomé-Kozmiensky (Hrsg.) (1997/2), S. 5-15

[23] BBodSchG (1998) Gesetz zum Schutz vor schädlichen Bodenveränderungen und zur Sanierung von Altlasten (Bundes-Bodenschutzgesetz – BBodSchG) vom 17.03.1998. BGBl., Teil I, S. 502

[24] BBodSchV (1999) Bundes-Bodenschutz- und Altlastenverordnung (BBodSchV). BGBl., Teil I, S. 1554

[25] BDE (1997) Kreislaufwirtschaft in der Praxis, Nr. 5: Thermische Behandlung / Energetische Nutzung

[26] BDE (1999) Umweltmedizinische Relevanz von Emissionen aus Kompostierungsanlagen für die Anwohner. BDE-INFO 13/99, S. 385

[27] BDE (2001) Großversuch mit Bio-Verpackungen in Kassel gestartet. BDE-INFO 10/2001, S. 285

[28] Bergs, C.-G. (2000) Rechtliche Grundlagen für die Verwertung von Komposten und anderen Bioabfällen im Landbau. Müll-Handbuch, Kennzahl 6502, Lfg. 5/00, Erich Schmidt Verlag, Berlin

[29] Bertram, H.-U. und Zeschmar-Lahl, B. (2000) Stichhaltige Gründe. Müllmagazin 1, S. 46-50

[30] Beyer, H. und Walter, W. (1988) Lehrbuch der organischen Chemie. S. Hirzel-Verlag, Stuttgart, 21. Auflage

[31] BGA (1991) Gefahr durch die Biotonne? Pressedienst des Bundesgesundheitsamtes, Mitteilung Nr. 50 vom 13.11.1991

[32] BGK (2001) RAL-GZ 251 schließt Klärschlamm aus. EUWID Nr. 26 vom 26.06.2001, S. 14

[33] BGK (2001/2) Änderungsmeldungen Gütesicherung Kompost. Informationsdienst Humuswirtschaft und KomPost 2/01, S. 84

[34] BGK (2001/3) Gütesicherung Sekundärrohstoffdünger: Erweiterung beim RAL beantragt. Informationsdienst Humuswirtschaft und KomPost 2/01, S. 99-100

[35] bgkev.de (2002) Die Bundesgütegemeinschaft Kompost e.V. www.bgkev.de/organisation/aufgaben.htm, Abfrage vom 24.01.2002

[36] Bidlingmaier, W. (1985) Ergebnisse der getrennten Sammlung in den Gemeinden Walldorf, Nussloch und Maschen. Stuttgarter Berichte zur Abfallwirtschaft, Bd. 20, S.

[37] Bidlingmaier, W. (1992) Charakteristik fester Abfälle im Hinblick auf ihre biologische Zersetzung. Müll-Handbuch, Kennzahl 5303, Lfg. 4/92, Erich Schmidt Verlag, Berlin

[38] Bidlingmaier, W. und Denecke, M. (1998) Grundlagen der Kompostierung. Müll-Handbuch, Kennzahl 5305, Lfg. 11/98, Erich Schmidt Verlag, Berlin

[39] Bidlingmaier, W. und Müsken, J. (2001) Biotechnische Verfahren zur Behandlung von Bioabfall. www.bionet.net/TECHNIK/Bioab.htm, Abfrage vom 19.10.2001

[40] Bilitewski, B. und Urban, A. I. (1999) Prognose der Entsorgungssituation für Siedlungsabfälle in der BRD im Jahre 2005. In: 6. Münsteraner Abfallwirtschaftstage (Tagungsband), Gallenkemper, Bidlingmaier, Doedens, Stegmann (Hrsg.), Münster, 1999, S. 107-112

[41] Bilitewski, B., Härdtle, G. und Marek, K. (1994) Abfallwirtschaft. Springer-Verlag, Berlin, Heidelberg, 2. Auflage

[42] BImSchG (1990) Gesetz zum Schutz vor schädlichen Umwelteinwirkungen durch Luftverunreinigungen, Geräusche, Erschütterungen und ähnliche Vorgänge (Bundes-Immissionsschutzgesetz – BImSchG). BGBl., Teil I, S. 880, zuletzt geändert am 27.07.2001 (BGBl., Teil I, S. 1950)

[43] Binding, M. (1999) GORE Laminatabdeckung als Systemhülle der mechanisch-biologischen Restabfallbehandlung. In: Wiemer und Kern (Hrsg.) (1999), S. 887-908

[44] BioAbfV (1998) Verordnung über die Verwertung von Bioabfällen auf landwirtschaftlich, forstwirtschaftlich oder gärtnerisch genutzten Böden (Bioabfallverordnung - BioAbfV) vom 21.09.1998. BGBl., Teil I, S. 2955

[45] BiomasseV (2001) Verordnung über die Erzeugung von Strom aus Biomasse (BiomasseV) vom 21.06.2001. BGBl., Teil I, S. 1234

[46] BioStoffV (1999) Verordnung über Sicherheit und Gesundheitsschutz bei Tätigkeiten mit biologischen Arbeitsstoffen (Biostoffverordnung – BioStoffV) vom 27.01.1999. BGBl., Teil I, S. 50, zuletzt geändert am 18.10.1999 (BGBl. Teil I, S. 2059)

[47] Biskupek, B. (1998) Vergärbare Stoffe. www.dainet.de/ktbl/ktblhome.htm, Abfrage vom 14.12.2001

[48] BIU (1996) UmweltDepesche, Sonderausgabe Kompostieren. Bürgerinitiative Umweltschutz Hannover e.V. (BIU)

[49] Blume, H.-P. (1997) Boden als Standortfaktor. In: Keller, E. R., Hanns, H. und Heyland, K.-U. (Hrsg.), Handbuch des Pflanzenbaus, Bd. 1: Grundlagen der landwirtschaftlichen Pflanzenproduktion. Verlag Eugen Ulmer, Stuttgart (Hohenheim)

[50] BMU (1990) Umweltbericht 1990 des Bundesministers für Umwelt, Naturschutz und Reaktorsicherheit. BT-Drucksache 11/7168

[51] bmu.de (2001) Eckpunkte der Änderung der TA Siedlungsabfall (TASi). www.bmu.de/sachthemen/abfallwirtschaft/eckpunkte.htm, Abfrage vom 06.02.01

[52] BMVEL und BMUNR (2002) Gute Qualität und sichere Erträge – Wie sichern wir die langfristige Nutzbarkeit unserer landwirtschaftlichen Böden? Informationsschrift der Bundesministerien, Juni 2002

[53] Böhm, R. (2000) Anforderungen an die Hygiene bei der biologischen Abfallbehandlung – bauliche und organisatorische Maßnahmen zum Arbeitsschutz (ATV-Merkblatt 365). In: Wiemer und Kern (Hrsg.) (2000), S. 923-950

[54] Böhm, R., Martens, W. und Philipp, W. (1998) Hygienische Relevanz von Keimemissionen bei Sammlung und Behandlung von Bioabfällen. In: Wiemer und Kern (Hrsg.) (1998), S. 311-344

[55] Böhm, R., Martens, W. und Philipp, W. (2000) Keime aus organischen Abfällen. EP 7-8/2000, S. 32-37

[56] Böhm, R., Martens, W. und Philipp, W. (2000/2) Seuchenhygienische Sicherheit von Bioabfällen. EP 11/2000, S. 34-38

[57] Bostanci, A. (2000) Eine neue Herstellungsmethode könnte abbaubare Kunststoffe wettbewerbsfähig machen. Welt, 18.12.2000

[58] Both, R., Otterbeck, K. und Prinz, B. (1993) Die Geruchsimmissions-Richtlinie. Staub – Reinhaltung der Luft 53, S. 407-412

[59] Both, R. (2000) Erfahrungen bei der Umsetzung der Geruchsimmissions-Richtlinie – Die Beurteilungspraxis in Deutschland. In: Wiemer und Kern (Hrsg.) (2000), S. 166-179

[60] Braukmeier, J. und Stegmann, R. (1998) Kovergärung von Bioabfällen mit landwirtschaftlichen Abfällen bzw. Klärschlamm. In: Wiemer und Kern (Hrsg.) (1998), S. 471-485

[61] Braungart, M. (2000) Nachhaltige Entsorgung? – Die Rolle der Abfallwirtschaft in der zukünftigen Kreislaufwirtschaft. In: Umweltschutz im neuen Jahrhundert – Vom medialen Umweltschutz zum Sicherheitsdenken. TK Verlag Karl Thomé-Kozmiensky, Neuruppin

[62] Breeger, A. und Kiene, J. M. (2001) Biofilter meistern Grenzwerte. Umwelt 7/8-2001, S. 44-45

[63] Brensing, W. (1995) Klärschlammhaftungsfonds – Beispiel für einen Komposthaftungsfonds?. In: Thomé-Kozmiensky (Hrsg.) (1995), S. 59-63

[64] Brinker, W. (1994) Die Erzeugung reproduzierbarer Kompostqualitäten durch Optimierung der Prozessführung bei der Kompostierung. In: Umwelt 93/94, Jahrbuch für Umwelttechnik und ökologische Modernisierung, mpv GmbH, Gütersloh (1993), S. 50-53

[65] Brinkmann, U. und Steinberg, R. (1999) Was fordert die Biostoffverordnung? Umweltmagazin 6, S. 64-65

[66] Brohmer, P. (1984) Fauna von Deutschland: ein Bestimmungsbuch unserer heimischen Tierwelt. Quelle und Meyer, Heidelberg, 16. Auflage

[67] Brummack, J., Paar, S. und Busch, G. (1998) Das Dombelüftungsverfahren zur mechanisch-biologischen Aufbereitung von Restabfällen. EP 9, S. 22-26

[68] BSR (1999) Über schöne Schalen und den guten Rest. Berliner Stadtreinigungsbetriebe

[69] Bundesgüteausschuss (2001) Ergebnisse der RAL-Gütesicherung Kompost im Überwachungsjahr 2000. Informationsdienst Humuswirtschaft und KomPost 2/01, S. 88

[70] Bundesregierung (1971) Umweltprogramm der Bundesregierung. BT-Drucksache VI / 2710

[71] Burth, M. (1998) BIOGUT-Sammlung der BSR in Berlin. Interner Erfahrungsaustausch europäischer Städte, September 1998

[72] Burth, M. (2001) BSE und das Ende der Nachhaltigkeit. In: Fricke, K., Burth, M. und Wallmann, R. (Hrsg.), Schriftenreihe des ANS, „BSE und die Auswirkungen auf die Entsorgungswirtschaft", 61. Informationsgespräch des ANS e.V., Genthin, am 22./23.03.2001, S. 201-206

[73] bvboden.de (2000) Begründung zum Bundes-Bodenschutzgesetz. www.bvboden.de/aktuell.htm, Abfrage vom 30.06.2000

[74] Cerajewski, J. (1995) Biowäscher. In: Thomé-Kozmiensky (Hrsg.) (1995), S. 499-505

[75] Christian-Bickelhaupt, R. (2001) Schlammschlacht. Umweltmagazin 12, S. 3

[76] Cronauge, U. (1998) Grundsatzpapier „Kommunale Entsorgungswirtschaft und Europäische Union". Verband kommunaler Unternehmen e.V., ARGE Entsorgung, Köln

[77] Der Rat von Sachverständigen für Umweltfragen (1990) Abfallwirtschaft, Sondergutachten. Verlag Metzler-Poeschel, Stuttgart

[78] Der Rat von Sachverständigen für Umweltfragen (1998) Umweltgutachten 1998: Umweltschutz: Erreichtes sichern – Neue Wege gehen. Verlag Metzler-Poeschel, Stuttgart; zugleich Bundestags-Drucksache 13/10195

[79] Der Rat von Sachverständigen für Umweltfragen (2000) Umweltgutachten 2000: Schritte ins nächste Jahrtausend. Verlag Metzler-Poeschel, Stuttgart; zugleich Bundestags-Drucksache 14/3363

[80] Der Rat von Sachverständigen für Umweltfragen (2002) Umweltgutachten 2002: Für eine neue Vorreiterrolle. Verlag Metzler-Poeschel, Stuttgart

[81] DIPR (1999) Seminarmaterial des Deutschen Instituts für Public Relation e.V. – Gemeinnützige Berufsbildungs-Einrichtung: Nr. 2, 7, 19, 20 und 21

[82] DMG (1977) Düngemittelgesetz (DMG). BGBl., Teil I, S. 2134, zuletzt geändert am 25. Juni 2001 (BGBl., Teil I, S. 1215)

[83] Doedens, H. (1996) Einfluss der Sammellogistik und des Gebührensystems auf die Bioabfallmengen. In: Wiemer, K. und Kern, M. (Hrsg.) (1996), Biologische Abfallbehandlung III, Witzenhausen, S. 127-137

[84] DüngemittelV (1991) Düngemittelverordnung. BGBl., Teil I, S. 1450-1490, zuletzt geändert am 16.07.97 (BGBl., Teil I, S. 1835)

[85] DüngeV (1996) Verordnung über die Grundsätze der guten fachlichen Praxis beim Düngen (Düngeverordnung - DüngeV). BGBl., Teil I, S. 118, zuletzt geändert am 16.07.1997 (BGBl, Teil. I, S. 1835)

[86] EdDE (2001) Vergleich von Schwermetallfrachten durch Komposte und andere Düngemittel auf Böden. Informationsdienst Humuswirtschaft und KomPost 2/01, S. 142-143

[87] Edelmann, W. (1994) Co-Vergärung. Müll-Handbuch, Kennzahl 5930, Lfg. 5/94 Erich Schmidt Verlag, Berlin

[88] Edling, I. (2000) Einsatz von Detektionsgeräten zur Steigerung der Bioabfallqualität. In: Wiemer und Kern (Hrsg.) (2000), S. 883-897

[89] EEG (2000) Gesetz für den Vorrang erneuerbarer Energien (Erneuerbare-Energien-Gesetz) vom 29.03.2000. BGBl., Teil I, S. 305

[90] EG Nr. 49/98 (1998) Gemeinsamer Standpunkt (EG) Nr. 49/98, vom Rat festgelegt am 4. Juni 1998 im Hinblick auf den Erlass der Richtlinie 98/ ... /EG des Rates über Abfalldeponien. Amtsblatt der Europäischen Gemeinschaft, C333, S. 15-37

[91] Egelseer, W. (1999) Zum Verrotten gut. Müllmagazin 1, S. 15-18

[92] Eitner, D. (1996) Abluftaufbereitung mit Biofilteranlagen. Müll-Handbuch, Kennzahl 5332, Lfg. 7/96, Erich Schmidt Verlag, Berlin

[93] Emberger, J. und Jäger, B. (1995) Die hauptsächlichen Verfahren der Kompostierung. Müll-Handbuch, Kennzahl 5410, Lfg. 1/95, Erich Schmidt Verlag, Berlin

[94] Emberger, J. und Müller, G. (1998) Technische Einrichtungen für Anlagen der biologischen Abfallbehandlung. Müll-Handbuch, Kennzahl 5510, Lfg. 11/98, Erich Schmidt Verlag, Berlin

[95] Embert, G. (2001) Düngemittelrechtliche Grundlagen für die Zulassung von Sekundärrohstoffen. In: Thomé-Kozmiensky (Hrsg.) (2001), S. 319-326

[96] Erb, R. und Heiden, S. (2000) Biokatalysatoren - vielversprechende Werkzeuge der Natur. Life Science Technologien 8, S. 44-46

[97] ESW (2002) Die Original Wuppertaler Biotüten. Entsorgungs- und Straßenreinigungsbetrieb Wuppertal (heute: Abfallwirtschaftsgesellschaft mbH Wuppertal)

[98] EU Generaldirektion Umwelt (2000) EU-Arbeitsdokument zur Behandlung von biologisch abbaubaren Abfällen. Informationsdienst Humuswirtschaft & KomPost 4/00, S. 246-252

[99] Euler, H., Schroth, S., Müller, C. und Kraemer, P. (2000) Anaerobe Behandlung im internationalen Vergleich – Umwelt-, Entwicklungs- und Exportpotenziale. In: Wiemer und Kern (Hrsg.) (2000), S. 143-165

[100] Europäische Kommission (2002) Arbeitspapier „Die biologische Behandlung von Bioabfällen", zweiter Entwurf. www.europa.eu.int/comm/environment/waste/report11.htm, Abfrage vom 06.06.2002

[101] Euwid (2001) Katholische Kirche: Kein Klärschlamm mehr / Migros verbietet Klärschlammverwertung. Euwid Nr. 22 vom 29.05.2001, S. 2

[102] Euwid (2001/2) BDE für aktuellere Abfallstatistiken. Euwid Nr. 35 vom 28.08.2001, S. 6

[103] Euwid (2001/3) Nur ein Prozent der Landwirte setzt Kompostprodukte ein. Euwid Nr. 43 vom 23.10.2001, S. 5-6

[104] Euwid (2002) BMU zur Zukunft der Verwertung von Klärschlamm in der Landwirtschaft. Euwid Nr. 6 vom 05.02.2002, S. 19

[105] EWG Nr. 76/116 (1976) Richtlinie zur Angleichung der Rechtsvorschriften der Mitgliedstaaten für Düngemittel. Amtsblatt der Europäischen Gemeinschaft, L 024, S. 21ff

[106] EWG Nr. 91/676 (1991) Richtlinie zum Schutz der Gewässer vor Verunreinigung durch Nitrat aus landwirtschaftlichen Quellen. Amtsblatt der Europäischen Gemeinschaft, L 375, S. 1ff

[107] EWG Nr. 259/93 (1993) Verordnung zur Überwachung und Kontrolle der Verbringung von Abfällen in der, in die und aus der Europäischen Gemeinschaft. Amtsblatt der Europäischen Gemeinschaft, L 30, S. 1 ff

[108] EWG Nr. 96/28 (1996) Richtlinie zur Anpassung der Richtlinie 76/116/EWG des Rates zur Angleichung der Rechtsvorschriften der Mitgliedsstaaten für Düngemittel an den technischen Fortschritt. Amtsblatt der Europäischen Gemeinschaft, L 140, S. 30f

[109] Fabry, W. (2000) Möglichkeiten und Grenzen der Quersubventionierung der Biotonne. In: Wiemer und Kern (Hrsg.) (2000), S. 838-845

[110] Faulstich, M. und Christ, O. (1998) Vergärung von Bioabfällen – Grundlagen und Optimierungspotentiale. In: Wiemer und Kern (Hrsg.) (1998), S. 412-436

[111] Faulstich, M. und Wiebusch, B. (1997) Monoverbrennung von Klärschlamm – Stand der Technik und Perspektiven – In: Thomé-Kozmiensky (Hrsg.) (1997/2), S. 139-174

[112] FAZ (1998) Kommunen warnen vor hohen Biomüll-Kosten. Frankfurter Allgemeine Zeitung vom 14.08.1998, S. 16

[113] Fricke, K. (1996) Polychlorierte Dibenzo-p-dioxine und Dibenzofurane bei der Bio- und Grünabfall-Kompostierung. Müll-Handbuch, Kennzahl 5327, Lfg. 2/96, Erich Schmidt Verlag, Berlin

[114] Fricke, K. und Turk, T. (2000) Stand und Perspektiven der biologischen Abfallverwertung und –behandlung in Deutschland. TA-Datenbank-Nachrichten, Nr. 1, März 2000, S. 24-36. www.itas.fzk.de/deu/tadn/tadn001/frtu00a.htm

[115] Fricke, K. und Turk, T. (2001) Stand und Perspektiven der biologischen Abfallverwertung und –behandlung in Deutschland. www.itas.fzk.de/deu/tadn/tadn001/frtu00a.htm, Abfrage vom 06.12.2001

[116] Fricke, K., Turk, T. und Vogtmann, H. (1985) Projekt „Grüne Tonne Witzenhausen" – Kompostierung getrennt gesammelter organischer Siedlungsabfälle. Schriftenreihe des Arbeitskreises für die Nutzbarmachung von Siedlungsabfällen (ANS) e.V., Heft 7, Wiesbaden

[117] Fricke, K., Turk, T. und Vogtmann, H. (1992) Qualität verschiedener Komposte in Abhängigkeit vom Rotteausgangsmaterial und dessen Sammlungsgebiet. In: Thomé-Kozmiensky und Scherer (Hrsg.) (1992), S. 409-432

[118] Fricke, M. (2001) Bioabfall und Botulismus. In: Fricke, K., Burth, M. und Wallmann, R. (Hrsg.), Schriftenreihe des ANS, „BSE und die Auswirkungen auf die Entsorgungswirtschaft", 61. Informationsgespräch des ANS e.V., Genthin, am 22./23.03.2001, S. 197-199

[119] Friedl, C. (2000) Vergärung kommt auf Touren. VDI nachrichten vom 21.01.2000

[120] Friedrich, H. (2001) Klärschlammverwertung im Einklang mit dem Bodenschutz. In: Thomé-Kozmiensky (Hrsg.) (2001), S. 225-259

[121] Friedrich, H., Friedrich, E. und Hielscher, H. (2001) Weniger Klärschlamm – mehr Biogas. Umwelt 7/8-2001, S. 48-49

[122] Funda, K. und Fleckenstein, C. (2000) Gefährdungsbeurteilungen nach Arbeitsschutzgesetz und Biostoffverordnung als Elemente integrierter Managementsysteme in der Abfallwirtschaft. In: Wiemer und Kern (Hrsg.) (2000), S. 951-964

[123] Funke, R. (1997) Problemlösungen für Einzugsgebiete von 10.000 bis 2.000.000 Einwohnerwerten: Klärschlammentsorgung der Freien und Hansestadt Hamburg. In: Thomé-Kozmiensky (Hrsg.) (1997/2), S. 55-68

[124] Garvert und Kick (1979) Untersuchungen zur Entnahme von Müllkompost-Proben. Müll und Abfall, 7

[125] Gebhard, S., Jager, J. und Pflug, G. (1985) Untersuchungen zur Geruchsemission von Küchen- und Gartenabfällen in der Stadt Wolfsburg. Forschungsvorhaben an der TU Berlin

[126] Generaldirektion Umwelt (2000) EU-Arbeitsdokument zur Behandlung von biologisch abbaubaren Abfällen. Informationsdienst Humuswirtschaft und KomPost 4/00, S. 246-252

[127] Gerwin, T. und Grimm, B. (1998) Produkte, Märkte und Marktchancen für Kompostprodukte. In: Wiemer und Kern (Hrsg.) (1998), S. 189-207

[128] GewAbfV (2002) Verordnung über die Entsorgung von gewerblichen Siedlungsabfällen und von bestimmten Bau- und Abbruchabfällen (Gewerbeabfallverordnung – GewAbfV) vom 19.06.2002. BGBl. Teil I, S. 1938

[129] GIRL (1993) Länderausschuss für Immissionsschutz: Feststellung und Beurteilung von Geruchsimmissionen (Geruchsimmissions-Richtlinie, Stand: 15.02.1993)

[130] GK SW (2001) Einsatz von Kompost im Obstbau. Informationsdienst Humuswirtschaft & KomPost 2/01, S. 141-150

[131] Gottschalk, G. (1988) Bacterial Metabolism. Springer-Verlag, Berlin, Heidelberg

[132] Grashey, S., Helm, M. und Weggemann, S. (1997) Ursachen für schlechte Trennqualität am Beispiel der Bioabfallsammlung. AJ 10, S. 38-41

[133] Grassinger, D. und Salhofer, S. (2001) Bewertungsmethoden zur Entscheidungsfindung in der Abfallentsorgung. UWSF – Z. Umweltchem. Ökotox. 13 (6), S. 341-346

[134] Greiner, B. (1983) Chemisch-physikalische Analyse von Hausmüll. UBA 7/83

[135] Gronauer, A. und Helm, M. (1996) Bioabfallkompostierung – ein Verfahrens- und Konzeptvergleich unter ökologischen und ökonomischen Gesichtspunkten. AJ 11, S. 35-40

[136] Grundgesetz (1949) Grundgesetz für die Bundesrepublik Deutschland vom 23.05.1949. BGBl., Teil I, S. 1, zuletzt geändert am 26.11.2001 (BGBl., Teil I, S. 3219)

[137] Hackenberg, S., Wegener, H.-R. und Eurich-Menden, B. (1998) Schadstoffe im Bioabfall und Kompost. Müll und Abfall 9, S. 587-591

[138] Hahn, H. H. (1997) Können und sollen Natur und Landwirtschaft das Klärschlamm- und Kompostangebot annehmen? In: Thomé-Kozmiensky (Hrsg.) (1997/1), S. 119-133

[139] Hasselmann, J. (1997) Rechnungshof will die Biomüllabfuhr überprüfen. Tagesspiegel vom 06.05.1997

[140] Heckhuis (1997) Biomüllsammlung ohne Probleme in Greven – Flächendeckende Einführung eines Filterdeckels für die Biotonne. VKS-NEWS, S. 11-14

[141] Heering, M. und Zeschmar-Lahl, B. (2001) Der Branchenführer MBA-Technik. Rhombos-Verlag, Berlin

[142] Heilmann, A. (2000) Auswirkungen einer optimierten Wertstoff- und Bioabfallsammlung auf den Restabfall. EP 4, S. 20-22

[143] Heinrich, C. (1999) Biologische Abfallbehandlung – Stand, Methodik, Ausblick. BR 2/1999, S. 10-15

[144] Heintzen, M. (1999) Grundzüge des Umweltschutzrechts (Vorlesung). www.fu-berlin.de/jura/fachbereich/lehreundforschung/professoren.../1999-04-23.htm, Abfrage vom 08.11.2001

[145] Hennig, W. (1986) Taschenbuch der speziellen Zoologie, Teil 2, Wirbellose II. Verlag Harri Deutsch, Thun und Frankfurt a.M., 4. Auflage

[146] Herder (1994) Lexikon der Biologie. @Spektrum Akademischer Verlag, Heidelberg

[147] Heyde, M. (1998) Einsparung von Ressourcen und Vermeidung von Emissionen und Abfällen durch thermische Verwertung heizwertreicher Abfälle. Vortrag im Rahmen der UTECH Berlin ´98 - Umwelttechnologieforum, veranstaltet vom Fortbildungszentrum für Gesundheits- und Umweltschutz Berlin e.V. (FGU Berlin), 17.-18.02.1998

[148] Hilger, J. (2000) Struktur- und Absatzplanung für die Verwertung von Speiseresten als Futtermittel. Dissertation am Lehrstuhl für Betriebslehre der Ernährungswirtschaft der Rheinischen Friedrich-Wilhelms-Universität zu Bonn

[149] Hipp, C. (2001) Perspektiven einer nachhaltigen Entwicklung. Vortrag im Rahmen des 10. Internationalen Recyclingkongresses, Berlin, am 29./30. Oktober 2001

[150] Holzapfel, A. M. (2001) Abfall in Bewegung. Umwelt 6, S. 24-29

[151] Hundhausen, C. (1951) Werbung um öffentliches Vertrauen. Girardet-Verlag, Essen

[152] ifeu (2001) Untersuchungen zur Umweltverträglichkeit von Systemen zur Verwertung von biologisch-organischen Abfällen; Studie im Auftrag des UBA. in Vorbereitung

[153] Internetrecherche zum Stand der Forschung über Bioabfallwirtschaft an deutschen Universitäten, Fachhochschulen, Vereinen und sonstigen Forschungseinrichtungen (2002). Einbezogen wurden die TU Chemnitz, TU Cottbus, Uni Bayreuth, TU Berlin, TU Berlin AG Umweltstatistik ARGUS, TU Braunschweig, Uni Bremen, TU Darmstadt, TU Dresden, Uni Duisburg, Uni Freiburg, Uni Gießen, Uni Halle/Wittemberge, TU Hamburg-Harburg, Uni Hannover, Uni Kaiserslautern, Uni Magdeburg, TU München, Uni Rostock, Uni Saarbrücken, Uni Siegen, Uni Stuttgart, Uni Weimar, Uni Wuppertal, die FH Amberg-Weiden, FH Bielefeld, FH Bochum, FH Trier, die Bundesgütegemeinschaft Kompost BGK und das Frauenhofer Institut für Umweltchemie und Ökotoxikologie.

[154] Jäger, B. (1987) Die Schwermetallproblematik. Müll-Handbuch, Kennzahl 5320, Lfg. 3/87, Erich Schmidt Verlag, Berlin

[155] Jäger, B. (1997) Entwicklung und Stand der Kompostierung in Deutschland. Müll-Handbuch, Kennzahl 5810, Lfg. 2/97, Erich Schmidt Verlag, Berlin

[156] Jäger, B. und Schenkel, W. (1985). Biologie der Rotteprozesse bei der Kompostierung von Siedlungsabfällen. Müll-Handbuch, Kennzahl 5200-5290, Lfg. 2/85, Erich Schmidt Verlag, Berlin

[157] Jager, E., Zeschmar-Lahl, B. und Rüden, H. (1996). Hygienische Risiken von Arbeitsplätzen in der Abfallwirtschaft. Müll-Handbuch, Kennzahl 5065, Lfg. 5/96, Erich Schmidt Verlag, Berlin

[158] Jager, J. (1988). Verfahrenstechnische Aspekte bei der anaeroben Behandlung fester Abfälle. Müll-Handbuch, Kennzahl 5910, Lfg. 6/88, Erich Schmidt Verlag, Berlin

[159] Jager, J. (1991) Kompostierung von getrennt erfassten organischen Haushaltsabfällen. Müll-Handbuch, Kennzahl 5620, Lfg. 7/91, Erich Schmidt Verlag, Berlin

[160] Jager, J. und Wiegel, U. (1986) Vergleichende Untersuchungen zur Gewinnung verwertbarer Altstoffe und schadstoffarmer Kompostrohstoffe aus Hausmüll durch 2- bzw. 3-Komponenten-Sammlung. Forschungsvorhaben des BMFT an der TU Berlin

[161] Jarass, H. D. (1995) Einführung zum Bundes-Immissionsschutzgesetz. In: Bundes-Immissionsschutzgesetz, Verlag C.H. Beck, München, 2. Auflage

[162] Kaestner, A. (1993) Lehrbuch der speziellen Zoologie, Bd. 1, 3./4. Teil, 4./5. Auflage, Gustav-Fischer-Verlag@Spektrum Akademischer Verlag, Heidelberg

[163] Kaminski, R. und Figgen, M. (2001) Europäisches Umweltstrafrecht. UP 5, S. 53-54

[164] Kämpfer, P. und Eikmann, T. (1998) Belastung durch Mikroorganismen im Umfeld von hessischen Kompostierungsanlagen - Messstrategie und erste Ergebnisse - In: Wiemer und Kern (Hrsg.) (1998), S. 253-267

[165] Kehres, B. (2000) Märkte und Marktentwicklungen für gütegesicherte Kompostprodukte. In: Wiemer und Kern (Hrsg.), 2000, S. 120-131

[166] Kern, M. (1999) Input und Output. Müllmagazin 1, S. 24-27

[167] Kern, M., Fulda, K. und Mayer, M. (1999) Stand der biologischen Abfallbehandlung in Deutschland. Müll und Abfall 2, S. 78-81

[168] Kiefer, J. (1999) Neue Rechtslage bei der landwirtschaftlichen Verwertung von Abfallstoffen. Müll und Abfall 8, S. 460-464

[169] Kiese, P., Hasselbach, G. und Gäth, S. (2001) Alternativen einer effizienten Öffentlichkeitsarbeit. Müll und Abfall 11, S. 642-646

[170] Klärschlammrichtlinie (1986) Richtlinie des Rates 86/278/EWG über den Schutz der Umwelt und insbesondere der Böden bei der Verwendung von Klärschlamm in der Landwirtschaft vom 12.06.1986. ABl. EG Nr. L 377, S. 48

[171] Knäpple, H.-J. (2001) Auswirkungen der Bodenschutzverordnung auf die Verwertung biologischer Abfälle. UP 11/2001, S. 49-51

[172] Kobelt, G. (1995) Geruchsemissionen. In: Thomé-Kozmienski (Hrsg.) (1995), S. 489-499

[173] Korz, D. J. (1999) Nassvergärungsanlagen in Deutschland. EP 3, S. 39-41

[174] Kosak, H. (2001) Pflanzenbauliche Verwertung von Komposten und Gärresten. Vortrag im Rahmen der Fachtagung des Verbandes der Humus- und Erdenwirtschaft Region Sachsen-Thüringen e.V. am 16.05.2001 in Meerane

[175] Kossakowski, M. (1999) Chancen und Risiken für Mediation im Genehmigungsverfahren. Müll und Abfall 8, S. 483-486

[176] Krämer, L. (1999) EG-rechtliche Rahmenbedingungen in der Abfallwirtschaft. In: Gallenkemper, Bidlingmaier, Doedens, Stegmann (Hrsg.), 6. Münsteraner Abfallwirtschaftstage, Münster 1999

[177] Krauß, P. und Wilke, M. (1997) Schadstoffe im Bioabfallkompost. Müll und Abfall 4, S. 211-219

[178] Krauß, P. und Wilke, M. (1997) Schadstoffe im Bioabfallkompost, Teil 1. Müll und Abfall 4

[179] KRdL (2000) Entwurf VDI-Richtlinie zur Emissionsminderung biologischer Abfallbehandlungsanlagen. Informationsdienst Humuswirtschaft & KomPost 4, S. 230

[180] KrW-/AbfG (1994) Gesetz zur Förderung der Kreislaufwirtschaft und Sicherung der umweltverträglichen Beseitigung von Abfällen (Kreislaufwirtschafts- und Abfallgesetz - KrW-/AbfG) vom 27.09.1994, BGBl., Teil I, S. 632, zuletzt geändert am 03.05.2000 (BGBl., Teil I, S.)

[181] Kübler, H. (1998) Aufbereitungsverfahren im Rahmen der technischen Abfallvergärung. AJ 7-8, S. 14-19

[182] Kuchling, H. (1984) Taschenbuch der Physik. Verlag Harri Deutsch, Thun und Frankfurt a.M., 1. Auflage

[183] Kühle, J. C. (2001) Leben im Kompost. Vortrag im Rahmen der Fachtagung des Verbandes der Humus- und Erdenwirtschaft Region Sachsen-Thüringen e.V. am 16.05.2001 in Meerane. Bilder entnommen aus Brauns, A. „Praktische Bodenbiologie" (Gustav-Fischer-Verlag, Stuttgart, 1968, S. 62, Abb. 26) und Eisenbeis & Wichard „Atlas zur Biologie der Bodenarthropoden" (Spektrum-Verlag, 1985, S. 3, Abb. 2)

[184] Kuhn, K. und Witek, W. (1998) Entsorgungswege für biologisch abbaubare Kunststoffe. Müll und Abfall 6, S. 379-383

[185] KWE (2001) LOSis Tipps zur Eigenkompostierung. Kommunales Wirtschaftsunternehmen Entsorgung – Eigenbetrieb des Landkreises Oder-Spree

[186] LAGA-Merkblatt M 10: Qualitätskriterien und Anwendungsempfehlungen für Kompost (1995). Mitteilung der Länderarbeitsgemeinschaft Abfall (LAGA) Nr. 21, Wiesbaden

[187] Lahl, U., Kossina, I., Angerer, T. und Zeschmar-Lahl, B. (2000) Unterschiedliche Ansätze zur Bewertung von Ökobilanzen am Beispiel der mechanisch-biologischen Abfallbehandlung. In: Wiemer und Kern (Hrsg.) (2000), S. 578-605

[188] Lahl, U., Zeschmar-Lahl, B. und Jager, J. (1992) Entscheidungskriterien für die Planung und Realisierung der getrennten Erfassung und Kompostierung von Biomüll in einer Großstadt [I]. Müll-Handbuch, Kennzahl 5730, Lfg. 5/92, Erich Schmidt Verlag, Berlin

[189] Länderarbeitsgemeinschaft Abfall (1977) Informationsschrift über Möglichkeiten und Grenzen der Verwertung von Klärschlamm in der Landwirtschaft. Müll-Handbuch, Kennzahl 6857, Lfg. II/78, Erich Schmidt Verlag, Berlin

[190] Landwirtschaftskammer Hannover (2000) Richtwertdeckungsbeiträge 2000

[191] Langhans, G. (1999) Welche Vorteile bringt die Vergärung mit getrennter Hydrolyse? EP 10, S. 26-31

[192] Langhans, G. (1999/2) Stoffströme in die Umwelt – der Output von Vergärungsanlagen. EP 1-2, S. 27-34

[193] Laurig, W., Gellenbeck, K. und Oelgemöller, D. (2001) Belastung von Müllwerkern bei der Handhabung unterschiedlicher Gefäße. UP 7-8, S. 17-19

[194] Leidig, E., Prüsse, U., Vorlop, K.-D. und Winter, J. (1999) Biotransformation of Poly R-478 by continuous cultures of PVAL-encapsulated *Trametes versicolor* under non-sterile conditions. Bioprocess Engineering 21 (1999), S. 5-12

[195] Leonhardt, H. W. (1998) Stand der Technik der Bioabfallkompostierung in den alten und neuen Bundesländern. In: Wiemer und Kern (1998), S. 157-162

[196] Linköping Biogas (1998) Waste to Fuel. Prospekt der Firma Linköping Biogas

[197] Loll, U. (1998) Sickerwasser aus Kompostierungs- und Anaerobanlagen. In: Wiemer und Kern (Hrsg.) (1998), S. 487-510

[198] Loll, U. (1999) Ist Zink wirklich ein Problemparameter in Klärschlamm und in Bioabfall? EP 4, S. 2-3

[199] Loll, U. (2000) Neues Eckpunktepapier zur Änderung der TA-Siedlungsabfall (TASi). EP 4, S. 12-14

[200] Loll, U. (2000/2) Mengen, Qualität und Aufbereitungstechnik von Prozessabwässern aus der anaeroben Abfallbehandlung. In: Wiemer und Kern (Hrsg.) (2000), S. 196-211

[201] Loll, U. (2001) Behandlung von Prozesswässern aus der aeroben und anaeroben Aufbereitung von organischen Abfällen. Müll-Handbuch, Kennzahl 5350, Lfg. 7/01, Erich Schmidt Verlag, Berlin

[202] Lübben, S. (1996) Einführung der Bioabfallsammlung in einer Millionenstadt. VKS-NEWS 6/1996, S. 6-10

[203] Lude, A. und Rost, J. (2001) Warum handeln wir umweltfreundlich? Müllmagazin 3, S. 24-28

[204] Mach, R. und Schenkel, W. (1995) Die Verwertung landwirtschaftlicher Abfälle in früheren Jahrhunderten und die Zukunft des Kompostes. In: Thomé-Kozmiensky (Hrsg.) (1995), S. 20-27

[205] Mackwitz, H. und Stadlbauer, W. (2001) Vermeidung und Verminderung des Müllaufkommens durch Schließung des Kohlenstoffkreislaufs – Strategien und konkrete Beispiele für den Einsatz biologisch abbaubarer Werkstoffe (BAW) in der Stadt Wien. Expertise von alchemia-nova, Institut für Innovative Pflanzenforschung, Wien

[206] Martens, W., Philipp, W. und Böhm, R. (2000) Seuchenhygienische Bewertung von Anaerobverfahren unter besonderer Berücksichtigung der landwirtschaftlichen Kofermentation. In: Wiemer und Kern (Hrsg.) (2000), S. 965-985

[207] Mäurer, H. (2000) Identsystem für Bio- und Restabfälle am Beispiel der Stadt Celle. In: Wiemer und Kern (Hrsg.) (2000), S. 860-866

[208] Meincke, I., Theuerkauf, H., Dietrich, G., Hundt, R., Kopprasch, G., Kummer, G. und Stadt, R. (1983) Wissensspeicher Biologie. Verlag Harri Deutsch, Thun und Frankfurt a.M.

[209] Mellen, H. J. (1998) Anforderungen an Rahmenbedingungen der Kreislaufwirtschaft von Bioabfallkompost aus Produzentensicht. In: Wiemer und Kern (Hrsg.) (1998), S. 183-188

[210] Mercedes-Benz (2001) Unsere Kommunalfahrzeuge. Prospekt in der Reihe Sonderfahrzeuge

[211] Meyers Lexikonredaktion (1995) Meyers großes Taschenlexikon in 24 Bänden. B. I.-Taschenbuchverlag, Mannheim, Leipzig, Wien, Zürich, 5. Auflage

[212] Michal, G. (1982) Biochemical Pathways. Boehringer Mannheim GmbH, Biochemica, Mannheim

[213] MKS (2001) Bedeutung des Auftretens der Maul- und Klauenseuche für biologische Abfallbehandlungsanlagen. Informationsdienst Humuswirtschaft und KomPost 2/01, S. 123-124

[214] MLUR (2000) Biogas in der Landwirtschaft – Leitfaden für Landwirte und Investoren im Land Brandenburg. Ministerium für Landwirtschaft, Umweltschutz und Raumordnung des Landes Brandenburg

[215] Moos, C. und Helm, M. (1999) Kompostverwertung im Erwerbsgarten- und im Landschaftsbau. EP 12, S. 27-30

[216] N.N. (1990) Zielfestlegung zur Vermeidung, Verringerung oder Verwertung von Abfällen von Verkaufsverpackungen aus Kunststoff für Nahrungs- und Genussmittel sowie Konsumgüter vom 17. 01.1990. BAnz., S. 513

[217] N.N. (1998) Ordnung in der Biomülltonne. Tagesspiegel, 11.08.98

[218] N.N. (1998/2) Bioabfallverordnung. BDE-Info 13/98, S. 360

[219] N.N. (1998/3) Kompostierungsanlagen und Gefahrenpotential. AJ 7-8, S. 6

[220] N.N. (1998/4) Pluralität am Markt. Umweltmagazin, 12/98, S. 43

[221] N.N. (1998/5) Aus hygienischer Sicht keine Gefahr durch Bioabfalltonnen. Euwid Nr. 38 vom 15.09.1998, S. 9

[222] N.N. (1999) Gebremste Bakterien. ENTSORGA-Magazin EntsorgungsWirtschaft 5, S. 62-63

[223] N.N. (1999/2) Test zu mobiler Biotonnenreinigung. Euwid Nr. 15 vom 13.4.1999, S. 2

[224] N.N. (2000) Ein Jahr Bioabfallverordnung zwischen Anspruch und Wirklichkeit. EP 4/00, S. 3

[225] N.N. (2000/2) Komposterzeuger und -vermarkter mit Bioabfallverordnung unzufrieden. Abfallwirtschaftlicher Informationsdienst Nr. 1/2, S. 6

[226] N.N. (2000/3) Störstofferkennung bei der Bioabfallsammlung mit guten Ergebnissen. Informationsdienst Humuswirtschaft und KomPost 4/00, S. 228-229

[227] N.N. (2000/4) Sporenschleuder Biotonne: Macht der Hausmüll krank? Welt, 11.05.2000

[228] N.N. (2001) Biogas in Brennstoffzellen: Erste Praxisversuche. Informationsdienst Humuswirtschaft und KomPost 2/01, S. 125

[229] N.N. (2001/2) Bodenverbesserung durch Komposteinsatz. Informationsdienst Humuswirtschaft & KomPost 2/01, S. 136-138

[230] N.N. (2001/3) Vom Abfall zum Produkt. Informationsdienst Humuswirtschaft und KomPost 3/01, S. 233-240

[231] N.N. (2001/4) Biotonne: Mit Filterdeckel oder Normalbehälter? Informationsdienst Humuswirtschaft und KomPost 3/01, S. 183-184

[232] N.N. (2001/5) Gemeinsame Informationsveranstaltung „ge-Regel-ter Humus/ver-Riegelter Markt". Informationsdienst Humuswirtschaft und KomPost 2/01, S. 106-107

[233] N.N. (2001/6) Göttinger Wissenschaftler warnt vor Gesundheitsrisiken durch Biotonne. Euwid Nr. 8 vom 20.02.2001, S. 11

[234] N.N. (2001/7) Umweltmedizinisches Institut warnt vor Gefahren durch Biomüll. Euwid Nr. 38 vom 18.09.2001, S. 6

[235] N.N. (2001/8) Biotonne Ursache für Plötzlichen Kindstod? Tagesspiegel, 05.02.2001

[236] N.N. (2001/9) Keine Beweise für Botulismuserkrankungen durch die Biotonne. BDE-Info 10/2001, S. 278

[237] N.N. (2002) RAL-Gütezeichen für Biologische Abluftreinigungsanlagen. up 1-2, S. 8

[238] N.N. (2002/2) Richtlinie zur Förderung von Erneuerbaren Energien in Kraft. Informationsdienst Humuswirtschaft und KomPost 1/02, S. 52-54

[239] Näveke, R. (1999) Mikrobiologie der anaeroben Prozesse. www.tu-bs.de/zfw/pubs/tb485/03naev.htm, Abfrage vom 21.09.1999

[240] Nicolaus, V. (2000) Biologisch abbaubare Kunststoffe. Müll und Abfall 8, S. 484-486

[241] Nitsch, D. (1999) Die Biostoffverordnung unter dem Aspekt des Arbeitsschutzes. VKS-News 2, S. 16-17

[242] Nultsch, W. (1982) Allgemeine Botanik. Thieme-Verlag, Stuttgart, 7. Auflage

[243] Oberholz, A. (1995) Kompost – Taschenbuch der Entsorgungswirtschaft. Friedhelm Merz Verlag KG, Bonn

[244] Oeckl, A. (1976) PR-Praxis. Der Schlüssel zur Öffentlichkeitsarbeit. Econ-Verlag, Düsseldorf, Wien

[245] Otto, S., Borg, H., Jank, M., Schnabel, R. und Anton, W. (2000) Bewertung biologisch abbaubarer Abfallbeutel während der Bioabfallsammlung und Kompostierung. Müll und Abfall 8, S. 469-475

[246] Otto, S., Borg, H., Schnabel, R., Anton, W. und Jank, M. (2000/2) Biologisch abbaubare Abfallbeutel zur Bioabfallsammlung. Müll und Abfall 11, S. 660-666

[247] Otto, S., Borg, H., Schnabel, R., Anton, W. und Jank, M. (2001) Veränderung der Materialeigenschaften und -struktur von biologisch abbaubaren Folien während der Kompostierung. Müll und Abfall 8, S. 480-484

[248] Pantke, M. (1999) Spreu vom Weizen getrennt. Müllmagazin 1, S. 11-14

[249] Paschlau, H. (1997) Technik der Abfallbehandlung II: Entsorgung von Hausmüll und hausmüllähnlichen Gewerbeabfällen. Skript zur Vorlesung 0635 L 553, Fachbereich Abfallwirtschaft, TU Berlin

[250] Paschlau, H. (1998) Management der (öffentlichen) Entsorgungswirtschaft. Skript zur Vorlesung 0635 L neu, Fachbereich Abfallwirtschaft, TU Berlin

[251] PlanCoTec (1997) Kompostierbarkeit Biopol-beschichteter Papierbecher der Firma Polarcup im Technikumstest unter standardisierten Bedingungen. Kurzgutachten der Firma PlanCoTec, Neu-Eichenberg

[252] Popp, W. (2001) Erden und Substrate – Stand und Perspektiven aus Sicht der Wissenschaft. Vortrag im Rahmen der Fachtagung des Verbandes der Humus- und Erdenwirtschaft Region Sachsen-Thüringen e. V. am 16.05.2001 in Meerane

[253] Rat der Sachverständigen für Umweltfragen (1998) Umweltgutachten 1998, Teil 3.1.5.6 Verwertung und Beseitigung von Klärschlämmen. Drucksache 13/10195 des Deutschen Bundestages – 13. Wahlperiode, S. 234-236

[254] Reese, M. (2000) Entwicklungslinien des Abfallrechts. Zeitschrift für Umweltrecht, Sonderheft 2000, S. 57-122

[255] Reimann, D. O. und Hämmerli, H. (1995) Verbrennungstechnik für Abfälle in Theorie und Praxis. Schriftenreihe Umweltschutz, Bamberg

[256] Reinhold, J. (2000) Entwicklung und regionale Strukturen der Kompostqualität in Deutschland. Müll-Handbuch, Kennzahl 6583, Lfg. 2/2000, Erich Schmidt Verlag, Berlin

[257] Richtlinie 2001/77/EG (2001) Richtlinie zur Förderung der Stromerzeugung aus erneuerbaren Energiequellen im Elektrizitätsbinnenmarkt, vom 27.09.2001. ABl. EG Nr. L 283, S. 33

[258] Rieß, K. (2001) Das Preisniveau für Entsorgungsverträge sinkt drastisch. up 11, S. 18-21

[259] Rieß, P. (1995) Anforderungen der Landwirtschaft an die Kompostqualität. In: Thomé-Kozmiensky (Hrsg.) (1995), S. 347-353

[260] Ruthe, K. (1998) Aufkommen und Zusammensetzung biogener Siedlungsabfälle. Müllhandbuch, Kennziffer 1780, Stand 3/98

[261] Schäfer, K. (2001) Zur Subsidiarität des Bundes-Bodenschutzgesetzes. UPR 9, S. 325-328

[262] Scheffer, F. und Schachtschabel, P. (1984) Lehrbuch der Bodenkunde. Ferninand Enke Verlag, Stuttgart, 11. Auflage

[263] Scheffold, K. (1998) Bioabfall eine relevante Gebührengröße. Müllhandbuch, Kennziffer 1565, Stand 3/98

[264] Scherer, P. A. (1992) Hygienische Aspekte bei der getrennten Abfallsammlung. In: Thomé-Kozmiensky und Scherer (Hrsg.) (1992), S. 135-161

[265] Scherer, P. A., Kirchmann, B. und Kübler, H. (1992) Optimierung der Hydrolysestufe einer mehrstufigen Vergärungsanlage für organische Siedlungsabfälle durch Bilanzierung biochemischer Stoffgrößen und Quantifizierung spezifischer Bakteriengruppen. In: Thomé-Kozmiensky und Scherer (Hrsg.) (1992), S. 273-298

[266] Schirz, S. (2000) Geruchsemissionen bei biologischen Abfallbehandlungsanlagen – Ursachen und Maßnahmen. In: Wiemer und Kern (Hrsg.) (2000), S. 180-195

[267] Schlegel, H.G. (1992) Allgemeine Mikrobiologie. Thieme-Verlag, Stuttgart, 7. Auflage

[268] Schmeisky, H. und Podlacha, G. (1998) Klärschlammeinsatz in der Rekultivierung – Dumping oder Nutzen und Potential? In: Wiemer und Kern (Hrsg.) (1998), S. 539-556

[269] Schmidt-Salzer, J. (1992) Kommentar zum Umwelthaftungsrecht. Verlag Recht und Wirtschaft GmbH, Heidelberg

[270] Schmitt, T., Welker, A. und Schmidt, S. (2001) Vergleichende Untersuchung der Stoffströme bei der Vergärung von Bio- und Restabfall. Müll und Abfall 8, S. 456-460

[271] Schroeter, J. (1999) Klare Regeln. Müllmagazin 1, S. 19-23

[272] Schroeter, J. (2000) Biologisch abbaubare Werkstoffe (BAW). Kunststoffe SPECIAL, 1, S. 64-70

[273] Schubert, H. (1989) Aufbereitung fester mineralischer Rohstoffe, Bd. 1-3. VEB Deutscher Verlag für Grundstoffindustrie, Leipzig, 4. Auflage

[274] Senatsverwaltung für Stadtentwicklung (2002) Beseitigung von kommunalem Abwasser im Land Berlin – Lagebericht 2001 gemäß § 8 KomAbwVO Bln – ABl. Nr. 1 vom 08.01.2002, S. 7-12

[275] Sierig, G. (1992) Versuchsweise Biomüllsammlung in Berlin. EP 3, S. 98-100

[276] Sioud, M. und Leirdal, M. (2000) Therapeutic RNA and DNA enzymes. Biochem. Pharmacol. 60 (8), S. 1023-1026

[277] Stengler, E. (2001) Entwicklungen im Abfallrecht auf europäischer Ebene und im Bundesrecht. www.umwelt.de/ags/abfallrecht2001-04.html, Abfrage vom 20.11.2001

[278] StGB (1987) Strafgesetzbuch (StGB) in der Fassung der Bekanntmachung vom 10.03.1987. BGBl., Teil I, S. 945, zuletzt geändert am 27.06.1994 (BGBl., Teil I, S. 1440)

[279] Storm, P.-C. (1994) Einführung in das Umweltrecht. In: Umwelt-Recht, Verlag C.H. Beck, München, 8. Auflage

[280] Storrer, J. (2001) Außerschulischer Lernort zur Abfallwirtschaft. www.muell-experten.de, Abfrage vom 28.08.2001

[281] Strauch, D. (1985) Klärschlamm: Gesundheitliche Gefahren / Behandlung von Klärschlamm zur Entseuchung. Müll-Handbuch, Kennzahl 5025 u. 5030, Lfg. 6/85, Erich Schmidt Verlag, Berlin

[282] Stryer, L. (1985) Biochemie. Vieweg-Verlag, Braunschweig, Wiesbaden, 3. Auflage

[283] TA Abfall (1991) Zweite Allgemeine Verwaltungsvorschrift zum Abfallgesetz (TA Abfall), vom 12.03.1991. GMBl. S. 139, berichtigt S. 469

[284] TA Lärm (1968) Vierte Allgemeine Verwaltungsvorschrift über genehmigungsbedürftige Anlagen nach § 16 der Gewerbeordnung – GewO (Technische Anleitung zum Schutz gegen Lärm – TA Lärm), vom 16.07.1968. Beilage BAnz. Nr. 137

[285] TA Luft (1986) Erste Allgemeine Verwaltungsvorschrift zum Bundes-Immissionsschutzgesetz (Technische Anleitung zur Reinhaltung der Luft – TA Luft), vom 27.02.1986. GMBl. S. 95, berichtigt S. 202

[286] TA Siedlungsabfall (1993) Dritte Allgemeine Verwaltungsvorschrift zum Abfallgesetz (TA Siedlungsabfall), vom 14.05.1993. BAnz. Nr. 99a

[287] Thomé-Kozmiensky, K. J. (1994) Thermische Abfallbehandlung. EF-Verlag für Energie- und Umwelttechnik, GmbH, Berlin, 2. Auflage

[288] Thomé-Kozmiensky, K. J. (2000) Zukunft der Abfallwirtschaft an der TU Berlin. In: Umweltschutz im neuen Jahrhundert – Vom medialen Umweltschutz zum Sicherheitsdenken. TK Verlag Karl Thomé-Kozmiensky, Neuruppin

[289] Thomé-Kozmiensky, K. J. (Hrsg.) (1995) Biologische Abfallbehandlung. EF-Verlag für Energie- und Umwelttechnik, GmbH, Berlin

[290] Thomé-Kozmiensky, K. J. (Hrsg.) (1997) Abfallwirtschaft am Wendepunkt. TK-Verlag Thomé-Kozmiensky, Neuruppin

[291] Thomé-Kozmiensky, K. J. (Hrsg.) (1997/2) Recycling von Klärschlamm 4, Integrierte Klärschlammentsorgung. TK-Verlag Thomé-Kozmiensky, Neuruppin

[292] Thomé-Kozmiensky, K. J. (Hrsg.) (2001) Verantwortungsbewusste Klärschlammverwertung. TK-Verlag Thomé-Kozmiensky, Neuruppin

[293] Thomé-Kozmiensky, K. J. und Scherer, P. (Hrsg.) (1992) Getrennte Wertstofferfassung und Biokompostierung, Band 2. EF-Verlag für Energie- und Umwelttechnik GmbH, Berlin

[294] Tidden. F. und Faulstich, M. (1999) Planungsparameter für die Abwasserbehandlung von Vergärungsanlagen. In: Berichte aus Wassergüte- und Abfallwirtschaft, TU München, Bd. 154, S. 67-87

[295] Tritt, W. P. (1997) Konzepte zur gesicherten Verwertung von unbelasteten und belasteten Klärschlämmen. In: Thomé-Kozmiensky (Hrsg.) (1997/2), S. 69-84

[296] Troge, A. (1998) Perspektiven der Umweltforschung an der Schwelle zum 21. Jahrhundert. In: 20 Jahre ifeu-Institut – Engagement für die Umwelt zwischen Wissenschaft und Politik, S. 9-18, F. Vieweg & Sohn Verlagsgesellschaft mbH, Braunschweig, Wiesbaden

[297] Tröndle, H. (1997) Strafgesetzbuch und Nebengesetze. Beck-Verlag, München, 48. Auflage

[298] UBA (1993) Daten zur Umwelt 1992/93. Erich Schmidt Verlag GmbH & Co., Berlin

[299] UBA (2000) Abluftreinigung bei der mechanisch-biologischen Abfallbehandlung (MBA). www.ubavie.gv.at/publikationen/uba-aktuell/archiv/2000/02/TM_2000-02-18-1.htm, Abfrage vom 26.10.01

[300] UBA (2000/2) Daten zur Umwelt 2000. Erich-Schmidt-Verlag, Berlin

[301] Umweltbundesamt (2002) Bekanntmachung über die Vergabe von Forschungsvorhaben auf den Gebieten Umwelt- und Naturschutz im Jahre 2002. www.umweltbundesamt.de/uba-info-daten/daten/ufoplan.htm

[302] Umweltbundesamt [1997) Nachhaltiges Deutschland: Wege zu einer dauerhaft umweltgerechten Entwicklung. Erich Schmidt Verlag, Berlin

[303] Umweltbundesamt Berlin (1997) Nachhaltiges Deutschland: Wege zu einer dauerhaft umweltgerechten Entwicklung. Erich-Schmidt-Verlag, Berlin

[304] UmweltHG (1990) Umwelthaftungsgesetz (UmweltHG) vom 10. Dezember 1990. BGBl., Teil 1, S. 2634

[305] umwelt-online.de (1999) Erläuterungen zur Europäischen Deponierichtlinie. www.umwelt-online.de/recht/abfall/99_31e.htm, Abfrage vom 07.09.1999

[306] UVM Baden-Württemberg (2002) Sickerwasserinhaltsstoffe. www.uvm.baden-wuerttemberg.de/alfaweb/berichte/tba19-95/teil2/uv02-6.2.1.html, Abfrage vom 18.06.2002

[307] v. Rheinbaben, W. (2000) Wirkung von Komposten auf das Bodenleben. Müll-Handbuch, Kennzahl 6684, Lfg. 1/00, Erich Schmidt Verlag, Berlin

[308] van Wickeren, H. (Schriftleitung), Bundesinstitut für Berufsbildung (bibb) und Verband Kommunale Abfallwirtschaft und Stadtreinigung (VKS) (Hrsg.) (1995), Handbuch für Ver- und Entsorger, Bd. 4, Fachrichtung Abfall. F. Hirthammer-Verlag, München, 4. Auflage

[309] VDI (1998) "Öko-Cup" baut sich in 60 Tagen natürlich ab. VDI-nachrichten vom 14.08.1998

[310] VDI (2000) Bio-Kunststoff verrottet im Kompost. VDI-nachrichten vom 24.03.2000

[311] VDI-Kommission zur Reinhaltung der Luft (1984) VDI-Richtlinie 3881, Kriterien zur Geruchsschwellenbestimmung mit dem Olfaktometer. VDI-Handbuch Reinhaltung der Luft, Bd. 1, Düsseldorf

[312] Verband Kommunale Abfallwirtschaft und Stadtreinigung e.V. (VKS) (1996) Vergärung von Bioabfällen – Anaerobe Behandlung getrennt gesammelter organischer Abfälle. Müll-Handbuch, Kennzahl 5925, Lfg. 9/96, Erich Schmidt Verlag, Berlin

[313] Verband Kommunale Abfallwirtschaft und Stadtreinigung e.V. (2002) Düngemittelkonzept bedeutet herben Rückschlag für die Kreislaufwirtschaft. Pressemitteilung vom 11.09.2002

[314] Verheyen, R. und Spangenberg, J. H. (1998) Die Praxis der Kreislaufwirtschaft –Ergebnisse des Kreislaufwirtschafts- und Abfallgesetzes. Gutachten für die Friedrich-Ebert-Stiftung, S. 65-66

[315] Verpackungsrichtlinie (1994) Richtlinie des Europäischen Parlamentes und des Rates 94/62/EG über Verpackungen und Verpackungsabfälle vom 20.12.1994. ABl. EG Nr. L 365, S. 10

[316] Verpackungsverordnung (1998) Verordnung über die Vermeidung und Verwertung von Verpackungsabfällen (VerpackV) vom 21.08.1998. BGBl., Teil I, S. 2379, zuletzt geändert am 09.09.2001 (BGBl., Teil I, S. 2331)

[317] Viehverkehrsordnung (2000) Verordnung zum Schutz gegen die Verschleppung von Tierseuchen im Viehverkehr in der Neufassung vom 11.04.2001. BGBl., Teil I, S. 576

[318] VKS und ASA (2000) Mechanisch-Biologische Abfallbehandlung in Europa. Paul Parey-Verlag, Hamburg, Berlin

[319] W.U.R.M. (2000) Kompostierung: Vom Bioabfall zum Qualitätskompost. W.U.R.M GmbH, Viersen

[320] Walenzik, G. (2001) RAL-Gütesicherung von Veredelungsprodukten aus Abwasserschlämmen. Vortrag im Rahmen der Fachtagung des Verbandes der Humus- und Erdenwirtschaft Region Sachsen-Thüringen e. V. am 16.05.2001 in Meerane

[321] Wazlawik, P. (1997) Klärschlammverwertung und -akzeptanz in Deutschland. In: Thomé-Kozmiensky (Hrsg.) (1997), S. 705-715

[322] Weber, J.-C. und Zeller, U. (1998) Neue Wege zur Erschließung des Treibstoffmarktes. „gas – Zeitschrift für wirtschaftliche und umweltfreundliche Energieanwendung" 49 (1998), Heft 4, S. 22-27

[323] Weber-Blaschke, G., Frieß, H. und Faulstich, M. (2002) Aktuelle Entwicklungen bei Umweltindikatorsystemen. Z. Umweltchem. Ökotox. 14 (3)

[324] Wegener, H.-R. und Moll, W. (1997) Beeinflussung des Bodens in physikalischer und chemischer Sicht. Müll-Handbuch, Kennzahl 6507, Lfg. 2/97, Erich Schmidt Verlag, Berlin

[325] Weidemann, C. (1994) Einführung zum Abfallgesetz. In: Abfallgesetz, Verlag C.H. Beck, München, 2. Auflage

[326] Werner, W. (1998) Perspektiven des Einsatzes von Sekundärrohstoffdüngern in der Landwirtschaft am Beispiel Nordrhein-Westfalens. In: Wiemer und Kern (Hrsg.) (1998), S. 163-181

[327] WHG (1996) Gesetz zur Ordnung des Wasserhaushaltes (Wasserhaushaltsgesetz, WHG) vom 12.11.1996. BGBl., Teil I, S. 1695, zuletzt geändert am 27.07.2001 (BGBl., Teil I, S. 1950)

[328] Wiegel, U. (1988 / 1993) Eigenkompostierung in Kleinkompostern / Eigenkompostierung von Hausgartenabfällen. Müll-Handbuch, Kennzahl 5640 u. 5630, Lfg. 6/88 u. 2/93, Erich Schmidt Verlag, Berlin

[329] Wiemer, K. (2000) Ziele und technische Lösungsansätze der Abfallwirtschaft im neuen Jahrtausend. In: Wiemer und Kern (Hrsg.) (2000), S. 1-14

[330] Wiemer, K. und Kern, M. (Hrsg.) (1998) Bio- und Restabfallbehandlung II biologisch - mechanisch - thermisch. M.I.C. Baeza-Verlag, Witzenhausen

[331] Wiemer, K. und Kern, M. (Hrsg.) (1999) Bio- und Restabfallbehandlung III biologisch - mechanisch - thermisch. M.I.C. Baeza-Verlag, Witzenhausen

[332] Wiemer, K. und Kern, M. (Hrsg.) (2000) Bio- und Restabfallbehandlung IV biologisch - mechanisch - thermisch. M.I.C. Baeza-Verlag, Witzenhausen

[333] Würz, W. (1999) Vergessene Forderungen. Müll und Abfall 4, S. 218-221

[334] Zachäus, D. (1994) Technik der Abfallbehandlung II, Teil I: Biologische Verfahren. Skript zur Vorlesung 2134 L553, Fachbereich Abfallwirtschaft, TU Berlin

[335] Zachäus, D. (1995) Grundlagen des aeroben Stoffwechsels. In: Thomé-Kozmiensky (Hrsg.) (1995), S. 215-353

[336] Zaug, A. J. und Cech, T. R. (1986) The intervening sequence RNA of Tetrahymena in an enzyme. Science 231, S. 470-475

24.4

Strukturformelverzeichnis

24.5

Tabellenverzeichnis

24.6

Bildverzeichnis

24.7 Schlagwortverzeichnis

A

B

C

D

E

F

G

H

I

K

L

M

N

O

P

Q

R

S

T

U

X

Z

24.8

Inserentenverzeichnis

BEKON Energy Technologies GmbH & Co. KG

Nikolastraße 18
84034 Landshut
Tel.: 0871-14.383-0
Fax: 0871-14.383-29
E-Mail: info@bekon-energy.de
http://www.bekon-energy.de

Hese Umwelt GmbH

Magdeburger Straße 16 b
45881 Gelsenkirchen
Tel.: 0209-98.099-900
Fax: 0209-98.099-901
E-Mail: info@hese-umwelt.de
http://www.hese-umwelt.de

HORSTMANN RECYCLINGTECHNIK GmbH

Loher Busch 52
32545 Bad Oeynhausen
Tel.: 05731-794-0
Fax: 05731-794-210
E-Mail: recyclingtechnik@horstmann-group.com
http://www.horstmann-group.com

RETHMANN Entsorgungswirtschaft GmbH & Co. KG

Pernitzer Straße 19 a
14797 Kloster Lehnin, OT Prützke
Tel.: 033835-59.000
Fax: 033835-59.220
E-Mail: info@rethmann.de
http://www.rethmann.de

W.L. Gore & Associates GmbH

Abteilung Solid Waste Treatment
Hermann-Oberth-Straße 24
85640 Putzbrunn/München
Tel.: 089-46.12-27.12
Fax: 089-46.12-26.10
E-Mail: bzankl@wlgore.com
http://www.gore.com

Dank

Die Idee eines solchen, der Lehre verpflichteten Buches verdanke ich Professor Dr.-Ing. Karl J. Thomé-Kozmiensky, der mir vor einigen Jahren so überraschend das Angebot machte, mich unter seiner Führung zu habilitieren und mir zu diesem Zweck höchst unkonventionelle Arbeitsbedingungen zugestand. Seine humorvolle und zurückhaltende Leitung hat mir die Freiheit gegeben, das Thema *Grundlagen der Bioabfallwirtschaft* meinen Vorstellungen entsprechend mit Leben zu füllen. In seiner Funktion als Verleger hat er mir zudem vielfältige Unterstützung zukommen lassen, wodurch das Buch so werden konnte, wie es nun geworden ist.

Sehr gefreut habe ich mich darüber, dass Professor Dr.-Ing. Werner Bidlingmaier mir in der Entstehungszeit des Buches sowohl mit wertvollen Ratschlägen zur Seite stand als auch sich spontan bereit erklärt hat, das Werk mit einem Geleitwort zu krönen - für diese Ehre sei ihm an dieser Stelle besonders gedankt.

Stellvertretend für die Angehörigen des Fachgebietes Abfallwirtschaft der TU Berlin möchte ich Dipl.-Ing. Mechthild Baron sowohl für die gute Zusammenarbeit bei der Organisation der Vorlesungen als auch besonders für die freundschaftliche Aufnahme im Institut danken.

Beim Verfassen dieses Buches konnte ich auf viele kompetente und zuverlässige Helfer bauen, welche die jeweils genannten Kapitel begutachtet und mir dabei eine Vielzahl wichtiger Hinweise gegeben haben. Mein Dank gilt daher

Dr. med. Ulrike Ahlers für ihre Anmerkungen u.a. zu den medizinischen Kapiteln,

Ass. jur. Gudrun Altehoefer, die das Korrigieren des Glossars auf sich genommen hat,

Dr. rer. nat. Birgit Bramlage für die Überarbeitung des Enzymteils und aller biochemischen Kapitel,

Dipl.-Ing. Martin Burth, der nicht die Mühe scheute, fast das gesamte Buch intensivst Korrektur zu lesen und mit seinem Fachwissen zu bereichern,

Dr. rer. nat. Merle Fuchs für ihre Ausführungen zu den zellbiologischen und mikrobiologischen Kapiteln,

Dipl.-Soz. Stefanie Genthe und Dipl.-Soz. Stefanie Gronau für ihre Mithilfe bei dem Kapitel Öffentlichkeitsarbeit,

Vorsitzenden Richter am Oberlandesgericht Hermann Knippenkötter für die eingehende Auseinandersetzung mit dem politischen und dem juristischen Kapitel,

meinen Eltern für die unverdrossene Durchsicht immer neuer Fassungen dieses Werkes, dabei meinem Vater, Professor Hans Leo König, insbesondere für seine umfassenden Hilfestellungen bei allen Fragen der Nutzung von Biogas und meiner Mutter, Renate König, für die Korrekturen hinsichtlich des Ausdrucks und des logischen Aufbaus,

Richter am Oberverwaltungsgericht a. D. Dr. jur. Johannes und Dipl.-Bibl. Gertrud Stadtmüller, die den Text sowohl stilistisch als auch im Hinblick auf glossarwürdige Einträge durchgearbeitet haben,

Studienrätin Silke Warnecke für die Durchsicht der zoologischen Kapitel und

Dr.-Ing. Dirk Zachäus für seine Anregungen zum Kapitel der aeroben Abfallbehandlung sowie für seine Unterstützung im Rahmen der Vorlesungen und Exkursionen.

Darüber hinaus möchte ich meine Dankbarkeit gegenüber all denen ausdrücken, die mir mit fachlichem und organisatorischem Rat zur Seite standen:

Dr. rer. nat. Wilko Ahlrichs und Dr. rer. nat. Michael Judas für ihre Auskünfte zu den Regenwürmern,

Dipl.-Ing. Jochen Hensel für sein unermüdliches Beantworten meiner Fragen insbesondere zu dem Themenkomplex der anaeroben Verfahren,

Dr.-Ing. Peter König für seine Unterstützung beim Thema Brennstoffzellen,

Professor Dr. sc. agr. Bernhard Schäfer für seine Hilfe bei allen landwirtschaftlichen Fragen,

Dipl.-Oec. Marco Birg, der mir seinen Laptop geliehen hat – gut die Hälfte dieses Werkes konnte ich dadurch unter angenehmsten Arbeitsbedingungen erstellen,

Dr.-Ing. Volker Gollnick und Associate Professor Dr. forest. Dirk Jaeger sowie Dipl.-Bibl. Susan Hortmann, Dipl.-Ing. Axel Mischewski und Maik Filter für ihre hilfreichen Ferndiagnosen bei Computerproblemen.

Viel Unterstützung habe ich auch seitens der Mitarbeiter des TK Verlages und der TU Berlin erfahren:

Cordula Müller fertigte Satz und Layout sowie mit Unterstützung von Cornelia Engelmann die Zeichnungen an,

Ivonne Meyer war u.a. mit der Ausführung der Einbandgestaltung betraut,

Detlef Paetz oblag die Gestaltung von Schrift und chemischen Formeln,

Dipl.-Ing. Stephanie Thiel übernahm das Lektorat für die Bilder, Tabellen und Strukturformeln und

Martina Ringgenberg sowie Petra Dittmann waren für die Koordination verantwortlich.

Ihnen allen sei für ihre engagierte und sachkundige Arbeit herzlicher Dank ausgesprochen. Anerkennung gilt ebenfalls der Mediengruppe Universal Grafische Betriebe Manz und Mühlthaler GmbH, München, für den reibungslosen Ablauf beim Druck des Buches.

Zuletzt möchte ich meiner Familie, insbesondere meinem Mann Gregor, von Herzen für all das danken, was über das Korrekturlesen bei weitem hinausging und auszusprechen den Rahmen dieser Danksagung sprengen würde.

Ulrike Stadtmüller